既有建筑地基基础加固
工程实例应用手册

张永钧　叶书麟　主编

中国建筑工业出版社

图书在版编目(CIP)数据

既有建筑地基基础加固工程实例应用手册/张永钧，叶书麟主编．—北京：中国建筑工业出版社，2001
 ISBN 978-7-112-04861-8

Ⅰ.既… Ⅱ.①张…②叶… Ⅲ.基础(工程)—地基处理—手册 Ⅳ.TU753.8-62

中国版本图书馆CIP数据核字(2001)第071589号

本手册由国内15位著名专家、教授和工程技术人员合作编写，比较系统地介绍了既有建筑各种地基基础加固方法。本手册是新制定的国家行业标准《既有建筑地基基础加固技术规范》JGJ 123—2000的配套工具书。全书共分八章：包括概论、既有建筑地基基础的鉴定和地基计算、既有建筑地基事故的补救、既有建筑地基基础加固方法、既有建筑增层、既有建筑迫降纠倾、既有建筑顶升纠倾、既有建筑移位等内容。本手册除了对既有建筑地基基础的鉴定、计算及各种加固方法的适用范围、设计计算、施工工艺和质量检验等内容作全面的介绍外，主要还编入了在各种地质条件下、各种有代表性建筑的大量典型工程实例。同时也介绍了国外的先进经验和理论。

本手册可供从事于勘察、设计、施工、监理等工程技术人员使用，也可供高等院校有关专业师生参考。

* * *

责任编辑　石振华

既有建筑地基基础加固工程实例应用手册
张永钧　叶书麟　主编
*
中国建筑工业出版社出版、发行(北京西郊百万庄)
各地新华书店、建筑书店经销
北京市铁成印刷厂印刷
*

开本：787×1092毫米　1/16　印张：30　字数：747千字
2002年1月第一版　2008年6月第三次印刷
印数：5501—7000册　定价：**49.00**元
ISBN 978-7-112-04861-8
(16663)

版权所有　翻印必究
如有印装质量问题，可寄本社退换
(邮政编码 100037)

本社网址：http://www.cabp.com.cn
网上书店：http://www.china-building.com.cn

各章节编写人名单

前言　　　　　　　　　　　　张永钧　叶书麟
1　概论　　　　　　　　　　　张永钧
2　既有建筑地基基础的鉴定和
　　地基计算　　　　　　　　张永钧
3　既有建筑地基事故的补救　　张永钧　丁玉琴
4　既有建筑地基基础加固方法
　4.1　基础扩大和加固　　　　叶书麟
　4.2　基础加深　　　　　　　叶书麟
　4.3　锚杆静压桩　　　　　　周志道
　4.4　树根桩　　　　　　　　叶书麟
　4.5　坑式静压桩　　　　　　钱国林　叶书麟
　4.6　石灰桩和灰土桩　　　　袁内镇　郭　勤
　4.7　高压喷射注浆　　　　　叶书麟
　4.8　注浆　　　　　　　　　涂光祉　李向阳
5　既有建筑增层　　　　　　　叶书麟
6　既有建筑迫降纠倾　　　　　樊良本　丁建江
7　既有建筑顶升纠倾　　　　　侯伟生　陈振建　潘耀民
8　既有建筑移位　　　　　　　侯伟生　张天宇

前　言

国家行业标准《既有建筑地基基础加固技术规范》JGJ123—2000 经建设部批准于 2000 年 6 月 1 日起施行。为了便于广大工程技术人员正确执行规范和实际操作，为此，我们编写了这本手册。

既有建筑地基基础加固是指已建建筑地基基础由于各种各样的原因而需进行加固。从我国国情看，除了古建筑和建国前的建筑外，大量的是建国初期至 20 世纪 70 年代末建造的建筑，这些建筑中有的是由于建造年代过久；有的是由于勘察、设计、施工、使用不当或环境改变；有的是由于使用功能改变需要进行加固改造；还有一部分改革开放后建造的建筑，也由于情况变化而需要加固改造。所以需要加固改造的建筑量大面广。与新建工程相比，既有建筑地基基础加固具有技术要求高、工期长、施工难度大、场地条件差和风险大等特点。因此，要求从事既有建筑地基基础加固改造工作的技术人员，必须要具备这方面专门的知识和技术。

本手册编写人员均为国内具有丰富工程经验的著名专家、教授和工程技术人员。手册中不仅包括编写人员亲身实践的宝贵经验，同时还努力搜集到了国内外的有关科研、设计、施工等单位的成果和经验，介绍给读者，用以拓宽知识面和应用参考。并旨在更好地理解和执行《既有建筑地基基础加固技术规范》JGJ 123—2000，从而促进既有建筑地基基础加固事业的发展完善。此外，书中引用的工程实例，力求具有科学性、先进性和实用性。各章编写时注意注明出处，但难免有遗漏之处，在此谨向所有原作者表示诚挚的谢意。同时，对书中不足之处，还恳请广大读者不吝赐教和批评指正。

张永钧　叶书麟

目 录

各章节编写人名单
前言

1 概论 ·· 1
  1.1 既有建筑加固改造在建筑业中的重要地位 ······································· 1
  1.2 既有建筑地基基础加固的应用范围 ·· 1
  1.3 既有建筑地基基础加固应遵循的原则和规定 ···································· 2
  1.4 对提高我国既有建筑地基基础加固技术水平的几点建议 ··············· 3

2 既有建筑地基基础的鉴定和地基计算 ································· 4
  2.1 既有建筑地基基础的鉴定 ·· 4
    2.1.1 调查既有建筑历史和现状 ··· 4
    2.1.2 既有建筑地基基础的检验 ··· 4
    2.1.3 既有建筑地基基础的评价 ··· 5
    2.1.4 既有建筑的可靠性鉴定方法和鉴定标准 ································· 5
  2.2 既有建筑的地基计算 ·· 17
    2.2.1 地基承载力计算 ·· 17
    2.2.2 地基变形计算 ·· 18
  参考文献 ··· 20

3 既有建筑地基事故的补救 ··· 21
  3.1 概述 ·· 21
    3.1.1 软土地基 ·· 21
    3.1.2 湿陷性黄土地基 ·· 24
    3.1.3 人工填土地基 ·· 26
    3.1.4 膨胀土地基 ·· 27
    3.1.5 土岩组合地基 ·· 30
  3.2 工程实例一——清华大学第一教室楼严重开裂与成功处理 ··········· 31
  3.3 工程实例二——软弱地基基础的设计教训及处理措施 ··················· 34
  3.4 工程实例三——某六层住宅楼事故分析与加固 ······························· 40
  3.5 工程实例四——冲击成孔灰土挤密桩在处理某工程地基湿陷事故中的应用 ··· 44
  3.6 工程实例五——静压生石灰桩加固危险房屋地基 ··························· 48
  参考文献 ··· 52

4 既有建筑地基基础加固方法 ·· 53
  4.1 基础扩大和加固 ·· 54
    4.1.1 概述 ·· 54
      4.1.1.1 基础灌浆加固 ·· 54
      4.1.1.2 采用混凝土套或钢筋混凝土套加大基础底面积 ·········· 55
      4.1.1.3 改变浅基础型式加大基础底面积 ·································· 55

目 录

- 4.1.1.4 基础减压和加强刚度 ······ 57
- 4.1.2 工程实例一——杭州市邮政大楼加层工程 ······ 60
- 4.1.3 工程实例二——中央党校自习楼墙体和地基基础加固 ······ 62
- 4.1.4 工程实例三——屯溪棉纺厂厂房基础加固 ······ 64
- 4.1.5 工程实例四——齐鲁石化公司在湿陷性黄土地区的基础托换技术 ······ 67
- 4.1.6 工程实例五——软粘土地基上大型筒仓基础托换加固 ······ 69
- 4.1.7 工程实例六——浙江省杭州丝绸印染联合厂生化池托换加固 ······ 72
- 4.1.8 工程实例七——南昌市八一大桥桥墩基础套筒法加固 ······ 75
- 4.1.9 工程实例八——新乡化纤厂4号、5号住宅楼加固工程的设计和施工 ······ 76
- 参考文献 ······ 80
- 4.2 基础加深 ······ 80
  - 4.2.1 概述 ······ 80
    - 4.2.1.1 墩式托换基础施工步骤 ······ 80
    - 4.2.1.2 墩式托换基础设计要点 ······ 81
    - 4.2.1.3 墩式托换适用范围及其优缺点 ······ 83
  - 4.2.2 工程实例一——陕西省泾阳县冶金建材厂浴室墩式托换加固 ······ 83
  - 4.2.3 工程实例二——二汽某分厂影剧院地基事故处理 ······ 84
  - 4.2.4 工程实例三——呼和浩特市市政公司1号住宅楼基础加深加固 ······ 85
  - 4.2.5 工程实例四——包头市红星桥改造基础加深 ······ 86
  - 4.2.6 工程实例五——德国Dortmund市Pezzer地毯商店与地铁相截交的托换加固 ······ 86
- 参考文献 ······ 88
- 4.3 锚杆静压桩 ······ 88
  - 4.3.1 概述 ······ 88
    - 4.3.1.1 锚杆静压桩工法特点 ······ 88
    - 4.3.1.2 锚杆静压桩用于既有建筑的托换加固和纠倾加固 ······ 89
    - 4.3.1.3 工程地质勘察 ······ 90
    - 4.3.1.4 锚杆静压桩设计 ······ 90
    - 4.3.1.5 锚杆静压桩托换加固与纠倾加固施工 ······ 94
    - 4.3.1.6 锚杆静压桩加固的质量检验 ······ 97
  - 4.3.2 工程实例一——芜湖市少年宫基础托换加固 ······ 98
  - 4.3.3 工程实例二——吴江新江钢铁厂宿舍楼地基托换加固 ······ 100
  - 4.3.4 工程实例三——上海莱福(集团)办公楼加层基础托换加固 ······ 102
  - 4.3.5 工程实例四——上钢五厂U型管车间扩建工程的基础加固 ······ 106
  - 4.3.6 工程实例五——上钢三厂改建空分塔的基础加固工程 ······ 108
  - 4.3.7 工程实例六——上海云岭化工厂深基坑开挖对相邻厂房柱基影响的加固 ······ 109
  - 4.3.8 工程实例七——上海大班都市俱乐部受相邻建筑物深基坑开挖影响的补强加固 ······ 112
  - 4.3.9 工程实例八——福州市状元新村4号楼纠倾加固工程 ······ 112
  - 4.3.10 工程实例九——南京市宝塔桥东街6号楼纠倾加固 ······ 116
  - 4.3.11 工程实例十——上海制线二厂锅炉房烟囱倾斜纠倾加固 ······ 117
  - 4.3.12 工程实例十一——华建小区5#住宅楼纠倾加固 ······ 119
  - 4.3.13 工程实例十二——宜兴市酒州苑住宅楼纠倾加固 ······ 122
  - 4.3.14 工程实例十三——上海市某住宅小区5幢公寓楼的纠倾加固 ······ 126
- 参考文献 ······ 130

4.4 树根桩 ··· 130
4.4.1 概述 ··· 130
4.4.1.1 树根桩在国外几个典型的工程实践 ··· 131
4.4.1.2 树根桩的国内外发展现状 ··· 135
4.4.1.3 树根桩的优点 ··· 136
4.4.1.4 树根桩的设计和计算 ··· 136
4.4.1.5 树根桩的施工工艺 ··· 142
4.4.2 工程实例一——树根桩在托换基础中加固机理的研究 ··· 144
4.4.3 工程实例二——上海某宾馆增层采用树根桩加固地基 ··· 147
4.4.4 工程实例三——上海新华铸钢厂造型车间加固吊车柱基 ··· 149
4.4.5 工程实例四——上海外滩天文台侧向托换加固 ··· 150
4.4.6 工程实例五——云南某厂六层住宅楼基础托换补强处理 ··· 153
4.4.7 工程实例六——北京热电厂管道支架地基加固 ··· 156
4.4.8 工程实例七——上海服装五厂采用树根桩加层加固工程 ··· 158
4.4.9 工程实例八——太钢一轧厂中小型精整车间采用树根桩加固工程 ··· 158
4.4.10 工程实例九——昆明市某科研大楼采用树根桩托换加固工程 ··· 160
4.4.11 工程实例十——广州某七层楼房采用综合法纠倾与树根桩加固基础 ··· 161
4.4.12 工程实例十一——法兰克福地铁车站出口处材格缪勒家具店柱子和单独基础的托换加固 ··· 164
4.4.13 工程实例十二——柏林地下铁道米伦道夫广场车站两侧建筑群的托换加固 ··· 166
参考文献 ··· 168
4.5 坑式静压桩 ··· 169
4.5.1 概述 ··· 169
4.5.1.1 坑式静压桩分类 ··· 169
4.5.1.2 坑式静压桩设计 ··· 170
4.5.1.3 坑式静压桩施工 ··· 170
4.5.1.4 坑式静压桩检验 ··· 171
4.5.1.5 其他桩式托换——预压桩、打入桩和灌注桩 ··· 171
4.5.2 工程实例一——呼和浩特市职业学校锅炉房基础加固托换工程 ··· 173
4.5.3 工程实例二——丰镇电厂五号机组发电机座水下静压桩加固 ··· 174
4.5.4 工程实例三——宣化建国街1号和2号商品住宅楼基础托换加固 ··· 177
4.5.5 工程实例四——丰镇电厂翻车机房附跨基础、空调车基础托换及顶升复位 ··· 178
4.5.6 工程实例五——呼和浩特二轻大酒店营业楼排险加固纠倾 ··· 182
4.5.7 工程实例六——呼和浩特市回民区卫生防疫站钢管压入桩增层托换 ··· 183
4.5.8 工程实例七——内蒙古计量研究所办公试验楼坑式静压预制桩增层托换 ··· 185
4.5.9 工程实例八——凤翔县某化工厂宿舍楼湿陷性黄土地基静压桩托换 ··· 186
4.5.10 工程实例九——西安市东北街房管所住宅楼预压桩托换加固 ··· 188
4.5.11 工程实例十——沙市房地局市区商品房宿舍楼自承式静压桩托换 ··· 191
4.5.12 工程实例十一——湖北孝感中学教学楼挖孔桩托换加固 ··· 192
4.5.13 工程实例十二——西安市朝阳剧场综合楼增层后预压桩托换加固 ··· 192
4.5.14 工程实例十三——陕西省科委某住宅楼预压桩托换加固 ··· 195
参考文献 ··· 200
4.6 石灰桩和灰土桩 ··· 200

- 4.6.1 石灰桩 …………………………………………………………………………… 200
  - 4.6.1.1 概述 ………………………………………………………………………… 200
  - 4.6.1.2 桩身材料 …………………………………………………………………… 201
  - 4.6.1.3 加固机理 …………………………………………………………………… 202
  - 4.6.1.4 石灰桩复合地基的设计计算 ……………………………………………… 203
  - 4.6.1.5 施工工艺 …………………………………………………………………… 205
  - 4.6.1.6 施工质量控制和效果检验 ………………………………………………… 207
- 4.6.2 灰土桩 …………………………………………………………………………… 208
  - 4.6.2.1 概述 ………………………………………………………………………… 208
  - 4.6.2.2 灰土桩的适用范围及技术特点 …………………………………………… 209
  - 4.6.2.3 加固机理 …………………………………………………………………… 209
  - 4.6.2.4 灰土桩的应用要点 ………………………………………………………… 210
- 4.6.3 工程实例一——某市传染病医院病房大楼加固 ……………………………… 212
- 4.6.4 工程实例二——某市织袜厂2号住宅楼加固 ………………………………… 218
- 4.6.5 工程实例三——某市国际电台4号住宅楼加层 ……………………………… 222
- 4.6.6 工程实例四——灰土桩处理既有建筑物地基湿陷事故 ……………………… 225

参考文献 ……………………………………………………………………………………… 231

4.7 高压喷射注浆 …………………………………………………………………………… 232
- 4.7.1 概述 ……………………………………………………………………………… 232
  - 4.7.1.1 主要特点和应用范围 ……………………………………………………… 232
  - 4.7.1.2 加固机理 …………………………………………………………………… 233
  - 4.7.1.3 水泥加固土的基本性状 …………………………………………………… 236
  - 4.7.1.4 工程勘察 …………………………………………………………………… 237
  - 4.7.1.5 设计计算 …………………………………………………………………… 238
  - 4.7.1.6 施工工艺 …………………………………………………………………… 245
  - 4.7.1.7 质量检验 …………………………………………………………………… 249
- 4.7.2 工程实例一——宝山钢铁总厂工程的深基坑开挖 …………………………… 250
- 4.7.3 工程实例二——沟海铁路三岔河桥15号墩基础加固 ………………………… 255
- 4.7.4 工程实例三——大渡河公路桥桩基沉渣的固结加固 ………………………… 258
- 4.7.5 工程实例四——高压旋喷桩法加固某影剧院地基 …………………………… 261
- 4.7.6 工程实例五——高压旋喷在建筑物纠倾与加固中的应用 …………………… 264
- 4.7.7 工程实例六——高压旋喷注浆在某工程事故基础补强加固中的应用 ……… 266
- 4.7.8 工程实例七——高压喷射注浆技术在基坑管涌处理中的运用 ……………… 269
- 4.7.9 工程实例八——浙江大学第六教学大楼地基加固 …………………………… 271
- 4.7.10 工程实例九——潍坊市某住宅楼采用旋喷桩处理不均匀沉降 ……………… 272
- 4.7.11 工程实例十——在湿陷性黄土地基上采用旋喷桩加固既有厂房 …………… 274

参考文献 ……………………………………………………………………………………… 276

4.8 注浆 ……………………………………………………………………………………… 276
- 4.8.1 概述 ……………………………………………………………………………… 276
  - 4.8.1.1 浆液材料 …………………………………………………………………… 277
  - 4.8.1.2 注浆加固机理 ……………………………………………………………… 278
  - 4.8.1.3 注浆加固设计 ……………………………………………………………… 278
  - 4.8.1.4 注浆加固施工 ……………………………………………………………… 279

4.8.1.5 注浆质量检验 ………………………………………………………… 279
　4.8.2 工程实例一——苏州虎丘塔地基水泥注浆加固 …………………………… 279
　4.8.3 工程实例二——北仑港电厂循环水泵房沉井注浆加固纠倾 ……………… 283
　4.8.4 工程实例三——某多层砖混结构压密注浆纠倾 …………………………… 287
　4.8.5 工程实例四——甘肃省粮食局家属楼水泥浆水玻璃混合注浆加固 ……… 289
　4.8.6 工程实例五——宝鸡某办公楼地基水玻璃加固 …………………………… 292
　4.8.7 工程实例六——某焦化厂塔罐群地基单液硅化加固 ……………………… 296
　4.8.8 工程实例七——某焦化厂鼓风机室地基碱液加固 ………………………… 298
参考文献 ……………………………………………………………………………………… 301

5 既有建筑增层 …………………………………………………………………………… 303
5.1 概述 ……………………………………………………………………………………… 303
　5.1.1 既有建筑增层的技术鉴定 …………………………………………………… 304
　5.1.2 增层结构的设计原则 ………………………………………………………… 305
　5.1.3 增层结构的结构型式分类 …………………………………………………… 305
　5.1.4 直接增层的结构设计 ………………………………………………………… 306
　　5.1.4.1 直接增层的地基承载力确定 …………………………………………… 309
　　5.1.4.2 直接增层的地基基础加固 ……………………………………………… 310
　5.1.5 外套结构增层的结构设计 …………………………………………………… 310
　　5.1.5.1 分离式外套结构 ………………………………………………………… 311
　　5.1.5.2 连接式外套结构 ………………………………………………………… 312
　　5.1.5.3 外套结构增层的结构和地基基础设计 ………………………………… 312
　5.1.6 室内增层的结构设计 ………………………………………………………… 315
5.2 工程实例一——洛阳建材工业学校教学主楼的增层加固 ………………………… 315
5.3 工程实例二——南京石城无线电厂的增层改造 …………………………………… 318
5.4 工程实例三——南京市长乐路某住宅增层设计 …………………………………… 320
5.5 工程实例四——沈阳铝镁设计研究院办公楼的增层设计 ………………………… 324
5.6 工程实例五——三层楼上增建四层的设计实践 …………………………………… 327
5.7 工程实例六——河北省建筑设计研究院办公楼增层设计 ………………………… 329
5.8 工程实例七——电子工业部第十四研究所02号增建工程 ………………………… 331
5.9 工程实例八——《北京日报》社综合业务楼的增层设计 ………………………… 332
5.10 工程实例九——纺织工业部办公大楼加固加层的结构设计 ……………………… 336
5.11 工程实例十——锚杆静压桩托换加固改建旧建筑物 ……………………………… 339
参考文献 ……………………………………………………………………………………… 341

6 既有建筑迫降纠倾 ……………………………………………………………………… 342
6.0 概说 ……………………………………………………………………………………… 342
　6.0.1 建筑物倾斜的主要原因 ……………………………………………………… 342
　6.0.2 考虑建筑物纠倾的条件 ……………………………………………………… 343
　6.0.3 纠倾工作的一般程序 ………………………………………………………… 344
　6.0.4 纠倾工作要点 ………………………………………………………………… 344
6.1 降水纠倾法 ……………………………………………………………………………… 345
　6.1.1 概述 …………………………………………………………………………… 345
　6.1.2 工程实例一——天津大港油田管理局四幢住宅楼筏板基础采用
　　　　　　　　　　滤水管井降水法纠倾方案 ………………………………… 346

6.2 浸水和浸水加压纠倾法 ·········· 349
6.2.1 概述 ·········· 349
6.2.2 工程实例二——某厂试验楼槽坑浸水法纠倾 ·········· 350
6.2.3 工程实例三——太原南站幼儿园西楼槽坑浸水法纠倾 ·········· 353
6.2.4 工程实例四——峰峰矿务局小学 2 号住宅楼钻孔浸水法纠倾 ·········· 354
6.2.5 工程实例五——山西省霍州矿区 9 号住宅楼压力注水与槽坑注水纠倾 ·········· 356
6.2.6 工程实例六——甘肃某工程烟囱基础钻孔注水加压法纠倾 ·········· 359
6.3 堆载(加压)纠倾法 ·········· 364
6.3.1 概述 ·········· 364
6.3.2 工程实例七——某教学楼条形基础堆载法纠倾 ·········· 365
6.3.3 工程实例八——某乡村小学教学楼堆载法纠倾 ·········· 366
6.3.4 工程实例九——某工程堆载卸载法纠倾 ·········· 368
6.3.5 工程实例十——武汉市某七层住宅楼筏板基础托换桩堆载加压纠倾 ·········· 370
6.4 掏土纠倾法 ·········· 372
6.4.1 概述 ·········· 372
6.4.1.1 基底下浅层掏土 ·········· 372
6.4.1.2 基础外深层掏土 ·········· 373
6.4.1.3 基础内深层掏土 ·········· 374
6.4.2 工程实例十一——广东省高明县两幢四层住宅掏砂法纠倾 ·········· 374
6.4.3 工程实例十二——某六层住宅开沟掏土法纠倾 ·········· 376
6.4.4 工程实例十三——浙江省岱山县育才新村 14 号楼平孔抽水法纠倾 ·········· 377
6.4.5 工程实例十四——福州某五层住宅筏板基础掏土法纠倾 ·········· 380
6.4.6 工程实例十五——大港油田办公楼筏板基础钻孔取土法纠倾 ·········· 382
6.4.7 工程实例十六——湖北省花木协会大楼、省化工公司宿舍楼整板基础钻孔取土法纠倾 ·········· 384
6.4.8 工程实例十七——武汉某住宅楼筏板基础钻孔取土法纠倾 ·········· 386
6.4.9 工程实例十八——湖北某大楼配电房条形基础钻孔取土、开沟水冲掏土纠倾 ·········· 389
6.4.10 工程实例十九——台州发电厂两幢家属住宅筏板基础沉井掏土法纠倾 ·········· 392
6.4.11 工程实例二十——上海市某商办楼搅拌桩复合地基筏板基础钻孔射水掏土法纠倾 ·········· 394
6.4.12 工程实例二十一——余姚市花园新村第 30 幢住宅楼筏板基础深层冲孔排土法纠倾 ·········· 398
6.4.13 工程实例二十二——山西化肥厂水泥分厂 100m 高烟囱深层冲孔排土法纠倾 ·········· 400
6.5 部分托换调整纠倾法 ·········· 403
6.5.1 概述 ·········· 403
6.5.2 工程实例二十三——铜仁市某五层住宅不埋式筏板基础部分托换调整法纠倾 ·········· 403
6.5.3 工程实例二十四——某住宅楼水泥搅拌桩复合地基筏板基础部分托换调整法纠倾 ·········· 405
6.6 调整上部结构纠倾法 ·········· 406
6.7 注浆抬升纠倾法 ·········· 408
6.7.1 概述 ·········· 408
6.7.2 工程实例二十五——镇江市江滨小区提水泵钻水池注浆法抬升纠倾 ·········· 408
6.8 综合法纠倾 ·········· 411
6.8.1 概述 ·········· 411
6.8.2 工程实例二十六——某校七层宿舍楼振冲复合地基筏板基础堆载卸载法、板底掏土法综合纠倾 ·········· 411
6.8.3 工程实例二十七——广州市某七层楼房钻孔射水掏土法、堆载法综合纠倾 ·········· 413

6.8.4　工程实例二十八——高明市某邮电大楼堆载法、掏石法综合纠倾 …………… 415
　　6.8.5　工程实例二十九——湖北某综合楼堆载卸载法、人工水冲掏土法综合纠倾 …… 417
6.9　桩基础纠倾 ……………………………………………………………………………… 419
　　6.9.1　概述 ……………………………………………………………………………… 419
　　6.9.2　工程实例三十——海南省琼山市某八层住宅钻孔灌注桩筏板基础掏土浸水法纠倾 …… 420
　　6.9.3　工程实例三十一——大同铁路地区桥西 7 号住宅楼桩基浸水法纠倾 …………… 421
　　6.9.4　工程实例三十二——番禺南沙镇公安局办公楼沉管灌注桩基础断桩法纠倾 …… 424
　　6.9.5　工程实例三十三——广州两幢八层建筑物沉管灌注桩采用水冲法、
　　　　　　断桩法结合高压旋喷法纠倾 ……………………………………………………… 426
　　6.9.6　工程实例三十四——南京茶西小区四幢住宅楼桩基础斜孔抽水取土法纠倾 …… 427
参考文献 ………………………………………………………………………………………… 431

7　既有建筑顶升纠倾 …………………………………………………………………………… 433
7.1　概述 ……………………………………………………………………………………… 433
　　7.1.1　顶升纠倾的基本原理及适用范围 ………………………………………………… 433
　　7.1.2　顶升纠倾设计和施工 ……………………………………………………………… 434
7.2　工程实例一——厦门市斗西路建筑物整体顶升纠倾加固加层工程 ………………… 439
7.3　工程实例二——某办公楼钢筋混凝土框架顶升纠倾 ………………………………… 443
7.4　工程实例三——某五层砖混结构顶升纠倾 …………………………………………… 444
参考文献 ………………………………………………………………………………………… 445

8　既有建筑移位 ………………………………………………………………………………… 446
8.1　概述 ……………………………………………………………………………………… 446
　　8.1.1　既有建筑移位的原理及适用性 …………………………………………………… 446
　　8.1.2　既有建筑移位设计 ………………………………………………………………… 447
　　8.1.3　既有建筑移位施工 ………………………………………………………………… 455
　　8.1.4　移位的安全措施 …………………………………………………………………… 459
8.2　工程实例一——山东省济南市某七幢宿舍楼整体平移 ……………………………… 459
8.3　工程实例二——福建省晋江市糖烟酒公司综合楼五层框架整体平移 ……………… 465
参考文献 ………………………………………………………………………………………… 467

1 概 论

张永钧(中国建筑科学研究院)

1.1 既有建筑加固改造在建筑业中的重要地位

根据我国情况,需要进行加固改造的既有建筑,从建造年代来看,除少数古建筑和建国前建造的建筑外,绝大多数是建国以来建造的建筑,其中又以建国初期至20世纪70年代末建造的建筑占主体,改革开放以来建造的建筑,虽然建造时间不长,但也有一部分需要进行加固改造;就建筑类型而言,有工业建筑和构筑物,也有公共建筑和大量住宅建筑。这些建筑由于下列原因需要进行加固改造:

1. 我国建国初期建造的大量建筑,已接近或超过设计基准期,需要根据建筑现状逐步进行加固改造,以延长其使用年限。

2. 与世界各国相比较,我国人均占地很少,农业用地与建设用地矛盾日益突出,尤其是城市建设用地越来越紧张,地价越来越贵,新建房屋投资必然越来越高,而对既有建筑进行加固改造,就成为节约建设用地,节省投资的有效途径。

3. 为了增加房屋的使用面积和提高房屋的使用质量,而进行增层改造,如增加卫生设施,改善房屋的保温、隔热、隔声效果等。

4. 因遭受人为或自然灾害(如火灾、水灾、风灾、地震等)造成建筑物的损坏,需要进行加固改造,以恢复房屋的安全度。

综上所述,需要进行加固改造的既有建筑范围很广、数量很多、工程量很大、投资额很高。因而,既有建筑加固改造在建筑业中占有重要的地位。

1.2 既有建筑地基基础加固的应用范围

既有建筑需要进行地基基础加固的大致有下列几种情况:

1. 由于勘察、设计、施工或使用不当,造成既有建筑开裂、倾斜或损坏,而需要进行地基基础加固。这在软土地基、湿陷性黄土地基、人工填土地基、膨胀土地基和土岩组合地基上较为常见。

2. 因改变原建筑使用要求或使用功能,而需要进行地基基础加固。如增层、增加荷载、改建、扩建等。其中住宅建筑以扩大建筑使用面积为目的的增层较为常见,尤以不改变原有结构传力体系的直接增层为主。办公楼常以增层改造为主,因一般需要增加的层数较多,故常采用外套结构增层的方式,增层荷载由独立于原结构的新设的梁、柱、基础传递。公用建筑如会堂、影院等因增加使用面积或改善使用功能而进行增层、改建或扩建改造等。单层工业厂房和多层工业建筑,由于产品的更新换代,需要对原生产工艺进行改造,对设备进行更新,这种改造和更新势必引起荷载的增加,造成原有结构和地基基础承载力的不足等等。

3．因周围环境改变,而需要进行地基基础加固,大致有以下几种情况:

(1) 地下工程施工可能对既有建筑造成影响。

(2) 邻近工程的施工对既有建筑可能产生影响。

(3) 深基坑开挖对既有建筑可能产生影响。

4．古建筑的维修,而需要进行地基基础加固。

1.3 既有建筑地基基础加固应遵循的原则和规定

与新建工程相比,既有建筑地基基础的加固是一项技术较为复杂的工程。因此,必须遵循下列原则和规定:

1．必须由有相应资质的单位和有经验的专业技术人员来承担既有建筑地基和基础的鉴定、加固设计和加固施工,并应按规定程序进行校核、审定和审批等。

2．既有建筑在进行加固设计和施工之前,应先对地基和基础进行鉴定,根据鉴定结果,才能确定加固的必要性和可能性。

3．既有建筑地基基础加固设计,可按下列步骤进行:

(1) 根据鉴定检验获得的测试数据确定地基承载力和地基变形计算参数等。

(2) 选择地基基础加固方案。首先根据加固的目的,结合地基基础和上部结构的现状,并考虑上部结构、基础和地基的共同作用,初步选择采用加固地基,或加固基础,或加强上部结构刚度和加固地基基础相结合的方案。这是因为大量工程实践证明,在进行地基基础设计时,采用加强上部结构刚度和承载能力的方法,能减少地基的不均匀变形,取得较好的技术经济效果。因此,在选择既有建筑地基基础加固方案时,同样也应考虑上部结构、基础和地基的共同作用,采取切实可行的措施,既可降低费用,又可收到满意的效果。其次,对初步选定的各种加固方案,分别从预期效果、施工难易程度、材料来源和运输条件、施工安全性、对邻近建筑和环境的影响、机具条件、施工工期和造价等方面进行技术经济分析和比较,选定最佳的加固方法。

既有建筑基础常用的加固方法有:以水泥浆等为浆液材料的基础补强注浆加固法、用混凝土套或钢筋混凝土套加大基础面积的扩大基础底面积法、用灌注现浇混凝土的加深基础法等。

既有建筑地基常用的加固方法有:锚杆静压桩法、树根桩法、坑式静压桩法、石灰桩法、注浆加固法、高压喷射注浆法、灰土挤密桩法、深层搅拌法、硅化法和碱液法等。

此外,尚有既有建筑迫降纠倾和顶升纠倾,以及移位等方法。

4．既有建筑地基基础加固施工。一般来说,既有建筑地基基础加固施工具有场地条件差、施工难度大、技术要求高、不安全因素多和风险大等特点,因此加固施工是一项专业性很强的技术,要求施工单位具有专业工程经验,施工人员具备较高的素质,应清楚所承担地基基础加固工程的加固目的、加固原理、技术要求和质量标准等。加固施工前还应编制详细的施工组织设计,制订完善的施工操作规程,特别要充分估计施工过程中可能出现的安全事故,以及采取的应急措施。要认真研究加固工程施工时,对相邻既有建筑可能造成的影响或危害,并制订出确保相邻既有建筑安全的技术方案。

5. 既有建筑地基基础加固施工中的监测、监理、检验和验收。加固施工中应有专人负责质量控制。还应有专人负责严密的监测,当出现异常情况时,应及时会同设计人员及有关部门分析原因,妥善解决。当情况严重时,应采取果断措施,以免发生安全事故。对既有建筑进行地基基础加固时,沉降观测是一项必须要做的重要工作。它不仅是施工过程中进行监测的重要手段,而且是对地基基础加固效果进行评价和工程验收的重要依据。因此,除在加固施工期间进行沉降观测外,对重要的或对沉降有严格限制的建筑,尚应在加固后继续进行沉降观测,直至沉降稳定为止。由于地基基础加固过程中容易引起对周围土体的扰动,因此,施工过程中对邻近建筑和地下管线也应同时进行监测。此外,施工过程中应有专门机构负责质量监理。施工结束后应进行工程质量检验和验收。

1.4 对提高我国既有建筑地基基础加固技术水平的几点建议

目前我国对既有建筑地基基础加固技术的全面研究虽然还处于方兴未艾的阶段,但已取得了一些成果,且发展异常迅速。近年来全国各地需要进行地基基础加固的既有建筑迅速增加,而且已经完成了一批风险高、难度大的工程项目,其中包括一些国家重点工程改造项目,取得了可观的经济效益和社会效益。在标准规范编制方面,新编了国家行业标准《既有建筑地基基础加固技术规范》JGJ 123—2000,经建设部审查,批准为强制性行业标准,自2000年6月1日起施行。各种专业学会多次举办学术活动,进行技术交流和研讨。所有这些都有力地推动了既有建筑地基基础加固领域技术进步和发展。为了进一步提高既有建筑地基基础加固的技术水平,建议当前开展如下几方面的工作:

1. 开展既有建筑地基基础加固理论、鉴定和设计计算方法的研究。
2. 研制和开发适用于既有建筑地基基础加固的小型检测设备和施工机具。
3. 加强国际交流,适当引进国外先进的加固改造技术和装备。
4. 成立专门从事加固改造的专业施工公司。
5. 对从事鉴定、加固设计、加固施工和质量监督检验的单位进行资质认证。
6. 广泛开展技术交流和人员培训。

2 既有建筑地基基础的鉴定和地基计算

张永钧(中国建筑科学研究院)

2.1 既有建筑地基基础的鉴定

既有建筑进行增层或改造前,对建筑物的历史和现状应有一个全面的了解,并结合使用要求对其增层或改造的可行性做出初步判断,进而进行经济分析,以确定增层或改造的合理性。要达到上述目的,对既有建筑物进行鉴定就成为首要的、必不可少的重要步骤。

2.1.1 调查既有建筑历史和现状

对既有建筑调查包括历史情况调查和现状调查。历史情况调查主要调查建筑物建造年代,作用在结构上的荷载有无变化,使用条件和用途有无变更,使用环境有无变化,是否遭受过地震、火灾、水灾等自然灾害,是否进行过改建或扩建等。既有建筑现状调查主要调查既有建筑实际使用荷载、沉降、倾斜、扭曲和裂损等情况;调查邻近建筑、地下工程和管线等情况。

2.1.2 既有建筑地基基础的检验

一、地基的检验

(一) 检验步骤

1. 搜集场地岩土工程勘察资料、既有建筑的地基基础和上部结构设计计算资料和图纸、隐蔽工程的施工记录和竣工图以及沉降观测资料等。

2. 对原岩土工程勘察资料中的下列内容要进行重点了解和分析:

(1) 地基土层的分布及其均匀性。是否存在软弱下卧层、特殊土及沟、塘、古河道、墓穴、岩溶、土洞等。

(2) 地基土的物理力学性质。分析当时所用勘察试验手段是否合理,所用规范和评价方法是否正确,从而判别当时所提的地基承载力和变形参数是否准确。

(3) 地下水的水位及其腐蚀性。

(4) 地震区地基存在饱和粉细砂或粉土时,对于这类土要着重分析液化性质,当存在软土时要考虑软土的震陷性质。

(5) 场地稳定性。

3. 根据加固的目的,结合搜集的资料和调查的情况进行综合分析,提出进行地基检验的方法。

(二) 检验方法

地基的检验可根据建筑物的加固要求和场地条件选用下列方法:

1. 采用钻探、井探、槽探或地球物理探测等方法进行勘探。
2. 进行原状土的室内物理力学性质试验。
3. 进行载荷试验、静力触探试验、标准贯入试验、圆锥动力触探试验、十字板剪切试验或旁压试验等原位测试。

（三）检验要求
1. 根据建筑物的重要性和原岩土工程勘察资料情况，适当补充勘探孔或原位测试孔，查明土层分布及土的物理力学性质。孔位应靠近基础。
2. 对于重要的增层、增加荷载等建筑，可在基础下取原状土进行室内土的物理力学性质试验或进行基础下的载荷试验。

二、基础的检验
（一）检验步骤
1. 搜集基础、上部结构和管线设计施工资料和竣工图，了解建筑各部位基础的实际荷载。
2. 进行现场调查。可通过开挖探坑验证基础类型、材料、尺寸及埋置深度，检查基础开裂、腐蚀或损坏程度。测定基础材料的强度等级。对倾斜的建筑应查明基础的倾斜、弯曲、扭曲等情况。对桩基应查明其入土深度、持力层情况和桩身质量。

（二）检验方法
1. 目测基础的外观质量。
2. 用手锤等工具初步检查基础的质量。用非破损法或钻孔取芯法测定基础材料的强度。
3. 检查钢筋直径、数量、位置和锈蚀情况。
4. 对桩基工程可通过沉降观测，测定桩基的沉降情况。

2.1.3 既有建筑地基基础的评价

一、地基的评价
（一）通过对既有建筑历史和现状的调查，对搜集到的各种设计施工资料和图纸，特别是原位和室内试验结果的分析计算，并结合当地经验，提出地基的综合评价。
（二）根据上述评价，结合地基与上部结构现状，提出地基有无必要进行加固。如有必要进行加固，应提出建议采用何种方法进行加固。

二、基础的评价
（一）根据基础裂缝、腐蚀或破损程度以及基础材料的强度等级，判断基础完整性。
（二）按实际承受荷载和变形特征进行基础承载力和变形验算。
（三）确定基础有无必要进行加固，如有必要进行加固，应提出建议采用何种方法进行加固。

2.1.4 既有建筑的可靠性鉴定方法和鉴定标准

一、鉴定方法
目前我国建筑物可靠性鉴定常采用经验法。这种方法是依赖有经验的技术人员，通过现场目测检查和必要的检测和核算，然后凭鉴定者的知识和经验，做出评价。由于这种方法所采用的调查方式、检测手段和判断准则，均由鉴定者个人确定，故对于较为复杂的问题，其鉴定结果往往会因人而异。因此，当前对于较为复杂的工程，多数成立鉴定专家组，通过集体分析、研究和判断,以提高鉴定结果的准确性。

随着现代理论和实用科学方法的发展完善,以及先进的检测技术和计算手段的运用,既有建筑可靠性鉴定的科学性、实用性和准确性正在不断提高。

二、鉴定标准

在我国工程建设主管部门和广大科技人员的共同努力下,积极组织标准规范的编制取得了显著成绩,已编和正在编制的有关建筑物鉴定与加固改造方面的各种标准已有20多本。现将现行的国家标准《工业厂房可靠性鉴定标准》GBJ 144—90 和国家标准《民用建筑可靠性鉴定标准》GB 50292—1999 以及国家行业标准《危险房屋鉴定标准》JGJ 125—99 中有关地基基础的评级标准简要介绍如下:

(一)国家标准《工业厂房可靠性鉴定标准》GBJ 144—90

1. 鉴定程序和等级标准

(1) 鉴定程序

1)《工业厂房可靠性鉴定标准》规定工业厂房应按图2-1所示程序进行可靠性鉴定评级。

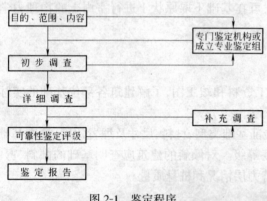

图 2-1 鉴定程序

2) 工业厂房可靠性鉴定评级时,《工业厂房可靠性鉴定标准》规定首先应划分为子项、项目或组合项目、评定单元三个层次,每个层次划分为四个等级。并应符合表2-1规定。

工业厂房可靠性鉴定评级层次及等级划分　　　　表 2-1

层　次	评定单元	项目或组合项目		子　项
等　级	一、二、三、四	A、B、C、D		a、b、c、d
范围与内容	评定单元	结构布置和支撑系统	结构布置和支撑布置	
			支撑系统长细比	支撑杆件长细比
		承重结构系统	地基基础	地基、斜坡
				基　础	按结构类别同相应结构的子项
				桩和桩基	桩、桩基
			混凝土结构	承载能力、构造和连接、裂缝、变形
			钢结构	承载能力与构造和连接、变形、偏差
			砌体结构	承载能力、构造和连接、变形、裂缝、变形
		围护结构系统	使用功能	屋面系统、墙体及门窗、地下防水设施、防护设施
			承重结构	按结构类别同相应结构的子项

(2) 鉴定等级标准

根据《工业厂房可靠性鉴定标准》工业厂房可靠性鉴定的子项、项目或组合项目、评定单元应按下列规定评定等级:

1) 子项

a 级 符合国家现行标准规范要求,安全适用,不必采取措施;

b 级 略低于国家现行标准规范要求,基本安全适用,可不必采取措施;

c 级 不符合国家现行标准规范要求,影响安全或影响正常使用,应采取措施;

d 级 严重不符合国家现行标准规范要求,危及安全或不能正常使用,必须采取措施。

2) 项目或组合项目

应按对项目可靠性影响的不同程度,将子项分为主要子项和次要子项两类。结构的承载能力,构造连接等应划分为主要子项;结构的裂缝变形等应划分为次要子项。

A 级 主要子项符合国家现行标准规范要求;次要子项略低于国家现行标准规范要求。正常使用,不必采取措施;

B 级 主要子项符合或略低于国家现行标准规范要求,个别次要子项不符合国家现行标准规范要求。尚可正常使用,应采取适当措施;

C 级 主要子项略低于或不符合国家现行标准规范要求,应采取适当措施;个别次要子项可严重不符合国家现行标准规范要求,应采取措施;

D 级 主要子项严重不符合国家现行标准规范要求,必须采取措施。

3) 评定单元

一级 可靠性符合国家现行标准规范要求,可正常使用,极个别项目宜采取适当措施;

二级 可靠性略低于国家现行标准规范要求,不影响正常使用,个别项目应采取措施;

三级 可靠性不符合国家现行标准规范要求,影响正常使用,有些项目应采取措施,个别项目必须立即采取措施;

四级 可靠性严重不符合国家现行标准规范要求,已不能正常使用,必须立即采取措施。

2. 鉴定评级

(1) 地基基础的鉴定评级应包括地基、基础、桩和桩基、斜坡四个项目。

(2) 地基项目宜根据地基变形观测资料,按下列规定评定等级:

A 级 厂房结构无沉降裂缝或裂缝已终止发展,不均匀沉降小于国家现行《建筑地基基础设计规范》规定的容许沉降差,吊车运行正常;

B 级 厂房结构沉降裂缝在短期内有终止发展趋向,连续 2 个月地基沉降速度小于 2mm/月,不均匀沉降小于国家现行《建筑地基基础设计规范》规定的容许沉降差,吊车运行基本正常;

C 级 厂房结构沉降裂缝继续发展,短期内无终止趋向,连续 2 个月地基沉降速度大于 2mm/月,不均匀沉降大于国家现行《建筑地基基础设计规范》规定的容许沉降差,吊车运行不正常,但轨顶标高或轨距尚有调整余地;

D 级 厂房结构沉降裂缝发展显著,连续 2 个月地基沉降速度大于 2mm/月,不均匀沉降大于国家现行《建筑地基基础设计规范》规定的容许沉降差,吊车运行不正常,轨顶标高或轨距没有调整余地。

(3) 基础项目应根据基础结构的类别按相应结构的规定评定等级。

(4) 桩和桩基项目应包括桩、桩基两个子项,分别按下列规定评定等级:

1) 桩基应按地基项目评定等级;

2) 单桩宜按下列标准评定等级：

a级　木桩没有或有轻微表层腐烂，钢桩没有或有轻微表面腐蚀；

b级　木桩腐烂的横截面积小于原有横截面积10%，钢桩腐蚀厚度小于原有壁厚10%；

c级　木桩腐烂的横截面积为原有横截面积10%~20%，钢桩腐蚀厚度为原有壁厚10%~20%；

d级　木桩腐烂的横截面积大于原有横截面积20%，钢桩腐蚀厚度大于原有壁厚20%。

3) 当基础下为群桩时，其子项等级应根据单桩各个等级的百分比按下列规定确定：

a级　含b级不大于30%，且不含c级、d级；

b级　含c级不大于30%，且不含d级；

c级　含d级小于10%；

d级　含d级大于或等于10%。

桩和桩基项目的评定等级，应按桩、桩基子项的较低等级确定。

(5) 斜坡项目应根据其稳定性按下列规定评定等级：

A级　没有发生过滑动，将来也不会再滑动；

B级　以前发生过滑动，停止滑动后将来不会再滑动；

C级　发生过滑动，停止滑动后将来可能再滑动；

D级　发生过滑动，停止滑动后目前又滑动或有滑动迹象。

(6) 地基基础组合项目的评定等级，应按地基、基础、桩和桩基、斜坡项目中的最低等级确定。

(二) 国家标准《民用建筑可靠性鉴定标准》GB 50292—1999

1. 民用建筑可靠性鉴定，可分为安全性鉴定和正常使用性鉴定。

(1) 在下列情况下，应进行可靠性鉴定：

1) 建筑物大修前的全面检查；

2) 重要建筑物的定期检查；

3) 建筑物改变用途或使用条件的鉴定；

4) 建筑物超过设计基准期继续使用的鉴定；

5) 为制订建筑群维修改造规划而进行的普查。

(2) 在下列情况下，可仅进行安全性鉴定：

1) 危房鉴定及各种应急鉴定；

2) 房屋改造前的安全检查；

3) 临时性房屋需要延长使用期的检查；

4) 使用性鉴定中发现的安全问题。

(3) 在下列情况下，可仅进行正常使用性鉴定：

1) 建筑物日常维护的检查；

2) 建筑物使用功能的鉴定；

3) 建筑物有特殊使用要求的专门鉴定。

2. 民用建筑可靠性鉴定，应按下列框图规定的程序(图2-2)进行。

2.1 既有建筑地基基础的鉴定

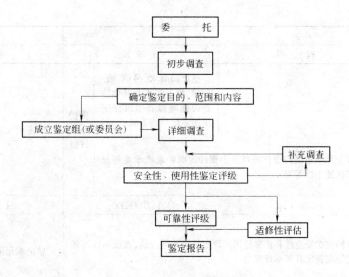

图 2-2 鉴定程序

3. 民用建筑可靠性鉴定评级的层次、等级划分以及工作步骤和内容，应符合下列规定：

(1) 安全性和正常使用性的鉴定评级，应按构件、子单元和鉴定单元各分三个层次。每一层分为四个安全性等级和三个使用性等级，并应按表2-2规定的检查项目和步骤，从第一层开始，分层进行：

可靠性鉴定评级的层次、等级划分及工作内容　　　　　　表 2-2

层　次		一	二	三
层　名		构　件	子单元	鉴定单元
安全性鉴定	等级	$a_u、b_u、c_u、d_u$	$A_u、B_u、C_u、D_u$	$A_{su}、B_{su}、C_{su}、D_{su}$
	地基基础	—	按地基变形或承载力、地基稳定性（斜坡）等检查项目评定地基等级	鉴定单元安全性评级
		按同类材料构件各检查项目评定单个基础等级	每种基础评级	
	上部承重结构	按承载能力、构造、不适于继续承载的位移或残损等检查项目评定单个构件等级	每种构件评级	
			结构侧向位移评级	
		—	按结构布置、支撑、圈梁、结构间连系等检查项目评定结构整体性等级	
	围护系统承重部分	按上部承重结构检查项目及步骤评定围护系统承重部分各层次安全性等级		
正常使用性鉴定	等级	$a_s、b_s、c_s$	$A_s、B_s、C_s$	$A_{ss}、B_{ss}、C_{ss}$
	地基基础		按上部承重结构和围护系统工作状态评估地基基础等级	鉴定单元正常使用性评级
	上部承重结构	按位移、裂缝、风化、锈蚀等检查项目评定单个构件等级	每种构件评级	
			结构侧向位移评级	

续表

层次	一	二	三
层名	构件	子单元	鉴定单元
正常使用性鉴定 / 围护系统功能	—	按屋面防水、吊顶、墙、门窗、地下防水及其他防护设施等检查项目评定围护系统功能等级	围护系统评级	鉴定单元正常使用性评级
	按上部承重结构检查项目及步骤评定围护系统承重部分各层次使用性等级		
可靠性鉴定 / 等级	$a、b、c、d$	$A、B、C、D$	Ⅰ、Ⅱ、Ⅲ、Ⅳ
地基基础	以同层次安全性和正常使用性评定结果并列表达，或按本标准规定的原则确定其可靠性等级		鉴定单元可靠性评级
上部承重结构			
围护系统			

注：表中地基基础包括桩基和桩。

1）根据构件各检查项目评定结果，确定单个构件等级；
2）根据子单元各检查项目及各种构件的评定结果，确定子单元等级；
3）根据各子单元的评定结果，确定鉴定单元等级。

（2）各层次可靠性鉴定评级，应以该层次安全性和正常使用性的评定结果为依据综合确定。每一层次的可靠性等级分为四级。

（3）当仅要求鉴定某层次的安全性或正常使用性时，检查和评定工作可只进行到该层次相应程序规定的步骤。

4．民用建筑安全性鉴定评级的各层次分级标准，应按表2-3的规定采用。

安全性鉴定分级标准 表2-3

层次	鉴定对象	等级	分级标准	处理要求
一	单个构件或其检查项目	a_u	安全性符合本标准对a_u级的要求，具有足够的承载能力	不必采取措施
		b_u	安全性略低于本标准对a_u级的要求，尚不显著影响承载能力	可不采取措施
		c_u	安全性不符合本标准对a_u级的要求，显著影响承载能力	应采取措施
		d_u	安全性极不符合本标准对a_u级的要求，已严重影响承载能力	必须及时或立即采取措施
二	子单元的检查项目	A_u	安全性符合本标准对A_u级的要求，具有足够的承载能力	不必采取措施
		B_u	安全性略低于本标准对A_u级的要求，尚不显著影响承载能力	可不采取措施
		C_u	安全性不符合本标准对A_u级的要求，显著影响承载能力	应采取措施
		D_u	安全性极不符合本标准对A_u级的要求，已严重影响承载能力	必须及时或立即采取措施

续表

层次	鉴定对象	等级	分级标准	处理要求
二	子单元中的每种构件	A_u	安全性符合本标准对 A_u 级的要求,不影响整体承载	可不采取措施
		B_u	安全性略低于本标准对 A_u 级的要求,尚不显著影响整体承载	可能有极个别构件应采取措施
		C_u	安全性不符合本标准对 A_u 级的要求,显著影响整体承载	应采取措施,且可能有个别构件必须立即采取措施
		D_u	安全性极不符合本标准对 A_u 级的要求,已严重影响整体承载	必须立即采取措施
	子单元	A_u	安全性符合本标准对 A_u 级的要求,不影响整体承载	可能有个别一般构件应采取措施
		B_u	安全性略低于本标准对 A_u 级的要求,尚不显著影响整体承载	可能有极少数构件应采取措施
		C_u	安全性不符合本标准对 A_u 级的要求,显著影响整体承载	应采取措施,且可能有极少数构件必须立即采取措施
		D_u	安全性极不符合本标准对 A_u 级的要求,严重影响整体承载	必须立即采取措施
三	鉴定单元	A_{su}	安全性符合本标准对 A_{su} 级的要求,不影响整体承载	可能有极少数一般构件应采取措施
		B_{su}	安全性略低于本标准对 A_{su} 级的要求,尚不显著影响整体承载	可能有极少数构件应采取措施
		C_{su}	安全性不符合本标准对 A_{su} 级的要求,显著影响整体承载	应采取措施,且可能有少数构件必须立即采取措施
		D_{su}	安全性严重不符合本标准对 A_{su} 级的要求,严重影响整体承载	必须立即采取措施

注:1. 本标准对 a_u 级、A_u 级及 A_{su} 级的具体要求以及对其他各级不符合该要求的允许程度,分别由《民用建筑可靠性鉴定标准》第4章、第6章及第8章给出;
  2. 表中关于"不必采取措施"和"可不采取措施"的规定,仅对安全性鉴定而言,不包括正常使用性鉴定所要求采取的措施。

5. 民用建筑正常使用性鉴定评级的各层次分级标准,应按表2-4的规定采用。

使用性鉴定分级标准   表2-4

层次	鉴定对象	等级	分级标准	处理要求
一	单个构件或其检查项目	a_s	使用性符合本标准对 a_s 级的要求,具有正常的使用功能	不必采取措施
		b_s	安全性略低于本标准对 a_s 级的要求,尚不显著影响使用功能	可不采取措施
		c_s	使用性不符合本标准对 a_s 级的要求,显著影响使用功能	应采取措施

续表

层次	鉴定对象	等级	分级标准	处理要求
二	子单元的检查项目	A_s	使用性符合本标准对 A_s 级的要求,具有正常的使用功能	不必采取措施
		B_s	使用性略低于本标准对 A_s 级的要求,尚不显著影响使用功能	可不采取措施
		C_s	使用性不符合本标准对 A_s 级的要求,显著影响使用功能	应采取措施
	子单元中的每种构件	A_s	使用性符合本标准对 A_s 级的要求,不影响整体使用功能	可不采取措施
		B_s	使用性略低于本标准对 A_s 级的要求,尚不显著影响整体使用功能	可能有极少数构件应采取措施
		C_s	使用性不符合本标准对 A_s 级的要求,显著影响整体使用功能	应采取措施
	子单元	A_s	使用性符合本标准对 A_s 级的要求,不影响整体使用功能	可能有极少数一般构件应采取措施
		B_s	使用性略低于本标准对 A_s 级的要求,尚不显著影响整体使用功能	可能有极少数构件应采取措施
		C_s	使用性不符合本标准对 A_s 级的要求,显著影响整体使用功能	应采取措施
三	鉴定单元	A_{ss}	使用性符合本标准对 A_{ss} 级的要求,不影响整体使用功能	可能有极少数一般构件应采取措施
		B_{ss}	使用性略低于本标准对 A_{ss} 级的要求,尚不显著影响整体使用功能	可能有极少数构件应采取措施
		C_{ss}	使用性不符合本标准对 A_{ss} 级的要求,显著影响整体使用功能	应采取措施

注:1. 本标准对 a_s 级、A_s 级及 A_{ss} 级的具体要求以及对其他各级不符合该要求的允许程度,分别由《民用建筑可靠性鉴定标准》第5章、第7章及第8章给出;
  2. 表中关于"不必采取措施"和"可不采取措施"的规定,仅对正常使用性鉴定而言,不包括安全性鉴定所要求采取的措施。

6. 民用建筑可靠性鉴定评级的各层次分级标准,应按表2-5的规定采用。

可靠性鉴定的分级标准 表2-5

层次	鉴定对象	等级	分级标准	处理要求
一	单个构件	a	可靠性符合本标准对 a 级的要求,具有正常的承载功能和使用功能	不必采取措施
		b	可靠性略低于本标准对 a 级的要求,尚不显著影响承载功能和使用功能	可不采取措施
		c	可靠性不符合本标准对 a 级的要求,显著影响承载功能和使用功能	应采取措施
		d	可靠性极不符合本标准对 a 级的要求,已严重影响安全	必须及时或立即采取措施

续表

层次	鉴定对象	等级	分级标准	处理要求
二	子单元中的每种构件	A	可靠性符合本标准对 A 级的要求,不影响整体的承载功能和使用功能	可不采取措施
		B	可靠性略低于本标准对 A 级的要求,但尚不显著影响整体的承载功能和使用功能	可能有个别或极少数构件应采取措施
		C	可靠性不符合本标准对 A 级的要求,显著影响整体承载功能和使用功能	应采取措施,且可能有个别构件必须立即采取措施
		D	可靠性极不符合本标准对 A 级的要求,已严重影响安全	必须立即采取措施
	子单元	A	可靠性符合本标准对 A 级的要求,不影响整体承载功能和使用功能	可能有极少数一般构件应采取措施
		B	可靠性略低于本标准对 A 级的要求,但尚不显著影响整体承载功能和使用功能	可能有极少数构件应采取措施
		C	可靠性不符合本标准对 A 级的要求,显著影响整体承载功能和使用功能	应采取措施,且可能有极少数构件必须立即采取措施
		D	可靠性极不符合本标准对 A 级的要求,已严重影响安全	必须立即采取措施
三	鉴定单元	Ⅰ	可靠性符合本标准对 Ⅰ 级的要求,不影响整体承载功能和使用功能	可能有少数一般构件应在使用性或安全性方面采取措施
		Ⅱ	可靠性略低于本标准对 Ⅰ 级的要求,尚不显著影响整体承载功能和使用功能	可能有极少数构件应在安全性或使用性方面采取措施
		Ⅲ	可靠性不符合本标准对 Ⅰ 级的要求,显著影响整体承载功能和使用功能	应采取措施,且可能有极少数构件必须立即采取措施
		Ⅳ	可靠性极不符合本标准对 Ⅰ 级的要求,已严重影响安全	必须立即采取措施

注:本标准对 a 级、A 级、Ⅰ 级的具体分级界限以及对其他各级超出该界限的允许程度,由《民用建筑可靠性鉴定标准》第 9 章作出规定。

7. 地基基础(子单元)的安全性鉴定,包括地基、桩基和斜坡三个检查项目,以及基础和桩两种主要构件。

(1) 当鉴定地基、桩基的安全性时,应遵守下列规定:

1) 一般情况下,宜根据地基、桩基沉降观测资料或其不均匀沉降在上部结构中的反应的检查结果进行鉴定评级。

2) 当现场条件适宜于按地基、桩基承载力进行鉴定评级时,可根据岩土工程勘察档案和有关检测资料的完整程度,适当补充近位勘探点,进一步查明土层分布情况,并采用原位测试和取原状土作室内物理力学性质试验方法进行地基检验,根据以上资料并结合当地工程经验对地基、桩基的承载力进行综合评价。

若现场条件许可,尚可通过在基础(或承台)下进行载荷试验以确定地基(或桩基)的承载力。

3) 当发现地基受力层范围内有软弱下卧层时,应对软弱下卧层地基承载能力进行验算。

4) 对建造在斜坡上或毗邻深基坑的建筑物,应验算地基稳定性。

(2) 当有必要单独鉴定基础(或桩)的安全性时,应遵守下列规定:

1) 对浅埋基础(或短桩),可通过开挖进行检测、评定。

2) 对深基础(或桩),可根据原设计、施工、检测和工程验收的有效文件进行分析。也可向原设计、施工、检测人员进行核实;或通过小范围的局部开挖,取得其材料性能、几何参数和外观质量的检测数据。若检测中发现基础(或桩)有裂缝、局部损坏或腐蚀现象,应查明其原因和程度。根据以上核查结果,对基础或桩身的承载能力进行计算分析和验算。并结合工程经验做出综合评价。

(3) 当地基(或桩基)的安全性按地基变形(建筑物沉降)观测资料或其上部结构反应的检查结果评定时,应按下列规定评级:

A_u 级 不均匀沉降小于现行国家标准《建筑地基基础设计规范》GBJ 7 规定的允许沉降差;或建筑物无沉降裂缝、变形或位移。

B_u 级 不均匀沉降不大于现行国家标准《建筑地基基础设计规范》GBJ 7 规定的允许沉降差,且连续两个月地基沉降速度小于每月 2mm;或建筑物上部结构砌体部分虽有轻微裂缝,但无发展迹象。

C_u 级 不均匀沉降大于现行国家标准《建筑地基基础设计规范》GBJ 7 规定的允许沉降差,或连续两个月地基沉降速度大于每月 2mm;或建筑物上部结构砌体部分出现宽度大于 5mm 的沉降裂缝,预制构件之间的连接部位可出现宽度大于 1mm 的沉降裂缝,且沉降裂缝短期内无终止趋势。

D_u 级 不均匀沉降远大于现行国家标准《建筑地基基础设计规范》GBJ7 规定的允许沉降差,连续两个月地基沉降速度大于每月 2mm,且尚有变快趋势;或建筑物上部结构的沉降裂缝发展明显,砌体的裂缝宽度大于 10mm;预制构件之间的连接部位的裂缝大于 3mm;现浇结构个别部位也已开始出现沉降裂缝。

注:本条规定的沉降标准,仅适用于建成已 2 年以上、且建于一般地基土上的建筑物;对建在高压缩性粘性土或其他特殊性土地基上的建筑物,此年限宜根据当地经验适当加长。

(4) 当地基(或桩基)的安全性按其承载能力评定时,可根据上述(1)规定的检测或计算分析结果,采用下列标准评级:

1) 当承载能力符合现行国家标准《建筑地基基础设计规范》GBJ 7 或现行行业标准《建筑桩基技术规范》JGJ 94 的要求时,可根据建筑物的完好程度评为 A_u 级或 B_u 级。

2) 当承载能力符合现行国家标准《建筑地基基础设计规范》GBJ 7 或现行行业标准《建筑桩基技术规范》JGJ 94 的要求时,可根据建筑物损坏的严重程度评为 C_u 级或 D_u 级。

(5) 当地基基础(或桩基础)的安全性按基础(或桩)评定时,宜根据下列原则进行鉴定评级:

1) 对浅埋的基础或桩,宜根据抽样或全数开挖的检查结果,按同类材料结构主要构件的有关项目评定每一受检基础或单桩的等级,并按样本中所含的各个等级基础(或桩)的百分比,按下列原则评定该种基础或桩的安全性等级:

A_u 级 不含 c_u 级及 d_u 级基础(或单桩),可含 b_u 级基础(或单桩),但含量不大于 30%;

B_u 级 不含 d_u 级基础(或单桩),可含 c_u 级基础(或单桩),但含量不大于 15%;

C_u 级　可含 d_u 级基础(或单桩)，但含量不大于 5%；

D_u 级　d_u 级基础(或单桩)的含量大于 5%。

注：当按本款的规定评定群桩基础时，括号中的单桩应改为基桩。

2) 对深基础(或深桩)，宜根据上述(2) 2)规定的方法进行计算分析。若分析结果表明，其承载能力(或质量)符合现行有关国家规范的要求，可根据其开挖部分的完好程度定为 A_u 级或 B_u 级；若承载能力(或质量)不符合现行有关国家规范的要求，可根据其开挖部分所发现问题的严重程度定为 C_u 或 D_u 级。

3) 在下列情况下，可不经开挖检查而直接评定一种基础(或桩)的安全性等级：

① 当地基(或桩基)的安全性等级已评为 A_u 级或 B_u 级，且建筑场地的环境正常时，可取与地基(或桩基)相同的等级。

② 当地基(或桩基)的安全性等级已评为 C_u 级或 D_u 级，且根据经验可以判断基础或桩也已损坏时，可取与地基(或桩基)相同的等级。

(6) 当地基基础的安全性按地基稳定性(斜坡)项目评级时，应按下列标准评定：

A_u 级　建筑场地地基稳定，无滑动迹象及滑动史。

B_u 级　建筑场地地基在历史上曾有过局部滑动，经治理后已停止滑动，且近期评估表明，在一般情况下，不会再滑动。

C_u 级　建筑场地地基在历史上发生过滑动，目前虽已停止滑动，但若触动诱发因素，今后仍有可能再滑动。

D_u 级　建筑场地地基在历史上发生过滑动，目前又有滑动或滑动迹象。

(7) 地基基础(子单元)的安全性等级，应根据对地基基础(或桩基、桩身)和地基稳定性的评定结果，按其中最低一级确定。

8. 地基基础的正常使用性，可根据其上部承重结构或围护系统的工作状态进行评估。若安全性鉴定中已开挖基础(或桩)或鉴定人员认为有必要开挖时，也可按开挖检查结果评定单个基础(或单桩、基桩)及每种基础(或桩)的使用性等级。

地基基础的使用性等级，应按下列原则确定：

(1) 当上部承重结构和围护系统的使用性检查未发现问题，或所发现问题与地基基础无关时，可根据实际情况定为 A_s 级或 B_s 级。

(2) 当上部承重结构或围护系统所发现的问题与地基基础有关时，可根据上部承重结构和围护系统所评的等级，取其中较低一级作为地基基础使用性等级。

(3) 当一种基础(或桩)按开挖检查结果所评的等级为 C_s 级时，应将地基基础使用性的等级定为 C_s 级。

(三) 国家行业标准《危险房屋鉴定标准》JGJ 125—99

1. 鉴定程序与评定方法

(1) 鉴定程序

房屋危险性鉴定应依次按下列程序进行：

1) 受理委托：根据委托人要求，确定房屋危险性鉴定内容和范围；

2) 初始调查：收集调查和分析房屋原始资料，并进行现场查勘；

3) 检测验算：对房屋现状进行现场检测，必要时，采用仪器测试和结构验算；

4) 鉴定评级:对调查、查勘、检测、验算的数据资料进行全面分析,综合评定,确定其危险等级;

5) 处理建议:对被鉴定的房屋,应提出原则性的处理建议;

6) 出具报告。

(2) 评定方法

综合评定应按下列三层次进行:

1) 第一层次应为构件危险性鉴定,其等级评定应分为危险构件(T_d)和非危险构件(F_d)两类。

2) 第二层次应为房屋组成部分(地基基础、上部承重结构、围护结构)危险性鉴定,其等级评定应分为 a、b、c、d 四等级。

3) 第三层次应为房屋危险性鉴定,其等级评定应分为 A、B、C、D 四等级。

2. 构件危险性鉴定

(1) 危险构件是指其承载能力、裂缝和变形不能满足正常使用要求的结构构件。

(2) 地基基础危险性鉴定应包括地基和基础两部分。

1) 地基基础应重点检查基础与承重砖墙连接处的斜向阶梯形裂缝、水平裂缝、竖向裂缝状况,基础与框架柱根部连接处的水平裂缝状况,房屋的倾斜位移状况,地基滑坡、稳定、特殊土质变形和开裂等状况。

2) 当地基部分有下列现象之一者,应评定为危险状态:

① 地基沉降速度连续 2 个月大于 2mm/月,并且短期内无终止趋向;

② 地基产生不均匀沉降,其沉降量大于现行国家标准《建筑地基基础设计规范》GBJ 7—89 规定的允许值,上部墙体产生沉降裂缝宽度大于 10mm,且房屋局部倾斜率大于 1%;

③ 地基不稳定产生滑移,水平位移量大于 10mm,并对上部结构有显著影响,且仍有继续滑动迹象。

3) 当房屋基础有下列现象之一者,应评定为危险点:

① 基础承载能力小于基础作用效应的 85%;

② 基础老化、腐蚀、酥碎、折断,导致结构明显倾斜、位移、裂缝、扭曲等;

③ 基础已有滑动,水平位移速度连续 2 个月大于 2mm/月,并在短期内无终止趋向。

3. 房屋危险性鉴定

(1) 危险房屋(简称危房)为结构已严重损坏,或承重构件已属危险构件,随时可能丧失稳定和承载能力,不能保证居住和使用安全的房屋。

(2) 等级划分

1) 房屋划分成地基基础、上部承重结构和围护结构三个组成部分。

2) 房屋各组成部分危险性鉴定,应按下列等级划分:

① a 级:无危险点;

② b 级:有危险点;

③ c 级:局部危险;

④ d 级:整体危险。

3) 房屋危险性鉴定,应按下列等级划分:

① A 级:结构承载力能满足正常使用要求,未发现危险点,房屋结构安全。
② B 级:结构承载力基本能满足正常使用要求,个别结构构件处于危险状态,但不影响主体结构,基本满足正常使用要求。
③ C 级:部分承重结构承载力不能满足正常使用要求,局部出现险情,构成局部危房。
④ D 级:承重结构承载力已不能满足正常使用要求,房屋整体出现险情,构成整幢危房。

(3) 综合评定原则

1) 房屋危险性鉴定应以整幢房屋的地基基础、结构构件危险程度的严重性鉴定为基础,结合历史状态、环境影响以及发展趋势,全面分析,综合判断。

2) 在地基基础或结构构件发生危险的判断上,应考虑它们的危险是孤立的还是相关的。当构件的危险是孤立的时,则不构成结构系统的危险;当构件的危险是相关的时,则应联系结构的危险性判定其范围。

3) 全面分析、综合判断时,应考虑下列因素:
① 各构件的破损程度;
② 破损构件在整幢房屋中的地位;
③ 破损构件在整幢房屋所占的数量和比例;
④ 结构整体周围环境的影响;
⑤ 有损结构的人为因素和危险状况;
⑥ 结构破损后的可修复性;
⑦ 破损构件带来的经济损失。

2.2 既有建筑的地基计算

既有建筑在增层或增加荷载前必须验算地基基础是否能满足新增荷载的要求;对于拟进行改造的既有建筑,当地基或基础不能满足设计要求而需对其进行加固时,也要进行地基计算。地基计算包括地基承载力计算和地基变形计算两部分,两者均必须满足设计要求。

2.2.1 地基承载力计算

一、当既有建筑地基基础加固或增加荷载时,地基承载力计算应符合下式要求:

当轴心荷载作用时

$$p \leqslant f \tag{2-1}$$

式中 p——基础加固或增加荷载后基础底面处的平均压力设计值;
f——地基承载力设计值。应根据地基承载力标准值,按国家现行标准《建筑地基基础设计规范》GBJ 7 确定。

当偏心荷载作用时,除符合式(2-1)要求外,尚应符合下式要求:

$$p_{\max} \leqslant 1.2f \tag{2-2}$$

式中 $p_{\max}$——基础加固或增加荷载后基础底面边缘的最大压力设计值。

基础加固或增加荷载后基础底面的压力,可按下式确定:

当轴心荷载作用时

$$p = \frac{F+G}{A} \tag{2-3}$$

式中　F——基础加固或增加荷载后上部结构传至基础顶面的竖向力设计值；
　　　G——基础自重和基础上的土重设计值，在地下水位以下部分应扣去浮力；
　　　A——基础底面面积。

当偏心荷载作用时

$$p_{\max} = \frac{F+G}{A} + \frac{M}{W} \tag{2-4}$$

$$p_{\min} = \frac{F+G}{A} - \frac{M}{W} \tag{2-5}$$

式中　M——基础加固或增加荷载后作用于基础底面的力矩设计值；
　　　W——基础加固或增加荷载后基础底面的截面模量；
　　　$p_{\min}$——基础加固或增加荷载后基础底面边缘的最小压力设计值。

二、地基承载力标准值的确定应符合下列原则：

（一）对于需要加固的地基应在加固后通过检测确定地基承载力标准值；

（二）对于增加荷载的地基应在增加荷载前通过地基检验确定地基承载力标准值；

（三）对于沉降已经稳定的既有建筑直接增层时，其地基承载力标准值，可根据增层工程的要求选用下列方法综合确定：

1．试验法

（1）载荷试验

建筑物增层前可在基础下进行载荷试验直接测定地基承载力。

（2）室内土工试验

建筑物增层前，可在原建筑物基础下 0.5～1.5 倍基础底面宽度的深度范围内取原状土，进行室内土工试验，根据试验结果按现行的有关规范确定地基承载力标准值。

2．经验法

建筑物增层时，其地基承载力标准值可考虑地基土的压密效应而予以提高，提高的幅度应根据既有建筑基底平均压力值、建成年限、地基土类别和当地成熟经验确定。

三、当地基受力层范围内有软弱下卧层时，尚应进行软弱下卧层地基承载力的验算。

四、对建造在斜坡上或毗邻深基坑的既有建筑，应验算地基稳定性。

2.2.2　地基变形计算

既有建筑地基变形计算，可根据既有建筑沉降情况分为沉降已经稳定者和沉降尚未稳定者两种。对于沉降已经稳定的既有建筑，其基础最终沉降量包括已完成的沉降量和地基基础加固后或增加荷载后产生的基础沉降量。对于沉降尚未稳定的既有建筑，其基础最终沉降量除了包括上述两项沉降量外，尚应包括原建筑荷载下尚未完成的基础沉降量。

一、对地基基础进行加固或增加荷载的既有建筑，其基础最终沉降量可按下式确定：

$$s = s_0 + s_1 + s_2 \tag{2-6}$$

式中　s——基础最终沉降量；
　　　s_0——地基基础加固前或增加荷载前已完成的基础沉降量，可由沉降观测资料确定或根据当地经验估算；

s_1——地基基础加固后或增加荷载后产生的基础沉降量。当地基基础加固时,可采用地基基础加固后经检测得到的压缩模量通过计算确定;当增加荷载时,可采用增加荷载前经检验得到的压缩模量通过计算确定;

s_2——原建筑荷载下尚未完成的基础沉降量,可由沉降观测资料推算或根据当地经验估算。当原建筑荷载下基础沉降已经稳定时,此值应取零。

二、既有建筑基础沉降量的计算可按国家现行标准《建筑地基基础设计规范》GBJ 7 的有关规定进行。

三、既有建筑地基基础加固或增加荷载后的基础最终沉降量,不得大于表 2-6 所示的国家现行标准《建筑地基基础设计规范》GBJ 7 规定的地基变形允许值。

建筑物的地基变形允许值　　　　　　　　表 2-6

变 形 特 征		地基土类别	
		中、低压缩性土	高压缩性土
砌体承重结构基础的局部倾斜		0.002	0.003
工业与民用建筑相邻柱基的沉降差 (1) 框架结构 (2) 砖石墙填充的边排柱 (3) 当基础不均匀沉降时不产生附加应力的结构		0.002l 0.0007l 0.005l	0.003l 0.001l 0.005l
单层排架结构(柱距为 6m)柱基的沉降量(mm)		(120)	200
桥式吊车轨面的倾斜(按不调整轨道考虑) 纵向 横向		0.004 0.003	
多层和高层建筑基础的倾斜	$H_g \leqslant 24$ $24 < H_g \leqslant 60$ $60 < H_g \leqslant 100$ $H_g > 100$	0.004 0.003 0.002 0.0015	
高耸结构基础的倾斜	$H_g \leqslant 20$ $20 < H_g \leqslant 50$ $50 < H_g \leqslant 100$ $100 < H_g \leqslant 150$ $150 < H_g \leqslant 200$ $200 < H_g \leqslant 250$	0.008 0.006 0.005 0.004 0.003 0.002	
高耸结构基础的沉降量(mm)	$H_g \leqslant 100$ $100 < H_g \leqslant 200$ $200 < H_g \leqslant 250$	(200)	400 300 200

注:1. 有括号者仅适用于中压缩性土;
　　2. l 为相邻柱基的中心距离(mm);H_g 为自室外地面起算的建筑物高度(m);
　　3. 倾斜指基础倾斜方向两端点的沉降差与其距离的比值;
　　4. 局部倾斜指砌体承重结构沿纵向 6～10m 内基础两点的沉降差与其距离的比值。

四、在考虑既有建筑地基变形时,有时需要分别预估建筑物在施工期间和使用期间的基础沉降量,以便预留建筑物有关部分之间净空,考虑连接方法和施工顺序。此时,一般多层建筑物在施工期间完成的沉降量,对于砂土可认为其最终沉降量已完成 80% 以上,对于其他低压缩性土可认为已完成最终沉降量的 50%～80%,对于中压缩性土可认为已完成

20%~50%，对于高压缩性土可认为已完成 5%~20%。

参 考 文 献

[2-1] 中华人民共和国行业标准．既有建筑地基基础加固技术规范 JGJ 123—2000．北京：中国建筑工业出版社，2000

[2-2] 中华人民共和国国家标准．工业厂房可靠性鉴定标准 GBJ 144—90．北京：中国建筑工业出版社，1990

[2-3] 中华人民共和国国家标准．民用建筑可靠性鉴定标准 GB 50292—1999．北京：中国建筑工业出版社，1999

[2-4] 中华人民共和国国家标准．建筑地基基础设计规范 GBJ 7—89．北京：中国建筑工业出版社．1989

[2-5] 中华人民共和国行业标准．危险房屋鉴定标准 JGJ 125—99．北京：中国建筑工业出版社．2000

3 既有建筑地基事故的补救

张永钧　丁玉琴(中国建筑科学研究院)

3.1 概　述

既有建筑地基事故的发生不外乎是由于勘察、设计、施工或使用不当而造成的。属于勘察方面的原因有未经勘察；或虽经勘察，但勘察不周，勘探点数量不够，因而未能发现局部软弱土层、特殊土、沟、塘、古河道、墓穴、岩溶、土洞等不良地质现象；土的取样、室内试验或原位测试操作失误，以致所提供的土的物理力学性指标或技术参数失实，造成对岩土工程分析评价不当等。属于设计方面的原因有未能根据上部结构类型、荷载大小及使用要求，结合地层结构和土质条件等，选用合理的地基类型和基础型式；对地基承载力值选用不当，未考虑地基变形和不均匀变形有可能对建筑物造成的危害和采取相应的预防措施；设计前对地下水位的升降和地下水补给估计不正确；或由于现场为新近堆筑的填土而引起桩的负摩擦力，或设计时忽视了大面积的地面荷载对邻近柱基的影响；对于特殊土，未能针对其工程特性采取相应的上部结构措施或地基处理措施等。属于施工方面的原因有深基坑开挖引起邻近既有建筑地基变形或失稳；桩基施工的挤土效应或振动效应造成邻近既有建筑的影响；人工降低地下水位造成邻近既有建筑的沉降或不均匀沉降；地下工程施工对既有建筑造成的影响等。属于使用方面的原因有上下水管道渗漏造成地基土受水浸泡而使既有建筑产生附加沉降或不均匀沉降等。

既有建筑地基事故大多发生在软土地基、湿陷性黄土地基、人工填土地基、膨胀土地基和土岩组合地基上。现就上述各种地基土的工程特性、建筑损坏原因及补救措施分述如下：

3.1.1 软土地基

软土主要指淤泥、淤泥质土、泥炭、泥炭质土等。淤泥是指在静水或缓慢的流水环境中沉积，并经生物化学作用形成，其天然含水量大于液限，天然孔隙比大于或等于1.5的粘性土。当天然孔隙比小于1.5但大于或等于1.0的土为淤泥质土。泥炭是指在潮湿和缺氧环境中由未充分分解的植物遗体堆积而形成的粘性土，其有机质含量大于60%，当有机质含量为30%~60%时为泥炭质土。

我国软土广泛分布于沿海地区和内陆江河湖泊的周围，山间谷地、冲沟、河滩阶地和各种洼地里也有少量分布。

一、软土的工程特性

(一) 天然含水量高、孔隙比大

淤泥及淤泥质土的天然含水量大于40%，最高可达90%，孔隙比可达2；泥炭及泥炭质土的含水量极高，最高可达2000%，孔隙比可达15。

(二) 压缩性高

软土的压缩性很高,压缩系数 a_{1-2} 一般在 $0.5\text{MPa}^{-1} \sim 2.0\text{MPa}^{-1}$ 之间,最大可达 4.5MPa^{-1}。

(三) 渗透性弱

软土的渗透系数很小,大部分软土地层中存在着片状夹砂层,所以竖直方向的渗透性较水平方向为弱,其渗透系数一般为 $10^{-6} \sim 10^{-9}\text{cm/s}$ 之间。

(四) 抗剪强度低

软土抗剪强度很低,在不排水条件下进行三轴快剪试验时,其内摩擦角接近于零,粘聚力值一般小于 20kPa。

(五) 触变性强

软土具有结构性,一旦结构受到扰动,土的强度显著降低,甚至呈流动状态,我国软土的灵敏度一般为 $3 \sim 9$。

(六) 流变性强

软土具有较强的流变性,在剪应力作用下,土体产生缓慢的剪切变形,导致抗剪强度的衰减,在固结变形完成后还可能继续产生可观的次固结变形。

二、软土地基的变形特征

由于软土具有强度低、压缩性高、渗透性弱等特点,故建造在这种地基上的建筑,其变形特征是沉降大、不均匀沉降大、沉降速率大和沉降延续时间长。

(一) 沉降大

由于软土地基的高压缩性,故在其上建造的建筑物的沉降量是较大的,据调查,软土地基上三层砌体承重结构房屋,其沉降量一般为 $15 \sim 20\text{cm}$,四层至六层一般为 $20 \sim 60\text{cm}$,个别的甚至超过 100cm;带有吊车的单层排架结构工业厂房,其沉降量约为 $20 \sim 30\text{cm}$,具有大面积地面荷载的工业厂房,其沉降量较大,甚至超过 50cm;料仓、油罐、储气柜、水池等大型构筑物,其沉降量一般都大于 50cm,甚至超过 100cm。过大的沉降会影响构筑物的正常使用;如对民用建筑也会造成室内地面标高低于室外地面标高而使雨水倒灌,管道断裂,污水不易排除等。

(二) 不均匀沉降大

软土地基上建筑物各部位荷载的差异或荷载虽相同但平面型式复杂都会引起较大的差异沉降或倾斜。即使上部结构荷载分布均匀,其差异沉降也有可能达到平均沉降的 50% 以上,过大的不均匀沉降是造成建筑物裂缝或损坏的根本原因,亦会造成工业厂房吊车卡轨和滑车丧失使用功能的事例。

(三) 沉降速率大

软土地基上建筑物的沉降速率是较大的。沉降速率是随着荷载的增加而逐步增大的,一般在加荷终止时为最大,并持续一段时间后,逐渐衰减,一般建筑物的沉降速率均小于 1mm/d,但也有超过 2mm/d 的,个别大型构筑物甚至达到每天沉降数厘米者。如果作用在地基上的荷载过大,则可能出现等速沉降的情况。长期的等速沉降就有导致地基稳定性丧失的危险。

(四) 沉降延续时间长

由于软土的渗透性弱,在外荷载作用下,地基排水固结时间较长,一般建筑物都要经过数年的沉降才能稳定。在深厚软土地基上建筑物沉降延续时间常超过十年。

三、软土地基上既有建筑损坏原因及补救措施

(一) 建筑体型复杂或荷载差异较大,引起不均匀沉降

建筑体型是指建筑物的平面形状和立面布置。建筑物由于使用上的要求,其平面形状往往具有各种不同的图形,如"L"形、"工"字形、"T"字形、"山"字形等,诸如这种平面形状较为复杂的建筑物,即使层数相同、上部结构荷载较为均匀,但在其纵横单元交接的部位,一般基础密集,地基中应力重叠。因此,该处地基应力较其他部位为大,沉降也就大于其他部位,形成局部的沉降中心,致使建筑物发生过大的挠曲或倾斜,而导致裂缝的出现。同样由于使用上的要求,建筑物在立面布置时,有时是高低起伏、参差不齐的。对于各部位高度不相同的建筑物或各部位高度虽然相同,但荷载差别较大的建筑物,由于高度较大的部位(或荷载较大的部位)产生的沉降较其他部位为大,当这种不均匀沉降引起的附加应力过大时,就会引起上部结构的裂缝。

对这类损坏的既有建筑,可根据损坏程度和加固施工的可行性等,选用局部卸荷(如挖除室内厚填土,用架空预制板作地板,改用轻质墙体等)、增加上部结构或基础刚度、加深基础、锚杆静压桩、树根桩、注浆加固等地基处理措施。

(二) 局部软弱土层或暗塘、暗沟等引起过大的差异沉降

建筑物范围内分布有局部软弱土层或暗塘、暗沟等是造成建筑物开裂损坏的重要原因,一般由于勘察工作的疏漏,施工验槽时又未发现,这样就留下了隐患。由于暗塘、暗沟等一般都是任意填筑形成,填筑材料的成分杂乱,有机物含量较大,土质松软,压缩性较高,因而,在此部位的建筑物沉降较其他部位为大,过大的差异沉降造成建筑物的裂缝或损坏。对这类损坏的既有建筑一般可采用局部地基处理措施,即在软弱土层或暗塘、暗沟等部位采用锚杆静压桩、树根桩或旋喷桩等进行局部处理。

(三) 基础承受荷载过大,或加荷速率过快,引起大量沉降或不均匀沉降

建筑物基础荷载过大就会引起较大沉降,对于软土地基来说,当荷载超过地基的临塑荷载时,地基中开始出现塑性区,部分土体将从基底向外侧挤出,引起基础大量沉降和不均匀沉降,造成建筑物的开裂或损坏。对于有些活荷载较大的构筑物,如油罐、贮仓等,使用时若活荷载施加速度过快,也会引起大量沉降或倾斜。对这类损坏的建筑物或构筑物,一般采用卸除部分荷载,加宽基础、加深基础或地基处理措施等。

(四) 大面积地面荷载或大面积填土引起柱基、墙基不均匀沉降、地面大量凹陷、或柱身、墙身断裂。

有些工业建筑,在建筑范围内往往具有大面积地面荷载或大面积填土,如冶金工厂的原料或成品堆场、炼钢或轧钢车间,化工厂的原料车间,水泥厂的联合贮库,机械制造厂铸工车间的露天栈拇,以及粮、盐、糖仓库等建筑物内,长期堆放原料、成品及各种货物,形成地面堆载,由于这种堆载数量大,范围广,且很不均匀,常引起建筑物损坏而影响生产,如因地面荷载而造成柱基不均匀沉降,而使桥式吊车产生滑车和卡轨现象,露天车间因柱基内倾,桥式吊车轨距缩小,常发生卡轨现象;带有屋盖的厂房或仓库,当柱基或墙基内倾后,由于屋盖的顶撑作用,引起柱身或墙身挠曲,在柱身或墙身内侧常产生水平裂缝;仓库建筑常因地面大量凹陷造成地坪开裂,使货物受潮或锈蚀,地下管道断裂等。对这类损坏的建筑物,可选用锚杆静压桩、树根桩或地基处理措施等。

(五) 地质条件复杂或荷载分布不均，引起建筑物过大倾斜

由于软土地基压缩性较高，因此建筑物范围内地基不均匀，如地层倾斜，土层厚薄不均，土性差别较大，存在古河道、塘、沟等局部软弱土层，以及上部结构荷载分布不均、重心偏移等因素，均可能因不均匀沉降而引起建筑物过大倾斜。对这类倾斜的建筑物，可根据地质条件及建筑结构情况进行倾斜原因的分析，选用本书第 6 章所述的纠倾方法。

3.1.2 湿陷性黄土地基

湿陷性黄土是指在土自重压力或土自重压力和附加压力作用下，受水浸湿后结构迅速破坏而发生显著附加下沉的黄土。

我国湿陷性黄土广泛分布在甘肃、陕西、山西、宁夏、青海、河南、河北、山东、内蒙古、辽宁、新疆等地。

一、湿陷性黄土的工程特性

湿陷性黄土的主要特性是湿陷性，当它在未受水浸湿时，一般强度较高，压缩性较小，一旦受水浸湿，土的结构迅速破坏，并产生显著的附加下沉，其强度也随着迅速降低，引起建筑物的不均匀沉降而开裂损坏。

对于在湿陷性黄土地基上损坏的既有建筑，在选择地基基础加固措施前，应对其湿陷性进行评价。

(一) 黄土的湿陷性

黄土的湿陷性，按室内压缩试验在一定压力下测定的湿陷系数 δ_s 值判定

$$\delta_s = \frac{h_p - h'_p}{h_o} \tag{3-1}$$

式中 h_p——保持天然的湿度和结构的土样，加压至一定压力时，下沉稳定后的高度(cm)；

h'_p——上述加压稳定后的土样，在浸水作用下，下沉稳定后的高度(cm)；

h_o——土样的原始高度(cm)。

当湿陷系数 δ_s 值小于 0.015 时，定为非湿陷性黄土；当湿陷系数 δ_s 值等于或大于 0.015 时，定为湿陷性黄土。

(二) 建筑场地的湿陷类型

建筑场地的湿陷类型，按实测自重湿陷量或按室内压缩试验累计的计算自重湿陷量判定。

实测自重湿陷量，根据现场试坑浸水试验确定。在新建地区，采用试坑浸水试验。

计算自重湿陷量，按室内压缩试验测定不同深度的土样在饱和土自重压力下的自重湿陷系数 δ_{zs}，自重湿陷系数可按(3-2)式计算：

$$\delta_{zs} = \frac{h_z - h'_z}{h_o} \tag{3-2}$$

式中 h_z——保持天然的湿度和结构的土样，加压至土的饱和自重压力时，下沉稳定后的高度(cm)；

h'_z——上述加压稳定后的土样，在浸水作用下，下沉稳定后的高度(cm)；

h_o——土样的原始高度(cm)。

根据自重湿陷系数可按下式计算自重湿陷量 Δ_{zs}(cm)：

$$\Delta_{zs} = \beta_0 \sum_{i=1}^{n} \delta_{zsi} h_i \tag{3-3}$$

式中 δ_{zsi}——第 i 层土在上覆土的饱和（$S_r > 0.85$）自重压力下的自重湿陷系数；

h_i——第 i 层土的厚度(cm)；

β_0——因土质地区而异的修正系数。对陇西地区可取 1.5；对陇东陕北地区可取 1.2；对关中地区可取 0.7；对其他地区可取 0.5。

当实测或计算自重湿陷量小于或等于 7cm 时，定为非自重湿陷性黄土场地；当实测或计算自重湿陷量大于 7cm 时，定为自重湿陷性黄土场地。

（三）总湿陷量

湿陷性黄土地基，受水浸湿饱和至下沉稳定为止的总湿陷量 Δ_s(cm)，按(3-4)式计算：

$$\Delta_s = \sum_{i=1}^{n} \beta \delta_{si} h_i \tag{3-4}$$

式中 δ_{si}——第 i 层土的湿陷系数；

h_i——第 i 层土的厚度(cm)；

β——考虑地基土的侧向挤出和浸水机率等因素的修正系数。基底下 5m(或压缩层)深度内可取 1.5；5m(或压缩层)深度以下，在非自重湿陷性黄土场地，可不计算；在自重湿陷性黄土场地，可按公式(3-3)中 β_0 值取用。

根据建筑场地的湿陷类型、计算自重湿陷量和总湿陷量大小可按表 3-1 确定湿陷性黄土地基的湿陷等级。

湿陷性黄土地基的湿陷等级　　　表 3-1

湿陷类型 计算自重湿陷量 Δ_{zs} (cm) 总湿陷量 Δ_s (cm)	非自重湿陷性场地	自重湿陷性场地	
	$\Delta_{zs} \leq 7$	$7 < \Delta_{zs} \leq 35$	$\Delta_{zs} > 35$
$\Delta_s \leq 30$	Ⅰ（轻微）	Ⅱ（中等）	—
$30 < \Delta_s \leq 60$	Ⅱ（中等）	Ⅱ 或 Ⅲ	Ⅲ（严重）
$\Delta_s > 60$	—	Ⅲ（严重）	Ⅳ（很严重）

注：1. 当总湿陷量 $30\text{cm} < \Delta_s < 50\text{cm}$，计算自重湿陷量 $7\text{cm} < \Delta_{zs} < 30\text{cm}$ 时，可判为 Ⅱ 级；

2. 当总湿陷量 $\Delta_s \geq 50\text{cm}$，计算自重湿陷量 $\Delta_{zs} \geq 30\text{cm}$ 时，可判为 Ⅲ 级。

二、湿陷性黄土地基的变形特征

（一）湿陷变形量大

湿陷变形与压缩变形不同，对于大多数湿陷性黄土地基，施工期间就能完成大部分压缩变形，竣工后 3~6 月即可基本趋于稳定，总变形量一般不超过 5~10cm，但湿陷变形量较大，常超过压缩变形几倍甚至十几倍。

（二）湿陷变形发展快、速率高

湿陷变形较压缩变形发展快、速率高，浸水 1~3h，即能产生显著变形，每小时变形量可达 1~3cm，1~2d 内就可产生 20~30cm 湿陷变形量。

（三）湿陷变形发生在局部

湿陷变形主要由湿陷性黄土受水浸湿而产生的，因此湿陷变形只出现在受水浸湿的部位,就建筑物来说,往往呈现局部损坏。

(四)湿陷变形发生时间无规律

压缩变形一般发生在加荷过程及加荷结束后一定时间内,而湿陷变形发生的时间就无规律可循,完全取决于受水浸湿的时间,有的建筑物在施工期间即产生湿陷变形,有的则在正常使用几年甚至几十年后才出现湿陷变形。

综上所述,由于湿陷性黄土地基的湿陷变形具有变形量大、发展快、速率高、发生在局部等特点,往往造成建筑物局部过大的不均匀沉降而开裂损坏。

三、湿陷性黄土地基上既有建筑损坏的补救措施

(一)湿陷性黄土地基发生湿陷事故,一般是由于地面积水下渗,给排水、采暖管道或工业设备漏水,造成生产或生活用水下渗,以及地下水位上升而引起的。所以当湿陷事故发生后首先应进行以下工作:

1. 尽快切断浸水水源以防事故进一步发展;
2. 对事故情况进行调查,查清事故发生的原因,以便区别对待;
3. 对建筑物进行沉降观测,观察湿陷变形情况及发展趋势;
4. 对地基土湿陷性进行评价,查清事故发生后地基土的湿陷类型、湿陷等级、自重湿陷系数和承载力等;
5. 对事故发展情况进行分析,判断湿陷变形已趋向稳定还是仍在继续发展;
6. 对建筑物损坏情况进行调查和分析,判断其损坏程度,为制定事故补救措施提供依据。

(二)制定湿陷性黄土地基上既有建筑损坏的补救措施,应根据事故严重程度、建筑物的湿陷类型及湿陷变形完成情况等选用下列补救措施:

1. 对非自重湿陷性黄土场地,当湿陷性土层不厚、湿陷变形已趋稳定、或估计再次浸水产生的湿陷量不大时,可选用上部结构加固措施;当湿陷性土层较厚、湿陷变形较大、或估计再次浸水产生的湿陷量较大时,可选用石灰桩、灰土挤密桩、坑式静压桩、锚杆静压桩、树根桩、硅化法或碱液法等,加固深度宜达到基础压缩层下限;
2. 对自重湿陷性黄土场地,可选用灰土井、坑式静压桩、锚杆静压桩、树根桩或灌注桩加固等。加固深度宜穿透全部湿陷性土层。

3.1.3 人工填土地基

人工填土是指由于人类活动而堆填的土。根据其组成和成因,可分为素填土、杂填土和冲填土。

素填土是由碎石土、砂土、粉土、粘性土等组成的填土,一般不含杂物或杂物很少。

杂填土是由建筑垃圾、工业废料、生活垃圾等杂物组成的填土。

冲填土是由水力冲填泥沙形成的填土。

素填土分布很广,在山区或丘陵地带的工矿区,常因场地平整而在填方区出现一定厚度的素填土,城市低洼地建筑时,也常形成素填土。

杂填土分布较广,在城市和工矿区经常能遇到。

冲填土分布在沿海和沿江地区,在长江、上海黄浦江和广州珠江两岸以及天津沿海等地均有分布。

一、人工填土地基的工程特性和变形特征

(一) 不均匀性

人工填土由于其组成成分复杂,回填方法的随意性,其厚度差别又较大,所以人工填土一般都不均匀,其中尤以杂填土因组成物质复杂,不均匀性最为严重。

(二) 湿陷性

人工填土由于天然结构被破坏,土质疏松,孔隙率较高,特别是气候较干燥和地下水位较低的地区,土在搬运和回填过程中因蒸发量大,土中含水量大为降低,在自重作用下得不到压实,一旦浸水,即具有强湿陷性,这在厚度较大的含粘性土的素填土中尤为突出。

(三) 抗剪强度低、压缩性高

人工填土由于土质疏松,密度差,抗剪强度小、承载力低。其压缩性与相同干密度的天然土相比要高得多,尤其是随着土中含水量的增加,压缩性会急剧增大。这在含粘性土的素填土中更为明显。冲填土由于含水量高,透水性差,常呈软塑和流塑状态,承载力很低,压缩性很高。

(四) 自重压密性

人工填土属于欠压密土,在自重和雨水下渗的长期作用下有自行压密的特点,但自重压密所需时间常与其颗粒组成和物质成分有关,颗粒越细,自重压密所需时间越长。一般常需几年至十几年。

综上所述,由于人工填土具有不均匀性、湿陷性、强度低、压缩性高和自身压密性等特点,因而建造在这类地基上的既有建筑常因过大的不均匀沉降而开裂损坏。

人工填土地基的变形特征与湿陷性黄土地基和软土地基的变形特征相似。

二、人工填土地基上既有建筑损坏的补救措施

人工填土地基上损坏的建筑可根据填土类别分别选用下列补救措施:

(一) 对于素填土地基由于浸水引起过大的不均匀沉降而造成建筑物损坏者,可选用锚杆静压桩、树根桩、坑式静压桩、石灰桩或注浆加固等。加固深度应穿透素填土层;

(二) 对于杂填土地基上损坏的建筑,可根据损坏程度选用加强上部结构和基础刚度、锚杆静压桩、树根桩、旋喷桩、石灰桩或注浆加固等;

(三) 对于冲填土地基上损坏的建筑,可选用本章3.1.1有关补救措施。

3.1.4 膨胀土地基

膨胀土是指土中粘粒成分主要由亲水性矿物组成,同时具有显著的吸水膨胀和失水收缩两种变形特性的粘性土。

我国膨胀土主要分布在广西、云南、四川、湖北、河南、陕西、河北、安徽、贵州、山东、广东和江苏等地,此外,吉林、黑龙江、新疆、江西、海南、北京和内蒙古等地也有少量分布。

一、膨胀土的工程特性

膨胀土一般压缩性低、强度高,容易被误认为是良好的地基土。但由于膨胀土吸水膨胀和失水收缩的变形特性是可逆的,随着季节气候变化,反复吸水失水,使地基产生反复的升降变形,从而导致建筑物开裂损坏。如果对膨胀土特性缺乏了解,或在设计和施工中没有采取必要的措施,结果会给建筑物造成危害。对于已经损坏的既有建筑,拟采取地基基础加固措施前,应再次确认地基土是否属膨胀土,并对其进行场地与地基的评价。其步骤如下:

(一) 进行膨胀土工程特性试验

膨胀土的工程特性指标主要有以下几项:

1. 自由膨胀率(δ_{ef})

自由膨胀率为人工制备的烘干土,在水中增加的体积与原体积的比,即

$$\delta_{ef} = \frac{V_w - V_o}{V_o} \tag{3-5}$$

式中 V_w——土样在水中膨胀稳定后的体积(mL);
V_o——土样原有体积(mL)。

2. 膨胀率(δ_{ep})

膨胀率是在一定压力下,浸水膨胀稳定后,试样增加的高度与原高度之比,即

$$\delta_{ep} = \frac{h_w - h_o}{h_o} \tag{3-6}$$

式中 h_w——土样浸水膨胀稳定后的高度(mm);
h_o——土样的原始高度(mm)。

3. 收缩系数(λ_s)

收缩系数为原状土样在直线收缩阶段,含水量减少1%时的竖向线缩率,即

$$\lambda_s = \frac{\Delta \delta_s}{\Delta w} \tag{3-7}$$

式中 $\Delta \delta_s$——收缩过程中与两点含水量之差对应的竖向线缩率之差(%);
Δw——收缩过程中直线变化阶段两点含水量之差(%)。

4. 膨胀力(P_e)

膨胀力是原状土样在体积不变时,由于浸水膨胀产生的最大内应力。

(二) 进行膨胀土的评价

1. 膨胀土的判别

当土的自由膨胀率大于或等于40%时,且具有下列工程地质特征的场地,判定为膨胀土:

(1) 裂隙发育,常有光滑面和擦痕,有的裂隙中充填着灰白、灰绿色粘土。在自然条件下呈坚硬或硬塑状态;

(2) 多数出露于二级或二级以上阶地、山前和盆地边缘丘陵地带,地形平缓,无明显自然陡坎;

(3) 常见浅层塑性滑坡、地裂,新开挖坑(槽)壁易发生坍塌等;

(4) 建筑物裂缝随气候变化而张开和闭合。

2. 膨胀土的膨胀潜势

膨胀土的膨胀潜势可按自由膨胀率大小分为弱、中、强三类,如表3-2所示:

膨胀土的膨胀潜势分类　　表3-2

自由膨胀率(%)	膨胀潜势
$40 \leqslant \delta_{ef} < 65$	弱
$65 \leqslant \delta_{ef} < 90$	中
$\delta_{ef} \geqslant 90$	强

(三) 进行膨胀土场地与地基的评价

进行膨胀土场地的评价,应查明建筑场地内膨胀土的分布及地形地貌条件,根据工程地质特征及土的自由膨胀率等指标综合评价。

根据地形地貌条件,膨胀土场地可分为下列两类:

1. 平坦场地 地形坡度小于 5°或地形坡度大于 5°小于 14°,但距坡肩水平距离大于 10m 的坡顶地带,定为平坦场地。

2. 坡地场地 地形坡度大于或等于 5°;地形坡度虽然小于 5°,但同一座建筑物范围内局部地形高差大于 1m 的场地,定为坡地场地。

膨胀土地基的评价,根据地基的膨胀、收缩变形对低层砖混房屋的影响程度,用地基分级变形量 s_c 来划分地基的胀缩等级。地基分级变形量 s_c 按下式计算:

$$s_c = \psi \sum_{i=1}^{n} (\delta_{epi} + \lambda_{si} \cdot \Delta w_i) h_i \tag{3-8}$$

式中 ψ——计算胀缩变形量的经验系数,可取 0.7;

δ_{epi}——基础底面下第 i 层土在 50kPa 压力下的膨胀率;

λ_{si}——第 i 层土的收缩系数;

Δw_i——地基土收缩过程中,第 i 层土可能发生的含水量变化的平均值(以小数表示);

h_i——第 i 层土的计算厚度(mm);

n——自基础底面至计算深度内所划分的土层数。计算深度可取大气影响深度,一般为 3~5m。

膨胀土地基的胀缩等级,可根据地基分级变形量按表 3-3 分为Ⅰ、Ⅱ、Ⅲ级。

膨胀土地基的胀缩等级 表 3-3

地基分级变形量 s_c(mm)	级 别
$15 \leqslant s_c < 35$	Ⅰ
$35 \leqslant s_c < 70$	Ⅱ
$s_c \geqslant 70$	Ⅲ

二、膨胀土地基的变形特征

膨胀土地基的胀缩变形特征可分为上升型变形、上升下降波动型和下降型变形三种:

(一) 上升型变形

上升型变形的特点是建筑物建成后,连续多年一直持续上升。这种情况多出现在气候干燥,土的天然含水量偏低的地区。

(二) 上升下降波动型

这种类型的特点是变形随季节性降雨、干旱、霜冻等因素而作周期性变化。这种情况多出现在气候湿润、土的天然含水量较高的地区。我国膨胀土多位于亚干旱区和亚湿润区的气候条件及地形平坦地带,所以这类变形是很普遍的。

(三) 下降型变形

下降型变形的特点是变形变化趋势总的来说是下沉的,下沉速率虽然有时平缓,甚至回升,但在此以后,又是大量下沉。这种情况多出现在土的天然含水量较高或临近边坡的建筑,以及地下有热源的建筑。

膨胀土地基建筑物变形破坏大致具有如下特征：

（一）由于膨胀土地基的反复不均匀胀缩变形，建筑物也就相应地作升降运动，导致墙体出现裂缝。外纵墙裂缝多出现在门窗洞口上下部位，以斜裂缝为主，也有出现"X"形裂缝，有时因外侧地基收缩较大，导致条形基础下沉转动，造成窗台下出现纵向水平裂缝；山墙裂缝较为普遍，多呈倒"八"字形裂缝，有时也形成竖向裂缝；内横墙多呈倒"八"字形裂缝或斜裂缝；内纵墙一般开裂较轻。

（二）地坪开裂较为普遍，特别比较空旷的建筑物及内廊或外廊式房屋，地坪常出现纵向长裂缝。

（三）建于坡地上的建筑物，由于坡地临空面大而失水条件好，除了有竖向变形外，有时还有水平位移，因此，坡地上的建筑物较平坦场地损坏严重而又普遍。

（四）当地质条件大致相同的条件下，建筑物开裂破坏一般以低层砖混结构最为严重，多层较轻，这是由于建筑物的变形随荷重的增加而减小，随基础埋深的增加而减小。

（五）膨胀土地基上的建筑物，一般在建成三、五年才出现裂缝，也有十几年后才开裂的。这是因为地基土含水量的变化是受场地的地形地貌、工程地质和水文地质条件、气候以及人为活动等诸因素综合影响的结果，变化过程较为缓慢。

三、膨胀土地基上既有建筑损坏的补救措施

对于建造在膨胀土地基上出现损坏的建筑，应根据建筑物损坏程度和膨胀土地基的胀缩等级，选用下列补救措施：

（一）对建筑物损坏轻微，且胀缩等级为Ⅰ级的膨胀土地基，可采用设置宽散水及在周围种植草皮等措施；

（二）对建筑物损坏程度中等，且胀缩等级为Ⅰ、Ⅱ级的膨胀土地基，可采用加强结构刚度和设置宽散水等措施；

（三）对建筑物损坏程度较严重，或胀缩等级为Ⅲ级的膨胀土地基，可采用锚杆静压桩、树根桩、坑式静压桩或加深基础等方法。桩端或基底应埋置在非膨胀土层中或伸入到大气影响深度以下的土层中；

（四）建造在坡地上的损坏建筑，除可选用相应的地基或基础加固方法外，尚应在坡地周围采取保湿措施，防止多向失水造成的危害。

3.1.5 土岩组合地基

土岩组合地基是指在建筑地基（或被沉降缝分隔区段的建筑地基）的主要受力层范围内，遇到下卧基岩表面坡度较大的地基、石芽密布并有出露的地基或大块孤石或个别石芽出露的地基。

土岩组合地基是山区地基中最为常见的地基类型。

一、土岩组合地基的工程特性和变形特征

土岩组合地基的主要工程特性是不均匀性。由于在压缩层范围内常分布有不同类型的土层和起伏变化较大的基岩，故地基的压缩性差异比较悬殊，容易产生过大的差异沉降而促使建筑物开裂损坏。

（一）下卧基岩表面坡度较大的地基

这类地基上建筑物产生不均匀沉降的大小，除了上部结构的诸因素外，主要取决于岩层表面的坡度及其风化程度、上覆土层的力学性质及其厚度。建筑物裂缝多数出现在基岩埋藏较浅的部位。当下卧基岩单向倾斜时，建筑物易出现倾斜。

（二）石芽密布并有出露的地基

这类地基是岩溶现象的反映，其主要特点是基岩表面凹凸不平，其间充填粘性土。一般情况下充填在石芽间的土大多为坚硬或硬可塑粘性土，承载力较高，压缩性较低，当荷载较小时其变形量是很小的。其次，石芽间的土层处于有侧限受力状态，其变形量小于同类土在一般情况下的变形量。如果石芽间土层很软，土的变形过大，仍会使建筑物产生裂缝。

（三）大块孤石或个别石芽出露的地基

在山区冲积型或坡积型土层中，常夹有大块孤石。此外，在岩溶发育地区也常遇有个别石芽出露的地基，这类地基的变形条件对建筑物最为不利，当基础建在大块孤石或石芽上时，因两侧土层产生压缩变形，而使孤石或石芽突出，建筑物开裂。

二、土岩组合地基上既有建筑损坏的补救措施

对于建造在土岩组合地基上损坏的建筑，可根据损坏原因分别选用下列补救措施：

（一）由于土岩交界部位出现过大的差异沉降，而造成建筑物损坏者，可根据损坏程度，采用局部加深基础、锚杆静压桩、树根桩、坑式静压桩或旋喷桩加固等措施；

（二）由于局部软弱地基引起差异沉降过大，而造成建筑物损坏者，可根据损坏程度，采用局部加深基础或桩基加固等措施；

（三）由于基底下局部基岩出露或存在大块孤石，而造成建筑物损坏者，可将局部基岩或孤石凿去，铺设褥垫层，或采用在土层部位加深基础或桩基加固等。

3.2 工程实例一——清华大学第一教室楼严重开裂与成功处理[3-8]

3.2.1 工程概要

清华大学第一教室楼位于清华大学中心区。建筑物南北长 56.38m，东西宽 12.38m，高 16.50m，三层砌体结构，纵墙承重。建筑面积 2600m²，教室楼南北两端各为一大教室，面积 12×16m²，其余均为小教室，平面布置如图 3-1 所示。

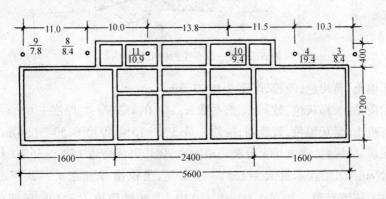

图 3-1 第一教室楼平面

本实例引自陈希哲，1989。

第一教室楼于1953年建成使用时，工程完好，1954年开始发现在第二层和第三层楼面预制板搭接处有裂缝，不久又在西立面发现自上至下墙体断裂。此后，裂缝数量不断增多，裂缝宽度不断增大，至1962年统计：砖墙裂缝东立面13条，西立面25条。最大的一条裂缝位于楼房中部，离北墙23～24m处，裂缝长度超过6.5m，宽达20mm，室内外贯穿。全楼中部所有内外墙、砖过梁、混凝土梁和楼板等部位，多处出现断裂。因此，该楼无法使用而封闭。

3.2.2 工程地质情况

1952年第一教室楼设计时，没有进行系统勘察，缺乏必要的地质资料。在事故发生后，为分析事故的原因，研究处理方案，于1963年3月重新勘察，共打钻孔13个，一般孔深8～9m，最深的钻孔达19.4m。同时取原状土，进行土的物理、力学性试验，查明地基土分层如图3-2所示。

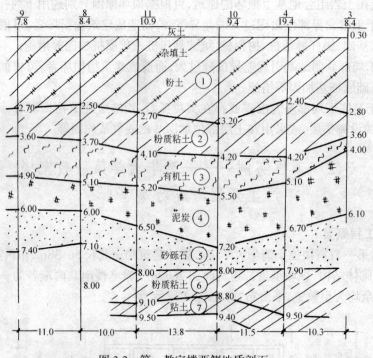

图3-2 第一教室楼西侧地质剖面

表层人工填土，黄褐色，疏松，厚度2.0～3.5m。

第二层粉质粘土，褐灰色，软弱，压缩系数$a_{1-2}=0.45\mathrm{MPa}^{-1}$，厚度1.0～1.5m。

第三层有机土，呈灰黑色，较软弱，烧灼失量5%～15%，厚度0.50～1.40m。

第四层泥炭，黑绿色，含大量未分解的植物质，烧灼失量高达15%～35%，土的重度$\gamma=11.8\sim12.2\mathrm{kN/m^3}$，天然含水量$w=155\%\sim160\%$，土粒相对密度$d_s=2.17$，天然孔隙比$e=3.54\sim3.82$，压缩系数$a_{1-2}=3.00\sim3.60\mathrm{MPa}^{-1}$，塑性指数$I_P=108$，属超高压缩性土，厚度0.5～2.3m，两端薄，中部厚，东南尖灭。

第五层砂砾石，密实，埋藏深6～7m，厚度0.8～1.5m，西部厚，东部局部尖灭。

第六层粉质粘土，黄褐色，密实，含礓石，埋藏于8.0～17.5m之间。

3.2 工程实例一——清华大学第一教室楼严重开裂与成功处理[3-8]

第七层砂砾石,密实,厚度超过2.0m,未钻透。

3.2.3 事故原因分析

一、第一教室楼位于复杂场地上。建筑物西部与西北部地基软弱层厚达6~7m,其中第四层泥炭土土质最差,属超高压缩性土。建筑物东南部地基土较密实,建筑物位于软硬相差悬殊的地基上,必然产生过大的不均匀沉降,这是导致建筑物严重开裂的主要原因。

二、该楼南、北两端为大教室,室内空旷,整体刚度小,难以抵抗不均匀沉降引起的附加应力。

三、设计时,虽然已经了解建筑物地基软弱,但未经详细勘察即进行设计。同时错误地认为只要将地基容许承载力[R]值,由120kPa降低到80kPa,用加大基础底面宽度来解决软弱地基问题。因而,第一教室楼外墙基础设计宽度分别为:南、北外墙基础$B_1=1.40$m;东外墙基础$B_2=1.90$m;西外墙基础由南往北采用$B_3=2.30$m;$B_4=2.20$m;$B_5=2.70$m;$B_6=2.45$m;$B_7=2.65$m。一幢楼房的外墙采用七种不同宽度的基础,不仅施工不方便,而且并不能真正解决软弱地基问题。

四、软弱地基未经处理,上部结构也没有采取必要的措施,如顶层和底层未设圈梁,一、二层虽设圈梁,但圈梁未形成封闭状,在西部楼梯间处间断,圈梁配筋为2ϕ12和2ϕ10。由于地基不均匀变形,使二层圈梁拉裂,裂缝宽达10mm。

3.2.4 加固方法

第一教室楼于1965年进行加固,当时曾提出下列四个加固方案:

一、加固地基方案

(一)硅化加固法 考虑软弱地基为有机土与泥炭,化学浆材很难与之胶结而放弃。

(二)打钢板桩法 考虑该楼自1953年建成,十年后仍在继续下沉,除了软弱土受荷产生竖向压缩外,还可能发生侧向挤出。因钢板桩施工困难而放弃。

(三)现浇混凝土桩法 经计算,需在室内外打109根混凝土桩。考虑此方案施工困难、费用太高而放弃。

二、分缝方案

该楼中部有一条竖向大裂缝,因势利导,利用该缝做永久沉降缝,将教室楼分为南北两个单独建筑物,自基础起重新设置两道横墙。考虑永久沉降缝分缝位置与软弱地基泥炭土的分布并不一致,因此,今后可能还会出现新的裂缝。同时考虑施工拆除大裂缝处外墙,技术复杂,施工困难,而且这样处理后,效果难以预计,因没有确实把握而放弃。

三、减荷方案

考虑该楼第三层裂缝最为严重,且整体刚度差。如拆除第三层可减少总荷载7500kN,相当于减少压应力28kPa。此方案技术上有把握,施工简单方便。但是,拆除第三层后,损失教室使用面积810m²,在当时教室紧张的情况下,此方案行不通,也不合算,只好放弃。

四、增加房屋整体刚度方案

考虑该楼建成已十多年,地基的压缩变形大部分已完成,只要建筑物具有足够的整体刚度,就能够调整地基剩余不均匀变形。

上述四个加固方案经全面的技术和经济比较后,决定采用增加房屋整体刚度的方案,具体做法是增设三道圈梁,圈梁位置分别在二楼楼板、三楼楼板和楼顶处。圈梁截面和配筋如

下:

楼顶圈梁截面尺寸为54cm×35cm,配筋为4ϕ22,见图3-3(a)。

三楼楼板处圈梁:外墙圈梁截面尺寸为68cm×16cm,配筋为6ϕ22;内墙圈梁截面尺寸为26cm×20cm,配筋为4ϕ22,见图3-3(b)。

二楼楼板处圈梁:外墙圈梁截面尺寸为37cm×22cm,配筋为2ϕ16和3ϕ12;内墙圈梁截面尺寸为17mm×16mm,配筋为4ϕ12,见图3-3(c)。

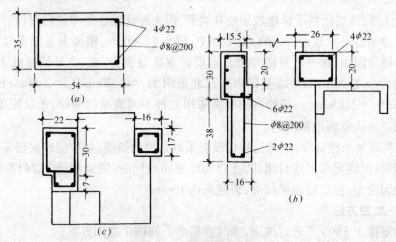

图3-3 圈梁截面与配筋

第一教室楼于1965年3月开始加固设计,同年6月完成加固施工。使用24年,未发现新的裂缝出现,加固效果良好。

3.3 工程实例二——软弱地基基础的设计教训及处理措施[3-9]

3.3.1 工程概要

上海漕河泾地区某研究所试验楼为五层装配整体式钢筋混凝土框架结构,采用筏板基础。沿房屋纵向南侧布置了单层砖混结构,用作空调机房,此披屋采用条形基础。房屋平面及剖面简图分别见图3-4和图3-5。

该工程于1981年11月开工,翌年1月筏板基础完工后,当回填土填到约占一层平面的3/4时停工一年零四个月,西段部分基础外露。1983年5月复工,同年12月12日土建工程竣工。1983年10月25日当框架填充墙砌筑完发现主楼沉降很快,沉降速率达1.908mm/d,12月7日又发现主楼北侧女儿墙顶向北位移约70~125mm,且基础沉降不均匀。1984年1月发现单层披屋A、B轴纵墙基础差异沉降约160mm,已超过规范允许值,A轴有六根砖壁柱根部内侧断裂,B轴纵向承重墙水平开裂,3轴、11轴、12轴的横向承重墙斜向裂缝,最大缝宽达20mm。必须采取措施进行处理。

本实例引自孙正,1996。

3.3 工程实例二——软弱地基基础的设计教训及处理措施[3-9]

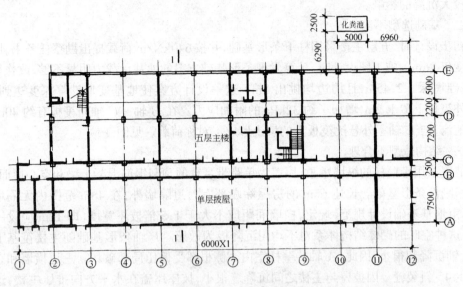

图 3-4　一层平面

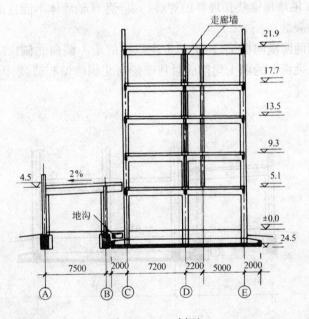

图 3-5　1—1 剖面

3.3.2　原因分析

一、建筑方案不合理

该工程初步设计是在 1978 年 11 月在无工程地质勘察资料情况下完成的。当时设计人员不了解漕河泾是上海地质条件最差的地区之一，软土层厚且不均匀。

设计将五层框架与单层披屋紧靠布置，二者基础间只有 50mm 的沉降缝，不符合《上海市地基基础设计规范》(1975 年版)的要求。因为主楼和披屋的高度和荷载相差很大，未拉开适当距离，虽然披屋屋盖梁悬挑 2.19m，但与主楼框架柱间的缝宽仅 60mm，基础难免受主楼较大沉降的影响。

二、基础选型不当

初步设计时,五层主楼采用柱下条形基础,并按640kN/m荷载提出勘察任务书,因此钻探深度仅26m。施工图设计时,计算发现条形基础方案的地基承载力明显不够,改作筏板基础,基础埋深-2.45m,且周边均挑出2m。这一设计方案使地基变形计算深度达到32m。室内外筏板上覆土2m,增加了约32kPa的附加应力。在B轴~C轴间筏板有约40m长的通风地沟,与E轴室外悬挑筏板上的填土形成不对称荷载。见图3-5。

三、结构造型不合理

披屋采用带壁柱的纵墙承重,屋盖为单跨带悬臂的预制钢筋混凝土梁和空心屋面板,墙下采用刚性条形基础。长达66m的房屋除端部有三道隔墙外,在48m范围内无隔墙。按《上海市地基基础设计规范》规定,横墙间距应不大于1.5倍披屋宽度(即12m应设一道横墙)。这种空旷的砌体结构体系对不均匀沉降极为敏感。B轴条形基础随主楼筏基下沉较多,A轴沉降却很小,因此,A轴砖壁柱室内一侧根部受偏压局部破坏。三道横墙和东山墙均产生45°斜裂缝。因披屋与主楼之间沉降缝很小,披屋屋盖在水平方向推压主楼,这也是主楼向北倾斜的原因之一,见图3-6。同时,主楼对披屋屋盖的竖向摩阻力,通过披屋屋面梁梁底预埋件与B轴墙顶梁垫预埋件的焊缝约束,使B轴墙体不能自由下沉,因而在4.5m高处出现通长水平裂缝。

五层主楼采用两跨横向框架,而中间走廊纵墙的重心偏向北侧;B轴~C轴间的通风地沟与北侧筏基悬挑板上的填土均构成对基础偏向北侧的偏心荷载,因而加重了建筑物向北倾斜的不均匀沉降。

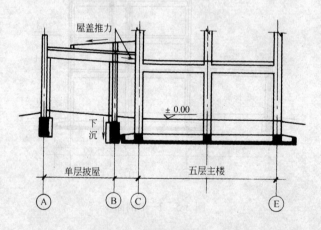

图3-6 披屋屋盖推力示意

四、忽视软土地基变形

设计仅按一般地基计算承载力,而未计算地基变形。由于勘察报告未提供下卧层的容许承载力,因此也未验算软弱下卧层的承载力。根据勘察报告,建设场地地基土的物理力学性指标如表3-4所示。

3.3 工程实例二——软弱地基基础的设计教训及处理措施[3-9]

地基土的物理力学性指标　　　　表 3-4

层号	土层名称	液性指数 I_L	塑性指数 I_P	含水量 $w(\%)$	孔隙比 e	压缩模量 $E_s(MPa)$	内摩擦角 $\varphi(°)$	粘聚力 $c(kPa)$
1	褐黄色耕土							
2	褐黄色粘土	0.942	20.3	41.0	1.175	3.00	11°	16
3	灰色淤泥质粉土	1.602	14.9	47.8	1.334	2.28	11°30′	10
4	灰色淤泥质粘土	1.300	20.0	45.6	1.290	2.57	8°30′	11
5	灰色淤泥质粉土	1.160	13.2	37.0	1.062	4.52	11°15′	13
6	灰色粉土			34.2	0.978	7.34	22°30′	9

第 2 层褐黄色粘土的容许承载力为 100kPa。经计算静载作用下的地基应力为 89kPa，全部荷载作用的地基应力为 104kPa，略大于持力层(第 2 层)的容许承载力。第 3 层软弱下卧层顶面的应力为 121kPa，参考附近其他工程地质勘察资料及按《工业与民用建筑地基基础设计规范》TJ 7—74 计算，其容许承载力为 75kPa，修正后的容许承载力为 93.5kPa。软弱下卧层顶面的应力超过容许承载力约 30%。在出现快速沉降后计算基础的最终沉降量为 93cm，大大超过了《上海市地基基础设计规范》DBJ08-11-89 的容许沉降量 20~30cm(现行 DBJ08-11-1999 已改为 15~20cm)。忽视了软土地基应以变形控制承载力的原则。

五、施工程序不合理

在软土地基上建造高度与荷载均相差悬殊的两个房屋单元，本应在五层主楼承重结构基本完工后再施工单层披屋。这样既不影响总的进度，又可避免因沉降差异影响上部结构。而实际情况却恰相反，在吊装主楼三层构件时，披屋的砖墙及屋盖已经施工吊装完。所以在整个建筑物沉降过程中，披屋的条形基础和上部结构被主楼的筏形基础拉着下沉。在 64 天内吊装完主楼框架和各层楼板构件，并在 7 个月之内，主楼全部施工完毕。这样的快速加载使土层来不及排水固结，因此在 1983 年 11 月 30 日竣工时，出现了最大沉降速率达 2.889mm/d。

在主楼东北距筏基边缘 4.29m 处有一个化粪池，平面为 2.5m×2.5m，深 -4.19m。正当主楼快速沉降时，于 1983 年 12 月 24 日开始人工挖槽，因地下水位距地面仅 1m，边开挖，边降水，边塌方，连续抽水 7d 仍无法继续施工，在一个月后才不得不提高化粪池底标高，缩小其平面尺寸，将一个化粪池改为两个化粪池。这种在软土地基上的局部范围抽地下水的施工方法，必然加重建筑物东北部向北倾斜的不均匀下沉。

筏形基础施工时，采用机械开挖基槽，在泥浆中挖土，使基底下地表土的天然结构被扰动，因软土的灵敏度很高，必然降低其强度，这也是早期下沉较大的原因之一。此外，在筏形基础施工完毕后，西部有 2~3 个柱距未及时回填土，裸露一年又四个月，地基长期泡水也影响地基的均匀性。

六、地基持力层的容许承载力偏高

根据本工程勘察报告提供的 c 和 φ 值，按《上海市地基基础设计规范》公式估算持力层的容许承载力为 67kPa，比本工程勘察报告提供的持力层容许承载力要小 33%。

根据《工业与民用建筑地基基础设计规范》TJ 7—74 第 14 条表 9，按本工程勘察报告提供的天然含水量确定下卧层的容许承载力,则第3层灰色淤泥质粉土的容许承载力为75kPa,相对于持力层的容许承载力100kPa来说,很明显,这是软弱下卧层,但勘察报告并未提供这层土的承载力。

3.3.3 处理措施

一、减小偏心荷载和地基附加应力

在1984年沉降高峰期,为制止不均匀沉降,决定将筏基北侧悬挑板上的填土挖除,改为局部空心基础,见图3-7。这一措施卸载约2200kN,同时还可减小筏基的偏心弯矩18000 kN·m。卸载后实测证明,主楼倾斜开始稳定。

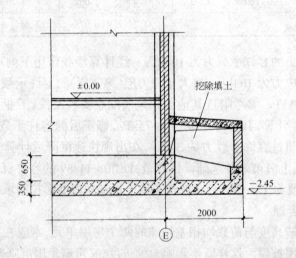

图3-7 挖除填土示意

1989年3月因温度应力作用,顶层的填充墙产生裂缝,决定拆除空心砖内隔墙改为轻质隔断,同时结合屋面翻修将上人屋面的240mm厚女儿墙改为钢栏杆,借此减小主楼的静荷载。

二、加固披屋承重墙

1986年初,经过多次调研,决定采用钢丝网水泥砂浆加固严重裂缝的内隔墙和山墙,同时在披屋内增加两道横向砖隔墙。采用外包钢筋混凝土加固砖壁柱,凿除披屋屋盖北边的局部混凝土,以消除对主楼的水平推力。在披屋上局部增加玻璃钢轻质屋面,以解决因B轴基础下沉造成的排水反坡,见图3-6。

因当时沉降远未终结,预计加固后的砖墙还会出现新的裂缝。但为了满足急于使用的要求,又要确保结构安全,采取了以上临时措施。拟待沉降稳定后,再作进一步处理。九年后发现加固后的砖墙确实又出现少量相同性质的裂缝,今后可结合空调机的改造更新,改集中式空调为分散式空调,这样就可以拆除作为空调机房的披屋。

在研究处理措施过程中,曾考虑过挖除筏基上的全部回填土改为空心基础,采用旋喷桩加固等多种方案。经过多次论证,终因这些方案投资太大,费工费时,防水困难等不利因素而放弃。其中最主要的原因还是基于下述对地基稳定性的认识,而未采取大规模的加固或卸载处理。

3.3.4 地基稳定性分析

在最初的快速沉降后,虽然沉降速率略有收敛,但沉降仍在继续,因此对地基的稳定性如何评价是一个关系到建筑物安全的问题。

一、软弱下卧层的地基应力未达到极限荷载

地基土的承载力主要决定于土的抗剪强度指标,与内摩擦角和粘聚力有关。本工程场地的第 3 层和第 4 层为软弱下卧层,均为淤泥质土,孔隙比在 1~1.5 之间,天然含水量大于液限,土处于流动状态。因此内摩擦角、粘聚力和土的容许承载力都很小。

《上海市地基基础设计规范》(1975 年版)是按临塑荷载公式计算土的容许承载力。临塑荷载是指地基中即将出现塑性剪切变形的临界荷载。一般地基在应力达到临塑荷载以后,如继续加载,则塑性区从基础边缘逐渐扩大加深,直至发展成连续贯通的滑动面,地基濒临失稳破坏的临界值即为极限荷载,除以等于或大于 2 的安全系数即是容许承载力。而上海软土的基底应力超过临塑荷载后,虽不出现明显的滑动面,但基础将发生竖向下沉的刺入式剪切变形直至破坏。本工程的沉降正是这种刺入式变形。根据上海的实际经验,取临塑荷载作为容许承载力,其安全系数的平均值约为 1.6。而本工程软弱下卧层的地基计算应力与容许承载力的比值约为 1.3。

综合考虑上述情况,本工程软土地基的附加应力虽超过软土的天然结构强度,但尚未达到极限荷载,且随着地基不断排水固结,容许承载力将会有所提高。

二、沉降逐趋稳定,不均匀沉降未继续发展

本工程土的压缩模量很小,因此基础沉降量很大。根据 1983 年 6 月 7 日框架结构构件开始吊装时所作的沉降观测数据,沉降量最大的筏基北侧中点的沉降-时间曲线如图 3-8 所示,图 3-9 为沉降速率-时间曲线。

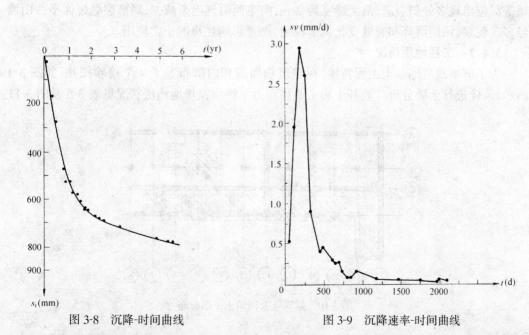

图 3-8 沉降-时间曲线　　图 3-9 沉降速率-时间曲线

从图 3-9 可知,在 1983 年 10 月 25 日框架填充墙砌筑完以后的 36 天中,该点沉降速率达到高峰值 2.889mm/d。此后速率明显减小,至 1986 年 8 月 20 日(观测沉降第 1170 天)

沉降速率降至 0.097mm/d，沉降基本趋向稳定。由于及时采取了减小筏形基础偏心荷载的措施，此后未发现房屋倾斜增加。

据上海经验，均匀沉降并不可怕，但沉降过大且伴随不均匀下沉，则容易遭至失稳破坏。本工程的沉降量虽大大超过规范容许值，但随着土体不断固结，沉降逐渐收敛，且不均匀沉降不再发展，因此可以认为地基是稳定的。

三、沉降最终稳定的时间还很长，应继续观测建筑物的基础沉降

根据观测资料，至 1990 年 4 月沉降速率降为 0.008654mm/d。以 1994 年 7 月至 1995 年 3 月间，进一步降为 0.007355mm/d。根据 1989 年 4 月以前的观测资料，累计沉降量的最大值为 763.0mm 最小值为 641.9mm，平均值为 714.6mm。据此推算至 1996 年 6 月累计平均沉降量将为 736.8mm。因此在今后若干年内房屋还将继续下沉。但只要上部荷载、地下水和周围环境无不利的变化，则不会发生地基失稳，为确保建筑物的安全使用，尚应继续观测基础的沉降。

3.4 工程实例三——某六层住宅楼事故分析与加固[3-10]

3.4.1 工程概要

某电厂 1 号住宅楼系六层砖混结构，建筑面积为 5200m²。该楼于 1988 年底竣工交付使用，翌年即发现墙体多处开裂。1991 年建设单位采用"牛腿"灌注桩对开裂严重的南纵墙基础进行了加固，并用石棉绒水泥将裂缝填塞，但部分墙体仍有轻微拉裂现象。1991 年 12 月供暖后，因管道漏水再度引起大面积墙体开裂，造成室内纵横墙、南北外纵墙和室外楼梯墙等部位出现多处斜裂缝，最大缝宽约 2cm，向东西两侧逐渐减少，局部裂缝延伸至西山墙。经多次观察，该楼沉降和裂缝变化仍未稳定，严重影响住户的正常使用。

3.4.2 工程地质情况

为了解事故后地基土工程特性，在建筑物周围和内部布置了 4 个检验探井，如图 3-10 所示，采样进行土质分析。地基土的主要物理力学性质及场地地层状况见表 3-5 及图 3-11。

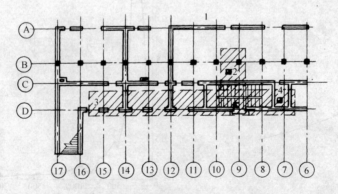

图 3-10 勘探点及回填土平面分布

本实例引自娄荣祥、黄永刚，1996。

3.4 工程实例三——某六层住宅楼事故分析与加固[3-10]

地基土物理力学性质指标 表 3-5

层号	地基土名称	含水量 w (%)	重度 γ (kN/m³)	孔隙比 e	压缩系数 a_{1-2} (MPa⁻¹)	压缩模量 E_s (MPa)	三轴试验 粘聚力 c (kPa)	三轴试验 内摩擦角 φ (°)	承载力标准值 f_k (kPa)
①	填土	23.4	18.0	0.850	0.70	2.0	11	10	65
②	黄土状粉质粘土	24.2	18.1	0.830	0.20	10.0			125
③	黄土状粉土	30.4	17.5	1.004	0.27	7.0			120
④	黄土状粉质粘土	27.0	18.5	0.808	0.12	15.1			140

另据施工、探墓资料，该楼ⓒ轴～Ⓓ轴和⑯轴～⑥轴间有一长 30m、宽 3.5m、深约 5.0～8.0m 的古墓(图 3-10 阴影部分)。施工时由于管理脱节，古墓开挖后未严格按有关要求回填，回填土质量较差。

3.4.3 建筑物现状调查

一、墙面开裂状况

该建筑物墙体多处开裂，尤以南纵墙、⑥轴～⑯轴间墙体开裂为甚，裂缝呈"八"字形。图 3-12 和图 3-13 为 1992 年 5 月 20 日描述的南、北立面墙体裂缝分布情况。实测结果表明：南纵墙裂缝共 30 条，其中裂缝宽度大于 10mm 者 5 条；此纵墙裂缝共 15 条，裂缝宽度多为 2～6mm。

二、相对沉降和倾斜观测

图 3-14 为测得的各测点相对高差和墙体倾斜值。由图中可以看出：

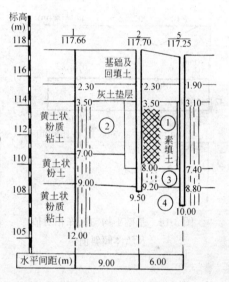

图 3-11 工程地质剖面

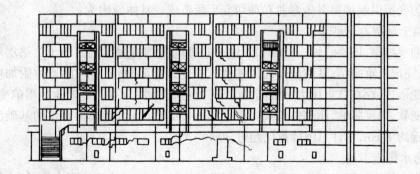

图 3-12 南立面墙体裂缝分布示意

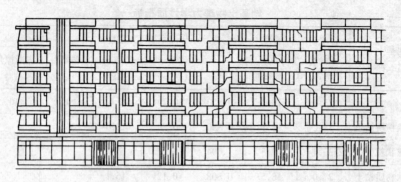

图 3-13 北立面墙体裂缝分布示意

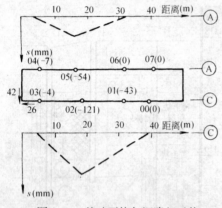

图 3-14 基础不均匀沉降相对值
及墙体倾斜值

（一）沿横墙的局部倾斜：楼房两侧（测点 00—07,03—04 间）$k=0\sim0.37‰$，小于倾斜容许值 $3‰$，中间部位 $k=5.31‰\sim8.27‰$，约为容许值的 $1.77\sim2.76$ 倍，说明楼房中部南北方向倾斜严重。

（二）沿纵墙的局部倾斜：南纵墙 $k=6‰\sim9‰$，北纵墙 $k=0\sim4.7‰$，说明南纵墙较北纵墙倾斜为大。

三、管道和排水设施调查

该建筑场区地势较低，雨季积水严重，且楼内多处管道漏水，楼东侧部分管道堵塞。

四、建筑物损坏程度

据现状调查结果，该住宅楼不均匀下沉严重，局部倾斜超过 $7‰$，裂缝宽度最大达 $2cm$，裂缝两侧砌体多数被压碎，多处门窗变形，玻璃挤碎，属严重破坏。

3.4.4 建筑物破坏原因分析

根据对建筑物开裂情况的调查，结合勘察、设计和竣工资料的分析，建筑物开裂，主要是地基不均匀变形引起房屋发生弯曲和剪切变形所造成。具体原因为：

一、填土承载力不足

根据勘察结果，该楼ⓒ轴～Ⓓ轴和⑥轴～⑯轴间基础持力层为回填土。该层填土结构疏松，尚未完成自重固结，具有较高的压缩性。在建筑物荷载作用下，除产生附加应力作用下的压缩变形，还存在自重压力下的固结变形，如基底浸水，又会产生较大的湿陷变形，使填土层土质变软，强度降低，压缩性增高。根据墙体裂缝情况，估计填土部位的基础沉降要超过邻近基础约 $10cm$，估计总沉降量已超过 $30cm$。

二、防水措施不足

建筑物与管沟的距离仅有 $2m$，远小于规范规定的 $4\sim5m$ 的防护距离，而管沟结构又不符合"严格防水"级别标准。因此，当管道渗漏引起地基局部变形，进而促使管道破裂，大量水流扩渗，使管沟沟底及沟壁产生大量水平与竖向裂缝，为地基浸湿提供了条件。

另据 1991 年加固竣工资料，施工时曾发现灰土垫层均有不同程度的开裂。且局部地段缺失，最大缺失段长度为 $3m$，宽度为 $30cm$，同时邻近化粪池渗漏，部分管道堵塞，大量水渗入基底后,导致地基土软化,加剧沉降。

三、基础整体刚度差

该建筑物采用钢筋混凝土单独基础,柱间未设地基梁,整体刚度差,对不均匀沉降比较敏感。当局部地基条件较差时,很难调整各基础间的差异沉降。

3.4.5 加固措施

根据补充勘察结果和建筑物现状调查,针对局部地基土承载力不足、防水措施不当、建筑物整体性差这三个主要问题,采取了地基加固、防水和加强上部结构刚度等综合治理措施。

一、地基加固

鉴于该楼已用灌注桩进行加固,沉降仍继续发展的主要原因是桩周填土结构松散,桩基承载力不足所致。经技术经济对比,设计采用了双灰桩处理古墓回填土。利用生石灰遇水膨胀的特性挤密桩周土体,从而提高桩侧摩阻力和桩端阻力,以增大桩基竖向承载力,同时也可限制侧挤变形的发展。

双灰桩的布设紧贴桩基和基础边缘,其有效桩长为9m,桩径100~150mm,桩距为30~40cm,选用生石灰和粉煤灰按一定比例配制。

双灰桩施工采用洛阳铲成孔,间隔施工。成孔后立即灌料成桩,每灌入50cm高夯实一次,施工至灰土垫层底面处,换用3:7灰土封顶形成灰土塞。

二、加强基础刚度

原基础整体性差,对不均匀沉降较敏感。为加大基础刚度,增强基础纵横向联结,沿Ⓐ、Ⓑ、Ⓒ轴和主要承重横墙间加设了十字交叉地梁,以利抗震和调整基础不均匀沉降。

为避免拆除承重墙对上部结构的影响,有砖墙部位的地梁做成"夹心式",即混凝土托梁中间夹心砖墙,见图3-15,并沿梁长布置一定数量的钢筋混凝土梢,以利共同作用。

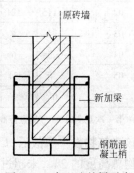

图 3-15 夹心地基梁示意

三、切断浸水水源

地基和基础加固施工完毕后,对室内管道进行了检修,修补了破裂漏水管道,排除了堵塞现象,重新砌筑管道沟。管道沟设计和施工严格按照有关防水标准执行。

对灰土垫层局部开裂和缺失部位采用膨胀混凝土予以填塞,以防止基底土再度渗水。

四、上部结构加固

(一)对裂缝宽度大于8mm的主要承重墙体(如窗间墙、立柱等),采用钢筋混凝土套箍加固,见图3-16,以阻止砌体的侧向变形和沿斜缝错动。

(二)对于裂缝宽度大于10mm遭严重破坏的室内横墙,采用双面铺设钢筋网,并沿网面喷射30mm厚的细石混凝土保护层。钢筋采用Ⅰ级钢,直径6mm,细石混凝土强度等级为C30。

(三)对于裂缝宽度较小破坏轻微的墙体,采用压力灌浆法进行加固。浆体材料采用水

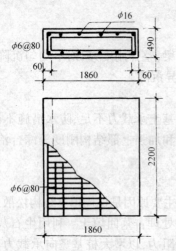

图 3-16 钢筋混凝土套箍加固窗间墙

泥:中砂:水 = 1:0.5:1.75 的比例配制,水泥采用 425 号硅酸盐水泥,并掺入少量膨胀剂。施工时将抹灰层凿除,将碎裂的砂浆剔除,碎砖换成好砖,分两次灌浆完毕。

3.4.6 沉降观测

该工程自补勘工作初期就设置了沉降观测点,观测点位置见图 3-14。加固竣工后,经对 6 个沉降观测点历时二年的沉降观测,最大沉降量仅为 12mm,表 3-6 为 1992 年 4 月至 1994 年 12 月沉降观测结果。墙体未发现新的裂缝出现,说明加固效果良好。

建筑物沉降观测结果 表 3-6

测点号 \ 日期	加固前	施工中			竣工后							
	1992 4.30	1992 6.1	1992 6.20	1992 8.5	1992 9.5	1992 10.8	1992 12.7	1993 3.7	1993 9.5	1993 12.1	1994 6.6	1994 12.5
01	-35	-43	-43	-45	-47	-47	-47	-47	-47	-47	-47	-47
02	-115	-121	-121	-121	-122		-125		-126		-127	-127
03	-4	-4	-4	-5	-5	-6	-7	-7	-7	-7	-7	-7
04	-5	-6	-6	-7		-8	-8	-8	-8	-8	-8	-8
05	-48	-54	-55	-55	-55	-56	-58	-58	-58	-58	-58	-58
06	0	-1	-1	-2	-2	-2	-2	-2	-2	-2	-2	-2

注:第一次观测以 06 号测点标高作为 ±0.000。

该建筑物发生事故后,厂方曾准备拆除重建。经鉴定认为该楼最大倾斜值为 42mm,为建筑物总高度的 2‰,未超过《危险房屋鉴定标准》CJ 13—86 有关危房倾斜不超过 7‰ 的标准,不需拆除和纠倾。经过加固处理后,取得了令人满意的效果。较拆除重建节约资金近 80 万元,取得了明显的经济效益。

3.5 工程实例四——冲击成孔灰土挤密桩在处理某工程地基湿陷事故中的应用[3-11]

3.5.1 工程概要

位于Ⅲ级自重湿陷性黄土场地上的某工程,由附房、候车大厅(以下简称大厅)、连廊、食宿楼四部分组成,见图 3-17。大厅为排架结构,高 9.5m,跨度 15m,预制钢筋混凝土排架柱与薄腹梁,柱下为钢筋混凝土杯形独立基础,墙下为条形混凝土基础。附房为一层,高 3.05m,连廊一层,高 3.0m,食宿楼五层,高 16.3m,均为砌体结构。基础均采用墙下条形砖

本实例引自冯立平、金建民,1996。

砌基础，基础埋深2.0m。地基处理为开挖或局部土垫层，土垫层厚度2.0m，垫层范围自基础边缘外放1.5m。附房、大厅、连廊和食宿楼由伸缩缝分割，基础相连，未设沉降缝。

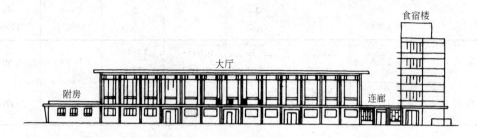

图3-17 建筑立面

该工程于1981年建成使用，1993年后相继发现地面与墙体出现不同程度的裂缝。裂缝主要集中在大厅正立面和地面、连廊及食宿楼东段墙体上。墙体裂缝以斜向为主，大厅正立面装饰柱以水平裂缝为主，正立面入口台阶形成反坡。裂缝宽度一般为2～8mm，最大的10mm以上。以裂缝的部位及走向初步分析，系大厅、连廊和食宿三部分地基的不均匀变形所致。经调查与勘察结果分析，证明引起建筑地基不均匀变形的主要原因是管道破裂漏水，屋面漏水渗透及场地排水不畅等原因，使局部地基大量受水浸湿。其次，原地基处理深度不足，剩余湿陷量过大，以及大厅、连廊和食宿楼各自的体量和刚度相差较大，但设计未设沉降缝，则是引起地基大幅度湿陷及墙体开裂破损的内在因素。

分析了解该工程地基沉陷事故的原因后，经方案论证比较，由于冲击法成孔机具小，便于在建筑物内部及近旁施工；灰土桩既有挤密作用，又有加固效果，施工振动影响较小，有利于既有建筑物加固。决定采用冲击成孔的灰土桩挤密法加固处理。

3.5.2 工程地质条件

为了切实掌握地基土质的情况，使地基处理方案设计有据可依，重新进行了工程地质补充勘察。

补充勘察资料表明，该场地位于祖厉河东岸Ⅱ级阶地，地质构造较为单一，土层自上而下分布为：杂填土层，厚3.3～4.75m；黄土状粉土（Q_4^{2pl-al}），勘察最大厚度11.06m（未穿透本层），土质较均匀，大孔发育。鉴于场地东西两侧区域受水浸湿的情况有明显差异，土的物理力学性质指标出入较大，现将浸水严重的东侧和未浸水或少量浸水的西侧区域土的主要物理力学性质指标分别列入表3-7中，以便分析对比。

从表3-7可明显看出，建筑物东侧地基因受水浸湿，土的含水量平均增大4.4%，压缩性从原先的中等转为高压缩性，压缩模量从11MPa（西侧）降低为5MPa；地基的承载力标准值降低为80kPa，与西侧相比，承载力减少了50%。同时由于含水量增大，土的湿陷系数（δ_s）、总湿陷量（Δ_s）、自重湿陷系数（δ_{zs}）和计算自重湿陷量（Δ_{zs}）均有所降低，西侧仍属Ⅲ级严重自重湿陷性黄土地基，而东侧降低为Ⅱ级自重湿陷性地基。显然，东侧地基虽已浸湿并产生了沉陷，但土的湿陷性和自重湿陷性尚未完全消失，若再继续浸水时，沉陷仍将发生，建筑物的不均匀沉降和开裂有可能进一步加剧。因此，采取地基加固措施，保证不再发生沉陷是十分必要的。

东西两侧土的物理力学性质指标　　表 3-7

项目 土样区	含水量 w (%)	湿陷性 δ_s	湿陷性 Δ_s (cm)	自重湿陷性 δ_{zs}	自重湿陷性 Δ_{zs} (cm)	压缩系数 a_{1-2} (MPa^{-1})	承载力 f_k (kPa)
东侧区	22.6	0.022~0.109	22.3~38.2	0.015~0.082	13.4~33.6	0.79	80
西侧区	18.2	0.018~0.124	35.6~42.8	0.022~0.109	60.0~59.1	0.36	120

3.5.3 设计计算

一、加固方案选择

既有建筑物地基加固的方法很多,在黄土地区多数以消除地基土的湿陷性和提高承载力为主要目的。结合本工程,先后提出了旋喷法、硅化法、托换法和挤密桩法等几种方案。经反复分析论证各方案的技术经济效果,以及其在当地的可行性,最后优选出灰土桩挤密法在基础侧旁加固的方案,成孔采用冲击法施工,灰土桩采用较小的桩径($d=0.30$mm)。其加固作用机理如下:

(一)较小桩径的冲击成孔灰土桩,既有利于在建筑物内外施工,又可实施冲孔与夯填二次挤密桩间土,挤密效果较好,而振动影响较小。由灰土桩与桩间挤密土共同组成人工复合地基(加固体),靠近基础的灰土桩对基础范围内土体也有一定的加固作用(挤密减水和离子交换等)。

(二)基础外围构成灰土桩挤密加固体,具有防止地基土侧向挤出、卸荷,提高地基的承载力与变形模量,以及起防水帷幕等方面的作用。工程经验证明,这一加固方式的技术效果在黄土地基中是明显的,同时其施工简便易行;对建筑物使用的影响较小。

二、灰土桩设计

灰土桩以冲击法成孔,对地基分两次扩孔挤密。先用冲击锤在土中冲击成一直径$0.18\sim0.20$m的土孔(一次挤密),然后填入灰土,再用夯锤夯扩挤密,使在土桩的桩径达约0.30m(二次挤密)。设计桩径$d=0.30$m。在已发生明显沉陷区域及建筑物发生裂缝较为严重的地段,沿基础周边围$1\sim2$排桩,桩距0.7m(相当于$2.33d$),桩长8.0m。另在距建筑物2.0m沿东面及北面设3排桩,桩距0.70m,正三角形布桩,桩长10.0m,桩孔填料均为3:7灰土,构成灰土桩挤密土体防水墙。布桩平面如图3-18所示。

施工顺序要求由外向里,由两头向中间,同一基础两侧对称进行,桩孔灰土的压实系数不低于0.95。为保证质量,抽样检验桩数不少于总桩数的2%,且每台班不少于一个桩。地基处理完成后,及时将室内外散水及排水系统及设施完善,防止水分继续浸入地基。

3.5.4 施工方法

冲击法成孔是土桩及灰土桩成孔的主要方法之一。在新建工程中,一般是用冲击钻机将特制的$1.0\sim3.2$t锥形冲击锤头提升$0.5\sim2.0$m高度后,自由下落,在土中反复冲击成孔,冲孔直径可达$0.50\sim0.60$m(大于锤径约1.5倍),孔深可到20m左右。然后在孔内填入素土或灰土,用同一机械夯实成桩。一般常用冲击法施工的程序如图3-19所示。

冲击法成孔,桩孔深度不受机架高度的限制,孔深可达20m左右,对处理大厚度的湿陷

3.5 工程实例四——冲击成孔灰土挤密桩在处理某工程地基湿陷事故中的应用[3-11]

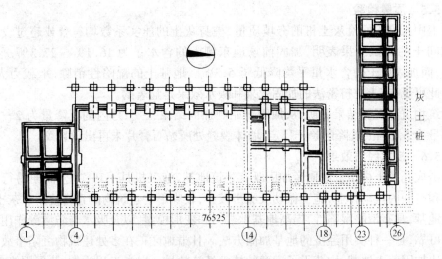

图 3-18 桩位平面布置

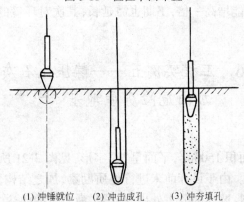

图 3-19 冲击法施工程序示意

性黄土地基特别适用,同时夯填质量较好,有的还可二次扩孔挤密,因此在国外早已广泛应用。国内可能因在大厚度湿陷性黄土地区建筑的工程较少,同时也受到施工机械条件的限制,目前使用很少。

对既有建筑沉降事故的地基加固,我国甘肃地区采用了小型冲击成孔灰土桩挤密法,已在多处工程加固中应用,收到了良好的技术经济效果,本工程即是一例。

本工程所用小型成孔法施工,其工艺如图 3-20 所示。冲击锤杆质量约 0.25~0.30t,落距 1.0~2.0m,由电动卷扬机带动,反复冲击,在土中造成直径0.18~0.20m 的小桩孔;然后向孔内填入灰土,每次填约 0.25~0.30t,虚填土层厚度约 0.8~1.0m,再用冲击夯锤夯实 8~12 次,夯至厚度约 0.4m。由于夯击能量较高,桩孔扩大到 0.3m 左右,同时夯实后灰土的干密度和压实系数较大。

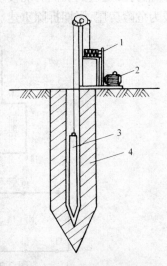

图 3-20 小型冲击挤密施工工艺
1—升降机;2—电动机;3—冲击锤;4—挤密区

3.5.5 质量检验

施工中按 2% 抽检灰土桩的夯填质量,桩身灰土的压实系数均符合或超过设计要求。同时桩间土的测试结果表明,加固前场地东侧土的含水量为 16.1%~27.3%,平均值为 22.6%,而加固后土的含水量平均降低了 5.3%。地基土的湿陷性消除,承载力大幅度提高。由此可见,灰土桩挤密法的加固效果和吸水效果是显著的。

建筑物沉降观测结果表明,从加固开始到加固结束,三个月内的沉降量为 2~7mm,平均沉降量为 5.1mm,沉降已趋于稳定,墙体裂缝处所贴石膏片未再出现裂纹。

3.5.6 技术经济效果

冲击成孔灰土桩挤密法侧旁加固既有建筑地基,施工机具小巧,工艺简便易行,可在较小范围和空间内机动作业,施工振动及噪声较小,较少影响建筑物的正常使用。灰土桩挤密法加固地基,具有消除湿陷性、提高地基承载力和变形模量,以及吸水与防渗等作用,技术效果显著可靠,是一种实用经济的地基加固方法。甘肃地区正在多处建筑物沉陷事故中,采用这种方法加固黄土地基,均获得了满意的技术经济效果。以本工程为例,若采用旋喷桩法或化学注浆法等,其费用可能增高一倍,工期也需延长;其次对环境的污染和对使用的影响也远超过灰土桩挤密法。

3.6 工程实例五——静压生石灰桩加固危险房屋地基[3-12]

3.6.1 工程概要

某小学教学楼建筑面积 1500m²,平面呈"Z"字形,见图 3-21 所示。设计时北楼和厢配楼均为三层,南楼为二层。由于设计前未进行地质勘察,加之结构体系欠合理,施工时即发生北楼严重向南扭曲倾斜,墙体部分多处出现开裂,最严重的已达 3cm 多宽,且厢配楼外廊柱也产生水平断裂。为此,施工中不得不将厢配楼的楼梯间全部拆除,同时将厢配楼三层拆除卸荷降低为二层。到加固时北楼东南角向西扭曲并向南倾斜已达 18cm。经有关部门鉴定,该楼为危险房屋,限期拆除重建。

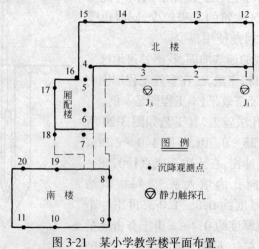

图 3-21 某小学教学楼平面布置

本实例引自韩选江、李树勋,1992。

3.6 工程实例五——静压生石灰桩加固危险房屋地基[3-12]

由于教育经费短缺,更主要的是因拆除重建会影响教学工作的正常开展,经研究决定对现有地坪以下地基进行加固稳定后再修复上部结构处理方案,重点是对北楼地基的加固稳定,以确保该教学楼继续安全地使用。

3.6.2 工程地质情况

经补勘查明,该楼坐落在层厚变化较大的软弱地基上,土层自上而下分别为:

一、素填土。软塑状态,厚度为 1.1~1.5m。

二、粉质粘土。可塑状态,厚度为 0.6~3.0m。

三、黑色粉质粘土。含有机质,软塑状态,厚度为 0~1.6m,有部分区域缺失此层。

四、青灰色淤泥质粉质粘土。此层可分为两个亚层。上层含有机质,处于流塑状态,下层含少量有机质及云母片,处于软塑状态。上下层厚度变化很大,此层最大厚 6m 以上。且在两亚层间局部范围内还夹杂有泥炭层,天然重度仅 12kN/m³,干重度仅 9.1kN/m³,其最大厚度达 1m。

五、青灰色粉质粘土。含少量有机质及氧化铁,可塑状态,厚度 0.7~1.3m。

六、黄灰~灰黄色粉质粘土。可塑状态,埋深在 3.3~11.0m 以下。

在南、北教学楼的中间地带,水平层理变化较大。

钻孔布置及土层分布如图 3-22 所示。地基土物理力学性指标见表 3-8。

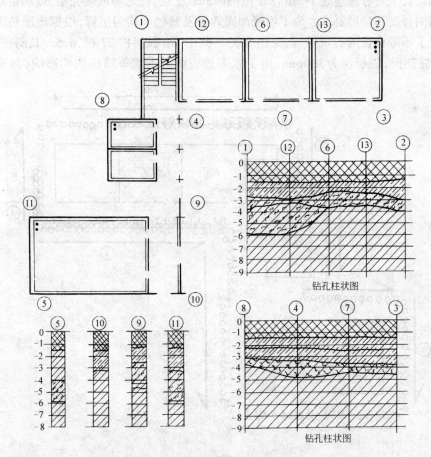

图 3-22 钻孔布置及土层分布

地基土物理力学性指标 表3-8

土层名称	深度(m)	w(%)	γ(kN/m³)	γ_d(kN/m³)	e	S_r(%)	w_L(%)	I_P	E_s(MPa)	c(kPa)	φ(°)	状态	备注
素 填 土	1.3~1.7	25.6	19.7	15.7	0.74	94.7	32.2	12.6	7.38	60	10	可塑	
粉质粘土	3.0~3.6	24.8	19.9	16.9	0.71	96.1	32.5	13.0	7.78	69	11	可塑	
淤泥质粉质粘土	3.5~5.8	41.8	18.0	12.7	1.14	99.5	36.1	10.1	3.40	20	8	流塑	含有机质
泥 炭	局部~1.2	55.5	12.0	9.1								流塑	残缺不全
粉质粘土	6.4~6.8	27.1	19.8	15.7	0.74	98.6	35.7	15.1	8.83	68	18	可塑	含有机质
粉质粘土	2.0~11.0 未钻穿											可塑	颜色变化

注：地下水位在地面下 $-0.8m$ 处。

3.6.3 地基加固

考虑到石灰桩具有吸水膨胀特性和挤密充填作用，为了减少地基的不均匀变形，减轻北楼三层部分的南倾扭曲，并利用生石灰的吸水膨胀抬高下沉部分的建筑，决定采用石灰桩加固地基。由于建筑物已发生了开裂倾斜，为了防止因采用振动沉桩可能造成的进一步倾斜，所以采用静压生石灰桩施工工艺。压桩机的最大压桩力可达 300kN，最大压桩长度可达 7m，既可压直桩，又可压斜桩。

加固设计主要考虑基底下 5m 深度范围内的软土层，使之形成硬壳层，以满足地基压缩层范围内的强度和变形要求。为了增强加固效果及减轻不均匀沉降，根据地质情况沿外墙基础布置了不等桩长的石灰桩群，见图 3-23。其中 7m 长斜桩 77 根、6.5m 长斜桩 41 根和 7m 长直桩 78 根，桩径均为 300mm。由于施工过程中因围墙等障碍物的影响，减少了一些

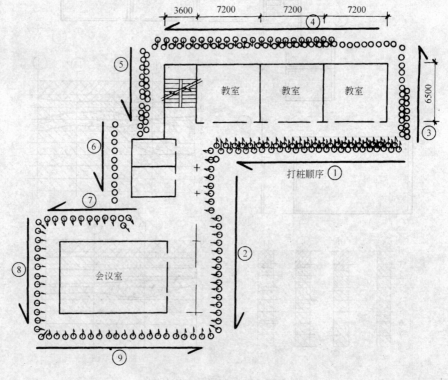

图 3-23 石灰桩平面布置示意

加固地段,同时根据沉降观测数据对原设计方案作了部分修改,增加了 4.3m 长的直桩和 4.3m、5.0m 长的斜桩,实际共布桩 226 根,累计 1380.2 延长米。

石灰桩压桩施工按图 3-23 所示的施工顺序依次进行。填料选用新鲜的块灰,斜桩每 50cm 下料一次,直桩每 100cm 下料一次,并根据不同的深度采用不同的投料控制量,有 140kg、160kg、180kg、200kg 和 220kg。每根桩顶 1.5m 的长度范围内用 1:1 的碎石:山砂封顶。地基加固实际用灰量达 190 余吨,加固地基土范围约 700m², 平均每平方米地基土耗用生石灰 270kg。

3.6.4 加固效果

一、沉降观测

沿教学楼周围共设置了 20 个沉降观测标点,见图 3-21,在三个半月里共观测了 7 次,最后一次是在压桩施工完成后第 55 天测得的。

观测结果表明,各测点都呈现膨胀上抬趋势,整个三层北楼的南墙平均上抬 23mm,北墙平均上抬 9mm,该楼平均上抬 18mm,加固前,由于扭曲原因,该楼东南角南倾的水平距离已发展到 180mm;加固后,由于膨胀上抬减少其倾斜角度,该楼实际还南倾 130mm,尽管其效果未能达到恢复原状,但也能满足建筑物的正常使用要求,该楼可在稳固地基上安全地继续使用下去。

二、静力触探试验

加固前,围绕教学楼布置了 22 个静力触探孔。加固施工结束,按照实际加固区域,对其中 11 个孔进行了静力触探试验。三个月后工程验收时,又对北墙南侧的 5 个孔进行了静力触探试验。三次触探试验结果一次比一次好,反映出地基土的加固效果是明显的。试验结果表明,p_s 值由原天然地基的 392~981kPa 增长到 981~2943kPa,压缩模量 E_s 由原天然地基的 1.962~2.943MPa 增长到 4.709~12.263MPa。其中 J_1 和 J_3 孔(位置见图 3-21) 5m 深度加固范围内的 p_s 平均值达 2943kPa, E_s 达 12.066MPa。三次静力触探 p_s 曲线如图 3-24 所示。地基承载力达 275kPa,效果十分明显。

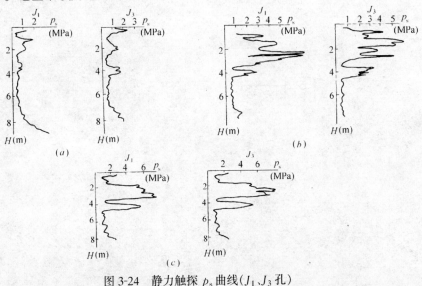

图 3-24 静力触探 p_s 曲线(J_1、J_3 孔)
(a)第一次;(b)第二次;(c)第三次

由于石灰桩打设后距测试时间较短,石灰桩与周围土体的物理-化学反应尚未完全结束,石灰桩的加固作用随着时间的推移还会有所增大。

　　该教学楼经加固恢复使用后不到一年,附近发生了 5.6 级的地震,震中距教学楼仅 40km,未发生任何异常,表明地基加固取得了圆满成功。

参 考 文 献

[3-1]　中华人民共和国行业标准.既有建筑地基基础加固技术规范 JGJ 123—2000.北京:中国建筑工业出版社,2000

[3-2]　中国建筑科学研究院地基所等.软土地基设计施工主要问题及其经验.北京:科学技术文献出版社,1982

[3-3]　中华人民共和国国家标准.湿陷性黄土地区建筑规范 GBJ 25—90.北京:中国计划出版社,1991

[3-4]　叶书麟,汪益基,涂光祉,程鸿鑫.基础托换技术.北京:中国铁道出版社,1991

[3-5]　中华人民共和国国家标准.膨胀土地区建筑技术规范 GBJ 112—87.北京:中国计划出版社,1989

[3-6]　黄熙龄、陆忠伟.膨胀土的胀缩特性及房屋变形.中国土木工程学会第三届土力学及基础工程学术会议论文选集.北京:中国建筑工业出版社,1981

[3-7]　《岩土工程手册》编写委员会.岩土工程手册.北京:中国建筑工业出版社,1994

[3-8]　陈希哲.清华大学第一教室楼严重开裂与成功处理.中国土木工程学会土力学及基础工程学会第二届全国地基处理学术研讨会论文集,1989

[3-9]　孙正.软弱地基基础的设计教训及处理措施.地基基础工程.第 6 卷第 4 期,1996

[3-10]　娄荣祥、黄永刚.某六层住宅楼事故分析与加固,地基基础工程,第 6 卷第 1 期,1996

[3-11]　冯立平,金建民.冲击成孔灰土挤密桩在处理某工程地基湿陷事故中的应用.中国工程建设标准化协会湿陷性黄土委员会第三届全国黄土学术会议交流论文,1996

[3-12]　韩选江,李树勋.静压生石灰桩加固危险房屋地基.建筑物增层改造基础托换技术应用.南京:南京大学出版社,1992

4 既有建筑地基基础加固方法

既有建筑地基基础加固亦称托换技术(Underpinning),是指对既(原)有建筑物的地基需要处理和基础需要加固;或指对既有建筑物基础下需要修建地下工程,其中包括隧道要穿越(Undercrossing)既有建筑物;以及邻近需要建造新工程而影响到既有建筑物的安全等问题的技术总称。

既有建筑地基基础加固可根据托换的原理、时间、性质和方法进行分类:

一、按原理分类

(一)补救性托换

补救性托换(Remedial Underpinning)是指原有建筑物的地基基础因不符合设计要求而产生病害,所以需对其进行托换的技术。它是在托换领域中占有很大比重的量大面广的托换技术。

(二)预防性托换

预防性托换(Precautionary Underpinning)是指既有建筑物的地基土是满足地基承载力和变形要求的,而是既有建筑物的邻近需要修建地下铁道、高大建筑物或深基坑开挖等原因,而需对其进行保护的托换技术。其中也可采用在平行于既有建筑物基础而修筑比较深的墙体者,亦可称为侧向托换。

(三)维持性托换

维持性托换(Maintenance Underpinning)是指有时在新建的建筑物基础上预先设置好顶升的措施(预留安放千斤顶位置),以适应地基变形超过地基容许变形值时进行调节变形的技术。

二、按时间分类

(一)临时性托换;

(二)永久性托换。

三、按性质分类

(一)既有建筑物的地基基础加固;

(二)既有建筑物的增层;

(三)既有建筑物的纠倾;

(四)既有建筑物的移位。

四、按方法分类

(一)基础扩大和加固;

(二)基础加深;

(三)锚杆静压桩;

(四)树根桩;

(五)坑式静压桩、预压桩、打入桩和灌注桩;

（六）石灰桩和灰土桩；

（七）高压喷射注浆；

（八）注浆。

为了便于读者深入了解各种托换加固技术的适用范围、设计、施工和质量检验，本章按方法分类分别进行阐述。

4.1 基础扩大和加固

叶书麟（同济大学）

4.1.1 概述

有许多既有建筑物或改建增层工程，常因基础底面积不足而使地基承载力或变形不满足规范要求，从而导致既有建筑物开裂或倾斜；或由于基础材料老化、浸水、地震或施工质量等因素的影响，原有地基基础已显然不再适应，此时除有时需对地基处理外，还应对基础进行加固，以增大基础支承面积、加强基础刚度、或增大基础的埋置深度等方法。

值得注意的是：在旧房增层改造以扩大使用面积时，要求对上部结构和地基基础进行验算。如能满足增层要求，则应充分利用其原有的地基和基础，而不再进行基础加固。

对于需要托换的和沉降稳定的既有建筑物基础验算时，凡具有10年以上而经检查其基础无不符合规定的缺陷（如不均匀沉降、倾斜、位移或开裂）时，可认为该地基土在该建筑物基底压力下已经压实。如当地无成熟经验时，必要时应采用载荷试验、开挖或钻探等方法取样试验分析后，确定其地基承载力的提高值。

4.1.1.1 基础灌浆加固

当基础由于机械损伤、不均匀沉降或冻胀等原因引起开裂或损坏时，可采用灌浆（亦称注浆）法加固基础（图4.1-1）。

施工时可在基础中钻孔，注浆管的倾角一般不超过60°，孔径应比注浆管的直径大2～3mm，在孔内放置直径25mm的注浆管，孔距可取0.5～1.0m。对单独基础每边打孔不应少于2个，浆液可由水泥浆或环氧树脂等制成，注浆压力可取0.2～0.6MPa，当15分钟内水泥浆未被吸收则应停止注浆，注浆的有效直径约为0.6～1.2m。对条形基础施工应沿基础纵向分段进行，每段长度可取2.0～2.5m。

对有局部开裂的砖基础，当然也可采用钢筋混凝土梁跨越加固，如图4.1-2所示。

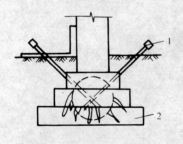

图4.1-1 基础灌浆加固
1—注浆管；2—加固的基础

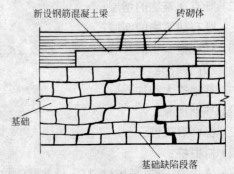

图4.1-2 用钢筋混凝土梁跨越缺陷段基础加固示意图[4.1-1]

4.1.1.2 采用混凝土套或钢筋混凝土套加大基础底面积

当既有建筑物的基础产生裂缝或基底面积不足时,可用混凝土套或钢筋混凝土套加大基础。

当原条形基础承受中心荷载时,可采用双面加宽(图4.1-3);对单独柱基础加固可沿基础底面四边扩大加固(图4.1-4)。

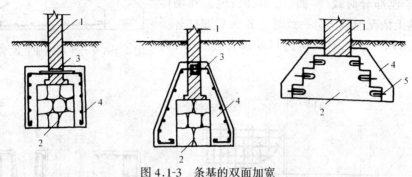

图 4.1-3 条基的双面加宽

1—原有墙身;2—原有墙基;3—墙脚钻孔穿钢筋,用环氧树脂填满再与加固筋焊牢;
4—基础加宽部分;5—钢筋锚杆

当原基础承受偏心荷载时、或受相邻建筑基础条件限制、或为沉降缝处的基础、或为不影响室内正常使用时,可用单面加宽基础(图4.1-5)。

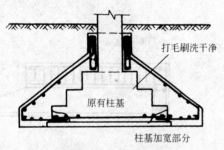

图 4.1-4 柱基加宽

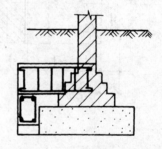

图 4.1-5 条基的单面加宽

当采用混凝土套或钢筋混凝土套时,应注意以下几点施工要求:

一、为使新旧基础牢固联结,在灌注混凝土前应将原基础凿毛并刷洗干净,再涂一层高标号水泥砂浆,沿基础高度每隔一定距离应设置锚固钢筋;也可在墙脚或圈梁钻孔穿钢筋,再用环氧树脂填满,穿孔钢筋须与加固筋焊牢。

二、对加套的混凝土或钢筋混凝土的加宽部分,其地基上应铺设的垫料及其厚度,应与原基础垫层的材料及厚度相同,使加套后的基础与原基础的基底标高和应力扩散条件相同和变形协调;

三、对条形基础应按长度1.5~2.0m划分成许多单独区段,分别进行分批、分段、间隔施工,决不能在基础全长挖成连续的坑槽和使全长上地基土暴露过久,以免导致地基土浸泡软化,使基础随之产生很大的不均匀沉降。

4.1.1.3 改变浅基础型式加大基础底面积

图4.1-6为将柔性基础改为刚性基础。加套后的混凝土基础台阶宽高比(或刚性角)的

允许值,应符合《建筑地基基础设计规范》的有关规定。

当工业厂房接长扩建时,原厂房端部钢筋混凝土单杯形基础扩大为双柱杯形基础的方法,如图4.1-7所示。

一、扩建部分荷载(屋面、吊车、风、地震和墙体等)和地基土情况与原厂房一致时,扩大后双柱杯形基础的底面积 $A \times B$,有关构造尺寸以及配筋等,均

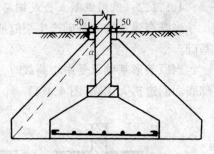

图 4.1-6 柔性基础加宽改成刚性基础

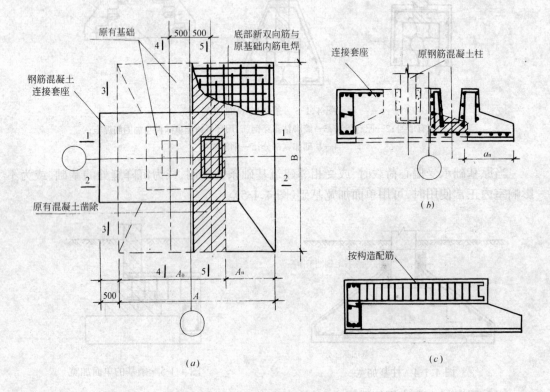

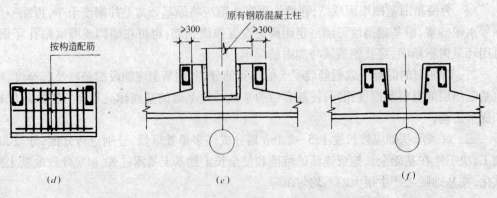

图 4.1-7 单杯口柱基扩大为双杯口示意图
(a)平面图;(b)1—1剖面;(c)2—2剖面;(d)3—3剖面;(e)4—4剖面;(f)5—5剖面

可参照原厂房温度缝处双柱杯形基础的设计资料选用,如荷载或地基土情况有变化时,则应重新设计;

二、以原颈部外侧为界,将旧基础靠接长一边的原混凝土凿除,露出其底部钢筋,扩大部分基底纵向钢筋与旧基础内相应的钢筋电焊连接;

三、新基础的颈部加大并引伸跨越旧基础,形成一个新旧连接套座,以保证新旧两部分结合为一体,连接套座按构造配筋,并与扩大部分的混凝土一次浇捣完成。

当采用混凝土或钢筋混凝土套加大基础底面积尚不能满足地基承载力和变形等的设计要求时,可将原单独基础改成条形基础;或将原条形基础改成十字交叉条形基础、片筏基础(4.1-8)、或箱形基础,这样不但更能扩大基底面积,用以满足地基承载力和变形的设计要求,另外,由于加强了基础刚度也可借以减少地基的不均匀变形。

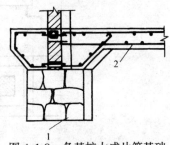

图4.1-8 条基扩大成片筏基础
1—原有块石墙基;2—由条基改成筏基

当墙体下钢筋混凝土柔性条形基础宽度不需扩大,而原有板厚及配筋不能满足强度要求时,可参照图4.1-9所示方法,适当加大旧基础肋宽进行基础加固,这样由于减少了悬臂板的挑出长度,而相应地减小了肋边处的弯矩和剪力值,使原基础断面和配筋能满足加层改造后的强度要求。肋宽加大部分的厚度,可根据基底净反力及加大后肋边处的板厚和配筋量应满足抗弯、抗剪的要求进行验算后确定,但新加部分的净厚不宜少于100mm。

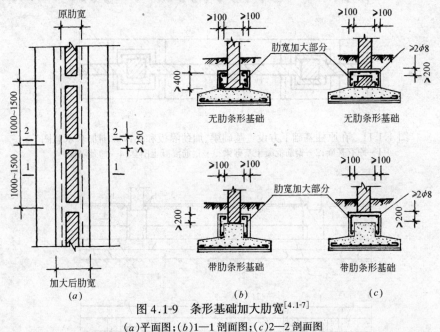

图4.1-9 条形基础加大肋宽[4.1-7]
(a)平面图;(b)1—1剖面图;(c)2—2剖面图

原苏 А.И.马里甘诺夫、В.С.普列夫可夫和 А.И.波里丘克编著的《钢筋混凝土及砖石结构加固图集》[4.1-3]中的基础加固部分,有关柱基础改为条形基础、条形基础改建为片筏基础的示例(图4.1-10~图4.1-15)可供读者在实际工程中参考使用。

4.1.1.4 基础减压和加强刚度

对软弱地基上建造建(构)筑物,在设计时除了有时作必要的地基处理外,而对上部结构

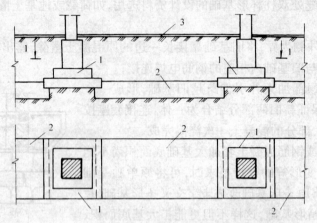

图 4.1-10 在原柱基础下方设置基础梁示意图
1—原有的柱基础；2—钢筋混凝土基础梁；3—地板表面

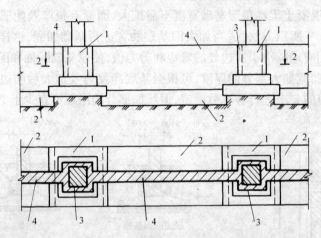

图 4.1-11 在原柱基础下方设置基础梁、加劲隔板和杯口周围加套示意图
1—原有基础；2—钢筋混凝土基础梁；3—钢筋混凝土围套；4—加劲隔板

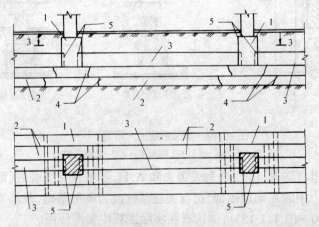

图 4.1-12 在基础底板标高处设置带加劲隔板的基础梁示意图
1—原有柱基础；2—钢筋混凝土基础梁；3—加劲隔板；4—在基础底板台阶处被敲掉的混凝土；5—为设置键销而在基础杯口部分开的槽

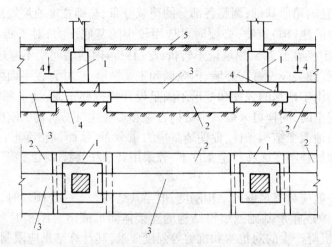

图 4.1-13 在基础底板下方设置基础梁,同时设置加劲隔板示意图
1—原有柱基础;2—钢筋混凝土基础梁;3—加劲隔板;
4—在基础平板部分被敲掉的混凝土;5—地表面

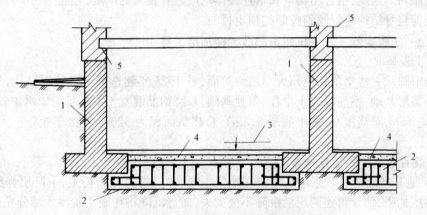

图 4.1-14 在条形基础下方设置片筏基础示意图
1—原有条形基础;2—新设置的片筏基础;3—地下室地面标高;4—夯实的粗砂;5—砖墙

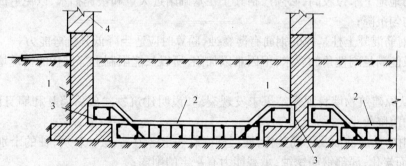

图 4.1-15 在条形基础上设置有键销的片筏基础示意图
1—原有基础;2—新设置的片筏基础;3—浇筑在基础内的混凝土键销;4—砖砌体

往往需要采取某些加强建(构)筑物的刚度和强度,以及减少结构自重的结构措施(如选用轻质材料、轻型结构、减少墙体重量、采用架空地板代替室内厚填土);设置地下室或半地下室,

采用覆土少、自重轻的箱形基础；调整各部分的荷载分布、基础宽度或埋置深度；对不均匀沉降要求严格或重要的建（构）筑物，必要时可选用较小的基底压力；对于砖石承重结构的建筑，其长高比宜小于或等于 2.5，纵墙应不转折或少转折，内横墙间距不宜过大，墙体内宜设置钢筋混凝土圈梁，圈梁应设置在外墙、内纵墙和主要横墙上，并宜在平面内联成封闭体系。

对建（构）筑物由于地基的强度和变形不满足设计规范要求时，使上部结构出现开裂或破损而影响结构安全时，同样可采取减少结构自重和加强建（构）筑物的刚度和强度的措施。其基本原理是人为地改变结构条件，促使地基应力重分布，从而调整变形，控制沉降和制止倾斜。基础减压和加强刚度法在特定条件下，较采用其他托换技术工程费用低、处理方便和效果显著。

大型结构物一般应具有足够的结构刚度，但当其结构产生一定倾斜时，为改善结构条件计，可将基础结构改成箱形基础或增设结构的连接体而形成组合结构时，尚需验算由于荷载、反力或不均匀沉降产生的对抗弯和抗剪等强度要求，其计算结果应限制在结构与使用所容许的范围内。另外，对于组合结构必须要求有足够的刚度，因为刚度很小的连接结构，缺少传播分散荷载的能力，难以改变基底与土中的原有压力分布状况，也就无法调整不均匀沉降来控制倾斜。因此，组合结构或新增连接体均应具有较大的刚度，才能达到设计处理所要求的和改善自身结构进行倾斜控制的预定目的。

4.1.2 工程实例——杭州市邮政大楼加层工程[4.1-6]

一、工程概况

杭州市邮政大楼坐落在杭州火车站斜对面，系 1925 年建造的两层砖混结构，外墙为砖砌体下的条形基础，钢筋混凝土中柱、单独基础，双跨钢筋混凝土梁板等组成承重骨架，总长为 96m，宽 15m，总高度 9.38m（底层 5.8m），总建筑面积为 $3200m^2$，由于业务扩大，需增建两层。

二、既有建筑物的检查及鉴定

（一）地基基础情况。原建筑物所在地区土质良好，持力层为粉土，下卧层为细砂和粉砂得到预压加密，估计再建两层后沉降不会太大，而且沉降将在施工阶段大部分完成。

地基承载力经 55 年预压后应有一定程度的提高（该工程采用 20%～30%的提高系数），在增层时再采取将原基础扩大基底面积。

由于场地地下水位较高，必须严格禁止在基础附近大量和快速抽水，以免造成因抽水而引起的不均匀沉降；

（二）钢筋混凝土柱基内的钢筋有薄锈蚀，验算时应适当降低其抗弯能力。

墙基虽能满足刚性角的要求，但因难以加固，所以只能限制上部结构的荷重增加来保证结构安全；

（三）从原建筑物墙身观察结果未发现裂缝，说明建筑物建成后墙基和墙身比较稳定，地基不均匀沉降较小；

（四）由中柱的截面及配筋分析，底层柱尚有一定潜力，二层柱较弱，柱的个别部位混凝土剥落，表面炭化，局部钢筋锈蚀，承载能力有一定的削弱；

（五）屋顶由于以往使用中超载过大，目前已达弹塑性阶段，局部已接近破损，但只要进行合理的加固与修复，仍可参与一定工作。

---

* 本实例引自王明华等，1988。

总之,原建筑物虽然部分构件遭到不同程度损坏,但大部分承重构件仍保持基本完好。如能作必要的修复与加固,还能保持和提高整个承重体系的承载能力。

三、增层工程设计

(一)柱基基础的加固

原建筑物上部结构传至柱基上的最大荷重为780kN,单位荷重为143kPa,为了降低增层后的柱荷重,采用中柱只伸至三层,四层用钢屋架,使增建后上部结构传至柱基上的最大荷重为1270kN,单位荷重为220kPa。

为了降低基底反力,在纵向改建成一道地梁,把中间的地垄墙包进去,亦即将20个单独柱基连成一道纵向条形基础,使其底面积由$6.35m^2$增至$11.5m^2$。而新增加的荷重由柱子通过新老混凝土间的粘结力传至纵向地梁,再逐渐分布至新老地基上,这时若基底反力为均匀分布则为183kPa(图4.1-16)。

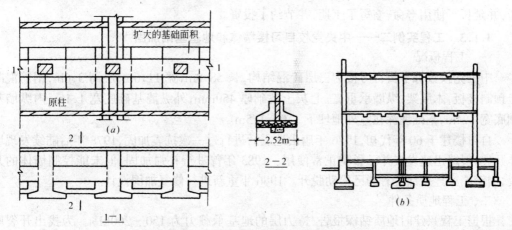

图4.1-16 杭州市邮政大楼基础加固示意图
(a)平面图;(b)剖面图

根据提供的钻探资料,持力层粉土的地基承载力$[R]=140kPa$,依55年的预压后承载力提高20%~30%计,则在增加两层时,地基承载力可提高至$1.3[R]=182kPa$。

如果将预压55年的粉土内摩擦角φ定为26°,并取$c=8kPa$,则按地基基础规范计算得$R_s=180kPa$,与增加30%的得到数值基本一致。

由以上可知,柱基加固后基底反力降低至地基允许承载力范围以内,这是原建筑物可以增层的主要依据之一。

为了更为安全计,还将其中荷重最大的三个柱基在横向也增加基础梁,形成十字交叉条形基础,使其不仅在纵向,而且在横向不致因塑性区的形成而发生剪切破坏。

经过加固后的基础,同时也包大了柱脚,即每边加大20cm,使柱基悬臂减小,既保护了柱脚混凝土,又提高了柱基抗弯能力,因而增建两层后的柱基抗弯、抗冲切和抗剪均能满足要求。

(二)墙基的验算

为了减少墙基反力,采取减轻上部结构自重的措施,使增建两层后的基底反力为155kPa(原建筑物基底反力为120kPa)。由于墙基埋深为$-2.0m$,地基承载力$[R]=[R']+1.6×2×(2-1.5)=156kPa$。同时经验证明,条形基础预压后地基承载力的提高幅度比单独基础要大，因此尚有一定的安全储备，其地基承载力能满足要求，所以对墙基不予加固。

上部结构的加固从略。

（三）沉降观测及其分析

由1980年9月1日开始对21个中柱及7个墙上标志进行沉降观测。

观测结果表明：最大绝对沉降量为19mm，最大沉降差为10mm/4570mm≈2‰，可见各柱子和墙的沉降比较均匀，绝对沉降量及最大沉降差均在允许范围内。至1981年10月投产时，沉降已不再增加并趋于稳定。另外，从沉降观测资料分析，柱子的沉降稍大于墙的沉降，但相差不多，说明加固后的基础梁是起作用的。

四、技术经济效果

增层后的沉降是小的，投产一年后结构使用正常，并未发现墙面开裂现象。建筑面积由 $3200m^2$ 扩大到 $6400m^2$，改善了劳动条件和通风质量，原建筑物经大修和加固后旧房焕然一新，并延长了使用寿命，缩短了工期，并节约了投资。

4.1.3 工程实例二——中央党校自习楼墙体和地基基础加固[4.1-2]

一、工程概况

中央党校数栋学员自习楼为三层砖混结构，长58.8m，宽11.6m，层高3.6m，钢筋混凝土预制楼板，木屋架，纵墙承重，三七灰土基础厚450mm，外纵墙基础底宽1.1m，内纵墙基础底宽1.4m，基础埋深在室外地坪下1.0～1.5m。

自习楼建于60年代初，1976年唐山地震后进行过一次抗震加固，1978年后陆续发现墙体开裂，裂缝迅速发展并已影响正常使用。1983年曾进行补强加固，但未能控制墙体的开裂，槽钢圈梁连接部位有的已松动脱开。1986年重新进行修复加固设计。

二、工程地质条件

根据工程兴建时地质钻探报告，持力层的地基承载力为150～200kPa。为找出开裂原因，制定治理方案，决定重新进行勘探，其勘探结果如下：

第一层为杂填土，褐黄色、松软，主要为粘质粉土，并混有碎砖、白灰、煤渣和树根等，厚度为1.0～1.2m，$[R]=100kPa$；

第二层为粉质粘土和粘质粉土，褐黄色，湿可塑，厚度为1.0～5.95m，$[R]=100～120kPa$；

第三层为粉细砂和中砂，黄色，稍湿，厚度为0.3～4.3m，$[R]=160kPa$；

第四层为砂砾石，饱和，$[R]=200kPa$。

三、开裂原因分析

（一）原地质报告给出地基承载力为150～200kPa，而设计取值为180kPa，而根据补勘结果，实际地基承载力只有100～120kPa，可见原勘探结果有误；

（二）从野外和室内试验分析，建造后地基土的天然含水量加大，呈现软-可塑状态，轻便触探的贯入击数较低。究其原因是自习楼上下水渗漏严重，地基土常年浸泡在水中必然导致地基土软化，从而造成地基承载力下降；

（三）原建筑物上部横墙较少，又未设圈梁和构造柱，因而整体刚度较差，当地基出现不均匀下沉时，上部结构自身调整能力较差，导致墙体和楼盖严重开裂，每栋楼都有十几条至几十条大小不等的裂缝，最大缝宽已达10mm，墙体内外裂缝已贯通。

本实例引自南岳华，1990.5。

四、加固治理措施

根据开裂原因分析,制定了综合治理的加固措施:

(一)增大基底面积

为满足地基承载力要求,将内外纵墙基底宽由1.1m和1.4m分别加宽为1.4m和1.7m,并配置 φ8 通长钢筋形成阶梯状地梁,并沿纵向基础砖墙设置截面为180mm×180mm、间距为1m的钢筋混凝土小连梁,其一端伸入墙体深200mm,另一端与加固的基础地梁相连,将纵墙与新旧基础牢固地连为一整体,共同将上部荷载传给地基(图4.1-17)。

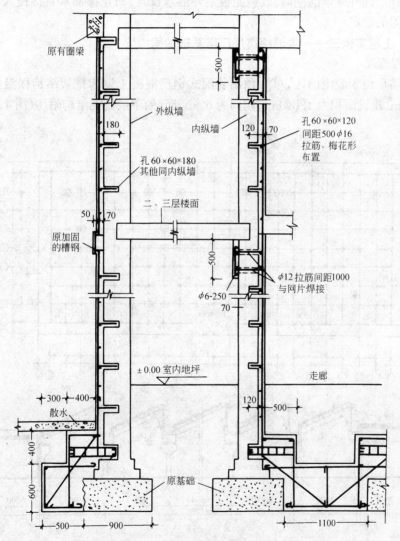

图 4.1-17 基础和墙体加固(单位:mm)

(二)墙体裂缝补强加固

在墙体严重开裂的部位,将原砖墙凿毛后设置 φ6、网格为250mm×250mm的钢筋网,钢筋网上喷射70mm厚C20细石混凝土加固,φ6钢筋网上部与原抗震加固设置的槽钢圈梁及本次加固的钢筋网喷射混凝土板带式圈梁钢筋焊牢;钢筋网的下端直接伸入加固的基础而设置的地梁内,为使喷射混凝土层与原砖墙牢固的连成一体,而采用 φ12 间距500mm的短拉结筋,一端伸入砖墙内120mm,另一端与φ6的钢筋网焊牢。

(三)增加建筑物整体刚度

在外墙和楼梯间加设钢筋混凝土构造柱,并与原抗震加固时设置的槽钢圈梁连接。内纵墙两侧的每层楼板底增加一道喷射70mm钢筋混凝土板带,并用φ12间距1m的拉结筋将墙体两侧板带连为一体。

(四)采取防渗堵漏措施

为消除造成地基软化的渗漏水源,所以在加固前对原上下水管、暖气管沟等部位普遍进行检修。并在加固外纵墙的同时,改造完善室外散水设置,防止渗漏水直接侵入墙基,确保地基土含水量的稳定。

4.1.4 工程实例三——屯溪棉纺厂厂房基础加固[4.1-9]

一、工程概况

屯溪棉纺厂位于皖南山区,单层预制装配式钢筋混凝土锯齿排架结构保温主厂房,长195m,宽93m,建筑面积为18090m²,四周为6~6.5m的单层砖混结构附房(图4.1-18)。

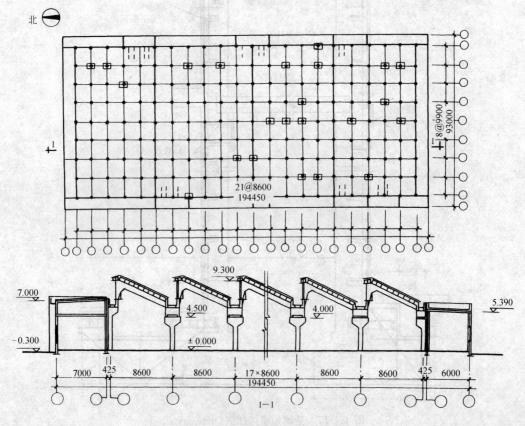

图4.1-18 主厂房平、剖面示意图

根据原设计时提供的勘察报告,场地工程地质属简单类型,各类土层总厚9.15~12m,且北段厚于南段;最小容许承载力[R]=240kPa。厂房基础系按地基容许承载力180kPa设计。至柱基施工完毕,发现局部基础下有[R]=60~150kPa的软弱土层。为此,厂方要求

本实例引自范锡盛、王跃,1994.6。

查明每个柱基下土层的实际分布情况,鉴别要加固的基础数量,并提出基础的加固方案。

二、工程地质补勘和鉴别

查明该场地位于新安江沿岸古冲沟口,属山区河谷河漫滩冲积二级阶地,古河道自西北向东南在地形较平坦的稻田(主厂房)下穿过。由于地处山前冲洪积混合相地段,故地层比较复杂,在基础持力层部分受含水量影响,其地基承载力差异性大,而且地层起伏变化大,相距数米即地质结构不同,局部还夹有含草根、炭屑等有机沉积物的灰黑色淤泥质软土透镜体,其下层为砂砾、卵石和基岩。层位变化和承载力值同原勘测资料有较大差别,各土层简述如下:

① 耕植土层:属粉质粘土,厚0.4~1.2m,分布全场;

② 粉质粘土层:厚0.4~4.6m,分布全场,$[R]=170~190$kPa,$E_s=3.4~10.8$MPa;

③ 淤泥质粉质粘土层:呈透镜体状分布,厚0~2.3m,$[R]=85~105$kPa,$E_s=1.91$MPa;

④ 粉质粘土混砾石层:主要分布于北面,呈尖灭体不连续分布,厚0~2.1m,属中压缩性,$[R]=120~215$kPa,$E_s=6.13~8.16$MPa;

⑤ 粉质粘土层:底部渐趋于粉土,场地内局部间断分布,厚0.2~3m,$[R]=95~110$kPa,$E_s=2.8~8.09$MPa;

⑥ 粉土层:夹薄层粉砂,场地内局部间断分布,纵向分布变化较大,厚0.3~3.5m不等,$[R]=100~120$kPa,$E_s=2.35~10.59$MPa;

⑦ 粉细砂层:全场分布,层底局部夹薄层淤泥质粘质粉土,厚0.1~2.9m,$[R]=120~180$kPa;

⑧ 砂卵石层:全场分布,层位较稳定,其下为千枚岩岩基,$[R]=380$kPa。

图4.1-19为静探p_s曲线,地下水位在地表下1.12~2.40m,受自然降水控制,随季节变化。

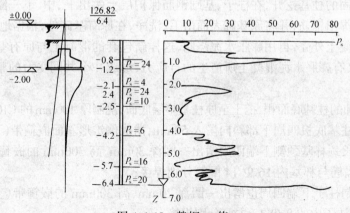

图4.1-19 静探p_s值

根据以上地质勘探资料,发现在总数198只柱基中,持力层和下卧层不能满足设计承载力要求的共115只,占总数的58%。考虑到柱基已全部完工,柱子和风道大梁也都已吊装就位,再加上紧迫的工期以及当地的加固施工条件,故利用每个柱基的详细勘探资料,在保证安全的前提下,通过进一步分析计算、鉴别、筛选和挖潜,分别做出如下处理:

(1) 考虑利用原基础厚 0.1m 素混凝土垫层,以 45°传力扩散角加大基底面积减小基底压力,进行持力层和下卧层强度校核。经此鉴别,有 33 只柱基可满足原设计要求;

(2) 为减少柱基的加固量,利用附房条基尚未施工的有利条件,将作用在柱基上的墙体卸荷到附房的条基上。经过卸荷设计处理,使边柱基础荷载由原设计的 540~600kN 减为 360~380kN,这样又有 19 只边柱基础可不需进行加固;

(3) 按静力触探所提出的粉质粘土地基承载力 $[R]$ 值,系采用铁道部第三设计院静探粉质粘土计算公式 $R_0 = 0.58\sqrt{p_s} - 0.46$ 提供且指基础埋深为 0。现基础实际埋置在一定深度 D,此时地基容许承载力可考虑按经验公式 $R = R_0 + 0.15D$ 修正并提高,这样又有 11 只能满足设计要求;

(4) 在余下不能满足承载力的柱基有 30 只,其基底的直接持力层 $[R] = 95~150$kPa,但此软弱土层厚 30~50cm,$c = 10~20$kPa,$\varphi = 18°~22°$,$E_s = 3$MPa(其下即为较好的硬下卧层)。按临塑荷载公式计算,其承载力可提高到 157~173kPa,沉降量约 2cm,考虑到地基中没有从此薄层从基础一侧形成到地面的连续滑动面可能。万一出现局部剪切破坏,基础下此层土的竖向压缩在滑动土体内硬土层处渐渐终止,即使如此,基础也不会有很大的倾斜,更不至于倒塌,它将使更深处土产生阻力,造成应力扩散;同时,还考虑到基础的上部为装配式结构,即使将来产生较大的局部不均匀沉降,上部结构也不会产生附加应力,只可能使构件接头处产生一些构造裂缝,而不至于出现结构的整体破坏;同时沉降计算也不超过规范容许变形值,因此这 30 只柱基下土层均可达到上述要求,柱基可不加固。

三、柱基的加固处理

经鉴别和筛选后,柱基不合格率由 58% 降为 12%,余下的 23 只柱基必须进行加固。因基础上的牛腿柱和风道大梁已安装就位,故采用加大基础底面积进行加固,其关键是拼接的钢筋混凝土与原柱基有效地结合成一个整体,共同承受柱上的荷载,经多种方案对比,采用打箍包套钢筋混凝土壳基的方案。

先将要加固的柱基挖开,在柱子、基础钢筋保护层上凿出上、中、下三圈楔箍,再从四周的楔箍内钢筋焊出锚筋,并将原基础表面凿毛、洗净,在原有基础外,根据地基承载力要求增加一层钢筋混凝土外壳,再用膨胀水泥浇制,这样新包套的混凝土与原有基础有楔箍相嵌、有锚筋相连、又有膨胀水泥混凝土所产生的自应力,形成一个共同受力的整体基础,具体做法是:

(1) 按增加的柱基底面积,挖土至原柱基垫层底面,浇制厚 100mm 的 C10 素混凝土垫层;

(2) 在原柱基底板四周下部斜向凿入 50mm,凿成倒锥形斜面嵌箍带(下箍);

(3) 在原长颈杯基颈侧下端四周凿出一圈深 30mm、高 300mm 的嵌箍带(中箍),用 16 Φ 14 的 L 形锚筋与杯基内 16 Φ 14 配筋分别焊接;

(4) 在预制柱子下端四周也凿出一圈深 20mm、高 300mm 的嵌箍带(上箍),用 8 Φ 18 的 L 形锚筋与柱子内的 8 Φ 18 主筋分别焊接。

以上锚筋焊接长度为 100mm,锚入新浇钢筋混凝土壳内 $35d$,焊缝根据能承担新增基础净反力所产生的剪力进行核算;

(5) 将原杯基外表全部凿毛、洗净、湿润,以增加新老混凝土的粘接;

(6) 根据加固柱基处需要增加的底面积,包套一层钢筋混凝土外壳,壳内配 $\phi12@200$ 的双层钢筋网,并用膨胀水泥配制的混凝土浇捣(图 4.1-20)。

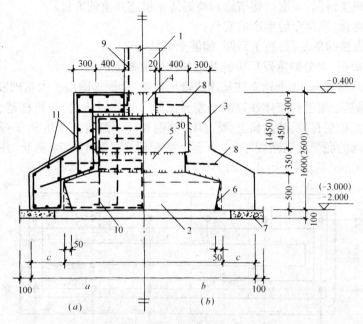

图 4.1-20 柱基的加固
a—配筋图;b—模板图;c—柱基加大尺寸
1—原柱;2—原杯基;3—加固钢筋混凝土壳体;4—上箍;5—中箍;6—下箍;
7—拼接垫层;8—锚筋;9—原柱主筋;10—原柱基颈主筋;11—壳体配筋

四、变形复核

经对不加固柱和加固柱基进行沉降计算,其最终沉降值和相邻柱基的沉降差都能满足规范的要求。

五、技术经济效果

柱基加固施工于1987年12月完成,1988年7月厂房吊装结顶后(荷载已上80%),实测沉降量均小于2cm。1990年3月回访检查,未发现结构异常情况,达到了加固设计的预期目的。

4.1.5 工程实例四——齐鲁石化公司湿陷性黄土地区的基础托换技术[4.1-9]

齐鲁石化公司位于山东省淄博市临淄区内,地处湿陷性黄土地区,在工业与民用建筑方面,对托换技术均得到充分应用(包括以下两个实例)。

一、厂房独立柱基连成带形柱基

某厂尿素分解蒸发厂房总建筑面积为$3210m^2$,是一幢有着高低跨的框架结构,高跨和低跨的檐高分别为25m和6.1m,单层部分的跨度为15m,五层部分的跨度为7m,柱距均为6m。由于地基遭到水浸发生湿陷,导致该厂房高跨、低跨18个独立柱基发生不均匀沉降,其中高跨部分有7对柱子,各柱间的差异沉降分别超过了规范所允许的极限值。与此同时,上部钢筋混凝土结构出现了裂缝19处共49条。

当时,确定处理地基事故的原则是:

(1) 以最短时间加固修复被损建(构)筑物,尽快恢复生产;

本实例引自范锡盛、王跃,1994。

(2) 根据现实情况,采取结构措施和检漏防水措施并重的方针;
(3) 措施可靠,确保今后生产的安全;
(4) 加固方法简单易行,施工简便,能够全面铺开。

根据上述原则,对分解蒸发厂房的基础加固采取如下措施:

将主厂房高跨部分 12 个独立柱基连成带形柱基,全面加固以扩大基础底面积减小地基附加应力,增强基础刚度和整体性以减小差异沉降。具体做法是,先将柱基、柱根与加固用槽钢连接处的保护层打掉,然后将上部 ⌴N12 槽钢和柱子四角的 ϕ28 钢筋焊牢,下部 ⌴N12 槽钢和柱基四周的底部钢筋网焊牢,自下至上增配四排 ϕ20 和 ϕ24 钢筋,并沿基础高度增配 ϕ14 间距 200mm 的箍筋(图 4.1-21)。

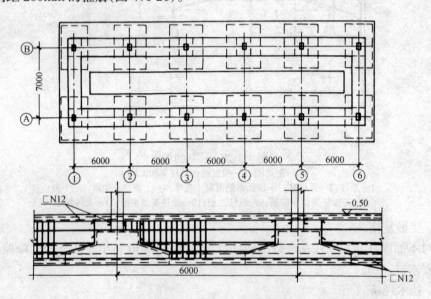

图 4.1-21　加固后的带形柱基

二、3 台二氧化碳压缩机基础连成一体

由于尿素车间地基受水浸泡,影响二氧化碳压缩机厂房,致使 3 台二氧化碳压缩机基础均向西北方向倾斜。为使压缩机能够正常运转,加固了压缩机基础。其措施是将 3 台压缩机基

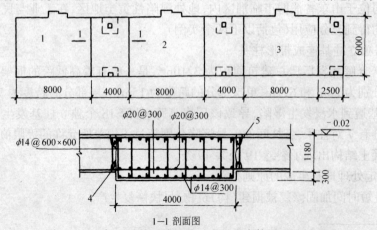

图 4.1-22　加固后的压缩机基础底板联合体平面及剖面图
1、2、3—CO_2 压缩机基础;4—原有基础侧面凿毛洗净;5—与基础内原有钢筋相焊牢

础底板连成一体,以增加基础底板面积和刚度,减小基底压力。具体的做法是,将有碍加固压缩机基础的小柱柱基予以拆除,在加固混凝土中埋设钢板以便设立钢柱代替原有混凝土柱;在原有基础两侧将混凝土保护层打掉,露出钢筋,以便新增钢筋与其相焊(图4.1-22)。

4.1.6 工程实例五——软粘土地基上大型筒仓基础托换加固[4.1-4]

一、工程概况

上海电化厂二号盐仓位于黄浦江畔,建造在深厚的软粘土地基上,该构筑物坐落在经砂垫层(厚2.5m)处理过的暗浜上。构筑物总高度为33m,由五个直径为8m,高度为25m,盐容量的重量为800t的筒仓所组成,原基础采用钢筋混凝土筏板基础,如图4.1-23所示。

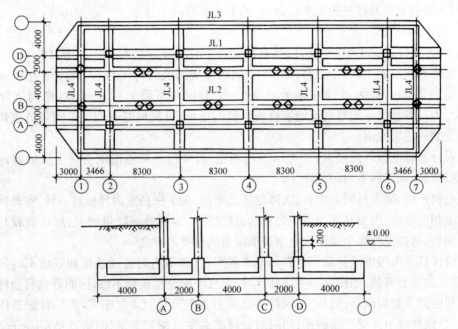

图 4.1-23 原设计筏板基础平面及剖面图

该场地的地基土层主要物理力学性质列于下表。

土层及描述	厚度(m)	w(%)	γ(kN/m³)	e	a_{1-2}(MPa⁻¹)	E_{1-2}(MPa)	φ(°)	(′)	c(kPa)
褐黄色粘土、稍湿、可塑	1.5~1.7	29.9	19.1	0.864	0.36	5.00	15	00	24
灰色淤泥质粉质粘土、很湿、软可塑	2.9~3.8	41.2	17.8	1.158	0.70	2.90	16	30	8
灰色淤泥质粘土、很湿、软可塑	7.0	48.9	17.2	1.380	1.10	2.04	10	00	9
灰色淤泥质粉质粘土、很湿、软可塑	3.5~5.5	39.5	18.0	1.116	0.58	3.41	17	00	8
灰色粘土、湿、软可塑	7.8~8.2	39.0	18.0	1.116	0.65	3.08	16	15	12
暗绿色粘土、稍湿、硬可塑	未穿	25.0	19.6	0.754	0.31	5.50			

本实例引自王留清、叶书麟,1986。

原设计是在以前建成的一号盐仓图纸的基础上修改而成。原设计意图是为了减少基底压力,而将基础底板加宽(外挑 4m),使基底压力由 144kPa 降低为 129kPa。

盐仓在 1972 年 6 月建成投产后沉降日趋增大,在纵、横向都有显著的不均匀沉降,最后导致盐仓下部围护结构的砖墙严重开裂;柱子发生不同程度的开裂和倾斜;更为严重的是标高 6.5m 平台板沿横梁拉开,该仓向东北倾斜,室内地坪也相应开裂,迫使该仓(5 号仓)于 1981 年 4 月停止使用。

1983 年 12 月由同济大学接受该盐仓的加固任务,将整个盐仓室内外填土挖除后,发现基础横向已呈"碗形";基础梁 JL4 与 JL1 交接处顶面钢筋外露并向上弯折,整个梁断面断裂;沿 JL1 梁处室外基础底板也相应开裂,地下水不断向上冒水。

二、事故原因分析

据 1969 年 4 月到 1980 年 9 月,推算盐仓总绝对沉降量约为 97cm。从 1980 年 6 月重新设立沉降观测点到 1983 年 2 月间,经 13 次沉降观测资料得出,最大沉降量为 65mm,最小沉降量为 26mm,最大沉降速率为 0.069mm/d,纵向沉降差达 $0.015l$,横向沉降差达 $0.0448l$,因此都超出了地基规范的容许变形值的指标,可见地基不均匀沉降是造成盐仓发生严重开裂的主要原因。

原设计基础底板外挑过大,基底压力选用也大,并超过灰色淤泥质粘土层的容许承载力,这也加剧了沉降和不均匀沉降。

盐仓投产后,随着时间的增长,沉降也随之增加,为了保持室内外标高一致,室外挑出底板上填土相应填高,因而基底压力随之增加,这又进一步促进沉降量增大,形成荷载与沉降间恶性循环,所以室外填土是使盐仓增加沉降量的重要因素之一。

原设计柱子未考虑风荷载和外界其他不利因素(如不均匀装卸盐量和基础不均匀沉降等)所造成的偏心荷载,如按偏心受压柱计算,则柱子配筋量显属不够,因而导致目前柱子发生不同程度的开裂和倾斜;另外,又误将基础梁 JL3 作为梁 JL4 支座,即将悬臂梁当作简支梁计算,以致造成 JL4 梁严重破损;当时对处理暗浜要求挖到老土,回填砂垫层需分层夯实等要求,而施工质量都未能妥善得到保证,这也促使地基持力层存在隐患。

三、基础加固方案确定

综上所述,根据盐仓的实际情况,曾对基础加固提出下列两个方案。

(一) 桩式托换法

桩式托换是将托换工程所需要的桩打到地基土中达到设计标高后,就可用搁置在桩上的托梁系统来支承,其荷载的传递是靠楔或千斤顶来转移,这种桩在国外都采用桩端开口的钢管桩,以便使桩周的土尽可能不挤出和扰动。

结合盐仓加固,又曾设想采用打入预制桩、钻孔灌注桩或静力压桩三种方案。前两者都遇到一个施工上室内净空高度受限制的问题,后者会遇到一个选择千斤顶反力支座无法解决的问题,而且不论上述何种桩式托换,都要使基础底板遭到削弱,地基土会有一定程度的结构破坏,技术上难度大,施工费用贵,并带来一定的风险性,最后决定放弃桩式托换方案。

(二) 基础减压和加强刚度法

本方案主要是卸去室内外回填土,借以降低基底压力,满足地基土的强度要求;同时增加纵、横向基础梁的空间刚度,以减少地基不均匀沉降。

从基底压力计算表明,加固前盐仓的回填土约为 3000t,占盐仓总重的 27.6%。根据当时沉降观测资料分析,个别盐仓卸空后,地基土有回弹现象,这说明采用卸载措施具有实际意义;同时,加厚基础底板和增大基础梁,形成近似一个箱形基础,使基础刚度大大加强。这样既不改变原结构受力体系,又不破坏原基础底板和扰动地基土结构,施工方便,费用减少,方案稳妥安全,经深入研究讨论后,最后通过此方案。

四、基础加固设计

(一) 基底反力确定

原设计盐仓的基底反力是按平均分布计算,鉴于上海某高层建筑的箱形基础基底反力实测资料证明是中间大而两边小。为了简化起见,采用边跨基底反力为平均反力的0.8倍,中跨基底为平均反力的1.2倍。

(二) 处理基础梁JL4开裂问题

曾产生过三个方案:

1. 在基础梁两侧增设两根梁,以代替JL4梁的作用;
2. 在两根JL4梁间的外挑基础板上增设一根梁;
3. 在原有基础外挑板上增设新的底板,基底反力通过悬臂板而直接传到纵向JL1上,此时JL4梁可不予考虑受力,最后决定采用这个力的传递系统。

(三) 支座反力与柱压力不符的问题

确定盐仓基底压力后,一般以柱子为支柱,地基的净反力为荷载,按普通的平面楼盖进行计算。这种反力与柱压力往往存在不相等的矛盾。究其原因,一方面是反力按直线分布及视柱子为不动支座都可能与实际情况不符;另一方面,柱压力数值本身亦未必可靠,因为在确定这些柱压力值时,并未考虑盐仓(包括基础)的整体刚度和地基变形对荷载在上部结构中传递和分配所起的共同工作。因而应着重于结合实际情况,可在配筋和构造上作某些必要的措施,力求合理可靠。

(四) 构造措施

在盐仓基础底板、梁和柱的加固中,都要涉及新旧混凝土结合连成整体起共同工作的问题。

在基础底板加固方面,由于板接触面大,对旧混凝土板面可稍加凿毛即可新旧板面结合连成整体起共同工作。

基础梁的顶面与两侧面都要求粗凿毛,并在梁的两侧面每隔750mm凿一条竖向齿槽(宽50mm,深10~15mm),在梁中凿一条水平齿槽。另外,在梁面每隔400mm凿出原有主筋与钢箍,增加$\phi 14$的U形钢筋与原有主筋焊接。

对柱子的加固,要求将开裂处混凝土和被盐水腐蚀的混凝土全部凿掉,其他部位要求粗凿毛。同时,对已发生倾斜的柱子采用外包混凝土的不同厚度来加以校正,力求使其连成整体共同工作。

原盐仓下部围护结构几乎全部开裂,要求全部拆除。为了加强下部结构的刚度,除将砖柱改为钢筋混凝土柱外,并增设角柱与圈梁和过梁连成整体。同时,为了减轻自重,将窗户扩大,并将新填充墙改用大孔砖砌置。

盐仓基础加固后的剖面图如图4.1-24所示。

五、效果与评价

盐仓基础加固工程于1985年3月全部完成,7月开始加载试压,加载时采用分仓分级、

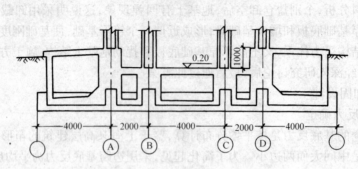

图 4.1-24　盐仓基础加固后的剖面图

对称、均匀的措施,荷载由少到多,到达一定数量级时再卸载,继后又逐步加载。经四个月来试压结果,其全部满仓的最大沉降量为 27mm,最小沉降量为 7mm。从试压沉降曲线分析,沉降大致趋于均匀,在结构上未发现有任何开裂现象。实践证明,盐仓基础经加固后,可起到预期减少沉降和调整不均匀沉降的作用;基础结构可靠,沉降日趋稳定,确已达到加固的预期目的。

加固费用共 17 万元,如用静力压桩方案估计需要 60 万元,节约造价 43 万元。盐为电化厂生产主要原料,加固前该仓面临全面停产,加固后盐仓重新投入生产,每年可减少盐损失 7600 吨,以每吨 200 元计,每年可为国家节省 152 万元。

4.1.7　工程实例六——浙江省杭州丝绸印染联合厂生化池托换加固[4.1-5]

一、工程概况

浙江省杭州丝绸印染联合厂由于生产中经常排除大量工业废水,为了保护环境,兴建了污水处理站。该工程于 1978 年建成,其中主要结构物为四座大型生化曝气池,如图 4.1-25 所示,为了绿化,又在池间填土 4m 多高,并砌筑挡土墙和女儿墙相围。

投产使用后,生化池逐渐出现向心倾斜,并影响了机械操作的正常运行,在倾斜的同时出现了地面开裂和地下埋管折弯等现象,只得停止使用,直至 1983~1984 年才正式委托武汉地基处理中心进行加固处理。

二、工程地质条件

经地质补勘得知,表层土为填土,厚度 1m,含碎砖石杂物,密实性差;以下为淤泥质粉质粘土,层厚 18.6~24.3m,青灰色,软塑至流塑,含云母碎屑,并夹有粘质粉土薄层和粉细砂薄层。土的主要物理力学指标为:$\gamma = 17.1 \sim 18.0 \text{kN/m}^3$;$d_s = 2.70 \sim 2.73$;$w = 32.1\% \sim 51.8\%$;$e = 1.031 \sim 1.311$;$I_P = 10.6 \sim 14.7$;$I_L = 0.82 \sim 2.76$;$a_{1-2} = 0.56 \sim 1.22 \text{MPa}^{-1}$;$E_s = 1.89 \sim 3.79 \text{MPa}$,$[R] = 85 \text{kPa}$。

三、原结构设计

四座钢筋混凝土圆形生化池对称布置,中心距 18m,每座生化池底板外径 15.0m,池壁内径 13.8m,池高 4.95m,底板埋深 0.1m,每池结构加水重约 900t,基底压力为 60.6kPa,另附设有进出水池、进出水渠道、操作室、排污水管、天桥过道、梯子平台等。

四、沉降观测和事故原因分析

按照托换工作需要,于 1983 年至 1985 年进行了实际观测,每座生化池沿池圈布置 8 个

本实例引自汪益基,1986。

测点。由于实测工作是在发生工程事故问题后进行的,这期间最大总沉降量为340.5mm,最大沉降差为168mm。实测沉降表明,生化池不均匀沉降引起池身的显著倾斜,其特点是4座生化池向中心区相对倾斜。

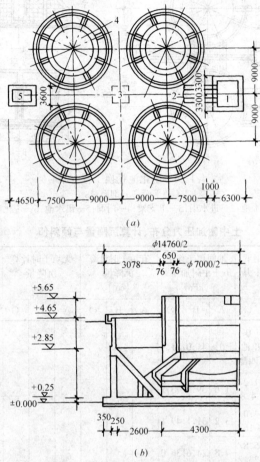

图 4.1-25 杭州丝绸印染联合厂四座生化池
(a)平面;(b)剖面
1—进水池;2—进水渠道;3—支架基础;4—生化池;5—出水池

按已知条件和数据对原工程进行核算,其计算结果列于下表。

以上计算表明,生化池荷载对周围土中压力的影响以对称中心区最为集中,为单池同等条件下影响压力的四倍。此处填土荷载与生化池荷载之和,在9m深度内为59.2～81.9kPa,因地基土质软弱,该值已接近或超过地基容许承载力而产生较大的沉降和沉降差。由此可见,生化池的倾斜是结构物附加压力集中,填土荷载大和地基土质差等情况所造成。

五、工程处理方案

根据该工程事故原因分析,采取以下处理方法:

(一)挖去四池中间所堆的填土,减少附加压力;

(二)由于倾斜已产生,而且已建部分尚需增添荷载,为了控制继续倾斜和满足工艺要求,采用刚性连接结构,将四座生化池组合成一具有足够刚度的整体,如图4.1-26所示。

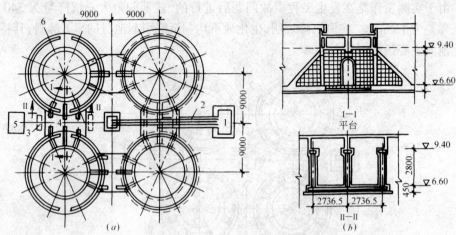

图 4.1-26 生化池托换工程方案
(a)平面；(b)剖面
1—进水池；2—进水渠；3—单支架；4—门洞；5—出水池；6—生化池

土中附加压力分布、计算沉降量与倾斜值

土层计算面标高(m)	基底下深度(m)	生化池作用下土中附加压力(kPa) A	B	O	池间填土作用下土中附加压力(kPa) A	B	O	有填土时计算沉降量(cm) A	B	O	无填土时计算沉降量(cm) A	B	O	池身倾斜(AB)	备注
6.60-0.45=6.15	0	60.6	30.3	0 单池 四池	0	41.0	81.9								
3.15	3	57.9	29.1	1.2/4.8	1.6	39.3	73.7								1.计算简图 $R=7.5m$
0.15	6	47.6	29.7	4.0/16	3.2	31.1	49.1								
-2.85	9	36.4	30.8	5.8/23.2	4.8	24.6	36.0	$\Sigma s=33.55+5.47=39.02$	$\Sigma s=30.32+21.42=51.74$	$\Sigma s=21.82+33.90=55.70$	$s=33.55$	$s=30.32$	$s=21.82$	$\max tg.AB \pm 17‰$	
-5.85	12	27.8	29.8	6.4/25.6	6.4	18.0	24.6								2.生化池基底压力按$(4.6+0.45)\times 12=60.6kPa$
-8.85	15	21.8	27.5	6.2/24.8	6.4	13.1	18.0								填土荷载按$4.55\times 18=81.9kN/m^2$
-11.85	18	17.4	24.6	5.8/23.2	6.4	9.8	13.1								3.沉降计算中，m_s取1，E_s取2500kPa
-14.85	21	14.2	21.4	5.2/20.8	4.8	8.2	9.8								
-17.85	24	11.8	19.3	4.7/18.8	4.8	6.6	8.2								
-20.85	27	10.0	17.1	4.1/16.4	4.8	4.9	6.6								
-23.85	30	8.7	15.0	3.6/14.4	4.8	4.9	4.9								

（三）按生产需要找平和找齐池壁、水槽、平台标高，续建进出水道和池周操作平台，校正操作设备，恢复生产使用。

六、技术经济效果

该工程经处理后,沉降即趋稳定,倾斜受到制止。满足了生产工艺的需要,处理工程费用仅3万元,避免拆除和重建费用,又避免重建期间影响生产造成的损失,并改善了环境污染,可见处理方案技术合理,经济效益显著。

4.1.8 工程实例七——南昌市八一大桥桥墩基础套筒法加固[4.1-10]

一、工程概况

江西省南昌市八一大桥,该桥横跨赣江,全长1200m,原桥建于1937年,桥墩水下部分为四柱式劲性钢筋混凝土柱基础。出水部分为带斜腹杆框架式墩台。上部结构为钢桁梁和混凝土桥面。于1961潜水检查,发现河水冲刷严重,嵌固墩柱的下部覆盖层日趋减薄或将使墩柱全部外露,甚至腰箍脱落,失去正常嵌固受力的作用,每逢汛期受竹木排筏水平撞击的危险,因而急需基础加固。

八一大桥是当时沟通赣江南北的惟一要道,因而基础加固方案的选择必须确保桥面正常交通和不封堵赣江航运。最后由上海基础工程公司与修桥主管部门制订了套筒加固方案,加固后效果良好。

二、套筒法施工

套筒法是指在原桥梁的桥墩水下部分的若干钢筋混凝土柱基础外包以套筒(实际上是一沉井结构),再在套筒内灌筑混凝土,从而将分散的若干钢筋混凝土柱基础形成一个重力式的桥墩。其施工步骤如下(图4.1-27):

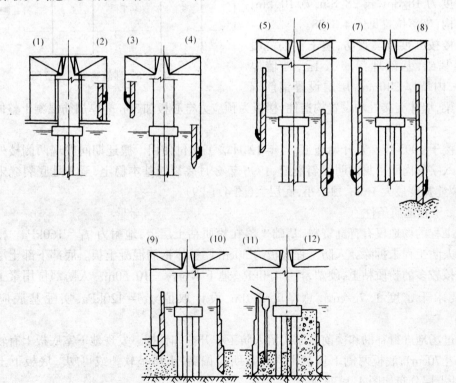

图4.1-27 套筒法加固施工顺序

本实例引自杨仁杰、桂业琨,1986。

(1) 在原桥钢桁架及墩顶设置新的桁梁,并在桁梁上悬挂固定的钢托架;
(2) 在托架上制作沉井;
(3) 待混凝土养护达到要求强度后,将设置在钢梁上的起重装置起吊沉井,使其与托架分离,然后在水上拆除托架;
(4) 接着将沉井向水中沉放至要求标高,而沉井顶面必须露出水面;
(5) 接高钢筋混凝土井壁;
(6) 第二次沉放沉井;
(7) 再次接高钢筋混凝土井壁;
(8) 第三次沉放至河床;
(9) 沉井内吸泥下沉,清除覆盖层;
(10) 最后下沉到基岩,清基及刃脚塞缝;
(11) 灌筑水下混凝土,将原墩柱围护在内;
(12) 完成加固基础工作,形成一个重力式桥墩。

4.1.9 工程实例八——新乡化纤厂4号、5号住宅楼加固工程的设计和施工[4.1-11]

一、工程概况

新乡化纤厂4号和5号住宅楼,每栋建筑面积为1814.4m^2,6层,层高3m,建筑物总高度为18.8m,长28.8m,宽10.5m,砖混结构,坐落位置见图4.1-28。

该楼按8度抗震设防,墙下钢筋混凝土条形基础,基础埋深-2.1m,外墙厚370mm,内墙厚240mm,层层设置钢筋混

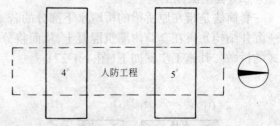

图4.1-28 建筑物坐落位置图

凝土圈梁,墙体交接处均设置构造柱,楼板为预应力空心板加30mm厚加筋混凝土整体后浇层。

该楼于1995年2月开始施工,当年12月竣工交付使用。搬迁期间发现两侧楼外纵墙出现正八字形肉眼可见的明显斜裂缝,1996年2月底裂缝基本稳定,至3月底裂缝未继续发展,裂缝宽度最大1mm,顶层小,底层大(图4.1-29)。

二、工程地质条件

该工程的场地仅有普勘资料,基础坐落在粉质粘土层上,地耐力f_k = 160kPa。楼外纵墙两侧人防工程未拆除。人防工程底板为30cm厚整体钢筋混凝土板。底部下部土层为含钙质结核较多的粉质粘土,硬塑,f_k = 180kPa,地下水位深-10.50m。人防部位用素土分层夯实,要求干密度1.7g/cm^3,总厚度2.0m,设计取值f_k = 120kPa,实际基底应力为100kPa。

通过场地进行补勘和楼前后原残留人防工程开挖和钻探。发现地下室底板上有较多积水(深达70cm),底板两侧下地基土含水量明显偏高,土质呈软塑或可塑。底板下土质较硬,地基土层分布如图4.1-30所示。

本实例引自乔胜利、唐业清,1997。

4.1 基础扩大和加固 77

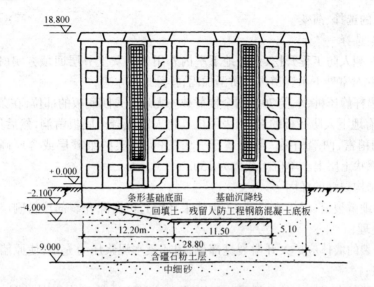

图 4.1-29 住宅楼开裂情况图

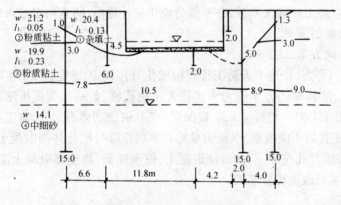

图 4.1-30 地基土层分布图

三、裂缝原因分析及加固性评价

(一)楼两侧人防工程未拆除。而住宅楼基础下残留底板与楼外地下工程地板是相通的,楼外人防工程中长期积水,向地基土中渗透,造成楼下填土地基含水量增大,地基土软化,从而造成中间(填土厚)沉降大,两端沉降小,引起地基产生不均匀变形和外纵墙体产生八字形裂缝。而窗间墙下(底层)水平裂缝是位于填土最深部位,裂缝处于基础下沉量最大部位,致使墙体直接受拉开裂。

(二)该住宅楼的钢筋混凝土条形基础,置于厚薄不均新回填土层上,设计时尽管实际基底压力较低(100kPa),但回填土为欠固结粘土,使整栋建筑物基底沉降不均匀,从而引起房屋开裂。

通过调查、地质勘察及裂缝详细测绘,该工程只在非承重墙(外纵墙)上产生裂缝,山墙上产生少量轻微水平裂缝,而楼板和承重横墙均未产生裂缝。该楼抗震设防措施较好,通过选择恰当的加固方案,加固后建筑物可完全消除地基隐患,增加地基及基础整体刚度,建筑物可恢复正常,安全使用。

四、方案的选择、演变

(一) 方案选择

1. 将楼两侧人防工程开挖,人防地下室内外用3:7灰土分层回填夯实(每层厚25cm,夯成15cm),并对室外下水管道进行防漏加固,排除地基水患;

2. 采用锚杆静压桩,承受70%的全楼荷载。无地下人防底板的部位,在条基上成孔,然后直接压桩;有地下人防底板的部位,采用机具将人防混凝土底板凿洞,然后压桩。总的布桩原则为中间稍密,两端稍稀。桩尖置于-9.0m处密实的细砂层或含厚礓石的-5m～-6m处密实原状土层上。单桩承载力为150kN。

3. 上部结构裂缝的加固

(1) 墙面细微裂缝(仅粉刷开裂,砖砌体未开裂),可凿除开裂部位粉刷层,用高标号水泥砂浆抹面处理;

(2) 已开裂的墙体应扩大开凿裂缝部位,用环氧水泥浆压力充填,使原墙体牢固粘结,再抹表层砂浆;

(3) 对裂缝较大或墙内外已裂通的部位,除按上述方法处理外,还应在墙内外侧裂缝部位挂钢丝网加固墙体后,再涂抹高标号水泥砂浆;

(4) 室外散水施工应确保质量,并可部分硬化室外地面,防止雨水渗入地下。

(二) 加固方案的演变

1. 由方案一向方案二的演变

按照上述加固方案,在地下人防工程底板成孔时,因室内场地狭窄,地下室底板较深,成孔施工极为困难,故将加固方案改为大直径人工挖孔桩、条基改为筏板基础的结合技术方案,桩位布置见图4.1-31。桩径1.0m,桩深至-7.0m(密实礓石层)。施工顺序为先挖①号桩孔至-5.0m,成孔后不浇混凝土(应力解除),然后挖③号桩孔并浇混凝土,再挖②号孔和浇混凝土,最后将①号孔挖至-7.0m浇混凝土,桩顶插筋,将全部混凝土浇筑完毕后,由中间向两端将条形基础改为筏板基础。

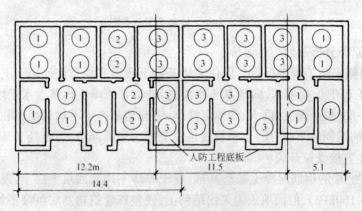

图4.1-31 挖孔桩布置图

2. 从方案二向方案三演变

根据方案二,当成③号桩孔时,发现基础下回填土含水量很大,而原状土含水量很小,住宅地基土层性状差异较大是造成住宅楼不均匀下沉的重要原因。所以地基方案应是以地基土加固改善土性为主,分流承重荷载为辅的合理技术措施,从而演变为三号方案。即将加固方案二中的井中填C15级素混凝土方案,改为回填双灰料方案,在软塑状填土层中回填3:7双灰料;在可塑状土层中回填4:6双灰料;在硬塑状土层中填5:5双灰料。

通过双灰料的吸水、膨胀、挤密、发热和胶结作用,改良地基土性,对地基进行综合有效处理,从而达到降低工程造价,加固效果良好的目的。

双灰井桩的构造见图4.1-32;条基改筏板的钢筋连接见图4.1-33;桩顶盖板配筋见图4.1-34。

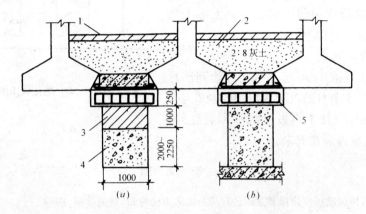

图 4.1-32　双灰井桩构造图
(a)边跨井桩;(b)人防工程底板上井桩
1—地坪混凝土(可放 $\phi 6@250$ 构造筋);2—夯实房心土;3—土塞;
4—双灰料;5—桩顶混凝土盖板

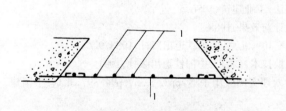

图 4.1-33　条基改为筏板基础的钢筋连接
1—新设 $\phi 16@150$

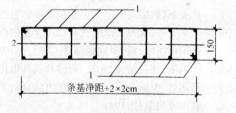

图 4.1-34　顶盖板配筋图
1—$\phi 16@150$;2—$\phi 8@150$

③号桩为保持有足够桩长,不做土塞,将双灰料一直夯至条基顶面,然后再用人工挖除多余灰料,如图4.1-35所示。

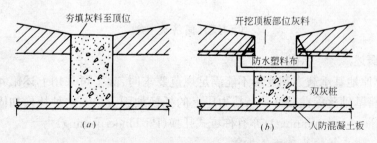

图 4.1-35　人防底板上井柱双灰料填法图
(a)双灰桩夯打的顶位;(b)人工开挖桩顶盖板

房内挖孔作业时,应防止在同一基础两侧同时作业,以免造成基础严重扰动,施工顺序见图4.1-36。每个房间双灰桩施工完毕后,应立即浇灌盖板及筏板混凝土,养护24小时后立即回填房心土。

为保证基础回填土不再渗水,在楼南北两侧各布置14根1.0m直径、间距1.0m的双灰桩,桩长以挖至人防底板或硬塑土层为止。上部土塞厚1.4m(基础底标高以上)。

五、技术经济效果

整个加固工程由1996年3月初开始到5月底结束。并经过3个月的沉降观察,和1996年8月份的洪灾考验,该楼不再发生沉降和裂缝,建筑物稳定可靠,取得满意成果。

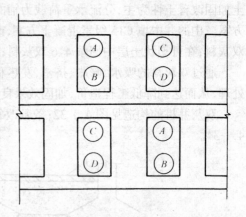

图4.1-36 挖孔施工顺序图

参　考　文　献

[4.1-1] 唐业清,房屋增层改建地基基础的评价与加固方法专辑,铁道学报,1989
[4.1-2] 南岳华,中央党校自习楼墙体开裂及加固治理,城市改造中的岩土工程问题学术讨论会论文集,《岩土工程师》编辑部等,1990.5
[4.1-3] [苏]А.И.马里甘诺夫.В.С.普列夫可夫.А.И.波里丘克,钢筋混凝土及砖石结构加固图集(亢文慎译,万墨林校编),中国建筑科学研究院结构所,1993.10
[4.1-4] 王留清、叶书麟,软粘土地基上大型筒仓基础托换加固,工业建筑,1986.6
[4.1-5] 汪益基,软弱地基上大型结构物倾斜自控法,工业建筑,1986.5
[4.1-6] 王明华等,杭州市邮政大楼加层工程的设计与效果,1988
[4.1-7] 孙瑞虎主编,《房屋建筑修缮工程》,pp408～409,北京:中国铁道出版社,1988.9
[4.1-8] 叶书麟、汪益基、涂光祉、程鸿鑫,《基础托换技术》,北京:中国铁道出版社,1991
[4.1-9] 范锡盛、王跃主编,《建筑工程事故分析及处理实例应用手册》pp32～36,pp94～97,北京:中国建筑工业出版社,1994
[4.1-10] 叶书麟、彭大用,托换技术,《地基处理手册》第十二章,北京:中国建筑工业出版社,1988
[4.1-11] 乔胜利、唐业清,某厂两栋住宅楼加固工程的设计与施工,地基基础工程,1997第2期

4.2　基　础　加　深

叶书麟(同济大学)

4.2.1　概述

如经验算原地基承载力和变形不能满足规范要求时,除了可采用上述第4.1节将基底加宽外,尚可将基础落深在较好的新持力层上的托换加固方法。这种托换加固方法国外称为墩式托换(Pier Underpinning),亦有称坑式托换(Pit Underpinning)[4.2-3]。

4.2.1.1　墩式托换基础施工步骤

一、在贴近被托换的基础侧面,由人工开挖一个长×宽为1.2m×0.9m的竖向导坑,并

挖到比原有基础底面下再深1.5m处;

二、再将导坑横向扩展到直接的基础下面,并继续在基础下面开挖到所要求的持力层标高;

三、采用现浇混凝土浇筑已被开挖出来的基础下的挖坑体积。但在离原有基础底面8cm处停止浇注,养护一天后,再将1:1干硬性水泥砂浆放进8cm的空隙内,用铁锤锤击短木,使在填塞位置的砂浆得到充分捣实成为密实的填充层,这种填实的方法,国外称为干填(Dry Pack)。由于干填的这一层厚度很小,所以实际上可视为不收缩的,因而建筑物不会因混凝土收缩而发生附加沉降。有时也可使用液态砂浆通过漏斗注入,并在砂浆上保持一定的压力直到砂浆凝固结硬为止。如果用早强水泥,则可加快施工进度;

四、用同样步骤,再分段分批的挖坑和修筑墩子,直至全部托换基础的工作完成为止。

对于许多大型建筑物托换基础时,由于墙身内应力的重分布,有可能在要求托换的基础下直接开挖小坑,而不需在原有基础下加临时支撑。亦即在托换前,局部基础下短时间内没有地基土的支承可认为是容许的。在开挖过程中由于土的拱作用,使作用在挡板上的荷载大大减少,且土压力的数值将不随深度而增加,故所有坑壁都可应用5×20cm的横向挡板,并可边挖边建立支撑。横向挡板间还可相互顶紧,再在坑角处用5cm×10cm的嵌条钉牢(图4.2-1)。

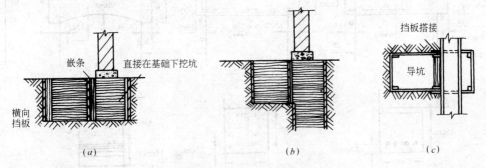

图 4.2-1 墩式托换示意图
(a)剖面;(b)继续开挖;(c)平面

在墩式基础施工时,基础内外两侧土体高差形成的土压力可足以使基础产生位移,故需提供类似挖土时的横撑、对角撑或锚杆。因为墩式基础不能承受水平荷载,侧向位移将会导致建筑物的严重开裂。

4.2.1.2 墩式托换基础设计要点

一、混凝土墩可以是间断的或连续的(图4.2-2),主要是取决于被托换加固结构的荷载和坑下地基土的承载力值大小。

进行间断的墩式托换应满足建筑物荷载条件对坑底土层的地基承载力要求。当间断墩的底面积不能对建筑物荷载提供足够支承时,则可设置连续墩式基础。施工时应首先设置间断墩以提供临时支承,当开挖间断墩间的土时,可先将坑的侧板拆除,再在挖掉墩间土的坑内灌注混凝土,同样再进行干填砂浆后就形成了连续的混凝土墩式基础。由于拆除了坑侧板后,坑的侧面必然很粗糙,而可起键的作用,故在坑间不需另作楔键;

二、德国工业标准DIN4123规定:当坑井宽度小于1.25m,坑井深度小于5m,建筑物高

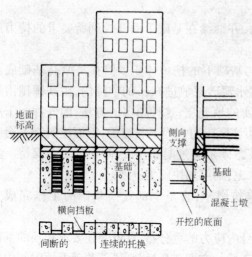

图 4.2-2 间断的和连续的混凝土墩式托换

度不大于6层,开挖的坑井间距不得小于单个坑井宽度的3倍时,允许不经力学验算就可在基础下直接开挖小坑;

三、如基础墙为承重的砖石砌体、钢筋混凝土基础梁时,对间断的墩式基础,该墙基可从一墩跨越另一墩。如发现原有基础的结构构件的抗弯强度不足以在间断墩间跨越,则有必要在坑间设置过梁以支承基础。此时,在间隔墩的坑边作一凹槽,作为钢筋混凝土梁、钢梁或混凝土拱的支座,并在原来的基础底面下进行干填(图4.2-3)。

四、国外对大的柱基用坑式托换时,可将柱基面积划分成几个单元进行逐坑托换的方法。单坑尺寸视基础尺寸大小而异,但对托换柱子而不加临时支撑的情况下,通常一次托换

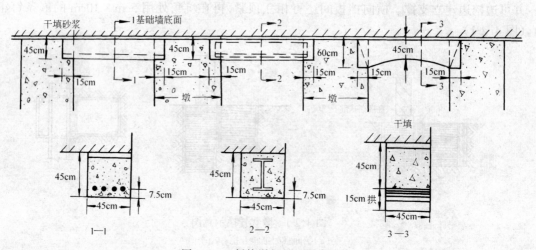

图 4.2-3 托换墩间的过梁类型

不宜超过基础支承面积的20%,这是有可能做到,因为活载实际上并不都存在,所以设计荷载一般都是保守的。由于柱子的中心处荷载最为集中,这就有可能首先从角端处开挖托换的墩;

五、在框架结构中,上部各层的柱荷载可传递给相邻的柱子,所以理论上的荷载决不会全部作用在被托换的基础上,因而千万不要在相邻柱基上同时进行托换工作。一旦在一根柱子处开始托换后,就要不间断地进行到施工结束为止。

六、有时城市内地下铁道修筑路线要在某些完整无损建筑物的外墙旁经过,因而在地下铁道施工前必须对这些建筑物的外墙进行托换,这时可采用将外墙基础落深到与地下铁道底面的相同标高处,因而混凝土墩式基础可作为预防性托换措施方案之一。

七、如果在混凝土墩式基础修筑后,预计附近会有打桩或开挖深坑,则在混凝土墩式基础施工时,可预留安装千斤顶的凹槽,使今后有可能安装千斤顶来顶升建筑物,从而调整不

均匀沉降,这就是所谓维持性托换。设置千斤顶凹槽所费无几,但一旦被托换的基础在上述原因下发生不均匀沉降时,凹槽所发挥的技术效果就无法估计了。

4.2.1.3 墩式托换适用范围及其优缺点

墩式托换适用于土层易于开挖;开挖深度范围内无地下水,或虽有地下水但采取降低地下水位措施较为方便者,因为它难以解决在地下水位以下开挖后会产生土的流失问题,所以一般坑深和托换深度一般都不大;既有建筑物的基础最好是条形基础,亦即该基础可在纵向对荷载进行调整起梁的作用。

墩式托换的优点是费用低、施工简便,由于托换工作大部分是在建筑物的外部进行,所以在施工期间仍可使用建筑物。缺点是工期较长;由于建筑物的荷重被置换到新的地基土上,对被托换建筑物而言,将会产生一定附加新的沉降,这是类似于其他托换方法而不能完全避免的。

4.2.2 工程实例一——陕西省泾阳县冶金建材厂浴室墩式托换加固[4.2-1]

一、工程概况

陕西省泾阳县冶金建材厂浴室位于Ⅲ级自重湿陷性黄土地基上,1987年初建成后仅一个月,由于管道漏水造成大范围湿陷,使建筑物严重开裂,浴室无法使用。

二、托换设计和施工

由于该场地黄土湿陷性强,湿陷性土层又厚达10~11m。托换方案可有石灰桩加固、碱液加固与墩式托换三种,最终厂方决定以造价较高,但加固效果较好的墩式托换处理。

设计墩身直径0.8m,墩端部直径扩大到1.4m,扩大部分高度为1m,扩大头锥体坡度为0.3∶1,以湿陷性土层下部的红色古土壤层作为持力层,扩大端以进入古土壤层不少于0.3m。墩身混凝土强度为C15级,坍落度为80~100mm。混凝土墩平面布置如图4.2-4所示。

施工前在屋面大梁下设木柱支撑以卸荷,施工时先在基础一侧开挖竖向导坑,再挖除灰土基础和砖砌大放脚,横坑宽约1m,然后直接在地梁下挖墩孔,达设计深度后再进行扩孔,最后浇筑混凝土。当墩身混凝土浇筑到离地梁底60~80mm时即停止,经一昼夜凝固硬化后,再用1∶1干硬性水泥砂浆填塞缝隙,并在水平方向用棒捣实,以保证基底与混凝土间紧密接触。

由于各墩间间距较大,原有的高180mm按构造配筋的地圈梁抗弯能力不够,因而设计时在原地圈梁下增设高240mm的钢筋混凝土地梁,混凝土强度等级为C20,截面尺寸及配筋如图4.2-4所示。施工混凝土墩时,在墩上部预留水平钢筋,然后分段拆除原地圈梁下的砖砌体(仅四皮砖)。为了防止地圈梁在施工时下沉,在梁下每隔0.9~1.1m加设100×100×240mm预制块作原地圈梁临时支托,再绑扎地梁钢筋和浇捣混凝土,使上部荷载通过新地梁传到混凝土墩上,并再传到下部非湿陷性土层上,从而制止了基础的继续下沉。

三、技术经济效果

该浴室建筑面积为294m²,共浇筑混凝土墩30个,耗用混凝土165m³,地基托换部分费用约2万元,加固后浴室恢复正常使用,托换效果良好。

本实例引自涂光祉,1989.7。

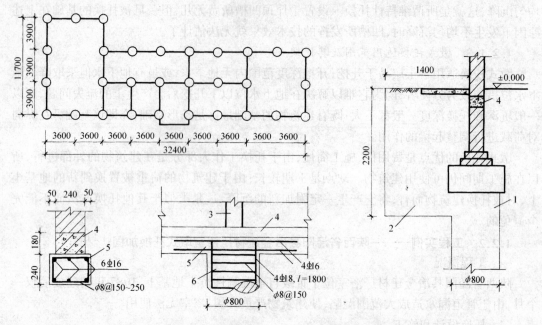

图 4.2-4 泾阳县冶金建材厂浴室墩式托换
1—自地梁以下拆除 1m 宽；2—导坑；3—构造柱或砖墙；4—原地圈梁；5—新增地梁；6—托换墩

4.2.3 工程实例二——二汽某分厂影剧院地基事故处理[4.2-2]

一、工程概况

二汽某分厂影剧院位于湖北省十堰市茶树沟。修建前未进行工程地质勘察，基础也未设圈梁，当墙体施工到 2m 时，发现门厅处条形基础断裂。

二、工程地质条件

经补做地质勘察，发现基础有部分坐落在基岩外露处，局部又存在淤泥质粉质粘土及人工填土上，软硬不均，地基承载力相差悬殊，基岩 $[R]=350$ kPa，而淤泥质粉质粘土 $[R]$ 仅为 80kPa（图 4.2-5）。

图 4.2-5 二汽影剧院地质剖面图

三、加固方案

经过各种加固方案对比，结合现场实际条件，决定采用墩式托换处理。共设 38 个毛石混凝土墩基础托住原有基础，墩基深 3.5～5m 不等，以基岩作为持力层。施工时在条形基础一侧下挖。由于在 −3.0m 左右处有地下水，所以采取连续抽水方法施工，为了防止淤泥质粉质粘土坍塌，用废旧汽车大梁作为板桩打入支护。最后再在原有基础下挖至基岩后浇

本实例引自金长海、刘世宏，1984。

灌毛石混凝土至条形素混凝土基础底面为止,处理后沉降不再发展,加固方案显属成功的。

4.2.4 工程实例三——呼和浩特市市政公司1号住宅楼基础加深加固[4.2-7]

一、工程概况

呼和浩特市市政公司1号住宅楼,建筑面积为2500m^2,四层砖混结构,毛石基础。

1983年进行设计和施工,由于设计前没有进行勘察,只是根据附近资料将表层粉土作持力层和4m以下是粗砾砂层进行设计。

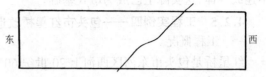

当宿舍楼施工到二层时才得知西邻的粮食机械厂多数房屋地基土存在淤泥层,该厂房屋都经地基处理后才砌筑基础,有的建筑物基础还采用了桩基础。为此,施工到二层时停工后补做勘察工作。勘察结果查清了4个单元中西边两个单元持力层位置含有0.8~1.2m的淤泥透镜体,埋藏深度在毛石基础底面下0.5m处(图4.2-6),经设计

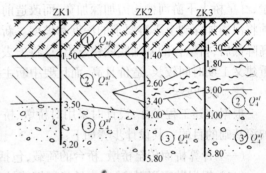

图4.2-6 地质剖面图

和施工单位共商研究后决定,将条形基础底面下的淤泥挖除,再将原基础加深,加深部分用C20素混凝土回填(图4.2-7)。

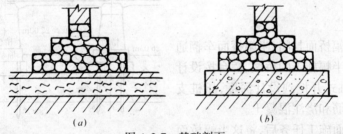

图4.2-7 基础剖面
(a)处理前;(b)处理后

二、施工方法

在基础的一侧间跳式沿条形基础长方向分段开挖长1.5m和宽1.0m的竖向导坑,先开挖到基础底面,再往深加至淤泥土底面停止。如此每隔2~3段开挖一段,纵墙在室外开挖,横墙可在房间内开挖。

基础底下的淤泥土待浇灌混凝土的机械和材料都准备好后再挖出,然后及时向基底下坑内浇灌拌有膨胀剂的素混凝土,并形成扩大基础底面加深基础的台阶。加深和加宽的大小视淤泥土层的厚度和建筑物的每延米的荷载大小而定。浇灌混凝土时要求一次灌密振实。混凝土初凝后要仔细检查,如发现新浇注混凝土与基础底面有混凝土收缩后的缝隙或未灌满的部分,再用干硬性高标号快凝固的混凝土补满填实。

本实例引自钱国林,1988。

如上述一段一段开挖加深后灌满振实素混凝土,而这些混凝土体积便形成连续的混凝土的一个基础底台阶。

对于荷重小的墙基础,如局部加深加宽已满足承载力要求,则局部加深加宽的混凝土可不连成一体,这实际上已成为墩式基础。

4.2.5 工程实例四——包头市红星桥改造基础加深[4.2-8]*

一、工程概况

红星桥是包头市东河区西河上20世纪60年代建造的一座跨河马路桥,钢筋混凝土结构。其改造工程是当时包头市防洪治理河道工程的组成部分。为了增加暴雨过后洪水泄流量,红星桥上下游河槽均需加深加宽,而改造前的红星桥过水断面小,泄洪流量不易通过,必须将河槽加深到上下游要求的深度和坡度。新设计的河底标高比原桥下河底低1m,河底标高降低后,桥墩台的基础底就快露出,这将失去桥的稳定性。危及桥的结构安全。如果拆除重建又工期时间较长,造价且高,而且要中断主要马路交通。

二、设计要点

根据上述工程条件,设计时采用对桥墩、桥台先支托,后在基础下开挖浇灌混凝土,达到加深基础的目的。其设计步骤如下:

(一)计算桥面传至桥墩、桥台的荷载,包括活载、风载和地震荷载;

(二)根据勘察资料,确定支托静压钢管桩直径及压入深度,计算单桩承载力;

(三)按照传到桥墩、桥台底面的荷载和计算的单桩承载力进行计算桩数和布桩。为了安全和便于施工,设计时把桥墩和桥台分割成条块,在条块里把桩布成一字形、梅花形、双排或多排桩。

三、施工工艺

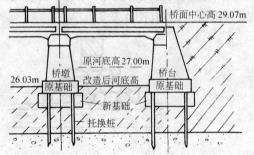

图4.2-8 红星桥改造简图

施工采用半幅桥面封闭,半幅桥面车辆通行的办法。先将半幅施工的桥墩、桥台按设计分割的条块,间跳式开挖到设计深度,压桩支托、支模、绑扎钢筋和浇注混凝土。

完成半幅桥面施工任务后,将这半幅桥面开放,让车辆人流通过;再将另半幅封闭,用前半幅加深基础和降低河底同样的方法完成施工任务(图4.2-8)。

4.2.6 工程实例五——德国Dortmund市Pezzer地毯商店与地铁相截交的托换加固[4.2-4]

一、工程概况

德国Dortmund市一号环城地铁的西侧外墙与Pezzer地毯商店相截交,建筑物地下室基础底面至隧道顶部的距离约为1.6~3.2m。被托换的建筑物为1层地下室、5层楼房,砖石结构墙身,钢筋混凝土楼板,条形基础,荷载约为265kN/m。

二、工程地质情况

地表以下1.0~3.9m为杂填土;其下有一层2~3m的粉土层;再在其下为强风化的半坚硬砂质泥灰岩。在加固范围内位于建筑物底面标高以下5.2~7.6m处为硬质泥灰岩。

---

* 本实例引自钱国林,1993.8。

在钻孔中未见地下水水位，但泥灰岩中有裂隙水。

三、墩式基础设计和施工要点

（一）按间隔式开挖次序，首先建造图4.2-9中的1号和2号的托换主支墩。

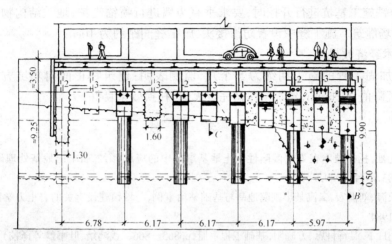

图4.2-9　Pezzer地毯商店托换工程施工过程图（单位：m）

先开挖排水沟，然后向建筑物基础下方开挖宽约1.6m的坑井，坑井深度一直到新鲜坚硬泥灰岩顶面以下50cm，再置入框架式护壁支撑，并用喷射混凝土支护坑壁，其厚度≥30mm。在坑底浇筑底层混凝土作为坑底填层，其厚度大于50mm，再向下开挖直径为1.3m的圆形坑井，一直到地下铁道地基底面以下50cm。当开挖工作结束，应立即进行制模、配筋以及灌筑混凝土。

（二）托换主支墩的上部设置斜向锚杆，并对锚杆施加预应力，在支墩顶面与基础底面间进行压力灌浆，以保证基础与托换主支墩间紧密接触。

（三）主支墩间3号支墩如同上述步骤进行建造，但设有圆形坑井，在每井底设置$2\phi20mm$长2.5m的锚杆（图4.2-10C）。

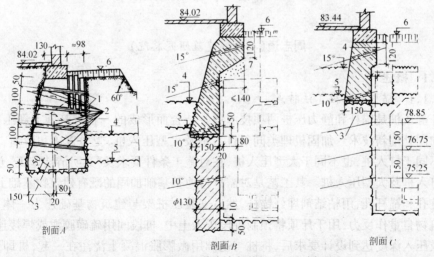

图4.2-10　Pezzer地毯商店托换施工过程剖面图
1—工字钢作为斜向支撑；2—$\phi28$圆钢作为辅助支撑；3—$\phi22$锚杆；4—风化状态的泥灰岩；5—坚实泥灰岩；6—开挖前地坪面；7—素混凝土填实

（四）在支墩间的土层沿剖面方向上，以每次开挖深度为 1m 的方式循序向下开挖（图 4.2-10A）。支墩间用喷射混凝土灌筑支护墙，厚度大于 5cm，并有起拱的矢高 5cm 以起支护受力作用，在底部也设置了两根锚杆。

（五）地铁施工基坑进行开挖时，要求垂直边墙进行喷锚支护，地铁结构物进行抗渗混凝土 B25 现场灌筑。施工缝中设置防渗接头，施工缝间距约为 10cm。

四、技术经济效果

该托换加固工程的施工期约为 5 个月，监测表明：建筑物正面向基坑方向位移 4~6mm，最终沉降值 2~6mm，建筑物保持完好无损，托换效果良好。

参 考 文 献

[4.2-1] 涂光祉,托换技术在处理湿陷性黄土地基事故中的应用,第二届全国地基处理研讨会论文集 pp683,烟台,1989.7

[4.2-2] 金长海、刘世宏,二汽某影剧院地基与基础整治事例,与城镇建设有关的岩土力学讨论会交流论文,1984

[4.2-3] [美]H.F.温特科恩、方晓阳,基础工程手册,pp863~866,(钱鸿缙、叶书麟等译校),北京：中国建筑工业出版社,1989

[4.2-4] Buchreihe Forschung + Praxis, Bd. 25 S. 7-151, Herausgeber STUVA, Köln, Alba-Buchverlag, Düsseldorf,1981

[4.2-5] 叶书麟、汪益基、涂光祉、程鸿鑫编著,基础托换技术,北京：中国铁道出版社,1991

[4.2-6] 陈仲颐、叶书麟主编,基础工程学,北京：中国建筑工业出版社,1990

[4.2-7] 钱国林,呼和浩特市市政公司 1 号住宅楼基础加深加固,勘察情报网内蒙站 1988 年情报会论文,1988

[4.2-8] 钱国林,包头市红星桥改造基础加深,全国建工勘察情报网建网十五周年情报交流会论文选集,济南：山东省地图出版社,1993.8

4.3 锚杆静压桩

周志道(冶金部建筑研究总院)

4.3.1 概述

4.3.1.1 锚杆静压桩工法特点

锚杆静压桩是锚杆和静力压桩两项技术巧妙结合而形成的一种桩基施工新工艺，是一项地基加固处理新技术。加固机理类同于打入桩及大型压入桩，受力直接和清晰。但施工工艺既不同于打入桩，也不同于大型压入桩，在对施工条件要求及"文明清洁施工"方面明显优越于打入桩及大型压入桩。其工艺是对需进行地基基础加固的既有建筑物基础上按设计开凿压桩孔和锚杆孔，用粘结剂埋好锚杆，然后安装压桩架与建筑物基础连为一体，并利用既有建筑物自重作反力，用千斤顶将预制桩段压入土中，桩段间用硫磺胶泥或焊接连接。当压桩力或压入深度达到设计要求后，将桩与基础用微膨胀混凝土浇注在一起，桩即可受力，从而达到提高地基承载力和控制沉降的目的。锚杆静压桩的设备装置示意图见图 4.3-1。

既有建筑物地基基础加固采用锚杆静压桩工法，主要可用于托换加固和纠偏加固工程

中。工程实践表明,加固工程中使用该工法与其他工法相比,具有以下明显优点:

一、保证工程质量

采用锚杆静压桩加固,传荷过程和受力性能非常明确,在施工中可直接测得实际压桩力和桩的入土深度,对施工质量有可靠保证。

二、做到文明清洁施工

压桩施工过程中无振动、无噪声、无污染,对周围环境无影响,做到文明、清洁施工。非常适用于密集的居民区内的地基加固施工,属于环保型工法。

三、施工条件要求低

由于压桩施工设备轻便、简单、移动灵活,操作方便,可在狭小的空间 $1.5 \times 2 \times (2 \sim 4.5m)$ 内进行压桩作业,并可在车间不停产、居民不搬迁情况下进行基础托换加固。这给既有建筑地基基础托换加固创造了良好的施工条件。

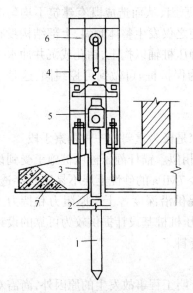

图 4.3-1 锚杆静压桩装置示意图
1—桩;2—压桩孔;3—锚杆;4—反力架;
5—千斤顶;6—手动或电动葫芦;7—基础

四、对既有倾斜建筑物可实现可控纠倾:

锚杆静压桩配合掏土或冲水可成功地应用于既有倾斜建筑的纠倾工程中。由于止倾桩与保护桩共同工作,从而对既有倾斜建筑可实现可控纠倾的目的。

由于该工法施工质量的可靠性和技术的优越性,使该工法在上百项既有建筑地基基础加固中成功地得到应用。特别在完成难度很大的工程中,显示出了无比的优越性。

该新技术已于1985年7月在南京通过冶金部部级技术成果鉴定。

锚杆静压桩的纠偏加固新技术于1987年在上海通过冶金部部级技术成果鉴定。

1989年由冶金部建筑研究总院主编的"锚杆静压桩技术规程"通过了冶金部专业技术审定,随后由冶金部批准为中华人民共和国行业标准《锚杆静压桩技术规程》(YBJ 227—91),于1991年10月1日施行。

经建设部批准,锚杆静压桩工法定为1991年度土木建筑一级(国家级)工法,并于1992年2月的建施[1992]58号文向全国公布;

1994年已编入上海市标准《地基处理技术规范》(DBJ 08-40-94),1995年4月1日起实施。

所有这些充分说明了锚杆静压桩新技术已趋成熟和完善。

4.3.1.2 锚杆静压桩用于既有建筑的托换加固和纠倾加固

一、用于托换加固中

既有建筑由于种种原因,产生较大的不均匀沉降,甚至成为沉裂工程。由于既有建筑地基基础加固的施工条件差,采用锚杆静压桩进行基础托换加固是理想的加固方法。

既有建筑由于使用功能的改变需进行改造,如增层、扩大柱距,工业厂房增大吊车荷重等,基础上的荷载必然增大,而地基土承载能力又不适应时,锚杆静压桩就是理想的托换加固方法之一。

二、用于纠倾加固中

既有建筑工程由于勘察不详、设计有误、施工质量等原因，从而造成既有建筑不均匀沉降并发生严重倾斜，但由于上部结构刚度大，整体性好，使之仅发生整体倾斜，上部结构没有或仅有少量裂缝。为满足建筑物使用要求，可采用锚杆静压桩辅以掏土、钻孔或沉井冲水等法进行纠倾加固。采用双排桩(一侧为止倾桩而另一侧为保护桩)可做到可控纠倾，这是一种既安全可靠、又有重大经济价值的纠倾方法。

4.3.1.3 工程地质勘察

锚杆静压桩对工程地质勘察除常规要求外，静力触探是极为重要的一种勘察手段。

锚杆静压桩在施工过程中受力特点与静力触探非常相似。锚杆静压桩压桩施工受到设备能力、锚杆直径、桩身强度的限制，对 p_s(比贯入阻力)>7MPa 的砂性土层不易压入穿透，故静力触探配合常规勘察可提供适宜持力层，同时还可提供沿深度各土层摩阻力和持力土层的承载力，从而可预估单桩垂直容许承载力，为锚杆静压桩桩基设计提供较为可靠的设计依据，这是锚杆静压桩技术设计和施工必不可少的勘察资料。

4.3.1.4 锚杆静压桩设计

设计前必须对拟加固的工程进行调研，其内容除需查明工程事故发生的原因外，尚需对其沉降、倾斜、开裂、上部结构、地基基础、地下管网及障碍物、周围环境等情况作周密的调查了解，同时还需了解托换工程或纠倾工程地基基础设计所必须的其他资料。

设计应包括的内容为：确定单桩垂直容许承载力、桩断面及桩数设计、桩位布置设计、桩身强度及桩段构造设计、锚杆构造与设计、下卧层强度及桩基沉降验算、承台厚度验算等。若是纠倾加固工程尚需进行纠倾设计。

一、单桩垂直允许承载力的确定

单桩垂直允许承载力一般可由现场桩的荷载试验确定，当现场缺乏试验条件，也可根据静力触探资料确定，或按照当地规程规范提供的指标进行计算确定。

二、桩断面及桩数

桩断面根据上部荷载、地质条件、压桩设备加以初选，一般的断面为 200×200mm、250×250mm、300×300mm、350×350mm，初步选定断面尺寸后就可按上一小节确定单桩垂直承载力。大量试验表明带桩承台的单桩承载力比不带承台的单桩承载力要大得多，桩土共同工作是客观存在的事实，故计算桩数时可以考虑桩土共同工作，桩土共同工作是一个比较复杂的问题，与诸多可变因素有关，为了既合理又方便地考虑桩土共同工作，对于既有建筑地基基础托换加固设计中一般建议取 3:7，即 30%荷载由土承受，70%荷载由桩承受，也可采用按地基承载力大小及地基承载力利用程度相应选取桩土分担比，使之更为合理。若是在加层托换加固设计中，既有建筑荷载压强小于地基允许承载力，并建筑物沉降已趋稳定时，可考虑既有建筑的荷载由土承受，加层部分荷载由桩来承受。由桩承受的荷载值除以单桩垂直允许承载力就为桩数，若确定的桩数过多，使桩距过小，宜在初选断面基础上重选大一级断面，重新计算桩数，直到合理为止。

三、桩位布置

(一) 对托换加固工程，通过计算决定托换桩的数量，其桩位孔应尽量靠近受力点两侧布置，使之在刚性角范围内，以减小基础的弯矩。对条形基础可布置在靠近基础的两侧，见图 4.3-2；独立柱基可围着柱子对称布置，见图 4.3-3；板基、筏基可布置在靠近荷载大的部位以及基础边缘，尤其角部的部位，以适应马鞍形的基底接触应力分布。

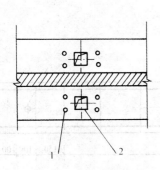
图4.3-2 条形基础布桩
1—锚杆;2—压桩孔

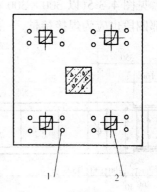
图4.3-3 独立柱基布桩
1—锚杆;2—压桩孔

(二) 对纠倾加固工程,除需遵循上述托换加固桩布桩原则外,其桩位孔布置尚需考虑纠倾特点,为了保障居民不动迁时的生活需要,不宜将桩布置在居室内,为此应尽量把桩布于建筑物外墙边的倾斜向的两侧,以便加大反倾的力臂,提高止倾桩的效果和保护桩的作用。

四、桩身强度及桩段构造

钢筋混凝土方桩的桩身强度可根据压桩过程中的最大压桩力并按钢筋混凝土受压构件进行设计,其桩身结构强度应略高于地基土对桩的承载能力,桩段混凝土的强度等级一般为C30,保护层厚度为4cm。按桩身结构强度计算时,由于桩入土后,桩身就受到周围土的约束,处于三向应力工作状态,目前在日本、西欧的规范中是不考虑长细比的影响因素,根据作者工程实践的经验,其长细比都超过了规范的 $L/D \leqslant 80$ 规定,有的 L/D 甚至达150之多。因此,在设计中,可不考虑失稳及长细比对强度的折减。

桩段长度由施工条件决定,如压桩处的净高、运输及起重能力等等。从经济及施工速度出发,宜尽量采用较长的桩段,这样可减少桩的接头。此外,尚需考虑桩段长度组合尽量与单根总桩长吻合,避免过多截桩。为此,适当制作一些较短的标准桩段,以便匹配组合使用。

桩段连接一般有两种,一种是焊接接头,一种是硫磺胶泥接头,前者用于承受水平推力、侧向挤压力和拔力;后者用于承受垂直压力。采用硫磺胶泥连接的钢筋混凝土桩段两端必须设置2~3层焊接钢筋网片,在桩的一端必须预留插筋,另一端必须预留插筋孔和吊装孔,见图4.3-4(以300×300×2500为例);采用焊接接头的钢筋混凝土桩段,在桩段的两端应设

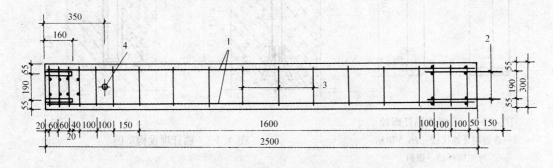

图4.3-4 硫磺胶泥接头桩段
1—4Φ14;2—4Φ14 $L=450$;3—φ6@200;4—φ30 吊装孔

置钢板套,见图4.3-5(以300×300×2500为例)。为了满足抗震需要,对承受垂直荷载的桩,桩上部四段也应为焊接接桩,下部均可为胶泥接桩。

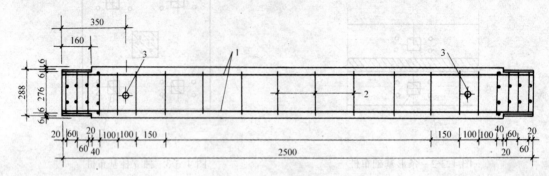

图4.3-5 焊接接头桩段
1—4Φ14;2—φ6@200;3—φ30 吊装孔

五、锚杆构造

锚杆直径可根据压桩力大小选定,一般当压桩力小于400kN时可采用M24;压桩力400~500kN时采用M27;再大的压桩力可采用M30锚杆。锚杆数量根据压桩力除以单根锚杆抗拉强度确定。锚杆螺栓按其埋设型式可分预埋和后成孔埋设两种。对于既有建筑物的地基基础加固都采用后成孔埋设法,其构造有镦粗锚杆螺栓、焊箍锚杆螺栓等型式,见图4.3-6,并在孔内采用硫磺胶泥粘结剂粘结施工定位。

锚杆的有效埋设深度,通过现场抗拔试验和轴对称问题的有限元计算都表明了锚杆的埋设深度$10\sim12d$(d为螺栓直径)便能满足使用要求,锚杆埋设构造见图4.3-7。

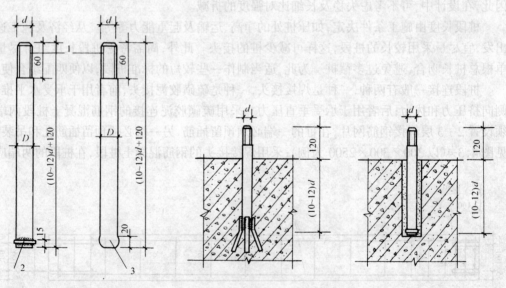

图4.3-6 后埋式锚杆螺栓
1—普通粗牙螺纹;2—φ6.5钢筋弯成圆环;3—镦粗

图4.3-7 锚杆埋设构造图

锚杆与压桩孔的间距要求、锚杆与周围结构的最小间距以及锚杆或压桩孔边缘至基础承台边缘的最小间距,见图4.3-8。

4.3 锚杆静压桩

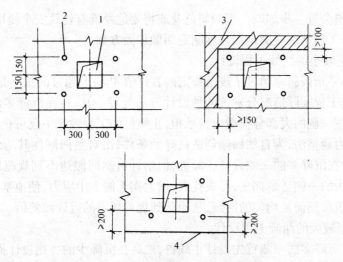

图 4.3-8　锚杆埋设相对位置
1—压桩孔；2—锚杆；3—高出基础承台表面的结构；4—基础承台边缘

六、下卧层强度及桩基沉降验算

大量工程实践表明，凡采用锚杆静压桩进行托换加固的工程，其桩尖进入土质较好的持力层者，被加固的既有建筑的沉降量是比较小的，故一般情况下不需要进行这部分内容的验算。只有当持力层下不太深处还存在较厚的软弱土层时才需验算下卧层强度及桩基沉降验算。为简化起见，可忽略前期荷载作用的有利影响而按新建桩基建筑物考虑，其下卧层强度及桩基沉降计算可参照国家行业标准《建筑桩基技术规范》JGJ 94—94 中有关条款进行，当验算强度不能满足或当桩基沉降计算值超过规范规定的容许值时，则需适当改变原定的方案重新设计。

七、承台厚度验算

既有建筑承台验算可按现行的《混凝土结构设计规范》验算带桩原基础的抗冲切、抗剪切强度，当不能满足要求时应设置桩帽梁，桩帽梁通过抗冲切和抗剪切计算确定，桩帽梁主要利用压桩用的抗拔锚杆，加焊交叉钢筋并与外露锚杆焊接，然后围上模板，将桩孔混凝土和桩帽梁混凝土一次浇灌完成，并形成一个整体。见图 4.3-9。

桩头与基础承台连接必须可靠，桩头伸入承台的长度，一般为 100mm。当压桩孔较深，在满足抗冲切要求后，桩头伸入承台长度可适当放宽到 300~500mm，桩与基础连接，采用浇筑 C30 或 C35 的微膨胀早强混凝土，桩与基础连接构造，见图 4.3-9。

八、纠倾设计

既有建筑可由众多原因造成倾斜，倾斜后会增大沉降多的一侧的基底应力。由此加大了基底应力

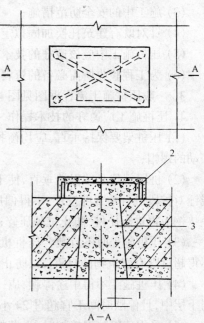

图 4.3-9　桩与基础连接构造
1—桩；2—桩帽梁；3—微膨胀早强混凝土

不均匀性,使倾斜会进一步加剧。当倾斜危及或将要危及既有建筑安全使用时,则必须进行纠倾加固。针对工程情况应因地制宜地制定纠倾加固方案。

(一) 倾斜率较小的纠倾工程设计

倾斜率较小系指倾斜率超过了规范规定的容许值4‰,但超过的量不是太大,对于这类工程的纠倾可视工程实际情况分别按两种设计方法处理。其一:在沉降多的一侧设计止倾桩,桩的数量可按一侧的大部分荷载由桩承担,止倾桩的工程效果不仅可止住该侧的继续沉降,并可采用应力调整法,为自然回倾创造良好的条件,由自然回倾使其达到规范规定的容许倾斜值;其二:在沉降多的一侧设计止倾桩,但估计自然回倾达不到规范规定的容许倾斜值,则需在沉降少的一侧适量掏土,形成孔穴,增大掏土侧土中应力,使地基局部达到塑性变形,造成既有建筑缓慢而又均匀的回倾,从而达到规范规定的容许倾斜值。

(二) 倾斜率较大的纠倾工程设计

这类工程在沉降多的一侧首先设计止倾桩,然后在沉降少的一侧设计掏土,掏土可采用冲水取土,冲水可在钻孔中,也可在沉井中进行。由于纠倾量大,为避免矫枉过正,在沉降少的一侧也设计少量的保护桩,以达可控的目的。

4.3.1.5 锚杆静压桩托换加固与纠倾加固施工

一、托换加固的锚杆静压桩施工

锚杆静压桩的压桩施工应遵循下述各点:

1. 根据压桩力大小选定压桩设备及锚杆直径,对触变性土(粘性土),压桩力可取1.3~1.5倍的单桩容许承载力,对非触变性土(砂土),压桩力可取2倍的单桩容许承载力。

2. 编制的施工组织设计,应包括的内容有:

(1) 针对设计压桩力所采用的施工机具与相应的技术组织与劳动组织和进度计划;

(2) 在设计桩位平面图上标清桩号及沉降观测点;

(3) 施工中的安全防范措施;

(4) 针对既有建筑托换加固拟定压桩施工流程;

(5) 压桩施工中应该遵守的技术操作规定;

(6) 为工程验收所需必备的资料与记录。

3. 一般压桩施工流程框图见图4.3-10。

4. 压桩施工应遵守的技术操作

(1) 压桩架要保持垂直,应均衡拧紧锚固螺栓的螺帽,在压桩施工过程中,应随时拧紧松动的螺帽;

(2) 桩段就位必须保持垂直,使千斤顶与桩段轴线保持在同一垂直线上,可用水平尺或线锤对桩段进行垂直度校正,不得偏压。当压桩力较大时,桩顶应垫3~4cm厚的麻袋,其上垫钢板再进行压桩,防止桩顶压碎;

(3) 压桩施工时不宜数台压桩机同时在一个独立柱基上施工。施工期间,压桩力总和不得超过既有建筑物的自重,以防止基础上抬造成结构破坏;

(4) 压桩施工不得中途停顿,应一次到位。如不得已必须中途停顿时,桩尖应停留在软弱土层中,且停歇时间不宜超过24小时;

(5) 采用硫磺胶泥接桩时,上节桩就位后应将插筋插入插筋孔,检查重合无误,间隙均匀后,将上节桩吊起10cm,装上硫磺胶泥夹箍,浇注硫磺胶泥,并立即将上节桩保持垂直放

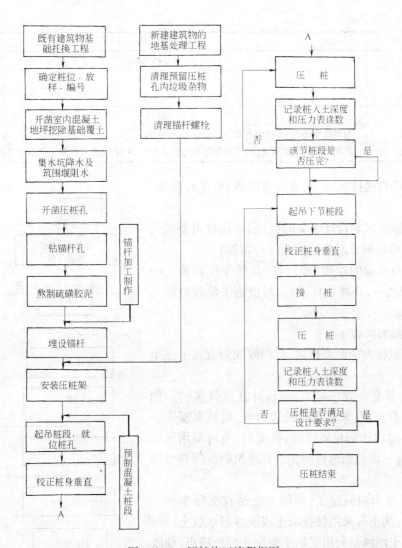

图 4.3-10 压桩施工流程框图

下,接头侧面应平整光滑,上下桩面应充分粘结,待接桩中的硫磺胶泥固化后(一般气温下,经五分钟硫磺胶泥即可固化),才能开始继续压桩施工,当环境温度低于5℃时,应对插筋和插筋孔作表面加温处理。

(6) 熬制硫磺胶泥的温度应严格控制在 140~145℃ 范围内,浇注时温度不得低于 140℃,硫磺胶泥的主要物理力学性能指标见表 4.3-1;

硫磺胶泥主要物理力学性能指标 　　　　　　表 4.3-1

物理力学性能	性 能 指 标
热变性	强度在60℃以内无明显影响;120℃时随着温度升高,由稠变稀;到140~145℃时,密度最大且和易性最好;170℃时开始沸腾;超过180℃时开始焦化,遇火即燃烧
密　度	2.28~2.32g/cm³
吸水率	0.12%~0.24%
耐酸性	在常温下能耐盐酸、硫酸、磷酸、40%以下的硝酸、25%以下的醋酸、中等浓度乳酸和醋酸

续表

物理力学性能	性 能 指 标
弹性模量	5×10^4MPa
抗拉强度	4MPa
抗压强度	40MPa
抗弯强度	10MPa
握裹强度	与螺纹钢筋为11MPa；与螺纹孔混凝土为4MPa
疲劳强度	参照混凝土的试验方法，当疲劳应力比值ρ为0.38时，疲劳强度修正系数$\gamma_\rho>0.8$

(7) 采用焊接接桩时，应清除表面铁锈，进行满焊，确保质量；

(8) 桩顶未压到设计标高时（已满足压桩力要求），必须经设计单位同意对外露桩头进行切除；

(9) 桩与基础的连接（即封桩）是整个压桩施工中的关键工序之一，必须认真进行，封桩施工流程框图见图4.3-11。

二、纠倾加固施工

对纠倾量较大的既有建筑，其纠倾加固有以下三个施工步骤：

1. 第一步是止倾桩施工，按设计在沉降多的一侧先施工锚杆静压桩，采用边压桩边封桩，封桩混凝土一定要在几小时内达到足够强度，必要时，也可采用预加压力封桩，这一步起到迅速制止既有建筑的沉降和继续倾斜的作用。

2. 第二步为纠倾施工，纠倾方法是在沉降少的一侧进行掏土，掏土可采用钻孔取土或沉井射水取土。

钻孔取土纠倾是利用了软土侧向变形的特点，使既有建筑物回倾。

沉井射水取土纠倾是在沉井侧壁预留孔中射高压水在水平向切割土体，将土冲成泥浆，并从冲水孔中排出，形成孔穴，利用软土受力后的塑性变形的特性，从而使既有建筑不断沉降和回倾。

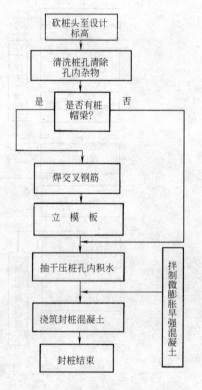

图4.3-11 封桩施工流程框图

纠倾施工全过程应遵循的原则是：

(1) 为增加既有建筑物的刚度，纠倾前要酌情对既有建筑物底层进行加固，如设置拉杆和砌筑横墙等。如在住人情况下纠倾加固，更应重视安全保护措施。如既有建筑物整体刚度很好，则可少设甚至不设。

(2) 在住人情况下纠倾加固，纠倾前需召开拟纠倾楼的居民会议，向居民介绍纠倾情况，并要求居民给予密切配合，如发现异常情况，及时向有关部门反映，以便采取紧急措施。

(3) 充分考虑既有建筑物的整体刚度和桩土共同作用特性，通过计算和分析判断，提出既有建筑的合理回倾速率，一般情况下可定为4~6mm/d，并在纠倾掏土全过程中切实贯彻均匀、缓慢、平移、观测的纠倾原则。

(4) 纠倾施工过程中,必须做好沉降观测工作,及时分析,作为纠倾信息施工的重要手段来指导纠倾施工,务必给予高度重视。

3. 第三步为保护桩施工,当第二步纠倾纠到快接近规范规定容许倾斜值时,就可在沉降少的一侧即纠倾的一侧按设计要求设置少量保护桩。由于保护桩压桩过程会产生拖带沉降现象,使纠倾效果会获得进一步显示,待保护桩封桩后即可制止沉降而起到矫柱不过正的保护作用。保护桩封桩时间的早晚,可起到调节纠倾效果及纠倾量大小的作用。从而,可达到可控纠倾的目的。

4.3.1.6 锚杆静压桩加固的质量检验

一、托换加固工程的质量检验

托换加固的压桩工程验收时,施工单位应提交竣工报告,竣工报告中的资料通常为:

1. 带有桩位编号的桩位平面图;
2. 桩材试块强度报告,封桩混凝土试块强度报告,硫磺胶泥出厂检验合格证及抗压、抗拉试块强度报告;
3. 压桩记录汇总表;
4. 压桩曲线;($p_P \sim Z$ 曲线);
5. 沉降观测资料汇总图表;
6. 隐蔽工程自检记录;
7. 根据设计要求,提供单桩荷载试验资料。

对每道工序必须进行质量检验:

1. 桩段规格、尺寸、标号需完全符合设计要求,桩段应按标号的设计配合比制作,制作的同时需做试块,检验其强度;
2. 压桩孔孔位需与设计位置一致,其平面位置偏差不得超过±20mm。后凿的压桩孔其形状为上下尺寸都为桩边长加50mm的正方柱直孔;
3. 锚杆尺寸、构造、埋深与压桩孔的相对平面位置必须符合设计及施工组织设计要求;
4. 桩段连接接头及后埋螺栓所用的硫磺胶泥必须按重量配合比配制,其配合比一般为硫磺:水泥:砂:聚硫橡胶=44:11:44:1;若用钢板或角钢连接接头,则需除锈,焊接尺寸、质量需按设计要求及有关施工规程进行检验;
5. 压桩时桩段的垂直度偏差不得超过1.5%的桩段长;
6. 压桩力必须根据设计要求进行检验,桩入土深度可根据设计要求进行商榷检验;
7. 封桩前,压桩孔内必须干净、无水,检查桩帽梁、交叉钢筋及焊接质量,微膨胀早强混凝土必须按标号的配比设计进行配制,微膨胀早强混凝土的级配见表4.3-2。

微膨胀早强混凝土的级配 表4.3-2

等级配合比	水 泥	水	中 砂	碎石(5~40mm)	UEA 微膨胀剂
C30	424/1	180/0.425	581/1.37	1286/3.033	水泥用量的12%
C35	474/1	180/0.38	565/1.192	1250/2.637	水泥用量的12%
C40	440/1	180/0.409	576/1.309	1274/2.895	水泥用量的12%

注:1. 表中"/"的分子为1m³混凝土的材料用量,单位为kg;分母为配比。
2. C30和C35所用水泥为425号,C40所用水泥为525号。

配制混凝土的坍落度为2~4cm。

封桩混凝土需振捣密实。

二、纠倾加固工程的质量检验

纠倾加固是技术性很强的一项工作,应当具有丰富施工经验的专业施工队伍进行施工,这是保证施工质量的前提。

纠倾加固中压桩部分的竣工验收及质量检验与上节所述相同。

纠倾是纠倾加固的重要组成部分,其质量检验及竣工验收重点应放在纠倾效果上,由回倾率指标反映。因此,计算回倾率所必须的沉降观测不仅是纠倾施工过程中指导冲水位置的重要手段,也是最后竣工验收的重要技术资料。

此外,对需纠倾的既有建筑裂缝观测也是纠倾加固工程的质检与竣工验收的必要内容。原则上在纠倾过程中不应产生新的裂缝。

4.3.2 工程实例一——芜湖市少年宫基础托换加固[4.3-1]

一、工程概况

芜湖市少年宫长 52.9m,宽 18m,建筑面积为 2200m²,原设计采用天然地基。由芜湖市建筑设计院设计,芜湖市第二建筑工程公司施工。于 1982 年初,工程即将竣工之际,在舞台南端、乐池中部、观众厅北边沿墙、门厅和边门等多处出现裂缝,经过现场调查与建筑物沉降观测资料(见表 4.3-3)可见,基础不均匀沉降相当大,情况十分严重,必须迅速进行基础托换加固。经分析推荐采用锚杆静压桩托换加固新技术方案,这是我国将锚杆静压桩新技术首次使用于托换加固工程。

加固前少年宫沉降观测资料　　表 4.3-3

序号	日期	测　点　　　　　　　　　　　　单位:mm									
		(1)	(2)	(3)	(5)	(6)	(7)	(8)	(9)	(10)	(11)
1	1982.4.12	−129	−127	−175		−91	−115	−101		−111	−109
2	4.24	−135	−130	−190	−93	−99	−119	−102	−102	−111	−109
3	4.29	−138	−134	−195	−94	−101	−123	−103	−1032	−112	−112
4	5.5	−138	−137	−203	−94	−110	−129	−103	−102	−112	−112
5	5.10	−143	−139	−206	−94	−114	−137	−103	−103	−112	−112
6	5.15	−146	−143	−211	−96	−132	−141	−104	−103	−113	−112
7	5.20	−143	−145	−212	−94	−131	−141	−103	−103	−115	−112
8	5.30	−151		−150	−215	−94	−127	−136	−103	−103	−120	−112

注:1. 测点位置见图 4.3-14;
　　2.(1)~(3)观测点的过大沉降,主要由于在该区快速填土所致。

二、工程地质条件

工程地质条件见图 4.3-12。

原基础下存在着 2.8~6.8m 厚度不等的杂填土和淤泥质土,土质差,承载力低,致使基础产生较大的沉降与不均匀沉降以及墙体多处开裂,第三层土为黄色及黄褐色粘土是属低压缩性土,可作为锚杆静压桩桩基的持力层。

三、锚杆静压桩托换加固设计

由于是第一个试点工程,为谨慎考虑,设计前做了五根桩的荷载试验,试验曲线见图 4.3-13。$P \sim s$ 曲线拐点比较明显,都以支承桩为主的破坏形式出现。桩的极限荷载 P_u 分别是:S_{106}(桩入土深度 3.64m)为 260kN;S_{108}(桩入土深度 3.97m)为 250kN;S_{76}(桩入土深度 8.15m)为 360kN;S_{78}(桩入土深度 7.35m)为 310kN;S_{17}(桩入土深度 6.08m)为 330kN;故单桩垂直容许承载力 P_a 取用 140kN。为此,该工程共设计桩数为 121 根,桩长一般为 6m 左右,最深的达 10.52m,桩截面为 200×200mm,桩段长 1.5~2m,采用硫磺胶泥接桩,压桩力控制在 1.5 倍 P_a 以上,桩位布置在独立柱、砖墙壁柱周围,桩位和沉降观测点平面布置图见图 4.3-14。

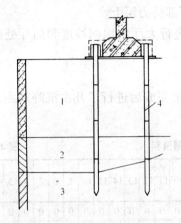
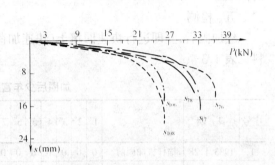

图 4.3-12 简明地质剖面图
1—2.8~6.8m 厚杂填土和淤泥质土;2—1.5m 厚中压缩性粉质粘土;3—低压缩性粘土;4—桩

图 4.3-13 荷载试验曲线图

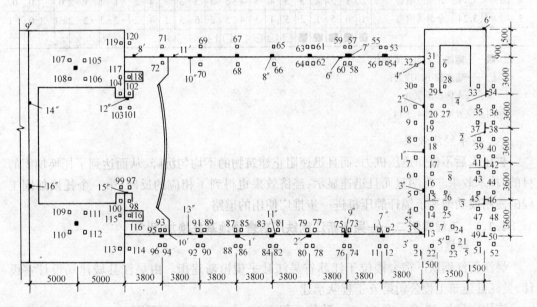

图 4.3-14 桩位和沉降观测点平面图
图中 1、2、3 等数码为桩号;
1′、2′、3′……为加固前观测点号;
1″、2″、3″……为加固后观测点号;
$\overline{1}$、$\overline{2}$、$\overline{3}$……也为加固后观测点号。

四、锚杆静压桩托换加固施工

清除基础面覆土→排除积水→在基础中按桩位凿出压桩孔→凿出锚杆孔→埋设锚杆→安装压桩架→逐段压桩、接桩→当压桩力或桩长达到设计要求后,停止压桩→清孔,浇注微膨胀早强封桩混凝土。

考虑工程特点，利用锚杆静压桩对地基土施加预加反力，即当压桩力达到1.5Pa以后，在不拆反力架条件下，立即将桩与基础用快硬材料紧固在一起，不使桩有回弹的余地，促使桩周和桩尖下一定范围内的土体建立起预加反力泡。预加反力可起到二方面的作用，其一预加反力能与上部荷载相平衡，以减少沉降；其二建立预加反力后可使基础有微量回弹，从而减小了部分地基反力，将上部荷载通过桩传递到下部持力层上。

当柱基和砖墙壁柱经锚杆静压桩加固后，立即进行大厅内地面坡度和门厅处厚达3m的回填土。

五、检测

经加固后，立即进行快速回填土(快速加荷)，填土完成后进行了几次沉降观测，观测资料见表4.3-4。

加固后少年宫沉降观测资料   表4.3-4

序号	日期	测点说明	1″	2″	3″	4″	5″	6″	7″	8″	9″	10″	11″	12″	13″	14″	15″	16″	1	2	3	4	5	6	7	8
1	1983.1.28	锚杆桩加固前	0	0	0	0	0	0	0	0	0	0	0	0	0	0	0	0	0	0	0	0	0	0	0	0
2	1983.2.28	锚杆桩加固后	7	5	7	5	6	6	6	5	5	5	2	5	4	1	4	2						1	1	1
3	1983.3.11	部分回填后	3	2	5	3	4	5	5	5	5	2	5	4	1	4	2	-1	0	0	-1	0		1	0	
4	1983.3.17	夯点回填后	2	1	3	2	3	5	4	5	2	5	3	1	4	2	-1	-1	-1	-2	0		0	0		
5	1983.3.24	全部回填后	1	0	5	1	2	5	4	5	2	2	6	3	1	4	2	-2	-1	-2	-2	-1	-1	0	-1	
			■	■	■	■	■	■	□	□	□	□	□	×	□	□	×	×	×	×	×	×	×	×	×	×

注：■——施加了1.5Pa预顶力；
　　□——施加较小预顶力；
　　×——未施加预顶力

测点位置见前图4.3-14

六、技术经济效果

桩压入后不仅知道压桩力，而且迅速阻止建筑物的不均匀沉降，从而达到了托换加固的目的，技术效果非常明显而且迅速显示，经济效果也得到了相应的反映，第一个托换加固工程的使用成功铺平了锚杆静压桩进一步推广使用的道路。

4.3.3 工程实例二——吴江新江钢铁厂宿舍楼地基托换加固[4.3-2]

一、工程概况

吴江新江钢铁厂宿舍楼位于江苏省吴江县平望镇新建街。由吴江县城建局设计室设计，吴江县建筑工程公司第五工程队承建。

该住宅楼长37.8m，宽11.2m，建筑面积1814m^2，工程平面图见图4.3-16。上部为四层砖混结构，建在天然地基上，1988年建成。在施工期间，建筑物砌到三层后墙体发现裂缝，自1989年3月开始进行沉降观测，到9月建筑物向北倾斜，东北角向北倾12cm，西北角向北倾28cm，建筑物呈有扭曲现象并地基沉降尚未稳定。为此，必须进行地基托换加固处理，以防不均匀沉降进一步发展损坏其上部结构。

二、工程地质条件

静力触探曲线见图4.3-15。

4.3 锚杆静压桩

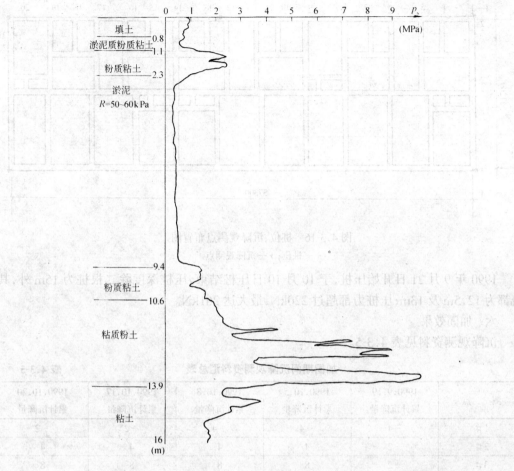

图 4.3-15 静力触探曲线图

三、沉降倾斜原因分析

（一）基底下土体未做任何处理

基础仅开挖 0.3m，基底下土体为回填土，土质不均匀并很松散，设计上仅作加强基础梁处理而对地基土未作夯实或其他的处理。

（二）持力土层不均匀

持力软土层厚薄不一致，建筑物的东北角软土厚为 9.4m，西北角软土厚为 12.6m，北面软土层普遍比南面厚，该层软土为淤泥，p_s 值极低仅为 0.3MPa，$R=50\sim 60$kPa。

（三）既有建筑外荷偏心

该楼楼梯间、厨房间、卫生间都集中布于北侧，由于墙体荷载大，使既有建筑物重心偏移而使向北倾斜。

四、托换加固设计

设计布桩 22 根，桩位见图 4.3-16，桩断面为 220mm×220mm，桩长 13~15m，设计压桩力为 220kN。设计原则是先加固而不纠倾，通过沉降观测，如北侧 22 根施工后，采用应力调整法能达到调整倾斜的目的，则加固就可结束，否则再考虑纠倾、压保护桩等技术措施。

五、托换加固施工

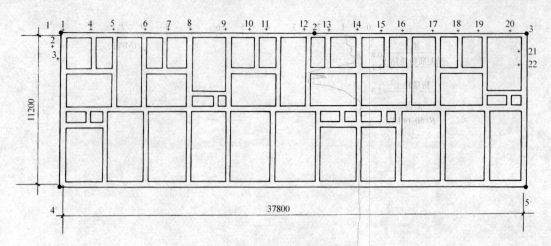

图 4.3-16 桩位、沉降观测点布置图
+—桩位；•—沉降观测点。

1990年9月21日开始压桩,于10月10日压桩结束,压桩深度除二根桩为15m外,其余都为12.5m及13m;压桩力都超过220kN,最大达261kN。

六、加固效果

沉降观测资料见表4.3-5。

加固期间沉降观测资料汇总表　　　　　　　　　表4.3-5

测　点	1990.9.19 累计沉降量	1990.10.5 累计沉降量	1990.10.8 累计沉降量	1990.10.17 累计沉降量	1990.10.20 累计沉降量
1#	-4	-4	-4	-2	-2
2#	-2	4	4	4	4
3#	-2	8	8	8	8
4#	0	2	2	2	-2
5#	-3	-3	-3	-3	-5

表中的单位为mm,测点位置见图4.3-16。从表中的沉降数据表明了,压桩前北侧有沉降,压桩过程由于土的挤密稍有上抬,封桩后随即趋于稳定;南侧由于应力调整,沉降有所增加,南北二侧的沉降呈一负一正,起到了倾斜的调整作用,达到设计目的,托换加固效果显著。

4.3.4　工程实例三——上海莱福(集团)办公楼加层基础托换加固[4.3-3]

一、工程概况

上海莱福集团办公楼长31.8m,宽11.6m,高18m,系六层建筑,基础形式为半埋式地下室箱基,箱基底板厚60cm,基础板底标高为-3m,建于天然地基上,上部结构为钢筋混凝土框架结构,西侧为楼梯间和电梯间,荷载较大,有极明显沉降,地面隆起,墙体开裂,需进行地基加固,为满足使用要求,结合加固,建设方拟在⑤~⑨轴线的屋顶上加一层,①~②轴线的屋面上加二层,施工现场的周围环境为东侧有相邻建筑,南侧为西江湾路,西侧与平房紧挨,北侧为集团公司的四层建筑物,其桩位必须处于狭小的夹弄内。

二、工程地质条件

场地工程地质条件系利用1983年的工程地质勘察报告,见图4.3-17的地质剖面图。

4.3 锚杆静压桩

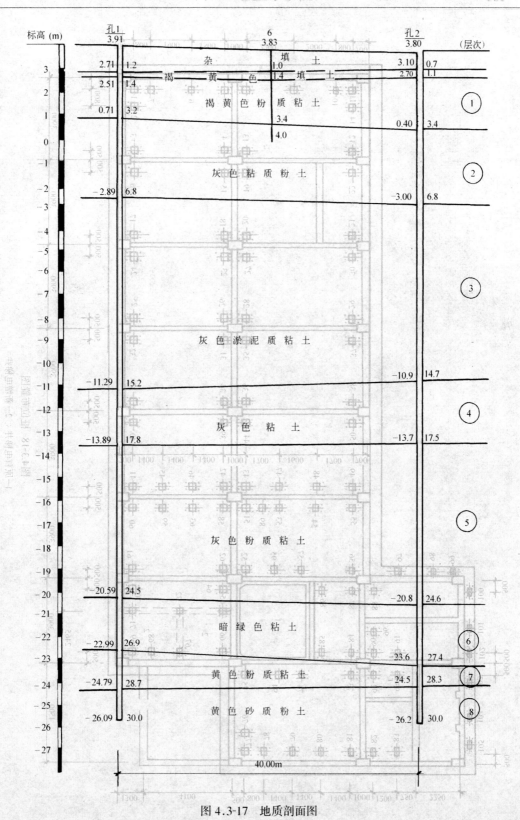

图 4.3-17 地质剖面图

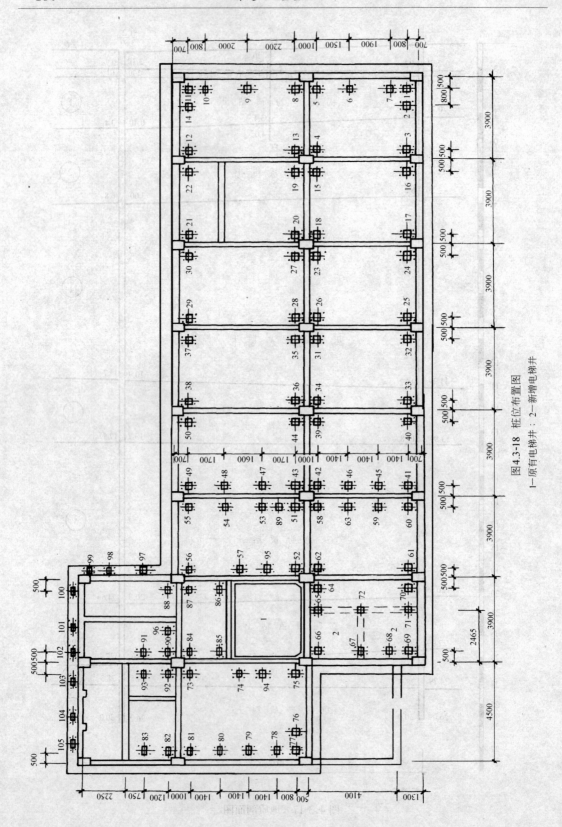

图 4.3-18 桩位布置图
1—原有电梯井；2—新增电梯井

三、锚杆静压桩设计

根据地质资料,既考虑加固又考虑增层,决定采用105根锚杆静压桩,桩位布置图见图4.3-18,布桩位置及数量考虑了上部荷载的不均衡因素。105根桩中桩长20m的为60根,桩长22.5m的为45根,桩截面采用250mm×250mm,单桩承载力取值250kN,由于地下室层高仅2.6m,故桩节长采用1.1m,迫使接头较多,接头形式采用硫磺胶泥接桩。

大部分桩的桩位位于墙体内侧的基础中,其基础加桩的剖面图见图4.3-19,有一小部分桩(97#~105#的桩)由于地处楼梯间和卫生间,墙体内侧的基础中无法施工,桩位布于墙体外侧的基础内,考虑到桩体离基础边缘太近(外侧基础宽度仅45cm),抗冲切受力不利,故在该部位墙体外侧基础上新浇一根L形钢筋混凝土梁,见图4.3-20剖面图,确保该部位的基础强度。

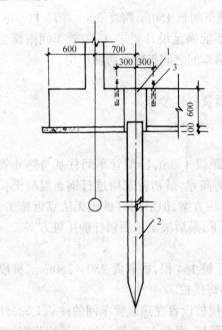

图4.3-19 基础桩剖面图
1—后凿孔300×300mm;2—桩;3—4M24锚杆

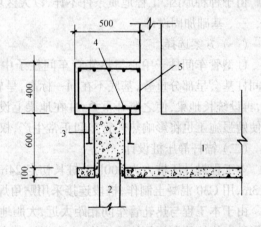

图4.3-20 新增梁与桩的剖面图
1—原基础;2—桩;3—锚杆;4—平面呈L形钢筋混凝土梁,宽500mm,高400mm;5—新老混凝土接触面凿毛

四、锚杆静压桩施工

压桩施工标准是按"锚杆静压桩技术规程"进行。其施工工序为:开凿压桩孔→排除积水→开凿锚杆孔→埋设锚杆→桩段运输→安装反力架→吊桩入孔→压桩施工→接桩再压桩→达到设计要求→移动反力架→清孔→焊接交叉钢筋→C30微膨胀早强混凝土封桩。

五、检测

检测内容为:

1. 开凿的压桩孔位置要准确,孔壁要垂直;
2. 接桩时保持桩段垂直,用水准尺加以校正,压桩时保持千斤顶与桩段在同一垂线上;
3. 接桩胶泥应饱满;
4. 封桩分二步完成,第一步将孔内泥水清理干净,然后在距底板面15cm以下范围内用C30微膨胀早强混凝土浇捣,微膨胀剂为UEA,掺量为水泥用量的12%;第二步是上面的部

分用防水砂浆找平,确保不渗漏;

5. 压桩施工用桩长和压桩力两个指标来控制,当压入深度难以达到时,压桩力达到350kN以上时认为满足设计要求。

六、技术经济效果

工程于1995年7月31日开工,于同年9月9日竣工。

在整个压桩施工过程中对建筑物进行了系统的沉降观测,到1996年4月11日其平均沉降为59.6mm,西南侧沉降稍大些,东北侧沉降稍小些,两者差异沉降8mm,沉降速率已达0.0866mm/d,渐趋稳定,达到了基础托换加固的目的,获得较为理想的技术经济效果。

4.3.5 工程实例四——上钢五厂U型管车间扩建工程的基础加固[4.3-4]

一、工程概况

上钢五厂U型管车间属钢管分厂的扩建工程,该车间长150m,跨度30m,净高11.7m,钢筋混凝土排架结构,柱子承受荷载较大,天然地基不能满足设计要求,U型管车间南面与热轧管车间紧邻,北面与728蒸发管车间相依,即在两车间之间扩建一跨新厂房。

二、工程地质条件

由于种种原因,工程地质条件不详,以大区域地质资料作参考。

三、基础加固设计

(一)方案选择

U型管车间柱子中心与热轧管车间柱子中心相距仅1.3m,U型管车间柱基与热轧管车间柱基会呈部分重叠,基底不在同一标高,呈较大的高差,最初曾选用过打钢筋混凝土长桩,再设统长地梁,使之避开重叠,并在地梁上设柱子的方案,但后因打桩机无法靠近施工,即使勉强施工也将影响热轧管车间正常生产,权衡之下,最后决定采用锚杆静压桩方案。

(二)锚杆静压桩设计

本工程设计压桩力为300kN,桩长初定24m,共压桩164根,桩截面250×250mm,桩段长3m,用C30混凝土制作,桩段连接采用贴角焊接的焊接桩。

由于本工程与热轧管车间相距太近,大胆地将三根桩设置在热轧管车间的柱基上,另外三根设在热轧管车间的柱基边缘,由六根桩组成柱基群桩,承受U型管车间柱子的荷重,热轧管车间因车间内大面积堆载已引起柱基内倾。这种作法,不仅解决了"相距太近"的难题,还可缓解热轧管车间柱基内倾问题。

为了防止两车间不同下沉时互相影响,设置在热轧管车间柱基上的三根桩,要与基础分离,不予锚固,柱基桩群的平面及剖面见图4.3-21所示。

四、施工方法

采用两种压桩方法进行沉桩施工,即压在热轧管基础上的桩采用锚杆静压桩;在基础边缘上的桩采用配重压桩法,压桩各半,其施工工序如下:

锚杆静压桩施工工序为:清除基础面覆土→用风镐开凿压桩孔与锚杆孔→埋设锚杆→安装反力架→吊桩入孔→压桩→接桩再压桩→达到设计要求→移动或拆除反力架;

配重压桩施工工序为:场地平整→铺碎石10~15cm→铺枕木→铺轨→安装反力架→吊装配重→安装压桩机械→吊桩→压桩→接桩再压桩→桩长或压桩力达到设计要求→移动配重架。

五、质量检验

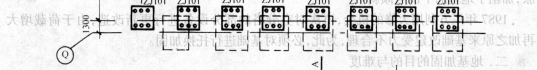

图 4.3-21 U型管车间柱基平、剖面图
1—原热轧管厂;2—二次浇灌层,50厚C25细石混凝土;3—此处用可压缩材料填充,保证台座可无约束下沉;4—250×250mm桩,桩内钢筋伸入台座为40倍直径

本工程技术难度很大，用静压桩解决了其他方法无法解决的难题，施工质量良好，并且在施工期间还未影响热轧管车间的正常生产，故具有良好的技术经济效果。

4.3.6 工程实例五——上钢三厂改建空分塔的基础加固工程[4.3-5]

一、工程概况

上钢三厂于1977年将1966年建成的3350m^3制氧机空分塔拆除，在原地改建成6000m^3制氧机空分塔，空分塔基础的底面积为9.7m×9.9m，厚为1.8m的钢筋混凝土整体基础。

1982年曾发生液氮泄漏事故，历时3个月之久，发现基础向西和偏西南方向倾斜，经堵漏修复，调整了设备倾斜度恢复正常生产。基础倾斜的主要原因是1977年改建时，基础仅作了放大处理，造成在同一基础底面下有两种不同压缩性的地基，导致基础向软的一方倾斜。此外，新老基础形心又不在同一位置，形成偏心受力，从而造成液氮泄漏，促使地基土冻胀，加剧了地基的下沉与倾斜。

1987年厂方利用大修的机会，再次对空分塔的部分设备进行更新改造，由于荷载增大再加之原来基础改建受力不合理，为此，必须对基础进行托换加固。

二、地基加固的目的与难度

地基加固的目的是：

1．提高承载力，由于对部分设备进行技术改造，空分塔需加高5m(达25m高)，增加重量800余kN，总重力达6000kN。

2．确保空分塔基础不再有继续下沉倾斜的可能。

地基加固的难度有：

1．无地质资料，基础下地质情况不详；

2．基础曾放大过，基础套基础，应力分布复杂，且地基曾被冻胀过；

3．不能在基础本体上加固；

4．场地狭窄，周围都是障碍物，在加固施工时，不能影响上部结构进行焊接加固等施工作业。

三、加固方案及设计

在无法查清基础和地基土的情况下，经多方案比较后，最后认为选用锚杆静压桩加固方案是稳妥的(对上海的地质条件而言)，压桩数应作偏于安全方面考虑。根据计算，设计确定用22根250×250mm钢筋混凝土方桩，设计要求压桩力为300～350kN，压桩桩位平面布置图见图4.3-22。

由于基础本体无法加固，需在基础四周设置牛腿承台，承台宽700mm，高800mm，将原基础凿毛露出钢筋与牛腿承台钢筋焊接在一起，并加焊锚固筋，牛腿承台混凝土等级为C25，承台上预留上小下大(上部为300mm×300mm，下部为350mm×350mm)的锥形压桩孔和预埋锚杆螺栓，牛腿承台的构造见图4.3-23。

根据本工程实际情况，桩与基础连接采用钢板焊接方法封桩，钢板与锚杆焊接，可使锚杆直接承受桩头的冲切力，但这种封桩方法造价较高，需根据具体情况选用。

四、锚杆静压桩施工

由于19号桩受总气管的影响无法施工，故实际压桩数为21根，桩长为17m，实际压桩力达到420kN，说明桩尖已进入较好的持力层，总压桩力完全满足了设计要求，并安全度甚大。

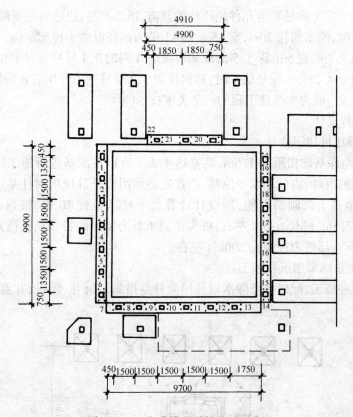

图 4.3-22　空分塔基础桩位平面布置

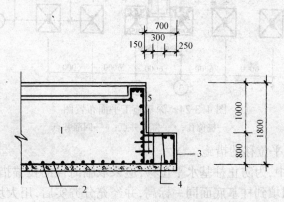

图 4.3-23　加固牛腿承台

1—空分塔基础；2—原配筋 $\phi16$；3—拓宽承台宽 700mm 高 800mm，等级 C25；4—预留桩位孔；5—插筋@300

五、技术经济效果

于 1988 年 2 月 27 日至 3 月 20 日完成了加固施工任务，并已于 9 月 9 日投产，使用情况良好，基础沉降已经稳定，加固技术效果理想，经济效益显著。

4.3.7　工程实例六——上海云岭化工厂深基坑开挖对相邻厂房柱基影响的加固[4.3-6]

一、工程概况

上海云岭化工厂为满足彩电元件国产化的急需,增加产品,决定将原硫酸车间改造成敷铜箔板热压机车间,原车间长30m,宽15m,高11m,为钢筋混凝土排架结构。在车间内增建的热压机基础长7.2m,宽5m,深5.5m,深基边缘距A列的3、4号柱基仅1.6m,热压机基底与柱基底标高相差4.2m,在深基施工时,如何保护3、4号柱基不产生有害的沉降和位移,以确保老厂房的安全,成为本改建工程的一个关键技术问题。

二、改建工程设计

（一）锚杆静压桩加固柱基

3、4号柱基与深基础相距仅1.6m,高差达4.2m,所以在深基进行施工时,势必引起两个柱基产生很大的沉降、内倾和水平位移,故首先必须用锚杆静压桩对柱基进行托换加固。根据上部荷载、地基下沉倾斜可能,经设计计算每个柱基压桩10根,桩截面为250mm×250mm,桩段长2.5m,桩长6.5m左右,桩尖压到承载力较高的粉质粘土持力层中,单桩允许承载力为100kN,压桩力控制在200kN左右;

（二）热压机基础采用沉井施工:

深基采用沉井施工,配以井点降水以及回灌井点措施。沉井、压桩、井点平面位置见图4.3-24。

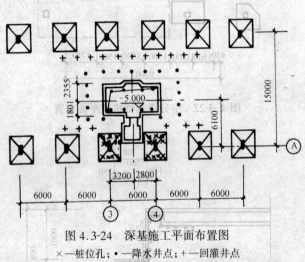

图 4.3-24 深基施工平面布置图
×—桩位孔;•—降水井点;+—回灌井点

（三）防止柱基水平位移的措施

在深基施工过程中,为防止柱基水平位移,应采取临时性的拉锚措施,等热压机基础施工结束,在沉井周围回填到柱基底面同一标高,并经充分夯实后,用大块石和C30混凝土在柱基与沉井壁之间浇筑成厚度为45cm的混凝土板,此时可拆除临时性的拉锚措施,而借热压机基础的刚度和重量制止柱基的水平位移。

三、改建工程施工

（一）压桩

压桩是利用建筑物自重,通过锚杆在基础上开凿的压桩孔中,将桩逐段压入,压入深度及压桩力满足设计要求后,将桩与基础锚固在一起。

（二）降水、沉井

根据该场地的地质条件,沉井施工时采用了井点降水措施,保证沉井正常下沉和防止流砂的产生，但井点降水会造成邻近柱基的附加沉降，为此采用了回灌井点技术，回灌井点的深度与降水井点的深度相同，回灌水量大致为$0.1m^3/h$左右，回灌井点的布置示意图见图4.3-25所示。

采用井点降水与回灌井点两种技术后，3、4号柱基距井壁0.95m处的沉降量仅为13mm左右，说明因降水引起的柱基附加沉降得到了有效的控制。

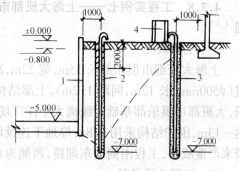

图4.3-25 降水井点与回灌井点剖面图
1—沉井壁；2—抽水井点；3—回灌井点；4—回灌水箱

（三）临时拉锚措施

通过锚杆静压桩的加固，有效地防止了3、4号柱基的垂直沉降和倾斜，但不能防止由于土体滑动所引起的柱基水平位移，为了防止柱基向里移动，采用了临时拉锚技术，拉锚构造的平、剖面图见图4.3-26。为了掌握和便于控制柱基位移产生的拉应力，在3、4号柱基拉杆上分别埋设了4个钢筋计，在整个施工过程中进行系统观测，实践证明，设置拉锚效果良好。

（四）基础脱空处理

由于沉井的下沉，把周围的土体带了下去，相距仅1.6m处的3、4号柱基受到影响。经实测两个柱基下的地基土下沉量达45cm，基础由静压桩承重，出现了脱空现象，脱空宽度达1.5m，并发现基础下有水流出，基础脱空情况见图4.3-27。

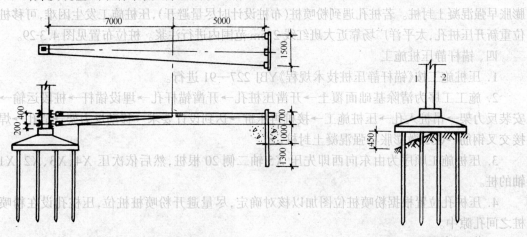

图4.3-26 拉锚构造平、剖面图　　　　图4.3-27 基础脱空现状
　　　　　　　　　　　　　　　　　　　1—基础内侧；2—基础外侧

基础脱空处理方法，是用装满砂的聚丙烯塑料袋将孔隙堵塞，再浇灌混凝土进行捣实。

四、技术经济效果

采取上述一系列措施后，经竣工观测，3、4号柱基的下沉量分别为34mm和36mm，这对排架结构是容许的，且上部结构未见异常，柱子的沉降已基本稳定，已实施的方案与其他方案相比，费用较低，而且由于场地高度限制，车间内场地狭小，如果采用其他大型机具的方案，根本无法施工，说明了已实施的方案技术上是先进的，保住了旧厂房，获得了显著的效益。

4.3.8 工程实例七——上海大班都市俱乐部受相邻建筑物深基坑开挖影响的补强加固[4.3-7]

一、工程概况

上海大班都市俱乐部长35m,宽22m,高七层,基础形式为筏基,地基原采用粉喷桩加固过(ϕ500mm,长12m,间距1.2m),上部结构为整体现浇框架结构,工程东侧紧挨太平洋广场,大班都市俱乐部基础边缘离太平洋广场的围护结构仅2.5m,太平洋广场基坑开挖深度达-13m,围护结构采用0.8m厚地下连续墙,太平洋广场基坑开挖必然对大班都市俱乐部带来严重威胁,工程南侧为东湖路,西侧为东湖宾馆,北侧为居民房。

二、工程地质条件

1层杂填土,厚0.5~1.4m;2—1层粉质粘土,厚0.9~1.5m;2—2层灰黄色淤泥质粉质粘土,厚1.1~1.5m;3层灰色淤泥质粉质粘土,厚2.1~2.5m;4层淤泥质粘土,厚9.6~10.4m;5—1层褐灰色粘土,厚3.7~5.2m;5—2层褐灰色粉质粘土,厚7.7~9m;6层暗绿色粉质粘土,厚大于1.9m,未钻透。

典型静力触探资料见4.3-28。

三、补强加固设计

由于原采用的粉喷桩,土质强度较低,桩的长度短,无法抗住太平洋广场深基坑开挖施工,经反复论证决定采用锚杆静压桩进行补强加固,桩数79根,桩长27.5m,桩截面300mm×300mm,桩段长2.5m,接头形式为X5轴(紧挨太平洋广场一侧的轴线)轴线二侧采用全焊接桩,计20根,其余都采用硫磺胶泥接桩,计59根,压桩力宜大于650kN,用C35微膨胀早强混凝土封桩。若桩孔遇到粉喷桩(布桩设计时尽量避开),压桩施工发生困难,可移桩位重新开压桩孔,太平洋广场靠近大班红线2.5m范围内进行注浆。桩位布置见图4.3-29。

四、锚杆静压桩施工

1. 压桩施工按《锚杆静压桩技术规程》YBJ 227—91进行。

2. 施工工序为清除基础面覆土→开凿压桩孔→开凿锚杆孔→埋设锚杆→桩段运输→安装反力架→吊桩入孔→压桩施工→接桩再压桩→达到设计要求→移动反力架→清孔→焊接交叉钢筋→C35微膨胀早强混凝土封桩。

3. 压桩施工顺序为由东向西即先压X5轴二侧20根桩,然后依次压X4、X3、X2、X1轴的桩。

4. 压桩孔位置根据粉喷桩位图加以核对确定,尽量避开粉喷桩桩位,压桩孔设在粉喷桩之间孔隙中。

五、技术经济效果

大班都市俱乐部原采用粉喷桩加固地基,其复合地基强度弱、模量低,建成后的建筑物的沉降与沉降速率都较大并不呈收敛趋势。经1995年3月4日至4月8日压桩施工后,沉降观测资料表明了建筑物的沉降速率减慢并呈收敛趋势,同时也解决了太平洋广场深基坑开挖施工影响问题,技术经济效果良好。

4.3.9 工程实例八——福州市状元新村4号楼纠倾加固工程[4.3-8]

一、工程概况

福州市状元新村4号楼为六层大板结构住宅楼,长59.6m,宽11m,高16.8m,建筑面积2600m²,钢筋混凝土条形基础,底层室内为现浇架空板,其下无填土,基础下铺设0.7m厚砂

4.3 锚杆静压桩

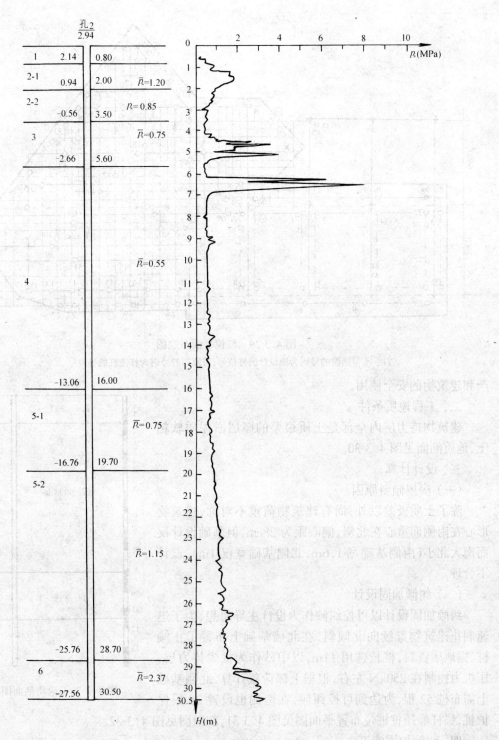

图 4.3-28 静力触探 p_s-Z 曲线

垫层。1981 年建成交付使用,其后建筑物逐年发生沉降和倾斜,直至 1985 年纠倾前,房屋向北倾斜率达到 22.3‰,远远超过规范 4‰ 的规定。居民惶恐度日,严重危及居民的生命财

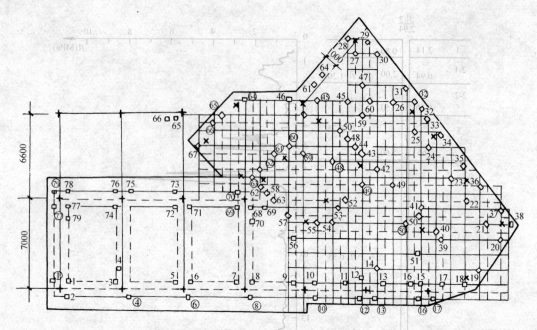

图 4.3-29 桩位平面布置图

注：不带圆圈的号码为原设计的桩位号；带圆圈的号码为移位桩的桩位号。

产和建筑物的安全使用。

二、工程地质条件

建筑物持力层内全部是土质很差的厚层淤泥质软粘土，地质剖面见图 4.3-30。

三、设计计算

（一）房屋倾斜原因

除了土质极差以外，尚有建筑物荷重不对称，建筑物形心在南侧而重心在北侧，偏心距为 28cm，但基础设计反而南大北小（南侧基础宽 1.6m，北侧基础宽仅 1m），设计不合理。

（二）纠倾加固设计

纠倾加固设计以可控纠倾作为设计主导思想，为了迅速制止建筑物继续向北倾斜，在北墙基础上布置了止倾桩，据地质资料，桩长选用 11m，以中砂作为桩尖持力层，压桩力控制在 250kN 左右，根据上部荷载计算，北侧基础上需布桩 52 根，为达到可控纠倾，在南侧也设置 28 根保护桩，锚杆静压桩桩位布置平面图见图 4.3-31，剖面图见图 4.3-32。

图 4.3-30 地质剖面图

四、纠倾加固施工

纠倾加固施工按设计思路分下述三步进行：

（一）加固地基

先在北墙基础上压完 52 根桩，并立即把桩与基础以铰接形式连接在一起。铰接是使纠偏时能自由转动,并使桩可立即承受上部垂直荷载,以此迅速制止北侧的沉降。

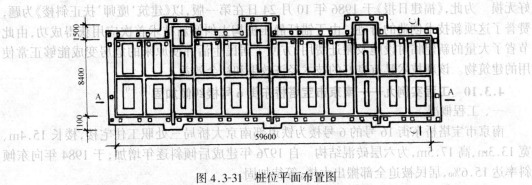

图 4.3-31 桩位平面布置图

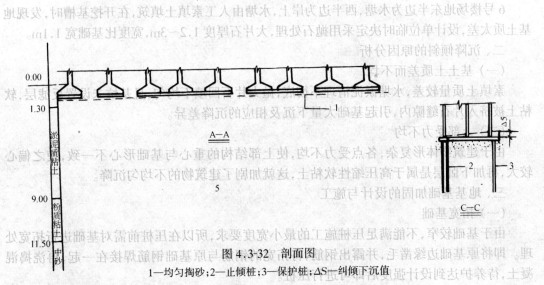

图 4.3-32 剖面图
1—均匀掏砂;2—止倾桩;3—保护桩;ΔS—纠倾下沉值

（二）掏土纠倾

北侧沉降得到控制后,为促使建筑物向南回倾,需在基础下的砂垫层中进行掏砂纠倾,在整个纠倾施工过程中,对建筑物的沉降、倾斜、裂缝进行系统观测,掌握建筑物各部位的沉降情况,以便指导掏土施工。建筑物在回倾时,应严格遵守缓慢、均匀、控制调整速率原则,尽量不使建筑物重新产生不均匀沉降。为此,经分析本工程控制回倾沉降速率为 4~5mm/d。

（三）设置保护桩

为可控纠倾,防止纠倾超量并使建筑物回倾后能快速稳定,建筑物南侧在纠倾同时压入28根保护桩,压入但不封桩,当建筑物回倾快到预期目标时,就需封桩,封桩后还会适当回倾,随之即可稳定。

五、质量检验

纠倾工程必须强调施工过程的动态质量检验,不能粗心大意,检验的标准是施工组织设计中确定的原则及控制的沉降速率,检验的手段是施工过程的沉降、倾斜与裂缝观测,以不重新产生不均匀沉降及新的裂缝为准则。

六、技术经济效果、社会效益

建筑物纠倾是在居民未搬迁的情况下进行的。经过纠倾,倾斜率由原来的 22.3‰ 回倾到 3‰,完全满足了使用要求。在纠倾加固过程中,上部结构裂缝没有发展,在工程纠倾加固刚结束,曾经受一次福州沿海6.2级地震的考验,地震后经对建筑物的全面检查,一切完好无损。为此,《福建日报》于1986年10月24日在第一版,以《建筑'魔师'扶正斜楼》为题,赞誉了这项新技术创造的奇迹。由于锚杆静压桩掏土纠倾新技术首次应用获得成功,由此节省了大量的新建临时设施及搬迁费用,方便了居民生活并使原来的危房变成能够正常使用的建筑物。该新技术具有良好的技术经济效果和社会效益。

4.3.10 工程实例九——南京市宝塔桥东街6号楼纠倾加固[4.3-9]

一、工程概况

南京市宝塔桥东街16号的6号楼为铁道部南京大桥局三处职工住宅楼,楼长15.4m、宽13.3m、高17.5m,为六层砖混结构。自1976年建成后倾斜逐年增加,于1984年向东倾斜率达15.6‰,居民被迫全部搬出大楼,等待加固。

6号楼场地东半边为水塘,西半边为岸上,水塘由人工素填土填筑,在开挖基槽时,发现地基土质太差,设计单位临时决定采用抛石处理,大片石厚度1.2~3m,宽度比基础宽1.1m。

二、沉降倾斜的原因分析

(一)基土土质差而不均

素填土质量较差,水塘淤泥清理不彻底,抛大片石回填不均匀,且基坑未设置反滤层,软粘土被挤入片石缝隙内,引起基础大量下沉及相应的沉降差异。

(二)上部受力不均

由于建筑物体形复杂,各点受力不均,使上部结构的重心与基础形心不一致,使之偏心较大,再加下卧层是属于高压缩性软粘土,这就加剧了建筑物的不均匀沉降。

三、地基基础加固的设计与施工

(一)拓宽基础

由于基础较窄,不能满足压桩施工的最小宽度要求,所以在压桩前需对基础进行拓宽处理。即将原基础边缘凿毛,并露出钢筋,将拓宽的钢筋与原基础钢筋焊接在一起,再浇捣混凝土,待养护达到设计强度后即可进行压桩。

(二)用锚杆静压桩加固地基

先在沉降多的东侧用锚杆静压桩对地基进行加固,以制止东侧基础在纠倾过程中继续下沉,并使建筑物的部分荷载由桩承担,以减少地基土的压力。

由于基础上的压桩孔及穿透基础下大片石均需用钻孔成孔,钻孔直径为250mm,为此,桩截面取用180mm×180mm小方桩,且方桩在制作时去掉四个角。

东侧的桩与基础的连接采用铰接形式,使桩只承受垂直荷载,而不承受弯矩,这样东侧的桩就不会被纠倾产生的弯矩破坏。东侧桩的桩位布置图见图4.3-33所示。

(三)建筑物纠倾

当东侧桩与基础形成铰接后,便开始在沉降少的西侧采用钻孔冲水掏土对建筑物进行纠倾矫正。掏土孔的布置按先疏后密的原则进行,并根据沉降观测数据不断指导掏土施工。

本工程掏土施工是利用旋喷桩的施工原理,在泥浆泵的出口处安装上喷头,在钻孔内切割土体,再将切割下来的泥浆用泵抽出。

纠倾用的钻孔,在纠倾完成后全部用黄砂填满,不留后患,纠倾掏土位置见图4.3-34。

(四)设置保护桩

为了防止纠倾过头和回倾速率过大,以及确保今后建筑物的稳定,本工程采取了设置保护桩措施,即在纠倾掏土的西侧增加了21根保护桩,桩的截面、桩长与东侧的加固桩一样,

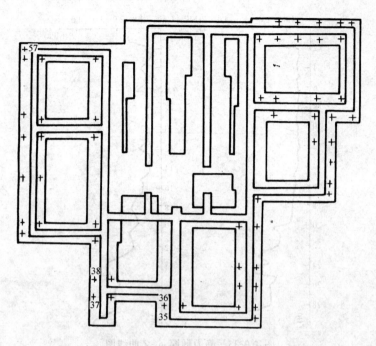

图 4.3-33 锚杆静压桩桩位布置图

保护桩的桩位布置见图 4.3-33。实践表明,设置保护桩的效果是显著的。

四、纠倾加固效果

截止到 1986 年 9 月 10 日纠倾工作全部结束,纠倾后的倾斜率为 1‰,完全满足了规范及建筑物正常使用的要求,纠倾加固是成功的,并取得了许多宝贵经验。

4.3.11 工程实例十——上海制线二厂锅炉房烟囱倾斜纠倾加固[4.3-10]

一、工程概况

上海制线二厂锅炉房工程自 1988 年开始新建至 1989 年 10 月基本建成,在即将交付使用时,发现烟囱有明显倾斜,砖砌烟囱高 35m,基础直径

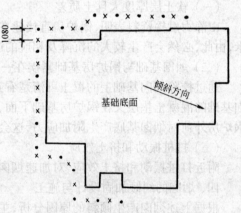

图 4.3-34 纠倾掏土位置图
•—第一次掏土位置;×—第二次掏土位置

7.2m 建在天然地基上,烟囱基础与锅炉房基础紧挨在一起。根据 1989 年 11 月 19 日的激光测试资料,烟囱顶部向东南偏移了 84cm,倾斜率达到 24‰,且烟囱仍继续在向东南方向倾斜。从而引起有关方面的高度重视,要求尽快制止沉降并纠倾,防止意外事故的发生。

二、工程地质条件

工程场地的地基土质很差,软土层厚达 20m 以上,静力触探 p_s-Z 曲线示于图 4.3-35。

从图中可以看出,20~22m 深度内都为软土层,22~25m 间土质不稳定,超过 25m 才是较好的持力层。

三、烟囱产生倾斜的原因分析

据分析,造成烟囱倾斜的原因有:

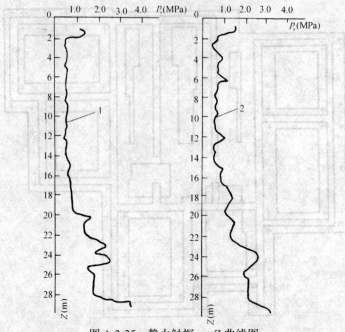

图 4.3-35 静力触探 p_s-Z 曲线图
1—1 号桩位孔；2—5 号桩位孔

（一）软土层厚度大且土质差

由静力触探资料表明，锅炉房直接建在土质条件很差的天然地基上，软土层厚达 20 余米，由此，必然会产生较大的沉降及相应的沉降差。

（二）烟囱基础与锅炉房基础紧挨在一起

通过挖除烟囱基础上的覆土可清楚看到，烟囱基础与锅炉房基础几乎相连在一起，且烟囱基础的混凝土垫层又在锅炉房基础下面，所以，烟囱基础将直接受到锅炉房基础的影响，锅炉房外荷对烟囱基底产生附加应力，这会导致烟囱向锅炉房方向倾斜。

（三）打桩振动和挤土效应

附近打桩振动和挤土效应，对加速烟囱倾斜也会有一定影响。

四、烟囱的纠倾加固设计与施工

根据上述烟囱产生倾斜的原因分析，主要是地基土软弱和一侧增加附加应力的影响，决定采用顶桩掏土纠倾技术，其基本原理是：采用桩基将基底反力传到较深较好的土层上去，以减小基底反力和减少附加应力的影响，而在基础西北方向冲水掏土纠倾。其具体作法是：首先确定桩的数量，根据烟囱自重和风荷载以及单桩承载力，确定布置 12 根桩，据图 4.3-35 确定桩的入土深度为 25m 左右，桩位布置如图 4.3-36 所示。桩的布置考虑了纠倾的特点；其二，烟囱周围场地狭小，施工不允许有振动和环境污染，因而采用锚杆静压桩工法；其三，施工时，首先在沉降大的一侧，压入 7 根桩，其编号为 1～7 号（见图 4.3-36），并且在

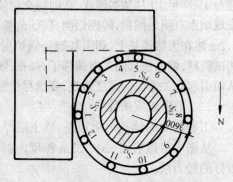

图 4.3-36 烟囱纠倾加固桩位布置图

桩顶，利用锚杆设置反力梁，使桩很快承受荷载，从而减小烟囱基础东南侧的基底反力；其四，在8～11号桩位处进行冲水掏土纠倾。当烟囱倾斜率小于8‰(上海地基规范容许值)时，压入其余桩，并进行封桩，在桩顶预留有让烟囱回倾3‰～4‰的余地，整个施工结束后，烟囱基础倾斜率回倾到6.2‰。

五、技术经济效果

从表4.3-6可看出，整个纠倾过程是一个动态过程，倾斜率在一定幅度内变动。

烟囱水准测量汇总表　　　　　　　　表4.3-6

日期	S_{11}			S_{12}			S_{13}			s_{14}			倾斜率‰
	高程(m)	高差(mm)	累差(mm)	高程(m)	高差(mm)	累差(mm)	高程(m)	高差(mm)	累差(mm)	高程(m)	高差(mm)	累差(mm)	
1989.11.21	5.751			5.662			5.690			5.705			24
1989.12.20	5.738	13	13	5.634	28	28	5.668	22	22	5.676	29	29	28
1989.12.21	5.739	−1	12	5.633	1	29	5.670	−2	20	5.676	0	29	28.5
1989.12.25	5.710	29	41	5.627	6	35	5.653	17	37	5.662	14	43	24
1989.12.26	5.696	14	55	5.628	−1	34	5.645	8	45	5.653	9	52	18.3
1990.1.1	5.656	40	95	5.62	8	42	5.622	23	68	5.642	11	63	9.7
1990.1.17	5.634	22	117	5.609	11	53	5.602	20	88	5.631	11	74	6.7
1990.3.12	5.632	2	119	5.609	0	53	5.601	1	89	5.629	2	76	6.2

该工程处于密集的建筑群中，在无缆绳保护情况下，采用顶桩掏土新技术，运用调整桩的受力点形成的转动轴原理，按照预定的转动方向发生转动，由原来的24‰回倾到6.2‰，满足使用要求，迅速制止了烟囱向东南方向倾斜的危险，使烟囱化险为夷；另外，经过纠倾加固后的烟囱，经受了邻近打桩的影响和相邻锅炉房沉降所引起的对烟囱基础下的桩产生负摩擦力的影响。最后沉降观测表明，烟囱经加固后沉降量不大并已趋于稳定，该工程的纠倾获得了良好的技术经济效果。

4.3.12　工程实例十一——华建小区5#住宅楼纠倾加固[4.3-11]

一、工程概况

华建小区5#住宅楼位于上海朱行，住宅楼长108m，宽14.4m，高六层，系底层框架，其上为砖混结构，基础为筏基，底板厚400mm，并建于天然地基上。该楼于1993年9月25日结构封顶以来，发现建筑物有明显的不均匀沉降，建筑物向南倾斜，南北倾斜率达到7‰，大于4‰规范允许值，且没有收敛迹象，于1994年2月1日倾斜率已达12.7‰。为此，必须尽快进行纠倾加固处理。

二、建筑物倾斜的原因

住宅楼建在土质较差的天然地基上，必然会产生较大的沉降，住宅楼的北侧留出了3m宽的走道，荷载较小，造成基底应力不均衡，基础的形心和建筑物重心不重叠，重心向南偏移。由于基础整体刚度较好，从而只导致建筑物向南倾斜。当建筑物发生倾斜后，基底下应力发生变化，沉降多的一侧基底下应力较高，且上部的15m以上土质较差，致使南侧基底逐步进入塑性区，侧向变形明显增加，倾斜就进一步加剧。

三、纠倾加固设计

本工程纠倾加固分两个阶段进行：第一阶段为尽快制止南侧快速沉降，即在南侧压止倾桩，南侧共布桩70根，布桩图见图4.3-37控制沉降锚杆静压桩布置图，桩长15m，桩截面250mm×250mm，桩段长2.5m，硫磺胶泥接桩，C30微膨胀早强混凝土封桩，设计单桩容许承载力300kN。

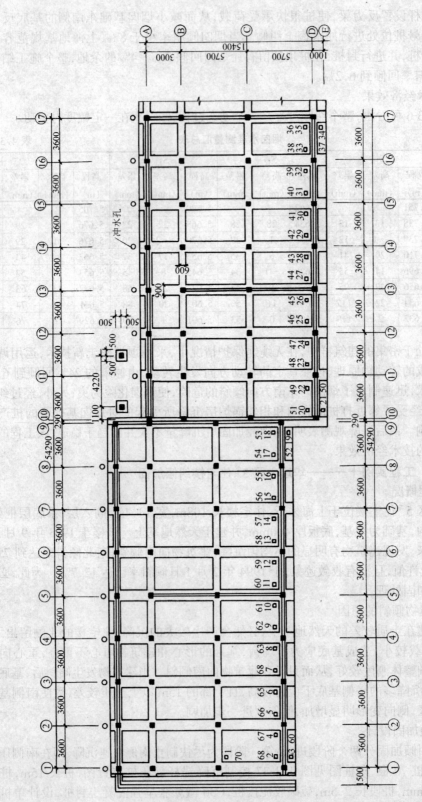

图 4.3-37 控制沉降布桩图

第二阶段为北侧掏土纠倾,由于建筑物较长、较宽,对纠倾带来较大困难,经过多方案比较,认为挖沟掏土法回倾较快且较均匀,即在北侧基础边开挖一条上面宽2m,下面宽1m,深2.9m的沟槽,开挖深度低于基础底面以下1.2m,沟槽向基础底面挖进80cm,并辅以钻孔高压冲水掏土,以破坏基础底面的土体结构,调整基底压力,加大回倾力度,从而达到回倾的目的。钻孔布置见图4.3-37,沟槽剖面图见图4.3-38。

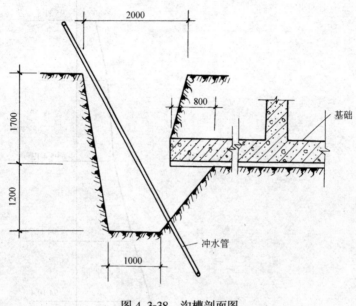

图4.3-38 沟槽剖面图

四、纠倾加固施工

（一）压桩施工

桩位采用后凿孔,凿孔300mm×300mm;并后埋4-M24锚杆,用硫磺胶泥胶结。

于1994年1月4日~1月29日和3月6日~3月11日分两次进场压桩,每根桩的平均压入深度为14.7m,压桩力大于400kN,为让其受力均匀,采取跳花压桩,每组桩压毕随即封桩。

（二）纠倾施工

在纠倾过程中贯彻均匀、缓慢、平移、观测的纠倾原则,按设计采取挖沟与钻孔冲水相结合的综合纠倾方法施工。北侧沟槽是人工挖掘,在基础边缘一侧挖土向基础底面挖进约80cm,见图4.3-38。使外伸3m基础受压面积减小,通过1994年4月1日~6月4日开挖,又辅以冲水掏土,回倾效果很明显,使建筑物均匀向北回倾。于1994年8月10日~8月14日沟槽全部回填完毕,纠倾结束。

五、检测

加强沉降观测与倾斜观测,以观测资料作为纠倾的可靠依据来指导纠倾施工,如某点沉降值相对较小,则适当加强该部位冲水孔的冲水量,以加大该部位的沉降,使之北侧均匀回倾。

六、技术经济效果

从1993年12月10日到1994年2月1日53天内倾斜率增加了11.6‰,平均倾斜的速率达到每天0.22‰,绝对值达12.7‰。经过纠倾加固,从纠倾之前的倾斜率12.7‰到1995年4月12日纠回了10.7‰,所剩2‰已小于规范4‰的允许值,并随着其沉降,还会继续向北自然回倾,详见图4.3-39纠倾加固效果图。纠倾加固获得了理想的成功,使建筑物能顺利通过工程验收,并可安全地交付使用。

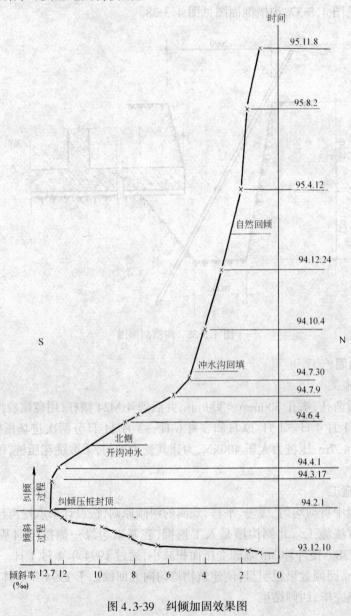

图4.3-39 纠倾加固效果图

4.3.13 工程实例十二——宜兴市酒洲苑住宅楼纠倾加固[4.3.12]

一、工程概况

酒洲苑位于宜兴市宜城镇,东为宜杭公路,南靠宜兴日报社,西为土干村,北侧为河流。场地原为农田,第一期工程为新建六幢六层公寓住宅楼。每幢住宅楼长25m、宽10.8m、高18m,上部为砖混结构,下部为天然地基上条形基础,基础平面见图4.3-40。六幢住宅楼于

1993年开始建设,当年封顶,1994年初发现建筑物由南向北倾斜,据无锡地震台测量资料,于1994年4月23日测得的结果,其中B、C、D、E、F幢楼的倾斜率分别为8.9‰、8.6‰、10.6‰、12.8‰、12.2‰,远远大于建筑物规定允许倾斜值4‰,且沉降平均速率为0.38mm/d,远大于规范规定0.01mm/d的稳定标准,由此引起了建设方宜兴市中宜实业发展有限公司以及宜兴市建委等有关领导的高度重视。经多次专家会议后,决定采用锚杆静压桩对其进行顶桩掏土纠倾加固。

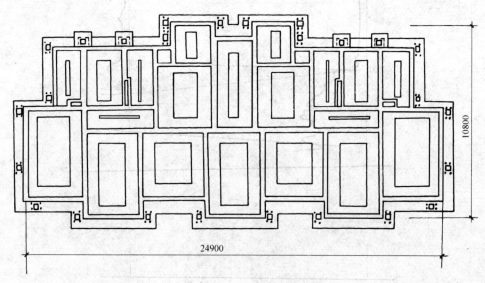

图 4.3-40　F幢纠倾加固布桩图

二、工程地质条件

根据工程地质勘察报告,其土层分布情况如表4.3-7。

表 4.3-7

土　类	状　态	土的承载力(kPa)	厚　度(m)
1. 新填土			
2. 粉质粘土	可　塑	170	0.8~1.5
3. 淤泥	流~软	70	4~5 最厚为9
4. 粉质粘土	硬　塑	210	
(夹)粉土~粉砂			
5. 粘土		280	
5a. 软粘土		140	
6. 粉质粘土		260	
7. 粉土~粉砂		160	
8. 粘土		230	

第3层土淤泥,最大含水量为54%,平均为44.5%,最大孔隙比为1.48,平均为1.22。静力触探 p_s 曲线见图4.3-41。

其后,由于工程事故,又进行复勘察,其结果如表4.3-8。

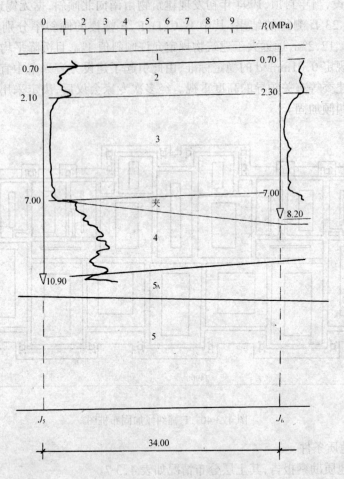

图 4.3-41 静力触探曲线图

表 4.3-8

土 类	状 态	土的承载力(kPa)	厚 度(m)
1. 填土	松 散		0.5~1.3
2. 粉质粘土	可 塑	2m 以上 110,2m 以下 90	1.5~2.8
3. 淤泥质粉质粘土	流 塑	60	3.6~5
4. 粉质粘土	可 塑	120	3.5~4.75
5. 粘土	硬 塑	200	3.03~4.50
6. 粉质粘土	可塑~硬塑	180	1.70~3.20

第三层土为淤泥质粉质粘土,最大含水量为 55.7%,一般为 49.7%,最大孔隙比为 1.61,一般为 1.39。

三、倾斜原因分析

根据以往倾斜工程的经验教训并结合本工程的特点,综合分析其原因如下:

(一)勘察提供了过高的承载力

基础底面下的受压区范围内土质差是造成工程的沉降与不均匀沉降的关键。基础埋于的第二层土厚薄不一，p_s值变化很大，该层土的承载力是达不到170kPa，这也被第二次复核勘察所证实。另外，第三层土厚度为4~5m，而p_s值明显突变，用孔隙比和含水量来判断土的承载力可能有较大误差，第三层土的承载力提70kPa也可能过高，由于这两层土所提供的承载力过高，所以，当建筑物建到第六层封顶后，地基中的设计荷载达到较高数值，下卧层土进入塑性变形，从而造成明显下沉。

(二) 设计用足了地基承载力，对第三层土没有作必要的处理

从设计角度来看，虽然设计所采用的地基承载力均未超过地质报告所提供的承载力值，但从实际数值来看，设计数值都将进入临界状态，没有一定安全储备，若实际土质与勘察有出入及局部荷载发生变化时，其后果就不堪设想，从工程的室内布置就可看出，北面荷重较大有楼梯间、厨房、卫生间等，隔墙较多，使北侧地基应力较高；而南侧是大开间的卧室，则地基应力就比北侧为低，所以造成北侧变形大，南侧变形小的倾斜现象。第二层土厚薄不均，第三层土土质很差，设计中都未做任何处理，致使加剧了倾斜现象。

(三) 外部条件

酒洲苑北面有大片水域，地基受荷载后，引起的超孔隙水压力，很容易从北面排出，沉降固结较快，另外河水水位变化加剧了排水固结，所以导致建筑物普遍向北倾斜。

四、纠倾加固设计

(一) 方案及纠倾加固原理

纠倾采用顶桩掏土可控纠倾新技术，其原理就是在沉降多的一侧先压止倾桩，制止继续沉降和倾斜，并造成一个反倾力矩；然后在沉降少的一侧进行掏土，利用软土的塑性变形，使建筑物缓慢而又均匀回倾过来，使之纠倾，当达到所需要求的倾斜值后，即进行保护桩压桩施工，使之达到可控的目的。

(二) 布桩原则及布桩设计

根据历来纠倾加固处理经验，纠倾工程的布桩位置均布在建筑物外围边。其主要理论依据是：建筑物基础边缘应力较高，地基土容易产生塑性区，通过周边布桩可以降低基础边缘应力，从而达到纠倾加固的目的。此外，纠倾加固往往在居民不搬迁情况下进行，为了不影响居民正常生活，往往也需进行周边布桩，只有当周围布桩布不下或明显不合理时，才考虑室内布桩。

结合其布桩原则，对F幢共布桩26根，北侧加固桩16根，南侧保护桩10根，都布于建筑物外周边，详见F幢布桩图，见图4.3-40。

(三) 桩基设计

桩断面为200×200mm，桩长8m，桩尖持力层选在第五层土，桩节长2m，用硫磺胶泥接桩，单桩容许承载力为180kN。

五、纠倾加固施工

(一) 止倾桩施工

1. 对需纠倾加固建筑物进行沉降和倾斜观测，测出建筑物实际倾斜值，并进行系统的沉降观测工作；
2. 根据桩标准图进行制桩；
3. 把需纠倾加固建筑物北侧基础面上的土清除干净，开凿压桩孔和锚杆孔；
4. 由于北侧基础较狭，底板较薄，必须对部分桩孔基础承台进行加固处理，才能满足压

桩要求；

5. 压桩施工时，其压桩力采用230kN，为1.3倍单桩容许承载力；

6. 清理桩孔，砍掉外露的桩头，焊接交叉钢筋，采用C30微膨胀早强混凝土封桩。

(二) 纠倾施工

1. 掏土纠倾采用两种方案，其一在建筑物南侧基础边已开挖的状态下，用麻花钻取土，创造南侧第三层土侧向塑性变形条件，其二将沟槽回填，在保护桩孔内冲水取土纠倾，采用哪一种方案，视各幢既有建筑的施工条件决定，无论采用哪种方案，必须严格通过沉降观测，指导其均匀缓慢的向南回倾。

2. 回倾到接近规范规定的倾斜率4‰时，开始回填北侧基坑，严防在纠倾过程时基础底与地基土有脱空现象，回填土必须分层夯实。

3. 在南侧开凿的压桩孔中，完成保护桩的压桩施工，压桩时由于拖带现象，会产生良好的自然回倾，其封桩的时间可由测得的倾斜率控制决定。

六、技术经济效果

五幢楼B、C、D、E、F经纠倾加固后，其倾斜率分别为1.8‰、1.9‰、1.45‰、0.7‰、2.47‰，都小于规范规定允许倾斜值，完全满足了正常使用的要求。

图4.3-42系F幢楼的时间-沉降曲线图。从图中可明显看出二点，其一纠倾期间南侧沉降明显增大；其二纠倾加固结束，沉降曲线南北侧都渐趋平缓，这表明其沉降已渐趋稳定，纠倾加固效果显著，住宅楼按时验收，获得了良好的技术经济效果。

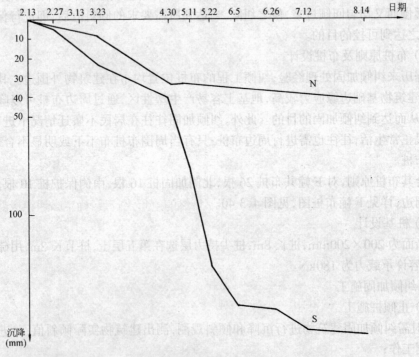

图4.3-42 F幢楼时间-沉降曲线

4.3.14 工程实例十三——上海市某住宅小区5幢公寓楼的纠倾加固[4.3-13]

一、工程概况

4.3 锚杆静压桩

某小区内建了11幢六层加跃层的公寓楼,基础形式为天然地基上设片筏基础,上部结构为砖混结构,该工程结构封顶七个月后,发现所有建筑物都有程度不一的较大沉降和不均匀沉降,且沉降速率较大,其中5幢楼倾斜率较大,最严重的一幢2#楼沉降量高达484.1mm,沉降速率曾达2.64mm/d,倾斜率达18.8‰,且5幢楼倾斜都在进一步发展中。为此,对五幢楼必须进行纠倾加固处理。

二、工程地质条件

据工程地质详勘报告,该地区的地层特征为:1层为耕土;2层为粉质粘土,层厚2.5m,承载力为90kPa,平均孔隙比为1.01;平均压缩模量为6.5MPa,属中等压缩性;$3a$层为淤泥质粘土,层厚7.3m,承载力为50kPa,平均孔隙比为1.41,平均压缩模量为1.8MPa,属高压缩性;$3b$层为淤泥质粉质粘土,层厚5.4m,承载力为60kPa,平均孔隙比为1.28,平均压缩模量为3MPa,属高压缩性;4层为粉质粘土,层厚4m,承载力为80kPa,平均孔隙比为0.98,平均压缩模量为4.5MPa,属中等压缩性;5层为砂质粉土,承载力为150kPa,平均孔隙比为0.95,平均压缩模量为10MPa,属中等压缩性,该层未钻透。

三、工程事故原因分析

据工程实况及地质报告,天然地基沉降大、沉降速率亦大且伴随严重倾斜的原因有以下三方面。

(一)基底压力超过基底土的承载能力

建筑物自重较大,加跃层局部为七层,并有大量的装饰荷载,其基底压力已达98kPa,超过了基底直接接触的2层土的承载力。

(二)下卧层强度不足

片筏基础下一倍基宽范围内的主要持力层为土质很差的$3a$及$3b$土层,作用于$3a$层表面处附加应力已超过了该层土经过深度修正后的承载力,即下卧层强度不足,这意味着不仅会发生较大的垂直变形,还会发生较大侧向变形而引起更大的垂直变形,基底承载力及下卧层强度不足,必然会使沉降速率大并不易趋于稳定。

(三)上部荷载偏心

由于建筑物局部有跃层,使建筑物有较大的偏心荷载,导致沉降不均匀而发生倾斜。

四、纠倾加固方案的确定

事故出现后,建设方曾邀请各方专家对多种纠倾加固方案进行了比较,有的方案甚至已付诸于实施,后因未获理想效果而被迫放弃。最终的分析比较后,确定采用锚杆静压桩可控纠倾加固方案。

五、纠倾加固设计与施工

据2#楼的锚杆静压桩加固的三维弹性有限元计算结果,决定桩位均布于建筑物片筏底板的外侧四周悬挑部分,并且单桩大都布置在挑梁与基础梁的交叉附近,便于力的传递。布桩数量为:2#楼,36根,北侧32根;3#楼南侧36根,北侧32根;4#楼南侧32根,北侧28根;5#楼南侧34根,北侧30根;11#楼南侧23根,北侧39根。桩截面都为250mm×250mm,C30混凝土,桩长20m,桩段长2.5m,硫磺胶泥接桩,桩压至5层土,单桩承载力容许值为250kN。控制压桩力为大于320kN,实际压桩力为320~500kN。

为确保桩能正常传递荷载的功能,底板必须满足抗剪、抗冲切的要求。为此,在原片筏基础底板厚度30cm基础上,于每根桩桩顶上都设置了15cm厚的桩帽梁。

纠倾工程的施工工序为先在沉降大的一侧压桩并封桩,使之制止进一步继续倾斜,然后在沉降少的一侧采用沉井射水掏土(2#、3#、4#楼)及钻孔射水掏土(5#、11#楼)进行纠倾,待纠倾到预期倾斜值时,在沉降小的一侧进行保护桩施工,由于保护桩的作用,使其能够达到可控的目的。

六、技术经济效果

纠倾加固效果见表4.3-9。

纠倾加固一览表(1996.10.26~1997.4.15)　　　　表4.3-9

楼号	纠倾加固内容	纠倾前倾斜率 η(‰)	纠倾后纠斜率 η(‰)	加固前沉降速率(mm/d)		加固后沉降速率(mm/d)		平均沉降(mm)	
				S	N	S	N	S	N
2	沉井纠倾加固	18.8 S	2.75 S	2.64	0.52	0.05	0.06	64.3	248.18
3	沉井纠倾加固	6 S	0.95 S	0.83	0.58	0.05	0.05	62.8	120.68
4	沉井纠倾加固	13.9 S	2.8 S	0.67	0.43	0.04	0.09	52.2	157.85
5	钻孔纠倾加固	9.1 S	3.15 S	0.61	0.68	0.07	0.04	45.6	93.36
11	钻孔纠倾加固	7.4 N	3.95 N	0.42	0.78	0.08	0.07	85.0	59.30

从表中可看出纠倾加固效果是十分明显的:

1. 所有纠倾楼号经过纠倾加固后,其倾斜率都小于4‰,满足了规范要求,达到了预期的效果。

2. 经过纠倾加固后的所有楼号,其平均沉降都小于20cm,达到了预定的目标。

3. 所有楼号经过纠倾加固后的平均沉降速率都很小,并逐渐已趋向稳定。现举一个有代表性的2#楼纠倾工程为例。其 $s \sim t$ 曲线见图4.3-43。

图中S线为南侧测点的平均沉降与时间的关系曲线;N线为北侧测点的平均沉降与时间的关系曲线。图中绘出的初始沉降值为1996年11月18日测得其纠倾前平均倾斜率为18.8‰,1996年11月26日~1996年12月20日压完桩并封桩(南侧),其后在1996年12月22日开始在砌筑好砖沉井中冲水掏土进行纠倾,于1997年1月26日冲水结束并于1997年2月5日压完并封好北侧桩,期间北侧发生大量沉降,经纠倾后的平均倾斜率为2.75‰,达到了理想的纠倾效果。此外,在图中还可看出不管S线还是N线,其末端线都趋于水平,这说明了沉降已趋于稳定,纠倾加固的效果也就稳定了,技术效果显著。

经过纠倾加固后,使无法验收的"死房"变成了可投入使用的"活房"。由此,获得了良好的经济效果。

4.3 锚杆静压桩

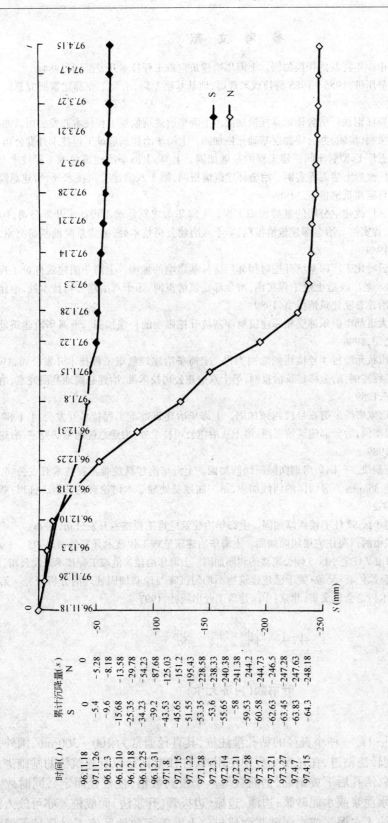

图 4.3-43 某小区 2# 楼沉降累计 s-t 曲线
(1996.11.28~1997.4.15)

参 考 文 献

[4.3-1] 周志道·芜湖市少年宫基础托换加固。上海华冶建筑危难工程技术开发公司,1984。
周志道·锚杆静压桩,1955～1985 科技成果选篇,地基基础专辑,冶金工业部建筑研究总院,1985 128～137

[4.3-2] 周志道·吴江新江钢铁厂宿舍楼地基托换加固。上海华冶建筑危难工程技术开发公司,1991

[4.3-3] 周志道·上海莱福(集团)办公楼加层基础托换加固。上海华冶建筑危难工程技术开发公司,1997

[4.3-4] 周志道·上钢五厂 U 型管车间扩建工程的基础加固。上海:上海华冶建筑危难工程技术开发公司,1988。老厂改造土建工程实例。冶金部建筑情报网,第十八冶建公司技术处,冶建总院地基研究室,冶建总院建筑情报室。1989

[4.3-5] 周志道·上钢三厂改建空分塔的基础加固工程。上海华冶建筑危难工程技术开发公司,1989 老厂改造土建工程实例。冶金部建筑情报网,第十八冶建公司技术处,冶建总院地基研究室,冶建总院情报室,1989

[4.3-6] 周志道·上海云岭化工厂深基坑开挖对相邻厂房柱基影响的加固。上海华冶建筑危难工程技术开发公司,1988 老厂改造土建工程实例,冶金部建筑情报网,第十八冶建公司技术处,冶建总院地基研究室,冶建总院建筑情报室,1989

[4.3-7] 周志道·上海大班都市俱乐部受相邻建筑物深基坑开挖影响的补强加固。上海华冶建筑危难工程技术开发公司,1996

[4.3-8] 周志道·福州市状元新村 4 号楼纠倾加固工程。上海华冶建筑危难工程技术开发公司,1987 老厂改造土建工程实例,冶金部建筑情报网,第十八冶建公司技术处,冶建总院地基研究室,冶建总院建筑情报室,1989

[4.3-9] 周志道·南京市宝塔桥东街 6 号楼纠倾加固。上海华冶建筑危难工程技术开发公司,1987 老厂改造土建工程实例,冶金部建筑情报网,第十八冶建公司技术处,冶建总院地基研究室,冶建总院建筑情报室,1989

[4.3-10] 周志道·上海制线二厂锅炉房烟囱倾斜纠倾加固。上海华冶建筑危难工程技术开发公司,1991
周志道·新建 35m 锅炉房烟囱的纠倾加固,第三届地基处理学术讨论会论文集。杭州:浙江大学出版社,1992

[4.3-11] 周志道·华建小区 5# 住宅楼纠倾加固。上海华冶建筑危难工程技术开发公司,1996

[4.3-12] 周志道·宜兴市酒州苑住宅楼纠倾加固。上海华冶建筑危难工程技术开发公司,1995

[4.3-13] 周志道·上海市某住宅小区 5 幢公寓楼的纠倾加固。上海华冶建筑危难工程技术开发公司,1997
周志道·周寅·徐仁心·吴琼·关于已建建筑物不均匀沉降与地基加固处理的分析研究。第五届地基处理学术讨论会论文集,北京:中国建筑工业出版社,1997

4.4 树 根 桩

叶书麟(同济大学)

4.4.1 概述

树根桩(Root Piles)是一种小直径的钻孔灌注桩,其直径通常为 100～300mm,国外是在钢套管的导向下用旋转法钻进,在托换工程中使用时,往往要钻穿原有建筑物的基础进入地基土中直至设计标高,清孔后下放钢筋(钢筋数量从 1 根到数根,视桩径而定),同时放入注浆管,再用压力注入水泥浆或水泥砂浆;边灌、边振、边拔管(升浆法)而成桩。亦可放入钢筋笼后再放碎石,然后注入水泥浆或水泥砂浆而成桩。上海等多数地区施工时都是不带套管的。根据设计需要,树根桩可以是垂直的或倾斜的;也可以是单根的或成排的;可以是端承桩,也可以是摩擦桩。

有的树长在山岭上和丛林中,虽经风雨摇撼和岁月沧桑,仍可数百年屹立不倒,这主要是根深蒂固,其根系在各个方向与土牢固地连结在一起,树根桩的加固设想由此而来,其桩基形状如"树根"而得名。英美各国将树根桩列入地基处理中的加筋法(Soil Reinforcement)范畴。

4.4.1.1 树根桩在国外几个典型的工程实践

树根桩是在20世纪30年代初由意大利的Fondedile公司的F.Lizzi所首创并付之实践的。树根桩用于基础的托换和地基土的加固,在国际上已超过了三千多个工程。下面仅介绍国外几个典型的工程实践,以便读者能窥出树根桩在托换工程中独树一帜和巧妙之处。

图4.4-1表示房屋建筑下条形基础的托换方法的典型设计。

图4.4-2表示桥墩基础下建造树根桩的托换。

图4.4-1 房屋建筑条形基础下用树根桩托换

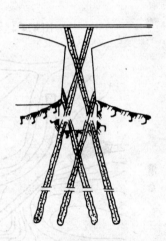

图4.4-2 桥墩基础下用树根桩托换

图4.4-3 采用树根桩对土坡的稳定进行加固。

图4.4-4 为应用树根桩稳定岩坡。

Portrovenere岩石峰在地质岩性上属白云岩,具有很多溶洞,岩体表面布满着各个方向的裂缝,每当海浪袭击厉害时,便会波及峰顶12世纪建造的世界宗教界著名的圣彼得教堂的外围砌体,值得令人担忧的是悬崖会破坏,随之教堂也将倒塌。最后采用了岩石锚杆形成的"网状结构树根桩体系",并用低压力注浆进行注密,从而形成了坚固的岩质边坡体系。

图4.4-5表示采用网状结构树根桩整治滑坡。

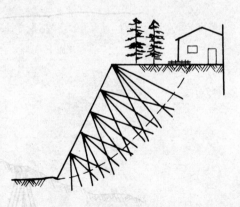

图4.4-3 采用树根桩稳定土坡

图 4.4-4 Portrovenere 岩石峰的加固

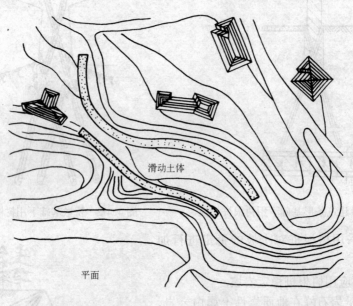

平面

剖面

图 4.4-5 采用树根桩整治滑坡

图 4.4-6 表示法国巴黎的地下铁道的修建。

为考虑不致因地下铁道的开挖,地基土或多或少的卸荷作用会对邻近建筑物造成影响,设计方案仅仅是在人行道的下面开挖一条临时性的辅助坑道。坑道下所设置的网状结构树根桩并没有把任何条件加到既有建筑上,而只是作为 A 区和 B 区的分隔墙。因此,在修建地下铁道时,对 A 区可能出现的卸荷作用不会影响 B 区。同时,采用这种侧向托换方法又可在不妨碍地面交通的条件下施工。

图 4.4-7 为意大利的 S.Lucia 浅埋地下铁道。

该地下铁道要在城市大厦的下面穿越,现场的地质条件是粉土和细砂,不能采用注浆托换方案,最后选定网状结构树根桩方案。首先在地下室内将已建成的网状结构树根桩上用十字交叉基础梁与原有基础纵横联系起来成为一个整体。其次,又可防止地下铁道开挖时 A 区的卸荷作用。

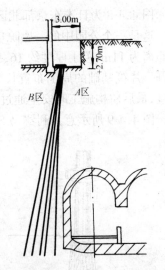

图 4.4-6 法国巴黎地下铁道的修建

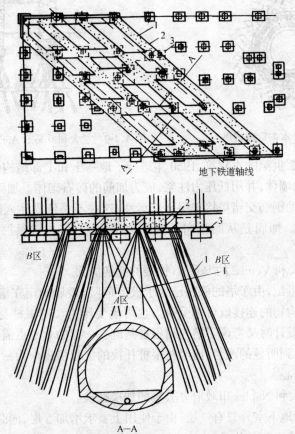

图 4.4-7 意大利 S.Lucia 地下铁道的修建
1—网状结构树根桩;2—在树根桩上加十字交叉基础梁与原有基础联系起来;3—原有基础

图 4.4-8 为日本东京都北区瞭望塔

这是一个公园中的一座瞭望塔,要在其邻近新设置外径为 7.6m 的水管,管道与塔的水平距离为 11m,覆土厚度约 16.5m。经研究采用网状结构树根桩的托换方案,亦即在沿瞭望塔圆形片筏基础的周围布置长 30m 的树根桩两圈,每圈 40 根,钻孔方向与铅垂线成 11.3°角度,最后盾构施工时安全通过,其树根桩的布置有独特之处,可供其他托换工程借鉴。

图 4.4-9 所示意大利罗马 S.Andrea delle Fratte 教堂的托换加固。

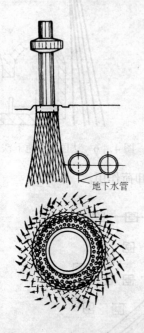
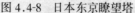
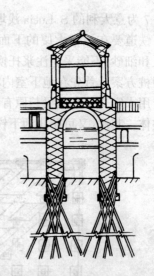

图 4.4-8　日本东京瞭望塔　　　图 4.4-9　意大利罗马 S.Andrea delle Fratte 教堂

该教堂是建于 12 世纪的古建筑,1960 年进行了地基土和上部结构的全面加固,墙身的加固是采用钢筋插入墙体,并用低压力注浆,成为加筋的砖石砌体。加固的作用是利用钢筋的表面摩擦力,并借助钢筋交错搭接来保证连续性,这并不是依靠注入的水泥浆(也有用树脂)在砌体内的扩散。加固是从圈顶向下直到地基土为止,与树根桩形成一个连续的整体。

图 4.4-10 为意大利 Venice 的 Burano 钟楼的托换加固。

该钟楼建于 16 世纪,由于塔的倾斜已处于极度危险,最后确定在塔基周边建造树根桩的托换方案,它与结构物的连接既可承受拉力也可承受压力。树根桩与桩间土成为一个整体构成的稳定力矩,设计时又考虑了塔与树根桩基础在一起的重心点需接近地面的形心,这样使塔体的稳定性得到明显的改善,而经树根桩托换的工程可视作为一个整体,这种托换工程的方案构思别具匠心。

图 4.4-11 为意大利 Naples 市政府办公楼的加层托换。

该既有建筑物除地下室外只有 3 层,由于使用上要求增加 5 层,同时要求托换加层施工时,市府白天仍能保持正常办公。

最后决定的增层方案的步骤是:

(1) 首先在底层靠近原有基础处制作树根桩,然后在桩上筑基础梁,梁上再筑钢柱子,

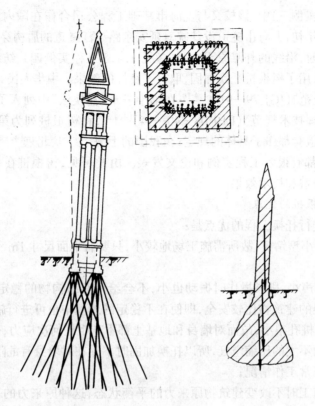

图 4.4-10 意大利 Venice 的 Burano 钟楼

柱子穿过原有楼面到达屋顶；

(2) 底下 3 层施工是在市府白天办公时间结束后开始。增加的 5 层是钢结构的构架，它可在既有建筑物的屋顶上进行建造，因而白天也可施工而不影响下面市府办公；

(3) 待加建 5 层完工后就可拆除原有 3 层建筑，重建三层时可进行新的分隔和安装现代化的设施，并将有关楼板和整个结构联结起来成为整体。

从以上简要介绍国外的工程实例中可见，树根桩的适用范围非常广泛，它适用于既有建筑物的修复和加层、古建筑的整修、地下铁道穿越、桥梁工程等各类地基的处理与基础加固，以及增强土坡或岩坡的稳定性等工程。因而树根桩的问世，使托换技术有了很大的进步。

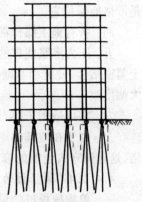

图 4.4-11 意大利 Naples 市政府办公楼加层托换

4.4.1.2 树根桩的国内外发展现状

树根桩在第二次世界大战后迅速从意大利传到欧洲、美国和日本，开始用于修复古建筑，进而用于修建地下铁道等的托换工程。

我国研究树根桩，首先由同济大学推荐，于 1981 年在苏州的虎丘塔纠倾工程中对树根桩做了室内外的试验研究；1983 年该校又在上海新卫机器厂与上海勘察院在现场做了一系列树根桩的竖桩、斜桩、单桩、群桩、长桩和短桩的试验研究；1985 年在上海东湖宾馆加层

(参见 4.4.3 工程实例三)中,该校又与上海市基础工程公司合作在国内工程中第一次正式使用。继后 1987 年初,上海市隧道设计院对延安东路越江隧道的盾构穿越黄浦江后到达浦西,向市中心推进时,沿线的外滩原天文台(参见 4.4.5 工程实例四)、纺织品仓库和针织品仓库等建筑先后采用了树根桩托换加固,取得了良好的效果。中华人民共和国行业标准《建筑地基处理技术规范》(JGJ 79—91)[4.4-14]在第十一章"托换法"中列入了树根桩的内容;上海市标准《地基处理技术规范》(DBJ 08—40—94)[4.4-3],将树根桩列为第十章,对树根桩的设计、施工和质量检验都作了具体的规定;在我国的上海[4.4-13]、北京[4.4-15]、云南[4.4-10]和西安[4.4-16]黄土地区都有很多工程实例和论文发表。由此可见,树根桩在我国托换领域内已取得很大的经济效益和技术效果。

4.4.1.3 树根桩的优点

采用树根桩进行托换工程的优点是:

一、由于使用小型钻机,故所需施工场地较小,只要有平面尺寸 1m×1.5m 和净空高度 2.5m 即可施工;

二、施工时噪声小,机具操作时振动也小,不会给原有结构物的稳定带来任何危险,对已损坏而又需托换的建筑物比较安全,即使在不稳定的地基中也可进行施工;

三、施工时因桩孔很小,故而对墙身和地基土都不产生任何次应力,仅仅是在灌注水泥砂浆时使用了压力不大的压缩空气,所以托换加固时不存在对墙身有危险;也不扰动地基土和干扰建筑物的正常工作情况;

树根桩托换施工时不改变建筑物原来力的平衡状态,这种原来力的平衡状态对古建筑通常仅有很小的安全系数,必须将这一点作为对古建筑设计托换加固的出发点,亦即使丧失了的安全度得到补偿和有所增加。所以,树根根的特点不是把原来的平衡状态弃之不顾,而是严格地保持它;

四、所有施工操作都可在地面上进行,因此施工比较方便;

五、压力灌浆使桩的外表面比较粗糙,使桩和土间的附着力增加,从而使树根桩与地基土紧密结合,使桩和基础(甚至和墙身)联结成一体,因而经树根桩加固后,结构整体性得到大幅度改善;

六、它可适用于碎石土、砂土、粉土、粘性土、湿陷性黄土和岩石等各类地基土;

七、由于在地基的原位置上进行加固,竣工后的加固体不会损伤原有建筑的外貌和风格,这对遵守古建筑的修复要求的基本原则尤为重要。

4.4.1.4 树根桩的设计和计算

一、单根树根桩的设计

树根桩的创始人意大利 F.Lizzi 认为单根树根桩的设计方法应按如下的思路考虑:

先按图 4.4-12 求得树根桩载荷试验的 P-s 曲线,设计人员可根据被托换建筑物的具体条件,如建筑物的强度和刚度、沉降和不均匀沉降、墙身或各种结构构件的裂损情况,判断估计经托换后该建筑物所能承受容许的最大沉降量 S_a,根据 S_a 再在 P-s 曲线上可求得相应的单桩使用荷载 P_a 后,按一般桩基设计方法进行。当建筑物出

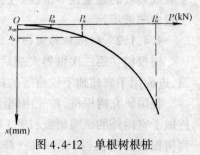

图 4.4-12 单根树根桩载荷试验曲线

现小于沉降 S_a 的 S_m 时,则相应的荷载 P_m,此时则意味着建筑物的部分荷载传递给桩,而部分荷载仍为既有建筑物基础下地基土所承担。因此,较 P_a 值大很多的极限荷载 P_u 并不重要。由此可见,用于托换时的树根桩是不能充分发挥桩本身承载能力的。

当进行树根桩托换加固时,原有地基土的安全系数是很小的,但决不会小于1,如果小于1,则建筑物早已倒塌。由于树根桩在建造时将不会使安全的储备量消失,因此由树根桩所托换建筑物的安全系数将是:

$$K = K_s + K_p \tag{4.4-1}$$

式中 $K_s \geqslant 1$ 是原有地基土的安全系数;

$K_p = \dfrac{P_u}{P_a} > 1$ 是树根桩的安全系数。

由此可见,经树根桩托换的工程,其安全系数并不等于加固后建筑物下桩的安全系数,实际上要比桩的安全系数大得多。

用树根桩进行托换时,可认为桩在施工时是不起作用的,当建筑物即使产生极小的沉降时,桩将承受建筑物的部分荷载,且反应迅速,同时使基础下的基底压力相应地减少,这时若建筑物继续沉降,则树根桩将继续分担荷载,直至全部荷载由树根桩承担为止。但在任何情况下最大沉降将限制在几毫米之内。

为了深入研究树根桩在托换基础中加固机理,同济大学叶书麟、韩杰、杨卫东进行了大规模的树根桩和天然地基的载荷试验,试验中埋设了众多的量测应力和应变的试验元件,并获得有益的成果,可供读者参考使用(见 4.4.2 工程实例一)。

以上作者仅介绍 F.Lizzi 对树根桩的设计思路,亦即用控制沉降的办法来限制单桩承载力。而国内对树根桩的设计方法,还是按常规桩基要求进行设计。有的设计中仅多增加了承台分担部分荷载的措施,亦即考虑了桩土荷载分担比的变形协调问题。

二、网状结构树根桩的设计

树根桩如布置成三维系统的网状体系者称为网状结构树根桩(Reticulated Root Piles),日本简称为 R.R.P. 工法。网状结构树根桩是一个修筑在土体中的三维结构。图 4.4-13 表示在建筑物附近开挖深基坑时采用网状结构树根桩对既有建筑物防护的侧向托换方案。

国外在网状结构树根桩设计时,以桩和土间的相互作用为基础,由桩和土组成复合土体的共同作用,将桩与土围起来的部分视作为一个整体结构,其受力犹如一个重力式挡土结构一样。

网状结构的断面设计是一个很复杂的问题,在桩系内的单根树根桩可能要求承担拉应力、压应力和弯曲应力。其稳定计算在国外通常是用土力学的方法进行分析。

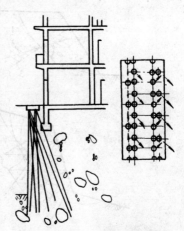

图 4.4-13 采用网状结构树根桩进行侧向托换

由于树根桩在土中起了加筋的作用,因而土中的刚度起了变化,所以网状结构树根桩的桩系变形显著减少。迄今为止,对桩与土共同工作的特征,还不容易做出足够准确的分析。而桩的尺寸、桩距、排列方式和桩长等参数,国外都是根据本国实践的经验而制定的。

国外对网状结构树根桩的设计首先必须进行树根桩的布置,再按布置情况验算受拉或受压的受力模式,对内力和外力进行计算分析。

内力方面的分析为：

(1) 钢筋的拉应力、压应力和剪应力；

(2) 灌浆材料的压应力；

(3) 网状结构树根桩中土的压应力；

(4) 树根桩的设计长度；

(5) 钢筋与压顶梁的粘着长度；

(6) 网状结构树根桩用于受拉加固时,压顶梁的弯曲压应力。

外力方面的分析为：

(1) 将网状结构树根桩的桩系(包括土在内)视为刚体时的稳定性；

(2) 包括网状结构树根桩的桩系在内的天然土体的整体稳定性。

(一) 受拉网状结构树根桩的设计和计算

在没有抗拉强度的土中设置的树根桩,就是要使树根桩具有抗拉构件的功能。

网状结构树根桩用于保护土坡则不需任何开挖。如图4.4-14所示,在实际工程中受拉树根桩可布置在与预测滑动面成 $45°+\dfrac{\varphi}{2}$ 角度的受拉变形方向；另外,由于滑动面可能有多种方向,而树根桩的布置也可能有多种方向,因此必须考虑树根桩与受拉变形间的角度误差,故而可将树根桩布置在与土的受拉变形成 $0°\sim20°$ 的角度范围内。

1. 内力计算

受拉网状结构树根桩设计时,有两种情况的内力需要计算(图4.4-15)：一个是压顶梁背面的主动土压力计算；另一个是抗滑力计算。

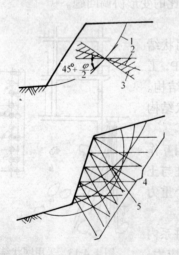

图 4.4-14 滑动面与网状结构布置的关系
1—假想滑动面；2—受拉变形方向；3—树根桩布置范围；
4—网状结构树根桩；5—各种可能的滑动面

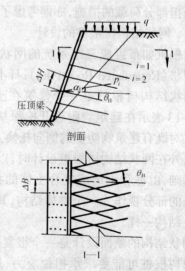

图 4.4-15 压顶梁背面的作用力为
主动土压力时树根桩拉力计算

情况(1)：按压顶梁背面的作用力为主动土压力时,作用于树根桩的拉力按下式计算：

$$T_{Ri} = p_i \cdot \Delta H \cdot \Delta B \cdot \cos\alpha_1 \cdot \dfrac{1}{\cos\theta_H} \cdot \dfrac{1}{\cos\theta_B} \quad (4.4\text{-}2)$$

式中 T_{Ri}——第 i 根树根桩上作用的拉力(kN);
　　　p_i——第 i 根树根桩上作用的土压力(kPa);
　　　ΔH——树根桩的纵向间距(m);
　　　ΔB——树根桩的横向间距(m);
　　　α_1——土压力作用方向与水平线所成的交角(°);
　　　θ_H——树根桩布置方向与水平线所成的投影角(°);
　　　θ_B——树根桩水平方向的角度(°)。

而
$$p_i = K_a(\gamma_{sat} \cdot H_i + q) \qquad (4.4\text{-}3)$$

式中 K_a——主动土压力系数;
　　　γ_{sat}——土的饱和重度(kN/m³);
　　　H_i——由上覆荷载作用面至第 i 根树根桩的深度(m);
　　　q——上覆荷载(kPa)。

情况(2):按抗滑力分析时,作用于树根桩的拉力按下式计算(图4.4-16):

$$T_R = \frac{p_R}{s_1} \cdot \cos\alpha_2 \cdot \frac{1}{\cos\theta_H} \cdot \frac{1}{\cos\theta_B} \qquad (4.4\text{-}4)$$

图 4.4-16　抗滑力分析时树根桩拉力计算

式中 T_R——每根树根桩上作用的拉力(kN);
　　　p_R——为避免发生圆弧滑动而需增加的抵抗力(kN/m);
　　　s_1——单位宽度 1m 中树根桩根数;
　　　α_2——滑动力作用方向与水平线所成的角度(°)。

2. 钢筋拉应力计算

$$\sigma_{st} = \frac{T_{R \cdot max} \cdot 10^3}{A_s} \leqslant \sigma_{sa} \qquad (4.4\text{-}5)$$

式中 σ_{st}——钢筋的拉应力(N/cm²);
　　　$T_{R \cdot max}$——树根桩所受的最大拉力(kN);
　　　σ_{sa}——钢筋的容许拉应力(N/cm²);
　　　A_s——钢筋的截面积(cm²)。

3. 树根桩设计长度

图 4.4-17 所示的滑动面,其锚固区内的树根桩可视为抵抗拉力作用,主动区内则不予考虑抵抗拉力的能力。

$$L_{ro} = \frac{T_{R \cdot max} \times 10}{\pi \cdot D \cdot \tau_{ro}} \cdot F_{sp} \qquad (4.4\text{-}6)$$

式中 L_{ro}——树根桩锚固长度(m);
　　　D——树根桩直径(cm);
　　　τ_{ro}——树根桩与桩间土的粘着应力(N/cm²);
　　　F_{sp}——树根桩与桩间土的粘着安全系数。

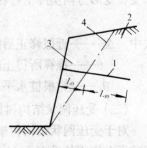

图 4.4-17　树根桩设计长度
1—树根桩;2—锚固区;3—主动区;4—滑动面

树根桩的设计长度等于树根桩的锚固长度加主动区内的树根桩长度,但其总长不应小于4m,亦即：

$$L = (L_{ro} + L_o) \geqslant 4.0 \tag{4.4-7}$$

式中　L——树根桩设计长度(m);
　　　L_o——主动区内树根桩的长度(m)。

4. 钢筋与压顶梁的粘着长度

$$L_{mo} = \frac{T_{R \cdot max} \times 10}{\pi \cdot d \cdot \tau_{ca}} \tag{4.4-8}$$

式中　L_{mo}——钢筋与压顶梁的粘着长度(m);
　　　d——钢筋直径(cm);
　　　τ_{ca}——钢筋与压顶梁的容许粘着应力(N/cm²)。

当压顶梁的构造不能满足此粘着长度的要求时,应在钢筋顶部加承压板。

5. 压顶梁计算

一般压顶梁为钢筋混凝土结构,对作用于树根桩的拉力所引起的应力,压顶梁应具有足够的承受能力。

6. 网状结构树根桩在内的土整体稳定性计算

由于网状结构树根桩的布置与滑动方向成 $45° + \frac{\varphi}{2}$ 的角度,这可约束土的受拉变形,其加固效果可看作是使土体的粘聚力增大了 Δc 值,增大了小主应力就可使其与大主应力的比值增大,从而提高土体的强度和增加其稳定性。

$$\Delta c = \frac{R_t}{\Delta H \cdot \Delta B} \cdot \frac{\sqrt{K_p}}{2} \tag{4.4-9}$$

式中　Δc——增加的粘聚力(kPa);
　　　R_t——树根桩的抗拉破坏强度(kN);
　　　K_p——被动土压力系数。

$$K_p = tg^2\left(\frac{\pi}{4} + \frac{\varphi}{2}\right) 或 K_p = \frac{1 + \sin\varphi}{1 - \sin\varphi}$$

考虑到滑弧可能有多种方向,而树根桩的布置也可有多种方向,所以必须注意到树根桩和受拉变形方向实际上存在的角度误差,为此要修正附加的粘聚力：

$$\Delta c' = \cos\theta \cdot \cos\theta_B \cdot \Delta c \tag{4.4-10}$$

式中　$\Delta c'$——近似修正后的附加粘聚力(kPa);
　　　θ——推算所得土的拉伸变形方向与树根桩布置方向所成的角度(°);
　　　θ_B——树根桩水平方向的角度(°)。

(二) 受压网状结构树根桩的设计和计算

对于受压网状结构树根桩设计时,可根据网状结构树根桩加固(包括桩间土在内)计算基准面上作用的垂直力 N、水平力 H 和弯矩 M 计算内力(图4.4-18),另外,对网状结构树根桩用于深基坑开挖时的支护结构的侧向托换(图4.4-2),只要已知某设计断面上的 N、H 和 M,亦可进行以下同样方法设计计算。

1. 内力计算

计算基准面处的网状结构树根桩加固体的等值换算截面积和等值换算截面惯性矩(图 4.4-19):

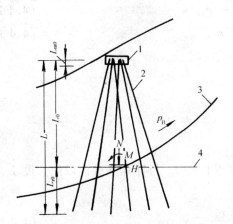

图 4.4-18 受压网状结构树根桩上的作用力
1—压顶梁;2—树根桩;3—预计滑动面;4—计算基准面

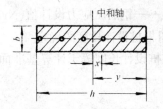

图 4.4-19 计算基准面示意图

$$A_{RRP} = m \cdot A_p \cdot S_2 + bh \tag{4.4-11}$$

$$A_P = (n-1)A_S + A_c \tag{4.4-12}$$

$$I_{RRP} = m \cdot A_p \cdot \Sigma x^2 + \frac{bh^3}{12} \tag{4.4-13}$$

式中 A_{RRP}——计算基准面处,网状结构树根桩加固体的等值换算截面积(cm^2);

I_{RRP}——计算基准面处,网状结构树根桩加固体的等值截面惯性矩(cm^4);

A_p——一根树根桩的等值换算截面积(cm^2);

m——树根桩与其周围土的弹性模量比(一般为200);

n——钢筋与砂浆的弹性模量比(一般为15);

S_2——计算基准面内包括的树根桩根数;

b、h——树根桩布置的单位宽度及长度(cm);

x——计算基准面中和轴至各个树根桩的距离(cm);

y——计算基准面中和轴至计算基准面边缘的距离(cm);

A_c——树根桩的截面积(cm^2);

A_S——钢筋的截面积(cm^2)。

由此求得计算基准面处网状结构树根桩加固体上作用的最大压应力为:

$$\sigma_{RRP} = \frac{N \cdot 10^3}{A_{RRP}} + \frac{M \cdot 10^5}{I_{RRP}} \cdot y \tag{4.4-14}$$

式中 σ_{RRP}——计算基准面处网状结构树根桩加固体上作用的最大压应力(N/cm^2);

N——计算基准面处网状结构树根桩加固体上作用的垂直力(kN);

M——计算基准面处网状结构树根桩加固体上作用的弯矩(kN·m)。

2. 网状结构树根桩加固体中土的压应力计算

$$\sigma_{RRP} < f \tag{4.4-15}$$

式中 f——计算基准面处经修正后地基承载力设计值(N/cm^2)。

3. 砂浆与钢筋上的压应力计算

$$\sigma_R = m \cdot \sigma_{RRP} < \sigma_{ca} \quad (4.4\text{-}16)$$

$$\sigma_{sc} = n\sigma_R < \sigma_{sa} \quad (4.4\text{-}17)$$

式中　σ_R——作用于砂浆上的压应力(N/cm^2)；

　　　σ_{ca}——砂浆压应力设计值(N/cm^2)；

　　　σ_{sc}——作用于钢筋上的压应力(N/cm^2)；

　　　σ_{sa}——钢筋压应力设计值(N/cm^2)。

4. 树根桩设计长度的确定

树根桩设计长度等于计算基准面以下必要固着长度 L_{ro} 与计算基准面以上长度 L_o 之和。

$$L_{ro} = \frac{A_c \cdot \sigma_R}{\pi D \cdot \tau_{ro} \cdot 10^2} \quad (4.4\text{-}18)$$

式中　τ_{ro}——树根桩与计算基准面以下土间粘结力设计值(N/cm^2)；

　　　D——树根桩直径(cm)。

5. 钢筋与压顶梁间的粘着长度(L_{mo})计算

$$L_{mo} = \frac{A_s \cdot \sigma_{sc}}{\pi \cdot d \cdot \tau_{ca} \cdot 10^2} \quad (4.4\text{-}19)$$

式中　A_s——钢筋的截面积(cm^2)；

　　　d——钢筋直径(cm)；

　　　τ_{ca}——钢筋与压顶梁间粘着力设计值(N/cm^2)。

6. 网状结构树根桩加固体在内的土体整体稳定性计算

对网状结构树根桩加固体在内的土体整体稳定性计算有两种方法。一种是假定滑动面不通过网状结构树根桩加固体；另一种是意大利 Fondedile 公司采用的方法是不发生圆弧滑动而需增加的抗滑抵抗力，亦即按树根桩的抗剪力进行计算的方法。

4.4.1.5　树根桩的施工工艺

一、钻机和钻头选择

根据施工设计要求、钻孔孔径大小和场地施工条件选择钻机机型，一般都是采用工程地质钻机或采矿钻机。对斜桩可选用任意调整立轴角度的油压岩芯回转钻机，由于施工钻进时往往受到净空低的条件限制，因而需配制一定数量的短钻具和短钻杆。

在混凝土基础上钻进开孔时可采用牙轮钻头、合金钢钻头或钢粒钻头；在软粘土中钻进可选用合金肋骨式钻头，使岩芯管与孔壁间增大一级环状间隙，防止软粘土缩径造成卡钻事故。

钻机就位后，按照施工设计的钻孔倾角和方位，调整钻机的方向和立轴的角度，安装机械设备要求牢固和平衡。

钻机定位后，桩位偏差控制在 20mm 内，直桩的垂直偏差应不超过 1%；对斜桩的倾斜度应按设计要求作相应的调整。

二、成孔

在软粘土中成孔一般都可采用清水护壁，只要熟练施工操作，亦可确保施工质量。对饱和软土地层钻进时，经常会遇到粉砂层(即流砂层)，有时会出现缩孔和塌孔现象，因此应采用泥浆护壁。

钻机转速一般为220r/min,液压的压力为1.5~2.5MPa,配套供水压力为0.1~0.3MPa。

在饱和软土层中,钻进时一般不用套管护孔,仅在孔口处设置一段1m以上套管,套管应高出地面10cm,以防钻具碰压坏孔口。对地表有较厚的杂填土或作为端承桩时,钻孔必须下套管。

钻孔到设计标高后必须清孔,控制供水压力的大小,直至孔口基本溢出清水为止。

三、吊放钢筋笼和注浆管

应尽可能一次吊放整根钢筋笼,分节吊放时节间钢筋搭接必须错开。焊缝长度不小于10倍钢筋直径(双面焊),注浆管可采用直径20mm无缝铁管,在接头处应采用内缩节,使外管壁光滑,便于拔出。注浆管的管底口需用黑胶布或聚氯乙烯胶布封住。有时为了提高树根桩的承载力而采用二次注浆的成桩法,这样就要放置二根注浆管。一般二次注浆管做成花管形式,在管底口以上1.0m范围作成花管,其孔眼直径0.8cm,纵向四排,间距10cm,然后用聚氯乙烯胶布封住,防止放管时泥浆水或第一次注浆时水泥浆进入管内,注浆管一般是在钢筋笼内一起放到钻孔中,施工时应尽量缩短吊放和焊接时间。

四、填灌碎石

钢筋笼和注浆管置入钻孔后,应立即投入用水冲清洗过的粒径为5~25mm的碎石,如果钻孔深度超过20m时,可分二次投入。碎石应计量投入孔口填料漏斗内,并轻摇钢筋笼促使石子下沉和密实,直至填满桩孔。填入量应不小于计算体积的0.8~0.9倍,在填灌过程中应始终利用注浆管注水清孔。

五、注浆

注浆时宜采用能兼注水泥浆和砂浆的注浆泵,最大工作压力应不小于1.5MPa。注浆时应控制压力,使浆液均匀上冒(俗称升浆法)。注浆管可在注浆过程中随注随拔。但注浆管一定要埋入水泥浆中2~3m,以保证浆体质量。注入水泥浆时,碎石孔隙中的泥浆,被比重较大的水泥浆所置换,直至水泥浆从钻孔口溢出为止。

注浆压力是随桩长而增加的,当桩长为20m时,其压力为0.3~0.5MPa;当桩长为30m时,其压力为0.6~0.7MPa。如采用二次注浆工艺时,应在第一次水泥浆液达到初凝(一般控制在60min范围内)后,才能进行第二次注浆。二次注浆除要冲破封口的聚氯乙烯胶布外,还要冲破初凝的水泥浆浆液的凝聚力并剪裂周围土体,从而产生劈裂现象。第二次注浆压力一般为2~4MPa。因此,用于二次注浆的注浆泵的额定压力不宜低于4.0MPa。上海的地区经验,经二次注浆后,可提高桩的承载力约25%~40%。

浆液的配制,通常采用425号普通硅酸盐水泥,砂料需过筛,配制中可加入适量减水剂及早强剂。纯水泥浆的水灰比一般采用0.4~0.55。

由于压浆过程会引起振动,使桩顶部石子有一定数量的沉落,故在整个压浆过程中,应逐渐投入石子至桩顶,当浆液泛出孔口,压浆才告结束。

六、浇筑承台

树根桩用作承重、支护或托换时,为使各根桩能联系成整体和加强刚度,通常都需浇筑承台,此时应凿开树根桩桩顶混凝土,露出钢筋,锚入所浇筑的承台内。

以下再介绍树根桩施工的注意事项:

(一) 下套管

施工时如不下套管会出现缩颈或塌孔现象时,应将套管下到产生缩颈或塌孔的土层深度以下。

(二) 注浆

注浆管的埋设应离孔底标高200mm,从开始注浆起,对注浆管要进行不定时的上下松动,在注浆结束后要立即拔出注浆管,每拔1m必须补浆一次,直至拔出为止。

注浆施工时应防止出现串孔和浆液沿砂层大量流失的现象。串孔是指浆液从附近已完工的桩顶冒出,其原因是相邻桩施工间隔时间太短和桩距太小,常用的措施可采用跳孔施工、间歇施工或增加速凝剂掺量等措施来防范上述现象。额定注浆量应不超过按桩身体积计算量的3倍,当注浆量达到额定注浆量时应停止注浆。

用作防渗漏的树根桩,允许在水泥浆液中掺入不大于30%的磨细粉煤灰。

(三) 桩顶标高

注浆后由于水泥浆收缩较大,故在控制桩顶标高时,应根据桩截面和桩长的大小,采用高于设计标高5%~10%的施工标高。

4.4.2 工程实例一——树根桩在托换基础中加固机理的研究[4.4-7]

一、试验概况

本试验目的是为了对树根桩在软土地区的加固和托换机理进行深入和全面的研究分析,用以解决旧房加层、危房加固、纠倾以及新建建筑物地基加固等工程实践和理论问题。

(一) 试验区的工程地质条件

本试验区(上海)的工程地质条件如图4.4-20所示。

(二) 设计和施工参数

树根桩($RP_1 \sim RP_4$)桩长8m,桩径150mm,共4根,其布置如图4.4-21所示。在四根树根桩浇筑后再制作承台板,其承台板面积与天然地基载荷试验时的承台板面积均为1.5m×1.5m。承台板厚度为0.55m(后者为0.4m),采用强度C48钢筋混凝土现浇板。

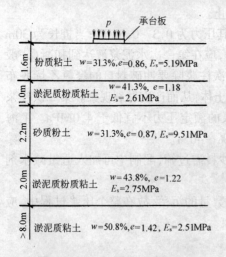

图4.4-20 试验区地层剖面图

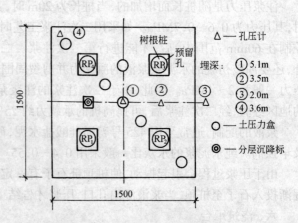

图4.4-21 树根桩及量测元件布置图

本实例引自叶书麟、韩杰、杨卫东,1994。

(三) 量测元件布置

在树根桩托换基础承台板下共布置了六个土压力盒、四个孔隙水压力计、一个深度为12m的深层沉降标;树根桩中共埋设了十二个钢筋应力计。

(四) 试验方案

本次试验按以下三个步骤进行:

1. 天然地基载荷试验:采用慢速法。
2. 树根桩单桩试验:包括抗压、抗拔试验各两组,其中 RP_1 和 RP_3 桩进行抗压试验, RP_2 和 RP_4 进行抗拔试验。 RP_1 桩采用慢速法,其余三根桩均采用快速法。由于树根桩在承台板内,要求在制作承台板时预留了桩孔,使桩与承台板不相连接。
3. 树根桩托换基础试验

(1) 承台板预先加荷的载荷试验:

在这项试验过程中,桩与承台仍是脱空的,荷载只加在承台板上,试验采用慢速法,荷载加至由天然地基载荷试验确定的容许承载力,这项试验的目的是用于模拟天然地基上原有建筑物荷载作用下的应力与变形特性。

(2) 托换后继续加荷的载荷试验:

完成预先加荷的载荷试验后,维持承台板上总荷载,将预留桩孔及桩顶凿毛,再将桩顶钢筋与板内钢筋焊接和清孔后,灌注高标号混凝土将板与桩联结,养护至设计要求的强度后进行托换后继续加荷的载荷试验,试验采用慢速法。

二、试验成果分析

(一) 承载力确定及分析

1. 天然地基承载力

图 4.4-22 为由邻近场地试验所获得的天然地基容许承载力为 90kPa。

2. 单桩竖向承载力

由图 4.4-23 可知, RP_1 和 RP_3 桩竖向抗压极限承载力分别为 110kN 和 135kN,其容许承载力分别为 55kN 和 65kN; RP_2 和 RP_4 抗拔极限承载力为 75kN 和 70kN 其容许承载力均为 35kN。由此可见:

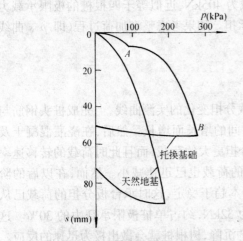
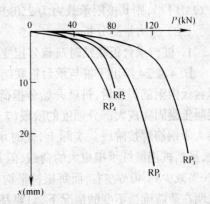

图 4.4-22 天然地基和托换基础载荷试验 p-s 曲线　　图 4.4-23 树根桩单桩载荷试验 P-s 曲线

(1) 树根桩单桩竖向抗拔承载力比单桩竖向抗压承载力低,本试验中前者约为后者的60%;

(2) 树根桩单桩竖向抗压试验达到容许承载力或抗拔试验达到容许抗拔力时的位移量很小,其值约为桩达到极限承载力时的 10%～20%;

(3) 树根桩单桩抗拔试验达到极限抗拔力时的位移比抗压试验达到极限承载力时的沉降要小。

3. 托换基础的地基承载力

从整个托换基础载荷试验分析,可分成以下三个阶段:

(1) 托换基础预先加荷试验

在这一阶段中,桩与承台板是不相连的,施加的荷载通过承台板传递到桩间土,树根桩不直接承受上部荷载,但它承受来自桩间土由于压缩变形而作用在其上的荷载。如图 4.4-22 所示中 OA 段为托换基础预先加荷试验的 p-s 曲线,荷载加至地基土容许承载力 90kPa 时,其对应的沉降量为 7.45mm,相比于天然载荷试验时的沉降量小得多,这是由于土中桩反作用于土,阻止了土的压缩变形所致。

(2) 承台板与桩的联结

在此过程中保持承台板上荷载(200kN)不变,将承台板与桩用高强度混凝土联结,然后养护两个星期,在养护过程中也不卸除荷载。

(3) 托换基础继续加荷试验

树根桩托换后继续加荷试验的承载力是指完成树根桩托换后还能继续承担上部附加荷载的能力。为此,本试验中树根桩托换后地基的极限和容许承载力可根据图 4.4-22 中 AB 段曲线确定,即托换后地基的极限承载力为 150kPa,容许承载力为 75kPa。比较天然地基载荷试验 p-s 曲线与托换基础预先加荷试验 p-s 曲线,如简单地认为后者沉降量的减少完全是由树根桩参与作用所引起,则基础预先加荷阶段中树根桩承受的荷载就是相同沉降量时对应 p-s 曲线中荷载的差值。由此,可算得树根桩与承台板连接之前,树根桩已经承受了 70kN。而此时地基土承受的荷载相当于 60kPa。在实际工程中,托换总是在建筑物建成后进行的,树根桩与基础连接之前是不承受荷载的。因此,如果将上述预先加荷中树根桩承受的荷载必须考虑为树根桩托换后基础所能承受的荷载的话,则修正的托换后地基容许承载力为 90kPa,极限承载力为 180kPa(折算得总荷载为 405kN,近似等于四根桩的极限承载力 440kN,这说明托换后的承载力主要由树根桩所承担。如果考虑整个加荷过程(即 p-s 曲线中 OAB 段),则其极限承载力为 250kPa。

(二) 应力量测分析

1. 桩与承台板联结时荷载分担变化规律

图 4.4-24 给出了桩与承台板联结过程中荷载分担变化的实测曲线,当完成桩头钢筋与承台板内钢筋焊接后,桩就开始分担荷载,并随时间的增长而增长。然后,在浇灌混凝土及混凝土凝固完成大部分强度的阶段(7 天),桩又分担更大的荷载,而且此时荷载的转移速率要大于钢筋焊接阶段。实际上,此时承台板分担的荷载也已迅速减小。然而,在以后的阶段,虽然桩仍继续承担更大的荷载,但其趋势已基本趋于稳定,这时承台板分担的荷载已从 100% 减少到 40% 左右,而每根桩平均承担荷载为 32kN,约占单桩极限承载力的 30%。这说明在荷载维持不变的情况下,只要基础有很小的沉降,树根桩就会做出极为迅速的反应。

2. 托换后继续加荷过程中桩与承台板荷载分担的分析。

图 4.4-25 为桩与承台板联结后继续加荷试验时,实测的桩与承台板分担上部荷载的变

化规律。在一定荷载范围内($P=200\sim480$kN),随着荷载的增加,桩上荷载P_p明显增长,而承台板分担的荷载P_s只是略有增加,这也说明在这一阶段内上部荷载主要向桩上集中。然而,当上部荷载超过这一范围时,桩分担荷载P_p趋于稳定,而当$P\geqslant560$kN时略有下降(当$P=560$kN时,实测桩顶轴力平均值为110kN,等于树根桩单桩竖向抗压极限承载力,说明树根桩已进入极限状态),而承台板分担的荷载P_s明显增大。实际上,当树根桩托换基础达到极限状态时,其沉降量(包括预先加荷阶段为37mm)比天然地基极限状态时的沉降量(约为78mm)小得多,但若以天然地基达容许承载力时的沉降量对托换基础进行取值,则其地基承载力为225kPa,接近于托换基础的地基极限承载力。同时,由图4.4-25还可得,托换基础达极限状态时,树根桩承担的荷载约占上部荷载的80%。

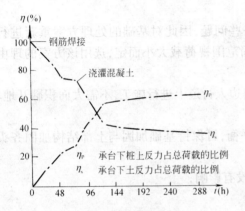 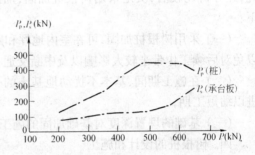

图4.4-24 桩与承台板联结过程中桩、板荷载分担变化曲线

图4.4-25 托换后继续加荷过程中,桩和承台板荷载分担随外荷变化曲线

三、研究和分析结论

(一)树根桩的单桩竖向抗拔承载力比单桩竖向抗压承载力低,本次试验中前者约为后者的60%;

(二)托换后继续施加的荷载主要由树根桩承担,达极限状态时,树根桩承担的荷载约为承台板上总荷载的80%;

(三)托换基础达极限状态时,其沉降量较天然地基时的沉降量小得多;

(四)树根桩与承台板联结过程中,虽然荷载保持不变,但由于基础即使有很小的沉降,树根桩也会做出极其迅速的反应,本次试验中这一荷载传递过程的时间约为7天,荷载传递稳定时,树根桩承担的荷载约为承台板上荷载的60%;

(五)托换基础的载荷试验中承台土反力分布呈"马鞍形",承台土承受荷载约为总荷载的30%~40%。

4.4.3 工程实例二——上海某宾馆增层采用树根桩加固地基[4.4-12]

一、工程概况

上海某宾馆建筑是约有50多年历史的三层钢筋混凝土框架式结构,占地约1400m²,高14m,总荷载约44370kN。分别支承于28个独立条形基础上,最大基础面积135m²,最小基础1.7m²。基础埋深在地面以下0.85~3.2m不等。为适应宾馆扩大业务需要,在原三

本实例引自杨仁杰,1987

层建筑上需直接增层二层。改建后楼高为25m,总荷载增至67620kN,由于荷载增加,必须对地基进行加固处理以提高承载能力,保证增层后的结构安全。

二、工程地质条件

原大楼基础支承于灰色淤泥质粉质粘土上,楼北半部下面有暗浜,原处理情况不明,大楼使用已达50多年,由于地基不均匀沉降,部分上部结构已出现裂缝。

三、托换方案的选择

由于建筑物已使用50多年,地基支承土层已完成固结,沉降已趋稳定,考虑可对原设计的地基承载力90kN提高20%后增至108kPa。第一次托换加固方案为对部分承载力不足的基础采取明挖后再扩大基础承载面积;对承载力已满足的基础则考虑发挥原地基承载力的潜力而不再处理。

当工程开工后,由于在基础处理上遇到一些问题,因此对基础的处理方案重新进行研究,经分析比较后,决定采用树根桩加固,加固范围视荷载大小而定,选用该方案的理由如下:

(一)采用树根桩加固,可在室内地坪和路边人行道上进行施工,不需大面积翻开地坪,以免对后续工作带来较大影响以及中断交通;

(二)在施工期间,基本不扰动地基土的平衡,可保持基础加固与上部结构加固齐头并进以缩短工期;

(三)基础的埋置深度对基础加固的施工没有影响;

四、树根桩的设计和施工

树根桩的桩径为$\phi150mm$,桩长自室内地坪计算为18m,孔内纵向插3ϕ16竖筋(平面三角形布置),箍筋为ϕ6@250。当钻孔完成后,放入钢筋笼和ϕ3/4英寸的注浆管,再在孔内充填经冲洗干净的5~13mm粒径的碎石,然后注入200级的水泥砂浆。

加固桩的平面位置,在满足最小操作净空条件下,以尽量靠近框架柱子为原则,保证底板合理受力,桩与基础的联结构造如图4.4-26a所示,其联结构造是采用在原基础上增厚混凝土。

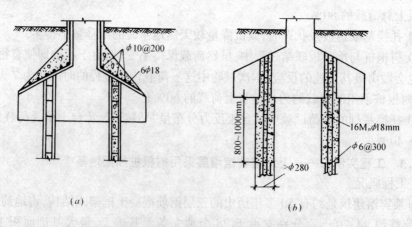

图4.4-26 树根桩与基础的联结构造示意图

由于原设计桩顶和基础结构联结构造形式(图4.4-26a),虽较原扩大基础底面积的方法大有改善,但仍不免有挖开地坪进行施工的问题。为了彻底消除开挖地坪后进行基础施工的困难,改为桩顶端扩径支承传力的联结构造(图4.4-26b),扩径部分长80~100cm。施工工艺上得到了改进:首先是加固桩施工完成后,不必再开挖基坑作基础加固的后续施工;其次是缩短了施工时间,使室内后续装修工程能及时进行。

五、技术经济效果

本工程是我国第一个采用树根桩的托换加固工程。共计施工树根桩62根,工期70天,设置了17个观测点,在建筑物静载已完成的前提下,由沉降观测资料得知:

从已经加固的基础和未经加固的基础绝对沉降量可见,基础之间是变形协调的,达到了设计预期目的;由经加固的基础的绝对沉降分析,桩和原基础是共同作用的,经加固的最大值为20.3mm,最小值为13.9mm;未经加固的最大值为15.4mm,最小值为13.9mm,因而本托换加层是成功的。

4.4.4 工程实例三——上海新华铸钢厂造型车间加固吊车柱基[4.4-8]

一、工程概况

该厂从国外引进铸钢造型设备,拟在造型车间新建钢筋混凝土设备基坑,基坑的底标高有-5.1m、-4.5m、-3.7m、-3.0m和-2.6m等不同深度深坑十四个。基坑的实际开挖深度包括底板和垫层的厚度,最深的达6.6m;且深坑挡土墙距厂房吊车桩基净距仅1m,吊车起重5t,柱基底标高较浅,仅1.35m,其下无桩基。根据地质资料分析,在距离仅1m吊车柱基旁开挖深坑,必然会使原柱基下地基土体产生侧向变形(这层土为粉质粘土和淤泥质粉质粘土),将直接威胁厂房的稳定安全。

二、设计计算

本工程由上海水运工程设计所设计,设计共采用89根树根桩,其中70°斜桩4根,挡土树根桩13根,直径30cm,桩长7m,其余树根桩直径15cm,桩长25m,桩体配筋5φ16,箍筋φ8@200,桩体混凝土200级。图4.4-27为垂直桩和斜桩构造图,图4.4-28为树根桩基础加固桩位图。

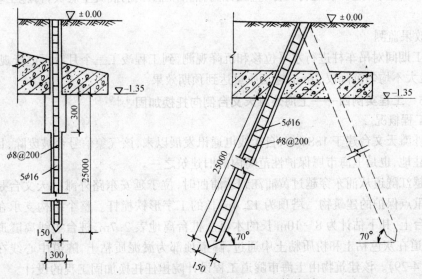

图4.4-27 垂直的和斜的树根桩构造图

本实例引自杨永浩,1992。

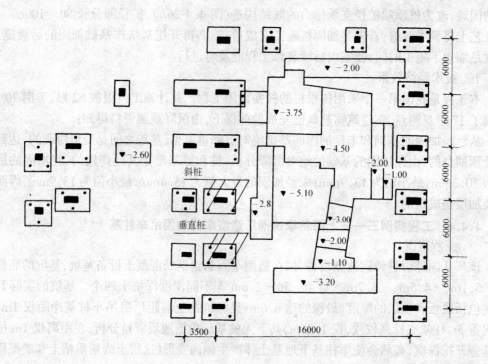

图 4.4-28 树根桩基础加固桩位图

三、施工工艺

树根桩施工采用 XY100—1 型钻机,钻进钢筋混凝土基础时,使用平口合金钻头和金刚钻头钻进,桩体采用升浆法混凝土施工。

在基坑开挖的转角处设置了挡土树根桩。在基坑周围使用 24 号槽钢板桩作为临时挡土结构,在开挖到一定深度进行支撑,直到标高,然后施工钢筋混凝土底板,再施工基坑的挡土墙体。

四、效果监测

在施工期间对吊车柱进行水平位移和沉降观测,到工程竣工三个月后再进行观测,无水平位移,最大不均匀沉降仅 2mm,施工质量达到预期效果。

4.4.5 工程实例四——上海外滩天文台侧向托换加固[4.4-9]

一、工程概况

上海外滩天文台建于 1884 年,自无线电通讯发展以来,该气象信号台被废除,目前是水上派出所驻地,也是上海市属保护性范畴内的旧建筑之一。

上海越江隧道从浦东穿越过黄浦江到达浦西时,位于延安东路外滩的天文台是首当其冲的一座重点保护的建筑物。塔顶为 12.4m 长的工字形铁桅杆。整个结构支承在直径为 14m 的桩台上,其下估计为 8~10m 长的木桩。桩台离地表 2.7m,桩台边线离隧道中心线 14.5m,隧道在灰色粘土和粉质粘土中通过,隧道顶部为淤泥质粘土,隧道中心线在地面下 20m(图 4.4-29)。该建筑物由上海市隧道工程设计院担任托换加固工程的设计。

本实例引自陈绪禄、黄洪聪、刘玉华,1990。

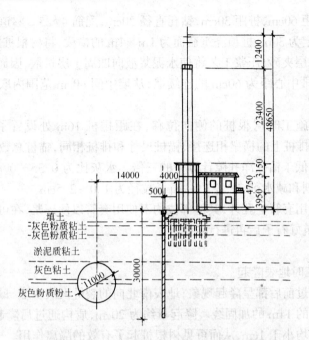

图 4.4-29 上海天文台树根桩加固剖面图

二、设计计算和施工工艺

设计方案如图 4.4-30 所示。离天文台外 4m 处，顺隧道推进轴线方向设置二排树根桩，

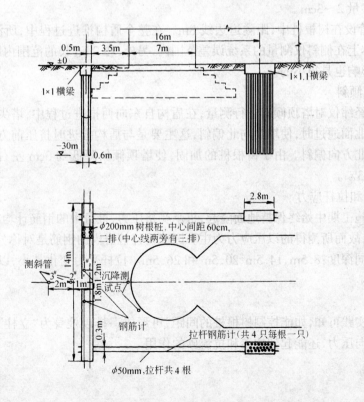

图 4.4-30 树根桩加固详图和监测点布置图

每排长度14m,排距60cm,桩距30cm,钻孔直径20cm,配筋4ϕ25。隧道在该地点的底标高为25.5m,故桩长定为30m,桩顶浇筑截面为1m×1m的横梁,将树根桩连成一体,由于上海地区的软土常呈成层夹砂,压浆工艺将使水泥浆液向四周土层扩散,因而桩间的浆液是贯通的,施工后形成二排中心距为60cm的连续墙,从墙中间60cm范围内取出的岩芯是硬化状态的水泥土。

为了减小隧道施工时树根桩的侧向位移,在距排桩16m处设置了二群锚桩,并使用ϕ50的拉杆与前面排桩上的横梁相连接,锚桩尺寸和排桩相同,锚桩总数为46根。

压浆量通常不低于钻孔净孔隙计算量的三倍。水灰比为0.35~0.40,水泥标号为400号,外加复合早强剂和减水剂3F各2%,石子粒径为1.0~2.5cm。

除地表部分需用套管护孔外,其他部位均不使用套管以便压浆,在可能发生缩孔时需用泥浆护壁,可在填筑好石子后再进行清孔。

三、现场监测

(一) 盾构施工时地表隆起

地表在盾构通过前后都呈隆起现象,地表南北向的裂缝发展明显,最大宽度约10cm,但都没有超出树根桩的14m的加固线。隆起量约为20cm,盾构通过后隆起量不断减小,位于天文台边缘的测点均小于1cm,从而可见树根桩起了有效的隔离作用。

(二) 桩墙及桩前土体的侧向位移

共埋设三根测斜管,二根在土中(2号和3号),一根在桩内(1号),长度均为30cm。

3号测斜管距隧道边线5m,土体受挤压偏向天文台一边,在深度10~25m范围内位移较大,最大位移量2~3cm。

1号测斜管设在树根桩中,距隧道边线8m。在整个盾构推进过程中,所测得的变化在数毫米内,基本上在侧斜仪测量的系统误差范围内,另外,在30m长的范围内即使产生几毫米的挠度,其影响也是很小的。

(三) 塔顶倾斜

采用精密经纬仪对塔顶倾斜进行测量,在盾构自东向西推进过程中,塔尖向东偏斜;当盾构在天文台北面通过时,使塔尖向北偏斜,这主要是与盾构推进时挤压前方土体有关,总的趋势是向东北方向偏斜。由于树根桩的加固,使塔顶倾斜降低到3cm左右,不超过相应倾斜度容许值3‰。

(四) 桩身和拉杆应力

由于盾构施工期中始终保持地面隆起,桩承受挤压力,桩身中的钢筋计均布置在树根桩靠隧道的一侧,故而所测得的以压应力为主。因此设计桩身内的钢筋是对称分布的,钢筋计布置在四个不同深度:8.5m、14.5m、20.5m和26.5m。拉杆受力变化甚小,以压力为主,幅度不超过20kN。

四、结论

根据以上实践可知,如能控制树根桩的间距,可形成一排以桩身为"立柱"的隔墙,不但可承受土体侧向压力,还能起到抗渗和抗流砂的作用。

4.4.6 工程实例五——云南某厂六层住宅楼基础托换补强处理[4.4-10]

一、工程概况

云南某厂住宅楼为长60m、宽9.6m、高17.3m的六层混合结构。无沉降缝,仅中部设伸缩缝,每间均设构造柱,每层设现浇钢筋混凝土圈梁,楼屋面为现浇钢筋混凝土双向板,砌体采用灰渣砖,毛石条基,但底部浇有300mm厚的混凝土底板,埋深2m,宽1.5~1.8m。

该住宅楼1990年5月动工,1991年1月发现伸缩缝两侧部分墙体开裂,至5月份裂缝继续发展,并具有如下特征:

(一)墙体开裂集中在伸缩缝两侧的二、三单元,东西两段(一、四单元)墙体未发现开裂现象;

(二)开裂情况底层最为严重,纵墙开裂比横墙多,一楼以上裂缝逐渐减少。楼顶女儿墙伸缩缝错位达80mm,楼底伸缩缝两侧纵向地圈梁有两处折断;

(三)沉降值由东向西急剧增大,东端基本未观测到明显的沉降变形,西端约6个月沉降量达137mm,且差异沉降仍在继续发展中。

二、场地工程地质与水文地质条件

住宅楼施工前未作地基勘察,事故发生后沿建筑物周边设钻孔10个进行补勘。查明纵向各土层的工程地质剖面图如图4.4-31所示。各土层的物理力学性质指标见下表。场地主要承压含水层为圆砾层,其次为中细砂层。地下水综合稳定水位埋深0.7~1.1m。

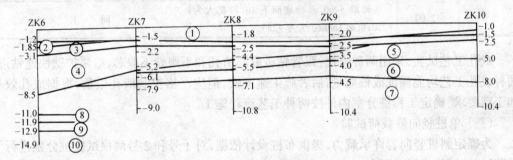

图4.4-31 工程地质剖面图(1:500)
①杂填土;②耕填土;③粘土;④泥炭化土;⑤中细砂;⑥圆砾;⑦粘土;⑧砾砂;⑨粉土;⑩粉砂

各土层物理力学性质指标表

土层编号	土名	状态或密实度	重度γ (kN/m³)	粘聚力标准值c_k (kPa)	压缩模量E_s (MPa)	承载力标准值f_k (kPa)
③	粘土	可塑	18.5	25	4.5	120
④	泥炭化土	软~流塑	14.0	16	1.9	50
⑤	中细砂	稍~中密	20.0		8.5	160
⑥	圆砾	中密			20.0	320
⑦	粘土	软~可塑	19.0		6.0	160
⑧	砾砂	中密			19.0	340
⑨	粉土	软塑			4.0	140
⑩	粉砂	稍~中密			4.0	140

本实例引自卢宗明、张义镐,1993。

三、事故原因分析

建造前未作工程地质勘察,基础设计有盲目性;场地东西两段地基严重不均匀;中段和两段主要受力层泥炭化土厚度不稳定。经对各地段持力层进行地基承载力校核,中西段严重不满足设计要求,致使基础产生过大的差异沉降,导致房屋严重开裂。

四、处理方案论证与工程试验

(一)共提出化学灌浆、锚杆静压桩和树根桩三种处理方案,经从各方案的可行性、施工难易程度、工期及费用等多方面进行分析比较,认为树根桩可在室内外均可施工,不需开挖,对地基土基本不扰动,工程质量有保证,且工期短,费用不高。最终选定树根桩方案进行基础托换处理。

(二)施工工艺试验

在北纵墙外侧施工三根倾角为85°的试验斜桩,其中1号、2号桩为距墙角2.5m(兼作静压试验桩),3号桩穿过原基础作工程桩工艺试验。试验材料为525号普通硅酸盐水泥、豆砾石、洗砂。水灰比采用0.5:1,灰砂比为1:0.4,树根桩具体参数如下表。

试 验 桩 参 数 表

试桩号	桩长(m)	桩径变化(mm)	灌浆方法及充盈系数
1号	6.10	桩身段φ170,桩端1m段扩大为φ300	采用升浆法灌浆充盈系数为1.4
2号	12.55	桩身段φ170,桩端1m段扩大为φ200	同 上
3号	12.00	基础段φ200,基础底面下1m段扩大为φ250,桩端1m段扩大为φ250	同 上

成孔工艺试验,采用两种方法:跟管钻进取芯清孔和不跟管不取芯,造浆护壁快速钻进。两种成孔工艺均能保证成桩质量,后者施工速度快,但应严格控制清孔质量,根据成孔效果和工期要求,确定工程桩分室内外按两种工艺流程施工。

(三)单桩竖向静载荷试验

为确定斜桩竖向容许承载力,提供布桩设计依据,对1号和2号两根试验桩分别进行了载荷试验,试验成果见下表。

单桩竖向静载荷试验成果表

桩 号	桩 长 (m)	最大加载量 (kN)	最终沉降量 (mm)	极限荷载 (kN)	竖向容许荷载及相应沉降量	
					容许荷载(kN)	沉降量(mm)
1号	6.1	250	3.69	294	150	1.9
2号	12.1	240	3.81	258	130	2.4

考虑试桩的容许承载力包含了2m基础埋置段摩擦力,实际单桩竖向容许荷载分别取135kN和115kN。

五、树根桩托换补强设计

根据勘察及静力触探资料,东部基础底以下0.4~0.6m深度内即存在承载力高、压缩性小的砾砂、圆砾下卧层,且未发现原基础有沉降,故设计原则确定只进行中、西部托换处理,而东部不予处理。

对托换部位也只补充承载力的差值,即处理区域为整幢房屋的$\frac{2}{3}$(为480m^2),地基承载力设计值平均为 130kPa,按最软土层承载力 50kPa 计,差 80kPa,则总的地基反力需增加 $480 \times \frac{2}{3} \times 80 = 25600$ kN。按平均每根桩承受 125kN 考虑,布桩 210 根,容许总荷载达 26250kN,沿纵横墙体两侧布桩(图 4.4-32),各桩均以 85°角倾向相邻墙体,桩位距墙角 400mm。布桩密度为沉降大的西端较密,向东逐步减稀,桩距 1.0~1.5m,桩进入硬持力层 (中细砂、圆砾)不少于 1m,西端设计桩长 12m,向东逐渐减小到 5m。各桩穿入原基础段桩径为 $\phi 200$,基础底面下扩大成 $\phi 250$~300 的支撑头,孔底扩径至 $\geqslant \phi 250$;其余段桩径不小于 $\phi 170$,桩体混凝土等级不低于 C18,主筋 $4\phi 16$,箍筋 $\phi 6.5$ 间距 250~300(图 4.4-33)。

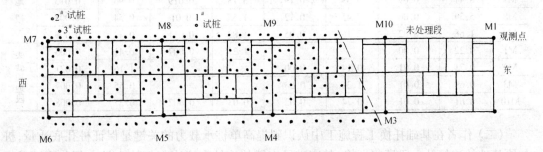

图 4.4-32 桩位平面布置示意图(1:500)

六、树根桩施工及效果检测

(一)树根桩施工

施工时共投入 XY—1 型钻机四台,总体施工按由西向东的方向、房内外同步展开,由疏加密的两个次序进行,历时 45 天,完成了 210 根桩的施工任务。施工中采取了有效措施,较好地解决了室内净高小(仅 2.6m)、场地小、孔内缩径、基底桩径扩大等施工难点,单桩充盈系数为 1.05~2.87,平均为 1.33,成桩质量良好。

(二)效果检测

1. 混凝土强度

注浆成桩后从 10 根桩的孔口取出混凝土制成 $7.07 \times 7.07 \times 7.07 \text{cm}^3$ 试块,在一个月以上龄期进行抗压强度试验,强度等级均达 C18 以上,满足设计要求。

2. 沉降观测

由沉降观测值表可知,点 M7 为最大沉降量 3.18mm,稳定期(全部桩托换承重)最大沉降量仅 0.96mm,沉降速率 0.013mm/d。在处理范围内最大沉降差仅 0.52mm,整幢建筑的最大沉降差也只 0.75mm。沉降可谓基本稳定,各项指标均满足规范要求,达到预期效果。

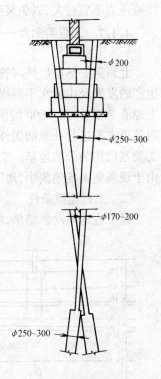

图 4.4-33 基础托换断面图

七、结语

(一)本工程从查明和分析事故原因入手,进行处理方案比较,施工前进行工艺和试桩试验,再进行处理设计,严格控制施工质量,建立了监测系统等正确环节,这些都是保证工程质量的有力措施。

沉 降 观 测 值 表

点号	施工前(98天)		施工期间(45天)		过渡期(165天)		稳定期(74天)		备注
	沉降量 (mm)	沉降速率 (mm/d)	沉降量 (mm)	沉降速率 (mm/d)	沉降量 (mm)	沉降速率 (mm/d)	沉降量 (mm)	沉降速率 (mm/d)	
M4	2.94	0.03	4.85	0.11			0.56	0.007	处理地段
M5	6.18	0.06	9.01	0.20			0.76	0.01	
M6	9.77	0.10	12.15	0.27					
M7	8.41	0.09	8.59	0.19	3.18	0.019	0.96	0.013	
M8	5.34	0.06	5.45	0.12	1.55	0.01	0.54	0.007	
M9	1.68	0.02	2.16	0.05	1.83	0.011	0.44	0.006	
M1	0.22	0.00			1.23	0.007	0.41	0.005	未处理地段
M2	0.71	0.01	0.14	0.00			1.16	0.021	
M3	0.69	0.01	1.36	0.03			0.55	0.007	
M10	0.61	0.01	0.74	0.02	0.03	0.002	0.57	0.008	

(二)作者在基础托换工程施工中认识到提高单桩承载力的关键是保证桩孔底质量;桩与原基础的连接及上段灌浆振捣;基底扩径支撑的连结方式应仔细检查扩大部分要满足设计要求;对投碎石的桩采取慢速边投边捣的方式以防止阻塞;对强透水土层中注浆成桩,其注浆压力不宜过大,以免浆液扩散造成浪费。

4.4.7 工程实例六——北京热电厂管道支架地基加固[4.4-15]

一、工程概况

北京第一热电厂热网管道建于1958年。热网改造工程是北京市重点工程。随着工业生产的发展及生活水平的提高,现有的供热能力已不能满足需要而需进行改造。热网支架上原有7根$\phi 600 \sim 800$的供热管道现改为$\phi 1000$,因而基础承受的荷载相应增大。为此,除对管道支架进行补强加固外,支架基础也必须进行加固。需要加固的支架基础共11个,原支架基础均为天然地基。支架间距为12m(5号、6号和7号基础间距为6m),总长为108m。由于现场施工场地狭小,地下管线分布较多,施工难度较大。

二、工程地质条件

经工程地质勘察结果,场地地质剖面如图4.4-34所示。

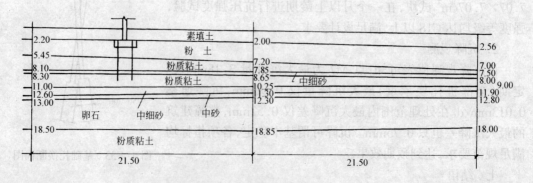

图4.4-34 场地地质剖面图

本实例引自何大为、李新智、王吉望,1992。

三、试验及设计

管道支架加固,根据加固要求、现场施工场地小且条件苛刻及土层情况,经比较后,采用竖向树根桩进行加固。

设计桩径 $\phi150$,桩身砂浆设计标号不低于 100 号,圆形钢筋笼由 $4\phi16$ 主筋及 $\phi6.5$ 的螺旋箍筋组成,长 10m,伸入基础 0.8m。每个基础均匀布桩 20 根,共计 220 根。设计桩长(自基础底面算起)9.20m,桩的典型平面布置见图 4.4-35。

桩与基础连接的冲切试验表明:破坏以冲切破坏为主。冲切破坏与砂浆柱体破坏荷载均大于桩的设计承载力。因此,桩与基础的联接是可靠的(图 4.4-36)。

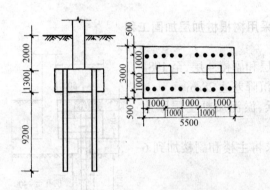
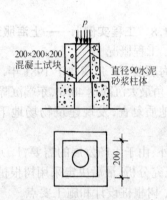

图 4.4-35 桩的典型平面布置图　　　图 4.4-36 桩的冲切试验

经室内试验,水泥砂浆采用 525 号水泥和中砂级配,灰砂比 1:2,水灰比 0.6,外加 5%水泥用量的膨胀剂,3%的减水剂配制而成,施工效果良好。

四、工程施工

(一) 成孔

根据现场的施工条件,选用轻便灵活且实用的小型百米钻机,由于土层较为密实及机具本身的限制,经试验百米钻机无法干钻成孔,最后采用湿法成孔,即泥浆护壁成孔。由于支架基础厚度较大,且基础内配有钢筋网,钻进时采用合金钢筒钻,钢砂研磨,而土层成孔仍采用这种钻头。

护壁泥浆不得过稠,否则会影响钻进速度,而过稀又无法达到护壁效果,所以排出的泥浆比重控制在 1.3~1.5。

(二) 压力注浆

将普通的硅酸盐水泥、过筛的中砂、所需的外加剂与水由砂浆搅拌机充分拌和制成砂浆,然后进行水下压力注浆。

热网支架地基加固工程施工工艺:
(1) 用套筒干钻取土,钻孔至基础顶面;
(2) 钻穿混凝土基础,提取岩芯;
(3) 泥浆护壁成孔,孔深至设计标高;
(4) 用捞渣筒捞取孔内沉渣;
(5) 下放钢筋笼并分段焊接;
(6) 下放灌浆导管至孔底,高压水清孔;

(7) 将按设计配比配制的搅拌均匀的砂浆由砂浆泵水下压力注入,边灌注边拔管,逐渐排出孔内水,直至砂浆冒出为止。

施工时采用跳打间隔施工,保证成桩质量。每个基础同时施工的钻机不多于两台,尽量减少施工时对基础及土的破坏扰动。

五、技术经济效果

树根桩施工机具灵活,施工速度快、用料少、桩成本低,具有推广价值。

针对不同的土层及施工条件,应采用合适的钻机,可使施工既灵活又高效。

本工程采用树根桩成功地解决了改造工程中的地基加固难题,取得了良好的技术经济效益。

4.4.8 工程实例七——上海服装五厂采用树根桩加层加固工程[4.4-9]*

一、工程概况

上海服装五厂厂房建于1981年,主楼5层和副楼4层,至1984年,西南角最大沉降达48cm,东端沉降20cm,沉降差达28cm。

经地质复查,发现建筑物场地下有暗浜、淤泥质粘土层厚达9.5m。

另外,由于生产发展的需要,厂方还要求将主楼和副楼加到6层,经研究分析,最后决定采用树根桩加固。

二、树根桩设计和施工要点

树根桩桩径为$\phi200mm$,桩长为20m,单桩容许承载力为200kN,总桩数为139根。

施工时钻穿原杯形基础,基础底面下1m范围内的树根桩桩径扩大到$\phi400$,形成一个肩胛,确保上部荷载传递的可靠性(图4.4-37),树根桩的钢筋和原底板钢筋焊接并形成扩大的杯形基础。

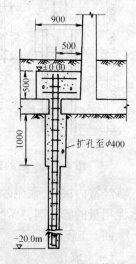

图4.4-37 上海服装五厂加层加固厂房基础

三、技术经济效果

该工程于1988年2月开工,4月上旬完工,11月加层至6层后,实测沉降量仅为数毫米。

4.4.9 工程实例八——太钢一轧厂中小型精整车间采用树根桩加固工程[4.4-16]**

一、工程概况

太原钢铁公司第一轧钢厂建于三十年代,并在1958年扩建老厂房。其中的中小型精整车间是三跨单层工业厂房,每跨均为27m,其中33线和36线部分柱基位于厚薄不均的人工填土上,地基又未经处理,因而产生了不均匀沉降,而且长期未能稳定,导致重级工作制天车运行困难,每次检修均需调梁拨轨,托架节点及屋架上下弦均出现多道0.2~1.0mm宽裂缝,柱间支撑压曲或拉断,成为该厂轧钢生产运行中的重大隐患,长期未能彻底解决。

该厂房柱基埋深为2.9~3.4m,钢筋混凝土单独基础的底面积为4m×6m和2.5m×5m不等。上部结构为钢筋混凝土吊车梁或钢吊车梁,12~18m钢筋混凝土托架及27m预应力钢筋混凝土梯形屋架,1.5m×6m大型屋面板,但有少部分为钢柱、钢托架及钢屋面板,每跨均有4~8台15t重级工作制桥式吊车。

---

* 本实例引自陈绪禄、黄洪聪、刘玉华,1990。

** 本实例引自涂光祉、王建平,1991。

二、工程地质条件

场地由饱和黄土组成，表层为 1.8~4.0m 厚人工填土，其下为厚 5.7~6.6m 的软塑~流塑状砂质粉土，灵敏度高，平均标准贯入击数 $N_{63.5}=2.3$，容许承载力为 90kPa；第三层为可塑~硬塑状态砂质粉土，压缩性中等偏低，平均 $N_{63.5}=11.5$，容许承载力为 200kPa；在 28~30m 深度处出现砂卵石层，地下水位在 -2.8m 处。

三、树根桩设计和施工

该厂的车间部分下沉的柱基 A_A-33、B_A-33 和 B_A-36 等八个柱基需进行加固，原拟采用旋喷桩，经比较后最终决定采用树根桩，后者较前者的优点是：(一) 桩外形较规则；(二) 能下钢筋笼；(三) 桩上部能与基础锚固成整体。

树根桩数量是根据柱基荷载大小设置，多则 16 根，少则 6 根，桩长 18m，直径 150mm，采用三角形钢筋笼，纵向主筋为 3 Φ 14mm 螺纹钢，箍筋 φ6@250mm（图 4.4-38）。

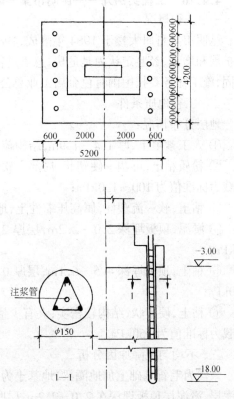

图 4.4-38 太钢一轧厂树根桩托换示意图

成孔采用 XJ-100 型百米油压钻机，桩身穿过基础第一个台阶。钻孔采用泥浆循环护壁，未加套管。钻孔达到设计深度后，压水进行清孔，待泛出的水变清为止，然后下钢筋笼和注浆管，并填入粒径为 5~15mm 石子充满后继续压水清洗。注浆用 UB3 型灰浆泵，注浆压力可达 1.5MPa。水泥浆水灰比控制在 0.5~0.6，注浆到水泥浆从孔口泛出为止，一般每孔注入水泥量约 400~500kg，个别孔达 900kg，表明基底局部有孔洞。

四、载荷试验

在施工现场进行不同长度树根桩竖向抗拔和抗压承载力试验。在桩身不同深度处埋设电阻应变片及混凝土应变计以测定桩身应力；桩端埋压力盒以测定桩端反力。由于采用矿渣水泥，而试验加载前的养护龄期较短（18~26 天），因此试验加压时均为桩身强度破坏和纵向钢筋压曲，桩身下部的电阻片及混凝土应变计反映出的桩身应变都较小，桩端压力盒也反映不大，表明桩身摩阻力尚未充分发挥。根据按相对沉降量 $s=0.03d$ 的标准确定的单桩竖向抗压容许承载力为 140kN，容许抗拔力为 125kN，最后纵向钢筋屈服后被拉断，而桩身未拔出。由于矿渣水泥早期强度低而晚期强度高，随着时间增长，可预计单桩承载力还将有所提高。

五、效果与评价

树根桩应用于单层工业厂房柱基础托换加固具有对地基扰动小，施工速度快，造价较低等优点，不失为对老厂房地基基础加固中一个值得推荐的托换方法。本托换工程由西安建筑科技大学承担设计，亦是树根桩首次应用于黄土地基上大型工业厂房的柱基托换，并取得了良好的成效。

4.4.10 工程实例九——昆明市某科研大楼采用树根桩托换加固工程[4.4-17]

一、工程概况

昆明市某科研大楼于1984年落成,1986年楼房即出现倾斜和裂缝,至1987年裂缝继续扩展和增加,经鉴定认为是危房,急需进行加固处理,经多方案论证,决定采用树根桩托换加固,施工任务委托中国有色金属工业总公司浙江有色地质综合勘察公司施工。

二、工程地质条件

地层分布情况:

① 人工素填土,厚1.4～1.9m,结构疏松夹碎砖瓦;

② 粉质粘土,可塑～硬塑状,局部为软塑,顶板埋深1.4～2.2m,厚度0.2～0.8m,地基承载力标准值为100～130kPa;

③ 粘土,软～流塑性,属高压缩性土,地基承载力标准值为60～70kPa;

④ 淤泥,顶板埋深2.0～2.2m,层厚2.3～4.1m。含有机质,地基承载力标准值低于40kPa;

⑤ 粘土,顶板埋深4.5～6.1m,层厚0.5～2.1m,可塑～软塑状,地基承载力标准值为100kPa;

⑥ 粘土,硬塑状,结构较密实,夹有少量强风化玄武岩碎屑,顶板埋深4.5～6.1m,地基承载力标准值为150kPa。

三、不均匀沉降原因分析

该楼为毛石基础上加地圈梁,地基土为软、硬不均匀的洪积和湖积的粘土、粉质粘土及淤泥层,淤泥层顶板埋深在2.0～2.2m,层厚2.3～4.1m,淤泥层及其上部粘土、粉质粘土含水量高,呈软塑～流塑状,淤泥层富含有机质并有土洞发育,其容许承载力小于40kPa。在该建筑物东北部有一隐伏的暗塘,暗塘之上素填土松散,孔隙大,压缩性高,其暗塘为流塑状的淤泥层,而建筑物东北角基础置于未经处理的淤泥层上的素填土中,致使产生不均匀沉降,引起建筑物的倾斜和产生许多裂缝,经施工发现在科研楼东北角地段,毛石基础随回填土体下沉与地圈梁脱裂,其最大裂缝宽度达38cm。

四、托换工程设计及施工

在基础轴线上和轴线间设置树根桩56根(图4.4-39),桩长一般为7～8m,进入到粘土层中3m,桩径130mm,上部1m与基础连接地段的桩径为180mm,钻孔分直孔和80°～85°斜孔两类,下置钢筋笼用200号水泥砂浆灌注成桩。

设计时考虑了地基土围护加固措施:在大楼东北角外侧,北端长10m,北

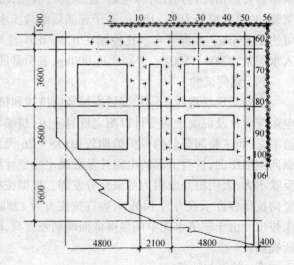

图 4.4-39 树根桩平面布置示意图
○—围塘树根桩;+—直树根桩;T—斜树根桩

本实例引自郭忠新、修本善,1990。

东端长 8.8m 布设二排桩,桩径为 130mm 和 200mm,桩长 5.5~12.6m,进入粘土层的深度大于 1m,用以围护地基土,防止在地下水的作用下使地基土流失和向外挤出。

对地圈梁与毛石基础裂缝处理:在施工树根桩时发现科研楼北端地圈梁与毛石基础未同步下沉造成开裂,裂缝最大宽度达 38cm,地圈梁已悬空十分危险,施工时采用打入钢楔临时加固措施,树根桩灌注采用压力注浆,灌注的水泥砂浆超高于地圈梁底部 20cm,使地圈梁、毛石与树根桩胶结成一体,如图 4.4-40 和图 4.4-41 所示。

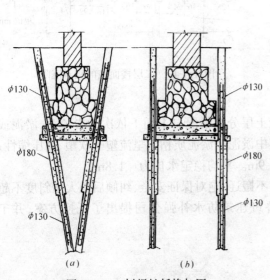

图 4.4-40 树根桩托换加固
(a)斜桩;(b)直桩

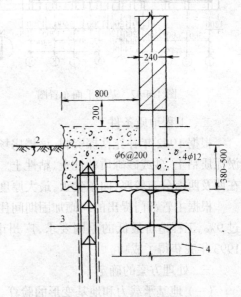

图 4.4-41 托换加固措施示意图
1—地圈梁;2—室外;3—直树根桩;4—毛石基础

五、沉降观测

托换加固竣工后,建筑物的沉降在一个月内已达稳定状态,加固效果良好。

4.4.11 工程实例十一——广州某七层楼房采用综合法纠倾与树根桩加固基础[4.4-18]

一、工程概况

某 7 层楼房位于广州市沙河顶,钢筋混凝土框架结构。原设计为 8 层框架结构,条形基础。在基础施工中,发现局部地基软弱,随即将部分基础改为片筏基础,且 8 层改为 7 层。于 1986 年 3 月完成基础施工,8 月结构封顶。房屋平面轴线尺寸 24.4m×12.4m,总高度 22.5m,基础埋深 2.3m,底板厚度 0.4m,基础平面如图 4.4-42 所示。目前首层为空仓库,其余层为使用中的住宅。

根据 1992 年 5 月的沉降观测,最大沉降为 395mm,最小沉降为 80mm。实测二层楼面底的相对沉降见图 4.4-43。

据 1993 年 6 月纠倾施工前现场观测,房屋向西整体倾斜 11.27‰,向南整体倾斜 6.9‰。根据《危险房屋鉴定标准》GJ 13—86 的规定,墙、柱的倾斜量超过高度 1%,危及主体结构,成为整栋危房。

本实例引自李国雄、黄小许,1994.9。

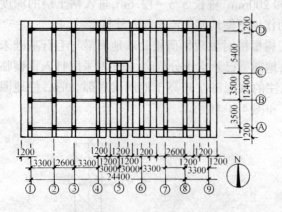

图 4.4-42　基础平面布置图　　　　图 4.4-43　二层楼面底的相对沉降

二、工程地质条件

根据 1992 年补充钻探资料,该楼房场地土层分布情况自上而下依次为素填土、淤泥或淤泥质粘土、砂或砂砾质粘性土、粘性土。其中淤泥或淤泥质粘土呈流塑～软塑、高压缩性,在西及西南分布较厚,向东尖灭,最大厚度 3.9m。平均稳定水位为 -1.8m。

根据主管部门提出的纠倾加固期间住户不搬迁、绝对保证安全、纠倾后最大倾斜度不超过 9‰、工程造价最低的原则要求,广州市鲁班建筑防水补强公司提出了托换方案,并于 1993 年底获得了成功。

三、处理方案的确定

（一）地基承载力和地基变形的验算

经计算后发现持力层地基承载力均满足要求,但沉降较大的西侧部位的软弱下卧层地基承载力不满足要求,并且地基压力超过地基临塑荷载约 27%。

计算表明,沉降较大部位的最终沉降量为 481mm;沉降较小东侧部位的最终沉降量为 88mm。

（二）不均匀沉降原因分析

1. 软弱下卧层地基承载力不满足要求,地基在局部范围内产生塑性区,使地基沉降加大,但尚不至于发生整体剪切破坏。

2. 地基土层分布不均匀,西侧近 4m 厚的高压缩性淤泥和 2m 厚的松散填土使西侧的沉降值远大于东侧的沉降值,建筑物向西整体倾斜。

3. 该楼房的挑阳台全部集中在南侧,而基础基底面积却南北一样,使上部结构重心与下部基础形心间存在一定的偏心距,南侧基底压力大于北侧基底压力,这是建筑物向南整体倾斜原因。

4. 由于淤泥的沉降持续时间较长,虽然该楼沉降值已大部分完成,但沉降尚未完全稳定,以后将仍会发生少量沉降。

四、房屋整体纠倾方案的实施

（一）钻孔解除应力。

在沉降较小的东侧⑥～⑨轴基础下布置 46 个 ϕ127 小直径钻孔(图 4.4-44)。钻孔深度自地面穿过基础底板下 4m,并下钢套管护壁。在纠倾过程中,根据各柱位沉降需要,确定周围钻孔的应拔上还是重新插下。当拔上套管时,孔周土体的侧向应力得到部分解除,使土体压缩变形增大。当重新插下套管时,孔周土体的侧向应力逐渐恢复,使土体压缩变形趋于稳定,从而达到控制沉降的目的;

(二) 射水局部掏土

利用已钻小孔,分批分级在基底位置侧向压力射水,射水压力为 5MPa 左右,在射水平面内冲刷掏出部分孔周土体,增大未掏出土体的压力,从而加速土体压缩变形和基础沉降;

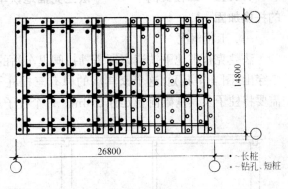

图 4.4-44 钻孔及树根桩平面布置

(三) 重物加载迫降

在沉降较小的东侧④~⑨轴室内外按沉降变形需要堆放重物,重物布置原则为东重西轻,北重南轻,分级阶梯形布置,使地基应力增大,基础沉降增加。

为配合上述纠倾方案的实施,在建筑物首层柱位上设置了 14 个沉降观测点,每天两次用水准仪观测沉降,用经纬仪观测倾斜度,坚持用观测数据指导和控制纠倾施工的过程。施工时严格控制沉降速度,认真调整变形分布,以建筑物安全为最高原则,达到平面沉降变形的要求,整个施工过程中建筑物没有任何新裂缝出现或旧裂缝扩展,成功地达到了房屋整体纠倾的目的。

五、基础加固

基础加固采用 80 根 15m 长树根桩和 46 根 4m 长的短树根桩,其中短树根桩利用纠倾施工时已钻好的小孔成桩。长桩主要布置在建筑物两部作重点加固,短桩分布在建筑物东部,作一般加固。长树根桩构造如图 4.4-45 所示。短树根桩构造与长树根桩类似。

本工程树根桩单桩承载力由桩周摩擦力控制,设计长桩的单桩承载力为 75kN,短桩的单桩承载力为 30kN。当树根桩施工完毕后,在树根桩中随机选取了三根长桩进行现场静载试验,试验极限承载力分别达到 225kN、195kN 和 210kN,完全达到了单桩承载力设计要求。

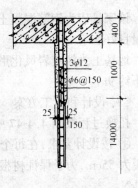

图 4.4-45 树根桩构造大样

六、效果与评价

(一) 本工程采用的综合纠倾法,具有安全、可靠和经济等优点,适合于浅基础多层建筑物的纠倾工程;

(二) 在较好控制平面沉降变形的条件下,完全可以保证上部结构在纠倾过程中的安全;

(三) 只要施工工艺正确,施工质量保证,树根桩的单桩承载力是可靠的,用于基础加固具有其独特的优点。

4.4.12 工程实例十一——法兰克福地铁车站出口处材格缪勒家具店柱子和单独基础的托换加固[4.4-6]

一、工程概况

法兰克福市地下铁道康斯塔勃拉阀里车站的出口处,按设计要求要从材格缪勒家具店中穿出(图4.4-46)。这个家具店的原有三根柱子及其基础,因位于出口处阶梯状空间内,需要将柱子及其基础向下延伸3.4m。每个柱子承担荷载为1890kN,托换面积约为90m²。

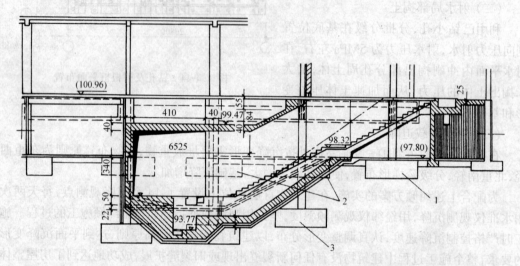

图 4.4-46 家具店柱子托换剖面图(单位:除标高外以 cm 计)
1—原有柱基;2—此平面内的柱基需要向下延伸;3—向下延伸后的柱子和基础

该家具店为钢筋混凝土框架结构,一层地下室和六层楼房,作为商店和住宅使用,施工质量良好。

地基土为泥灰岩风化形成的粘土、冲积砂层及第三纪交替沉积层。地下水水位在地表以下约9m。

二、设计和施工方案

托换过程按图4.4-47中的步骤简述如下:

① 按设计要求,在每个要托换的柱基上布置10根 $\phi22cm$ 的树根桩,分二排对称布置,孔距为55cm,为了保证树根桩的质量,每10根桩中抽查一根桩作现场载荷试验,载荷加到250kN。

按设计要求,沿出口处斜梯形基坑的侧壁部位布置一排钢管桩,钢管桩间距为1.0~1.6m;

② 将三根要托换的柱子的混凝土表面局部打毛,并在高出地下室底面约1m的部位,环绕柱子灌筑一个钢筋混凝土的环箍,环箍又把所有10根树根桩的顶端联结在一起。并用 $\phi26$ 钢材做成箍紧件,使用箍紧件在环箍中施加预应力,使环箍与柱子间更为牢固地联结起来;

③ 地下室底板和出口处的施工基坑一直开挖到约2.25m的深度(树根桩附加抗弯支撑构件的底面深度);

用喷射混凝土对施工基坑四周钢管桩之间的空隙进行填塞,形成喷射混凝土支护侧壁;

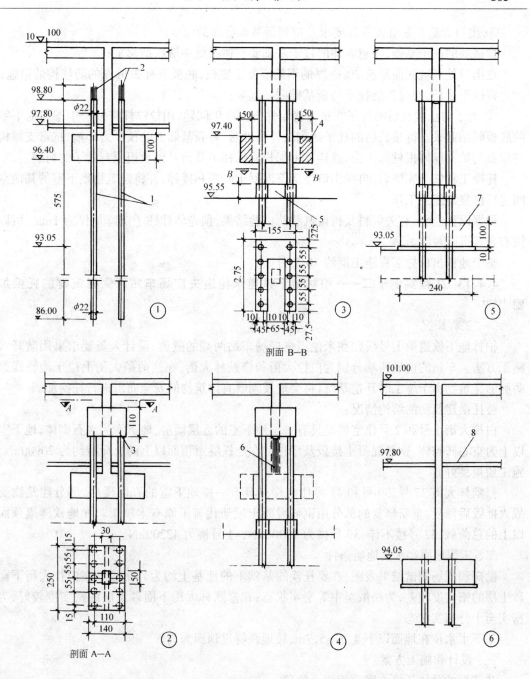

图 4.4-47 柱基托换施工过程(单位:除标高外均以 cm 计)
1—树根桩 φ22cm;2—预留钢筋;3—钢筋混凝土环箍;4—在建造抗弯支撑构件前,先将这部分原有基础凿去;
5—抗弯支撑构件;6—钢筋外露并进行刷洗工作;7—延伸后的柱基;8—地下室底板平面

将原有柱子基础的一部分凿去,并浇筑树根桩抗弯支撑构件;

④ 待抗弯支撑构件结硬后,将树根桩顶环箍以下的原有柱子和基础都凿去,此时树根桩承担原柱子上的全部荷载。注意留出原柱子中的钢筋一定长度,并做好钢筋表面刷洗工作,以便以后接长;

⑤ 出口处施工基坑按设计要求开挖到新基础底面的深度；

建造新的柱子基础，注意新建的柱子基础要与树根桩中端联结起来；

在出口处基坑底面浇筑20cm厚的钢筋混凝土底板，底板下有3cm厚的防渗构造措施；

将柱子接长，使接长的柱子与新基础联结起来；

⑥ 为了防止接长后的柱子在抗弯稳定性方面产生问题，用拉锚杆将柱子中端与地下室的底板联结起来。待接长后的柱子达到设计强度后，将新基础上的预应力环箍、抗弯支撑构件以及初始支撑树根桩都凿去，这样就由加长后的柱子及新基础承担原有柱子的荷载。

托换工程施工完毕后，再在出口处浇筑混凝土底板和楼梯；并将建筑物地下室的其他空间进行修复等施工工作。

根据以往经验、有关资料及树根桩载荷试验结果，预先估计柱子沉降量仅为1mm，所以没有布置沉降观测。

整个地铁出口处工程施工期约10个月。

4.4.13 工程实例十二——柏林地下铁道米伦道夫广场车站两侧建筑群的托换加固[4.4-6]

一、工程概况

柏林地下铁道第七号线路在米伦道夫广场车站两端的隧道，设计人员要求采用敞开式施工方法。车站的前后两端分别为白拉大街和修默林大街，在这两条大街上位于地铁线路两侧的建筑物由于施工时开挖基坑，将会危及到既有建筑物的安全而需进行托换加固。

被托换建筑物的结构情况：

白拉大街1号和2号住宅楼是具有一层地下室的五层楼房，地下室为块石砌体，地下室以上为空心砖砌体，钢筋混凝土楼板及屋顶。在地铁隧道顶面以上的总荷载约为20900kN，施工质量良好。

修默林大街37号、39号和41号住宅楼是具有一层地下室的五层楼房，部分建筑物受战火摧毁后修复，重新修复的部分用钢筋混凝土屋架代替了原有木屋架。在地铁隧道顶面以上的总荷载，37号楼不详，39号楼为13900kN，41号楼为42200kN。

二、工程地质和水文地质条件

勘探和现场测试结果表明：在要托换的基础下的地基土均为砂土层。在白拉大街下面砂土层的密实度较差，为松散至中等密实状态；在修默林大街下面砂土层的密实度较好，为密实至十分密实状态。

地下水水位在地面以下4.7~5.7m，较地铁隧道顶面为高。

三、设计和施工方案

建筑群的总体托换方案分为两个阶段：

第一阶段是建立"初始支撑"，将房屋荷载临时性地转移到由初始树根桩群承担；

第二阶段则由树根桩群、大钻孔桩群以及钢筋混凝土的支承梁板联合组成门式支承结构，实现"二次支撑"，承担建筑物下的最终支撑而完成托换加固全过程。

由于有了门式支撑结构的保护，隧道结构工程才可采用普通敞开式施工方法进行开挖。

图4.4-48为实施托换的施工步骤，简述如下：

（一）地下室底板开挖，再在地下室中建立钻探工作平台（必须具备一个净空为2.5m的工作高度）；

4.4 树根桩

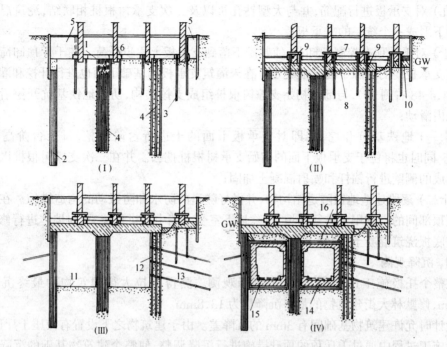

图 4.4-48 由树根桩与大钻孔桩综合托换
1—钻孔平台;2—大钻孔桩 φ88cm;3—树根桩(初始支撑);4—树根桩柱(左)和树根桩墙(右)
(二次支撑);5—房前坑井;6—承台;7—横梁(左)和液压千斤顶(右);8—挖土至支承板底面标高;
9—支承板;10—辅助支承;11—隧道基坑台阶状开挖,每次向下约150cm,直至底面深度;12—配筋
喷射混凝土护层;13—锚杆;14—隧道衬砌;15—橡胶垫层(隔振);16—回填土

（二）在既有建筑物旁侧,按设计要求钻进和建造 φ88cm 的大钻孔桩；

（三）在既有建筑物的基础两侧,钻进外径为 167mm,间距为 1.0~1.5m 的小直径树根桩(初始支撑)钻孔,达到设计标高后再放入钢筋和灌筑混凝土；

（四）钻进和建造小直径树根桩群(二次支撑)。这些树根桩与初始支撑的树根桩在钻进过程方面相同,但灌浆过程不同。二次支撑的树根桩在压浆过程中,在钻孔内先放置一个密封塞子,注浆管的底部也密封,通过注浆管的一个侧向狭缝而实施灌浆。由于通过狭缝而灌入钻孔的水泥砂浆具有较大的压力,能使浆液渗入钻孔周围的土中而加大了加固范围,在压浆传力力范围内先用水泥砂浆注入,又再次压注水玻璃和乙基醋酸纤维素,使得被压注浆液的区域内具有较大的抗剪强度,从而使得门式支承结构的墙和立柱在地铁基坑施工期间具有较好的抗弯强度；

（五）在建筑物前后开挖坑井,用厚木板对土进行支挡；

（六）对基础两侧的初始支撑树根桩的顶端部位进行配筋和浇筑混凝土,形成桩的"承台"；

（七）在地下室的受力墙砌体中建造拱形梁,拱跨距约为 1.5m,拱形梁的拱脚处设置支承横梁。然后在承台与支承梁间安置液压千斤顶,按房屋荷载值控制千斤顶的起顶荷载,将房屋的荷载通过承台传递给初始支撑树根桩承担。由于承台是单独设置的,所以它可通过控制各个千斤顶的起顶荷载及起顶量,达到使整个被托换的建筑物一直处于稳定状态；

（八）将建筑物基础以下的土层以及桩间土进行开挖,直到设计的支承板底面标高的深度；

（九）对支承板进行配筋，并与大型钻孔桩以及二次支承树根桩相联结，浇筑混凝土后在基础下形成一个统一的支承板；

（十）对千斤顶有控制地卸荷，使基础下落到支承板上逐步受荷。在千斤顶卸荷前先在基础与支承板间的空隙中灌实混凝土。在未灌筑支承板的基础下面也进行开挖和灌筑混凝土(图4.4-48右侧10)，与部分初始支撑树根桩组成支撑结构，防止地铁基坑开挖后部分土体向坑内滑动；

（十一）地铁基坑开挖，亦即对支承板下面的土进行台阶开挖，每个台阶高度约为150cm。同时也将位于支承板下面的初始支承树根桩挖去。并在二次支撑树根桩以及大钻孔桩形成的侧壁进行锚杆和喷射混凝土加固；

（十二）逐段建造地铁隧道结构物，并做好隧道的防水和防振动的构造措施。在支承板与隧道顶部间的空隙用土进行回填、拆除地下室受力墙中的拱形梁，再对墙体进行修复。对地下室底板浇筑混凝土，使整个地下室复原。

四、沉降观测

在整个托换施工过程中，进行了沉降观测。测得白拉大街建筑物的最终沉降量为29.5mm，修默林大街建筑物的最终沉降量为13.8mm。

设计时允许建筑物基础间有3mm的沉降差。由于建筑物之下设置有液压千斤顶，就可在托换施工过程中通过千斤顶的顶升措施进行沉降调整，使整个建筑物基础的沉降差一直保持在允许范围内和处于良好状态。

参 考 文 献

[4.4-1]　陈仲颐、叶书麟主编，《基础工程学》，北京：中国建筑工业出版社，1990。

[4.4-2]　叶书麟、韩杰、叶观宝编著，《地基处理与托换技术(第二版)》，北京：中国建筑工业出版社，1995。

[4.4-3]　上海市标准，《地基处理技术规范》DBJ08—40—94，上海市工程建设标准化办公室

[4.4-4]　周洪涛、叶书麟，树根桩发展水平综述，全国地基基础新技术第十一届学术会议论文集，中国建筑学会地基基础学术委员会，南京，1989

[4.4-5]　叶书麟、韩杰、宰金璋、杨卫东等，树根桩的作用机理及计算理论研究(研究成果报告)同济大学，1993

[4.4-6]　叶书麟、汪益基、涂光祉、程鸿鑫编著，《基础托换技术》，北京：中国铁道出版社，1991

[4.4-7]　叶书麟、韩杰、杨卫东，树根桩托换基础试验研究，中国土木工程学会第七届土力学及基础工程学术会议论文集，北京：中国建筑工业出版社，1994

[4.4-8]　杨永浩，树根桩技术试验研究及其应用，地基处理，1992.12

[4.4-9]　陈绪禄、黄洪聪、刘玉华，树根桩在上海市政工程中的开发应用，城市改造中的岩土工程问题学术讨论会论文集，杭州，浙江大学，1990

[4.4-10]　卢宗明、张义镐，云南某厂六层住宅楼基础树根桩托换补强处理，中国工程勘察，1993年第4期

[4.4-11]　陈绪禄等，上海延安东路越江隧道天文台树根桩加固工程，地下工程与隧道，1988(3)

[4.4-12]　杨仁杰，上海某宾馆采用小孔径桩加固——控制桩的应用，1987

[4.4-13]　陈绪禄、刘玉华，树根桩，《地基处理工程实例应用手册》(叶书麟主编，pp797～821)北京：中国建筑工业出版社，1998

[4.4-14]　中华人民共和国行业标准，《建筑地基处理技术规范》(JGJ 79—91)，北京：中国计划出版社，1992

[4.4-15]　何大为、李新智、王吉望，树根桩技术用于北京热电厂管道支架地基加固工程实例，第三届全国

[4.4-16]	涂光祉、王建平,某轧钢厂地基基础重大隐患的处理,第六届全国土力学及基础工程学术会议论文集,上海:同济大学出版社、中国建筑工业出版社,1991
[4.4-17]	郭忠新、修本善,基础托换施工法,《岩土工程施工方法》pp885～889,沈阳:辽宁科学技术出版社,1990
[4.4-18]	李国雄、黄小许,某七层楼房纠倾与基础加固,施工技术,1994第9期
[4.4-19]	Buchreihe Forschung + Praxis, Bd. 25, S·7-151, Herausgeber STUVA, Köln, Alba - Buchverlag, Düsseldorf, 1981
[4.4-20]	F. Lizzi, The reticulated root piles for the improvement of soil resistance, physical aspects and design approaches,第8届欧洲土力学会议论文集

4.5 坑式静压桩

钱国林(内蒙古建筑勘察设计研究院)
叶书麟(同济大学)

4.5.1 概述

坑式静压桩(亦称压入桩 Jacked Piles 或顶承静压桩)是在已开挖的基础下托换坑内,利用建筑物上部结构自重作支承反力,用千斤顶将预制好的钢管桩或钢筋混凝土桩段接长后逐段压入土中的托换方法(图4.5-1)。

坑式静压桩亦是将千斤顶的顶升原理和静压桩技术融为一体的托换技术新方法。

当地基土中含有较多的大块石、坚硬粘性土或密实的砂土夹层时,由于桩压入时难度较大,则应根据现场试验确定其适用与否。

坑式静压桩在国外早已应用[4.5-12],国内于1981年由呼和浩特市内蒙建筑设计院勘测分院开始在呼和浩特市使用以来,已在太原、宣化、邯郸等地多栋危房托换和加层加固中获得成功。当开始应用时,仅在工程规模小的锅炉房和浴室中使用,同时亦使用在用桩数量少的小型建筑物局部排险加固工程中。到20世纪80年代末已发展到整栋建

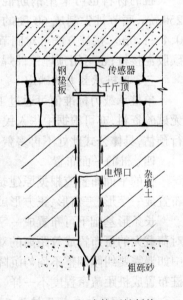

图 4.5-1 坑式静压桩托换

筑物的基础托换加固。而到90年代又进一步延伸拓宽到除普通条形基础和独立柱基础加固以外的桩基础补强、大型设备基础顶升纠倾、基坑开挖时相邻建筑物及边坡稳定的侧向支护(参见河北勘察1996年第3期)、既有建筑物增层及对桥梁墩台的加固改造等不同类型的工程上。

4.5.1.1 坑式静压桩分类

一、按基础型式分类

有对条形基础梁、独立柱基、基础板、砖砌体墙及桩承台梁下直接托换加桩;

二、按施工顺序分类

有先压桩加固基础,后加固上部结构;也有先加固上部结构,后压桩加固基础。如果承台梁的底面积或强度不够,则可先加固或加宽承台梁后再压桩托换加固;

三、按桩的材料分类

分钢管桩和预制钢筋混凝土小桩二类,有时为节省工程造价,经过试验合格,也可利用废旧钢管或型钢作为桩的材料。

4.5.1.2 坑式静压桩设计

一、适用范围

坑式静压桩适用于淤泥、淤泥质土、粘性土、粉土、湿陷性土和人工填土,且有埋深较浅的硬持力层。

二、桩的材料和尺寸规格

桩的材料最好选用无缝钢管,常用包钢产的外径219mm无缝钢管,对于桩贯入容易的软弱土层,桩径还可适当加大。当然也可采用型钢代替钢管。桩底端可用平口,也可加工成60度锥角。桩管内应灌满素混凝土(如遇难压入的砂层、硬土层或硬夹层时,可采用开口压入钢管或边压入桩管边从管内掏土,达设计深度后再向管内灌注混凝土成桩),桩管外应作防腐处理。桩段与桩段间用电焊接桩,为保证垂直度,可加导向管焊接。

桩的材料也可采用钢筋混凝土方桩,断面尺寸一般是 200mm×200mm 或 250mm×250mm,底节桩尖制成60度的四棱锥角。下节桩长一般为 1.3~1.5m,其余各节一般为 0.4~1.0m。接桩方法可对底节桩的上端及中间各节预留孔和预埋插筋相装配,再采用硫磺胶泥接桩;也可用预埋铁件焊接成桩。

三、单桩承载力的确定

单桩承载力标准值可通过工程现场单桩竖向静载荷试验及其他原位测试方法确定,如无试验资料,亦可根据中华人民共和国行业标准《建筑桩基技术规范》JGJ 94—94的规定进行预估,具体公式此处不再多赘。

四、桩的平面布置

桩的平面布置应根据原建筑物的墙体和基础型式及需要增补荷载的大小而定,一般可布置成一字形、三角形、正方形或梅花形。

长条形基础下可布置成一字形,对荷载小的可布置成单排桩(桩位布置在基础轴线上),对荷载大的可布置成等距离的双排桩;独立基础下桩可布置成正方形或梅花形;在工程实践中如遇需要纠倾调整不均匀沉降或对地基强度加固要求不一样时,设计者有时还有意识将桩布置成桩距疏密程度不一样。

4.5.1.3 坑式静压桩施工

坑式静压桩是在既有建筑物(乃至危房建筑物)基础底下进行施工作业,因而难度大且有一定的风险性,所以施工时必须要有详情的施工组织设计、严格的施工程序和具体的施工操作方法。

一、开挖竖向导坑和基础下托换坑

(一)施工时先在贴近被托换既有建筑物的一侧,由人工开挖一个长×宽约为 1.5m×1.0m 的竖向导坑,直挖到比原有基础底面下再深 1.5m 处;

(二)再将竖向导坑朝横向扩展到基础梁、承台梁或基础板下,垂直开挖长×宽×深约为 0.8m×0.5m×1.8m 的托换坑;

(三)对坑壁不能直立的砂土或软弱土,坑壁要适当进行支护;

（四）为保护既有建筑物的安全，托换坑不能连续开挖，必须进行间隔式的开挖和托换加固。

二、托换压桩

压桩托换时，先在托换坑内垂直放正第一节桩，并在桩顶上加钢垫板，再在钢垫板上安装千斤顶及压力传感器，校正好桩的垂直度后驱动千斤顶加荷（千斤顶的荷载反力即为建筑物的重量。每压入一节桩，再接上另一节桩，桩管接口可用电焊焊接。桩经交替顶进和接高后，直至桩端到达设计深度为止。

如使用混凝土预制桩，也同样使用上述压桩程序压入、接高、再压入、再接高，直至桩端到达设计深度，或桩阻力满足设计要求为止。

在压桩过程中，应随时记录压入深度及相应的桩阻力，并须随时校正桩的垂直度。

必须注意的是当日开挖的托换坑应当日托换完毕，在不得已的情况下，如当日施工不完，切不可撤除千斤顶，决不可使基础和承台梁处于悬空状态。

三、封顶和回填

当钢管桩压桩到位后要拧紧钢垫板上的大螺栓，亦即顶紧螺栓下的钢管桩。如果场地的基本烈度是 7 度或 7 度以上的抗震区，则螺栓、钢垫板和钢管之间都应该用电焊焊牢。

对于采用钢筋混凝土的静压桩，回填和封顶应同时进行，或先回填后封顶，即从坑底每层回填夯实至一定深度后，再支模在桩周围浇灌混凝土。

对于钢管桩，一般不需在桩顶包混凝土，只需用素土或灰土回填夯实到顶。

封顶回填时，应根据不同的工程类型，确定封顶回填的施工方案。通常在封顶混凝土里掺加膨胀剂或预留空隙后填实的方法（在离原有基础底面 80mm 处停止浇筑，待养护一天后，再将 1:1 的干硬水泥砂浆塞进 80mm 的空隙内，用铁锤锤击短木，使在填塞位置的砂浆得到充分捣实成为密实的填充层，这种填实的方法国外称为干填 Dry Pack）。

4.5.1.4 坑式静压桩检验

每根坑式静压桩的压桩过程，就是一次没有压到屈服点的桩垂直静载荷试验。压桩到最后最大的实测桩阻力和变形关系一般都在比例极限范围内呈线性关系。尽管试验时取实测桩阻力为设计单桩承载力的 1.5 倍定为终止压桩界线，但实际的安全系数要比 1.5 大得多。此外，由于桩静压到位后还有滞后的时间效应，随着时间的增长，桩的承载力也会提高。所以通常最终的压桩力一般不用单独检验。

检验内容尚应包括压桩深度和最大的桩阻力的施工记录、钢管桩的焊口或混凝土桩接桩的质量、及桩的垂直度等。

4.5.1.5 其他桩式托换——预压桩、打入桩和灌注桩

一、预压桩

采用预压桩（亦称预试桩 Pretest Piles）进行托换的方法，是由美国 Lazarus White 和 Edmund A. Prentis 在纽约市修建威廉街地下铁道时所发明，并于 1917 年取得专利。

预压桩的设计思路是针对坑式静压桩的施工存在不尽满意之处而予以改进的。亦即预压桩能阻止坑式静压桩施工中在撤出千斤顶时压入桩的回弹。阻止压入桩回弹的方法是在撤出千斤顶之前，在被顶压的桩顶与基础底面之间加进一个楔紧的工字钢。

预压桩的施工方法，其前阶段施工与坑式静压桩施工完全相同。即当钢管桩（或预制钢筋混凝土桩）达到要求的设计深度，如果是钢管桩管内要灌注混凝土，则需待混凝土结硬后

才能进行预压工作(图4.5-2)。一般要用两个并排设置的液压千斤顶放在基础底和钢管桩顶面间。两个千斤顶间要有足够的空位,以便将来安放楔紧的工字钢钢柱,两个液压千斤顶可由小液压泵手摇驱动。荷载应施加到桩的设计荷载的150%为止。在荷载保持不变的情况下(一小时内沉降不增加才被认为是稳定的),然后截取一段工字钢竖放在两个千斤顶之间,再将铁锤打紧钢楔,实践经验证明,只要转移10%～15%的荷载,就可有效地对桩进行预压,并阻止了压入桩的回弹,此时千斤顶已停止工作,并可将其撤出。然后用干填法或在压力不大的情况下将混凝土灌注到基础底面,最后将桩顶与工字钢柱用混凝土包起来,此时预压桩施工才告结束。

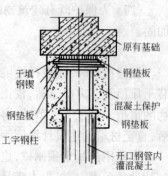

图4.5-2 预压桩在安放楔紧的工字钢柱的施工示意图

在预压桩的托换工程中,一般不希望采用闭口或实体的桩,因为顶桩的压力过高或桩端下遇到障碍物时,则闭口钢管桩或预制钢筋混凝土桩就难于顶进。

二、打入桩和灌注桩

上述的坑式静压桩或预压桩的桩式托换,在适用范围上都有其局限性,特别是当桩必须穿过存在障碍物的地层时;或当被托换的建筑物较轻及上部结构条件较差,而不能提供合适的千斤顶反力时;或当桩必须设置得很深而费用又很贵时,应该考虑采用另两种桩式托换型式——打入桩或灌注桩。

打入桩或灌注桩的托换常适用于隔墙或设备不多的建筑物,且沉桩时虽有一定的振动而对上部结构和邻近建筑物无多大危害时才能采用;另外,建筑物尚需能提供为专门的沉桩设备所需的净空条件。

打入桩中桩的材料所以采用钢管桩的原因,因为它比其他型式的桩容易连接,接头可用铸钢的套筒或焊接而成。在国外,使用装在叉式装卸车或特制的龙门导架上的压缩空气锤进行打桩,导架的顶端是敞口的,以便最充分地利用室内净空。另外,如能从既有被托换建筑物的基础周边开挖的坑中开始沉桩,则可提供更大的有用净空,以便减少桩管的接头数。在沉桩时,国外尚需在桩管内不断取土,如遇障碍物时可使用一种小型冲击式钻机,通过开口钢管管端劈裂破碎或钻穿而将土取出,这种钻机可使钢管穿越最难贯穿的乱石层,当桩端已达合适的土层时,最后进行清孔和浇筑混凝土。

当对设计所要求的桩已如数施工完成后,则就可用搁置在桩上的托换梁(亦称抬梁法或挑梁法托换)或承台系统来支承被托换的柱或墙,其荷载的传递是靠钢楔或千斤顶来转移的。这类桩的另一个优点是钢管桩端是开口的,因而对桩周围的土排挤较少。

灌注桩托换与打入桩托换的作用完全一样,它同样靠搁置在桩上的托梁或承台系统来支承被托换的柱或墙,它与打入桩的不同点仅在于沉桩的方法不一样。

如采用钻孔灌注桩进行托换,其技术经济效果一般有以下两个方面:

(一) 能在密集建筑群而又不搬迁的条件下进行施工;

(二) 占地面积较小,操作灵活、根据实际需要可变动桩径和桩长;

灌注桩托换的缺点是如何发挥桩端支承力和改善泥浆的处理工作。就我国目前已有的工程实例而言,鲜见打入桩的托换型式,而都是采用灌注桩的托换型式。

用于托换工程的灌注桩,按其成孔方式可分为螺旋钻孔灌注桩、潜水钻孔灌注桩、人工挖孔灌注桩、沉管灌注桩、冲孔灌注桩和扩底灌注桩等。但其中以人工挖孔灌注桩、螺旋钻孔灌注桩、潜水钻孔灌注桩和沉管灌注桩的应用较为普遍。

国外有采用一种新型的压胀式灌注桩(Tbe Expander Body)进行基础托换[4.5-11]。其桩杆由铁皮折叠制成(图4.5-3),使用时靠注浆的压力而胀开。此种桩施工前要进行钻孔,然后放入钻杆。当为浅层处理时(图4.5-4),用气压将桩杆胀开,然后截去外露端头后浇灌混凝土而成桩。当为深层处理时(图4.5-5),则采用压力注浆设备和导管,将桩杆胀开的同时,压入水泥砂浆而成桩。

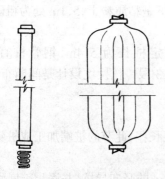

图 4.5-3 压胀式灌注桩采用铁皮桩杆和压胀后外形

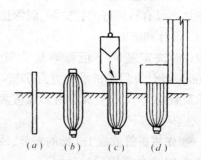

图 4.5-4 压胀式灌注桩浅层施工流程图
(a)桩杆;(b)压胀;(c)截去端头后浇灌混凝土;
(d)制作承台与被托换建筑物基础共同受力

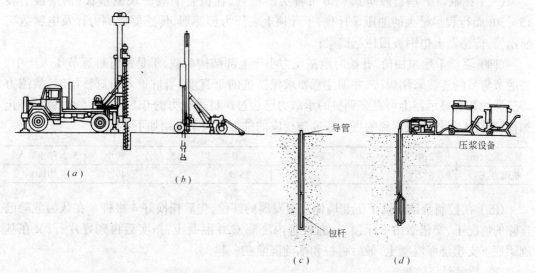

图 4.5-5 压胀式灌注桩深层施工流程图
(a)钻孔;(b)放入包杆;(c)包杆与导管就位;(d)压力灌浆

4.5.2 工程实例———呼和浩特市职业学校锅炉房基础加固托换工程[4.5-1]

一、工程概况

内蒙古呼和浩特市职业学校锅炉房的建筑面积为 $220m^2$,建筑物设计为单层混合结构,高度为 7m,片石基础,1984 年开工,1985 年春竣工。

本实例引自钱国林,1983。

由于设计前没有进行工程地质勘察,设计时盲目的将基础全部落在杂填土上,施工开槽后又没有认真验槽,当时还未曾发觉部分内纵横墙基础筑在十多年前所挖的没有砌筑的防空洞之上。在工程验收前夕,突然发现长达十几米的四、五段基础下沉;有6m多宽的地基土陷入基础下的防空洞里,造成基础梁悬空,上部墙体和圈梁开裂,建筑物面临倒塌的危险。事故发生后,最后决定局部加固地区采用坑式静压桩(压入桩)的托换技术。

二、工程地质条件

为了搞清楚造成房屋基础下陷和墙体开裂的原因,使用了轻便触探和北京铲进行补勘。发现整个锅炉房基础全部落在3.5~4.5m未经处理的杂填土上,基础下陷部位底下,是当时开挖过而没有衬砌好的防空洞,洞深达3m。杂填土下是粘质粉土,5.1m处为粗砾砂层。

三、设计和施工

设计时决定基底下粗砾砂层为桩的持力层,确定桩长为5.4m,钢管桩直径采用$\phi 168mm$。经计算后单桩承载力为62kN,共用钢管桩13根。托换坑设计是间断布置的,根据支承荷载的大小,布置成单桩和双桩两种形式。

施工步骤如下:

(一)先将桩管截成1m长的短节,最下面的一节可长些,此节的桩端加工成桩尖封闭的和锥角成60度的圆锥形;

(二)在室内开挖长×宽×深=1.5m×1.5m×1.8m的竖向导坑,并逐步扩展到片石基础下面,再在片石基础中挖开0.5~0.8m的缺口;

(三)在缺口中垂直放进第一节带桩尖的桩管,在桩管上放一块钢垫板,钢垫板上装15~30t而行程尽量大的油压千斤顶,千斤顶上装压力传感器,传感器接测力计及电脑数字显示器,传感器上垫钢板顶住基础梁;

(四)驱动千斤顶加荷,开始时地基反力小于上部结构荷载,于是钢管桩逐节压入土中,桩的节与节的连接采用焊接,并须注意要求保持桩的垂直度,当桩贯入粗砾砂层时,从测力传感器的数字显示器上可观察到桩的承载力已超过单桩承载力的0.5~1.0倍时,就可停止加荷,现将1号桩所观察到的贯入深度与相应的桩阻力关系介绍如下:

贯入深度(m)	2.0	3.0	3.5	4.0	4.5	5.0	5.2(停止贯入)
桩阻力(kN)	3.7	15.0	22.0	25.0	28.7	46.1	101.0

(五)在控制基础继续下沉和墙体开裂发展的部位,先后托换好4根桩。在认为危险已排除的情况下,交错撤出千斤顶,并向桩管内浇灌C20混凝土,振实后再砌好片石;又在基础梁底下支模浇灌混凝土,最后将桩和基础浇灌在一起。

四、技术经济效果

托换后建筑物使用正常,避免了拆除重建的损失,而且保证了当年正常开学,冬天按时供暖,因而取得了显著的技术经济效果。这是国内首次使用坑式静压桩的工程。

4.5.3 工程实例二——丰镇电厂五号机组发电机座水下静压桩加固[4.5-2]

一、工程概况

内蒙古丰镇电厂装机容量6×200MW,1994年已将6台机组全部建成投产。其中5号

本实例引自钱国林、钱志东,1998。

机组是1992年秋动工，当年年底基础施工完毕。

由于施工场地平整前地貌形态是丘陵坡地，所以采用填方挖方整平地面。

场地工程地质条件为：

1.0～1.5m是以粉土成分为主的疏松素填土；

1.5～4.5m为褐黄、棕红色粉土和粉质粘土，饱和，可塑到软可塑状态；

4.5m以下为硬可塑到坚硬状态红色粉质粘土或红砂岩强风化层，具有膨胀性，为桩基的良好持力层。

发电机承台荷载大，天然地基满足不了设计要求，前4台机组都经过地基处理，所以5号机组设计了振动沉管灌注桩，持力层为基座底面5m以下风化砂岩层，在桩上设计钢筋混凝土承台和承台拉梁。其中最大的承台是主机汽轮发电机的机座，长×宽×高为20m×12m×1.8m。

二、事故情况及处理方案

由于桩基施工中施工人员片面追求进尺效益，沉管振动桩拔管速度过快；没有实行监督检查制度，这种桩施工质量中的弊病如缩径、露筋和断桩在本工地全发生了。

施工中又没有遵守检测程序，打基础承台前没有进行桩静载荷试验。只是在承台打完后才补做了载荷试验。试验结果表明，单桩承载力只有设计单桩承载力的一半。经开挖和桩的动测检查，绝大多数桩都出现了严重的桩基质量事故。经反复研究分析后，对没有打承台的部分重新补打钢管桩和旋喷桩进行了地基加固。而对于汽轮发电机座这样大型承台，许多地基处理方法都无法实施，设计上经认真计算复核，除了桩基施工中存在缺陷，设计中也漏算了荷载，最后复查结论是汽轮机座基础总共需要补强2×10^4kN支承力才能满足设计要求。

当时1～4号机组正在运转发电，地下水位高，基座底接近地下水面，增加了托换加固的难度。讨论了各种托换方案，设备都无法靠近，更无法伸入这样大型基础底下作业，惟一可行的是在大型机座下带水进行静压桩托换。

三、静压钢管桩加固设计

桩材选用包钢产的外径219×7无缝钢管，施工前先将钢管加工到所需要的平口短节，管外涂防锈漆和沥青两层防腐剂。

根据地质资料，从基础承台底面计算预估桩的压入深度平均5m，要求桩端进入持力层以压桩到最后快速增长1.5倍稳定桩阻力为控制标准。根据钢管桩截面大小和桩端落在软风化岩层的承载力标准值，并忽略桩侧摩阻力后，算得每根静压桩的竖向承载力为207kN。

压桩的数量是让施工残缺不合格的桩承受设计荷载的一半；让新增设的静压桩承受另一半荷载，故总补强荷载为2×10^4kN，需要补桩100根，才能满足设计要求，而实际补桩113根，而实测桩阻力达到2.34×10^4kN。

对这样超大型设备承台基础，要确保压桩到位，承台均匀受力、不偏不斜，施工的难度很大。关于逐个挖导向坑和逐个压桩回填的办法是行不通的，最后决定在承台的南侧从承台的底面下开挖高1.7m和宽2.0m南北方向施工作业洞。洞长挖至接近承台北边缘，然后沿洞的两侧布设钢管桩8排(图4.5-6)。

四、承台下静压桩施工

(一)适当抽降地下水

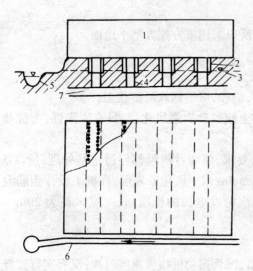

图 4.5-6　五号发电机承台补强托换
1—承台；2—托换洞；3—地下水；4—钢管桩；
5—集水井；6—排水沟；7—风化岩

五号机组地下水接近承台底面，影响了工程作业洞的开挖和托换的施工作业，所以必须适当抽降地下水，因为如不抽降地下水就无法施工；但如果大幅度降水，则就容易造成五号汽轮机基础及临近 4 号和 6 号机等大型设备基础的下沉和倾斜。

施工时采用了明沟和集水井办法排降地下水。亦即在基础承台南侧通过 4 个托换作业洞口开挖一条比洞底深 0.8m、宽 0.6m 的排水沟，坡向集水井。集水井直径 2.0m，深 1.5m，井内安装污水泵，施工时昼夜不停地抽水。施工洞中的水流向排水沟，排水沟中的水流进集水井，再用泵和排水胶管送到远离施工场地流走。由于 1 号至 4 号机组在发电，而上下水管道在跑水，致使地下水抽降十分困难，渗透水流仍不断地由施工洞侧壁流进施工洞，施工人员只好在施工洞中带水作业。

（二）开洞与压桩托换

由于托换补强汽轮发电机承台上尚没有上部结构荷载，此时只有承台本身自重，所以采用了从洞口直接开挖，边开挖边倒土和运土到场地以外，深度延伸至北边缘附近。为避免开挖造成承台受力不均，先开挖中间两条洞，然后再开挖外边两条洞。开挖中对原来的缺陷桩予以保护，尽量不减少原桩的支承作用。

当中间的两条洞开好后，便可从里向外，即从北向南逐段分组进行托换压桩作业。压桩力靠 50t 油压千斤顶加压，以洞顶巨型承台提供支承反力。压桩时认真记录每根桩的压入深度和压桩阻力，并必须满足单桩承载力的 1.5 倍要求。接桩时先点焊，从不同角度校正垂直度，然后满焊，压桩到位后超载加预应力，撤出千斤顶，管内灌满 C20 素混凝土，再加钢管短节，垫好钢板，拧紧螺栓封顶。用同样的程序办法完成其他桩位和外侧两个施工洞里的压桩托换作业。

（三）作业洞回填

静压桩补强的最后工序是回填，使用碎石分段分层填实。所谓分段是将每个施工洞分成几段回填，从里向外一段一段填实。分层要以 25～30cm 厚从下向上一层一层先虚铺后压（或振）实。铺至基座底面时预留一定的空间，然后用掺加膨胀剂的干硬性细石混凝土塞满捣实。

五、技术经济效果

施工从 1994 年 7 月初开始，8 月 20 日加固工程竣工。在上部设备安装荷载不断增加的情况下基座没有沉降，三年多来一直正常运转发电。

4.5.4 工程实例三——宣化建国街1号和2号商品住宅楼基础托换加固[4.5-3]

一、工程概况

宣化房产局建国街1号和2号商品住宅楼是三单元五层砖混结构住宅,每栋楼建筑面积为2300m^2,毛石基础,在20世纪70年代末兴建时,由于设计前没有进行工程地质勘察,只参考附近建筑物地质资料作了基础设计。

在工程交付使用后,因上下水管道跑水,两栋楼相继发生不均匀沉降破坏。80年代初发现墙体有细小裂缝,到1988年和1989年,裂缝加宽加长,并发展到各个房间和各个楼层。裂缝宽度大的达20mm,有些房屋通过裂缝可从室内看到室外,个别部位圈梁被剪断,有的住户还听到墙体开裂的响声,住户纷纷弃楼到外边租借房屋。购房产权单位和住户联名起诉房产局,上告到宣化区、张家口市、河北省三级政府,并经司法部门判决将1号住宅楼折成低价退给房产局。

呼和浩特市建筑设计院地基服务部承担了这两楼的加固排险任务。

二、调查研究

(一) 搜集勘察资料,核对上部结构强度和裂缝开展破损情况,检查结果是四、五层裂缝大,一、二层裂缝小;非承重墙裂缝大,承重墙裂缝小;远离水沟东单元裂缝大,靠近水沟的西单元裂缝小。

在住宅楼使用后,上下水道跑水,浸泡了压缩土层。湿陷性土层厚度相差过大,从而导致地基土的不均匀沉降。

(二) 补充勘察

经补充勘察后查明,这两栋住宅楼两端均靠近一条明水沟(原古河道),靠明沟一端基础底面下4~5m全部由冲填土和湿陷性土组成。由轻便触探N_{10}检验得知,两栋住宅楼东西方向坐落在古河道的斜坡上(图4.5-7)。

三、托换加固设计

经充分研究分析后,采用坑式静压桩加固方案。选用200mm×200mm钢筋混凝土小桩,桩底节长为1.5m,中节长为0.4~0.6m,并将底节桩的桩端加工成60度锥角,用C20混凝土预制。

接桩方法以桩的端面预留插筋,中节和底节桩上端面预留插筋孔连接,接头施工时在桩的预留孔里和桩的端面事先涂抹掺拌好粘合剂的水泥砂浆。

桩的长度以穿透软弱冲填土进入粗砾砂层,并达到设计单桩承载力的1.5倍为准。

根据压缩冲填土的厚度计算压缩量的大小,压缩量大的部位多布桩,压缩量小的部位少布桩,局部破坏严重的地方适当加桩。

四、托换加固施工

施工人员必须严格按照托换设计要求的施工程序进行施工作业。按照托换图纸编号的先后进行托换。施工时必须间隔式开挖、托换、回填,严禁连续开挖和严禁在开挖后基础处于悬空的情况下操作人员下班弃而不管。

五、技术经济效果

该住宅楼托换前已面临倒塌的情境,当时法院判决以每栋60万元作价退给房产局。房

本实例引自钱国林,1992。

产局经过加固托换处理,并配合上部结构加固及装修费为每栋二十几万元。加固及装修后其面貌焕然一新。

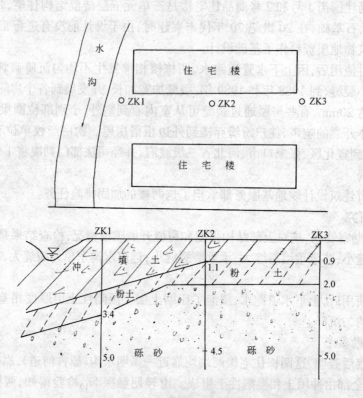

图 4.5-7 建筑物平面和地质剖面图

4.5.5 工程实例四——丰镇电厂翻车机房附跨基础、空调车基础托换及顶升复位[4.5-4]
一、工程概况

内蒙古自治区丰镇发电厂是我国"七五"和"八五"期间的重点能源建设项目。

翻车机房为东西跨总长 34.85m,宽 24.0m 的框架结构。主机房高 15.83m,箱形基础地下室,基础埋深 12.30m,东西附跨长分别为 5.75m 和 5.10m,高 13.8m,独立柱基础,基础埋深 3m。牵车平台基础埋深 2.5m,最大基础宽度 3.16m。南北空调车基础埋深 2.1m,最大基础宽度 2.6m,牵车平台和南北空调车基础下,埋深 6.0~6.9m 是输煤地下转运站的地下室顶板(图 4.5-8)。

二、工程地质条件

电厂施工场地平整前地貌形态是丘陵坡地,地形由西南向东北方向倾斜。

地基土层表层为风积砂;以下是淡黄或褐黄色的粉土层,这两层土的厚度为 2.0~4.0m,呈稍湿到湿,粉土呈硬塑到可塑状态;夹粉砂透镜体;4.0~5.0m 以下是棕红色的粉质粘土层、粘土层,湿到饱和,呈可塑状态,厚度较大,从几米到十多米厚,再往下是强风化的砂岩和泥岩。基岩坡度方向和原地形坡度方向一致。由于受风化、剥蚀、搬运、堆积作用,基

本实例引自钱国林,1992。

岩顶面凹凸不平，场地基岩埋深4.0~27.0m不等，形成了软硬不均、压缩层厚度不等的复杂地质条件。

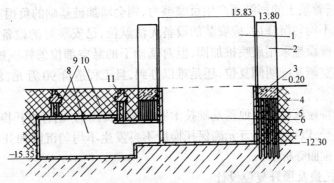

图4.5-8 翻车机房、牵车平台纵向剖面图
1—机房主跨；2—机房附跨；3—附跨基础；4—填土；5—托换桩；
6—主跨地下室；7—箱形基础；8—地下转运站；9—转运站托换桩；
10—填土；11—牵车平台基础

厂区是经过机械平整进行大面积挖方填方后形成的。所需处理的翻车机房附跨基础、牵车平台基础及南北空调车基础正处在填方区，又经过地下室基础开挖，填方最大厚度达12m。

三、事故分析及处理方案选择

翻车机房东西附跨和牵车平台及空调车基础施工方法是采用机械大开挖，开挖的深度超过主跨地下室基底设计标高，开挖的范围也很大。附跨基础、牵车平台基础及南北空调车基础全部落在填方厚度不等和没有处理好的填土上。

在施工过程中就发现东西附跨基础沉降很大，施工单位采用了直径0.8~1.0m的人工挖孔灌注桩加抬梁或挑梁的方法进行加固处理。可是当建筑物落成后尚未投入运营时，许多荷载还未加上，又发现东西附跨与主跨机房内的墙体拉裂，沉降缝上部加宽，附跨房发生倾斜，牵车平台下沉，北空调车基础中间挠曲，南空调车基础西南角向下倾斜，最大下沉量20cm，多处出现裂缝。

经过补充勘察和测试，分析事故的主要原因有以下几个方面：

（一）回填土没处理好

由于机械开挖是不容易平整的，在水平方向总要越过主跨机房界线范围多开挖一些；在垂直方向也总会高低不平。在翻车机房东西附跨4个角外边补钻了6个钻孔的资料得知，所有基础全落在填土上。

按规范和设计要求，回填土应当进行分层夯实或碾压回填，施工时应控制干密度和含水量，可是从实际看到，填土没有处理好，地基与基础脱离造成基础悬空，有些地方基础下产生空洞。

（二）管道跑水浸泡，加剧了基础不均匀沉降的速率。

翻车机房处在全厂比较低的地方，比主厂房低6m，大量跑水漏水向地势低洼的翻车机房及附近渗流，加速了填土地基的沉降。

（三）挖孔灌注桩施工质量有问题

挖孔灌注桩加抬梁或托梁托换的加固思路是正确的,但十多米厚的新填土上成孔成桩是不容易的,孔壁坍塌和孔底虚土残留问题都不好解决。如果桩坐落在没有完成自重固结的填土上,桩将随着填土的固结而产生负摩擦力,则会增加桩基础的负担。

当出现基础不均匀沉降后,应安装的设备无法就位,已安装好的设备无法调平试车,严重影响了生产。曾设想采用旋喷桩加固,但对基础下的悬空部位怎样成桩?如何把已发生倾斜挠曲的南北空调基础纠倾复位,还是难以办到,且工程造价90万元,建设单位也接受不了。

后由呼和浩特建筑设计院地基基础技术服务部所提出的"钢管桩托换及顶升复位方案"被建设单位所接受,以报价40万元确保托换后不再发生不均匀沉降和开裂破坏,并能使空调车基础顶升复位而夺标。

四、压入桩托换及顶升复位设计

(一)桩的材料及形状尺寸

由于填土厚度大,预估桩的最大压入深度达13m,为保证桩的垂直度,采用无缝钢管桩219×7mm。施工前先把桩管加工成所需要长度的平口短节,每根桩的底节端部加工成60度锥角,节与节间加导向管焊接。

(二)接桩方法

接桩导向管是用钢板预先在工厂车间卷成的,外径略小于桩管内径,长度为10~12cm。每压入一节桩后,加导向管,放上节桩,找正垂直方向,用电焊将上下两节桩周围焊牢。最上一节桩加钢垫板,用粗制螺栓与基础顶紧。并用管内灌满混凝土,管外涂防锈漆的办法防腐,桩周围用包桩混凝土与基础紧固成一体(图4.5-9)。

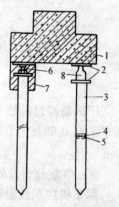

图4.5-9 托换桩构造
1—基础;2—钢垫板;3—托换桩;4—电焊口;5—导向管;6—粗制螺栓;7—包桩混凝土;8—千斤顶

(三)单桩承载力 R_k 的确定

按只承受端阻力的单桩承载力公式计算:

$$R_k = q_p \cdot A_p$$

式中　q_p——设计单桩竖向承载力值,按"建筑地基基础设计规范"选用2000kPa;

　　　A_p——以桩管外径(0.219m)计算的桩身截面积。

由以上计算得的每根桩竖向承载力为75kN,为了设计计算和托换安全,本托换设计时正负摩擦力都不予计算。

(四)桩数确定

确定桩数的原则是:总荷载的35%由加固后的地基土承担;总荷载的65%由托换钢管桩承担。钢管桩的间距为0.60~1.20m。按柱荷载的大小和沉降程度,对东西附跨8个柱基分别布置了10~18根桩。附跨基础布桩共112根,南北牵车平台、南北空调车基础布桩共207根,总计布桩319根。

(五)桩的压入深度

桩的压入深度一般设计为13m,穿过填土进入老粘性土层。牵车平台及空调车基础下地下转运站的地下室部分,只能以平口桩压到地下室钢筋混凝土顶板上,同时还要控制压桩力达到230~250kN以满足要求,压桩力包括设计单桩轴向承载力的1.5倍,加上从不利因素考虑,桩穿过松软或被水浸泡过的填土层要克服的负摩擦力。

（六）顶升纠倾复位

对于翻车机房附跨车间、牵车平台基础发生的不均匀沉降，采用了压入桩托换的方法，维持不均匀沉降差不再加大。在附跨8个同样大小的独立基础下，根据沉降的幅度分别布10~18根密度不同的桩，沉降大的多布，沉降小的少布，用以调整各柱基础的不均匀沉降。对牵车平台基础由于荷载不大，桩的密度很大，考虑维持不再发生大的沉降就可以了，这种托换分类，国外称之为维持性托换。

由于南北空调车基础已发生的倾斜及挠曲较大，如果不纠倾顶升，则基础上的铁轨不平，车皮就无法在上面运行。从顶升的条件分析，只要上面没有车皮通过，基础就不承受附加荷载而只有基础自重。基础本身系现浇的钢筋混凝土，断面很大具有足够的刚度，可以作进行顶升时的顶升梁考虑。

五、托换顶升施工

托换顶升施工不同于一般的建筑施工，特别是本工程的基础完全落在机械开挖十多米厚的填土上，开挖导坑会立不住脚，施工面又在基础下，所以要特别小心谨慎，应严格按下述施工顺序施工：

（一）施工顺序是先托换附跨，后托换牵车平台，最后进行南北空调车基础的托换及顶升复位，要求采取一块一块逐渐完成的施工方法。相邻的托换坑要间隔式开挖并及时回填；相邻的柱基不能同时开挖，同一根桩基要分几次开挖托换回填。导坑开挖后要注意支护，应边开挖边支护；同时须保护既有基础和上部结构及人身安全。

（二）压桩和接桩是托换中的主要程序。要认真记录每根桩的压入深度和压桩阻力，随时核正桩的垂直度，导向管接桩的上下节桩管要焊得牢固。

（三）支模浇灌包桩混凝土时，一定要振密实并塞紧基础与地基土之间的空隙，将料与基础紧固成一体。管内的混凝土可以边压桩边灌注，外涂防锈漆，可在压桩前就涂好。

（四）顶升纠倾复位。南北空调车基础顶升复位分两次进行，每个基础先是用常规办法逐根压桩托换，然后再进行顶升。

当每根桩的托换压桩力满足要求及压桩深度到位后，暂不撤出千斤顶。对于顶升复位影响到的桩，暂不浇灌桩周的包桩混凝土。然后在要顶升纠倾沉降较大的地方铺枕木作反力垫，加放100t、200t和500t的千斤顶，同托换桩上的十几台32t的千斤顶相配合，同步（顶升高度和顶升速度一致）或不同步顶升、接桩、纠倾。纠倾需要的不同顶升高度用千斤顶完成，撤出千斤顶后，加钢管短节或钢垫板用粗制螺栓使桩和基础顶紧。然后在桩周围支模，浇灌包桩混凝土，平整场地，整修基础和墙体，托换顶升复位工作才告结束。

六、技术经济效果及几个问题的讨论

压入钢管桩处理方法简单、直观、可靠、桩形和垂直度好。施工历时75天，竣工结算费用42万元，节资53%。

压桩时每根桩均压至200kN以上，从安全的角度减掉压桩过程中可能产生的负摩擦力100kN左右，还是有足够的桩阻力。从压桩挤密加固后的桩间土承重和桩土共承重的观点及桩的滞后时间效应，满足本托换设计单桩垂直承载力75kN是有把握的。

关于压桩撤出千斤顶后基础梁向下回弹的问题，这次托换在每根桩压桩到位后，桩顶都加了粗制螺栓，用来顶升恢复撤出千斤顶后下降的顶升力。

对桩长10~13m的钢管桩，经过许多根平口桩和带锥角的桩的桩测力比较，表明"土塞作用"的空钢管桩与灌满混凝土带锥角的钢管桩的压力是一样的,至于桩长小于10m的压桩力是否一致,还有待于今后在工程中试验比较。

经竣工后的沉降观测表明,本托换工程方案正确,满足了预计的设计要求的各项指标。

4.5.6 工程实例五——呼和浩特二轻大酒店营业楼排险加固纠倾[4.5-5]

一、工程概况

呼和浩特二轻大酒店大楼建在中山西路丰州商场北侧,建筑面积6269m², 6层框架结构,基础选用人工挖孔大口径灌注桩。1991年夏季设计,当年11月份破土动工,12月份完成全部墩基础。因资金短缺,工程拖延到1993年5月完成全部框架,主体建筑相继完成。

二、工程地质条件

酒店位于呼和浩特市旧城区,地势低洼,地下水位埋深只有3m左右,上层土是软塑到流塑状态的杂填土、粉土和粉质粘土。至5m左右见粗砾砂,粗砾砂上层还往往夹有0.2~0.4m淤泥薄层或透镜体。粗砾砂层以上的土层,经静力触探表明,静力触探端阻力只有0.5~1.0MPa,承载力和变形模量较低,因而不宜采用天然地基,最后设计了一柱一桩的人工挖孔桩,43根柱加电梯井,一共采用45根桩,桩径800mm,扩大头直径1000~1500mm;设计桩长5.6m,要求桩端进入粗砾砂层不小于1m。

三、建筑事故情况

1993年6月底,正当大楼主体结构施工接近尾声,工长突然发现酒店门厅支合板方木有些被压断;有的松弛掉下来。各柱间大部分拉梁被剪断,肉眼可看出各混凝土柱不均匀下沉的痕迹。仅就1993年5月20日、5月24日和7月11日四十多天三次沉降观测大楼门厅中央入口处沉降量最小值为96mm,而沉降量最大值的柱却为158mm,大楼明显向东北向倾斜(图4.5-10)。

四、事故原因分析

(一)设计人员未在设计图上说明施工顺序和桩的检测方法。对如何

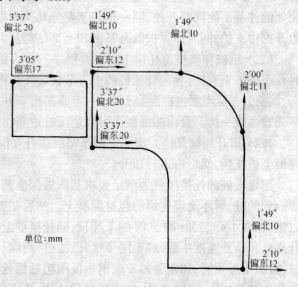

图4.5-10 倾斜观测值

降水、护壁、检查桩径和扩大头尺寸、鉴别持力层等施工方法,图上也未加说明要求;

(二)施工单位对成桩质量没有保证措施。场地在5m多可见稳定粗砾砂层,可是很多根桩孔只挖到4m多,见到粘性土中的砂夹层或透镜体就误认为已落在稳定的粗砾砂层上,实际桩端落在孔内残留虚土、软塑粉土或淤泥质土上,因而产生过大的桩端土压缩沉降;此外,成桩孔时没有采用降水护壁措施,造成孔壁坍塌、孔底积水和残留泥土过厚,保证不了设计扩大头尺寸等弊病;

本实例引自钱志军、钱志东,1998.8。

(三)施工单位没有专门安全质量体系人员,没有自检制度。建设单位也没有监督检查。

五、托换方案的选定

与浸水、注浆或旋喷等方法相比较,最后采用了静压桩托换纠倾方法。根据压桩的多少和先后顺序来调节不均匀沉降和进行纠倾。即在沉降量大的门厅和电梯井部位先托换压桩,而且要超过计算荷载补足;对沉降量小的部位采取后补、少补乃至不补。

采用静压桩加固的最大困难是没有传递反力的支承点。挖孔桩只有$\phi1200mm$和厚$600mm$的桩帽,此桩帽下有$\phi800mm$的桩径,周边只宽出$200mm$;桩间拉梁也只有$500mm$宽和$300mm$高,且梁内配筋少,所以桩帽和拉梁都不能做压桩的反力支点。惟一的办法是加大原桩帽直径和高度,即扩大原桩帽的尺寸,并按计算配足钢筋。

施工方法是先开挖掉桩帽下周围土方,露出拉梁和桩帽、混凝土凿毛、绑扎钢筋、支模、浇注混凝土制成扩大支承面积的圆形桩承台,待浇灌的混凝土达到设计强度时,再在承台下压桩托换纠倾。

六、纠倾施工过程

根据沉降观测数据,大楼是由南向北和由西向东倾斜;楼两端向中间门厅倾斜(图4.5-10)。

压桩纠倾从沉降量最大、沉降速率最快的门厅的前部和中部的几根柱子开始,施工从1993年7月3日开始至9月26日结束。托换压桩顺序是:A轴6号柱、A轴7号柱、C轴6号柱、C轴7号柱及电梯。每根柱下托8根桩,电梯井下托5根桩,以每根桩静压实测桩阻力450kN计算,考虑安全系数1.5,则8根桩的支托力可达到2000kN,完全可达到原选用人工挖孔灌注桩的设计承载能力(图4.5-11)。

桩的材料使用包钢生产的219×8无缝钢管。从施工时观测资料看,这第一批柱下托换加固初期的一些柱子沉降速率反而加大,分析原因是开挖和凿毛混凝土后减少了摩擦力所致,但不久沉降速率就变得很小,起到了托换桩的加固作用。

同时又观测到与已托换门厅柱子相邻的柱子沉降速率还大,为了调整不均匀沉降,又开始了第二批托换静压桩纠倾施工。

从1993年11月15日开始,一直延续到1994年5月,托换纠倾方法仍然是用桩数的多少和压桩的先后来进行沉降差异的调整。这次调整的顺序及桩数为C轴5号柱托6根桩、A轴8号、9号柱托6根桩、A轴5号柱托4根桩、A轴1/5号柱托2根桩、A轴1/7号柱托2根桩、A轴10号柱托2根桩。第二批托换纠倾共27根桩。

七、技术经济效果

呼和浩特市二轻大酒店发生急剧沉降和倾斜,经过两次用静压桩托换纠倾调整,终于将沉降量和沉降差调整到规范允许范围之内。排除了危险,避免了倒塌,挽回了4千万元的经济损失。

4.5.7 工程实例六——呼和浩特市回民区卫生防疫站钢管压入桩增层托换[4.5-6]

一、工程概况

呼和浩特市回民区卫生防疫站办公楼是1970年建造的2层砖混结构办公楼,毛石砌筑

本实例引自钱国林、钱志东,1995。

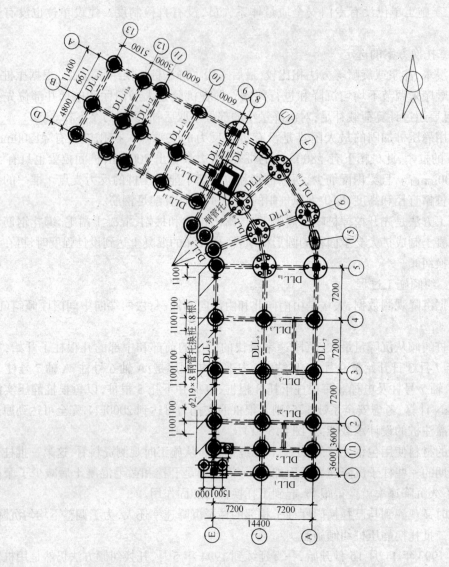

图 4.5-11 纠倾布桩

的条形基础,砖和砂浆的标号均很低,砌筑质量不好,基础宽度仅 0.8~1.0m,埋深 1.5m。持力层为可塑状素填土和粉质粘土,基础基面下 1.0~1.5m 为饱和软可塑状态的粉土层,深 4m 处才见粗砾砂层,天然地基承载力仅 100kPa,已属于亟待加固的危房。

二、增层加固的设计和施工

经研究决定将原办公楼经过抗震加固后,从 2 层接高到 4 层,除对墙体做混凝土钢丝网片加固外,重点用压入桩技术进行地基基础托换加固。

(一)计算 $\phi 150 \times 5$ 钢管桩的单桩承载力,再根据增层各基础部位上增加的结构荷载布桩;

(二)画出托换桩平面布置图、桩细部加工及大样;

(三)按平面图所标的施工顺序号间隔式开挖导坑,再压桩托换,每根桩均要求压到室内地面下 4~5m 进入粗砾砂硬层;

（四）压桩力达到或超过设计单桩承载力的1.5倍，然后交错撤出千斤顶，向桩管内灌C20素混凝土，塞钢管短节与基础紧固成一体，有基础梁的部位，在梁下压桩托换，无基础梁的墙体用工字钢对墙的底皮砖加固后再压桩托换。

三、技术经济效果

对既有房屋增层改造中如基础过窄，或经测试检查原基础无潜力可挖时，可在需加固的基础下以托换桩支承增加的结构荷载。本工程经压入桩的增层托换加固后，技术经济效果显著。

4.5.8 工程实例七——内蒙古计量研究所办公试验楼坑式静压预制桩增层托换[4.5-7]

一、工程概况

内蒙古自治区计量科学研究所办公试验楼是1965年设计，当年施工，第二年竣工。三层混合结构，建筑面积为3600m^2，由于办公试验用房紧张，决定在三层上局部接层600m^2。因为原设计纵横墙基础宽度只有800~1000mm，多处墙体因不均匀沉降而产生裂缝，经计算材料强度基本处于临界状态，显然地基承载力无法满足加层要求，最后决定采用墙基础底下加钢筋混凝土预制桩的托换增层方案。

二、核对检查勘察设计资料

经核查设计资料，地基承载力的潜力有限，基础托换加固是必要的，不然不能进行直接增层加高。

从墙体厚度分析，楼房的外墙370mm，内墙240mm，砖的标号在75号以上，底层砖无破损情况，所以墙体不需加固。

托换设计前还进行了简易的勘察工作，利用北京铲和轻便触探对地基进行必要的复核，勘察结果证实工程地质土性较差，原基础大部分落在素填土、软塑或可塑的粘性土上，持力层的天然地基承载力只有140kPa。并查明了粘性土下为密实的粗砾砂层（埋深3~4m），可以作为托换桩的持力层，桩端阻力为2800kPa。

三、混凝土托换桩的设计

设计时采用预制桩断面为0.15m×0.15m，计算单桩承载力为100kN，双桩为200kN。加上回填桩周包桩混凝土形成混凝土墩（要求每个托换坑形成1m^2的墩），每个托换坑可承重300kN。

每节桩长0.4~1.3m，底节1.3m；中节为0.4~1.0m不等，桩的配筋同普通的预制桩基本相同，底节预制成同普通桩一样60度锥角。

接桩方法：底节桩的一端及中间各节都以预留孔和预留插筋相配合，桩与桩接触面用稀混凝土适量的建筑粘结剂粘接。

为了保证桩压入的垂直度，托换桩的预制质量和预制尺寸应从严要求，特别是桩的顶面与侧面一定要垂直，一定要制作合格的模具。最上节桩与基础或钢垫板的连接可用短钢管焊接或丝杆等其他办法连接，尽量减少或避免托换后撤出千斤顶引起基础回弹沉降。

托换桩和托换坑的数量视上部增加的结构荷载而定，本工程是采用双桩托换（即一个托换坑里托换二根桩），托换坑的间距为3.3~6.0m。

桩的压入深度以进入硬层和实测的桩阻力达到设计计算单桩承载力的1.5倍为准。

本实例引自钱国林，1988。

四、混凝土托换桩的施工

(一) 按托换平面图的托换顺序号开挖导坑。为了不影响计量所试验和办公,托换坑全部布置在室外和走廊,而且是先室外后走廊的顺序施工。

(二) 垂直放进带桩尖的混凝土底节桩,找正垂直方向,用千斤顶压桩。压桩时为了减少接桩次数,可用硬垫木、钢管短节来替换增加桩的顶压长度,千斤顶应尽量选用行程长的。

(三) 当压桩的桩阻力等于或大于设计单桩承载力的1.5倍时,停止压桩。双桩托换后,交错撤出千斤顶,顶紧上节桩。

(四) 在托换坑内支模,用C20混凝土浇灌振实,回填好导坑,整修好地面。

五、技术经济效果

(一) 将钢管桩改成混凝土预制桩可降低托换工程的造价;

(二) 施工时不影响正常办公和试验研究;

(三) 增层托换一年后,所有墙体和基础都完好无损。托换前原墙体开裂部位,经加固抹平后,再无开裂现象,说明托换加固的效果是好的。

4.5.9 工程实例八——凤翔县某化工厂宿舍楼湿陷性黄土地基静压桩托换[4.5-8]

一、工程概况

陕西省凤翔县某化工厂一幢4层4单元混合结构宿舍楼位于山前斜坡地带。建筑面积为2400m^2,每层均设有钢筋混凝土圈梁,还有250mm×350mm的钢筋混凝土地梁,地梁顶部配筋为2ϕ12mm,底部为3ϕ16mm。该楼建于1984年,设计前没有进行工程地质勘察。1988年初因室外上水管接头开裂,造成地基湿陷,产生差异沉降达134mm,导致二单元拉裂,自底楼一直开裂到4楼,圈梁全部断裂,砖墙及檐口的最大裂缝宽达55mm,已形成危房,住户全部撤离。

事故处理前补勘表明,地基为二级非自重湿陷性黄土,湿陷性土层厚达6.9~7.2m,为洪积坡积产物,属于新近堆积黄土,其下为0.5~0.7m厚粉细砂层,再下为卵石层,未发现地下水。

二、静压桩设计

由于事故比较严重,而地基不深处即存在良好持力层,建筑物本身又具有钢筋混凝土地梁,因此决定采用桩式托换(静压桩)处理,亦即利用钢筋混凝土地梁及上部结构自重作为反力系统,直接在地梁下将桩压入土中。

预制钢筋混凝土桩采用混凝土强度C30,4ϕ12钢筋,截面为200mm×200mm,桩的分段预制长度为1.0~1.2m。第一段桩尖制成锥形,桩的两端均预埋钢板,以便焊接。桩沿建筑物纵横墙轴线各布置一排,桩距为1.2~1.6m,设计单桩承载力为160~180kN。布桩80根,可承受上部结构的全部荷载1.22×10^4kN(图4.5-12a)。

三、静压桩施工

施工时先将地梁以下砖砌体及灰土基础凿除,拆除部分宽0.5~0.6m,再用短柄洛阳铲在预定桩位处掏出深约0.3~0.5m的桩孔,然后将第一段就位,安装50t油压千斤顶,当桩压入土中1m后进行接桩,再在沿桩顶四个周边进行满焊。

桩的压入深度采用压力和标高的双控制法。要求桩尖达到卵石层顶面或进入砂层至少

本实例引自涂光祉,1989。

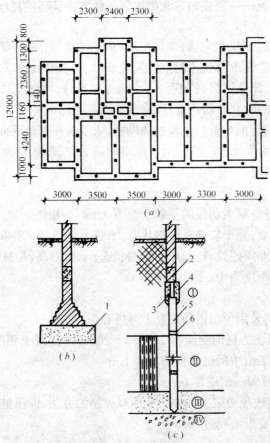

图 4.5-12 某宿舍楼静压桩托换
(a)静压桩托换平面布置图;(b)原基础剖面图;(c)静压桩托换剖面图
①—人工填土;②—湿陷性黄土;③—粉细砂;④—卵石
1—灰土基础;2—钢筋混凝土地梁;3—支托钢管;4—桩头外包混凝土;
5—钢筋混凝土桩;6—焊接接头

300~400mm,压桩力要求达到300kN。施工时拆除的旧基础底面积仅约1/3,其余2/3仍可承受部分上部结构荷载。

桩压到预定深度后卸去千斤顶,对桩顶与地梁间的间隙用壁厚5mm,直径159mm的无缝钢管支顶,钢管上端用钢楔楔紧,下端与桩头包裹严密,并与两侧基础砖砌体形成整体,上部结构荷载即可通过钢筋混凝土地梁传到桩上,再传到砂层或卵石层上(图4.5-12c)。

施工中曾发生过3根断桩,主要由于接头处钢板预埋件焊接质量不好所造成,出现断桩后,千斤顶压力即上不去,这时立即将断桩拔出,重新换桩再压。

四、技术经济效果

地基加固部分决算造价为5万元,包括土方挖掘回填、旧基础拆除及混凝土地面修复等费用在内,仅相当于拆除重建费用的1/8左右,与其他地基处理方法相比,较为经济。

本工程是在湿陷性黄土地区上首次使用桩式托换(静压桩托换)技术。这种托换方法施工方便、设备简单、托换施工质量也易于控制,各桩承载力均经过检验,直观可靠。1988年9月完工后即交付正常使用,沉降已经稳定,托换效果较好。

4.5.10 工程实例九——西安市东北街房管所住宅楼预压桩托换加固[4.5-9]

一、工程概述

西安市东北街房管所二层住宅楼,建筑面积192m^2,高7m,砖混结构,灰土条形基础,埋深1.6m。1990年8月建成,9月使用时突然发现基础下沉,导致地基悬空挠曲,地基土下沉脱开达300～600mm,上部墙体出现宽达5～40mm的裂缝,裂缝从墙底向基础沉降大的部位延伸上升,有的直至屋顶,住户纷纷搬迁,建筑物面临倒塌危险。

分析开裂原因是:设计前未进行工程地质勘察,未发现在基础底面下持力层为松散杂填土,该杂填土也未进行妥善处理;另外,由于地下管道大量漏水,使地基土严重被水浸泡软弱,加剧了地基不均匀沉降。

二、工程地质条件

经补探得知,地梁悬空最大部位的基础底面下3.6m为松散杂填土,由素粘性土含大量腐殖物及生活垃圾所组成,处于软塑及流塑状态,承载力低;3.6～8.0m为湿陷性黄土,处于可塑状态;8m以下属于非湿陷性黄土,处于硬塑状态,承载力高,是桩基的较为理想的持力层。地下水稳定水位的深度为16.2m。

三、设计方案

经研究后,设计分别采用预制钢筋混凝土方桩和钢管桩。

(一)预制钢筋混凝土方桩的断面为200mm×200mm,混凝土强度C30,第一节带桩尖的桩(锥角60度),长1.2m;中间桩的桩长均为1m;

(二)钢管桩外径ϕ159mm,壁厚6mm;

(三)压桩入土深度按压桩阻力和地梁变形双控制的方法,即压桩的终止压力达1.5倍的设计荷载和观测地梁变形不超过3mm。

四、施工方法

(一)对地梁悬空部位首先采用千斤顶支顶住;

(二)在室外靠墙侧开挖长×宽×高为1.5m×1.2m×2.2m的竖向导坑,并逐步扩展到地梁底面,再从基础下挖掉0.6～0.8m宽的洞口;

(三)在洞口中垂直放进第一节带桩尖的预制钢筋混凝土方桩或开口钢管桩,桩顶上放钢垫板,钢垫板上安放50t千斤顶,千斤顶的上端顶住地梁底面下的钢垫板;

(四)驱动千斤顶加压,加压时每次顶升不得超过千斤顶安全行程180mm,一个行程完后立即回油恢复到最低高度,垫上垫块再压,节与节间用电焊连接。当桩端达到非湿陷性黄土层中,且压桩力达到设计要求或地基反力超过上部荷载(可观察到千斤顶的顶梁微微上抬)时,应立即停止加压,然后保持压力稳定;

(五)压桩结束后撤出千斤顶。如采用钢管桩,应向桩内空腹中浇灌C20素混凝土填充,并用电动软轴振动器振实,然后将带有压力表的50t千斤顶坐落在桩顶钢板上,调整千斤顶螺杆,在其上端放置钢垫板支顶在地梁底面下,于桩端下0.5m处对称固定两只百分表;

(六)在地梁底面下按上述第一根的做法,继续顶第2、3、4根桩,而后将桩上的千斤顶同步加压,使地梁恢复原位;

本实例引自陈国政,1992。

（七）取下桩顶上千斤顶，然后在桩顶上安置好托换支架进行托换（图4.5-13），再在托换支架上安放两台同吨位千斤顶，垫好垫块后同步加压至等于压桩终止压力后，将已截好的钢管塞入桩顶与地梁底面间，调整垂直，并用铁锤将钢楔打紧，此时托换支架两侧千斤顶应同步卸荷至零；

（八）撤出千斤顶，撤除托换支架，对填塞钢管的上下两端周边进行电焊，随后用原土回填夯实工作坑至桩顶下0.2m为止；

（九）在桩顶下0.2m到地梁底面下部分支模，浇灌强度为C20的混凝土承台，并用电动软轴振动棒振实，不得留有空隙，最后将桩和基础浇灌在一起连成整体。

五、桩式托换成果及其分析

本工程桩式托换压桩7根，3根钢管桩(1,3,6)，4根预制钢筋混凝土桩(2,4,6,7)，布置在地梁悬空和墙体开裂基础底面下部位（图4.5-14），桩距为1.5～2.0m；观测两根桩上地梁变形。为可靠地确定单桩容许承载力，选择一根代表性桩进行了试桩。为了解托换后阻止桩顶回弹变化和桩顶存在反力，对三根预制桩托换后进行了回弹试验，有关成果分析如下：

（一）压桩

压桩 P-H 关系曲线如图4.5-15所示，其结果如下：

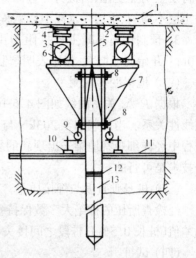

图4.5-13 预压桩托换试验装置示意图
1—地梁；2—钢垫板；3—千斤顶；4—垫块；5—托梁钢管；6—调整螺丝；7—托换支架；8—螺栓；9—百分表；10—磁性表座；11—测量横梁；12—焊接头；13—钢筋混凝土桩

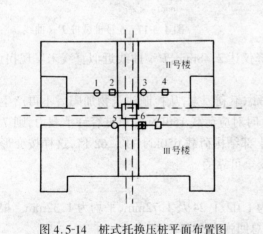

图4.5-14 桩式托换压桩平面布置图
□—预制钢筋混凝土桩；⊞—试桩；○—钢管桩；＝＝＝—地下管道

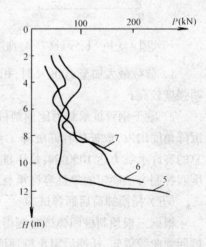

图4.5-15 Ⅲ号楼 P-H 曲线

1．压桩入土深度为8.47～14.22m，平均11.85m。压桩终止压力为146.0～256.0kN，平均192.3kN。压桩终止压力是设计荷载的1.83及2.45倍，由此可见所压的桩可确保建筑物的安全；

2．压桩阻力随压桩深度增加而增大，但并不成比例关系；当桩进入不同土层时，压桩阻力将发生明显变化,当桩身穿过同一类型土层时,压桩阻力也有较大的变化,分析原因主要是土层不均匀、土层受水浸泡影响程度不同和桩型不同所致;

3. 预制钢筋混凝土桩桩阻力由深度8.0m下开始明显增大;钢管桩的桩阻力由深度9.0m下开始明显增大,相比表明预制桩承载力为大。

（二）地梁变形观测

根据 $P\text{-}\Delta s$ 关系曲线如图4.5-16所示,可见地梁变形 Δs 随压桩阻力 P 增加而增大,近似线性关系。当荷载加至203kN与256kN时,变形量最大达1.38mm和2.25mm。在压桩过程中经详细观察地梁未出现新的裂缝,说明压桩过程中对上部结构无损,可见采用桩式托换技术是可行的。

（三）桩身垂直度与焊接质量

经检查所压的桩绝大多数保持垂直,仅少数产生偏差,最大值为8~18mm,远小于容许偏差值(桩长0.5%);桩段之间接头和桩顶所垫的钢板与托换钢管的焊接,质量良好。

（四）试桩

根据试桩资料,绘制 $P\text{-}s$ 曲线如图4.5-17所示。分析如下:

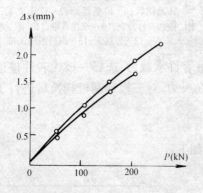

图4.5-16　1、5号桩 $P\text{-}\Delta s$ 曲线

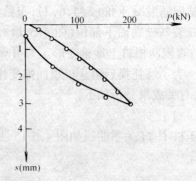

图4.5-17　6号桩试桩 $P\text{-}s$ 曲线

1. 荷载最大加至200kN时,相应沉降仅达2.48mm, $P\text{-}s$ 曲线近似直线未发现拐点,表明强度较高;

2. 鉴于钢管桩承载力比预制桩低,考虑不利因素,从控制建筑物加固后不再产生新的沉降角度出发,取桩顶容许沉降 $s=2$mm 时对应荷载150kN为单桩容许承载力,则7根桩总的容许承载力达1050kN,是压桩部位上部结构荷载650kN的1.62倍,这样按变形和强度双控制方法确定的单桩容许承载力是安全可靠的。

（五）托换卸荷后回弹试验

根据三根预制桩回弹试验测得回弹为1.02、1.24及1.72mm,平均为1.32mm。根据试桩回弹曲线得知,托换后阻止桩顶回弹占总回弹为52%。

六、技术经济效果

本工程所采用的托换技术,桩的传力最为直接,适用于地基土压缩层范围内有较硬持力层的地方使用。对于古城西安市区地表下局部杂填土坑、古井和黄土地基被水浸湿陷,承载力显著降低所造成的不均匀沉降,都会达到理想的效果。尤其对地基产生不均匀沉降导致地梁悬空,造成墙体开裂的建筑物,是一种治本的方法。本工程竣工后,未发现产生新的沉降,使用正常,节约了造价,又保证了安全。

4.5.11 工程实例十——沙市房地局市区商品房宿舍楼自承式静压桩托换[4.5-10]

一、工程概况

沙市房地局市区商品房宿舍楼为六层砖混结构,条形刚性基础,每两层设一道圈梁,纵墙基础宽1.5m,承重的横墙基础宽度1.8m。地基土表层为素填土作持力层,地基土的容许承载力用到120kPa,基础埋深1.05m。

地质条件是地表下为厚1.30~1.80m的素填土,其$[R]=120$kPa,$E_s=4$MPa。其下除西南角外为厚3.50~5.40m的粘性土,其$[R]=130$kPa,$E_s=5$MPa。水坑底也为粘性土,水坑冲填的淤泥厚3.0~4.0m(图4.5-18),其$[R]=50$kPa,$E_s=2$MPa。地表下负6.0~8.0m以下为$[R]=150$kPa,$E_s=4.5$MPa的粉质土。1985

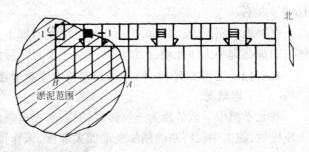

图4.5-18 沙市房地局市区商品房一幢宿舍楼平面示意图

年初根据建筑物竣工后的沉降观测,A、B两点的沉降差为25cm,C、B两点的沉降差为14cm,虽然纵墙已被拉裂,但西山墙和所有的横向承重墙均未发现倾斜和裂缝。

二、加固方案设计

根据上述地质情况,导致建筑物沉降不均匀的主要原因是部分基础下有淤泥层。如欲阻止沉降和沉降差继续发展,必须减少此部分基础底压力或局部对软土进行加固提高其承载力。

由于淤泥埋深离地表面只有1.3m,而基底埋深为1.05m,所以离淤泥顶面仅0.25m,地基土承载力将由120kPa突然降至50kPa,要阻止沉降差的继续增加,基础宽度至少要扩大一倍以上方可。如果将原条形基础扩大成筏板基础,扩大的基础面积仍难满足所需要求。为了满足加固时对地基土扰动小,附加沉降小,经济可行,最后选用在条形基础两侧压入200mm×200mm的预制钢筋混凝土桩抬墙的方案。在桩顶(高出原基础处)打穿承重墙现浇钢筋混凝土简支梁,托起一部分墙上荷载,在地面以下墙两侧又加捣钢筋混凝土连梁固定桩头,夹紧墙脚,以达到共同受力,对基础起到加固作用(图4.5-19)。

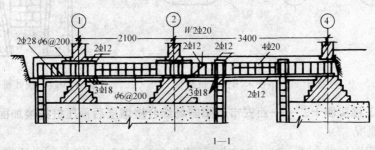

图4.5-19 自承静压桩托换加固

本实例引自柳克铸、曾世平,1988。

根据补充的地质勘察报告和房屋开裂范围,决定仅对建筑物的西单元四个开间进行基础加固。

三、托换加固施工

本托换工程选用自承静压桩加固方案。它是采用静压机械利用墙体的自重和上部荷载作为压桩反力。通过油压系统,将预制桩分节压入土中,桩身采用300号混凝土,其接头采用硫磺胶泥浆锚,锚接钢筋长度200mm,将桩压至4.0~8.0m的深度,最终压桩力控制在160kN左右。

托换施工期间,在A、B、C三点间沉降差增加了10%左右,这是由于桩压入后,桩间土体有明显凸起和土体扰动,但加固竣工后一个月沉降已得到控制,使用正常。

4.5.12 工程实例十一——湖北孝感中学教学楼挖孔桩托换加固[4.5.11]*

一、工程概况

湖北孝感中学教学楼为三层砖混结构,条形基础位于膨胀土地区。东端原为水塘回填,土质松软,施工中仅将基础稍加变动加大加深,未作彻底处理。地面排水沟紧靠墙脚,时有渗漏。

建成使用后,东端墙角严重开裂,底层最为显著,裂缝宽度达10mm以上,但因圈梁设计牢固,裂缝向二楼延伸时减弱。

二、挖孔桩托换设计和施工

为了教室使用安全,确定采用挖孔桩托换方案处理(图4.5-20)。

在东端开裂严重部位加设钢筋混凝土壁柱,并与二楼圈梁以锚固钢筋相连支托以上荷载,由柱传递给挖孔桩。一楼开裂墙体用环氧砂浆填塞,其自重由连梁传给挖孔桩。挖孔桩桩径1m,护壁半砖厚,净桩径为0.76m,桩底按设计要求局部扩大,桩深为6m,用150号混凝土灌注桩孔内,如图4.5-21所示。托换处理后已恢复正常使用。

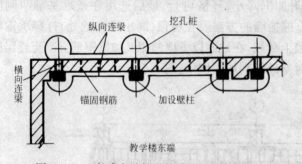

图4.5-20 孝感中学教学楼采用挖孔桩托换

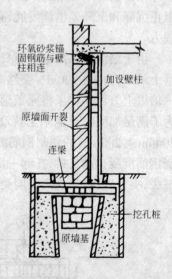

图4.5-21 挖孔桩托换构造图

4.5.13 工程实例十二——西安市朝阳剧场综合楼增层后预压桩托换加固[4.5-15]**

一、工程概况

西安市朝阳剧场综合楼,建于1958年,原设计二层,砖混结构,砖砌大放脚条形基础,埋

---
* 本实例引自汪益基,1991。
** 本实例引自陈国政,1995。

深 -1.3m,无地梁,基础下有 0.45m 厚的 $3:7$ 灰土垫层,基础下持力层为湿陷性黄土,经使用多年,建筑物完好无损。

1981 年为扩大使用面积,对地基未进行加固即由二层增加至三层,高度 10.0m,从而增大了基础底面压力。该地段低洼排水不畅通,由于附近地下管道漏水,长期浸泡后使地基土产生湿陷,承载力降低,因而导致地基不均匀沉降,引起上部墙体出现裂缝,宽度达 0.5cm~1.5cm,最大为 2.8cm。裂缝从墙底裂开向基础沉降大的部位延伸上升,使墙体遭受严重破坏,危及房屋结构安全。为此经分析研究,决定采用预压桩托换加固。

二、工程地质情况

朝阳剧场位于西安市钟楼东南约 300m,附近建筑物密集,周围环境狭窄,地基土由基础底面下起算为:

① 0.00m~0.45m,人工夯实 $3:7$ 灰土垫层,密实、坚硬;

② 0.45~5.90m,湿陷性黄土,可塑,$f_k=160$kPa;

③ 5.9m 以下,非湿陷性黄土,可塑~硬塑,$f_k=280$kPa,是桩基理想持力层(图 4.5-22)。

地下水稳定水位深度为 14.60m。

三、预压桩设计

(一)采用预制钢筋混凝土方桩,截面 20cm×20cm,平桩每节长 1.0m,尖桩每节桩长 1.2m;

(二)压桩入土深度按压力和基础底面顶板变形双控制方法,即压桩终止压力达建筑物结构荷载 1.5 倍;观测基础底面变形不超过 5mm;

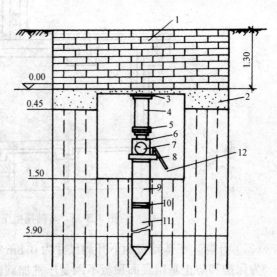

图 4.5-22 基础下土层与压桩示意图
1—砖砌条形基础;2—$3:7$ 灰土垫层;3—接触基础底面反力钢板;4—承压钢管;5—千斤顶上垫钢板;6—油压千斤顶;7—压力表;8—加压杆;9—平桩;10—桩接头;11—尖桩;12—平洞

(三)建筑物结构荷载确定:按有关文献经验公式计算:

$$P = n \times 33 \text{kN/m}$$

式中 P——建筑物增层后结构荷载(kN/m);

n——层数。

该工程加层后为三层,由此求得 $P=106$kN/m。

(四)压桩力 $P_p=1.5\times P$

考虑该工程因无地梁,是以砖砌大放脚作顶板提供反力,与有地梁的托换相比较欠佳。为此,采取加大压桩顶板垫钢板面积措施,以增高其反力。

根据墙体出现较严重裂缝,10m 长范围内的桩距布置为 1m;对轻微裂缝部位,桩距放大为 3m,托换设计 13 根桩,平面位置如图 4.5-23 所示,这样设计的桩距、桩数和压桩力,实际上是将条基经托换后变成桩基,所以安全可靠。

四、预压桩施工

(一)桩位确定后,靠近墙侧开挖长×宽×高为 1.2m×1.0m×2.8m 的竖向操作坑;

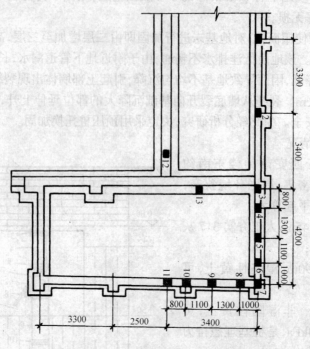

图 4.5-23 基础托换压桩平面位置图

（二）开洞。在基础底面下开洞尺寸为 $0.8m \times 0.6m \times 1.5m$（由基底至坑底距离）。

为保护和防止基础底面顶板不因受压桩加载或卸载的影响，开洞时特别在基础底面下预留 $0.1 \sim 0.2m$ 灰土垫层作压桩顶板，实践证明是可行的；

（三）下桩。先在洞底中心挖 $0.2m \times 0.2m$、深 $0.4 \sim 0.6m$ 方坑，在坑中心垂直放入第一节尖桩，沿桩周壁夯实稳固，并须保持桩的垂直。

（四）压桩。桩顶上安设 32t 油压千斤顶（带压力表），其上放置钢垫板和不同高度承压钢管（调整千斤顶行程用），在承压钢管上端再放置 $0.25m \times 0.30m \times 0.02m$ 钢垫板，使其紧密与基础底面全部接触并打紧，使之能良好地传递压桩反力。这时用人力或电动油泵进行压桩。当千斤顶行程达 18cm 时，应立即停止压桩，回压至零使行程回到最低程度，垫上适宜钢垫板或承压钢管固紧，然后再接着压桩，如此反复每压完一节桩后立即进行焊接，节与节间以电焊焊接。直至将桩压至预定压力为止，要保持压力恒等达到稳定再托换，这种桩称为预压桩托换（参见 4.5.1.5 节）。

（五）控制桩身垂直度。在压桩过程中，利用每节桩两侧定出的中心线作标准，随时用线锤吊测，当发现有倾斜时可用千斤顶调整；

（六）基础底面下变形观测。通过固定的百分表进行观测。

（七）预压桩托换。压桩结束，经预压保持稳定后，在桩顶安置托换支架，于支架两侧安置相同吨位的千斤顶，垫好钢垫板或承压钢管，然后对千斤顶同步加压至压桩终止压力不小于 80%，等稳定后，立即将预先截好的 $\phi159mm$ 托换钢管插入基础底面下与桩顶之间，垫上钢垫板用铁锤将钢楔打紧，到此托换才告完毕（同图 4.5-13）。这时操作托换支架上两侧千斤顶，同步卸荷至零。拆除全部装置，用电焊将托换钢管上、下两端焊接牢固。

（八）桩顶下 0.2m 至坑底用素土按有关规程回填夯实。

（九）支模浇灌混凝土承台。强度为 C20 级，由桩顶下 0.2m 至基础底面间浇灌，用混凝土将桩顶与托换钢管包起来，并用振动棒振密实。

（十）拆除模板，再回填夯实基础以上至地表部分操作坑，接着筑散水，整修地面和墙体嵌缝，恢复原貌。

五、预压桩托换成果及其分析

各预压桩托换成果汇总表

编　号	桩尖入土深度 H(m)	压桩终止压力 P_p(kN)	备　注
1	2.96	257	桩压在灰土井盖上
2	6.76	265	
3	6.70	230	
4	9.78	221	
5	9.88	221	
6	9.26	239	
7	8.80	230	
8	11.30	265	
9	6.46	230	
10	7.28	230	
11	6.63	265	
12	8.26	265	
13	8.17	230	

由压桩成果汇总表可见：

（一）压桩力 P_p 随压桩入土深度 H 增大而增大，但不成比例，也可见到压桩入土深度大而压桩力反而减小。亦即压桩力几乎相近，而桩入土深度却不一，主要是因土层厚薄、上下土层软硬程度和受水浸程度不同而异，另外也与先下第一节桩埋的深浅及桩周土捣实程度有关；

（二）压桩终止压力达 221kN~265kN，平均 242.2kN；

（三）压桩终止压力总计达 3148kN，经计算压桩部位建筑物结构荷载为 1801kN，两者相比，压桩力为结构荷载的 1.75 倍，这满足安全要求。

六、技术经济效果

工程于 1992 年 2 月竣工，三年后回访观察，墙体完好，未产生新的沉降，使用正常，充分证明采用预压桩托换加固是成功的。地基受力性能好，效果可靠，传力直观，见效好，具有可知性；设备小巧，操作方便，不受周围环境狭窄限制，有利于在房屋密集场地施工，社会效益和经济效益显著。其缺点是不能提供千斤顶反力的基础不可使用。

4.5.14　工程实例十三——陕西省科委某住宅楼预压桩托换加图[4.5-16]

一、工程概况

陕西省科委某住宅楼，五层砖混结构，条形基础，基础持力层由杂填土与湿陷性黄土组

本实例引自陈国政，1993.12。

成,采用灰土井桩地基,建于1987年。1989年发现纵横墙体开裂,门窗变形错位,裂缝宽度0.5~12.0mm,最后裂缝发展到宽达24mm。裂缝从墙体底部向上延伸直至房顶,使基础和墙体遭受破坏,面临倒塌危险,严重危及生命和财产安全。

在基础严重破坏的周围挖深坑观察得知,地梁悬空,地下管道大量漏水,灰土井桩混凝土盖板与基础脱离4~12cm,基础局部部位一侧砌置在旧厂房遗留下的混凝土坚硬层面上;另一侧在松散的杂填土与湿陷性黄土层上,分界线处明显看出基础梁断裂,建前对地下防空洞未妥善处理。

二、工程地质条件

地基土质不均匀,基底下局部部位有混凝土硬层,而大部分部位为回填土,厚度3.2~4.6m,$[R]=90$kPa,在杂填土下为湿陷性黄土,厚度4.4~6.5m,$[R]=160$kPa;下卧层为粉质粘土,厚度大于2.4m,$[R]=280$kPa(图4.5-24)。

三、设计与施工概述

(一)设计

1. 事故原因主要是地基土受水浸产生不均匀沉降所致,经综合分析,最后采用基础托换——预压桩补救性加固处理。

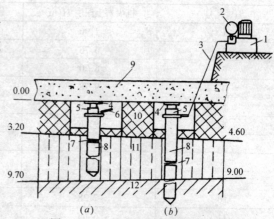

图4.5-24 基础下土层与压桩示意图
(a)人力地下加压;(b)电动油泵地面加压
1—电动油泵;2—压力表;3—高压油管;4—钢垫板;5—千斤顶;6—加压杆;7—桩焊接头;8—钢筋混凝土桩;9—地梁;10—杂填土;11—湿陷性黄土;12—粉质粘土

2. 根据地质条件,设计采用预制钢筋混凝土方桩,断面20×20cm,强度等级大于C30,桩的长度分别为1.0m、1.2m及1.5m长(施工时按实际情况选用),其中最下一节桩的尖桩端为1.2m长、锥角为60度。

3. 压桩深度采取压力控制和地梁变形双控制方法,即压桩力大于设计荷载1.5倍。压桩时将百分表固定在地梁上,观测其变形不大于2.0mm。

4. 桩位布置在墙体开裂严重部位的基础下方,间距为1.2~3.2m。

(二)施工顺序与方法

1. 确定桩位

在室内外墙侧挖$1.5\text{m}\times 1.2\text{m}\times 2.5\text{m}$操作坑,坑的尺寸最小应满足安置仪器和在其中进行施工操作的需要。

2. 开洞

于地梁底面下开洞,长宽各0.6m,高由地梁底面至坑底距离为1.5~1.8m。

3. 下桩

先在洞底中心挖$0.2\text{m}\times 0.2\text{m}$和深0.6m的小方坑,在小方坑中垂直放进第一节尖桩,沿壁夯实稳固。

4. 压桩

在桩顶上端安置50t千斤顶,其上用垫块或钢垫板支顶地梁,并打紧钢板稳固,用人力或电动油泵加压进行压桩,如图4.5-24所示。千斤顶安全行程为18cm,每当行程达18cm时,应立即停止压桩,进行回油,待降压至零调整行程为最低高度,然后关闭油门,垫上相应的垫块后再加压。如此反复,每完成一节桩后立即进行接桩,节与节间用电焊焊接,直至将桩压至预定压力为止,保持压力恒等达到稳定。

在压桩过程中,利用每节桩两侧定出的中心线作为控制线,用线锤垂吊观测,保持桩身垂直度。

5. 地梁变形观测

于压桩桩顶部位地梁上安置百分表,压桩时观测压桩力与相应的变形。

6. 托换与回弹

在预压桩顶安置托换支座,支座两侧并排安置两台带压力表的千斤顶,同步加压至压桩终止,将托换钢管塞入桩顶与基础底间,垫好钢板用铁锤将钢楔打紧(同图 4.5-13)。托换完毕,此时将两侧千斤顶同时卸荷为零,由桩顶下固定的两块百分表观测回弹。回弹观测结束,拆除全部装置后将托换钢管上下两端焊接固定。

7. 桩顶向上反力及回弹试验

于预压桩桩顶安置托换支座,中间与两侧并排设置三台带有压力表的千斤顶,使中间千斤顶压力达到压桩终止压力为止。这时将两侧千斤顶同步加压,当中间千斤顶降至零时,关闭油门(代替托换钢管),其上部将钢板钢楔用铁锤打紧,此时两侧千斤顶同步卸荷至零,观测中间千斤顶压力和桩端下百分表回弹。

8. 试桩

试桩目的为可靠地确定预压桩单桩容许承载力。其试验方法将带有压力表千斤顶坐落在桩顶上,调整垂直度。以基础上部荷载作反力,逐级加荷,采用慢速维持方法,通过桩顶下方两块固定百分表,观测各级荷载下沉降与回弹。观测时间间隔与沉降稳定标准等按有关规范规定。

9. 桩头下 0.2m 至坑底以上按有关规程规定回填夯实。

10. 支模浇灌 C20 混凝土承台,在桩头下 0.2m 基础底面之间浇灌,并用软轴振动器振实。

11. 拆模,再筑散水,整修好地面和墙体,恢复原貌。

四、基础托换成果及分析

本工程压桩 28 根,观测三根桩桩顶上部地梁变形,选择 3 根具有代表性的桩进行试桩,托换后观测 16 根桩回弹,平面位置见图 4.5-25。有关成果及分析如下。

(一)压桩

压桩力与入土深度关系代表性曲线如图 4.5-26 所示。

由上图可见:

1. 压桩力随桩入土深度增加而增大,但不成比例;也可见到压桩力不随桩入土

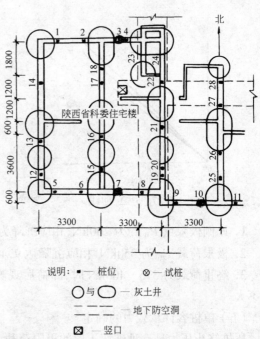

图 4.5-25 压桩平面位置图

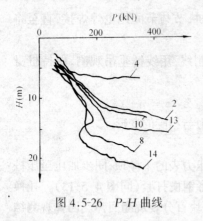

图 4.5-26　P-H 曲线

深度增加而增大；而当桩尖穿入不同深度土层时，压桩力将发生明显变化；当桩尖穿过同一类土层时，压桩力也有较大的变化。这主要由于土层的厚薄上下土层软弱程度及受水浸程度不同而造成，另外也与先下第一节桩埋的深浅及桩周围土捣实程度有关。

2．根据计算压桩部位以上建筑物荷载为 6600kN，而压桩终止压力达 10029.5kN，两者相比，压桩力是建筑物荷载的 1.52 倍，表明满足设计规范要求。

（二）地梁变形观测

图 4.5-27 为压桩力与地梁变形关系图，图中可见有近似线性关系，当压桩力为 325.0～437.5kN 时，最大变形为 1.08～1.64mm，小于容许变形 $\Delta s = 2$mm，表明在压桩过程中对上部建筑结构无损，采用基础托换是行之有效的。

（三）桩身质量垂直度与焊接

根据每根桩压桩完毕后用线锤垂吊观测，绝大多数桩基本保持竖直，仅有少数桩产生最大偏差为 17～25mm，但均小于容许偏差（桩长 0.5％）。压桩力最大达 462.5kN，桩头未发现破坏现象，表明桩身强度 C30 满足要求。节与节接头焊接处，经现场检查验收焊缝饱满，连接坚固，焊接质量良好。

（四）试桩

由试桩 P-s 曲线绘制图 4.5-28，由图中可见：

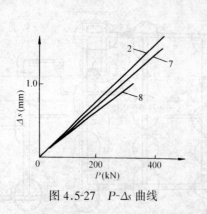

图 4.5-27　P-Δs 曲线

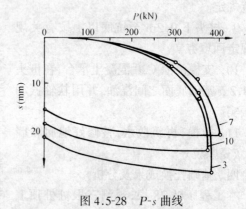

图 4.5-28　P-s 曲线

1．比例极限点 P_0 约为 200kN，相应沉降为 2.5mm。

2．极限荷载 P_u 为 350kN，相应沉降达 9.48～13.68mm。

3．终止荷载为 375～400kN 时，卸荷后观测总回弹为 5.58～7.48mm，大小不等，但差别不大。

（五）单桩容许承载力的确定

压桩终止压力是一种破坏土层的极限荷载，所以该值不能作为单桩容许承载力，为可靠地确定单桩容许承载力，考虑控制桩顶不再产生新的沉降角度出发，根据试桩资料经综合分析认为，取桩顶容许沉降 $s = 5$mm（即弹性变形段内）的对应荷载作为单桩容许承载力为宜。

由此确定 $P_s=250\sim275$kN,它虽比 P_0 大,但超出5mm。因而考虑加固后建筑物安全取 P_s 均值266.7kN作为单桩容许承载力 P_a,则总容许承载力达74676.6kN,为建筑物总荷载(指压桩部位)的1.13倍,但随桩的休止时间延长则会增大,证明按强度和沉降双控制方法确定单桩承载力是安全的。

（六）托换后回弹观测

基础托换后测得回弹为0.82～2.84mm,平均为1.504mm。由此得知托换后有效地阻止了桩顶回弹,但却不能全部阻止桩顶回弹,与试桩资料测得总回弹平均值6.31mm对比,阻止桩顶回弹可达76%。而压入桩托换后回弹平均为5.4mm,阻止桩顶回弹仅达12%,至于托换后回弹值大小变化,分析原因有以下几点：

1. 与托换钢管上端垫板与基础底面接触钢楔未打紧有关,钢楔打得紧回弹小,反之则大。

2. 钢筋混凝土桩身与桩头钢板,在荷载作用下都会产生微小弹性变形。

因此可认为测得的回弹并非全是桩基土回弹,而主要是钢垫板与基础接触面不平,受力作用后被压实结果。只要将钢管与地梁底面全部接触,钢楔打得紧一些,阻止桩顶回弹可达80%以上,即桩顶回弹控制小于1.5mm实际是可以做到的。

阻止桩顶回弹越小,桩顶反力就越大,降低地基土的附加压力就越大,这就有利于软弱下卧层的支承,必然达到减少地基的总沉降,并在较短时期内实现地基沉降稳定,此方法对地基土而言,由于卸荷无疑是安全的。

（七）桩顶向上反力与回弹的关系

据3组试桩测得各级荷载下回弹均值对比结果,清晰地显示出两者非线性关系(图4.5-29)。表明桩顶反力 $P_上$ 随回弹 $s_上$ 的增加而减小,有指数统计关系。经整理建立其相关方程为：

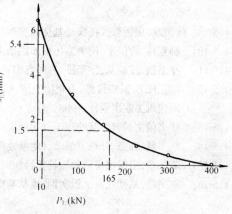

图4.5-29　$P_上$-$s_上$ 相关曲线

$$s_上=6.32\cdot(0.991)^{P_上}$$

本工程托换回弹平均为1.5mm,按上述相关关系得知,桩顶向上反力可达165kN,是控制随后沉降的有效方法。

五、技术效果

（一）工程于1991年1月竣工,竣工后即投入使用,二年后回访和实地观察,墙体完好,未产生新的沉降,使用正常,说明托换技术加固是成功的。

（二）压桩终止压力是建筑物荷载的1.52倍,说明满足设计规范要求。

（三）由于试桩确定的单桩容许承载力 P_a 大于设计荷载,证明是安全可靠的。

（四）预压桩托换后有效地阻止了桩顶回弹的76%,桩顶反力可达165kN。这是控制建筑物基础不再产生新的沉降有效方法。

（五）在压桩中能随时测出压桩力、入土深度、桩身垂直度、基础梁变形、托换后桩顶反力及回弹等,数据准确,加固效果直观。使设计和施工人员心中有底,用户可信,是一项最有发展前途的地基加固新方法,值得今后大力推广和应用。

(六）工程实践表明：设备有待改进，如为加速压桩应改用长冲程千斤顶；采用减小回升压力大流量电泵等，以降低工程造价。

参 考 文 献

[4.5-1] 钱国林,采用钢管桩对基础进行托换,施工技术,1983年第2期
[4.5-2] 钱国林、钱志东,丰镇电厂五号机组基础托换补强加固实录,中国勘察与岩土工程,1998年第2期
[4.5-3] 钱国林,压入桩托换处理加固既有建筑物地基浸湿经验,全国湿陷性黄土地区建筑地基处理学术会议论文集,1992.8
[4.5-4] 钱国林,丰镇电车翻车机房附跨、空调车基础托换及顶升复位,国内外岩土工程实例和实录选编(林宗元主编),沈阳:辽宁科学技术出版社,1992
[4.5-5] 钱志军、钱志东,呼和浩特二轻大酒店营业楼排险加固纠偏实例,华北地区岩土工程勘察技术经验交流会论文,1998.8
[4.5-6] 钱国林、钱志东,回民区卫生防疫站采用钢管压入桩增层托换,建筑技术,1995年第6期
[4.5-7] 钱国林,墙下钢管桩和混凝土预制桩基础托换实录,全国岩土工程实录交流会岩土工程实录集,1988年10月,北京
[4.5-8] 涂光祉,托换技术在处理湿陷性黄土地基事故中的应用,第二届全国地基处理学术研讨会论文集,烟台,1989.7
[4.5-9] 陈国政,房屋桩式托换地基加固实例,岩土工程师,1992.11
[4.5-10] 柳克铸、曾世平,用小型压桩加固条形基础,土工基础,1988年第一期
[4.5-11] 叶书麟、汪益基、涂光祉、程鸿鑫编著,《基础托换技术》,北京:中国铁道出版社,1991
[4.5-12] [美]H.F.温特科恩、方晓阳主编,《基础工程手册》第22章,(钱鸿缙、叶书麟等译校),北京:中国建筑工业出版社,1983
[4.5-13] 叶书麟主编,《地基处理工程实例应用手册》,北京:中国建筑工业出版社,1998
[4.5-14] 叶书麟、韩杰、叶观宝编著,《地基处理与托换技术(第二版)》,北京:中国建筑工业出版社,1994
[4.5-15] 陈国政,房屋增层后预压桩托换加固补强实例,地基基础工程,1995年12月
[4.5-16] 陈国政,基础托换工程实例,地基基础工程,1993年12月

4.6 石灰桩和灰土桩

袁内镇(湖北省建筑科学研究设计院)
郭　勤(湖北省建筑科学研究设计院)

4.6.1 石灰桩

4.6.1.1 概述

石灰桩是指桩体材料以生石灰为主要固化剂的低粘结强度桩,属低强度和桩体可压缩的柔性桩。

石灰桩的桩体材料由生石灰(块状或粉状)和掺合料(粉煤灰、炉渣、火山灰、矿渣、粘性土等常用掺合料以及少量附加剂如石膏、水泥等)组成。掺合料可因地制宜选用上述材料中的某一种。附加剂仅在为提高桩体强度或在地下水渗透速度较大时采用。

早期的石灰桩采用纯生石灰作桩体材料,当桩体密实度较差时,常出现桩中心软化,即所谓的"糖心"现象。20世纪80年代初期,我国已开始在石灰桩中加入火山灰、粉煤灰等掺

合料。实践证明掺合料可以充填生石灰的空隙,有效发挥生石灰的膨胀挤密作用,还可节约生石灰。同时含有活性物质(SiO_2、Al_2O_3)的掺合料有利于提高桩身强度。80年代末期,随着应用石灰桩的单位的增多,有的将使用掺合料的桩叫做"二灰桩""双灰桩"等等。按照最早使用掺合料的江苏、浙江、湖北等地以及国外的习惯,考虑命名的科学性,在此仍将上述桩叫做石灰桩。

石灰桩使用大量的掺合料,而掺合料不可能保持干燥,掺合料与生石灰混合后很快发生吸水膨胀反应,在机械施工中极易堵管。所以日本采用旋转套管法施工时,桩体材料仍为纯生石灰,未加掺合料的石灰桩造价高,桩体强度偏低。

我国是研究应用石灰桩最早的国家。在20世纪50年代初期,天津地区已开展了石灰桩的研究。其目的是利用生石灰吸水膨胀挤密桩间土的原理加固饱和软土或淤泥。尔后铁道科学院、同济大学、江苏省建筑设计院、浙江省建筑科研所、天津市建筑科研所、东南大学、河海大学、湖北省建筑科学研究设计院、华中理工大学、太原工业大学、宁波大学、上海勘察院等三十余个大专院校、科研、设计及施工单位进行了石灰桩的研究和应用。1987年建设部下达了石灰桩成桩工艺及设计计算的重点研究课题计划,由湖北省建筑科学研究设计院、中国建筑科学研究院地基所、江苏省建筑设计院承担课题研究,浙江省建筑科学研究院、太原工业大学、天津市建筑科学研究院提供了各自研究和应用的成果资料。经过系统的室内大型模拟试验、现场测试,对石灰桩的作用机理、承载特性以及计算方法进行了较为全面地研究、分析和总结,提出了石灰桩水下硬化的机理及复合地基加固层的减载效应等新观点,根据石灰桩复合地基变形场的性状提出了承载力及变形的计算方法,进一步完善了石灰桩复合地基的理论与实践。

鉴于石灰桩作用机理(物理、化学)的复杂性,石灰桩的研究和应用经历了长期曲折的过程,特别是施工工艺的制约,严重地影响了石灰桩的发展。目前,湖北和山西地区应用较多,过去大量应用石灰桩的南京市已不应用。尽管如此,全国已有包括台湾在内的近二十个省市自治区有研究应用的历史,用石灰桩处理地基的建(构)筑物超过1000栋。石灰桩还用于既有建筑物地基加固、路基加固、大面积堆载场地加固以及基坑边坡工程之中,取得了良好的社会效益和经济效益,是一项具有我国特色的地基处理工艺。

当前的石灰桩最常用的施工工艺是人工洛阳铲成孔,这种工艺不受场地限制,机动灵活,造价低廉,更适宜于既有建筑物的加固工程。但洛阳铲成孔的深度受到限制,一般不宜超过5m。

石灰桩成孔机械的研制是一项艰难的工作,重力密度较低的生石灰和掺合料迅速反应后极易堵管,截至目前尚未取得实质性突破,没有研制出适应我国国情的石灰桩施工机械。目前仍采用各种沉管桩机或长螺旋钻机进行施工,不能明显降低造价,严重地阻碍了石灰桩的应用,是当前一项亟待解决的问题。

4.6.1.2 桩身材料

石灰是用主要成分为$CaCO_3$的石灰岩作原料,经过适当温度煅烧所得的一种胶凝材料,其主要成分为CaO,也叫生石灰。

生石灰块天然重度为$8\sim10kN/m^3$,过烧和欠烧石灰的重度较大,可达$13kN/m^3$以上。

石灰分气硬性和水硬性两种,石灰桩所用的石灰系指气硬性块状或粉状生石灰。

粉状生石灰加工费用较高,膨胀作用小,要有配套的施工技术,很少在石灰桩中采用。

目前大多使用经破碎的粒径不大于70mm的块状生石灰。

生石灰有效氧化钙含量不应低于70%，氧化镁含量不限。

掺合料的作用是减少生石灰用量和提高桩身强度，应选用价格低廉方便施工的活性材料。在实际工程及试桩中采用过砂、石屑、粉煤灰、火山灰、煤渣、矿渣、钢渣、粘性土、电石渣等作主要掺合料，粉煤灰应用最多，火山灰、煤渣次之。各地应因地制宜，优先选择工业废料作掺合料。

上述掺合料的含水量对施工有一定影响，如人工施工，掺合料含水量宜在30%左右，太小则难以击实，影响质量，同时又有环境污染。机械施工时掺合料含水量可低于30%。

掺合料中加入生石灰用量3%~10%的石膏或水泥均可提高桩身强度，但增加造价及施工难度，仅在地下水渗透速度较大等特殊场合采用。

确定桩身材料配合比时应考虑四种因素：一是对土的加固效果；二是桩身强度；三是施工难易；四是经济指标。桩身强度高是选取桩身材料配合比的重要指标，但桩身强度高不一定复合地基承载力也高，还要看土的加固效果，应根据工程具体情况加以综合分析确定。

常用的体积比为：生石灰：掺合料为1:2(甲)、1:1(乙)和1.5:1(丙)。或按粉煤灰或炉渣折合重量比约为，4:6(甲)、6:4(乙)和7:3(丙)。

甲种适用于$f_k>80$kPa的土，封口深度小于0.8m时桩的顶部。

乙种适用于$f_k=60\sim80$kPa的土以及新填土的加固等。

丙种适用于$f_k\leqslant60$kPa的淤泥、淤泥质土等饱和软土。

特种配合比指在上述常用配合比的材料中再加入生石灰用量3%~10%左右的水泥、石膏等附加剂，此时桩体强度可提高30%~50%，主要适用于地下水渗透速度较大情况下桩的底部或为增强桩顶抗压能力而在桩顶部分加入。

桩体配合比在前述范围内未加附加剂时，桩身的无侧限抗压强度为300~500kPa(28天龄期)，桩身施工密实度愈高，强度也愈高；周围土强度高，桩身强度也高。

4.6.1.3 加固机理

石灰桩的加固机理分为物理和化学两个方面。

物理方面有成孔中挤密桩间土、生石灰吸水膨胀挤密桩间土、桩和地基土的高温效应、置换作用、桩对桩间土的遮拦作用、排水固结作用以及加固层的减载效应。

化学方面有桩身材料的胶凝反应、石灰与桩周土的化学反应（离子化作用、离子交换—水胶连结作用、固结反应、碳酸化反应等）。

所谓加固层的减载效应，是指以石灰桩的轻质材料（掺合料为粉煤灰时桩身材料饱和重度为14kN/m³左右）置换重度大的土，使加固层自重减轻，减少了桩底下卧层顶面的附加压力。此种特性在深厚的软土中具有重要意义，此时石灰桩可能作成"悬浮桩"而沉降小于其他地基处理工艺。

例如置换率为0.25时，每米厚加固层自重将减少$(20-14)\times0.25=1.5$kN/m³。

桩长5m时，则桩底部自重压力将减少7.5kN/m²。3m×3m的独立基础，当基础中点桩底的附加应力为7.5kN/m²时，基底的平均附加压力将为：

$$7.5\div4\alpha=7.5\div4\times0.038=49.34\text{kN/m}^2$$

即相当于减少了49.34×3×3=444kN的荷载。这是一个很可观的数值。

式中 α 为附加应力系数。

所谓桩对桩间土的遮拦作用，系指由于密集的石灰桩群对桩间土的约束，使桩间土整体稳定性和抗剪强度增加，在荷载作用下不易发生整体剪切破坏，复合土层处于不断的压密过程，基础呈冲切下沉特征，复合地基具有很高的安全度。同时由于土对石灰桩的约束，使石灰桩身抗压强度增大，在桩身产生较大压缩变形时不破坏，桩顶应力随荷载增大呈线性增大。荷载试验表明，桩身压缩量为桩长的 4%，膨胀变形为桩直径的 2.5% 时，桩身未产生破坏。

4.6.1.4 石灰桩复合地基的设计计算

一、技术特点

（一）能使软土迅速固结，即使是松散的新填土，在加固深度范围内，成桩后 7 天至 28 天即可基本完成固结。

（二）可大量使用工业废料，社会效益显著。

（三）造价低廉，民用建筑每平方米建筑面积折算地基处理费用约 20~30 元。

（四）设备简单，可就地取材，便于推广。

（五）施工速度快。

（六）生石灰吸水使土产生自重固结，对淤泥等超软土的加固效果独特。

二、设计要点

（一）石灰桩设计桩径 d 一般为 $\phi 300~400\text{mm}$，计算桩径当排土成孔时，$d_1 = (1.1~1.2)d + 30(\text{mm})$。管内投料时，桩管直径视为设计桩径；管外投料时，应根据试桩情况测定实际桩径。

（二）根据上部结构及基础荷载，按桩底下卧层承载力及变形计算决定桩长。同时应考虑将桩底置于承载力较高的土层上，避免置于地下水渗透性大的土层。

（三）桩距及置换率应根据复合土层承载力计算确定，桩中心距一般采用 $3~2d$，相应的置换率为 $0.09~0.20$，膨胀后实际置换率约为 $0.13~0.28$。

（四）桩土荷载分担，桩分担 35%~60% 的总荷载，桩土应力比在 2.5~5 之间。桩体抗压强度的比例界限约为 300~500kPa。

（五）桩间土承载力

置换率、施工工艺、土质情况和桩身材料配合比是影响桩间土承载力的主要因素。桩间土承载力提高系数 α 数值大体在 1.1~1.5 之间。

（六）试验及大量工程实践证明，当施工质量有保证、设计无原则错误时，加固层沉降约 3~5cm，约为桩长的 0.5%~1%。沉降量主要来自于软弱下卧层，设计时应予重视。

（七）复合地基承载力标准值应根据现场实测数据确定，一般为 120~160kPa，不宜超过 180kPa。

（八）以载荷试验确定复合地基承载力时，沉降比 s/B 视建筑物重要性分别采用 0.012~0.015。

（九）一般情况下只在基础内布桩，不设围护桩。在施工需要隔水或加固 $f_k < 60\text{kPa}$ 的超软土时，在基础外围加打 1~2 排围护桩。

（十）一般情况下桩顶不设垫层；需要考虑排水通道时，设 0.1~0.2m 厚的砂石垫层；需要减小基础面积时，通过计算可设厚度 0.5m 以上的垫层。

（十一）大量的测试结果表明，由于上覆压力及孔底地下水或清孔影响，石灰桩桩体强度，沿深度变化较大，中部强度最高，下部及上部较差，设计时应予考虑。

三、承载特性及承载力计算

试验表明,当石灰桩复合地基荷载达到其承载力标准值时,具有以下特征:

(一)土的接触压力接近达到桩间土承载力标准值,说明桩间土的发挥度系数为1,桩间土可以充分发挥作用。

(二)桩顶接触压力达到桩体材料的比例界限,桩可充分发挥作用。

(三)桩土应力比趋于稳定,其值在2.5~5.0之间,一般为3~4。

(四)桩分担了总荷载的35%~60%。

(五)桩土变形协调,桩的刺入很小,可以将复合地基看做人工垫层进行计算。

根据以上特征,石灰桩复合地基承载力可按下式计算:

$$f_{sp} = mf_{pk} + (1-m)f_{sk} \tag{4.6-1}$$

或

$$f_{sp} = [1 + m(n-1)]f_{sk} \tag{4.6-2}$$

式中 m——置换率,$m = (d_1^2)/(4S_1S_2)$,其中 $S_1 S_2$ 分别为布桩的行距和列距,d_1 为计算桩径,排土成孔时,$d_1 = (1.1~1.2)d + 30\text{mm}$,$d$ 为设计桩孔直径。挤土成桩时 d 应实际测定。30mm 为桩边硬壳土层计入桩径之内的数值;

n——桩土应力比,可取 3~4,建筑物重要性高时取低值,反之取高值;

f_{pk}——桩身材料比例界限值;

f_{sk}——桩间土承载力标准值。

关于桩间土承载力的问题,经测试,桩周围 10cm 左右厚圆环面积的土加固效果显著,其加强系数 $K = 1.3~1.6$,加强区以外的桩间土假定没有加固效果,则:

$$f_{sk} = \alpha f_k = \left[\frac{(K-1)d_1^2}{A_s} + 1\right]f_k \tag{4.6-3}$$

式中 A_s——单桩单元内土的面积;

f_k——天然地基承载力标准值;

α——桩间土增强系数;

其他符号同前。

计算复合地基承载力时,f_{pk} 可通过单桩静载荷试验求得,或利用桩身静力触探 p_s 值确定(经验值为 $f_{pk} \approx 0.1p_s$),也可取 $f_{pk} = 350~500\text{kPa}$ 进行初步设计,土质好,施工条件好者取高值。

桩间土承载力的提高与置换率(即 A_s 大小)及土质有关,土质软弱时,K 取高值。一般情况下,桩间土承载力为天然土地基承载力的 1.1~1.3 倍,处理淤泥土时,当置换率较大时可达 1.5 倍。

四、变形计算

大量工程实践证明,石灰桩复合地基的变形由桩底下卧层变形控制,而复合土层变形很小,约为桩长的 0.5%~1%。

复合地基变形计算方法很多,对石灰桩复合地基而言,采用复合模量法计算较为方便实用。

$$E_{sp} = E_p m + (1-m)E'_s \tag{4.6-4}$$

或
$$E_{sp} = [m(n-1)+1]E'_s \qquad (4.6\text{-}5)$$

式中　E_{sp}——复合地基压缩模量；
　　　E_p——桩身材料压缩模量；
　　　E'_s——桩间土压缩模量；

其他符号同前。

桩间土压缩模量可取天然土压缩模量乘以前述桩间土承载力提高系数 α。

求得 E_{sp} 后，即可按总荷载以分层总和法求算复合土层及以下压缩层范围内土的变形。

4.6.1.5　施工工艺

一、机械施工

(一) 沉管法

采用沉管灌注桩机(振动或打入式)，分为管外投料法和管内投料法。

管外投料法系采用特制活动钢桩尖，将套管带桩尖振(打)入土中至设计标高，拔管时活动桩尖自动落下一定距离，使空气进入桩孔，避免产生负压塌孔。将套管拔出后分段填料，用套管反插使桩料密实。此种施工方法成桩深度不宜大于 8m，桩径的控制较困难。

管内投料法适用于饱和软土区，其工艺流程类似沉管灌注桩，需使用预制桩尖，而且桩身材料中掺合料的含水量应很小，避免和生石灰反应膨胀堵管，或者采用纯生石灰块。

管内夯击法采用"建新桩"式的管内夯击工艺。在成孔前将管内填入一定数量的碎石，内击式锤将套管打至设计深度后，提管，冲击出管内碎石，分层投入石灰桩料，用内击锤分层夯实。内击锤重 1~1.5t，成孔深度不大于 10m。

(二) 长螺旋钻法

采用长螺旋钻机施工，螺旋钻杆钻至设计深度后提钻，除掉钻杆螺片之间的土，将钻杆再插入孔内，将拌合均匀的石灰桩料堆在孔口钻杆周围，反方向旋转钻杆，利用螺旋将孔口桩料输送入孔内，在反转过程中钻杆螺片将桩料压实。

利用螺旋钻机施工的石灰桩质量好，桩身材料密实度高，复合地基承载力可达 200kPa 以上。但在饱和软土或地下水渗透严重孔壁不能保持稳定时，不宜采用。

二、人工洛阳铲成孔法

利用特制的洛阳铲，人工挖孔，投料夯实，是湖北省建筑科学研究设计院试验成功并广泛应用的一种施工方法。由于洛阳铲在切土、取土过程中对周围土体扰动很小，在软土甚至淤泥中均可保持孔壁稳定。

这种简易的施工方法避免了振动和噪声，能在极狭窄的场地和室内作业，大量节约能源，特别是造价很低、工期短、质量可靠(看得见，摸得着)，适用的范围较大。

挖孔投料法主要受到深度的限制，一般情况下桩长不宜超过 6m。穿过地下水下的砂类土及塑性指数小于 10 的粉土则难以成孔。当在地下水下或穿过杂填土成孔时需要熟练的工人操作。

(一) 施工方法

1. 挖孔

利用图 4.6-1 所示两种洛阳铲人工挖孔，孔径随意。当遇杂填土时，可用钢钎将杂物冲破，然后用洛阳铲取出。当孔内有水时，熟练的工人可在水下取土，并保证孔径的标准。

洛阳铲的尺寸可变，软土地区用直径大的，杂填土及硬土时用直径小的。

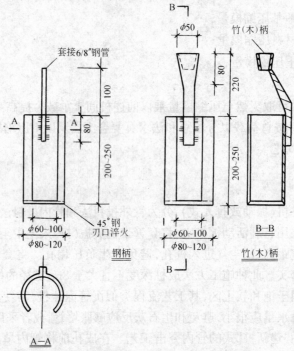

图 4.6-1 洛阳铲构造

2. 灌料夯实

已成的桩孔经验收合格后,将生石灰和掺合料用斗车运至孔口分开堆放。准备工作就绪后,用小型污水泵(功率1.1kW,扬程8~10m)将孔内水排干。立即在铁板上按配合比拌合桩材,每次拌合的数量为0.3~0.4m桩长的用料量,拌匀后灌入孔内,用图4.6-2所示铁夯夯击密实。

夯实时,3人持夯,加力下击,夯重在30kg左右即可保证夯击质量。夯过重则使用不便。

也可改制小型卷扬机吊锤或灰土桩夯实机夯实。

(二) 工艺流程

定位→十字镐、钢钎或铁锹开口→人工洛阳铲成孔→孔径孔深检查→孔内抽水→孔口拌合桩料→下料→夯实→再下料→再夯实……→封口填土→夯实。

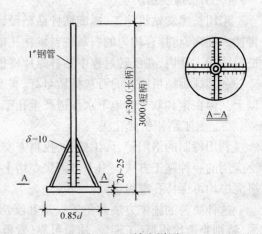

图 4.6-2 铁夯详图

(三) 技术安全措施

1. 在挖孔过程中一般不宜抽排孔内水,以免塌孔。
2. 每次人工夯击次数不少于10击,从夯击声音可判断是否夯实。
3. 每次下料厚度不得大于40cm。
4. 孔底泥浆必须清除,可采用长柄勺挖出,浮泥厚度不得大于15cm。

5. 灌料前孔内水必须抽干。遇有孔口或上部土层往孔内流水时,应采取措施隔断水流,确保夯实质量。

6. 桩顶应高出基底标高10cm左右。

7. 为保证桩孔的标准,用图4.6-3所示的量孔器逐孔进行检查验收。量孔器柄上带有刻度,在检查孔径的同时,检查孔深。

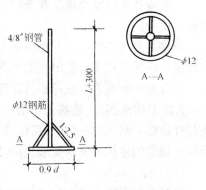

图4.6-3 量孔器详图

4.6.1.6 施工质量控制和效果检验

石灰桩施工中的人为因素较多,因此做好质量控制和检验工作尤为重要。

一、施工质量控制

施工质量控制的主要内容包括:桩点位置、灌料质量和桩体密实度等,其中尤以灌料质量和桩体密实度为检验重点。

(一)桩点位置及场地标高应与施工图相符。

(二)把好材料关,施工材料应符合质量要求,配合比要准确,石灰块大小和每米桩长灌入量应符合要求。

(三)桩体密实度检验,一般在成桩后7~10天内进行桩体静力触探或N_{10}轻便触探检验。成桩的其他条件相同,土质和配合比不同时,桩身p_s值将不尽相同,其数据表明:成桩质量符合要求的桩,7~10天内桩身p_s值的变化范围在2.5~4.0MPa之间。为此,将桩身p_s值作如下划分,作为判别桩身质量的依据:

石灰桩桩身质量标准　　　　　　　　　　　　　　　　表4.6-1

天然地基承载力标准 f_s(kPa)	桩身p_s值(MPa)		
	不合格	合格	良
$f_s<70$	<2.0	2.0~3.5	3.5以上
$f_s>70$	<2.5	2.5~4.0	4.0以上

p_s值不合格的桩,参考施工记录确定补桩范围,在施工结束前完成补桩,如用N_{10}轻便触探检验,以每10击相当于$p_s=1$MPa按上表换算。

二、加固效果检验

加固后需测定石灰桩复合地基的承载力是否达到设计要求。

(一)检测方法

目前国内应用较普遍的方法是载荷试验和静力触探,少数单位采用过十字板剪切试验或动探(标贯)法。经验尚不成熟的地区可同时采用载荷试验与静力触探(或动探、轻便触探)等方法,待积累到较多的数据足以求得两种方法判定复合地基承载力的相关关系以后,即可以用静力触探或轻便触探一种方法进行检测。

个别土质特殊或重要工程,根据设计要求还要取桩或桩间土样进行有关的室内试验。

(二)检测时间

对已有测试资料的分析表明,石灰桩成桩约28天后,复合地基已基本趋于稳定,故以28天作为检测龄期是适宜的。

(三)载荷试验

一般应作单桩复合地基载荷试验,有条件或有要求时最好进行群桩复合地基载荷试验,以便对比分析。

单桩复合地基的压板大小应等于单桩单元面积(与设计相同的置换率),群桩复合地基的压板大小亦为相应各桩单元面积之和。

复合地基承载力以载荷板沉降值 $s=(0.012\sim0.015)B$ 来控制。鉴于石灰桩复合地基 p-s 曲线无明显拐点,地基土不出现剪切破坏现象,具有较大的安全度,经处理的复合地基均匀性较好。基于这一特性,按建(构)物的重要性可以将沉降比限值适当放宽,但必须符合规范规定的建筑物地基变形允许值,由此可带来比较明显的经济效益。

(四) 静力触探

用静力触探来确定石灰桩复合地基的加固效果是较简捷的方法。它要求通过与载荷试验或建筑物实测数据的对比,得出桩、土 p_s 值与复合地基承载力 f_{sp} 及压缩模量 E_{sp} 值的关系。一般情况下桩身材料比例界限值约为 $0.1p_s$(MPa),根据比例极限值及桩间土承载力可用 4.6-1 式计算复合地基承载力。

静力触探应在地基加固区的不同部位随机抽样进行测试,抽样桩数约为总桩数的1%~2%,并不宜少于 8 根。

每根桩分别触桩身、桩间土各一点,深度应大于桩长,如有异常情况,应增加测点并判明原因(如探头是否偏出桩体等)。

当承载力未达到设计要求时,应在基础施工前予以补桩或修改设计。

(五) 其他

1. 基础开挖至设计标高后,有关单位应会同验槽,进一步确认石灰桩施工质量。

2. 基础施工完成后,应及时设置沉降观测点,监视建筑物施工及一定使用期内的沉降情况。

4.6.2 灰土桩

4.6.2.1 概述

灰土桩又名灰土挤密桩,是由土桩挤密法发展而成的。土桩挤密地基是原苏联阿别列夫教授于 1934 年创立的,被当时的苏联和东欧国家应用于深层处理湿陷性黄土地基。

我国自 20 世纪 50 年代中期在西北黄土地区开始试验使用土桩挤密地基,60 年代中期西安市为解决城市杂填土的深层处理,在土挤密法的基础上开发成功灰土桩挤密法,扩展了使用范围。

所谓灰土桩,是将不同比例的消石灰和土掺合,通过不同的方式将灰土夯入孔内,在成孔和夯实灰土时将周围的土挤密,提高了桩间土密度和承载力。另一方面,桩体材料石灰和土之间产生一系列物理化学反应,凝结成一定强度的桩体。桩体和经挤密的土组成复合地基承受荷载。

最初的灰土桩是以消除黄土的湿陷性,降低压缩性,提高填土承载力为主要目的。后来有了发展。在桩体材料方面,掺入粉煤灰、炉渣等活性材料或少量水泥,可显著提高桩体强度,从而可以用于大荷载建筑物的地基处理。在桩型方面,发展了大孔径灰土井桩,当桩底有较好持力层时,采用人工挖孔,夯入灰土(渣),可作为大直径桩或深基础承受荷载。

在南方,处理渗透性很小的饱和软粘土时,在应用生石灰桩的同时,又提出了消石灰—粉煤灰桩,在保证夯击密实度时可使桩体具有一定的强度,在软土中起到置换作用,也可以提高地基承载力。

灰土桩是界于散体桩和刚性桩之间的桩型，属可压缩的柔性桩，其作用机理和力学性质接近石灰桩。

从目前各种复合地基桩型和桩体材料的演变中，可以看出相互渗透、相互借鉴的趋势，以致在一些情况下很难准确区分其类属。如灰土桩中加入适量水泥或粗骨料，水泥土桩中加入适量石灰，还有所谓渣土桩中加入少量水泥或石灰，凡此种种，基本是为了改善桩体力学性能，而不一定具备挤密桩间土的功能。因此，灰土桩的定义与过去的标准已不完全相符。

目前，灰土桩在我国的西北黄土地区已大量应用，在河南、甘肃、山西、河北、北京也有不少工程实例。也有用于 12 层左右高层建筑物地基处理的例证，属于一种较成熟的地基处理方法。《建筑地基处理技术规范》JGJ 79—91,《湿陷性黄土地区建筑规范》GBJ 29—90 的有关章节均给出了相应的规定。《灰土桩挤密地基设计施工规程》DBJ 24—2—85,《灰土井柱设计施工规程》DBJ 24—3—87，对灰土桩（柱）作了更加具体的规定，是当前应用中的主要依据。

4.6.2.2　灰土桩的适用范围及技术特点

一、灰土桩的适用范围

（一）消除地基的湿陷性。

（二）地下水位以上湿陷性黄土、素填土、杂填土、粘性土、粉土的处理。

（三）灰土桩复合地基承载力可达 250kPa，可用于 12 层左右的建筑物地基处理。

（四）深基开挖中，用来减少主动土压力和增大坑内被动土压力。

（五）用于公路或铁路路基加固；大面积堆场的加固等。

（六）当地基土含水量大于 23% 及其饱和度大于 65% 时，规范规定不宜采用灰土桩。如不考虑桩间土的挤密效应，在工艺条件许可时，也可采用，这是一个发展。

二、灰土桩的技术特点

（一）主固化料为消石灰，桩体材料多样，可就地取材。

（二）可用多种工艺施工，设备简单，便于推广。

（三）施工速度快，造价低廉。

（四）可大量使用工业废料，社会效益好。

（五）桩体强度 0.5~4MPa，桩间土经挤密后可大幅度提高承载力。

（六）除人工挖孔、人工夯实的工艺外，大多存在一定的振动和噪声，因而受到某些使用的限制。

4.6.2.3　加固机理

灰土桩的作用机理与石灰桩相似。由于在地下水位以上应用，可以获得较高的桩体强度，因此，除作为灰土桩复合地基外，尚可作成大直径桩或深基础。不同的使用目的，其作用机理有所差异。

灰土的应用已有数千年的历史，在没有地下水的条件下，灰土的硬化现象早已为人们所接受。通过电子显微镜、X 光衍射和差热分析等先进手段，进一步从微观上搞清了灰土的硬化机理，是近几十年的研究成果。

$Ca(OH)_2$（消石灰）和粘性土之间可以产生复杂的化学反应，$Ca(OH)_2$ 离子化产生的钙离子Ca^{++}和粘土颗粒表面的阳离子进行交换，使土粒子凝聚，团粒增大，强度提高，这种称为水胶连结的作用是灰土硬化的主要原因。同时，$Ca(OH)_2$和土中的胶态硅、胶态铝发生化学反应，生成CAH和CSH系的水化物，这些水化物具有针状结构，强度较高，不溶于水。上述水化物一旦形成即具有长期的水稳性。因此，灰土固化后并不会受水的侵蚀。

石灰的碳酸化也是灰土强度得以长期增长的一个原因。

如果灰土桩材料中加有粉煤灰等活性材料则加强了水化物的生成，具有更高的强度。

灰土桩作为深基础或大直径桩来使用时，主要要考虑桩体本身的硬化情况及其强度指标。灰土桩与土组成复合地基时，其作用机理牵涉到桩间土的性状和桩土荷载分担的情况。

灰土桩复合地基中，桩土的荷载分担比与桩、土模量、荷载水平、基础大小、置换率等因素相关。在桩间土被挤密的情况下，一般桩间土可承担50%左右的荷载，因此，灰土桩复合地基承载力的提高不仅要求一定的桩体强度，还要依靠对桩间土的挤密加强。在成孔成桩中桩间土挤密效果，取决于土性、施工工艺、桩径和置换率等因素，而且在桩长范围内，挤密效果也不同。在大孔隙黄土中，一根桩的有效挤密区的半径约为$1\sim1.5d$，影响半径约为$1.5\sim2d$。经挤密后桩间土承载力约为挤密前的1.51～1.71倍，规范规定为1.4倍。如果加固土非黄土，则其挤密效果的定量分析除参照其他桩型的经验外，应通过现场原位测试确定。

关于桩体材料中$Ca(OH)_2$及其他活性物质与桩周土的化学反应问题，其机理与桩体固化机理相同，因渗透影响区小且反应缓慢，应用中不加考虑。

桩体和桩间土共同作用时，桩在自身压缩膨胀的同时，通过侧阻力及端承力将荷载传给桩间土，呈现了桩体的作用。当桩体强度较小，桩土模量比小于10时，如同石灰桩和土桩一样，呈现了复合垫层的特征。

4.6.2.4 灰土桩的应用要点

关于灰土桩的设计、施工、质量检验等问题，有关规范及手册中已有详细的论述和规定。下面针对应用灰土桩时需要了解的主要问题，作一些归纳和分析。

一、设计方法

（一）关于灰土桩的承载力计算，规范规定应通过原位测试或结合当地经验确定。当无试验资料时，复合地基承载力标准值不应大于处理前的2倍，并不宜大于250kPa。

这条规定是基于黄土地区大量的试验及工程实践得出的，其前提是必须对桩间土进行挤密。挤密的效果以桩间土平均压实系数不小于0.93来控制，从而计算出桩距。

随着灰土桩应用范围的扩展，有的方法并不对桩间土产生挤密效应，同时应用的土性也不限于黄土和填土。在此情况下，需要有一个理论计算方法。根据其作用机理，完全可以建立一个复合地基承载力计算式子。这个计算式原则上可采用水泥土的桩土荷载分担比的表示方法，当桩土模量比小于10时，可参照石灰桩承载力计算式。公式中的系数可根据试验结果或经验确定。经过时间积累，可以给出各系数的范围值。

（二）处理深度的决定，当以提高承载力为目的时，以桩底下卧层强度和变形控制处理深度。当尚需要消除土的湿陷性时，应根据《湿陷性黄土地区建筑规范》GBJ 25—90所规定的处理深度进行设计，处理深度的标准是以建筑物类别来区分的。

（三）规范规定灰土桩变形是由复合土层和其下压缩土层的变形所组成。复合土层的变形由试验和结合当地经验确定。下部压缩土层的变形按常规进行地基变形计算。

根据工程实践及试验的总结，只要灰土桩的施工质量得到保证，设计无原则错误，复合土层的变形多在 20~50mm 之间,在应用中可按桩长的 0.3%~0.6% 来估计复合土层的变形。

(四)由于灰土桩的强度有限,且具有可压缩性,桩体应力传递深度有一个界限,即所谓的有效桩长或临界桩长。经测试,有效桩长约 6~10d。因此,在桩底下卧层变形可以得到控制的情况下,桩长不必过长。

(五)为方便应用,表 4.6-2 给出了灰土桩复合地基的承载力标准值 f_{sp} 和变形模量 E_{sp}。

复合地基承载力和变形模量　　　　表 4.6-2

桩孔填料	分项	f_{sp}(kPa)		E_{sp}(MPa)	
		黄土类土	杂填土	黄土类土	杂填土
素土	一般值	177~250	130~200	12.7~18.0	9.4~14.4
	平均值	215	148	15.0	10.5
灰土	一般值	245~300	190~250	29.4~36.0	21.0~29.0
	平均值	268	218	32.2	25.4

二、施工工艺

灰土桩有多种施工工艺,各种施工工艺都是由成孔和夯实两部分工艺所组成。现将常用的施工方法简介如下。

(一)人工成孔和人工夯实

作为复合地基应用时,桩径 ϕ300~400mm,施工工艺同石灰桩人工挖孔法。大直径灰土井柱则用人工挖孔桩的办法成孔,采用人工分层夯实,或用蛙式打夯机及其他特制的夯实机分层回填夯实。

(二)沉管法

利用各类沉管灌注桩机,打入或振入套管,桩管下特制活动桩尖的构造类同于石灰桩管外投料施工法的桩类。套管打到设计深度后,拔出套管,分层投入灰土,利用套管反插或用偏心轮夯实机及提升式夯实机分层夯实。

(三)爆扩成孔法

利用人工成孔(洛阳铲或钢钎),将炸药及雷管或药管及雷管置于孔内,孔顶封土后引爆成孔。药眼直径 1.8~3.5cm,引爆后孔径可达 27~63cm。成孔后将灰土分层填入,用偏心轮夹杆式夯实机或提升式夯实机分层夯实。

(四)冲击成孔法

利用冲击钻机将 0.6~3.2t 重的锥形锤头(又叫橄榄锤)提升 0.5~2m 的高度后自由落下,反复冲击下沉成孔,锤头直径 ϕ350~450mm,孔径可达 ϕ500~600mm。成孔后分层填入灰土,用锤头分层击实。其成孔深度不受机架限制。

(五)管内夯击法

同碎石桩的管内夯击工艺。在成孔前,管内填入一定数量的碎石,内击式锤将套管打至设计深度后,提管,冲击管内碎石,分层投入灰土,用内击锤分层夯实。内击锤重 1~1.5t,成孔深度不大于 10m。

三、施工质量检验及效果检验

施工质量检验主要包括桩间土挤密效果和桩料夯填质量检验。桩间土挤密效果采用不同位置取样测试干密度和压实系数来检验。桩料夯填质量可用轻便触探、夯击能量法及取样检验。

效果检验包括取样测定桩间土干密度、桩身材料抗压强度及压实系数;室内测定桩间土及灰土的湿陷系数;现场浸水载荷试验,判定湿陷性消除情况;现场静载荷试验检验承载力等。

4.6.3 工程实例一——某市传染病医院病房大楼加固

一、概况

某市传染病医院病房大楼始建于1981年,平面尺寸62.4m×17.9m,为四层(局部五层)砖混结构,基础为钢筋混凝土条形基础,南北外廊部分为独立柱基。由于多方面的原因,工程于1985年才竣工,建成后即发现墙体、柱、连系梁等多处开裂,局部裂缝宽度达20mm,屋面漏水严重,无法投入使用,市卫生局数次召集建设、设计、施工单位协商,因为建筑物质量问题牵涉较广,且当时预计加固费用在35～40万元之间,所以均未拿出处理方法,1987年底上报市政府,1988年初,市政府出面委托湖北省建筑科学研究设计院对建筑物进行加固处理。

施工前后均未对建筑物进行沉降观测,基于房屋开裂情况,认为开裂的主要原因是地基不均匀沉降造成的,为给事故分析及处理提供依据,又对房屋的沉降及裂缝的发展作了为期三个月的观测,观测结果见表4.6-3。

沉降观测结果　　表4.6-3

沉降量(mm)\观测点 时间	1	2	3	4	5	6	7	8	9	10	11	12
第一个月	2	3	3	4	4	4	4	3	4	3	3	3
第二个月	3	2	2	3	4	3	4	3	5	3	2	1
第三个月	3	3	3	4	5	3	4	4	3	2	2	1
累计沉降(mm)	8	8	8	11	13	10	12	10	12	8	7	5

表中可见,建筑物沉降尚未稳定,且差异沉降呈扩大趋势,必须尽快予以处理。

沉降观测期间走访了建设、设计、施工诸单位,了解了设计施工全过程,并结合工程地质报告、竣工资料,进行了深入细致的分析讨论,查出了工程质量事故的原因并由此拟定了加固方案。

二、工程质量事故原因及分析

(一)地基的不均匀变形造成了房屋开裂。

建筑物地基土各土层物理力学性质如表4.6-4:

地基土物理力学性质　　表4.6-4

分层	比贯入阻力 p_s(kPa)	承载力标准值 f_k(kPa)	压缩模量 E_s(MPa)	层　厚 (m)	状　态	岩性描述
Ⅰ	2.0	180	7.0	1.5～2.5	可　塑	粉质粘土
Ⅱ	1.0	110	4.0	0.4～1.2	可　塑	粉质粘土

续表

分 层	比贯入阻力 p_s(kPa)	承载力标准值 f_k(kPa)	压缩模量 E_s(MPa)	层 厚 (m)	状 态	岩性描述
Ⅲ	0.6	90	3.6	4.5~6	软 塑	粉质粘土
Ⅳ	1.5	120	6.0	未钻穿	稍 密	粉细砂

1. 地基土持力层承载力不足

建筑物基底标高 -1.70m，室内外高差 0.3m，基础施工时，表层 f_k=180kPa 硬土层大部分被挖掉，局部基础主要持力层为 f_k=110kPa 粉质粘土，且层厚仅 1.0m 左右，其下则为 f_k=90kPa 软土，深度达 5.0~6.0m，设计时按 f_k=140kPa 计算，地基承载力明显不足，使得建筑物产生较大的沉降，根据对被拉裂的雨篷及室内外地坪标高变化的观察，估计总沉降量已超过 100mm。

2. 基底接触应力差异较大

设计中，在拟定基础平面尺寸时，南北外廊 A、G 轴处独立柱基尺寸过大，基底接触应力较病房小 30% 左右，加之其压缩层深度较小，导致独立桩基与建筑物主体之间产生较大的差异沉降，走廊地面倾斜开裂，外廊中间从东到西一条裂缝贯穿整个建筑物地面，最宽处达 3mm。

3. 浸水软化导致建筑物地基不均匀下沉

该地区粉质粘土具有湿陷性，地质勘探表明，该场地地下水位标高在 -3.0m 左右，建筑物施工时，生产及生活用水渗入地基，致使地基软化，特别是施工底层水磨石地面时，大量的生产用水直接排入地基，使得 -1.70~-3.0m 处非饱和高压缩性粉质粘土严重软化，加剧了地基的沉陷，建筑物普遍开裂，在没加活荷载的情况下，即成为危房。

(二) 温度应力促使建筑物开裂

建筑物平面尺寸 62.4m×17.9m，设计中没考虑温度因素设置伸缩缝，屋面也没有架空板，仅设置 60mm 厚珍珠岩保温层；楼板全部纵向布置，产生较大的温度应力，致使顶层墙体产生水平裂缝，内纵墙斜向开裂，①轴处砖柱水平剪断。观察阶段发现，在温差为 18℃时，用经纬仪测出建筑物①轴处侧向水平位移最大为 27mm。

(三) 建筑物整体刚度较差

建筑物 A、G 轴为独立柱基，基础间没有设置地梁，也没有与主体基础连接，使得房屋整体性较差，各部分刚度不均，A、G 轴窗下纵墙严重开裂，连系梁产生较大变形，多处出现裂缝，局部钢窗玻璃压破，窗户变形，无法开启。

(四) 雨篷设计考虑欠周

建筑物东西两边雨篷一端与大楼主体连接，另一端支承于钢筋混凝土柱上，柱下为独立基础，基底接触应力小于主体部分，且两端地基没受施工生产用水影响。这样，当大楼主体因各方面的原因产生较大的沉降时，连接部分拉裂就不可避免了。表现为雨篷底部与主体连接处裂缝宽度达 10mm 左右，西端独立柱被拉裂，东端柱面大理石脱落破损，地面出现较宽裂缝。

三、加固方案

如前所述，经济承受能力问题是该建筑物搁置多年悬而未决的主要原因之一，基于建筑物的破坏情况,如果对其全面加固,必定会造成资金较大的投入,建设单位显然难以承受,为此经过反复修改加固方案,抓住主要矛盾,本着安全、经济的原则,拟定了处理方法。

(一) 地基处理

地基承载力不足是建筑物产生较大沉降的主要原因,所以必须对其作加固处理,设计采用石灰桩方法,利用生石灰的膨胀挤密作用,提高地基强度。石灰桩桩径 $\phi 300$,桩长 3.5m 左右,要求处理后地基承载力 $f_k \geqslant 140$kPa,压缩模量 $E_s \geqslant 4.5$MPa,为减小工作量,尽可能避免对原有设施设备造成损坏,地基处理采用隔间加固,即仅加固病房地基,而对有设备的厕所、卫生间及破坏程度相对较低的内廊不作处理,见图 4.6-4。

石灰桩施工采用人工洛阳铲成孔,人工夯填,解决因空间狭窄所造成的施工困难,尽可能不动用大型机械设备,将生产上的投入降低到最低限度,石灰桩桩顶标高定在 -1.10m 以减小挖填土工作量,减少施工难度。

地基承载力计算:

成孔直径 $\phi 270$,计算桩径 $d_1 = 1.1d + 30 = 330$mm,桩距 $s_1 = s_2 = 700$mm。

天然地基承载力: $f_k = 90$kPa

取桩体强度 $f_{pk} = 0.4$MPa,桩体模量 $E_{sp} = 16.0$MPa

置换率 $$m = \frac{\pi d_1^2}{4 s_1 s_2} = 0.175$$

单元土面积 $A_s = s_1 s_2 - \pi d_1^2 / 4 = 0.4045 \text{m}^2$

桩间土承载力 $f_{sk} = \left[1 + \frac{d_1^2(K-1)}{A_s}\right] f_k$ (设 $K = 1.4$)
$= 98$kPa

复合地基承载力
$$f_{sp} = f_{pk} \cdot m + (1-m) f_{sk}$$
$= 150.9$kPa

复合地基压缩模量 E_{sp}:
$$E_{sp} = m E_p + (1-m) E_s$$
$= 5.77$MPa

(二) 拓宽基础

在加固后的地基上,将建筑物原来的条形基础加固成满布的板基,充分利用原有的地圈梁,在圈梁底下墙体上凿 350×600 孔洞,采用分离式条基将基础加宽,见平面图 4.6-4。根据加固后的荷载情况,条基及基础梁的配筋按地基反力 100kPa 计算(拓宽后不计基础自重及土重的基底平均压力)。见图 4.6-5。

(三) 增强整体刚度

建筑物南北外廊 A、G 轴部分与房屋主体间因有一道 700 宽 × 1000 深管沟,基础无法连接,方案考虑在纵向加设一道 500×800 连系梁,加强独立柱基之间的连接,方法是在基础面打开柱子钢筋,将连系梁主筋与柱主筋焊接,在梁底加打石灰桩以协调地基的沉降,连系梁配筋按地基反力 120kPa 计算,见图 4.6-6,西端雨篷独立柱基与主体基础间,现浇 C20 混凝土基础,基础梁一端嵌固于地梁底部,另一端钢筋与柱主筋焊接。

(四) 减小温度应力

4.6 石灰桩和灰土桩

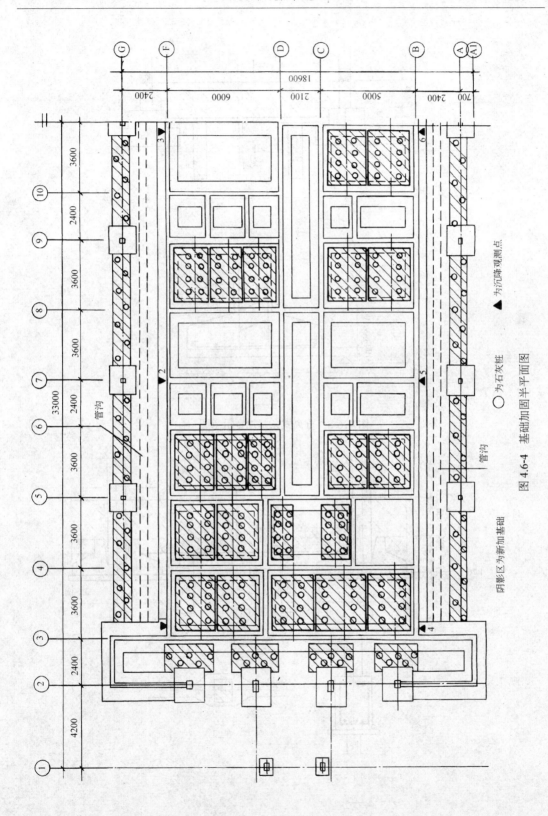

图 4.6-4 基础加固半平面图
阴影区为新加基础 ○为石灰桩 ▲为沉降观测点

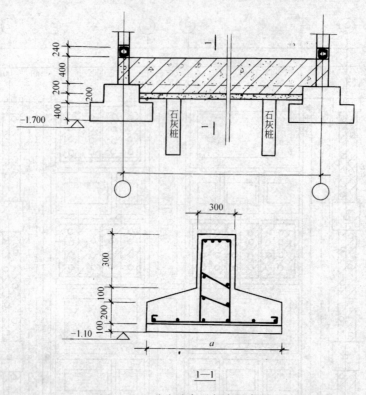

图 4.6-5 分离式条基加宽示意图

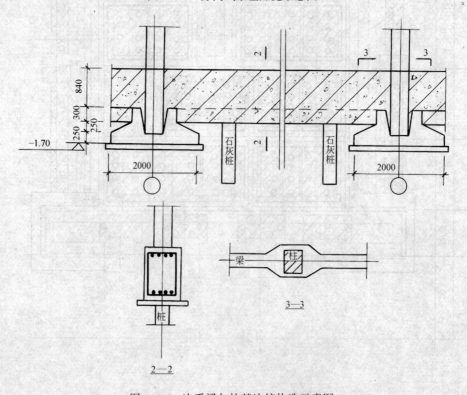

图 4.6-6 连系梁与柱基连接构造示意图

屋面漏水,内纵墙开裂及西端砖柱被水平剪断,其原因均与温度应力有关。设计考虑将建筑物屋面中间(11)轴处空心板板缝接头打开,增设一宽度为40mm的伸缩缝,并相应打开(11)轴女儿墙,切断A、G轴连系梁,以释放温度应力。在伸缩缝两端各砌240mm高半砖墙一道,内填沥青麻丝,上设二毡三油防水层,防止屋面渗漏。

(五) 其他处理

1. 东端雨篷与主体连接处因差异沉降产生断裂,设计考虑将其与主体断开,利用原有的四根柱子,在篷顶增设四根井字形交梁,在不影响美观的前提下满足其受力性能,凿开处以沥青麻丝充填。

2. 检查下水道,对渗漏处予以修补,防止生活用水渗入基底。重新施工散水,并加设排水明沟。

3. 加固后的房间重新恢复水磨石地坪,打掉A、G轴底层窗台以下全部墙,设置临时支撑,待石灰桩及基础梁全部施工完毕后再恢复窗下墙体。

4. 墙体开裂处,凿开墙体,充分湿水后,填以1:2水泥砂浆,然后粉平刷白;对混凝土梁柱裂缝,小于0.2mm者,用环氧树脂封闭裂缝外表,宽度超过0.2mm的裂缝,则凿开后用环氧树脂灌缝。

四、施工措施

(一) 建筑物加固的施工过程亦即是一个对建筑物扰动过程,必定会产生新的沉降和变形,对建筑物的观测工作贯彻于整个施工过程始终。定人定时,用精密水准仪测量建筑物的沉降,用经纬仪测量建筑物的伸缩,用刻度放大镜观测裂缝的发展情况,及时调整加固范围和施工进度,修改并完善加固方案。石灰桩施工完成后10天,建筑物的附加沉降10mm。

(二) 为减少石灰桩施工时对地基的扰动,施工中要求隔房施工且每房每次成孔不得多于2个;成孔后即灌料成桩,为了防止生石灰的膨胀隆起,改变了材料的配合比,−1.70m以下材料配比为体积比生石灰:粉煤灰=1:1,−1.70m以上为1:2,A、G轴下石灰桩则可一次成孔成桩,但基础则须分段开挖浇捣,严防雨水浸泡基槽。

(三) 拓宽基础须在墙体上大量开孔,为防止冲击振动过大,造成对墙体的损伤,施工规定仅能使用冲击电钻和小手锤,严禁使用大锤打击墙体。

五、加固效果

本工程于1988年5月进场开工,同年8月竣工并交付使用,历时三月,含恢复、修补在内,加固工程总投资15万元,较原预计节省20~25万元,具有显著的社会效益和经济效益,1989年被评为市优秀设计一等奖。

建筑物投入使用后,又对其进行了为期二年的追踪观测,两年中没有新的裂缝产生,在温差为15℃时,测出的墙顶部位移为10mm,整个建筑物沉降较均匀且已稳定,最大沉降量24mm,最大差异沉降8mm,现摘出西段6点沉降观测成果,列于表4.6-5:

沉 降 观 测 成 果　　　　　　　　　　表 4.6-5

沉降量(mm)　观测点 时　间	1	2	3	4	5	6
施工中	6	8	6	10	12	11
二年后	16	21	24	20	23	22

4.6.4 工程实例二——某市织袜厂2号住宅楼加固

一、概况

某市织袜厂2号住宅楼始建于1981年8月,为五层砖混结构,平面尺寸55.4m×10.8m,施工前未作工程地质勘探,设计图纸基本套用该厂1号住宅楼施工图,地基承载力按 $f_k=120$ kPa估算,基础为C10素混凝土。1982年元月主体完工后,未经验收即投入使用,1983年3月发现墙体开裂,1986年初开裂情况加剧,南侧外墙裂缝呈45°分布,北侧楼梯间除圈梁外,墙体、过梁均被拉开10mm左右裂缝,五层裂缝贯穿墙体及楼板,宽度达20mm,更为严重的是,内外纵墙普遍开裂,裂缝最大处近40mm,整栋房屋向北倾斜140~160mm,倾斜率约1%,最大差异沉降达100mm(见图4.6-7)。

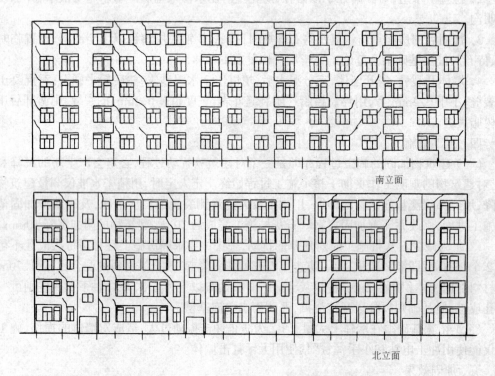

图4.6-7 织袜厂2号楼南北立面裂缝示意图

1987年元月,经湖北省建筑科学研究设计院建议,对该房屋地基进行了补勘,通过对地质情况的分析及大量的观察调查,拟定了加固方案。加固工程于1987年5月动工,同年7月竣工并交付使用,迄今已逾10年,使用情况良好。

二、工程事故情况及分析

全面正确分析事故发生的原因是拟定加固方案的前提。为此需仔细观察建筑物各部位的情况;向建设、施工单位了解了整个施工全过程;为了给后续处理提供资料,在建筑物内外布置了静力触探补勘点;同时采用坑探摸清了基础施工情况及尺寸;结合工程地质报告,竣工资料,进行了深入细致的分析研究,确认墙体开裂,建筑物倾斜,主要是由地基的不均匀变形造成的。

建筑物地基各土层物理力学性质如表4.6-6:

土层物理力学性质

表 4.6-6

分层	比贯入阻力 p_s(MPa)	容许承载力 f_k(kPa)	压缩模量 E_s(MPa)	层厚 (m)	状态	岩性描述
Ⅰ	0.7	80	3.6	0~5.2	软塑	粉质粘土
Ⅱ	1.8	130	5.8	2.1~4.0	可塑	粉质粘土
Ⅲ	1.3	110	4.5	2.4~3.1	可塑	粉质粘土
Ⅳ	5.0	230	14.0	未钻穿	中密	砂类砾石

(一) 南面地基不均匀变形造成了建筑物的开裂

建筑物南面地质剖面如图 4.6-8a 所示。东西两端主要持力层为高压缩性粉质粘土，地基承载力为 $f_k=80$kPa。以③轴承重横墙及 A 轴上④~⑤间纵墙为例：

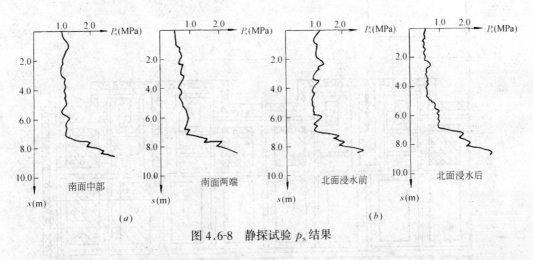

图 4.6-8 静探试验 p_s 结果

1. ③轴横墙：

±0.00 以上荷载为 178kN/m，基础埋深 -1.80m，$f=f_k+\eta_d\gamma_o(d-0.5)=80+1.1\times17.2\times(1.8-0.5)=104.6$kPa，按计算基础宽度应为 $B=178/(104.6-20\times1.8)=2.6$m，基础实际宽度为 1.5m，基础面积相差 42.3%。

2. ④~⑤轴间 A 轴纵墙：

±0.00 以上荷载为 115kN/m，基础计算宽度应为 $B=115/(104.6-20\times1.8)=1.68$m，基础实际宽度为 1.1m，基础面积相差 34.5%。

与此同时，南面中部地基第一层土缺失，基础持力层为中等压缩性粉质粘土，地基承载力为 130kPa，见图 4.6-8a 中部和两端物理力学性质的差异造成了建筑物较大的不均匀沉降，是房屋内外纵墙开裂的主要原因。

(二) 北面地基浸水软化造成了建筑物的倾斜，该地区的粉质粘土具有湿陷性，建筑物场地地下水位标高 -4.5m，建筑物场地地基浸水前后地质剖面如图 4.6-8b。图中可见场地地基承载力在浸水后强度损失近半。

坑探中发现下水道多处接头脱节，排水管破损严重，居民生活用水直接渗入地基，厨房、厕所下稳定水位 -1.40m，使得 -1.80~-4.5m 处非饱和粉质粘土浸水软化，整个北面产生了约 140mm 的沉降，造成了房屋的倾斜。

(三) 房屋的整体刚度较差,整个建筑物没有构造柱,除三层、五层各有一道 240×240 圈梁外,其余各层都没有设置圈梁,以致地基发生差异沉降时墙体即产生大面积的裂缝。北面楼梯间墙体及过梁裂缝达 10mm。

三、加固方案

因为房屋损坏严重,裂缝遍及整个建筑物的内外纵墙,如果从上到下对整栋建筑物进行加固,无论从经济上还是从工期上,建设单位都难以接受,基于这些客观情况及对房屋工程质量事故的分析,通过反复研究,确定了加固方案。

(一) 加固地基和拓宽基础

基础加固平面见图 4.6-9,阴影部分为加固区。

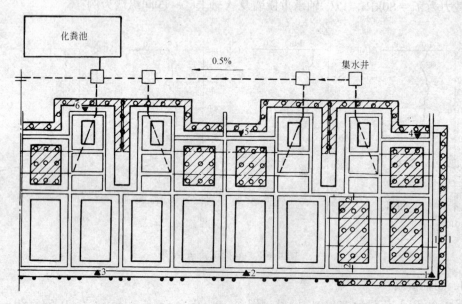

图 4.6-9 基础加固半平面图

1. 北面外围

打掉散水及楼梯间地坪,开挖至基底,将原有老基础凿毛洗净,现浇 C20 混凝土,将基础加宽 500mm,新老混凝土通过上部和侧面两排 $\phi 18@250$ 钢筋连接,见图 4.6-10。

2. 客厅部分打掉地坪,挖土至 -1.80m,借助墙体及地梁的反力,将老基础以外部分整个拓宽为梁下钢筋混凝土条形基础,地基反力按加固后 $f_k = 100$kPa 计算,基础形式见图 4.6-11。

3. 在基础拓宽部分,采用石灰桩作地基加固,石灰桩桩径 $\phi 300$,桩长 3.5m,采用人工洛阳铲成孔,人工夯填,要求处理后复合地基承载力大于 130kPa,石

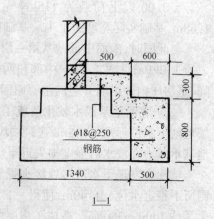

图 4.6-10 拓宽室外基础

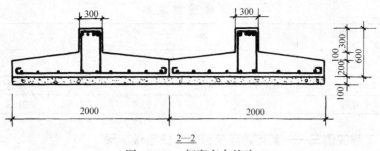

图 4.6-11 拓宽室内基础

灰桩桩位见平面图 4.6-9。

(二) 排水不畅,生活用水渗入地基是房屋的隐患之一,加固过程中必须同时调整房屋的排水系统,换掉已破损的排水管,在室外重新砌筑集水井,加大排水坡度,通过集水井,将生活用水引入化粪池,见平面图 4.6-9。

(三) 采用浸水及堆载方法,调整整栋建筑物的倾斜情况,房屋的倾斜不仅影响其使用,而且因为倾斜导致的重心偏移会加剧这一状况的发生,所以必须对房屋进行纠倾处理。

方案确定,在建筑物二~三楼南面卧室每平方米堆载 2kN,以加大基底附加应力。同时在基础边缘打 ϕ200 垂直孔(详见基础加固半平面图 4.6-9),在孔内注水,促使南面地基产生沉降。

施工中的主要措施

主要施工顺序为:疏通排水管道→石灰桩地基处理→拓宽混凝土基础→房屋纠偏→整修裂缝及缺陷。

1. 地基加固过程亦即是对原有地基的扰动过程,施工中为了避免对地基的过大扰动而产生较大的再沉降,规定每房间的石灰桩,每次成孔不得多于两个,且必须间隔成孔,每次成孔孔距必须大于 2.0m,成孔后立即灌料成桩。为防止桩身上部隆起,材料配合比下段 2.5m 为生石灰:粉煤灰 = 1:1(体积比),上部 1.0m 为生石灰:粉煤灰 = 1:2(体积比)。

2. 拓宽室内基础必须在墙体和基础梁上开孔,为防止对墙体产生过大冲击,施工中只能使用冲击钻和小手锤,严禁使用大锤。

3. 房屋的纠偏过程是一项精密细致的工作,每天 24 小时作业,对房屋的沉降观测,必须贯彻整个施工过程始终,根据沉降量和沉降速率的变化,随时调整加载量和应力释放孔的孔位和数量。

4. 裂缝处理,沉降基本稳定后,委托建设单位对裂缝进行处理,对过梁的裂缝凿开后采用环氧树脂封闭,墙体裂缝采用 1:3 水泥砂浆封闭,封闭前清洗裂缝,封闭后,妥善养护。

四、加固效果

加固工程竣工后,建筑物南边墙体中间沉降 86.2mm,东西沉降 18.6mm 和 17.4mm;北面加固区平均沉降 14.6mm,东西差异沉降 5.37mm,找回差异沉降约 71.6mm,交工后,又对房屋沉降进行了追踪观测,十四个月后,沉降趋于稳定,观测成果见表 4.6-7:

加固工程竣工后,通过观察,没有发现新裂缝的产生,以前的裂缝宽度,也有不同程度的减小,五楼楼梯间过梁处的裂缝,从原先的 10mm 左右变为 7mm,与沉降观测的结果基本吻合,证明此加固方案是正确的。

沉 降 观 测 成 果　　　　　　　　　　表 4.6-7

沉降量(mm) 观测点 时间	南			北		
	1	2	3	4	5	6
施工中	18.6	47.2	86.2	12.6	11.8	13.4
竣工14个月后	20.4	60.7	93.7	21.5	21.8	25.4

4.6.5 工程实例三——某市国际电台4号住宅楼加层

一、概况

某市国际电台4号住宅楼建于20世纪70年代初，平面尺寸31.2m×8.1m，为三层砖混结构，基础为浆砌片石，±0.00砌筑材料为MU7.5砖，M5.0水泥砂浆。建筑物北面紧邻该单位一三层办公楼，轴线距离仅为1.8m左右，基础相距300mm左右。业主要求将三层住宅楼加至五层。

二、地质情况

建筑物范围内属汉江Ⅰ级阶地，地层为第四系全新统冲洪积层。土性自上而下为填土、粘土、粉质粘土夹粉细砂及砂卵砾石层。建筑物基础埋深-1.5m，承重墙基础宽1.3m，非承重墙基础宽0.8m，主要持力层为 $f_k=110$ kPa 粘土，地表6.5m，以下为粉细砂及砂卵砾石层，强度较高。场区无软弱下卧层。加固前补充勘察发现，北侧因受下水道长期渗漏影响，土层浸泡软化，地基强度较南侧低，$f_k=90$ kPa。

三、加固方案

（一）地基处理。天然地基承载力为90～110kPa。原有基础无法承受五层楼荷载，必须对地基作加固处理。方法是打开建筑物室内外地坪、沿原基础内外边缘各打一排石灰桩（见图4.6-12）。

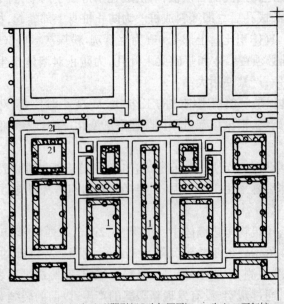

基础加固半平面(阴影部分为加固区)　○为φ300石灰桩

图4.6-12　基础加固半平面图

利用石灰桩的膨胀挤密作用,提高地基承载力,减小因加层而产生的附加沉降,设计要求加固后复合地基承载力 $f_{sp} \geqslant 150\text{kPa}$,压缩模量 $E_s \geqslant 5.0\text{MPa}$,北侧外缘地基无法加固,拟在室内局部加强,将复合地基承载力提高到 $f_{sp} \geqslant 180\text{kPa}$,$E_s \geqslant 7.0\text{MPa}$。

1. 基础设计计算

承重墙下线荷载 $q_1 = 182\text{kN/m}$,非承重墙下线荷载为 $q_2 = 98\text{kN/m}$。

加宽基础宽度确定:

$$q \leqslant f_k \cdot B + f_{sp} \cdot b_0 - \gamma_0 d$$
$$b_0 = (q + \gamma_0 d - f_k \cdot B)/f_{sp}$$

北面软化区:

承重墙下:

$$b_1 \geqslant (q_1 + \gamma_0 d - f_{k1} \cdot B_1)/f_{sp1}$$
$$= (182 + 17.2 \times 1.5 - 90 \times 1.3)/180 = 0.5\text{m}$$

取 $b_1 = 0.5\text{m}$。

非承重墙下:

$$b_2 \geqslant (q_2 + \gamma_0 d - f_{k1} \cdot B_2)/f_{sp1}$$
$$= (98 + 17.2 \times 1.5 - 90 \times 0.8)/180 = 0.29\text{m}$$

取 $b_2 = 0.40\text{m}$。

其余部分

承重墙下:

$$b_3 \geqslant (q_1 + \gamma_0 d - f_{k2} \cdot B_1)/f_{sp2}$$
$$= (182 + 17.2 \times 1.5 - 110 \times 1.3)/150 = 0.43\text{m}$$

取 $b_3 = 0.5\text{m}$。

非承重墙下:

$$b_4 \geqslant (q_2 + \gamma_0 d - f_{k2} \cdot B_2)/f_{sp2}$$
$$= (98 + 17.2 \times 1.5 - 110 \times 0.8)/150 = 0.24\text{m}$$

取 $b_4 = 0.4\text{m}$。

2. 复合地基设计计算

石灰桩桩径 $\phi 270$,膨胀后桩径 $d_1 = 1.1d + 30 = 330\text{mm}$,北侧软化区桩距 $s_1 = 600\text{mm}$,其余部分桩距 $s_2 = 1000\text{mm}$,天然地基 $f_{k1} = 90\text{kPa}$,$f_{k2} = 110\text{kPa}$,$E_s = 3.6\text{MPa}$,调整桩体材料及配合比,改变桩体强度,取北侧桩体强度 $f_{pk1} = 0.5\text{MPa}$,其余部分 $f_{pk2} = 0.3\text{MPa}$,桩体模量 $E_{s1} = 18\text{MPa}$,$E_{s2} = 16\text{MPa}$。

置换率:
$$m_1 = \pi d_1^2/(4 \times 0.6 \times 0.5) = 0.285$$
$$m_2 = \pi d_1^2/(4 \times 1.0 \times 0.5) = 0.171$$

单元土面积:
$$A_{s1} = 0.6 \times 0.5 - \pi d_1^2/4 = 0.21\text{m}^2$$
$$A_{s2} = 1 \times 0.5 - \pi d_1^2/4 = 0.41\text{m}^2$$

桩间土承载力:
$$f_{sk1} = [1 + d_1^2(K-1)/A_{s1}]f_{k1} \text{(设 } K = 1.4\text{)}$$
$$= 109\text{kPa}$$
$$f_{sk2} = [1 + d_1^2(K-1)/A_{s2}]f_{k2} \text{(设 } K = 1.4\text{)}$$
$$= 121.7\text{kPa}$$

复合地基承载力：
$$f_{sp1} = f_{pk1} \cdot m_1 + (1 - m_1)f_{sk1}$$
$$= 220.4 \text{kPa}$$
$$f_{sp2} = f_{pk2} \cdot m_2 + (1 - m_2)f_{sk2}$$
$$= 152.2 \text{kPa}$$

复合地基压缩模量：
$$E_{sp1} = m_1 E_{p1} + (1 - m_1)E_s$$
$$= 7.7 \text{MPa}$$
$$E_{sp2} = m_2 E_{p2} + (1 - m_2)E_s$$
$$= 5.7 \text{MPa}$$

（二）拓宽基础。将原基础凿毛洗净，在加固后的地基上，根据计算，采用C15混凝土将基础两边加宽（见图4.6-13a），北面因为紧邻办公楼，外边无法拓宽，只能在房内加宽基础（见图4.6-13b）。

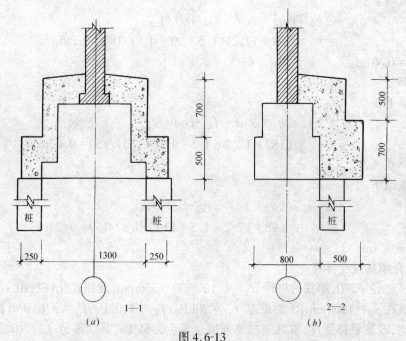

图 4.6-13
(a)基础拓宽图；(b)北面基础拓宽图

（三）原建筑物没有构造柱和圈梁，为增加房屋的整体刚度，新增楼层都设置圈梁。

（四）地基处理和房屋加层后，建筑物还有一个再沉降过程，为了防止附加应力扩散对北面办公楼的影响，设计要求在原建筑物的基础间见缝插针，打一排石灰桩，在土层垂直方向制造一个隔断面，并在办公楼基础边加打石灰桩，以保证其不受4号楼沉降的影响。

四、施工措施

（一）地基加固过程势必扰动原来地基，施工中采用间隔成孔，即成即灌方法。石灰桩桩径ϕ300左右，材料配合比底部2.5m为生石灰:粉煤灰=1:1(体积比)，为防止上部隆起，上面1.0m按体积比生石灰:粉煤灰=1:2投料，分层夯实，每层厚度300～400mm。北面厨房及厕所部分因下水道渗漏,水位较高,上层滞水水量很大,经过4台1.1kW离心泵日夜抽排,3~4天后渗水减小,可以施工,清除孔底浮泥后灌孔成桩,经检测,成桩效果良好。

(二)基槽开挖后,发现原基础尺寸及埋深均与建设单位提供的竣工图出入较大,片石基础质量极差,大部分基础片石间没有砂浆填充,局部承重墙基础宽度仅为设计宽度的60%左右。施工中将原基础凿毛洗净,掏除片石间填土后浇捣C15混凝土,根据上部荷载大小予以补足,高度以满足刚性角要求为准。

(三)进场开工前即在建筑物及北面办公楼上设置沉降观测点,定期观测地基的变形情况,工程于1988年10月中旬进点,11月初完成全部加固任务。施工过程中建筑物平均沉降6mm,最大差异沉降3mm,办公楼地基未见明显沉降。加层工程竣工,建筑物投入使用后,我们仍对其进行了为期二年的追踪观测,沉降情况与方案阶段设想基本吻合,建筑物平均沉降24mm,最大差异沉降8mm,北面办公楼南端沉降3mm,其余部位基本未动,证明加固方案是正确的。特别值得一提的是,通过打隔离桩,保证周围的建筑物不受应力扩散而产生沉降的影响,为老城区改造中经常出现的类似情况提供了一个比较成功的范例。

4.6.6 工程实例四——灰土桩处理既有建筑物地基湿陷事故[4.6-1]
一、工程概况
(一)某厂房湿陷情况

该厂房建于60年代初,为单层多跨结构,独立基础,跨度8.0m,基础中心距6.0m,基础尺寸分别为2.9m×3.3m和4.5m×5.0m,基础荷载为120kPa。由天窗、天车轨道和墙面裂缝的分布密度和宽度等判断为中等破坏。引起湿陷的主要原因是地表水入浸地基。其来源有三:(1)屋顶排水系统年久失修,雨水汇集后倾泻于地基;(2)纵贯厂房的地沟严重漏水;(3)生产用水长期浸泡地基。

(二)工程地质条件

根据对数十个含水量调查孔和三个探井资料的分析,工程地质条件可概括为:

1. 含水量差异大。在不同钻孔和同一钻孔的不同深度,地基土含水量差异较大,最小6.2%,最大35%,浸水严重部位于地坪下9.0m处,天然含水量仍大于液限(25%)。这正是产生不均匀下沉,导致厂房破坏的直接原因。

2. 自重湿陷性土层厚度较大。该区黄土层厚度大于20.0m,自重湿陷深度约10.0m,自重湿陷量30cm,总湿陷量38cm,湿陷等级为Ⅱ级。

3. 压缩性高。该区一般压缩系数0.45MPa^{-1},最大达0.84MPa^{-1}。这反映了该区黄河河床沉积与山前洪积物、坡积物交相作用,地质情况复杂。

4. 湿陷性变化大。(1)含水量较高,接近液限,无湿陷性。这种情况可能是原地基有湿陷性,经过长期浸水,湿陷基本完成,从而转化成承载力不足的软弱地基;(2)含水量较低(13%~18%),无湿陷性;(3)含水量较高(20%~25%),有湿陷性。

(三)加固设计

本加固工程是在对石灰桩、灰土桩、旋喷法和硅化法等多种方案,进行加固效果和经济对比综合分析后,确定采用挤密灰土桩加固方案。灰土桩的平面布置,系于独立基础四周布一排桩,桩间距0.7m(2.3d),桩径在土垫层以上(约3.0m)为0.25m,以下(约7.0m)为

本实例引自凌均安,1995。

0.30m,桩长(处理厚度)10.0m。灰、土体积比为2∶8。本工程共加固43个独立基础,加固基础面积524m²,布灰土桩842根。

二、加固机理

(一)灰土桩的分段应力

用于既有建筑物湿陷性事故处理的灰土桩,与新建工程复合地基的灰土桩,在成桩方法、布桩间距、作用原理等方面都有所区别,因而桩身分段受力情况也不尽相同。图4.6-14为用于既有建筑物湿陷事故处理的灰土桩桩身分段应力图。根据地基附加应力、地质条件和桩身作用等,把桩身分为四段,各段应力情况简述如下:

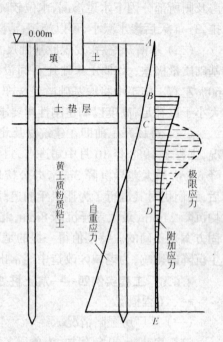

图4.6-14 桩身应力图

AB段:该段在基础以上,桩周为填筑土,桩身只有自重应力无附加应力。此段对灰土桩的要求是密度与填筑土密度(ρ_d为1.4t/m³)相同,即恢复土体的原状态。

BC段:该段长度为基础底面下土垫层厚度,一般认为土垫层的质量符合要求($\lambda_c \geq 0.93$),因此与 AB 段相似,要求灰土桩的夯实系数不小于土垫层的压实系数。这样桩身附加应力与土垫层的地基附加应力相同。

CD段:该段桩身应力可分两种情况:(1)当地基不再发生新的湿陷或压缩变形时,桩身附加应力为应力重分布后地基的附加应力;(2)当地基有新的应变(压缩或湿陷)产生时,并随着变形的增大,桩身应力迅速增加,直至达到地基应力的10倍~15倍。CD 段一般不超过3.0m。

DE段:该段已不再有分担荷载的作用,桩身应力即为地基的附加应力。

实际上,所谓的真正含义的灰土桩是指 CE 段(实际成桩时两段并无分界面),至于 AC 段,桩孔回填的密度、夯实系数,只要与填筑土、土垫层保持一致即可达到要求,而不必与 CE 段一般标准。因此,本加固工程设计要求 AC 段桩径0.25m,CE 段桩径0.30m。

(二)灰土桩的单位冲击功能

应用冲击法成桩,其作法原理是借助冲击锤在一定高度(4.0m为宜)的重力势能,自由下落挤密夯扩灰土填料,在直径为16~20cm的桩孔内,做成直径25~30cm的灰土桩。经过多次试验和工程实践,得出两种常用桩径的单位冲击功能,并将其与所要求的施工标准列于表4.6-8。

单位冲击功能与所要求的施工参数 表4.6-8

单位冲击能 (MJ/m³)	孔径 (m)	桩径 (m)	冲击锤规格			落距 (m)	每层填料 (kg)	冲击次数 (n)
			质量 (kg)	锤头直径 (m)	长度 (m)			
21.47	0.18~0.20	0.30	250	0.18	2.0	4.0	18~20	20
15.72	0.16~0.18	0.25	250	0.15	2.0	4.0	15~18	15

由表 4.6-8 可知，冲击法成桩的单位冲击能要比标准击实试验的单位击实功能（$0.61MJ/m^3$）大得多，这是由冲击法成桩工艺本身所决定的。所需能量包括四个方面：(1) 将松散的灰土填料（密度约为 $0.8t/m^3$，层厚约 900mm。标击层厚 40mm，土层薄，能量利用率高）冲击挤密至大密实度的桩体（最大 $1.9t/m^3$，接近极限密度）；(2) 依靠挤密夯实填料，把小口径（0.16m～0.20m）的桩孔夯扩成大直径（0.25m～0.30m）的桩体；(3) 冲击锤与桩孔摩擦的能量损失；(4) 大落距的能量损失。

应用冲击法成桩时，引入单位冲击功能的概念具有重要意义：(1) 便于与标准击实试验、强夯等进行能量对比；(2) 便于评定成桩标准；(3) 便于把握施工质量。根据表 4.6-8 所给的单位冲击能，成一长 10.0m、桩径为 0.30m 和 0.25m 的灰土桩，所需的总冲击能分别为 15.18MJ 和 7.72MJ。本加固工程 10m 的桩长，土垫层以上 3.0m，桩径 0.25m，土垫层以下 7.0m，桩径 0.30m，总冲击能为 12.94MJ。

影响单位冲击能的主要因素有三：(1) 当天然含水量适中时，冲击夯扩成桩较易；(2) 当地基天然密度较小时，桩周土的约束力较小，成桩较易；(3) 当落距较大时，能量损失较大，利用效率较低，所需冲击能较大。

（三）灰土桩的挤密效果

冲击法成桩对地基是分两次挤密的：冲击锤先在地基中冲一直径为 0.16～0.20m 的孔（一次挤密），然后再加进灰土填料，挤密夯扩使灰土桩的桩径达到 0.25～0.30m（二次挤密）。其挤密效果主要与地基密实度、湿陷系数和天然含水量有关。但在施工场地确定后，前二者亦随之确定，只有天然含水量变化较大。本加固工程地质条件之一，就是"在不同钻孔和同一钻孔的不同深度，地基土的天然含水量差异较大"。这种含水量差异悬殊的地基，灰土桩挤密效果如何，可分为三种情况：

(1) 当地基含水量适中，亦即在其对应冲击能的最佳含水量附近时，挤密效果最佳。

(2) 当地基含水量较小，为硬塑以至半干硬状态时，由于土中缺乏必要的自由水，挤密效果较差。这时可采用掏孔注水等方法，改善含水量，使其接近最佳含水量，从而提高挤密效果。

(3) 当地基含水量较大，以至大于液限，这时地基就不再是湿陷问题，而转化成饱和黄土的软弱地基问题，挤密作用同时即被置换作用所代替；成桩工艺也随之变成掏孔——挤密夯扩灰土填料，灰土配合比由 2:8 变为 3:7 或更大，灰土填料（也可用砂或碎石）的含水量控制在 10% 左右。由于成桩过程中的夯扩挤压，引起超孔隙水压力，使原土位移而强度暂时降低。但随着时间的延续，除了地基土的结构强度自身有一定程度的恢复外，灰土桩在凝硬过程中，要吸收周围土体的水分，周围土体的孔隙水压力要向桩体转移而消散，结果有效应力增大，强度提高。因此，成桩并不降低桩间土的强度。灰土桩就是依靠其置换作用来加固软弱地基的。这有两方面的含义：一是地基土物质组成的置换，对群桩地基，当按本工程的设计，以等边三角形布桩（间距0.7m）时，桩的面积占整个地基面积的 17%，桩土面积比为 1:5；二是地基应力的置换，当桩体成至相对硬层时，桩的变形模量大，压缩性低，地基的附加应力便逐渐集中到桩上，地基土中的应力相应降低，桩在土中犹如钢筋在混凝土中的作用一样，亦即灰土桩依靠应力集中作用来提高地基承载力；当桩体未成至相对硬层而仍在软弱地基土中时，桩土复合地基主要起垫层作用，把地基附加应力向周围横向扩散。

（四）灰土桩的作用

1. 提高地基承载力。(1)由于成孔和成桩的两次挤密,消除了湿陷性,提高了地基密度,从而提高了地基承载力;(2)灰土桩的无侧限抗压强度在 500~1000kPa 之间,其在地基中的承载力一般在 600kPa 以上,而与之对应的桩间土的承载力仅为 50~100kPa,应力分担比在极限承载力时为 10~15。灰土桩通过与周围土体的摩擦力来分担荷载,降低地基下一定范围(2.0~4.0m)土的应力,提高地基承载力。

2. 减少地基下未加固土的变形量。(1)设置在基础四周的灰土桩,与其加固土体共同起帷幕作用,约束基础下未加固土受水湿陷时产生的侧向挤出变形,使压力与沉降呈直线关系,从而减少了地基的沉降量;(2)由于灰土桩的分担荷载作用,减少了部分地基土的应力,使其小于湿陷起始压力,这部分土受水便不再湿陷,从而减少了湿陷量。

3. 起相对隔水墙作用。土的渗透用渗透系数 k 衡量,黄土的水平渗透系数 k_h 在 10^{-6} 左右,与之对应的孔隙比在 1.0 左右。经挤密加固后,孔隙比大大降低(桩体孔隙比在 0.60 左右),从而降低土的渗透性,使其 k_h 接近 10^{-7} cm/s,有效地阻止基础以外地表水下渗入浸地基。

4. 改善地基土的含水量。标准击实能时灰土填料最佳含水量一般在 16%~20% 之间,即在塑限附近;但冲击法大击实能下,灰土填料的最佳含水量要小些,在 10% 左右。灰土桩在凝硬过程中,要与桩间土进行离子交换和含水量平衡,吸收水份,从而降低了地基土的含水量。

三、效果检测

(一) 单桩挤密影响范围

分别应用土工试验和静力触探评定加固效果,两者互相对比互相印证得出结论。单桩挤密的土工试验结果见表 4.6-9,干密度和挤密系数沿桩径方向变化曲线见图 4.6-15,单桩提高地基承载力静力触探结果见表 4.6-10,承载力提高沿径向变化曲线见图 4.6-16。

单桩挤密的土工试验结果 表 4.6-9

距桩中心距 (m)	含水量 (%)	密度 (t/m³)	干密度 (t/m³)	孔隙比	压缩系数 (MPa^{-1})	压缩模量 (MPa)	湿陷系数	无侧限抗压强度 (kPa)	挤密系数	自重湿陷系数
0.90	11.8	1.42	1.27	1.126	0.55	3.8	0.088		0.75	0.015
0.60	12.1	1.46	1.30	1.073	0.45	4.5	0.083		0.76	0.004
0.45	8.2	1.52	1.40	0.922	0.18	10.5	0.026		0.82	0.005
0.30	10.6	1.71	1.55	0.746	0.12	14.3	0.005		0.91	0.002
桩体	11.7	1.97	1.76	0.531	成桩后 5 天			800	1.13	

由表 4.6-9、图 4.6-15 可知,单桩的有效挤密区半径在 1.0~1.5d 之间,挤密影响区半径为 2.0d(0.60m);表 4.6-10、图 4.6-16 可知,有效挤密区半径为 2.0d(0.60m),挤密影响区半径为 2.5d(0.75m)。静力触探测得挤密效果较土工实验好是因为静力触探为原位测试,受土工试验开挖扰动、取样削样位置误差、远距离运输及试验人员素质等因素影响较少。只要严格遵循规定的单位冲击能,冲击法成桩的有效挤密区半径为 1.5d,挤密影响半径为 2.5d。

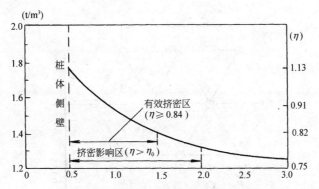

图 4.6-15　干密度沿径向变化曲线（l/d）
（η 为挤密系数）

承载力与桩距的关系　　　　　　　　　　　　　　表 4.6-10

触标点编号	4—4	5—5	6—6	7—7	8—8
距桩中心距(m)	0.30	0.45	0.60	0.75	0.90
承载力提高(%)	63	41	43	11	1

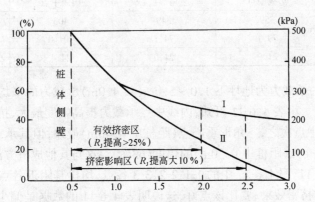

图 4.6-16　承载力提高沿径向变化曲线（l/d）
（R_l 为地基承载力）

另一方面，注意到试验场地的天然含水量（在 10% 左右）和干密度（小于 1.3t/m³）均较小，如果采用掏孔浸水法使地基含水量接近最佳含水量（16%～20%），或地基干密度大于 1.35t/m³，则挤密的效果还会更佳。图 4.6-15 中灰土桩的压实系数（1.13）大于 1，说明了冲击法成桩的一个特点——桩体处于准极限压密状态。图 4.6-16 曲线 Ⅰ 是取地基的平均承载力为 200kPa 而绘出的；曲线 Ⅱ 为按承载力提高百分数绘出，两种曲线所得结论基本相同。

由冲击法所成灰土桩经开挖可见，桩身均匀、垂直、圆顺、无缩颈、空洞等大的缺陷。桩身平均直径 0.32m。桩身截面为灰土颗粒以桩中为中心排列有序的同心圆。说明应用冲击法成桩的机械、工艺等是可行的。

（二）群桩复合地基的承载力

群桩的挤密效果。图 4.6-17 为群桩加固地基平面图，灰土桩按等边三角形布置，桩间距 0.70m，各触探点位置示于图上。群桩提高地基承载力的百分数列于表 4.6-11。

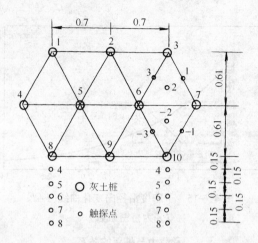

图 4.6-17 群桩试验平面图(单位:m)

群桩地基承载力提高情况　　表 4.6-11

触标点编号	1—1	2—2	3—3	9—9
触探点位置	边线中点	三角形重心	内线中点	未挤密土
承载力(kPa)	359	349	403	201
承载力提高(%)	79.1	74.1	101.0	0
变形模量(MPa)	21.2	21.0	24.4	10.0

表 4.6-11 中的承载力为地坪下 1.0～5.0m(共 4.0m)承载力的平均值,承载力提高的百分数亦为平均值。由表 4.6-11 可知,内线中点承载力提高幅度最大,抗变形能力最强,挤密效果最佳,边线中点次之,三角形重心点(距桩中 0.40m)最差,但其承载力提高幅度(74.1%)亦大于单桩 4-4 点(距桩中 0.30m)的幅度(63%)。这与其他成桩方法所得结论是一致的。实际上表 4.6-11、图 4.6-17 中的 1-1、2-2、3-3 各点,均比其附近各点的挤密效果差,或者说其附近各点的挤密效果,要比该点好,这说明表 4.6-11 的数据是偏小的。显而易见,群桩的挤密效果远优于单桩。

(三) 群桩复合地基的承载力

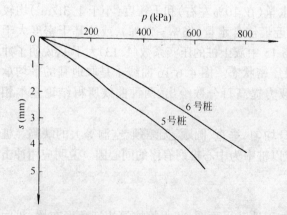

图 4.6-18 载荷试验 p-s 曲线

1. 桩间土的容许承载力。表 4.6-11 所列三个薄弱点的承载力平均值为 370kPa,则整个桩间土的承载力平均值必大于 370kPa;又桩间土的平均变形模量大于 22.2MPa(三个薄弱点的平均值),比原地基(10MPa)提高一倍多,地基的湿陷性全部消除,因此可以偏于安全地取桩间土的容许承载力为 200kPa。

2. 灰土桩的容许承载力。为确定灰土桩的容许承载力,本次对 5 号、6 号桩做了载荷试验,最大荷载 800kPa,其 p-s

曲线见图 4.6-18。由图可知，比例界限约为 400kPa，若用相对变形 1% 计算，容许承载力 5 号桩为 450kPa，6 号桩为 620kPa，平均 535kPa。因此可取 500kPa 为灰土桩的容许承载力。

3．群桩复合地基的容许承载力。由灰土桩和桩间土的容许承载力可知，桩土应力比为 2.5。由复合地基载荷试验资料可知，一般桩土应力比在 1.7～3.0 之间。当本场地采用应力比为 2.5 时，其桩土变形基本是相容的。根据灰土桩的容许承载力为 500kPa，桩间土容许承载力为 200kPa，桩土面积比为 1:5 计算可得，灰土桩复合地基的容许承载力为 260kPa。

4．单排桩加固体的容许承载力。本次地基加固工程系在基础四周布一排桩，桩在有效挤密区内承载力平均提高幅度大于 50%，桩间土承载力平均值大于 300kPa，容许承载力偏于安全地取 150kPa，由于系单排桩，桩间土对灰土桩的约束较群桩差。灰土桩容许承载力可取 400kPa。这样单排桩加固体的容许承载力为 200kPa。

四、加固效果

（一）根据上述理论分析和试验研究表明，应用冲击法成桩的机械、工艺是可行的，所成灰土桩达到或超过设计要求。

（二）应用冲击法及其所要求的施工标准，成桩直径分别为 0.25m 和 0.30m 的灰土桩，所需的单位冲击能分别为 15.72MJ/m³ 和 21.47MJ/m³。

（三）应用挤密灰土桩处理自重湿陷性黄土地基，可以全部消除湿陷性，提高地基土的变形模量，降低压缩性，从而提高地基的抗变形能力和承载力。应按等边三角形布桩，桩间距为 $2.3d$ 时，桩间土和桩的容许承载力分别为 200kPa 和 500kPa，挤密灰土桩复合地基的容许承载力为 260kPa。当在基础四周或两边按单排布桩加固既有建筑物地基时，加固体的容许承载力为 200kPa。

（四）灰土桩用于加固既有建筑物地基时，其作用是多方面的，除具有消除湿陷性、提高承载力和约束地基挤出变形外，尚起抗水防渗和改善地基土含水量的作用。

（五）挤密灰土桩处理湿陷性黄土地基，属于"地表作业，深层加密"的"以土治土"的原位地基处理方法，不破坏并利用地基土原有的结构强度，形成新的承载力和水稳性更好的地基；土方量少，节约"三材"，在地基处理尤其是在湿陷性黄土地区的地基处理中，具有良好的经济效益和广阔的发展前景。

参 考 文 献

[4.6-1] 凌均安，灰土桩处理既有建筑物湿陷事故实例分析，地基基础工程，第 5 卷第 2 期，1995，06

[4.6-2] 陈仲颐、叶书麟，《基础工程学》，北京：中国建筑工业出版社，1990

[4.6-3] 闫明礼、吴廷杰、袁内镇、裘以惠、朱庆麟、熊厚金，《地基处理技术》，中国环境科学出版社，1996

[4.6-4] 袁内镇，石灰桩作用机理的新认识，第七届土力学及基础工程学术会论文集，北京：中国建筑工业出版社，1994

[4.6-5] 陆震亚、李永安，灰土桩复合地基，建筑结构，1986 年第 2 期

[4.6-6] 江苏省建筑设计院，石灰桩加固软弱地基试验研究报告，1992

[4.6-7] 湖北省建筑科学研究设计院，石灰桩复合地基试验研究报告，1991

[4.6-8] 周家宝、郭淳，石灰粉煤灰桩加固软土地基试验研究，石灰加固软弱地基学术讨论会论文集，1989

[4.6-9] 史美筠、陈平安，生石灰粉煤灰桩加固软土地基的原理及应用，石灰加固软弱地基学术讨论会论文集，1989

[4.6-10] 叶书麟主编，《地基处理工程实例应用手册》，北京：中国建筑工业出版社，1998

4.7 高压喷射注浆

叶书麟(同济大学)

4.7.1 概述

高压喷射注浆(Jet Grouting)技术亦称旋喷法或高喷法,它是由化学注浆结合高压射流切割技术发展起来,成为加固软弱土体的一种地基处理技术。

高压喷射注浆的施工工艺是采用钻机先钻进至预定深度后,由钻杆端部安装带有特制的喷嘴,以高压设备使浆液或水成为大于 20MPa 的高压流从喷嘴中喷射出来,冲击破坏土体,同时,钻杆以一定速度渐渐向上提升,将浆液与土粒强制搅拌混合,从而形成一个水泥土固结体,以达到加固地基的目的。

高压喷射注浆创始于 20 世纪 60 年代末期,日本中西涉博士在灌(或注)浆法的基础上,引进了水力采煤技术,以高压喷射水泥浆液,将土粒搅拌混合成均匀的水泥土固结体(日本称 CCP 工法),解决了日本大阪地铁建设中难题。70 年代中期,为了提高高压喷射固结体的直径,日本又开发出了利用同轴双喷嘴同时输出高压浆液和压缩空气的复合喷射施工法(JSG 工法);其后,又创造出高压水和压缩空气复合喷射流,及低压灌水泥浆的 CJG 工法;80 年代以来,日本又开发出 SSS-MAN 工法和 MJS 工法等多种高压喷射注浆的施工方法。

我国于 1972 年由铁道部科学研究院对高压喷射注浆率先进行开发研制工作。1975 年首先在铁道部门进行单管法的试验和应用。1977 年冶金部建筑研究总院在上海宝钢工程中首次应用三重管法的喷射注浆工程获得成功。继后,在我国的冶金、水电、煤炭和建设等部门得到广泛应用和获得成功。

4.7.1.1 主要特点和应用范围

一、主要特点

(一)高压喷射注浆适用于处理淤泥、淤泥质土、流塑或软塑粘性土、粉土、砂土、人工填土和碎石土等地基,因此适用的地层较广。

当土中含有较多的大粒径块石、大量植物根茎或有过多的有机质时,应根据现场试验结果确定其适用程度;对地下水流速过大或已涌水的工程,应慎重使用。

(二)由于固结体的质量明显提高,它既可用于工程新建之前;又可用于竣工后既有建筑物的托换工程,可不损坏建筑物的上部结构,有时甚至可不影响使用功能,运营照旧。

(三)施工时只需在土层中钻一个孔径为 50~90mm 的小孔,便可在土中喷射成直径为 0.4~2.5m 的水泥土固结体,因而施工时能贴近既有建筑物,成型灵活,施工简便,既可在钻孔的全长形成柱型固结体,也可仅作其中一段。

(四)在施工中可调整旋喷速度和提升速度,增减喷射压力或更换喷嘴孔径改变流量,根据工程设计的需要,可控制固结体形状。

(五)通常是在地面上进行垂直喷射注浆,但在隧道、矿山井巷工程和地下铁道工程等施工中,由于钻机改变倾角方便,因而亦可采用倾斜和水平喷射注浆。

(六)浆液以水泥为主体,料源广阔。在地下水流速快、含有腐蚀性、土的含水量大或固结体强度要求高的情况下,则可在水泥中掺入适量的外加剂,以达到速凝、高强、抗冻、耐蚀和浆液不沉淀等效果。

（七）高压喷射注浆全套设备简单、结构紧凑、体积小、机动性强、占地少，能在狭窄和低矮的空间施工，且振动小和噪声低。

二、应用范围

（一）增加地基强度、提高地基承载力，减少土体压缩变形，因而用以加固新建筑物地基和既有建筑物地基的托换加固。

（二）深基坑开挖工程作支挡、防渗和护底。

（三）堤坝防渗，地下井巷防止管道漏气的帷幕。

（四）地下管道、涵洞、坑道、隧道的护拱。

（五）增大土的摩擦力和粘聚力，防止小型坍方滑坡。

（六）减少设备基础振动，防止砂土液化。

（七）降低土的含水量，整治路基翻浆，防止地基冻胀。

（八）防止桥涵、河堤及水工建筑物基础被水流冲刷。

4.7.1.2 加固机理

一、单液高压喷射流的构造

单管旋喷注浆使用高压喷射水泥浆流和多重管的高压水喷射流，它们的射流构造可用高压水连续喷射流在空气中的模式予以说明（图4.7-1）

单液高压喷射流沿其中心轴划分为保持出口压力的初期区域、紊流发达的主要区域、和喷射水变成不连续喷流的终期区域三部分。

初期区域包括喷射核和迁移区。高压喷射流在喷嘴出口处的流速分布是均匀的，轴向动压是常数，保持速度均匀的部分向前面逐渐愈来愈小，当达到某一位置后，断面上的流速分布不再是均匀的，速度分布保持均匀的这一部分称为喷射核。在喷射核的

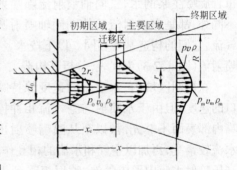

图 4.7-1　高压喷射流构造

末端有一个过渡区，其喷射流的扩散宽度稍有增加，轴向动压有所减小，这个过渡区称为迁移区。初期区域的长度 x_c 是喷射流的一个重要参数，可据此判断破碎土体和搅拌的效果。

在初期区域后为主要区域，在这一区域内，轴向动区陡然减弱，速度进一步降低，它的扩散率为常数，扩散宽度与距离的平方根成正比，在土中喷射时，喷射流与土在本区域内搅拌混合。

在主要区域后为终期区域，终期区域内的喷射流，处于能量衰竭状态，宽度很大，在空气中喷射时，在此区域水滴成雾状，与空气混合在一起，最后消失在大气中。

喷射加固的有效喷射长度为初期区域长度和主要区域长度之和，如有效喷射长度愈长，则搅拌土的距离愈大，亦即喷射加固体的直径也愈大。

二、高压喷射流的压力衰减

在空气中和水中喷射得到的压力与距离的关系曲线，如图4.7-2所示。

喷射流在空气中喷射水时：

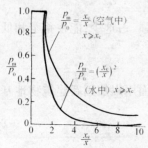

图 4.7-2 喷射流在中心轴上的压力分布曲线

$$\frac{p_m}{p_0} = \frac{x_c}{x} \tag{4.7-1}$$

喷射流在水中喷射水时：

$$\frac{p_m}{p_0} = \left(\frac{x_c}{x}\right)^2 \tag{4.7-2}$$

式中 x_c ——初期区域的长度(m)；
x——喷射流中心轴距喷嘴距离(m)；
p_0——喷嘴出口压力(kPa)；
p_m——喷射流中心轴上距喷嘴 x 距离的压力(kPa)。

根据实验结果：

在空气中喷射时 $x_c = (75\sim100)d_0$ \hfill (4.7-3)

在水中喷射时 $x_c = (6\sim6.5)d_0$ \hfill (4.7-4)

式中 d_0——喷嘴直径(m)。

三、水(或浆)、气同轴喷射流的构造

二重管旋喷注浆的浆、气同轴喷射流，与三重管旋喷注浆的水、气同轴喷射流除喷射介质不同外，都是在喷射流的外围同轴喷射圆筒状气流，它们的构造基本相同。以下按水、气同轴喷射流(图 4.7-3)为代表，分析其构造。

在初期区域内，水喷流的速度保持喷嘴出口的速度，但由于水喷射与空气流相冲撞及喷嘴内部表面不够光滑，以至从喷嘴喷射出来的水流较紊乱，再加以空气和水流的相互作用，在高压喷射水流中形成气泡，喷射流受到干扰，在初期区域的末端，气泡与水喷流的宽度一样。

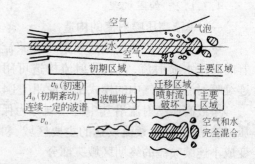

图 4.7-3 水、气同轴喷射流构造模式图

在迁移区域内，高压水喷射流与空气开始混合，出现较多的气泡。

在主要区域内，高压水喷射流衰减，内部含有大量气泡逐渐分裂破坏，成为不连续的细水滴状，而同轴喷射流的宽度迅速扩大。

水(或浆)、气同轴喷射流的初期区域长度可用以下经验公式表示：

$$x_c \approx 0.048 v_0 \tag{4.7-5}$$

式中 v_0——初期流速(m/s)。

四、高压喷射注浆加固地基的机理

(一)高压喷射流对土体的破坏作用

破坏土体的结构强度的最主要因素是喷射动压，根据动量定律，在空气中喷射时的破坏力为：

$$P = \rho \cdot Q \cdot v_m \tag{4.7-6}$$

式中 P——破坏力(kg·m/s²)；
ρ——密度(kg/m³)；
Q——流量(m³/s)，$Q = v_m \cdot A$；

v_m——喷射流的平均速度(m/s);

A——喷嘴断面积(m^2)。

亦即
$$P = \rho \cdot A \cdot v_\mathrm{m}^2 \tag{4.7-7}$$

由上式可得知,破坏力是对于某一种密度的液体而言,是与该射流的流量 Q、流速 v_m 的乘积成正比。而流量 Q 又为喷嘴断面积 A 与流速 v_m 的乘积。所以在一定的喷嘴面积 A 的条件下,为了取得更大的破坏力,需要增加平均流速,也就是需要增加旋喷压力,一般要求高压脉冲泵的工作压力在20MPa以上,这样就使射流像刚体一样,冲击破坏土体,使土与浆液搅拌混合,凝固成圆柱状的固结体。

喷射流在终期区域,能量衰减很大,不能直接冲击土体使土颗粒剥落,但能对有效射程的边界土产生挤压力,对四周土有压密作用,并使部分浆液进入土粒之间的空隙里使固结体与四周土紧密相依,不产生脱离现象。

(二)水(或浆)、气同轴喷射流对土的破坏作用

单射流虽然具有巨大的能量,但由于压力在土中急剧衰减,因此破坏土的有效射程较短,致使旋喷固结体的直径较小。

当在喷嘴出口的高压水喷射流的周围加上圆筒状空气射流,进行水、气同轴喷射时,空气流使水(或浆)的高压喷射流从破坏的土体上将土粒迅速吹散,使高压喷射流的喷射破坏条件得到改善,阻力大大减少,能量消耗降低,因而增大了高压喷射流的破坏能力,形成的旋喷固结体的直径较大。图4.7-4为不同类型喷射流中动水压力与离喷嘴的距离关系,表明高速空气具有防止高速水射流动压急剧衰减的作用。

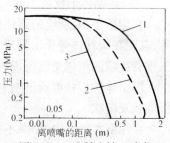

图 4.7-4 喷射流轴上动水压力与距离的关系
1—高压喷射流在空中单独喷射;
2—水、气同轴喷射流在水中喷射;
3—高压喷射流在水中单独喷射

旋喷时,高压喷射流在地基中将土体切削破坏,其加固范围就是喷射距离加上渗透部分或压缩部分的长度为半径的圆柱体。一部分细小的土粒被喷射的浆液所置换,随着浆液流被带到地面上(俗称冒浆),其余的土粒与浆液搅拌混合。在喷射动压力、离心力和重力的共同作用下,在固结体的横断面上土粒按质量大小有规律地排列起来,小颗粒在中部居多,大颗粒多数在外侧或边缘部分,形成了浆液主体搅拌混合、压缩和渗透等部分,经过一定时间便凝固成强度较高渗透系数较小的固结体。随着土质的不同,横断面结构也多少有些不同,由于旋喷体不是等颗粒的单体结构,固结质量也不均匀,通常是中心部分强度低,边缘部分强度高。

定喷时,高压喷射注浆的喷嘴不旋转,只作水平的固定方向喷射,并逐渐向上提升,便在土中冲成一条沟槽,并把浆液灌进槽中,最后形成一个板状固结体,它在砂性土中有一部分渗透层;而在粘性土中却无这一部分渗透层。

(三)水泥与土的固化机理

水泥与水搅拌后,首先产生铝酸三钙水化物和氢氧化钙,它们可溶于水中,但溶解度不高,很快就达到饱和,这种化学反应连续不断地进行,就析出一种胶质物体,这种胶质物体有一部分混在水中悬浮,后来就包围在水泥微粒的表面,形成一层胶凝薄膜。所生成的硅酸二钙水化物几乎不溶于水,只能以无定形体的胶质包围在水泥微粒的表层,另一部分渗入水

中。由水泥各种成分所生成的胶凝膜,逐渐发展起来成为胶凝体,此时表现为水泥的初凝状态,开始有胶粘的性质。此后,水泥各成分在不缺水和不干涸的情况下,继续不断地按上述水化程序发展、增强和扩大,从而产生下列现象:(1)胶凝体增大并吸收水分,使凝固加速结合更密;(2)由于微晶(结晶核)的产生进而生出结晶体,结晶体与胶凝体相互包围渗透并达到一种稳定状态,这就是硬化的开始;(3)水化作用继续深入到水泥微粒内部,使未水化部分再参加以上的化学反应,直到完全没有水分以及胶质凝固和结晶充盈为止。但无论水化时间持续多久,很难将水泥微粒内核全部水化,因而水化过程是一个非常长久的过程。

4.7.1.3 水泥加固土的基本性状

一、直径较大

旋喷固结体的直径大小与土的种类和密实程度有较密切的关系。对粘性土地基加固,单管旋喷注浆加固体直径一般为 0.4~1.4m;三重管旋喷注浆加固体直径可达 0.9~2.5m;二重管旋喷注浆加固体直径介于以上二者之间,而国外多重管(国内正在研制中)旋喷直径为 2.0~4.0m。定喷和摆喷的有效长度约为旋喷桩直径的 1.0~1.5 倍。

二、固结体形状可不同

在均质土中,旋喷的圆柱体比较匀称;而在非均质土或有裂隙土中,旋喷的圆柱体不匀称,甚至在圆柱体旁长出翼片。由于喷射流脉动和提升速度不均匀,固结体的外表很粗糙。三重管旋喷固结体受气流影响,在粉质砂土中外表格外粗糙。

固结体的形状可通过喷射参数来控制,大致可喷成均匀圆柱状、非均匀圆柱状、圆盘状、板墙状及扇状。

在深度大的土中,如果不采用其它措施,旋喷圆柱固结体可能出现上粗下细的胡萝卜状。

三、重量轻

固结体内部土粒少并含有一定数量的气泡。因此固结体的重量较轻,轻于或接近于原状土的密度。粘性土固结体比原状土轻约 10%,但砂类土固结体也可能比原状土重 10%。

四、渗透系数小

固结体内虽有一定的孔隙,但这些孔隙并不贯通,而且固结体有一层较致密的硬壳,其渗透系数达 10^{-6}cm/s 或更小,故具有一定的防渗性能。

五、固结强度高

土体经过喷射后,土粒重新排列,水泥等浆液含量大。由于一般外侧土颗粒直径大、数量多,浆液成分也多,因此在横断面上中心强度低,外侧强度高,与土交接的边缘处有一圈坚硬的外壳。

影响固结强度的主要因素是被加固的土质和浆材,有时使用同一浆材配方,软粘土的固结强度成倍地小于砂土固结强度。

六、单桩承载力高

旋喷柱状固结体有较高的强度,外形凸凹不平,因此有较大的承载力,固结体直径愈大则承载力愈高。

固结体的基本性状见表 4.7-1 和表 4.7-2。

4.7 高压喷射注浆

旋喷桩的设计直径(m)　　　　　　　　　表 4.7-1

土质	旋喷直径(m) 方法	单管法	二重管法	三重管法	多重管法
粘性土	0<N<10	1.2±0.2	1.6±0.3	2.2±0.3	
	10<N<20	0.8±0.2	1.2±0.3	1.8±0.3	
	20<N<30	0.6±0.2	0.8±0.3	1.2±0.3	
砂性土	0<N<10	1.0±0.2	1.4±0.3	2.0±0.3	2~4
	10<N<20	0.8±0.2	1.2±0.3	1.6±0.3	
	20<N<30	0.6±0.2	1.0±0.3	1.2±0.3	
砂砾	20<N<30	0.6±0.2	1.0±0.3	1.2±0.3	

注：N 值为标准贯入击数。

高压喷射注浆固结体性质　　　　　　　　表 4.7-2

固结体性质	喷注种类	单管法	二重管法	三重管法
单桩垂直极限荷载(kN)		500~600	1000~1200	2000
单桩水平极限荷载(kN)		30~40		
最大抗压强度(MPa)		砂类土 10~20，粘性土 5~10，黄土 5~10，砂砾 8~20		
平均抗剪强度/平均抗压强度		1/5~1/10		
弹性模量 (MPa)		$K \cdot 10^3$		
干密度 (g/cm³)		砂类土 1.6~2.0	粘性土 1.4~1.5	黄土 1.3~1.5
渗透系数(cm/s)		砂类土 10^{-5}~10^{-6}	粘性土 10^{-6}~10^{-7}	砂砾 10^{-6}~10^{-7}
c (MPa)		砂类土 0.4~0.5	粘性土 0.7~1.0	
φ (度)		砂类土 30~40	粘性土 20~30	
N (击数)		砂类土 30~50	粘性土 20~30	
弹性波速(km/s)	P 波	砂类土 2~3	粘性土 1.5~2.0	
	S 波	砂类土 1.0~1.5	粘性土 0.8~1.0	
化学稳定性能		较 好		

4.7.1.4 工程勘察

工程勘察内容包括基岩的产状、分布、埋藏深度和物理力学性质；各土层的埋藏深度、种类、颗粒组成、化学成分和物理力学性质；基岩裂隙通道或岩溶洞穴情况等，附必要的柱状图和地质剖面图；钻孔的间距，可按《岩土工程勘察规范》GB 50021—94 中对建筑场地详细勘察阶段的要求进行，但当地层水平方向变化较大时，宜适当加密孔距。用旋喷固结体作端承桩时，应注意持力层顶面的起伏变化情况，钻孔深度应钻达至持力层下 2~3m；如在此范围内有软弱下卧层时，则应予钻穿，并达到厚度不小于 3m 的密实土层。用旋喷固结体作摩擦桩时，应注意土层的不均匀性和有无软弱夹层；调查地下水位高程；各土层的渗透系数；附近溶沟和暗河的分布和连通情况；地下水特性；硫酸根和其他腐蚀性物质的成分及含量；地下水的流量和流向等。试验项目见表 4.7-3。

高压喷射注浆土质与水质试验项目 表 4.7-3

工程重要性\土工试验项目\土类		物理性质									力学性质				化学分析			
		天然重度	土粒相对密度	孔隙比	饱和度	土的颗粒分析	天然含水量	液限	塑限	渗透系数	压缩系数	标准贯入试验	无侧限抗压强度	粘聚力	内摩擦角	酸碱度	土中水溶盐含量	有机质含量	碳酸盐含量
砂土	重要	*	*	*	*	*				*		*		*	*	*	*	*	*
	一般	*	*	*								*					*		
粘性土	重要	*	*	*	*		*	*	*	*	*	*	*	*	*	*	*	*	*
	一般	*	*	*			*	*	*		*	*					*		
黄土	重要	*	*	*	*	*	*	*	*	*	*	*	*	*	*	*	*	*	*
	一般	*	*	*			*	*	*	*		*					*		

注:1.符号 * 为必做试验项目;
　2.黄土须考虑渗透系数的各向异性。

环境调查内容包括地形、地貌、施工场地的空间大小、地下埋设物状态、材料和机具运输道路、水电线路及居民情况等。

4.7.1.5 设计计算

一、室内配方与现场喷射试验

为了解喷射注浆固结体的性质和浆液的合理配方,必须取现场各层土样,在室内按不同的含水量和配合比进行试验,优选出最合理的浆液配方。

对规模较大及性质较为重要的工程,设计完成后,要在现场进行试验,查明喷射固结体的直径和强度,验证设计的可靠性和安全度。

二、设计程序

高压喷射注浆的设计程序一般如图 4.7-5。

三、固结体尺寸的设定

(一) 固结体尺寸主要取决于下列因素:

(1) 土的类别及其密实程度;

(2) 注浆管的类型;

(3) 喷射技术参数(包括喷射压力及流量,喷嘴直径与个数,压缩空气的压力、流量与喷嘴间隙,注浆管的提升速度与旋转速度)。

(二) 如喷射技术参数在表 4.7-10 范围内时,固结体尺寸的估计可参考表 4.7-1。

(三) 对大型或重要工程,应通过现场喷射试验后进行开挖或钻孔采样确定。

四、固结体强度的设定

(一) 固结体强度主要取决于下列因素:

(1) 场地土质情况;

(2) 喷射的浆材及水灰比;

(3) 注浆管的类型和提升速度;

(4) 单位时间的注浆量。

(二) 注浆材料为水泥时,固结体抗压强度的初步设定可参考表 4.7-4。

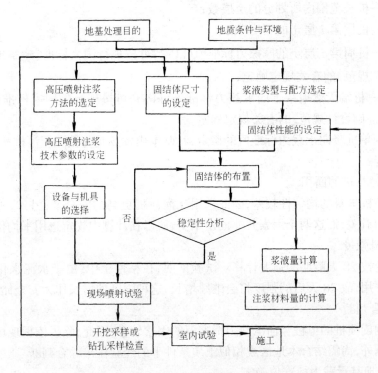

图 4.7-5 高压喷射注浆设计程序

固结体抗压强度变动范围　　　　　　　　　　表 4.7-4

土 质	固结体抗压强度(MPa)		
	单 管 法	二 重 管 法	三 重 管 法
砂 类 土	3～7	4～10	5～15
粘 性 土	1.5～5	1.5～5	1～5

（三）对大型或重要工程，应通过现场喷射注浆试验后采样测试来确定固结体的强度和渗透性等性质。

五、单桩竖向承载力标准值确定

单桩竖向承载力标准值可通过现场载荷试验确定,在无条件进行单桩承载力试验时,根据《建筑地基处理技术规范》中规定,也可按以下二式估算,并取其中较小值：

$$R_k = \eta \cdot f_{cu} \cdot A_p \quad (4.7\text{-}8)$$

$$R_k = \pi \bar{d} \sum_{i=1}^{n} h_i q_{si} + A_p \cdot q_p \quad (4.7\text{-}9)$$

式中　R_k——单桩竖向承载力标准值(kN)；

f_{cu}——桩身试块(边长为 70.7mm 的立方体),龄期 28 天的无侧限抗压强度平均值(kPa)；

η——强度折减系数,可取 0.33；

A_p——桩的平均截面积(m^2)；

$\bar{d}$——桩的平均直径(m)；

n——桩长范围内所划分的土层数；

h_i——桩周第 i 层土的厚度(m)；

q_{si}——桩周第 i 层土的摩擦力标准值(kPa)，可按现行国家标准《建筑地基基础设计规范》的有关规定确定；

q_p——桩端天然地基土的承载力标准值(kPa)，可按现行的国家标准《建筑地基基础设计规范》的有关规定确定。

旋喷桩的单桩竖向承载力标准值的确定，其基本出发点是与钻孔灌注桩相同，但在下列方面有所差异：

（一）桩径与桩的面积

由于旋喷桩桩身的均匀性较差，因此选用比灌注桩更高的安全度；另外，桩径与土层性质及喷射压力有关，而这两个因素并非固定不变，所以在计算中规定选用平均值。

（二）桩身强度

设计规定按 28 天龄期的强度计算。试验证明，在粘性土中，由于水泥水化物与粘土矿物继续发生作用，故 28 天后的强度将会继续增长，这种强度的增长作为安全储备。

（三）综合判断

由于影响旋喷桩的单桩竖向承载力标准值的因素较多，因此，除了依据现场试验和规范所提供的数据外，尚需结合本地区或相似土质条件下的经验作出综合判断。

六、复合地基承载力标准值确定

复合地基承载力标准值宜通过现场复合地基载荷试验确定，在初步设计时，也可按下式进行估算：

$$f_{sp,k} = m \cdot \frac{R_k}{A_p} + \beta(1-m)f_{s,k} \qquad (4.7\text{-}10)$$

式中 $f_{sp,k}$——复合地基承载力标准值(kPa)；

m——桩土面积置换率；

$f_{s,k}$——桩间土承载力标准值(kPa)；

β——桩间天然地基土承载力折减系数，可根据试验或类似土质条件工程经验确定。当无试验资料或经验时，对摩擦桩可取 0.5；对端承桩可取零。

采用复合地基的模式进行承载力计算的出发点，是考虑到（与混凝土桩相比）旋喷桩的强度较低和经济性两方面。如果桩的强度较高，并接近于混凝土桩身强度，以及当建筑物对沉降要求很严时，则可不计桩间土的承载力，全部外荷载由旋喷桩承担，即 $\beta=0$，在这种情况下，则与混凝土桩计算相同。

七、变形计算

桩长范围内复合土层以及下卧层地基变形值，应按现行的国家标准《建筑地基基础设计规范》有关规定计算。其中，复合土层的压缩模量可通过载荷试验确定，亦可按下式确定：

$$E_{sp} = \frac{E_p \cdot A_p + E_s(A_e - A_p)}{A_e} \qquad (4.7\text{-}11)$$

式中 E_{sp}——旋喷桩复合土层压缩模量(kPa)；

E_s——桩间土的压缩模量，可用天然地基土的压缩模量代替(kPa)；

E_p——桩体的压缩模量,可采用测定混凝土割线模量的方法确定(kPa);

A_e——一根桩承担的处理面积(m^2)。

由于旋喷桩迄今积累的沉降观测及分析资料较少,因此,复合地基变形计算的模式均以土力学和混凝土材料性质的有关理论为基础。

旋喷桩的强度远高于土的强度,因此确定旋喷桩压缩模量采用混凝土确定割线弹性模量的方法,就是在试块的应力-应变曲线(σ-ε)中,连接 o 点至某一应力 σ_h 处割线的正切值(图 4.7-6)。

$$E_p = \text{tg}\alpha \tag{4.7-12}$$

σ_h 值取 0.4 倍破坏强度 σ_a,做割线模量的试块边长为 100mm 的立方体。

由于旋喷桩的性质接近混凝土的性质,同时采用 0.4 的折减系数与旋喷桩的强度折减值也很近,故在《建筑地基处理技术规范》中规定采用这种方法计算。

八、布孔型式和孔距

(一) 防渗堵水

对于防渗堵水的工程宜按等边三角形布置孔位形成帷幕(图 4.7-7)。孔距应为 $1.73R_o$(R_o 为旋喷桩的设计直径)、排距为 $1.5R_o$ 最为经济。

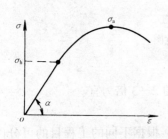

图 4.7-6 σ-ε 曲线

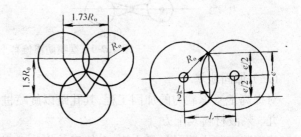

图 4.7-7 布孔孔距和旋喷注浆固结体交联图

如设计时要增加每一排旋喷桩的交圈厚度,则可适当缩小孔距,按下式计算孔距:

$$e = 2\sqrt{R_o^2 - \left(\frac{L}{2}\right)^2} \tag{4.7-13}$$

式中 e——旋喷桩的交圈厚度(m);

R_o——旋喷桩的半径(m);

L——旋喷桩孔位的间距(m)。

定喷和摆喷是一种常用的防渗堵水的方法,由于喷射出的板墙薄而长,不但成本较旋喷低,而且整体连续性亦高。

相邻孔定喷连接型式(图 4.7-8),其中:

(a) 单喷嘴单墙首尾连接;

(b) 双喷嘴单墙前后对接;

(c) 双喷嘴单墙折线连接;

(d) 双喷嘴双墙折线连接;

(e) 双喷嘴夹角单墙连接;

(f) 单喷嘴扇形单墙首尾连接;

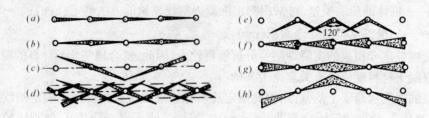

图 4.7-8　定喷防渗帷幕型式示意图

(g) 双喷嘴扇形单墙前后对接；
(h) 双喷嘴扇形单墙折线连接。

摆喷连接型式也可按图 4.7-9 方式进行布置：

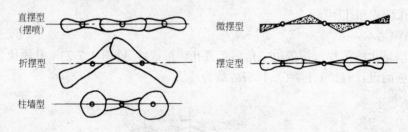

图 4.7-9　摆喷防渗帷幕型式示意图

(二) 加固地基

对提高地基承载力的加固工程，其孔距以旋喷桩直径的 2～3 倍为宜。

九、浆液材料及配方

旋喷浆液的主要材料是水泥，在使用前应作质量鉴定。根据不同的工程目的可分以下几类：

(一) 普通型

对普通强度和抗渗要求的工程，均可采用本类浆液。普通型浆液无任何外加剂，浆液材料为纯水泥浆，水泥浆液的水灰比应按工程要求确定，可取 0.8～1.5，常用 1.0。浆液的水灰比越大，凝固时间也就越长。普通型浆液一般采用 425 号和 525 号普通硅酸盐水泥。

(二) 速凝早强型

在地下水丰富的地层，旋喷浆液要求速凝早强，因纯水泥浆的凝固时间长，浆液易被地下水冲蚀，另外，对旋喷体早期强度要求高的工程，也可使用速凝早强型的浆液。速凝早强浆液中可用氯化钙、水玻璃及三乙醇胺为早强剂，其用量一般为 2%～4% 的水泥用量，加入速凝早强剂的浆液的早期强度可比普通型浆液提高 2 倍以上。以使用氯化钙为例，纯水泥浆与土的固结体的一天抗压强度为 1MPa；而掺入 2% 氯化钙的水泥土固结体抗压强度为 1.6MPa；掺入 4% 氯化钙的水泥土固结体抗压强度为 2.4MPa。

(三) 高强型

旋喷固结体的平均抗压强度在 20MPa 以上的称为高强型。提高固结体强度的方法有选择高标号水泥，一般要求不低于 525 号普通硅酸盐水泥；或选择高效能的扩散剂和无机盐组成的复合配方，表 4.7-5 为各种外加剂对抗压强度的影响。

外加剂对抗压强度的影响　　　　　　　　　表 4.7-5

主剂		外加剂		抗压强度(MPa)				抗折强度 (MPa)
名称	用量	名称	掺量(%)	28 天	3 月	6 月	一年	
525 号普通硅酸盐水泥	100	NNO NR$_3$	0.5 0.05	11.72	16.05	17.4	18.81	3.69
		NNO NR$_3$ NaNO$_3$	0.5 0.05 1	13.59	18.62	22.8	24.68	6.27
		NF NR$_3$ Na$_2$SiO$_3$	0.5 0.05 1	14.14	19.37	27.8	29.0	7.36

(四) 充填型

当对旋喷固结体的强度要求很低,旋喷浆液只起充填地层或岩层空隙的作用时,可采用充填型的浆液,在浆液中用粉煤灰作为填充料,可有效的降低工程造价。

(五) 抗冻型

当土体中的水随气温下降变成冰的同时其体积会膨胀,当这种膨胀足以引起土粒间的相对位移时,便会产生土体的宏观冻胀现象,使地面上的建筑物受到破坏。

若在冻结前对土进行喷射注浆,并在所用的旋喷浆液(以 425 号硅酸盐水泥为宜)中加入抗冻剂就能阻止或控制地表水向土体下渗以及地下水向土体上引,不使土体含水量超过其起始冻胀含水量,就可达到防治土体冻胀的目的。抗冻型的外加剂见表 4.7-6。

抗冻外加剂　　　　　　　　　表 4.7-6

	抗冻外加剂	掺入量与水泥重量之比		抗冻外加剂	掺入量与水泥重量之比
1	沸石粉	0.1~0.2	3	亚硝酸钠	0.01
2	三乙醇胺	0.0005	4	NNO	0.005

(六) 抗渗型

在水泥浆中掺入 2%~4%的水玻璃,其抗渗性能就会明显提高,如表 4.7-7 所示。使用的水玻璃模数要求在 2.4~3.4,浓度要求在 30~45 波美度为宜。

纯水泥浆与掺入水玻璃的水泥浆的渗透系数　　　　　　　　　表 4.7-7

土样类别	水泥品种	水泥含量(%)	水玻璃含量(%)	渗透系数(cm/s,28d)
细砂	425 号硅酸盐水泥	40	0	2.3×10^{-6}
		40	2	8.5×10^{-8}
粗砂	425 号硅酸盐水泥	40	0	1.4×10^{-6}
		40	2	2.1×10^{-8}

如工程以抗渗为目的者,可在水泥浆液中掺入 10%~15%的膨润土(占水泥重量的百分比)。对有抗渗要求时,不宜使用矿渣水泥;如仅有抗渗要求而无抗冻要求者,则可使用火山灰质水泥。

目前国内用得比较多的外加剂及配方列于表 4.7-8 中。

国内常用外加剂的浆液配方　　　　　表 4.7-8

序号	外加剂成分及百分比	浆液特性
1	氯化钙 2~4	促凝、早强、可灌性好
2	铝酸钠 2	促凝、强度增长慢、稠密大
3	水玻璃 2	初凝快、终凝时间长、成本低
4	三乙醇胺 0.03~0.05，食盐 1	早强
5	三乙醇胺 0.03~0.05，食盐 1 氯化钙 2~3	促凝、早强、可喷性好
6	氯化钙（或水玻璃）2 "NNO" 0.5	促凝、早强、强度高、浆液稳定性好
7	氯化钠 1 亚硝酸钠 0.5 三乙醇胺 0.03~0.05	防腐蚀、早强、后期强度高
8	粉煤灰 25	调节强度、节约水泥
9	粉煤灰 25　氯化钙 2	促凝、节约水泥
10	粉煤灰 25 氯化钙 2 三乙醇胺 0.03	促凝、早强、节约水泥
11	粉煤灰 25 硫酸钠 1 三乙醇胺 0.03	早强、抗冻性好、节约水泥
12	矿渣 25	提高强度、节约水泥
13	矿渣 25 氯化钙 2	促凝、早强、节约水泥

十、浆量计算

浆量计算可有两种方法，即体积法和喷量法，并取其中大者作为设计喷射浆量。

（一）体积法

$$Q = \frac{\pi}{4}D_e^2 K_1 h_1 (1+\beta) + \frac{\pi}{4}D_o^2 K_2 h_2 \tag{4.7-14}$$

式中　Q——需要用的浆量(m^3)；

D_e——旋喷体直径(m)；

D_o——注浆管直径(m)；

K_1——填充率，一般取 0.75~0.90；

h_1——旋喷长度(m)；

K_2——未旋喷范围土的填充率，一般取 0.5~0.75；

h_2——未旋喷长度(m)；

β——损失系数，一般取 0.1~0.2。

（二）喷量法

以单位时间喷射的浆量及喷射持续时间，计算出浆量，计算公式如下：

$$Q = \frac{H}{v}q(1+\beta) \tag{4.7-15}$$

式中 Q——浆量(m^3);

v——提升速度(m/min);

H——喷射长度(m);

q——单位时间喷浆量(m^3/min);

β——损失系数,通常取0.1~0.2。

根据计算所需的喷浆量和设计的水灰比,即可确定水泥的使用数量。

4.7.1.6 施工工艺

一、工艺类型

当前,高压喷射注浆法的基本工艺类型有:单管法、二重管法、三重管法和多重管法等四种方法。

(一)单管法

单管法是利用钻机把安装在注浆管(单管)底部侧面的特殊喷嘴,置入土层预定深度后,用高压泵等装置,以大于20MPa的压力,把浆液从喷嘴中喷射出去冲击破坏土体,同时借助注浆管的旋转和提升运动,使浆液与从土体上崩落下来的土搅拌混合,经过一定时间凝固,便在土中形成圆柱状固结体,如图4.7-10所示。

(二)二重管法

二重管法是使用双通道的二重注浆管,将二重注浆管钻进到土层的预定深度后,通过在管底部侧面的一个同轴双重喷嘴,同时喷射出高压浆液和空气两种介质的喷射流冲击破坏土体。即以高压泥浆泵等高压发生装置喷射出20MPa以上压力的浆液,从内喷嘴中高速喷出,并用0.7MPa左右压力把压缩空气从外喷嘴中喷出。在高压浆液和它外圈环绕气流的共同作用下,破坏土体的能量显著增大,喷嘴一面喷射一面旋转和提升,最后在土中形成圆柱状固结体,如图4.7-11所示。

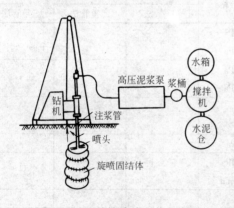

图 4.7-10 单管旋喷注浆示意图

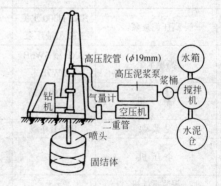

图 4.7-11 二重管旋喷注浆示意图

(三)三重管法

三重管法是使用分别输送水、气、浆三种介质的三重注浆管。在以高压泵等高压发生装置产生20MPa以上的高压水喷射流的周围,环绕一般0.7MPa左右的圆筒状气流,进行高压水喷射流和气流同轴喷射冲切土体,形成较大的空隙,再另由泥浆泵注入压力为2~5MPa的浆液填充,喷嘴作旋转和提升运动,最后便在土中凝固为直径较大的圆柱状固结体,如图4.7-12所示。

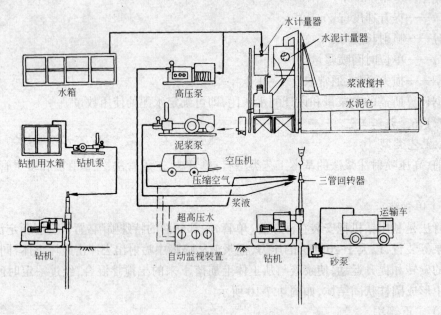

图 4.7-12 三重管旋喷注浆示意图[4.7-12]

二、施工机具

施工机具主要由钻机和高压发生设备两大部分组成。由于喷射种类不同,所使用的机器设备和数量均不同,如表 4.7-9 所示。

各种高压喷射注浆法主要施工机具及设备　　　　表 4.7-9

序号	机具设备名称	型号	规格	所用机具		
				单管法	二重管法	三重管法
1	高压泥浆泵	SNS-H300 水流 Y-2 型液压泵	30MPa 20MPa	*	*	
2	高压水泵	3XB 型 3W6B 3W7B	35MPa 20MPa			*
3	钻机	工程地质钻 振动钻		*	*	*
4	泥浆泵	BW-150 型	7MPa			
5	空压机		0.8MPa 3m³/min			
6	泥浆搅拌机			*	*	*
7	单管			*		
8	二重管				*	
9	三重管					*
10	高压胶管		φ19mm~φ22mm	*	*	*

喷嘴是直接明显影响喷射质量的主要因素之一。喷嘴通常有圆柱形、收敛圆锥形和流线形三种,以流线形喷嘴的射流特性最好,它使喷嘴具有聚能的效能,但这种喷嘴极难加工,在实际工作中很少采用。

喷嘴的内圆锥角的大小对射流的影响也是比较明显的。试验表明：当圆锥角 θ 为13°~14°时，由于收敛断面直径等于出口断面直径，流量损失很小，喷嘴的流速流量值较大。在实际应用中，圆锥形喷嘴的进口端增加了一个渐变的喇叭口形的圆弧角 ϕ，使其更接近于流线形喷嘴，出口端增加一段圆柱形导流孔，通过试验，其射流收敛性较好(图 4.7-13)。

根据不同的工程要求，可按图 4.7-14 中选择不同的喷头形式。

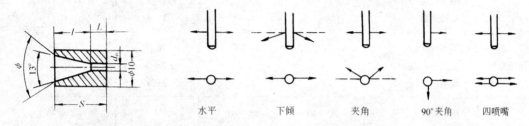

图 4.7-13　实际应用的喷射结构　　　　图 4.7-14　不同形式的喷头

三、施工顺序

虽然单管、二重管和三重管喷射注浆法所注入的介质种类和数量不同，施工技术参数也不同，但施工顺序基本一致，都是先把钻杆插入或打进预定土层中，自下而上进行喷射注浆作业。

(一) 钻机就位

钻机安放在设计的孔位上，并应保持垂直，施工时旋喷管的允许倾斜度不得大于 1.5%。

(二) 钻孔

单管旋喷常使用 76 型旋转振动钻机，钻进深度可达 30m 以上，适用于标准贯入度小于 40 的砂土和粘性土层。当遇到比较坚硬的地层时宜用地质钻机钻孔。一般在二重管或三重管旋喷法施工中都采用地质钻机钻孔，钻孔的位置与设计位置的偏差不得大于 50mm。

喷射孔与高压注浆泵的距离不宜过远。实际孔位、孔深和每个钻孔内的地下障碍物、洞穴、涌水、漏水及与岩土工程勘察报告不符等情况均应详细记录。

(三) 插管

插管是将喷管插入地层预定的深度。使用 76 型振动钻机钻孔时，插管与钻孔两道工序合二为一，即钻孔完成时插管作业同时完成。如使用地质钻机钻孔完毕，必须拔出岩芯管，并换上旋喷管插入到预定深度。在插管过程中，为防止泥砂堵塞喷嘴，可边射水、边插管，水压力一般不超过 1MPa，若水压力过高，则易将孔壁射塌。

(四) 喷射作业

当喷管插入到预定深度后，由下而上进行喷射作业，常用的参数见表 4.7-10。当浆液的初凝时间超过 20 小时，应及时停止使用该水泥浆液，因为正常水灰比 1.0 的情况下，初凝时间为 15 小时左右。另外，喷射管分段提升的搭接长度不得小于 100mm。

对需要局部扩大加固范围或提高强度的部位，可采取复喷措施。

在高压喷射注浆过程中如出现压力骤然下降、上升或冒浆异常时，应查明产生的原因并及时采取措施。

通常采用的高压喷射注浆技术参数　　　　　　表 4.7-10

技术参数		单管法	二重管法	三重管法	
				CJG工法	RJP工法
高压水	压力(MPa) 流量(L/min) 喷嘴孔径(mm) 喷嘴个数			20~40 80~120 1.7~2.0 1~4	20~40 80~120 1.7~2.0 1
压缩空气	压力(MPa) 流量(m³/min) 喷嘴间隙(mm)		0.7 3 2~4	0.7 3~6 2~4	0.7 3~6 2~4
水泥浆液	压力(MPa) 流量(L/min) 喷嘴孔径(mm) 喷嘴个数	20~40 80~120 2~3 2	20~40 80~120 2~3 1~2	3 70~150 8~14 1~2	20~40 80~120 2 1~2
注浆管	提升速度(cm/min) 旋转速度(r/min) 外径(mm)	20~25 约20 φ42、φ50	10~20 10~20 φ50、φ75	5~12 5~10 φ75、φ90	5~12 5~10 φ90

当高压喷射注浆完毕,应迅速拔出注浆管。为防止浆液凝固收缩影响桩顶高程,必要时可在原位采用冒浆回灌或第二次注浆等措施。

当处理既有建筑地基时,应采用速凝浆液或跳孔喷射和冒浆回灌等措施,以防旋喷过程中地基产生附加变形,和地基与基础间出现脱空现象。同时,应对既有建筑物进行沉降观测。

(五) 冲洗机具设备

喷射施工完毕后,应把注浆管等机具设备冲洗干净,管内和机内不得残存水泥浆,通常把浆液换成水,在地面上喷射,以便把泥浆泵、注浆管和软管内的浆液全部排除。

(六) 移动机具

将钻机等机具设备移到新孔位上。

四、施工操作注意事项

(一) 钻机或旋喷机就位时机座要平稳,立轴或转盘要与孔位对正,倾角与设计误差一般不得大于0.5°。

(二) 喷射注浆前要检查高压设备和管路系统。设备的压力和排量必须满足设计要求。管路系统的密封圈必须良好,各通道和喷嘴内不得有杂物。

(三) 要预防风、水喷嘴在插管时被泥砂堵塞,可在插管前用一层薄塑料膜包扎好。

(四) 喷射注浆时要注意设备开动顺序。以三重管为例,应先空载起动空压机,待运转正常后,再空载起动高压泵,然后同时向孔内送风和水,使风量和泵压逐渐升高至规定值。风、水畅通后,如系旋喷即可旋转注浆管,并开动注浆泵,先向孔内送清水,待泵量泵压正常后,即可将注浆泵的吸水管移至储浆桶开始注浆。待估算水泥浆的前峰已流出喷头后,才可开始提升注浆管,自下而上喷射注浆。

（五）喷射注浆中需拆卸注浆管时，应先停止提升和回转，同时停止送浆，然后逐渐减少风量和水量，最后停机。拆卸完毕继续喷射注浆时，开机顺序也要遵守第（四）条规定，同时开始喷射注浆的孔段要与前段搭接 0.1m，防止固结体脱节。

（六）喷射注浆达到设计深度后，即可停风、停水，继续用注浆泵注浆，待水泥浆从孔口泛出后，即可停止注浆，然后将注浆泵的吸水管移至清水箱，抽吸定量清水将注浆泵和注浆管路中的水泥浆顶出，然后停泵。

（七）卸下的注浆管，应立即用清水将各通道冲洗干净，并拧上堵头。注浆泵、送浆管路和浆液搅拌机等都要用清水清洗干净。压气管路和高压泵管路也要分别送风、送水冲洗干净。

（八）喷射注浆作业后，由于浆液析水作用，一般均有不同程度收缩，使固结体顶部产生凹穴，所以应及时用水灰比为 0.6 的水泥浆进行补灌，并要预防其他钻孔排出的泥土或杂物进入。

（九）为了加大固结体尺寸，或对深层硬土，避免固结体尺寸减小，可以采用提高喷射压力、泵量或降低回转与提升速度等措施，也可以采用复喷工艺：第一次喷射（初喷）时不注水泥浆液。初喷完毕后，将注浆管边送水边下降至初喷开始的孔深，再泵送水泥浆，自下而上进行第二次喷射（复喷）。

（十）采用单管或二重管喷射注浆时，冒浆量小于注浆量 20% 为正常现象；超过 20% 或完全不冒浆时，应查明原因并采取相应的措施。若系地层中有较大空隙所引起的不冒浆，可在浆液中掺加速凝剂或增大注浆量；如冒浆过大，可减少注浆量或加快提升和回转速度，也可缩小喷嘴直径，提高喷射压力。采用三重管喷射注浆时，冒浆量则应大于高压水的喷射量，但其超过量应小于注浆量的 20%。

（十一）对既有建筑物的加固工程中，为使桩顶与原基础严密结合，可于旋喷作业结束后 24h，在旋喷桩中心钻一小孔，再用小直径（$\phi 30$）单层注浆管补喷一次。

（十二）在软弱地层旋喷时，固结体强度低，可以在旋喷后用砂浆泵注入 150 号砂浆来提高固结体的强度。

4.7.1.7 质量检验

一、检验内容

（一）固结体的整体性和均匀性；

（二）固结体的有效直径和垂直度；

（三）固结体的强度特性（包括轴向压力、水平力、抗酸碱性、抗冻性和抗渗性等）；

（四）固结体的溶蚀和耐久性能。

二、检验方法

（一）开挖检验

待浆液凝固具有一定强度后，即可开挖检查固结体垂直度和固结形状。

（二）钻孔取芯

将岩芯做成标准试件进行室内物理力学性能试验。

根据工程要求亦可在现场进行钻孔，做压力注水和抽水两种渗透试验，测定其抗渗能力。

（三）标准贯入试验

在旋喷固结体的中部可进行标准贯入试验。

（四）载荷试验

静载荷试验分垂直和水平载荷试验两种。做垂直载荷试验时，需在顶部 0.5～1.0m 范围内浇筑0.2~0.3m厚的钢筋混凝土桩帽;做水平推力载荷试验时,在固结体的加载受力部位,浇筑0.2~0.3m厚的钢筋混凝土加荷载面,混凝土的标号应不低于C20。

三、检验点布置部位
(一)建筑荷载大的部位;
(二)防水帷幕的中心线上;
(三)施工中出现异常情况的部位;
(四)地质情况复杂,可能对高压喷射注浆质量产生影响的部位。

四、检验点数量
检验点数量为施工孔数的1%~5%,对不足20个孔的工程,至少应检验2个点,不合格者应进行补喷。

五、检验时间
质量检验时间宜在高压喷射注浆结束四周后进行。

4.7.2 工程实例一——宝山钢铁总厂工程的深基坑开挖[4.7-1]

一、工程概要

宝山钢铁总厂初轧1号铁皮坑的平面尺寸为18.3×45.3m,深22.3m,与一系列正在施工的重要设备基础和厂房桩基础相邻,因此必须确保铁皮坑在施工过程中的稳定性及减少其对相邻基础的影响。

经过对多种地基加固方案分析对比后,确定采用三重管喷射注浆法加固基坑底部。

二、工程地质情况

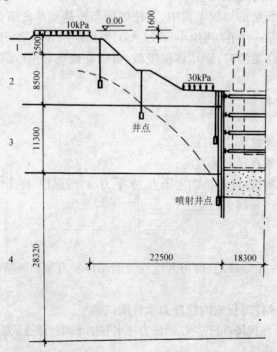

图4.7-15 宝山钢铁总厂工程中某深基坑的剖面图
1—粉质粘土;2—淤泥质粉质粘土;3—淤泥质粘土;4—粉质粘土

本实例引自王吉望,1991。

基坑剖面及土层性质如图 4.7-15 和表 4.7-11 所示。

土层物理力学性质　　　　　　　　　　　表 4.7-11

编号	土层名称	重度 (kN/m^3)	粘聚力 $c(kPa)$	内摩擦角 φ(度)	标准贯入击数 N	无侧限抗压强度 $q_u(kPa)$	含水量 $w(\%)$	孔隙比 e	液限 $w_L(\%)$	液性指数 I_L	压缩模量 E_s (MPa)
1	粉质粘土	18	13	16.5	4.1	64	34.6	0.99	36.7	0.83	5.86
2	淤泥质粉质粘土	18	5	19.2	3.3	47	41.0	1.13	36.7	1.28	4.21
3	淤泥质粘土	18	12	8	1.4	49	38.3	1.36	45.3	1.15	2.46
4	粉质粘土	18	11	2	8.8	77	33.9	1.36	36.3	0.84	5.60

三、设计计算

首先在基坑的四周设置两层井点降水,开挖到 -9.8m 标高,然后在基坑周围打板桩,并对基坑底部标高以下进行地基加固。此外,还在板桩外围打设一排轻型井点和一排喷射井点。在完成喷射注浆法加固地基后,继续进行深基坑的开挖,加固厚度 4.5m,桩距横向采用 $0.7D$,纵向采用 $0.8D$(D 为设计桩径,通过试验取 1.5m)。为了达到良好的支撑作用,在板桩附近的桩距有所减小。桩的总数为 695 根,总长为 3000m。

(一) 稳定性计算

1. 基坑底部的稳定性计算

滑动面计算安全系数 F:

按图 4.7-16 中单位长度滑动面计算安全系数 F:

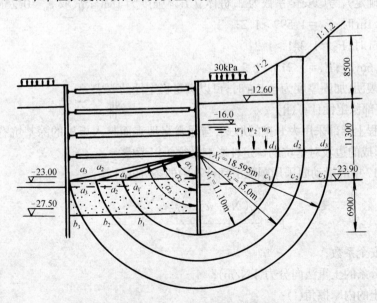

图 4.7-16　基坑底部稳定性计算(I)

$$F = \frac{x\int_0^{\frac{\pi}{2}+\alpha} c_u \cdot x\,d\theta}{W \cdot \frac{x^2}{2}} \approx \frac{2\sum_{i=1}^{n} c_u \cdot \Delta L_i}{W}$$

$$W = (\gamma \cdot H + q) \cdot x$$

式中 c_u——土及加固体的不排水抗剪强度(kPa);

W——单位长度上包括地面荷载的土重(kN/m);

x——以钢板桩最下支撑点为圆心的任意半径(m);

α——角度(以弧度为单位);

γ——土的重度(kN/m³);

H——基坑深度(m);

q——地面荷载(kN/m²);

ΔL_i——滑动面在每一土层中的圆弧长度(m);

n——滑动面经过的土层数。

(1) 加固前的安全系数

当 $x=11.1$m 时: $F_1=0.769<1.2$;

当 $x=15$m 时: $F_2=0.781<1.2$;

当 $x=18.6$m 时: $F_3=0.781<1.2$。

计算结果表明,如果不进行地基加固,则基坑底部稳定性不能满足要求。

(2) 加固后的安全系数

加固厚度假设取 4.5m。

喷射注浆后的加固体抗剪强度取 $q_u/2$(q_u 为无侧限抗压强度,近似地用 $7\times7\times7$cm³ 的试块立方体强度确定),考虑安全系数为2,桩体立方体强度为1MPa,故取 $c_u=0.25$MPa。

当 $x=11.1$m 时; $F_1=1.599>1.2$;

当 $x=15$m 时; $F_2=1.341>1.2$;

当 $x=18.6$m 时; $F_3=1.215>1.2$。

计算结果表明,加固厚度为 4.5m 时,可以满足稳定性的要求。

2. 基坑底部稳定性计算(Ⅱ)

由于本工程上半部采用大开挖的形式,与通常自地表面打入板桩的深基坑有所不同。因此,上部开挖形成的边坡对基坑的稳定性影响必须予以考虑。

按图 4.7-17 中的滑动面采用圆弧滑动计算中的条分法计算:

$$F = \frac{\Sigma(N-u)\tan\phi + \sum_{i=1}^{n} c \cdot \Delta l}{\Sigma T}$$

式中 F——安全系数;

N——分条的土重法向分力(kN/m);

ϕ——土的内摩擦角(°);

c——土的粘聚力或喷射注浆加固体抗剪强度(kPa);

T——分条的土重切向分力(kN/m);

4.7 高压喷射注浆

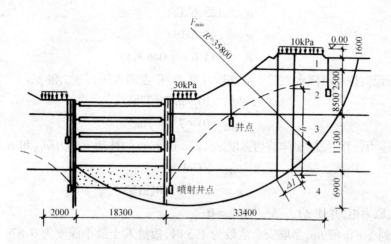

图 4.7-17 基坑底部稳定性计算(Ⅱ)

Δl——滑动面在分条内的弧长(m);

u——孔隙水压力(kN/m)。

严格地说,孔隙水压力应通过绘制流网求得,但为简化见,可采用下列简化计算:

$$u = h \cdot \gamma_w \cdot \Delta l$$

式中 h——分条中点垂线与地下水位交点的距离(m);

γ_w——水的重度(kN/m³)。

由于边坡断面的复杂以及土层的非均质性,最小的安全系数是通过电子计算机计算出来的,并考虑了人工降水引起水位变化的影响。得出加固后最小安全系数为 1.11。

从以上两组滑动面的计算结果表明,采用喷射注浆加固地基的方案,是可以保证基坑稳定性。

由于本工程周围条件复杂,理论与实践间的差别、及圆弧滑动面(Ⅱ)计算的安全系数只有 1.11 等因素,在施工中采取了严格的控制工程质量的措施,并对边坡位移、板桩位移等进行了一系列观测,以确保安全。

3. 板桩根部入土深度的稳定性计算(图 4.7-18)

入土深度是按基坑以下板桩承受的被动土压力 p_p 和另一侧的主动土压力 p_a 相平衡进行计算的。

按朗肯理论计算的主动土压力和被动土压力分别为:

$$p_a = (\gamma h + q)\tan^2(45° - \phi/2) - 2c \cdot \tan(45° - \phi/2)$$
$$p_p = (\gamma h + q)\tan^2(45° + \phi/2) + 2c \cdot \tan(45° + \phi/2)$$

以基坑挖到最终深度 E 点(-23.0m)为例

(1) 计算主动土压力:

计算 D、E、F 点的主动土压力 p_{aD}、p_{aE}、p_{aF}

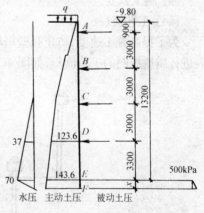

图 4.7-18 板桩根部的入土深度计算

$$p_{aD} = 123.6 \text{kPa};$$
$$p_{aE} = 143.6 \text{kPa};$$
$$p_{aF} = 143.6 + 6.046x (\text{kPa})$$

水压力计算:按井点降水之后水位高度计算 D、E 点的水压力 p_{wD} 和 p_{wE}。
$$p_{wD} = 10 \times 3.7 = 37 \text{kPa};$$
$$p_{wE} = 10 \times 7.0 = 70 \text{kPa}$$

被动土压力计算:按加固体剪切强度 c_u 计算 E、F 点的被动土压力 p_{pE} 和 p_{pF}。
$$p_{pE} = 500 \text{kPa};$$
$$p_{pF} = \gamma \cdot x + 500 (\text{kPa})$$

对 D 点取力矩,并使 $M_p - M_a - M_w = 0$

由此得到 $x = 0.879\text{m}$,当取安全系数为 1.5 时,板桩入土最小深度为 $0.879 \times 1.5 \approx 1.3\text{m} < 4.5\text{m}$。

计算结果表明,地基经过加固提高了强度,板桩入土深度仅需 1.3m 即可满足要求。在开挖基坑时的土压力实测表明,加固后的土体承受了约 600kPa 的土压力,与理论计算值相近。

经过上述计算,根据本工程加固目的,并考虑同时起隔离地下水的作用,对基坑底部采取了整体加固,因此桩的间距必须小于桩的设计直径。桩的纵向取 $A = 0.7D \approx 1.0\text{m}$,横向取 $B = 0.8D \approx 1.2\text{m}$。为了使板桩附近起到良好的支撑作用,减少板桩的内力和变形,靠近板桩处的桩距有所减少。

四、施工概要

(一) 工艺流程

为了提高施工速度,防止孔壁坍塌和缩颈,保证施工质量,本工程采用了打桩机成孔,用仪表进行质量控制的工艺流程,如图 4.7-19 所示。

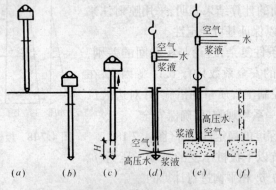

图 4.7-19 旋喷桩施工流程

1. 将振动打桩机和带有活动桩靴的套管直立于地面(图 4.7-19a);
2. 开动振动打桩机,将套管贯入土中,并在达到设计标高时停止(图 4.7-19b);
3. 将套管拔出一段,拔出地面的高度应大于拟加固的高度(图 4.7-19c);
4. 然后拆除露出地面上的上段套管,其余的下段套管保留在地基中(图 4.7-19d),为了保护孔壁,待施工完毕后拔出,活动桩靴留在地基中;

5. 安放钻机和慢速卷扬机,用以旋转和提升喷射注浆管。
6. 将喷射注浆管通过钻机转盘插入孔内(图 4.7-19d);
7. 接通高压管、水泥浆管和空压管,开动高压泵、泥浆泵、空压机和钻机进行旋转喷射,并用仪表控制压力、流量和风量,当分别达到预定数值时自下而上的开始提升(图 4.7-19e);工艺参数见表 4.7-12。

旋喷工艺参数 表 4.7-12

旋喷机		高压泵			注浆泵			空压机	
提升速度 (cm/min)	转数 (r/min)	泵压 (MPa)	泵量 (L/min)	喷嘴直径 (mm)	泵量 (L/min)	泵压 (MPa)	喷嘴直径 (mm)	风量 (m^3/min)	风压 (MPa)
7~14	11~18	20~25	70~75	2.5	140~150	1.8~2.0	8.0~9.5	0.67~1.3	0.4~0.55

8. 继续旋喷和提升,直至达到预期的加固高度后停止;
9. 拔出喷射管和套管(图 4.7-19f)。

(二) 施工机具及其布置

主要施工机械包括三重喷射管、高压柱塞泵、泥浆泵、空压机、搅拌罐及旋转、提升装置等。附属设备包括吊车、振动打桩机和各种压力表、流量表、指挥讯号装置等。

三重管喷射注浆法是各种机具的联合作业,因此,所有机械在平面上的布置应配合紧凑。三重管法的绝大部分工作都是采用机械来完成的,而每台机械只发挥其单一功能,所以各种机械必须密切配合,其中有一环节发生故障就会影响全部工作。因此,机械设备的组织管理,机械检修和备件贮备都是十分重要的。

(三) 施工管理

施工机具确定后,浆液的配制及控制合适的施工参数是保证施工质量的关键。

浆液的配制应考虑到施工过程中纯浆液易于沉淀,不仅会堵塞泵体和管道,同时也会影响加固质量,故采用以水泥浆为主剂再加入适量的防止沉淀的外加剂,以降低浆液的沉淀速率,保持浆液在施工期间处于悬浮状态。

施工中应严格控制高压泵、泥浆泵、空压机的压力和排量以及水泥浆的水灰比和搅拌等,严格按规定进行旋转和提升,严格按施工顺序施工。

五、加固效果

经开挖结果表明,加固体的连接较好,有良好的整体性。其中水泥含量为干土质量的20%,加固体中所采试样的抗压强度约1MPa,为原地基土体强度的20倍。开挖后基坑是稳定的,对邻近建筑物基础无影响。

4.7.3 工程实例二——沟海铁路三岔河桥 15 号墩基础加固[4.7-2]

一、工程概况

沟海铁路 K68+984 三岔河大桥全长 1192m,建于 1970 年,上部为 31.7m 等跨预应力钢筋混凝土梁,圆端型桥墩。基础为 6 根就地灌注的钢筋混凝土钻孔桩,承台为 8.8×6.8m 的(斜角)矩形钢筋混凝土结构。河床下 5m 以内为砂粘土淤泥层,钻孔桩穿过基础为粉细砂,设计水位 7.73m,设计流量 $Q=8200 m^3/s$。

本实例引自《旋喷注浆加固地基技术》p.237。

1975年2月辽南地区发生7.3级地震后,该桥受到了一定程度的损坏,其中以15号桥墩损坏最为严重。根据对钻孔桩钻探取样分析,1号钻孔有两处破碎断裂,2号钻孔有一处破碎断裂,如图4.7-20所示。

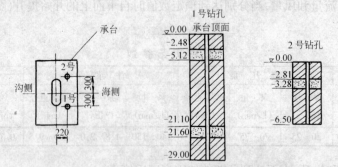

图4.7-20　15号墩中1号和2号钻孔处破碎断裂图
▨ 表示桩有断裂或裂隙　　▨ 表示桩身完好

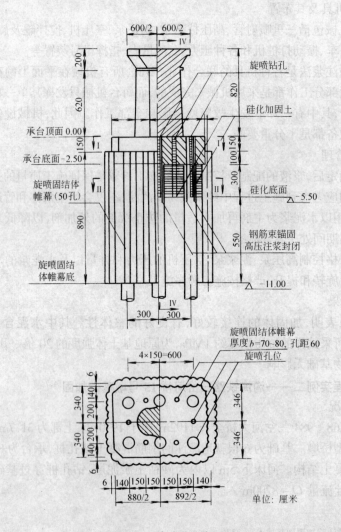

图4.7-21　旋喷孔位布置图

根据加固前的振动试验,行车速度超过20km/h后,纵向水平振幅较相邻各墩为大,最大增加二倍以上。

二、加固设计

根据该桥墩的病害情况,经研究决定,采取旋喷固结体帷幕封闭方案。在断碎的钻孔桩中心旋喷加固;另外,在2号钻孔桩迎水面补喷三根旋喷固结体加固;并在各钻孔桩间加旋喷固结体一根(共6根)。最后,在旋喷固结体的帷幕内进行硅化加固,使帷幕内的土体固结成为一整体,如图7.4-21所示。

帷幕沿承台边钻孔共50孔,间距60cm,根据计算和试验,对粉细砂地层,桩径可达80cm,因此,固结体之间搭接20cm,可以形成帷幕达到防渗目的。

原桥设计时,冲刷线标高为承台顶面下－10.53m,设计旋喷帷幕深为－11.0m(以施工时的河床基面算起深为12m),为使帷幕与承台紧密连接,两者搭接40cm长度。

对1号、2号钻孔桩的断碎部位,用旋喷法进行加固,钻孔其余部位则用混凝土填封。

对在钻孔桩间的6根旋喷固结体,则喷至断碎面下0.5m深处,各桩顶和承台均有40cm的连接长度。

三、旋喷施工

(一)根据设计,确定旋喷固结体的位置,在承台上用100型地质钻机钻好旋喷的导向孔和硅化孔,取出土样进行颗粒分析。

(二)按表4.7-13顺序进行旋喷施工。

旋喷施工顺序表　　　　　　　表4.7-13

顺序	内容	说　　明
1	射水试验	钻机就位后,首先进行低压(0.5MPa)射水试验,用以检查喷嘴是否畅通,压力是否正常
2	钻进	振动器开始振动,钻进后,同时用低压(0.5MPa)射水以减少摩擦阻力,防止喷嘴堵塞。钻进速度与土质紧密程度有关,如钻进阻力较大,可提高射水压力和转动钻杆,加速钻孔进度
3	接长钻杆	第一节钻杆钻进后,停止射水和振动,此时压力下降,卸下并提起振动器,接长钻杆,再继续振动射水钻进。帷幕固结体钻进深11m,需接钻杆4次
4	旋喷注浆	钻进达到设计标高后,停止振动及射水,开始旋喷注浆。高压泵输送水泥浆液,当压力升到15～20MPa时,钻杆开始旋转和提升。钻杆提升速度为0.2m/min,转速为20r/min。少量浆液从钻杆冒出地面,由下而上进行旋喷注浆
5	拆除钻杆	提出一根钻杆高度时,停止压浆,待压力下降后,迅速拆除钻杆,然后再继续压浆,当压力升到15～20MPa时,重新开始旋转提升。拆除钻杆时动作要迅速,防止钻杆内水泥浆沉淀,引起喷嘴堵塞
6	冲洗	钻杆提到标高时,为充实固结体的顶部,进行1～2min的低压(5MPa)补浆。补浆完成后提出钻头,低压射水,冲洗钻杆、喷嘴。整个旋喷作业完成。钻机移至新孔位再重复1～6顺序作业

(三)旋喷帷幕作业周期

钻进30min→喷注60min→冲洗移设转机30min,每孔作业时间2小时。钻进深度12m(从地面算起);旋喷长度9m;预计固结体直径0.8m;每孔旋喷水泥用量1.5t。

(四)施工中采用的参数如表4.7-14所示。

旋喷工艺参数及浆液配比 表4.7-14

编号	项目	数据	编号	项目	数据
1	喷嘴直径(mm)及个数	φ3.5—2个	5	排浆量(L/min)	70~75
2	喷射压力(MPa)	15~20	6	水泥浆配比(水:灰)	1.5:1
3	钻杆转速(r/min)	25~26	7	速凝剂掺量(水泥重量的百分数)	
4	钻杆提升速度(cm/min)	20		氯化钙	2%
				水玻璃	1%
				红星一号	2%

四、效果检验

旋喷结束,进行了如表4.7-15所列各项效果检验。

旋喷质量检查 表4.7-15

检查项目	取样方法	结果	抗压试验
旋喷固结体间结合性能与强度	在固结体搭接部位用100型地质钻机岩芯管取芯。钻速为200~240r/min,水压为0.6~0.7MPa	取芯率42%,最大段长400mm,结合性好,固结体直径716mm,软硬不均	上部为6.4MPa;下部为14MPa
旋喷直径(在固结体边钻孔取样,距中心400mm)	同上	没取出岩芯,往上返砂及水泥颗粒	
孔芯质量(在固体中心钻孔取样)	同上	取出几块岩芯碎块	

(一)钻探取芯检查。
(二)帷幕固结体检查,结果见表4.7-16。

旋喷帷幕质量检查 表4.7-16

检查项目	取样方法	结果	抗压试验
帷幕的结合性能及强度	100型地质钻机岩芯管取样	取芯率50%,最长段为300mm,钻进5m时夹钻停钻	4.0MPa

(三)振动试验

经加固后的试验表明:在不同的行车速度情况下,15号墩的振幅都和邻近的14号墩和16号墩相近。在速度为31.2km/h时,振幅还比16号墩为小。

从以上三种测试结果证明:可认为15号墩加固后稳定性得到了显著改善,经过7年的运行,15号墩是稳定的。

4.7.4 工程实例三——大渡河公路桥桩基沉渣的固结加固[7.4-2]

一、工程概况

本桥为铜街子水电站大坝建设服务而跨越大渡河的大型公路桥梁。桥跨设计为120+2×60m三孔钢筋混凝土箱形拱桥,如图4.7-22所示。

1号墩基础由16根冲孔桩组成。桩径2.3m,桩深20余米,桩底嵌入粘土岩中,上部地

本实例引自《旋喷注浆加固地基技术》,1984。

4.7 高压喷射注浆

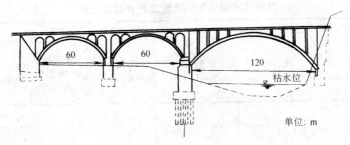

图 4.7-22 桥跨布置图

层为砂砾夹漂石。

由于冲孔桩施工时的孔壁坍塌物和碎渣岩粉的大量沉积,以及灌注水下混凝土发生灰浆离析等原因,在已施工的四根桩底沉淀了 0.2～0.4m 厚度的沉渣,严重地削减了桩基的承载能力。因此必须采取将沉渣全部固结的补救措施,达到桩身混凝土的设计强度。

对沉渣的固结方法,在过去一般都用静压灌浆法,但由于灌浆法使用时受可灌性限制,且不能将沉渣翻动搅拌。因此,固结范围及其强度等难于达到预期效果。

本工程采用高压旋喷注浆固结桩底沉渣,尚系国内首次。因为它是一种强制注浆和搅拌的方法,且加入适量的石骨料,其固结范围及其强度都能满足基底承载力的要求。

二、旋喷注浆设计和施工

(一) 模拟试验

由于冲孔桩的桩径 2.3m,桩深 23m,沉渣中含泥土及卵石,单管旋喷法难于达到全面固结的要求,所以为取得可靠的旋喷工艺及基本参数,进行了两种模拟试验。

1. 全面积固结模拟试验

本项试验采用定向与旋转相结合的施工喷射工艺,在砂夹卵石层中进行。结果表明:由三个喷射孔喷射,可将直径达 2.3m,面积为 4.15m² 的范围内基本固结起来,如表 4.7-17。

全面积固结模拟试验成果表　　　　表 4.7-17

固结情况			固结体物理力学性能			
计划面积 (m²)	实际固结面积 (m²)	比值 (%)	重度 (kN/m³)	极限抗压强度(饱和) (MPa)	极限抗压强度(天然) (MPa)	弹性模量 (MPa)
4.15	3.53	85	20	22	1.34	7.97×10^5

注:本试件在 4°～10°C 气温中天然养护;
　　表列为龄期 50 天的平均强度。

2. 单根旋喷固结体的模拟试验

单根旋喷固结体的直径可达 0.8～1.0m,成果见表 4.7-18。

(二) 施工工序及喷射参数

1. 施工工序

(1) 用 300 型地质钻机钻喷射孔,每桩三孔按等边三角形布置,边长 1.1m。

(2) 高压射水冲孔,目的是冲出沉渣中的泥土,并起翻动沉渣的作用。

(3) 旋喷注浆

a. 定向定时喷射,每孔按"米"字形方向喷射,每个面各定向喷射 2 分钟。

单根旋喷固结体的试验工艺参数及成果　　　　　表 4.7-18

旋喷工艺及参数						固结体物理力学性能					说明
旋喷方式	压力 (MPa)	流量 (L/min)	浆液水灰比	转速 (r/min)	提升速度 (cm/min)	平均直径 (cm)	干重度 (kN/m³)	极限抗压强度 (MPa)		极限抗拉强度(饱和)(MPa)	弹性模量 (MPa)	
								干	饱和			
一次由下向上旋喷	19.5	57	1:1	25	17	84						试件在 4℃~10℃气温中天然养护 水泥采用 425 号普通硅酸盐水泥 表中为 109 天龄期的平均强度
二次由下向上旋喷	19.5	52	1:1	25	17	88	16	20.6	13.7	0.64	8.2×10³	
三次由下向上旋喷	19.5	52	1:1	25	17	105						

　　b. 在沉渣厚度范围内复喷一次,即由下而上和由上而下各喷一次,如图 4.7-23 所示。

2. 浆液总用量计算

　　浆液总用量按喷射工艺及清水稀释两种因素考虑。

　　(1) 按喷射工艺要求时

　　喷射计划时间 99min,流量为 55L/min,总浆量:$Q = 99 \times 55 = 5450L$

　　(2) 按清水稀释影响时:

　　要求喷浆后实际浆液灰水比不大于 1:1.5,计划固结体积中含水体积:$V_0 = 1.9m^3$ 初始注入浆液灰水比为 1:1。

　　查 ρ-α 曲线(图 4.7-24)得影响系数 $\alpha = 2$。

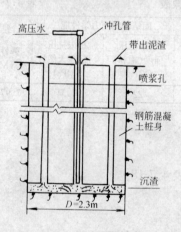

图 4.7-23　旋喷注浆作业图

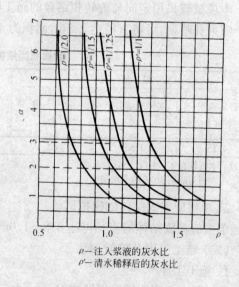

ρ—注入浆液的灰水比
ρ'—清水稀释后的灰水比

图 4.7-24　ρ-α 曲线

　　故总浆量 $Q = \alpha \cdot V = 2 \times 1900 = 3800L < 5450L$

　　所以总浆量以喷射工艺要求控制。

根据 ρ-α 曲线查得 $\alpha = \dfrac{5450}{1900} = 2.87$ 时,实际的浆液灰水比为 1:1.35>1:1.5。

(3) 砂石的加入量

为提高固结体强度,减小混凝土收缩影响,在旋喷中加入适当砂石骨料。加入量按空隙体积的 5% 计算。即 $V = 0.5 \times 1.9 = 0.95 \text{m}^3$

三、效果分析

(一) 从旋喷过程中可见,一孔注浆时另外两孔均冒浆,证明沉渣中浆液已串通。

(二) 原桩周围因河水与基坑水位差而冒水,注浆后已停止冒水。在 9 号桩注浆时,相隔 6m 远的 5 号桩孔中有浆渗透,可见浆液渗透范围大于桩径。

(三) 固结体的强度可达 200 号混凝土的强度,作为基础完全能满足设计要求。

4.7.5 工程实例四——高压旋喷桩法加固某影剧院地基[4.7-3]

一、工程概要

白龙江影剧院位于武县城原体育场旧址,占地面积 4800m²,建筑面积 3000m²,最大高度 21.5m。采用以地梁联结的钢筋混凝土独立基础及条基,上部采用排架结构。

该建筑物由舞台、观众厅和前厅组成,各交接部位未设沉降缝,设计的室内地坪标高为 1001m,基础砌置深度 -3.6m。设计施工前,该场地曾委托某单位进行过勘察,勘察报告认为 20m 以内地基土为杂填土,容许承载力为 200kPa。基础施工于 1990 年 12 月结束后,因故停工至 1992 年 3 月 14 日重建时,发现观众厅⑨～⑩轴线和舞台④～⑤轴线间地梁产生了南北向裂缝,裂缝宽度为 3～5mm,已垂直贯通地梁(图 4.7-25)。为此重新进行了工程地质勘察工作。

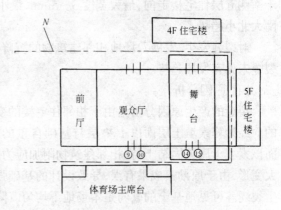

图 4.7-25 建筑物平面位置图

二、工程地质条件

搜集的资料表明,该场地原为白龙江上游古河道,现已改道至城区的南端。白龙江在该段以堆积作用为主,致使河床逐年抬高,防洪堤坝逐年加高,为了城区的安全,每年定期疏通河道。拟建场地十余年前为沼泽地。其后逐年人工堆积素土回填,至标高 996.3m 后,辟为体育和集会场所。地基土的性状见表 4.7-19 所示。其中处于地下水位以下厚约 5.8m 的素填土和湖相沉积的淤泥质粉质粘土,均属高压缩性软弱下卧层,以场地南部表现尤为明显,可见原勘察资料过于粗略,不能客观地反映场地的工程地质条件。

基础施工前先用河床砂卵石分层碾压至标高 997.5m(厚度 1.2m 左右)作为垫层,再做钢筋混凝土独立基础和条基。其次,再在其上部回填厚约 0.9m 的松散砂砾石至现地面标高。

本实例引自张恩祥,1995。

场 地 土 性 指 标　　　　　表 4.7-19

地层代号	标高(m)	岩性名称	$N_{63.5}$	p_s(MPa)	e_o	w_L(%)	w_P(%)	E_s(MPa)	f_k(kPa)
①-2	997.3	角砾灰土	25					10(E_o)	150
①-3	996.2	回填碎石	35					15(E_o)	250
②	▽996.05 994.4	素填土	<1.0	1.0	0.945	27.9	19.7	2.0	60
③	999.0	淤泥质粉质粘土	2.0	0.5	0.928	31.6	20.7	3.0	80
④	989.0	碎　　石	20					30(E_o)	400

三、裂缝调查

据现场调查及建设单位介绍，裂缝产生于场地东北两侧的相邻四～五层住宅楼建成之后，裂缝于⑨～⑩、④～⑤轴线间的地梁上，横贯南北两排地梁，呈对称分布，裂缝走向平行于南侧五层住宅楼走向，最大宽度 3～5mm，最小宽度 1～2mm，开裂程度呈东南大西北小，南大北小趋势。

对裂缝发生、发展及场地相邻建筑物的沉降等准确资料已无法取得，据调查期间观测，裂缝未见有发展趋势。

四、原因分析

裂缝的产生原因分析是由于相邻住宅楼的变形影响及建筑物地基土不均匀变形所引起的。经计算素填土层面以上垫层与基础自重的压力已达到 56.9kPa，即以接近临塑状态。而该素填土属欠固结土，在相邻建筑物附加应力的作用下，素填土和淤泥质粉质粘土产生过大变形，由于原勘察成果有误，导致设计的基础强度偏低，在柱间差异沉降作用下，使地梁产生裂缝。可见地基土的软弱是本场地不均匀沉降产生的根本原因，从裂缝分布规律与特点分析，与本场地地基上最软弱位置基本相吻合。

五、加固方案的确定

为防止建筑物建成后产生新的结构损坏，必须针对软弱地基土的处理以提高地基承载力，减少软弱下卧层沉降变形。

（一）加固处理方法选择

就本场地的地层而言，有多种处理方案可供选择，经方案比较，以采用高压旋喷桩法为宜，将原设计的独立基础和条基改为桩承台和基础梁，其优点为：(1)对原有基础损坏较小；(2)便于原有基础与柱体的联结；(3)对松散砂砾石垫层也有一定的加固作用。布桩数量、型式及桩径根据上部荷载计算区别对待，典型的布桩单元见图 4.7-26 所示。

（二）旋喷桩的质量控制指标

1. 桩径分 $\phi 600$ 和 $\phi 800$ 两种，桩长 7.3m，进入持力层不小于 50cm；
2. 桩体单轴抗压强度不小于 3MPa；
3. $\phi 600$ 和 $\phi 800$ 桩的单桩容许承载力分别不小于 500kN 和 800kN；
4. 桩顶与钢筋混凝土承台间没有间隙，顶托紧密。为此，对桩顶与原钢筋混凝土基础间插筋，以保证桩与钢筋混凝土基础间的强度，如图 4.7-27 所示。

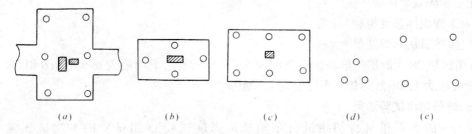

图 4.7-26 典型的布桩单元图
(a)承台梁;(b)承台;(c)承台;(d)条基;(e)条基

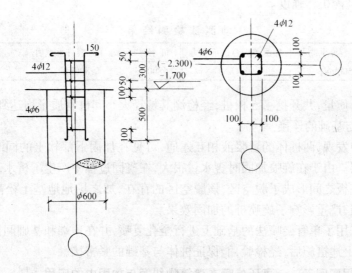

图 4.7-27 桩与承台连接结构图

六、单管旋喷桩施工

(一) 成桩工艺流程

先针对场地地层情况进行试桩,以便合理确定施工参数;

钻机就位后,用钢粒钻混凝土孔,成孔旋喷,桩顶插筋将基础和桩连接起来。

针对场地地层松散和容易塌孔等问题,不论桩径大小,采用全孔再喷射水泥浆液的复喷措施,以保持桩径内水泥、砂、石的均匀分布。

(二) 施工参数选择

为防止地下水稀释,增加水泥浆液浓度,浆液的配方见表 4.7-20。

水泥浆液配方　　　　表 4.7-20

编号	水	水泥	三乙醇胺	氯化钠	备注	编号	水	水泥	三乙醇胺	氯化钠	备注
1号	1	1	0.0005	0.005	初期使用	2号	1	1.1~1.2	0.005	0.05	后期及复喷使用

使用的泵压为 18~20MPa,提升速度为 180~230mm/min,回转速度 18~20r/min。针对地层情况的变化,不断调整旋喷参数。合计旋喷桩总长为 1894.43m,水泥用量 624t,三乙醇胺用量 401.27kg,氯化钠 3648.3kg。

七、加固效果评价

（一）加固体强度检验

1．浆体试块试验结果

6组试块28天龄期的单轴抗压强度为5.7~8.9MPa，平均值为6.6MPa；6组28天龄期抗折强度为1.0~2.3MPa，平均值为1.6MPa。

2．桩身切块试验结果

从开挖的5根桩桩身切块进行单轴抗压强度试验，5组试验的平均抗压强度为7.0MPa。

以上两种方法试验的平均值均达到了设计要求。

3．动测法检测桩体强度。

动测法检测结果　　　　　　　　　表4.7-21

桩径	要求单桩容许承载力	实测单桩容许承载力	桩径	要求单桩容许承载力	实测单桩容许承载力
$\phi600$	>500kN	581kN	$\phi800$	>800kN	800kN

为检测桩身质量，共开挖了5根桩，经检测其桩径大小和桩身质量均达到了设计要求。

（二）桩体与基础的连接

施工过程中发现，两桩体的冒浆液相互连通，可见在加固下部软土的同时，也加固了基础下的砂石垫层。由于在旋喷加固时含水量很大，在凝固过程中产生了析水现象，即凝固后的桩顶和基础底板之间形成了脱空区，该脱空区的存在，加之场地地基土松散，人工垫层砂砾石的级配不当，严重影响了旋喷桩的加固效果。

本次加固采用了单管旋喷法的基础上进行全孔复喷，并在顶端和基础间插筋，及时调整浆液配方，采用上述措施后，经检验，能保证桩体与基础的紧密接触。

4.7.6 工程实例五——高压旋喷在建筑物纠倾与加固中的应用[4.7-4]

一、工程概况

广东省南海市某铝材厂办公楼为三层框架结构建筑，东西长23m，南北宽9.5m。基础型式为柱下独立基础。该楼在外墙砌完，尚未进行墙面抹灰时，观测表明该楼基础发生不均匀沉降，该幢楼房向南倾斜严重，倾斜达16.5‰，超过地基基础设计规范4倍多。南北两轴线不均匀沉降和倾斜严重，造成地梁拉裂，墙体多处开裂，致使该楼无法继续施工，损坏严重，面临报废的危险。

二、工程地质情况及沉降原因分析

根据地质钻孔所揭露地层，本场地岩土层结构及性质如下：

① 填土及耕植土——松软，厚1.5m；

② 淤泥及淤泥质土——灰黑色，夹腐殖质，流塑~软塑，饱和，压缩系数为$1.38MPa^{-1}$，属高压缩性土，承载力低，厚6.5m；

③ 淤泥质粉土——灰黑~灰白色，稍密~中密，饱和，厚约3.0m；

④ 粉质粘土——灰~暗红色，夹泥质，密实，稍湿，厚度不详。

从地质资料分析，该楼房基础直接置于较厚的淤泥层上。淤泥层呈流塑~软塑状态，饱

本实例引自薛炜、邝健政，1997。

和,压缩系数为1.38MPa^{-1}为高压缩性土层,这是楼房沉降大的主要原因;此外,该办公楼南面二层、三层向外凸出1.5m,致使南北两轴线基础受力不均。由于力矩作用,在荷载基本上已完成的情况下,造成整幢楼房向南严重倾斜。

三、纠倾及基础加固方案

根据场地和地质条件,以及迫降纠倾的理论分析,采用单管旋喷法对该楼房基础进行加固,结合所用机具的特点,对楼房纠倾采用浅层和深层高压冲水掏土和辅以人工掏土的方法。

具体实施时,根据基础加固桩位布置图(图4.7-28),首先在沉降严重的B轴外侧,每个柱承台下完成一个旋喷桩,以防进行纠倾过程中建筑物发生意外。

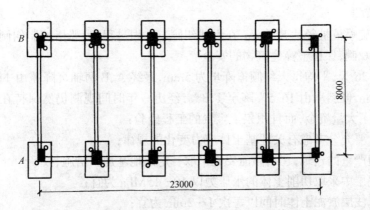

图4.7-28 基础加固桩位布置图

第二步,在沉降较小的A轴,紧贴承台外侧和纵梁外侧,将旋喷机具下到承台底部10~15cm处(图4.7-29),以高压泵产生10~15MPa的高压水流,只旋转不提升切削土体。

第三步,待外侧土体基本被掏空后,将旋喷钻机移至A轴内侧,先用人工方法掏空全部横向地梁底部的部分填土,重复第二步高压冲水浅层切削工作。

第四步,浅层冲水掏土结束后,分别于A轴外侧及内侧将旋喷管下至承台和纵梁底部4~6m进行深层冲水掏土,同样只旋转不提升,以形成土体内部的孔隙(洞),个别位置采用人工掏挖,以确保在整个纠倾过程中,楼房结构不会因受力不均而产生新的裂缝和变形。

第五步,当纠倾工作完成后,A、B两轴沉降差在2cm以内时,立即进行A轴外侧承台下旋

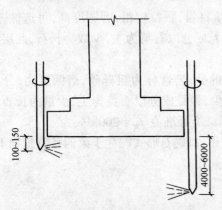

图4.7-29 旋喷机具对承台底部切削土体

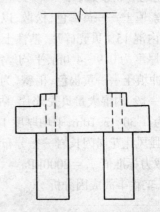

图4.7-30 楼房基础用旋喷桩加固

喷桩施工,随后再相继完成B轴内侧和A轴内侧的旋喷桩,完成楼房基础的加固(图4.7-30)。

旋喷桩施工技术参数如下:

旋喷压力　　22MPa;
旋转速度　　20r/min;
提管速度　　25cm/min;
水灰比　　　1:1;
添加剂　　　0.5‰;
喷浆量　　　80L/min。

四、加固效果

施工检验旋喷桩桩径达800mm,在上述纠倾与加固过程中,严格控制纠倾迫降速率,对楼房进行严密观测,保证整幢建筑物的安全。

纠倾历时26天,平均每天纠倾迫降量为5mm,最终A、B两轴沉降差由11.8~15cm降至0.05~1.5cm,倾斜率由16.5‰降至1.8‰,经历一年时间观测仍然保持在上述水平,不仅为业主节约了大量资金,而且积累了宝贵的工程经验:

(一)设计要充分考虑有关地基土体应力变化的规律;
(二)倾斜严重的建筑,在纠倾前要先采取一定的地基加固措施;
(三)淤泥层中采取切削土体的水压力以10~15MPa为宜;
(四)切削浅层淤泥土体时间以每次1~2min为宜;
(五)深层切削淤泥土体深度以层厚一半为宜;
(六)切削土体时只做旋转不做提升;
(七)切削点的距离以1.5~2.0m为宜。

4.7.7 工程实例六——高压旋喷注浆在某工程事故基础补强加固中的应用[4.7-5]

一、工程概况

某加工车间坐落在经人工回填改造后的海岸滩上,总建筑面积为4569m², 砖混结构, 钢筋混凝土条形基础, 其最大宽度为1.44m, 单柱荷载为882kN, 基础最大线荷载为164.2kN/m, 地基承载力标准值为150kPa, 其基础平面如图4.7-31所示。

二、工程地质条件

场地地层顺序如下:

① 素填土——黄褐色,松散,以海滩砂为回填材料,颗粒较粗,磨圆度高,可选性差,级配一般,内混15%贝壳碎片,粘性土含量较大,颗粒成分以石英为主,少数为长石,此层为欠固结土,厚度为0.9~4.0m,平均厚度为2.60m。

② 冲填土——黄褐色,稍密,为自海底抽取的砂,岩性分为粗砾砂,磨圆度高,分选一般,级配一般,内混大量贝壳碎片,粘性土含量极少,颗粒成分以石英为主,少量为长石。该层厚度为0.30~3.10m,平均厚度1.38m,地基承载力标准值$f_k=200$kPa。

③ 强风化花岗闪长岩——分布整个场区,坚硬,以礁石形式贮存于第四系沉积物下,其地基承载力标准值$f_k=2000$kPa。

三、工程事故成因分析

本实例引自郭和胜,1999。

4.7 高压喷射注浆

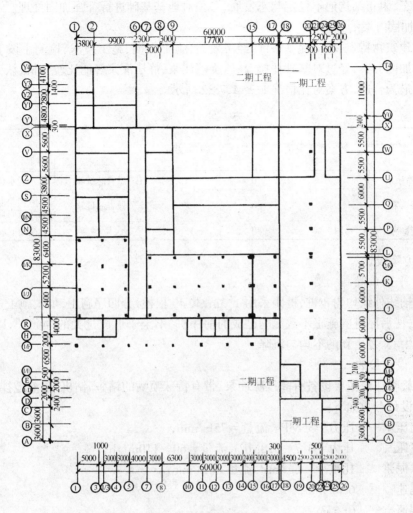

图 4.7-31 基础平面图

（一）直接诱因

一期工程验收后交付使用,二期工程开始采用振冲法来挤密地基以提高其强度。在离一期工程基础 1.5m 处进行振冲密实,振冲后颗粒重新分布,孔隙比减少,砂土体积收缩,从而使振冲处地基和基础部分或全部分离,因而建筑物产生严重不均匀沉降,导致建筑物墙体产生裂缝以致无法使用。

（二）外在表现

在⑱轴线上,从⑯轴线至®轴线间产生多处裂缝,最大宽度为 7.5mm,最小宽度为 2.0mm,与水平面大约成 40°角,伸缩缝铁皮被扭曲变形达 16mm,根据 3 个测点进行的观测,一天之内平均沉降 18mm,最大沉降达 26mm。

（三）事故分析

从建筑物应力均衡系统来分析,在振冲前地基基础的应力系统是均衡的,在结构上是稳定的。振冲后,应力系统的均衡状态受到破坏,地基条件发生变化,地基对基础反力部分或全部被解除,从而导致基础应力重新分布,在结构上表现为不稳定。为了使应力系统达到新的均衡状态,阻止结构向不稳定状态发展,必须对地基基础进行补强加固处理。

四、加固方案的选择

根据建筑物特点、场地地基条件、经济效益、施工工期、施工技术、检测手段等因素综合选择论证加固方案,经过对基础托换、高压旋喷注浆、静压灌浆等的比较分析,认为选择高压旋喷注浆最为合适,方案对比情况如表4.7-22所示。

方 案 比 较　　　　　　　　　　　表 4.7-22

项目 方案	施工难易	工期(天)	费用(万元)	检测方法	备 注
高压旋喷注浆	易	10	15	做岩芯试验	不受水位影响
静压注浆	易	20	25	做岩芯试验	不受水位影响,但需破坏室内地面
基础托换	困难	40	13.5	不易检测	受地下水位影响较大

五、方案设计

(一) 平面布置

沿⑱轴线外缘均匀布桩,桩距采用1.3m,共49根桩,分四序施工,加大施工过程中前后桩的距离,使后序桩的施工不致影响已成的前序桩,不至于形成过大的"漏斗",以免使砂流向"漏斗"中心,发生新的不均匀沉降。

(二) 设计参数

高压旋喷注浆主要设备有高压脉冲泵、带有特殊喷嘴的钻头、钻机、浆液搅拌器等。

主要设计参数如下:

1. 高压水　　压力≥35MPa,流量=75L/min;
2. 高压气　　压力=0.7~0.8MPa,流量=60~110m^3/h;
3. 水泥浆　　比重≥1.6g/cm^3,流量80L/min;
4. 提速　　　6cm/min;
5. 摆速　　　6r/min;
6. 摆角　　　200°
7. 桩距　　　1.3m

六、施工工艺

(一) 钻进成孔

进入强风化层0.5m终孔,然后用泥浆护壁;

(二) 灌浆

高压台车到位后,在地面进行试验,待各项参数都达到设计参数后,方可下高喷管,下到设计要求深度后,开始喷射灌浆,直到地面泛上水泥浆液时才开始提升;

(三) 回灌

喷射完毕后,及时回灌,保证水泥浆面保持在孔口面,直到灌孔不再吃浆为止;

(四) 观测

在原加工车间设四个观测点,在施工过程中随时观测楼房的沉降,其最大沉降为2mm,无异常现象发生。

七、检测

现场开挖，在地基基础范围内，土体被强制与水泥砂浆混合，胶结硬化后形成了直径比较均匀的圆柱体，无孔洞和蜂窝麻面出现。

钻机钻孔取芯，柱芯均匀和连续，无断桩现象，做室内抗压试验，其抗压强度平均值达15.4MPa，最大值可达到22.4MPa，其最小值都超出规范要求，完全能满足设计要求。

通过一年半的实践验证效果很好，无任何异常现象，控制住了基础的不均匀沉降，为二期工程地基振冲处理提供了可靠的保障。采用此法加固，费用不大，工期较短，其经济效益和社会效益俱佳，为今后解决此类问题提供了一个成功的范例。

4.7.8 工程实例七——高压喷射注浆技术在基坑管涌处理中的运用[4.7-6]

一、工程概况

武汉泰合广场位于汉口武圣路与利济北路交叉口梯形地段，属繁华闹市区，其西侧建筑用红线即地下室外墙线紧邻武圣路非机动车道，路面下埋设有煤气管道、下水管道和电缆通讯线，煤气管距基坑仅8m。西南侧相距18m是两幢20世纪60年代修建的多层住宅。周边在建工程有：西侧为武圣路立交桥，东侧为22层民生大厦，东南侧是仅一墙之隔的18层利民大厦，且两相邻基坑距离不超过3m。

泰合广场基坑最大开挖深度为地面以下-13m，沿基坑壁开挖深度最小落深11.28m。建筑物地面以上44层，地下另有二层车库和设备层，建筑物完工最大高度174m，基坑占地面积5400m^2。

二、工程地质条件

该场地地层结构：杂填土厚2.5m，粘土厚3.5m，粉土厚5.0m，粉砂厚8~15m。

地层内所含地下水有包气带潜水和承压水两种类型。潜水埋深于地表下1.40~2.70m，承压水埋藏于基岩以上的砂性土中，枯水季节水位18.5m左右，水头高度约8.5m。

三、原基坑设计和施工开挖出现问题

基坑开挖深度恰好将地层内上部隔水的粘性土层挖穿，为了防止开挖中地层内部包气带水渗入，下部承压水涌入，除在基坑底部-16~-19m的位置采用旋喷，设置厚3m的水平防渗层外，还在基坑四周设置深达27m的垂直防渗帷幕，具体措施是在支护柱间外侧采用直径为0.4m的灌注桩与之相连；在这两层灌注柱间又采用了钻孔静压注浆进行了进一步的防渗。

然而当基坑开挖至-7~-9m时，因垂直防渗帷幕效果不佳，不但基坑上部土层内包气带水从坑壁渗入，而且承压水由桩间从坑底涌入，其排水量>1000m^3/d，随后在承压水头作用下，地下水将粉土、细砂颗粒大量带出，形成管涌或流土，致使附近建筑物遭受严重破坏。其中，西侧武圣路高架桥桥面倾斜达12cm，位移5cm，路面下沉25cm，波及范围达25m之远。

经武汉市建委专家组审定，决定采用高压喷射注浆法施工工艺进行加固处理。

四、高压喷射注浆设计和施工

为了阻塞防护桩之间约0.2m（部分达0.5m）宽的渗流通道，满足土建施工要求，确保基坑开挖后基坑内不得有影响基础施工的滞水，杜绝基坑壁的管涌或流土现象，使基坑开挖和基础施工得以安全进行。

(一) 旋喷体要求

本实例引自李国华，1998。

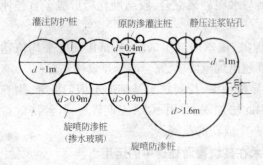

图 4.7-32 两种旋喷注浆钻孔布置形式

1. 深度

钻孔深度进入已施工底板防渗层 0.5m,即孔深 -16.5m,使喷头能插入原水平防渗层底板,从而保证防渗桩与原水平防渗层底板有较好胶结。

2. 孔位

孔位布置在满足施工距离前提下,应尽量靠近两支桩中心连接线,最大距离不得大于1m,左右偏差不得大于 0.1m。

**3. 旋喷体有效直径大于 0.9m(直径应在现场通过试验确定),如图 4.7-32 所示。

(二)注浆材料

1. 采用 525 号普通硅酸盐水泥,其质量要求必须符合国家标准。
2. 速凝剂——水玻璃,技术指标:模数2.4以上,波美度 40 以上。
3. 增重材料——重晶石粉,技术指标:300 目。

(三)注浆参数

水压:25~30MPa;流量:75L/min;喷嘴:1.8×2;气压:0.6MPa;气量:2m³/min;环隙:$\phi 2 \times 2$;浆压:0.3~0.4MPa;浆量:75L/min;比重:1.5~1.9g/cm³;水玻璃泵入量:21~30L/min;提升速度:8~10cm/min;旋转速度:10r/min。

(四)保证施工质量的几项措施

1. 当造孔到达预定位置 -16.5m 时,在原位旋喷 3~5min,达到扩大旋喷桩直径的要求,以保证防渗桩与原底板防渗层有较好的连续,增加旋喷桩的稳定性。

2. 每 10min 测量与观察水泥浆液比重一次,其浆液比重>1.6g/cm³,泵入量 76L/min,水玻璃泵量 21~30L/min,控制三重管提升速度 8~10cm/min,高压水压力在造孔时为0.5MPa,正常旋喷时为 25MPa。

3. 注浆时,当含有砂粒,水泥浆液的冒浆量小于注浆量 20%,视为正常;当地层内空隙较大而不冒浆时,便酌情加大注浆量或停止提升,原位喷射,待填满空隙,正常冒浆时,再恢复正常提升。当冒浆过大,便适当改变工艺参数,提高高压水喷射能力,加快提升速度。

因故停喷,当恢复正常旋喷时,便从原旋喷深度以下 0.5m 处开始。

4. 因承压水头太大,地层又遭严重破坏,个别孔在旋喷结束后,喷位仍出现冒水或涌砂时,便立即投入水泥或加水玻璃进行封堵。

五、效果和体会

施工工作于 11 月 2 日开始至 11 月 28 日结束,共计完成防渗桩 197 根,灌注长度1610m。

1994 年 11 月 11 日,承建单位提前对前一天完成的旋喷部分,即场地西侧地层遭受破坏最严重,曾是管涌和流土最普遍的地段进行开挖,结果在旋喷成桩的第三天,便到了支护桩边,并将突出于支护桩的大半个旋喷桩挖掉,而剩下的小半个旋喷桩都屹立和紧贴在支护桩间,显而易见地将支护桩间的小孔隙全部充填,形成了一道有效的防渗屏障,也未被承压水所顶穿,使施工开挖顺利进行,取得了预期的处理效果。

几点体会如下：

（一）每一工程施工前必须先做 2～3 个孔的试验，确定适应现场地质条件的施工参数；

（二）建立施工质量保证体系；

（三）因高压喷射注浆施工回浆量大，如施工现象管理不善，容易造成材料浪费和环境污染，本工程采用了废浆回收利用。

4.7.9 工程实例八——浙江大学第六教学大楼地基加固[4.7-7]

一、工程概况

浙江大学第六教学大楼建于 1960 年，建筑面积约 5000m^2，平面布置呈"L"形，门厅部分为五层，两翼三～四层。地基设计承载力为 200kPa，在建造过程中因地基土坚硬开挖困难，而修改了基底标高，建成后经过 16 年使用正常。

1976 年为增加供水来源，在距本建筑物 200m 处钻一口 315m 深的水井，主要取水层位于 90～94m，系抽取石灰岩溶洞水，并将距本建筑物 300m 处的自流泉——猫儿泉改为深井泵抽水，抽水量达 2000m^3/d，这样使地下水位从原来高出地面 0.2m 降到 25m 以下。由于深井过量抽水，使本建筑物发生严重不均匀下沉，墙体开裂倾斜，沉降速率达 28mm/d。1977 年 11 月 14 日土工试验室一楼地坪出现裂缝；1978 年 2 月上旬二楼上水管被拉断，该大楼已呈危险状态。

二、场地工程地质条件

钻探表明，建筑中部在 5～8m 砾质土下埋藏有老泥塘软质土沉积体，软土底部与石灰岩泉口相通，在平面上呈椭圆状。建筑物门厅处原为一古泉口，与周围岩体裂隙有水力联系。在泉口周围形成一池塘，淤泥在塘中逐渐淤积，其后，坡积砾质土覆盖在池塘沉积物体上。老池塘土层情况见表 4.7-23。

老池塘沉积区土层分布　　　　　　　　　　　表 4.7-23

土层名称	土质描述	γ (g/cm^3)	w (%)	有机质含量 (%)
砾质土	厚度 5～8m，粘土胶结良好，坚硬，开挖困难，是后期坡积物			
棕黄色粘土	厚度 1～2m，硬，可塑状态	2.0	26.8	
黑色含大量有机质的淤泥或淤泥质粘土	厚度不一，最深处标高 44.18m，淤泥厚度 35.28m，一般厚度 15～20m，土层中尚有未腐烂的木块	1.52	40.7	8.1
凝灰岩风化残积粘土	灰白色～朱红色，硬，可塑状态	1.73	44.2	
石灰岩	从钻孔岩芯可看到，裂隙发育，裂隙中有大量化学风化痕迹			

三、设计计算

在研究加固方案时，曾考虑用钢筋混凝土地梁与钻孔灌注桩结合的方案，因受施工条件限制而无法采用，最后决定采用旋喷法进行加固。

本实例引自曾国熙，乐子炎，1980。

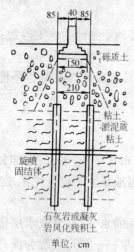

图 4.7-33 基础底面应力的传递情况

（一）由于墙基宽度仅 1.50m，旋喷法施工机具安装受到限制，旋喷孔中心只能在基础外 0.30m 处，两孔间距为 2.10m。旋喷固结体无法在墙基范围内直接支承重量，但原基础持力层为 5~8m 的砾质土，地基强度高并有一定的整体性。基底压力按扩散角 22° 计算，至砾质土底面，应力影响范围约有 10~13m。因此，旋喷固结体仍在应力传递范围内，同时，在旋喷固结体排桩式布设较密的情况下，砾质土厚度与固结体间距之比为 2.5~4 倍，不可能产生冲切破坏。所以砾质土将起到桩基承台作用，旋喷固结体实际上也起支承桩作用，作用力传递情况如图 4.7-33 所示。

（二）单桩承载力的确定

在未作承载力试验的情况下，根据试块抗压强度 3.2MPa，采用设计时极限抗压强度值为 3.0MPa，综合安全系数按 2.0 考虑，则容许抗压强度为 1.5MPa。固结体直径按 0.6m 计算，则每个固结体有效承压面积为 0.283m²。

单桩承载力为 $1.5 \times 10^3 \times 0.283 = 424.5$ kN。

根据原设计，承重墙基底压力为 0.2MPa，基底宽 1.5m，则每延米为 300kN；内隔墙基底宽 1.2m，每延米为 240kN。

旋喷固结体在承重墙下间距为 $\frac{42.5}{30} = 1.42$ m，旋喷固结体在内隔墙下间距为 $\frac{42.5}{30} = 1.78$ m。按以上间距计算，在需加固范围内应布置 80 根桩形旋喷固结体。

在计算中，砾质土自重不作荷载考虑，将固结体纵向弯曲折减系数一并考虑在综合安全系数中，故以上设计计算，只可作补强设计。

四、施工概况

1977 年开始筹备试验，12 月 25 日开始单管旋喷施工。

为了安全起见，在施工中适当增加了一些旋喷桩，共布孔 104 个，旋喷桩少部分在楼外，大部分在层高很矮的楼内，实际有效成桩 92 根，钻孔总进尺 2171m，旋喷总长度 1526m，共用水泥 268.5t，平均每延长米用水泥 0.176t。

五、效果及评价

旋喷施工结束后，经两个月的沉降观测，沉降已经停止，5 年来上部结构未出现任何裂缝，实践表明，加固已取得预期效果。

本工程加固包括全部设备添置和试验费用共投资 12 万元。若采取拆楼重建方案，仅拆房工本费就高达 15 万元左右，加上重建费，其费用将成倍增加，因此，旋喷加固的经济效益是很明显的。

4.7.10 工程实例九——潍坊市某住宅楼采用旋喷桩处理不均匀沉降[4.7-8]

一、工程概况

潍坊市某住宅楼于 1975 年建成，四层砖混结构，横墙承重，石砌条形基础。楼分三个单元，由于中、西两单元地基的不均匀沉降，导致建筑物出现八字形裂缝，最大裂缝宽度达

本实例引自刘景政、杨素春、钟冬波，1998。

20cm 以上,且有继续发展趋势。

二、场地工程地质情况

场区中、西两单元地层剖面如图 4.7-34 所示。

1a 层:素填土:棕褐色,湿,可塑,沉降缝附近该层土下部呈饱和状态。由粉土组成,厚 2.0~3.5m,地基承载力标准值为 78.4kPa;

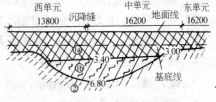

图 4.7-34 地层剖面图

1b 层:淤泥质粉质粘土:灰黑色,可塑,含灰黑色有机质和砖屑弃物,厚 0~3.8m,地基承载力标准值为 88.2kPa;

2 层:粉土:黄褐色,可塑~硬塑~坚硬,含礓石,埋深 3.0~7.1m,地基承载力标准值为 195kPa。

场区未见地下水,仅沉降缝两侧有因排水管道渗漏而形成的孔隙水。

三、方案设计

为控制裂缝进一步扩展,制止工程沉降,决定采用三重管旋喷法对素填土和淤泥质粉质粘土进行加固,以提高土体密实度,减少含水量,构成桩土共同作用的复合地基。

根据设计要求,该楼基底处线荷载为 190kN/m,设计基底压力为 119kPa,而该处地基承载力标准值只能承担设计荷载的 70% 左右,设计要求复合地基承载力标准值为 140kPa。

加固范围:根据沉降和墙体开裂情况,确定对轴线①至轴线⑩长约 26m 的范围内进行旋喷桩加固(图 4.7-35),在承重墙下要求穿过填土和淤泥质粉质粘土至底部地基承载能力较高的粉土,旋喷固结体应进入粉土层 0.3m,顶部应将原砌块石基础包裹 0.3m,如图 4.7-36 所示。由于持力层深浅变化较大,各孔加固深度在施工中再予以明确设定。

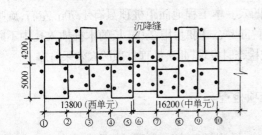

图 4.7-35 建筑物基础平面布孔

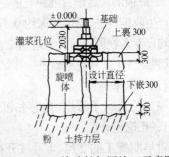

图 4.7-36 旋喷桩加固施工示意图

旋喷孔布置:沉降缝两侧回填素土和含淤泥质粉质粘土的 N_{10} 值都在 10 以上,预计旋喷体直径在 1.5m 左右,孔距定为 2.0m,内外钻孔均靠基础边缘施工,排距定为 1.8m,共布孔 60 个,其中室内 52 孔,室外 8 孔。

浆液材料:采用 425 号普通硅酸盐水泥,水灰比为 1:1。

四、施工工艺

(一)施工机具

采用三重管旋喷工艺,主要机具设备为 3XB 型高压泵一台,空压机一台,XJ-100 型地质钻机 2 台,HB80/10 型灌浆泵 5 台,搅拌机 2 台(一台备用),喷头 2 个,旋喷管 10m,倒链 1 架,高压胶管、气压胶管和一般压力胶管若干。

(二)工艺参数

1. 高压水喷流:压力 33MPa、40MPa、41MPa,流量 75L/min;
2. 空气喷流:压力 0.7MPa,气量 $3.0m^3/min$;
3. 水泥浆液:水灰比 1:1,喷浆压力 0.25MPa,流量 80L/min;
4. 旋转速度:12~15r/min;
5. 提升速度:12~15cm/min;
6. 喷嘴直径:1.9~2.0mm。

(三) 施工

采取先室外后室内和隔孔跳打的施工方法。

室内施工时由于受场地和空间限制,故将三角机架改为人字机架,改一次提升三管为三次分别提升;个别孔位距墙体太近,则采取楼板打洞,以横担滑轮吊钻施工。

1. 孔位测定:根据设计要求,孔位中心尽量靠近条形基础的边缘布设。根据实地条件,个别孔位作了调整和删除。

2. 钻孔:为控制钻孔的垂直度,钻机稳固就位后,先测量机台的水平度再开钻,钻进过程中随时测量钻杆的垂直情况,当进入持力层不小于0.3m时停钻,钻孔的倾斜度不得大于1%。

3. 插管:钻孔完毕再移走钻机后,将旋喷管插入预定深度,个别孔因沉淀堵塞喷管下不去时,采用低压水扰动同时加压的方法下到预定深度。

4. 旋喷作业:旋喷管下到预定深度后立即搅拌浆液,开始自下而上旋喷作业。旋喷过程中严格控制旋转和提升速度,根据冒浆情况随时调整,冒出的浆液可视水泥含量的多少酌情回收利用。

拆卸旋喷管时动作要快,并注意保持不小于0.2m的搭接长度。

5. 桩顶凹穴处理:在旋喷注浆完成,浆液与土搅拌混合后的凝固过程中,由于浆液的析水作用而产生收缩,在桩顶形成深约0.3m左右的凹穴。本工程地面距桩顶只有1.70m左右,旋喷完成后均设专人在原旋喷孔上进行2次注浆,填补凹穴。同时,用2.0m长的木杆插入孔中不断搅动,以利浆液扩散并与基础进一步结合。开挖检查时发现,此法处理桩顶凹穴效果可靠。

(四) 效果检验

竣工后进行了开挖、抽芯和沉降观测三项检查。

1. 开挖检查

对早期施工的2号、4号桩开挖出一部分,经测量和直观观察,旋喷体垂直度良好,桩体直径在1.8~2.1m,比预估直径增大0.3m,桩体外缘不平,桩土咬合密实,有利于桩体承载。

2. 抽芯检查

在2号桩高程27.5m处取试块做抗压强度试验,极限抗压强度可达5.2MPa,已充分满足了建筑物的承载要求。

3. 沉降观测

资料表明,施工期间由于土体水分瞬间增多,造成附加沉降2.5mm左右。工程验收后又经一个月的连续定点观测,沉降早已停止,工程稳定,加固效果可靠。

4.7.11 工程实例十——在湿陷性黄土地基上采用旋喷桩加固既有厂房[4.7-8]

一、工程概况

本实例引自刘景政、杨素春、钟冬波,1998。

兰州市某三跨连续单层轻工业厂房,建于20世纪60年代初期,建筑面积10000m²,12m×7.8m柱网,钢筋混凝土薄壳屋面,12m跨腹梁。中列钢筋混凝土柱承重,独立基础;边列混凝土墙承重,条形基础。

该场地位于Ⅲ级自重湿陷性黄土地区,当时对湿陷性黄土未做彻底处理。由于车间内用水量大,地下管沟因年久失修而渗漏,最后导致基础不均匀沉陷,最大沉陷量达30cm以上,边列承重墙严重开裂,最大裂缝宽度达25mm,长度达16m,车间被迫停产。

二、加固方案

加固方案采用在独立柱基上钻孔,再用单管高压喷射注浆形成的旋喷桩基础进行托换,如图4.7-37所示。另外,砖墙承重改为柱承重,条形基础采用高压旋喷桩、混凝土承台托换的方案(图4.7-38)。设计高压旋喷桩径 $\phi600mm$,桩端位于卵石持力层上,桩端扩大头直径 $\phi800mm$,桩长约15m。

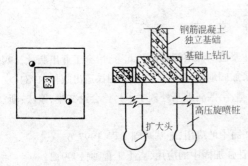

图4.7-37 独立柱基加固方案

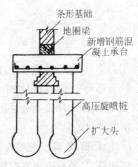

图4.7-38 条形基础加固方案

扩大头采取复喷法成型(即下部1m桩旋喷后下降钻杆,使钻头喷嘴回到桩底重复旋喷一次高压水泥浆),其强度为单喷法水泥土强度的2~2.5倍。单桩承载力通过试验确定:单桩极限承载力分别为1676 kN和1225kN,已满足设计要求。

三、施工参数及施工程序

通过对试桩进行开挖检验外观和桩径,及用动测检验承载力,证明旋喷桩满足设计要求,从而确认以下施工参数:送浆压力23MPa,送浆速度62~65L/min,旋转速度20r/min,提升速度20cm/min;浆液配合比为水泥:水:氯化钠:三乙醇胺=1:1:0.005:0.0005。

施工开始前,根据旧房基础沉陷情况及竖向承重结构破坏程序,作好屋盖结构及梁端的支撑,避开或处理地下电缆和上下水管沟,切断车间电源,搬迁设备,施工程序如下:

(一)将钻机安装在设计孔位上,并保持垂直。

(二)一般黄土用76型振动钻孔机成孔;遇坚硬的地层和混凝土基础时,可使用地质钻机钻孔。

(三)将装有喷嘴的喷管插入预定深度,对振动钻机插管和钻孔两道工序可合二为一。地质钻机钻完后须拔出岩芯管,换旋喷管再插入预定深度。为防止泥砂堵塞喷嘴,并防止加剧黄土湿陷,插管时由注水改为送压缩空气(空压机排气压力为0.8MPa),边插管边喷射。

(四)旋喷管插入预定深度后,即按设计配合比搅拌浆液,并按试验确定的施工参数,随旋转随提升旋喷管。

四、质量检验与加固效果

（一）开挖检查：等浆液有一定强度后，即可开挖检查固结体垂直度、直径、扩大头形状等，其允许倾斜不得大于 1.5%，桩中心位移不大于 50mm。

（二）旋喷桩养护 28 天后，采用动测法检验桩身质量，确定单桩承载力并检查桩身断离情况。

（三）桩顶嵌入承台长度不小于 50mm。

（四）一年保修期满后，经检测未发现质量问题。

采用高压旋喷法基础托换，工艺简单，技术可行。可省去挖土、填方、运输的工作量，缩短工期，成本比钻孔灌注桩低 1/3 左右。若采用"拆除重建"的方案，仅拆房费估计为 20～30 万元，再加重新建设费，其费用将成倍增加。

该工程采用高压旋喷桩计划工期 50 天，基础托换与土建加固等全部计划工期 120 天。实际高压旋喷桩 40 天，累计旋喷桩长约 2000m，投资约 20 万元。全部土建加固 90 天完成，提前 30 天恢复生产。

参 考 文 献

[4.7-1] 王吉望、周国钧，《地基处理技术(2)喷射注浆法与深层搅拌法》，北京：冶金工业出版社，1991
[4.7-2] 铁道部旋喷注浆科研协作组编，《旋喷注浆加固地基技术》，北京：中国铁道出版社，1984
[4.7-3] 张恩祥，用高压旋喷桩法加固某影剧院地基，第四届地基处理学术讨论会论文集，肇庆：浙江大学出版社，1995
[4.7-4] 薛炜、邝健政，高压旋喷在建筑物纠偏与加固中的应用，地基基础工程，1997.6
[4.7-5] 郭和胜，高压旋喷注浆在某工程事故基础补强加固中的应用，岩土工程师，1999.2
[4.7-6] 李国华，高压喷射注浆技术在基坑管涌处理中的运用，城市道桥与防洪，1998 年第 3 期
[4.7-7] 曾国熙、乐子炎，利用旋喷法加固一建筑物地基，浙江大学土木系土工学研究室，1980.9
[4.7-8] 刘景政、杨素春、钟冬波，《地基处理与实例分析》，北京：中国建筑工业出版社，1998
[4.7-9] 《地基处理手册》编写委员会，《地基处理手册》，北京：中国建筑工业出版社，1988
[4.7-10] 叶书麟主编，《地基处理工程实例应用手册》，北京：中国建筑工业出版社，1998
[4.7-11] 叶书麟、韩杰、叶观宝编著，《地基处理与托换技术》(第三版)，北京：中国建筑工业出版社，1995
[4.7-12] 杜嘉鸿、张士旭，中国高压喷射注浆技术的应用现状及新进展，《国际岩土锚固与灌浆新进展——熊厚金主编》，北京：中国建筑工业出版社，1996
[4.7-13] 林宗元主编，《岩土工程治理手册》，沈阳：辽宁科学技术出版社，1993

4.8 注　　浆

涂光祉(西安建筑科技大学)
李向阳(西安建筑科技大学)

4.8.1 概述

注浆加固法(grouting)是利用液压、气压或电化学原理，把某些能固化的浆液注入土体孔隙或岩石裂隙中，将原来松散的土粒或裂隙胶结成一个整体，能显著改善土的物理力学性能及水理性能的一种加固方法。

注浆法(亦称灌浆法)是由法国工程师 1802 年首创。随着水泥的发明，水泥注浆法广泛

地应用于建筑工程中。1886年出现了化学灌浆法,从此以后,灌浆材料及灌浆技术逐渐得到改进和发展,应用范围也逐渐扩大。现在,注浆法已广泛应用于房屋地基加固与纠偏、铁道公路路基加固、矿井堵漏、坝基防渗、隧道开挖等工程中。工程中应用注浆法加固的主要目的如下:

一、地基加固——提高地基土承载力和变形模量,减少地基变形和不均匀变形,消除黄土地基的湿陷性;

二、托换纠偏——对已发生倾斜的既有建筑物进行纠偏处理;

三、防渗堵漏——降低土的渗透性,减少渗流量,提高地基抗渗能力,截断渗透水流。

4.8.1.1 浆液材料

注浆加固中所用的浆液是由主剂(原材料)、溶剂(水或其他溶剂)及各种外加剂混和而成。通常所指的灌浆材料是指浆液中所用的主剂。灌浆材料常分为粒状浆材和化学浆材,而按材料的不同特点又可分为不稳定浆材、稳定浆材、无机化学浆材及有机化学浆材四类,如下图所示:

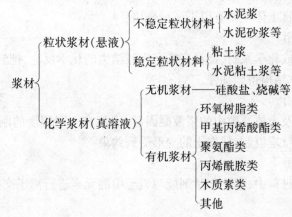

一、粒状材料

主要包括纯水泥浆、粘土水泥浆以及水泥砂浆等。这些浆材开发早,配方简单,成本低廉,使用广泛。

粒状浆材的主要性质包括:可灌性、分散度、沉淀析水性、凝结性、热学性质、收缩性、结石强度、渗透性、耐久性和流动性等。其加固过程是水泥颗粒水化形成结石,把松散的土体或有裂隙的岩石胶结成一个整体,改善其物理力学性能或防渗能力。

二、化学浆材

化学浆材品种较多,在建筑地基处理中常用的是水玻璃、水玻璃水泥浆、氢氧化钠等。

(一)水玻璃是一种古老的注浆材料,且仍是当前所使用的主要化学浆材。它具有无毒、价廉和可灌性好等特点,使用广泛。水玻璃浆材以含水硅酸钠(水玻璃 $Na_2O \cdot nSiO_2$)为主剂,另加入胶凝剂,如常加入氯化钠、铝酸钠等,产生凝胶体对地基进行加固。

(二)水玻璃水泥浆

由水玻璃溶液和水泥浆混合而成的浆材是一种用途广泛、使用效果良好的灌浆材料。水玻璃与水泥水解产物 $Ca(OH)_2$ 迅速化合,是这类浆材的反应机理:

$$Na_2O \cdot nSiO_2 + Ca(OH)_2 + mH_2O \rightarrow CaO \cdot nSiO_2 \cdot mH_2O + 2NaOH$$

水玻璃水泥浆具有以下一些特点:浆液的凝结时间可在几秒钟到几十分钟内准确地控

制。其主要规律是,水泥浆越浓、水玻璃与水泥浆的比例越大、温度越高,浆液凝结时间就越短,反之则长;凝固后结石率高,能达 98%～100%;结石的抗压强度高;水玻璃含量对结石体抗压强度的影响呈现一个峰值,超过此峰值后,结石强度随水玻璃的体积增加而降低。

（三）碱液

应用氢氧化钠溶液（简称碱液）加固湿陷性黄土地基是我国科技人员于 20 世纪 60 年代初研究成功的一种化学加固方法,它具有设备简单、施工操作容易和费用较硅化法低等特点。

当碱液进入黄土中,首先与土中可溶性及交换性碱土金属阳离子发生置换反应,逐步在土粒外壳形成一层主要成分为钠离子的硅酸盐及铝酸盐胶膜,如果土体周围有充足的钙离子存在时,能使此种胶结物成为高强度、极难溶的钙——碱——硅络合物（$CaO \cdot xNa_2O \cdot ySiO_2$）,使土粒相互粘结在一起,土体因而得到加固。若土中钙、镁离子含量较少时,在注完氢氧化钠溶液后再注入氯化钙溶液。试验表明,碱液加固后的土体湿陷性可完全消除,压缩性显著降低,水稳性大大提高。

4.8.1.2 注浆加固机理

注浆法加固和改良土体主要有以下三种作用:

一、化学胶结作用

不论是粒状浆材或化学浆材,都具有能产生胶结力的化学反应,把岩石或土粒粘结在一起,从而使岩土的整体结构得到加强。

二、惰性充填作用

填充在岩石裂隙及土体孔隙中的浆液凝固后,因具有不同程度的刚性和强度而能改变岩层及土体对外力的反应机制,使岩土的变形受到约束。

三、离子交换作用

浆液在化学反应过程中,某些化学剂能与岩土中的元素进行离子交换,从而形成物理力学性质更好的物质。

4.8.1.3 注浆加固设计

注浆加固设计内容主要包括以下几个方面:

一、注浆标准

指设计者要求地基注浆后应达到的质量指标,随着加固目的和要求的不同而变化。例如对于湿陷性黄土首先要求消除其湿陷性;而对于杂填土或软土则要求提高地基承载力和降低压缩性;

二、灌浆材料

包括浆材种类和浆液配方设计;

三、加固范围

包括加固深度、长度和宽度;

四、浆液有效加固半径

指浆液在设计压力下所能达到的灌注孔中心至有效加固体边缘的平均距离;

五、根据浆液有效加固半径和灌浆体设计厚度,确定合理的孔距、排距、孔数和排数;

六、注浆压力

规定不同深度的允许最大灌浆压力。既要尽可能扩大有效加固半径,又要以不破坏地基土或上部结构为原则。

4.8.1.4 注浆加固施工

一、注浆设备

注浆用的主要设备是钻孔机械、注浆泵、浆液搅拌机等,对于双液注浆如水玻璃加水泥浆还需要浆液混合器。钻孔机具及注浆泵型号很多,可根据工程需要及施工单位现有装备条件选用。

二、注浆工艺

注浆施工工艺流程如下:

定孔位→钻孔→埋管→注浆　　　　　　　　→拔管→封孔口
　　　　　　　　　　↳提管→复插管→复注浆↲

复注浆情况为需要二次注浆时,当一次注浆进浆量过大或设计重点加固区段,就需要进行二次注浆。

注浆孔径一般为 70~110mm,垂直度偏差小于 1%。注浆管可采用在管下段环周钻眼的花管或不钻眼的一般钢管。注浆压力与加固深度处的上覆压力、建筑物荷载、浆液粘度、灌注速度等有关。注浆过程中压力是变化的,一般情况下每加深 1m 压力增大 20~50kPa。

灌浆结束后要及时拔管并清洗,否则由于浆液凝结会造成拔管困难或注浆管堵塞。

为改善浆液性能,可在水泥浆中掺入水玻璃或膨润土等添加剂。水玻璃为速凝剂,其模数应为 3.0~3.3,掺量一般为水泥用量的 0.5%~3.0%;膨润土起防止浆液离析沉淀的作用,其掺量一般为水泥用量的 3%~5%。

冒浆是注浆施工中常见的现象。当注浆深度浅而注浆压力又过大的情况下常会造成地层上抬,导致浆液顺上抬裂缝外冒,有时也可能沿管壁上冒。当出现冒浆时,应暂停注浆,待浆液凝固后再注,如此反复几次即可将上抬裂缝通道堵死,或者改变配比,缩短浆液凝固时间,使其一流出注浆管后在很短时间内就能凝固。

4.8.1.5 注浆质量检验

注浆效果评估可通过静力或动力触探试验确定加固土密实度及强度的变化,钻孔取样测定加固土的抗压强度,开剖量测加固体外形尺寸,静载荷试验或浸水载荷试验确定加固土体承载力及湿陷性消除效果等。必要时还可通过钻孔弹性波试验测定加固土体动弹性模量和剪切模量,或用电探法与放射性同位素法测定浆液注入范围等。

4.8.2 工程实例一——苏州虎丘塔地基水泥注浆加固[4.8-5]

一、工程概况

虎丘塔位于苏州虎丘山上,建于五代周显德 6 年至北宋建隆二年(公元 959~961 年),为七级八角形仿木结构砖塔。塔底直径 13.66m,高 47.5m,重 6300t,支承在 12 个砖墩上(塔周 8 个墩,内部 4 个墩)。由于塔基建于厚薄不均的人工填土层上,西南薄、东北厚,因此塔体倾斜逐年发展,到解放初塔体损坏已很严重,塔心部分裂缝宽达 18cm。1956 年进行过维修加固,加固使塔体重量增加约 200t,并促使塔体倾斜发展,塔顶水平位移由 1957 年的 1.70m 增至 1958 年的 2.30m,砌体多处出现竖向裂缝。

二、地质条件

本实例引自杨永浩,1986。

在地基加固前进行的地质勘察查明,塔基地层自上而下组成为:

1. 杂填土层:厚0.5～1.2m,较松散,力学性能差;
2. 块石层:厚度不均匀,最厚达4m,有的部位缺失。块石由凝灰岩及流纹岩组成,质地坚硬,最大粒径1.0m,20～500mm粒径块石充填其间,孔隙较大。由于遭受雨水冲刷,冲填物较少,压缩性较高;
3. 粉质粘土:层厚1.0～5.5m,层底标高-2.2～-6.2m,为古代填土,呈可塑～软塑状态,夹岩石碎块,下部较密实;
4. 风化岩土层:厚0～7.0m,层底标高-3.2～-9.8m,上部为凝灰岩强风化层,下为晶屑流纹岩风化层,胶结松散,结构疏松,遇水强度低;
5. 基岩:为凝灰岩及流纹岩,成层状构造,质地坚硬。

由于塔基处于虎丘山顶,没有地下水。其地质剖面如图4.8-1所示。第三层粉质粘土的物理力学性质如表4.8-1所示。

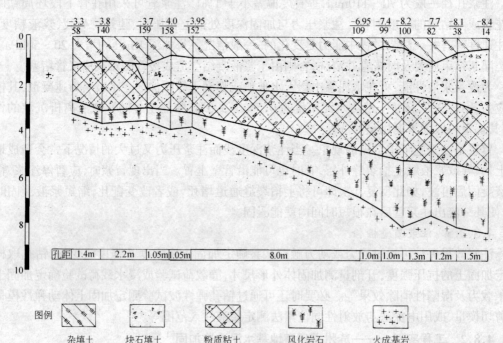

图4.8-1 虎丘塔南北向地质剖面图

粉质粘土层物理力学性质　　表4.8-1

取土深度 (m)	含水量 $w(\%)$	重度 γ (kN/m³)	干重度 γ_d (kN/m³)	孔隙比 e	饱和度 S_r (%)	液限 w_L	塑限 w_P	塑性指数 I_P	液性指数 I_L	压缩系数 a_{1-2} (MPa⁻¹)	压缩模量 E_s (MPa)
4.25～ 5.40	21.8～ 25.0	18.1～ 19.6	14.5～ 16.1	0.690～ 0.906	76～ 86	31.1～ 50.4	17.5～ 24.8	12.1～ 25.6	0.01～ 0.41	0.26～ 0.41	46～ 71

三、地基加固设计与施工

虎丘塔地基加固经多次专家会议论证,决定分两期进行。一期是在塔基周围建造桩排式地下连续墙,借以减少塔基侧向变形及水土流失,改善土体受力状态;二期是在桩排式地下连续墙内进行注浆和树根桩施工,以提高地基土的密实性及整体性。

1. 桩排式地下连续墙施工

桩排式地下连续墙采用人工挖孔方法进行。在塔基外布置44根人工挖孔灌注桩柱,直径1.4m,伸入基岩50cm。桩柱之间浇注混凝土搭接防渗,桩顶浇注钢筋混凝土圈梁,使桩柱连成整体,如图4.8-2所示。

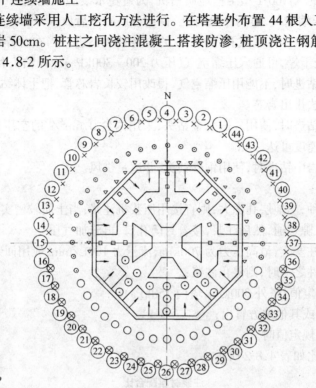

钻孔注浆施工顺序

批号	1	2	3	4	5	6	7	8	9
符号	㊹	×	⊙	⊗	△	□	→	○	⊙
孔型	桩排	注浆	注浆	注浆	注浆	树根桩	斜树根桩	注浆	树根桩
孔径(mm)	1400	90	90	90	90	90	90	90	90
孔数	44	25	25	19	25	19	16	19	13

图4.8-2 虎丘塔地基加固平面图

2. 注浆施工

钻孔注浆分批进行,主要以加固塔北半部地基为主,在塔南边桩排式地下连续墙附近,由于土体被扰动,故沿桩排式地下连续墙也布置钻孔注浆。在塔内考虑到以后塔体结构加固时的荷载,也布置了48根采用静力注浆方法成桩的树根桩。

(1) 钻孔注浆顺序

① 先加固东北及北边靠近灌注桩内侧土体,因为这部分土体较松软,下沉变形大,灌注桩施工时对它有扰动,所以先对它加固;

② 从灌注桩内边沿向塔中心推进,先塔外,后塔内;先垂直孔,后斜孔。以插花形布孔,孔距1.15～1.50m;

③ 塔外钻孔注浆采用三序式全孔一次注浆工艺,二序钻孔是对一序注浆的检查,三序钻孔是对一、二序注浆的检查。为全面加固地基土,钻孔伸入基岩10cm;

(2) 钻孔施工工艺

钻孔采用改装的 XJ100-1 型工程地质钻机,为避免水浸湿软化地基,采用干钻法成孔。钻机就位后,接通压缩空气,进行干钻开孔,深约 60cm,然后放入 ϕ108mm 套管,以防地面钻机工具碰压损坏孔口。再用成孔 ϕ90mm 的合金钻头钻进。当在含碎砖、瓦片的粉质粘土中钻进时,土体较干燥,可通入压缩空气(压力 200～300kPa)冷却钻头和除渣。在含水量大于塑限的土层中钻进时,不能用压缩空气,得改用较长岩芯管,把土体钻压入岩芯管内,提钻后再用气压推压法排出岩芯。

在风化岩层中钻进时,使用外嵌合金钻头,采用两台 $0.6m^3/s$ 的空压机排岩屑,避免卡钻现象。台班钻进速度可达 20m。

在大块石和基岩中钻进时,使用钢砂钻头,并适量供风。

(3) 注浆

注浆方法分两种,当地层孔隙大,则直接用压浆机注浆;当土质较密实时,则先用压缩空气通路,使土层中孔隙贯通,然后注浆,接着封闭孔口,再施加气压。

压浆机为单缸柱塞式,最高压力为 700kPa,流量为 100L/min,应用回浆管调压力。

当符合下列条件之一时,则停止注浆:

① 压力超过规定值(塔外 300kPa,塔内 150kPa);
② 浆液从孔口或其他地方冒出;
③ 注浆量超过规定值时。

注浆材料配合比如表 4.8-2 所示。

注浆材料配合比   表 4.8-2

材 料 名 称	配比 1	配比 2	配比 3	配比 4	材 料 名 称	配比 1	配比 2	配比 3	配比 4
硅酸盐水泥(425 号)	100	100	100	100	硅酸钠(40°Be)	0	3	0	0
水	55	55	60	65	砂($d<0.2$mm)	0	0	30	50
膨润土(200 目)	2.5	2.5	2.5	2.5					

对土体较密实又夹块石地层注浆材料采用配比 1,对可灌性较好的地层采用配比 3 和配比 4。掺入膨润土是为了提高浆液流动性以增大渗透效果。为了增大浆液的早期强度,在施工初期曾试用过配比 2,因浆液凝固太快而使注浆量大减,后来实际施工时放弃了这一配比。

注浆量按下式计算求得:

$$V = \pi(r_1^2 h_1 n' + r_2^2 h_2)$$

式中 r_1——试验测得的渗透半径,直孔 $r_1=0.75$m,斜孔 $r_1=0.545$m;

    h_1——粉质粘土夹块石地层厚度(m);

    r_2——钻孔半径,$r_2=0.045$m;

    h_2——不渗透浆液地层的厚度(m);

    n'——可灌注孔隙率,取 $n'=0.25～0.50$。

为了承担塔体结构加固增加的荷载,在塔内及塔墩基础下设置了树根桩。用钻机成孔后,置入由 3 Φ 16mm 主筋及 ϕ8mm 间距 100mm 箍筋组成的钢筋笼,然后进行压力注浆成桩。

四、加固效果

加固后对塔基进行了沉降观测并对塔体水平位移及裂缝进行了观测:

1. 塔基沉降观测

从 1982 年 10 月 18 日到 1983 年 8 月 2 日进行的沉降观测测得最大沉降值仅 0.7mm，其间经过龙卷风袭击及雨季考验，表明塔基沉降已得到控制。

2. 塔体水平位移观测

从 1982 年 11 月 9 日到 1983 年 7 月 19 日，用两台经纬仪对每层塔体水平位移进行观测，图 4.8-3 为每层塔体水平位移的 δ-t 曲线。由图示曲线可见，塔底层基本没有水平位移，但 3、5、7 层有明显水平位移。分析原因可能是由于砖缝中黄泥填充层被压缩产生的水平位移，因而有必要对塔体结构进行加固。

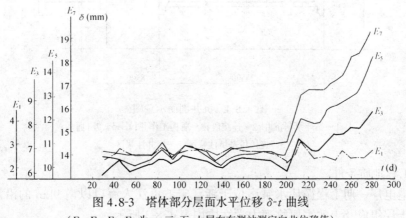

图 4.8-3 塔体部分层面水平位移 δ-t 曲线
（E_1、E_3、E_5、E_7 为一、三、五、七层在东测站测定向北位移值）

3. 裂缝观测

在施工期间应用手持式应变仪对裂缝进行了观测，其宽度变化值在 -0.001mm ～ $+0.015$mm 范围内，表明钻孔注浆施工对裂缝变化基本没有影响。

4.8.3 工程实例二——北仑港电厂循环水泵房沉井注浆加固纠倾[4.8-6]

一、工程概况

北仑港电厂一期工程循环水泵房采用沉井法施工，沉井平面尺寸为 29.4m×25.5m，深 19.0m。设计下沉后刃脚标高 -12.5m，自然地面标高 $+2.7$m。在 $+6.5$m 平台上将安装 4 台水泵。沉井自重约 16500t。其剖面示意如图 4.8-4。

沉井施工前，地基土层受到旁侧盾构工作沉井下沉扰动及海底盾构水泵推进产生的后阻力扰动，致使沉井软土地基土体结构破坏，地基变形增大。沉井施工中，混凝土底板封底前，沉井内回填有 300mm～700mm 厚的塘渣。封底完成后，在沉井荷载作用下，回填塘渣层与扰动软土层受到压缩而使沉井产生附加沉降。沉井施工完成后，沉井地基又受北侧相连检修间 $\phi 609$mm 钢管桩施工振动和挤土影响，产生较大不均匀沉降。在沉井底板混凝土施工完成后 170 天时，最大沉降量达 199mm，最大差异沉降量为 95mm，平均沉降量为 168mm，已接近设计允许的极限值，但当时沉井仍以 0.4mm/d 的速率持续下沉。为保证沉井上部设备的正常安装，沉井与盾构工作井之间 8.3m 长、-9.5m 处连接段和二号机井顶板的安全施工，满足设备运转要求，决定采用软土分层注浆纠倾加固工艺。

本实例引自吴星、方元山，1991。

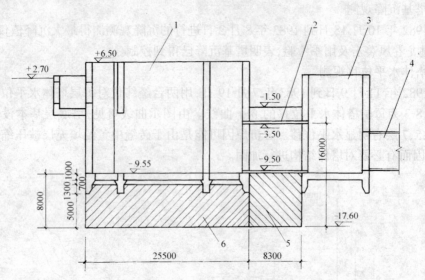

图 4.8-4 沉井剖面示意图
1—循环泵房沉井；2—连接段；3—盾构工作井；4—φ5.7m 盾构；
5—连接段基坑注浆区；6—沉井注浆区

二、工程地质条件

北仑港电厂一期工程循环水泵房位于浙江宁波甬江入海口以南 9km 的沿海滩地。其上部地基土层组成及土的主要物理力学性质如表 4.8-3 所示。

土层物理力学性质　　　　　　表 4.8-3

层序	土的名称	厚度 (m)	含水量 w (%)	重度 γ (kN/m³)	孔隙比 e	地基承载力 f (kPa)	内聚力 c_u (kPa)	压缩模量 E_s (MPa)
①	粉质粘土	0.70	40	18.0	1.15	100		4.0
②	淤泥质粘土	19.55	50	17.4	1.37	60	20	2.0
③	淤泥质粘土	4.00	40	18.1	1.15	100	40	4.0

三、注浆加固设计

注浆加固纠倾分两步进行，参见图 4.8-4 所示示意图。

1. 先在连接段坑底部注浆，其目的在于减少开挖时基坑底部土体回弹，阻止坑底产生圆弧形滑裂面的可能性，从而起到控制由于基坑开挖所引起的循环水泵房沉井和盾构工作井的偏移沉降，使沉井不受基坑开挖的影响。

按设计布置了 50 个注浆孔，采用 φ72mm 钻头成孔，钻孔深度 16m，自下而上压注水泥加粉煤灰的 CB 浆液，加固厚度 8m，注浆范围 210m²，加固土体 1680m³。

2. 在循环水泵房沉井底板下注浆加固，其目的是为了制止沉井继续下沉，加固沉井底板下土体，提高地基承载力。在加固同时采用压密注浆，调节沉井四角高差，减少沉井的倾斜量，达到纠倾沉井的目的。

共设计布置 72 个注浆孔。先采用 φ91mm 钻头穿透沉井 500mm 厚的钢筋混凝土底板，然后改用 φ54mm 钻头成孔，孔深 8.9m。为加速浆液凝固，减少浆液收缩，采用自下而上分层互注水泥加粉煤灰的 CB 浆液及水泥加水玻璃与粉煤灰的 HS 浆液。加固厚度

8.0m，注浆范围 750m²，加固土体 5600m³。

四、注浆加固施工

在沉井注浆施工中，发现钻穿底板混凝土后，部分孔内有大量喷水，并夹有砂喷出。这时如只采用水泥加粉煤灰的单液注浆，由于凝固较慢，可能会使沉井沉降失去控制。因此，当出现这种情况时，必须采用单、双液互注的综合加固方法，达到控制沉井沉降，确保土体加固质量的目的。

沉井底板下的注浆施工是采用先外围、后中间的顺序，沿沉井两侧对称注浆。注浆时先对上部回填塘渣进行充填注浆，然后自下而上分层注浆。注浆同时在沉井南侧设放水孔，使地层中被浆液置换的自由水能从放水孔中顺利排出。

当沉井底板下深层注浆结束后，在靠北侧沉井倾斜较大部位，利用分布较密的注浆孔进行沉井抬升注浆，当抬升达到设计要求的沉井纠偏量后即可终止注浆工作。

在施工时每天均对浆液粘度测定 1～2 次。实测浆液平均粘度为 40″，浆液平均相对密度为 1.49，试块小样试验初凝时间为 2～4h，7 天单轴抗压强度＞2MPa。

五、加固效果

为了监控沉井沉降情况并检验加固效果，从沉井制作开始即在沉井四角设置了观测点，

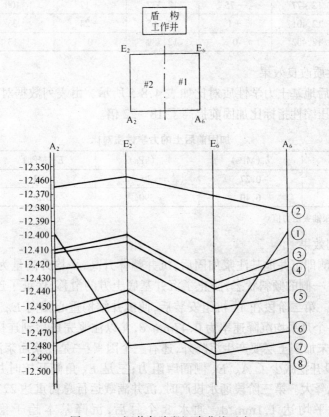

图 4.8-5 沉井各阶段沉降曲线示意

①—1990 年 2 月，注浆前；②—1990 年 6 月，注浆完成；③—1990 年 9 月，连接段施工完；④—1990 年 11 月，设备安装完；⑤—1990 年 12 月，进水加荷 5600t；⑥—1991 年 2 月，设备正常运转；⑦—1991 年 4 月，投产 60 天；⑧—1991 年 7 月，投产 150 天

并在沉井外缘地基较稳定区域设置了两个基准桩,基准桩的埋设符合三等水准要求。每隔半年由附近二等水准点进行联校检验,误差均小于三等水准 $\pm 12\sqrt{L}$ 的要求。观测仪器为 DS3 型水准仪。观测共分三个阶段进行,即①注浆加固纠偏阶段;②连接段施工及设备安装阶段;③试水投产阶段。

沉井注浆加固从 1990 年 3 月 14 日开始,历时 60 天,于 5 月 14 日竣工,6 月 5 日开始施工连接段钢筋混凝土板桩和 $\phi 609\rm mm$ 钢管支撑挡土及开挖,8 月 8 日连接段混凝土浇注完成,11 月 24 日设备安装完成,11 月 27 日沉井通水,设备运转加荷约 5600t,投产后一直观测到 1991 年 7 月 3 日。沉降观测点位置及各阶段沉降观测成果详见图 4.8-5。

1. 沉井纠倾效果

对加固前后沉井四角标高的测量观察结果汇总于表 4.8-4 中。由于当时西侧沉井面板尚未浇捣,故灌浆时有意使该侧高程预抬高 20～30mm。

注浆加固前后沉井四角高差对比　　　　　　　表 4.8-4

观测点位	加 固 前		加 固 后		升高量 (mm)	平均升高量 (mm)
	高程(m)	相对高差(mm)	高程(m)	相对高差(mm)		
E_2	12.480	−78	12.359	+30	121	
E_6	12.477	−75	12.377	+12	100	67.5
A_2	12.401	+1	12.365	+24	36	
A_6	12.402	0	12.389	0	13	

2. 地基土性质改良效果

注浆加固前后地基土力学性质对比如表 4.8-5 所示。由表列数据对比可见,注浆加固后地基土强度与压缩性指标比加固前提高了 18～22 倍。

加固前后土的力学性质对比　　　　　　　表 4.8-5

	q_c(MPa)	c_u(kPa)	E_S(MPa)	E_o(MPa)
加 固 前	0.27	20	1.03	1.90
加 固 后	6.40	390	20.50	44.80

注:q_c 为静力触探锥尖阻力值。

3. 长期观测效果

第一阶段观测即沉井地基注浆加固后,沉井整体升高,平均升高量为 67.5mm,改变了原来偏向 E_2、E_6 一侧的倾斜状态,防止了沉井基底土方的滑移,保证了连接段基坑开挖及沉井底部的稳定。第二阶段在 1# 机组安装后,使沉井结构重心偏向 E_6、A_6 侧,其中以 E_6 点沉降量较大,6 个月平均沉降速率为 0.47mm/d,尤以注浆完成后到连接段施工完 3 个月沉降量最大。除未加固土层要产生沉降外,还有三个因素:一是注浆后浆液固结过程引起的收缩;二是连接段开挖减少了 A_6、E_6 侧面摩阻力;三是 E_6 角侧开挖时井壁产生流砂的影响,导致 E_6 角沉降大。第三阶段通水投产时,沉井满载运行总荷重达 22100t。在通水第一周内沉降最大,平均达 1.1mm/d。通水 8 个月后,沉降基本趋于稳定,沉降速率为 0.08mm/d,基本达到了预期要求。与注浆加固前相比,平均沉降量为 34mm,从注浆完成后累计的平均沉降量则为 107mm,最大沉降差为 21mm,由此可计算得出沉井最大倾斜率为

$$\frac{\Delta H}{L} = \frac{21}{\sqrt{29.4^2 + 25.5^2}} = 0.54 \rm mm/m$$

上述数值远远小于设计允许倾斜率 2.57mm/m 的要求,表明本工程采用注浆加固纠偏是成功的。

4.8.4 工程实例三——某多层砖混结构压密注浆纠倾[4.8-7]

一、工程概况

江苏省高邮县北海新村7号住宅楼为4层砖混结构,长30m、宽11m,建于1981年,为片筏基础,基础底板厚25cm。由于基础坐落在软土层上,房屋产生下沉与倾斜。至1990年6月,房屋倾斜率达10.5‰,房屋东西两端与中间的沉降差分别达96mm与157mm,墙体产生多道倒八字形斜裂缝,最大缝宽5.2mm,一般为2mm左右。

二、工程地质条件

该场地地质剖面如图 4.8-6 所示。各土层主要物理力学性质指标示于表 4.8-6 中。

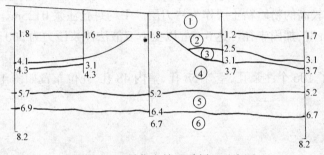

图 4.8-6　7 号住宅楼地质剖面示意图
①—填土;②—淤泥;③—粉质粘土;
④—粉质粘土;⑤—粉土;⑥—粉质粘土

地基土主要物理力学性质指标　　　　表 4.8-6

层序	土名	厚度(m)	状态	含水量 $w(\%)$	孔隙比 e	塑性指数 I_P	粘聚力 c(kPa)	内摩擦角 $\varphi(°)$	压缩模量 E_s(MPa)	地基承载力 f_k (kPa)
1	填土	1.2~1.8	可塑	50.0	1.249	27.0	16	6.5	2.48	90
2	淤泥	1.0~2.3	流塑	68.8	1.586	29.2	7	2.3	1.31	40
3	粉质粘土	0.5~0.7	可塑	27.7	0.770	17.0	26	18.0	5.72	230
4	粉质粘土	1.5~3.7	可~硬塑	25.5	0.721	15.1	27	18.9	7.01	250
5	粉土	0.8~1.5	软~可塑	27.3	0.751	7.7			8.43	180
6	粉质粘土	未穿透	可塑	26.9	0.759	15.2	20	21.0	9.21	220

由图 4.8-6 及表 4.8-6 可见,作为主要持力层的淤泥土压缩性高,承载力低,而且分布厚薄不均。西端厚 2.3m,东端厚 1.4m,而中间淤泥土缺失,房屋中间部分基础支承在压缩性较低的粉质粘土层上,从而使房屋两端沉降大于中部,造成墙体产生倒八字形斜裂缝。此外,注浆钻孔时发现片筏基础下碎石垫层处理不好,密实度较差,而在 1983 年进行的上部结构抗震加固又增加了房屋自重,促使地基沉降差进一步增大。

三、加固设计与施工

针对事故情况及地基土性质,决定采用注浆法加固。现场试验表明,只注入水泥浆一种

本实例引自周洪涛、戴振家、江丕光、耿保民,1992。

浆液的单液法,由于早期强度低,效果不好,产生较明显的附加沉降;而注入水泥浆与水玻璃的双液法,由于浆液可迅速凝固,不但加固体强度高,并能使基础得到一定的回升。因此,对房屋两端的淤泥质土采用调整双液注浆孔位置和加密复注的办法使其回升,而在房屋中部则只注入较稀的水泥浆,促其产生一些附加沉降,从而可达到减少房屋各部位沉降差的目的。

1. 注浆材料及注浆压力

经研究比较,注浆材料以水泥为主剂,采用 425# 普通硅酸盐水泥。在房屋中部采用单液法注入水灰比为 1.2 的水泥浆,注浆压力为 300~500kPa。双液法以水玻璃为速凝剂,其配比为水泥:水玻璃=1:0.7,外掺1%水泥用量的木质磺酸钙作为减水剂。水玻璃浓度为 40°Be。由于有纠偏回升的要求,浆液采用浓液,水灰比为 0.6,浆液可在十几秒内结硬。

2. 加固深度及半径

注浆加固深度为 3.5~4.0m,对基底下淤泥层全部加固并要求穿透淤泥层而进入粉质粘土层,以承载力较高的粉质粘土层作为持力层。平均每孔注浆 $0.25m^3$。单液法注浆当压力为 300~500kPa 时,加固半径可达 0.5m 以上。双液法注浆压力为 500~1000kPa,加固半径为 0.2~0.3m。

共设计布置了 106 个注浆孔,室外 58 孔,室内 48 孔,孔位布置如图 4.8-7 所示。

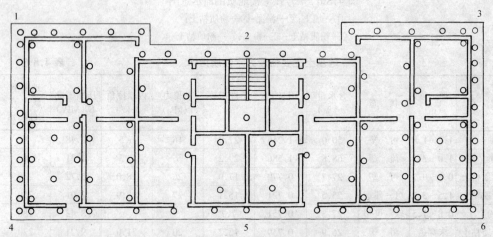

图 4.8-7 注浆孔及测点位置示意图

3. 加固施工

本工程注浆加固施工工序如下:

定孔位→凿孔→插管→注浆→提管→复插管→复注浆→拔管→封孔。

(1) 打孔及插管:用工程钻机成孔,孔径 6~7cm,钻至设计标高后插入注浆管,注浆管采用下部钻眼的花管;

(2) 制备浆液:浆液严格按配比要求制备,依次定量加入添加剂,充分搅拌均匀后,水泥浆液应过滤两次后方可使用;

(3) 注浆:保证注浆压力稳定及注浆泵正常运转,不得中途停注。如因故停泵,需重新插管补浆,原则上应定量注浆;

(4) 提管:提管注浆中要均匀提升注浆管,逐段提升逐段注浆直至地表,可形成糖葫芦状结石体;

(5) 二次注浆:当吃浆量过大或对于重点加固区段,可采取二次注浆。即待第一次注浆初凝后,在此孔中重新插管注浆;

(6) 冒浆处理:注浆时发现管壁间冒浆或邻孔窜浆时,要停注片刻,待浆液凝固后再注;

(7) 停止注浆标准:凡符合下列条件之一即停止注浆

① 浆液从孔口或其他地方冒出;

② 注浆压力超过规定值;

③ 注浆量超过规定值。

(8) 注浆顺序:先室外后室内。每段施工应本着由疏到密、对称均匀的施工顺序,严禁分块集中连续注浆;

(9) 注浆同时进行沉降观测,控制各部位基础一次上抬量不超过1cm,总上抬量不超过5cm,避免产生新的裂缝。

四、加固效果

上述注浆施工后进行的沉降观测表明,房屋东西两端均有回升。西端1、4号沉降观测点上升了32.58mm,东端3、6号沉降观测点上升了21.25mm,中间2、5号沉降观测点下沉了18.20mm,房屋最大倾斜率由原来的10.5‰降至7‰。

在注浆试验孔中取出的 $2cm \times 2cm \times 2cm$ 双液法试块,其无侧限抗压强度达到11.7MPa,纯水泥浆单液法试块无侧限抗压强度达到14.3MPa。表4.8-7为加固前后淤泥层物理力学性质对比,由表列数据可见,土的抗剪强度提高了39%~157%,压缩模量提高了157%。

淤泥层注浆加固前后土性比较　　　　表4.8-7

	土的状态	含水量 $w(\%)$	孔隙比 e	塑性指数 I_P	液性指数 I_L	粘聚力 $c(kPa)$	内摩擦角 $\varphi(°)$	压缩模量 $E_s(MPa)$
加固前	流塑	68.8	1.586	29.2	1.41	7	2.3	1.31
加固后	软~流塑	62.4	1.548	25.2	1.05	18	3.2	3.36

4.8.5　工程实例四——甘肃省粮食局家属楼水泥浆水玻璃混合注浆加固[4.8-8]

一、工程概况

甘肃省粮食局家属楼位于兰州市会馆巷,六层,建筑结构型式为内板外砌,灌注桩基础。该楼1982年建成,还未交工即发现有轻微裂缝,后又因室外上水管道破裂,大量自来水(涌水量达 $700m^3$)浸入地基,加速了地基不均匀沉降的发展,使得房屋部分结构遭受严重损坏,地梁断裂,最大裂缝宽达10mm,门窗启闭受阻,影响房屋正常使用。

事故原因是由于建楼前未进行工程地质勘察,灌注桩施工时,将粘土夹石填土层误认为是天然卵石层,致使部分灌注桩坐落在人工填土层上,该层土结构松散,具有湿陷性及高压

本实例引自许善芬、朱伟,1986。

缩性，当桩顶荷载达到一定数值时，建筑物必然产生较大沉降，加上被水浸湿地基产生严重湿陷，使不均匀沉降急剧增大，从而导致结构破坏。

二、工程地质条件

事故发生后进行的工程地质勘察查明，该场地地层组成自上而下为：

1. 杂填土层：厚2.40～3.00m，包含旧房条形砖石基础；
2. 人工回填粘土层：厚0.30～3.80m，含卵石量25%～30%，局部有大块孤石。该层土结构松散，压缩性较高，并具有湿陷性；
3. 人工回填砂卵石层：厚0.30～1.20m，卵石分选差，粒径一般大于50mm，砂为白色石英砂，较松散；
4. 天然卵石层：厚1.65～2.80m，埋深2.75～6.20m。分选好，密实，卵石层面由西向东、由北向南倾斜，其承载力标准值为500kPa；
5. 第三纪红色砂岩：承载力标准值为350kPa。

三、加固方案

经比较，认为采用注浆法加固桩端下及桩侧的填土层较为适宜，它可消除土的湿陷性，减小压缩性，提高地基承载力。由于建筑物下有旧的废弃砖石基础，人工填土中又有卵石及大块孤石，故打管施工无法进行，只得采用人工挖孔埋管一次全孔注浆。该地基情况较为复杂，桩端持力层填土均匀性差，孔隙比大，如单纯灌注化学浆液，则流失量大，加固范围不易控制，故选用水玻璃和水泥浆先后灌注的方法。按一般原理，应先灌注填充性的颗粒浆材，后注溶液型浆材，但由于桩端土应力大，先注水泥浆由于硬化速度慢，可能会出现较大附加沉降。因此，先采用加气硅化法低压慢速灌注，利用其速凝早强的特点，提高桩端土的粒间接触强度，然后再注水泥浆以填充孔隙，加速硬化，这样对减少桩端高应力区土的附加沉降有利。

四、注浆试验

试验目的是为了确定适宜的注浆工艺参数和合理的浆液配方。本次试验共作两个试验孔：1号孔采用水泥浆+碳酸气硅化法，水泥浆的水灰比为0.65，水玻璃浓度为25°Be并加二氧化碳气；2号孔水泥浆水灰比为0.5，水玻璃浓度为30°Be再加二氧化碳气。为改善水泥浆的流动性，配浆时加2%的悬浮剂。试灌工艺如下：

1号孔（单管灌注）：

CO_2(1.5kg)→水玻璃(300L/m，压力20～100kPa)→CO_2(2.5kg)→风(压力400～600kPa)→水泥浆(压力大于等于1000kPa)→水玻璃(300L/m，压力50～400kPa)

2号孔（单管灌注）：

风(压力400～600kPa)→水泥浆(300L/m，压力400～600kPa)→风→水适量→水玻璃(300L/m，压力50～150kPa)→CO_2(2.5kg)

1号、2号孔注浆深度均为3.0m，注浆管全长5.0m，封孔混凝土厚度不小于1.0m，注浆管端开口注浆。试验7天后开挖取样，测得填土加固后的无侧限抗压强度为250～360kPa，加固体在水中不崩解，无湿陷性，压缩性也较低。开挖后发现卵石层中卵石与水泥胶结十分坚固，用镐挖不动；填土中加固体不规则，多成板状或树根状分布，一般板厚约5～10cm，板间及根间土体已被挤密。

五、注浆设计与施工

(一) 注浆设计

该建筑物共四个单元,根据填土分布情况,重点加固范围为一、四两个单元。一单元所有灌注桩全部加固,四单元加固80%的桩。根据试验结果并结合事故实际情况,在施工时对注浆工艺参数作了局部调整,具体数据为:

1. 浆液材料 水泥浆水灰比为 0.5～1.0,水玻璃浓度为 25°Be 并加二氧化碳气;

2. 注浆压力 水玻璃注入压力小于或等于 200kPa,水泥浆注入压力为 800～1100kPa。

水玻璃定量注入,水泥浆饱和灌注,注浆稳定标准以压力控制;

3. 注浆管布置:为保证桩尖持力层受浆,每开挖孔设两根注浆管(一根垂直、一根倾斜),具体布置见图 4.8-8。为了增加水泥浆的和易性,防止沉淀,在浆液中加入悬浮剂(F.D.N)0.8%～1.0%。加入后搅拌均匀即可灌注。按每 100kg 配料计算,每桶加水剂 F.D.N 2.4～3.0kg。

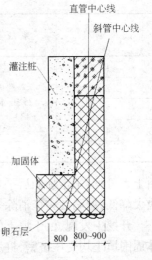

图 4.8-8 注浆管布置图

(二) 注浆施工

注浆施工顺序为:挖孔→埋管→斜管灌注(加固桩尖土)CO_2→水玻璃→CO_2→风(700kPa)→水泥浆(稳定压力 1100kPa)→直管灌注水泥浆(压力 700～1100kPa)→风→水玻璃(200kPa)→清孔及封底。

1. 成孔时,每孔必须挖至桩底下 500mm,如 500mm 以下不是人工填筑的卵石时,继续下挖至卵石白砂处为止。埋管顺序是孔底回填土 300mm 放直管,然后分层回填至桩底下 300mm,放斜管,管端直插桩底,再分层回填到斜管上缘 100cm 左右浇注混凝土封顶,封孔混凝土厚度 $h \geqslant 1.0m$。浇注混凝土 24 小时后方可注浆。

2. 灌注水玻璃的泵用后立即用清水冲洗,灰浆泵注浆后立即用风将管内的浆液顶出,然后再用清水冲洗管路。

由于各桩尖下软弱土层厚度不等(0.10～2.50m),因而每桩注浆量也不同。考虑到填土的不均匀性,用额定注浆量法质量不易保证,所以改为以压力为稳定标准。不同浆液采用不同的压力标准,不管注浆多少(堵管情况例外),其稳定压力保持不变,确保注浆质量。

该建筑物地基加固共施工注浆孔 100 个,耗用水玻璃 50t,水泥 68t,二氧化碳气 0.5t。

六、加固效果

加固后对建筑物进行了沉降观测并取样测定加固体强度:

(一) 沉降观测

该建筑物加固前无沉降观测资料,加固过程中观测到的附加沉降值仅 1mm。加固完成后 3 个月沉降观测增量值为 $-0.5 \sim +1.5mm$,平均沉降增量仅 0.2mm,表明建筑物沉降已基本稳定。

(二) 加固体强度及加固范围

加固后对两个注浆孔进行了开挖探查,取加固后填土作无侧限抗压强度试验。试验结果示于表 4.8-8。

加固体无侧限抗压强度试验结果 表 4.8-8

试块编号	浆液类型	试件尺寸(cm)	无侧限抗压强度(kPa)	平均抗压强度(kPa)
1	25°Bé水玻璃+CO_2+水泥浆	5×5×5	210	236
2		5×5×5	364	
3		5.5×5.5×5.5	220	
4		5.5×5.5×5.5	154	
5		4×4×3.5	230	

由上表可见,填土加固后平均无侧限抗压强度达到236kPa,加固体浸泡水中不崩解,压缩性大大降低,湿陷性完全消除。

开挖中发现,由于填土的不均匀性,加固体形状不规则,大多呈板状或树根状分布,加固体周围填土均受压挤密,桩尖下土层均已得到良好加固。加固半径大部分超过1.5m,最大加固半径达2.5m,加固效果十分显著。

4.8.6 工程实例五——宝鸡某办公楼地基水玻璃加固[4.8-9]

一、工程概况

该办公楼为四层内框架结构,底层为食堂,墙厚一砖半,并设有附壁柱。为减轻结构自重,2~4层内墙多采用胶合板结构,整个建筑物刚度较弱,外墙抵抗不均匀沉降能力也较差。基础采用爆扩桩,桩顶由承台梁连接。爆扩桩大头直径为1.0m及1.2m两种,扩大头埋深大部分为5m左右,南侧外墙下为7m,均未穿透非自重湿陷性黄土层。外纵墙以一柱一桩为主,个别柱下为2~3桩,室内中间柱下则为6桩。

该建筑物东侧及南侧墙外约2m处,附近居民在地下埋设水管,无任何防护措施。该水管在25号桩位附近断裂漏水,未及时发现,待外墙明显开裂且裂缝发展较快时才断水,漏水已历时4~5天。墙体裂缝宽约5mm,由北向南呈40°左右的斜裂缝,并由底层向上发展至顶层。由于建筑物严重变形,门窗启闭困难。距裂缝北侧约15m处的沉降缝明显张开透亮,表明建筑物东南侧下沉较大。断水后不均匀下沉即停止发展。东侧23~26号桩下沉严重,南侧桩下沉较轻微。由于没有沉降观测资料及竣工时的承台梁高程资料,各桩的绝对下沉量无从知晓。

本工程原设计、施工完成于20世纪70年代初,由于未作详细的工程地质勘察,因而上部结构及基础类型的选定没有考虑地基土的湿陷性。另外,从该建筑物使用不久外墙即有细小裂缝来看,1m直径扩大头的爆扩桩承载力按每根300kN取值是偏高的。

二、工程地质条件

该办公楼地处渭河一级阶地前缘,表层杂填土厚约5m,其下为晚更新世Q_3黄土,层厚5~7m,埋深5~12m,为非自重湿陷性黄土。该层土在9m以上天然孔隙比及含水量均较高,有大孔及虫穴、蜗牛壳、钙斑,盐酸反应强,具有湿陷性及高压缩性。桩长5m的爆扩桩大头位于Q_3黄土顶部。9m以下土性较好,块状结构,层底含礓结石,硬塑,属非湿陷性黄土,压缩性中等偏低(见表4.8-9及图4.8-9),12m以下为粗粒土。

本实例引自铁道部第一勘测设计院西安分院。

4.8 注　浆

地基土物理力学性质指标　　　　　　表 4.8-9

土层深度 (m)	含水量 $w(\%)$	重度 γ (kN/m³)	孔隙比 e	饱和度 S_γ (%)	塑性指数 I_p	压缩模量 E_s (MPa)	湿陷系数 δ_s	比贯入阻力 P_s (MPa/m)	附 注
5~9	25~33	16~17	1.0~1.2	70~80	10~20	2~5	0.02~0.04	120~150 (5~6m 8~9m) 70~90(6~8m)	事故发生后约一个月取样
9~13	20	18~19	0.7~0.9	70	12~13	>10	0.004	200~300	

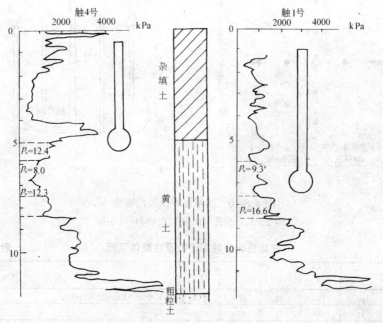

图 4.8-9　地质柱状图

该楼场地原为古老居民区,在本次加固过程中发现多处枯井,个别深达 10m,充填物为碎砖夹土,有的枯井在 3~5m 深度处仍保持完好,没有塌陷。

事故发生一年后测定土的含水量为 24%~26%,表明地基土虽经历一年时间,含水量仍未降低。

该楼南侧毗邻一厨房,一度因水管破裂造成水渗入地基中,土的含水量达 27%~37%,致使厨房二层小楼严重开裂,但办公楼在此处外墙未产生严重开裂现象,仅发现有细小裂缝。分析其原因是,南侧爆扩桩深度 7m,扩大头下部湿陷性土层厚度仅 2m,而 9m 以下土层工程性质较好,故外墙未产生严重开裂。

三、加固方案选择

研究加固处理方案时,曾考虑过扩大基础并与承台梁相连接的方法,但因承台梁位于杂填土上,杂填土力学性质很差,施工难度较大;后又考虑将桩头托起的办法,也因湿陷性黄土承载力低,开挖深度将超过 5m,施工安全及场地条件均不允许;也曾考虑用高压喷射水泥浆方法,但设备问题一时难以解决。经反复研究,最终决定采用硅化法加固方案。

四、注浆试验

为了掌握施工工艺并确保加固质量,在施工前选择了类似场地进行注浆试验。先用螺旋钻成孔,将注浆管插至孔底,然后用水玻璃、氯化钙双液法加压注浆,4天后用轻便触探进行检查,并开挖观察土体受浆情况。图4.8-10及表4.8-10为开挖及检验结果。除个别部分受浆不太均匀外,总的效果良好。对于不加压自渗方法也进行过试验,但影响半径仅0.2m左右。单液因成本较高而未采用,最后采用双液单管加压注浆方法施工。以轻便触探大于30击确定为已注浆土体,按当时有关规范确定地基承载力大于220kPa。

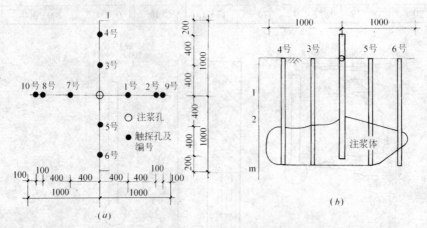

图4.8-10 注浆体平面及剖面图
(a)注浆孔触探孔平面布置图;(b)1—1剖面

注浆后轻便触探击数及注浆体范围　　　　　表4.8-10

孔号	深度(m) 0.3	0.6	0.9	1.2	1.5	附注
3	19	15	83	97	>100	1.5m处>100击后未再进行
4	17	14	73	120	>100	同上
5	24	32	50	60	40	在0.7m处开始变硬
6	29	28	30	23	23	
7	20	13	93	110	55	
10	14	17	21	23	24	注浆体以外天然土
8	21	18	21	32	61	1.5m以下继续打入10cm后变软
1	17	19	72	60	47	0.7m处开始变硬
2	15	20	56	45	31	
9	14	20	33	19	18	0.5m处开始变硬

注:表中虚线内为注浆体范围及随深度变化的击数。

五、设计与施工

加固设计是通过两个方案的试验比较后确定的。

(一)由墙体内外分别打两个斜孔(见图4.8-11a)。用锤击法成孔,双液加压注浆,约一个月后再用锤重28kg的动力触探检查,土的强度可提高10%～140%,其中多数提高幅度为50%～70%。取样检查注浆效果,注浆不均匀的或注浆饱满的共占20%,未注入浆液的占30%,中等程度的占50%,效果不佳。

(二)用振动钻机成孔。由于振动钻机打斜孔倾角可随意改变,遂选用钻机最小允许倾角60°,并由墙内一侧成孔,三排六孔(见图4.8-11b)。注浆管间距采用0.8m,经检查加固效果良好,确定为主要施工方案。

4.8 注 浆

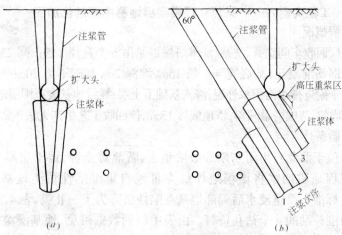

图 4.8-11 注浆孔布置图
(a)方案(一);(b)方案(二)

此外,对于一些因场地限制,个别不能打单侧三排60°孔的情况,而用先打垂直孔后打斜孔的办法,经检验效果较差。

六、加固效果检验

采用单侧三排倾角60°的双液单管加压注浆施工后,经过一个月进行测试,测试结果如图4.8-12所示。该图为加固前后动力触探击数的对比,由图可见,加固后土的强度提高幅度大多为80%~200%,个别可达400%以上,最低的两个为50%及80%,均位于上部刚开始注浆处,可能与跑浆现象有关。此外,在两个注浆孔搭接处强度提高也较少。

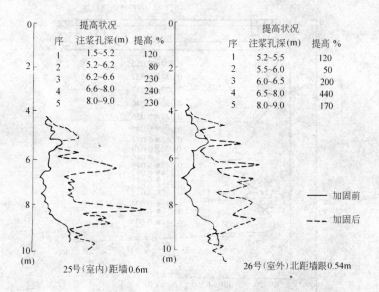

图 4.8-12 加固前后动力触探击数对比

在作动力触探检验时曾计划取样作无侧限抗压强度试验,但因挖掘困难,而靠钻机取样因加固后土体既硬又脆,无法取到完整土样,所以没有无侧限抗压强度试验数据。

4.8.7 工程实例六——某焦化厂塔罐群地基单液硅化加固[4.8-10]

一、工程概况

某焦化厂回收车间洗氨、洗萘、洗苯塔罐群是由5个直径1.5m、高23m的钢贮罐组成,基础为整体现浇钢筋混凝土,基底宽4m、长15m,埋深2m,基础下为30cm厚灰土垫层,总荷载约4200kN。由于附近排水沟积水外流,渗入基础下土层,导致地基大范围湿陷,基础最大沉降30cm。由于沉降不均匀,造成塔罐倾斜,塔顶偏移15cm,使回收工艺生产无法正常进行。

二、地质条件

该场地位于渭北石川河东岸Ⅱ级阶地上,背靠黄土塬,黄土层厚16.6m,下伏卵石层。建厂时的工程地质勘察将该场地评价为Ⅲ级自重湿陷性黄土地基(根据黄土规范 BJG 20—66评价标准),严重浸水后局部地基湿陷性已降为Ⅰ~Ⅱ级,表4.8-11为地基加固前在塔罐基础周围补勘的4个钻孔资料。由表中所列数据可见,地基浸湿很不均匀。湿陷性土层厚度为10.4~13.9m,其地质剖面示于图4.8-13中。

加固前塔罐群地基湿陷性　　　　　　　　　　　　　　表4.8-11

湿陷量 钻孔 编号	自重湿陷量				分级湿陷量			
	计算深度 (m)	是否已达 非湿陷 土层	计算自重 湿陷量 (cm)	湿陷 类型	计算湿陷 土层深度 (m)	是否已达 非湿陷 土层	分级 湿陷量 (cm)	湿陷 等级
77	8.6	未 达	10.8	自 重	13.9	已 达	38.8	Ⅱ
78	11.6	未 达	26.9	自 重	12.6	未 达	31.6	Ⅱ
79	12.3	未 达	35.5	自 重	12.3	未 达	45.1	Ⅲ
80	10.4	已 达	12.3	自 重	10.4	已 达	19.3	Ⅰ

注:上表分类划级标准按BJG 20—66规范规定。

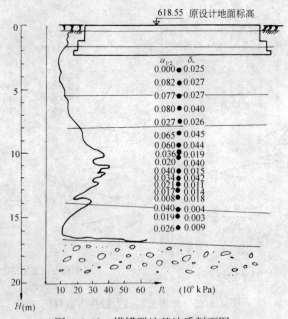

图 4.8-13　塔罐群地基地质剖面图

注:1. 图中所示 a_{1-2} 与 δ_s 值系4个钻孔平均值,土层划分也是4孔平均值;
　　2. 静力触探 p_s 曲线系取有代表性的79号钻孔。

本实例引自涂光祉,1979。

三、加固试验

在加固现场进行了单、双液硅化加固试验。试验用的水玻璃模数为 2.6～2.8，浓度为 19～22°Bé，氯化钙溶液浓度为 15°Bé，两种溶液体积比为 1∶0.5。试验测得硅化加固体无侧限抗压强度平均值单液法为 380～440kPa，双液法为 430～670kPa，充盈系数平均值为 0.57。试块在水中浸泡 20 天强度基本无变化，湿陷性完全消除。

四、加固设计

虽然通过试验表明，双液法加固强度比单液法高，但由于双液法施工中易造成堵管，而过高强度在工程上必要性不大，因此本工程最终选定采用 19°Bé 水玻璃溶液的单液法加固。

根据场地地质条件及构筑物荷载情况，设计加固深度自灰土垫层往下为 4.4m，距地表 6.7m，该深度处附加压力与自重压力比值为 0.15，已达压缩层下限。黄土地基的湿陷可划分为由自重压力引起的自重湿陷及由附加压力引起的外荷湿陷，一般外荷湿陷影响深度均不超过压缩层深度，所以上述加固深度相当于外荷湿陷范围已全部得到加固。根据本场地加固试验结果，近似取每一灌注孔平均加固半径为 0.4m，注浆管带孔眼部分长 1.0m，共分 4 个加固层，每层厚 1.1m，由于每层注浆可沿花管上下外渗一定范围，故各加固层之间略有重叠。灌注孔孔距 0.7m，各孔之间也有重叠，这样上下左右可形成一片连续的加固体。灌注孔沿基础周边布置一排，设计共布孔 52 个，具体位置如图 4.8-14 所示。

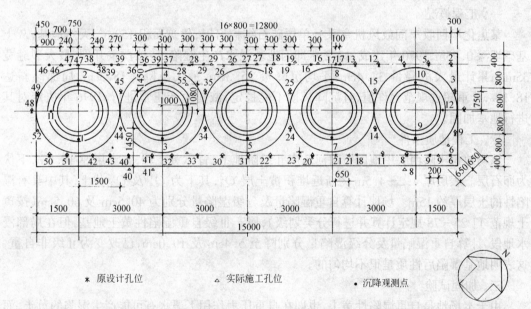

图 4.8-14　塔罐群地基硅化加固灌注孔布置图(尺寸单位:mm)

每孔溶液注入量按下式计算得出：

$$V = K\pi r^2 nl = 1.2 \times 0.57 \times 3.14 \times 0.4^2 \times 0.5 \times 4.4 = 0.756 m^3 = 756L$$

上式所取充盈系数 K 比试验值提高 20%，以弥补黄土大孔隙及湿陷裂隙造成部分浆液流失的影响。土的孔隙率 n 为 50%。

因划分为 4 个加固层，故每层注入量为 189L。

五、加固施工

灌注管的埋设采用三角架通过定滑轮由人工拉锤击入预定孔位土层中。注浆是自上而下地分层进行的,这样可以防止自下而上进行时,由于拔管引起的管壁与土层间松动而造成的浆液外冒现象。当灌注管打入第一层深度后即进行灌注,达到设计注入量后再继续锤击灌注管使之进入第二层,如此循环作业,直到第 4 层灌完为止。因地基存在湿陷裂隙,为弥补跑浆造成的溶液流失,在灌注第 4 层时,将溶液注入量适当提高到 215L。最后施工的是位于各塔罐之间的 14、15、24、25、34、35、44、45 号共 8 个孔位,这 8 个孔从上至下只灌注了 3 层,但将第 3 层注浆量提高到 1000L,以尽可能扩大加固范围。

此外,有 4 个灌注孔在压力很低情况下进浆速度很快,估计是孔周围存在裂隙或空洞,为保证加固质量,补灌了水灰比为 1:1 的纯水泥浆 550L。

本工程总计注入 $41°Be$ 水玻璃 25t,加固土体积 $128m^3$,平均每加固 $1m^3$ 黄土约需水玻璃 200kg。

六、加固效果

加固前在塔罐基础上共设置了 10 个沉降观测点,如图 4.8-14 所示。加固施工完成时测得基础平均附加下沉为 13.4mm,最大附加下沉量为 18mm,各沉降观测点之间差异沉降较小。试验时所取的土试样浸泡在水中历时 7 年仍完好无损,无崩解现象。

加固后对塔罐体垂直度进行了校正,至今生产一直正常进行。

4.8.8 工程实例七——某焦化厂鼓风机室地基碱液加固[4.8-11]

一、工程概况

某焦化厂回收车间鼓风机室系一单层砖石结构房屋,建筑面积 $153m^2$,天然地基,灰土基础埋深 0.95m,1970 年建成,1972 年即因地基浸水产生湿陷,砖墙严重开裂,最大裂缝宽 35mm,累计最大沉降量 34.4cm,平均沉降量 25.3cm,最大沉降差 18.3cm,局部倾斜达 18.1‰,严重超过规范允许值,且沉降长期不能稳定,威胁生产正常进行,1976 年决定对其进行地基加固。

二、工程地质条件

该场地位于陕西关中地区石川河东岸 II 级阶地上,背靠黄土塬,黄土层厚 16.6m,下伏为卵石层。表层厚 4.2~4.5m 为新近堆积黄土层 Q_4^2,其下为 Q_4^1 及 Q_3 黄土,其中具有湿陷性的土层厚约 15m。场地计算自重湿陷量及分级湿陷量分别为 40.5cm 及 60.5cm(按黄土规范 TJ 25—78 规定计算并进行分类划级),属于 III 级自重湿陷性黄土地基,但在局部浸水地段,计算自重湿陷量及分级湿陷量分别降至 5.4cm 及 19.0cm,已改变为 II 级非自重,这表明地基湿陷后性质是很不均匀的。

三、加固试验

由于本场地是自重湿陷性黄土,也即在自重压力作用下遇水有可能产生湿陷的黄土,而碱溶液中水分占到 90% 左右,因此试验首先要解决在溶液灌注过程中会否产生自重湿陷的问题。试验孔径 5~6cm,孔深 3m,注入浓度为 100g/L 的高温(达 90℃以上)碱液 1000L。观测到在灌液过程中及灌注后 3 天地面均未产生下沉,表明地基在小范围浸湿下自重湿陷不可能产生。在土层中自然养护 7 天后开剖,量测到有效加固土体半径在 40~60cm 范围内,平均约为 50cm。试验表明,采用一次成孔 3m 深,自流无压灌注方式可以获得较为理想的圆柱形加固体。但加固体强度是不均匀的,靠近灌注孔中心处强度最高,最高试样强度达

本实例引自涂光祉,1981。

1150kPa,自孔中心向外,强度逐渐降低过渡到天然土强度。在有效加固范围内的平均强度为 380kPa,比天然土提高约 8 倍。随着龄期的增长,土体强度也有所增长,32 天强度比 14 天增长约 1/3。表 4.8-12 为加固前后土体无侧限抗压强度试验结果的对比。

加固前后土体无侧限抗压强度对比(kPa) 表 4.8-12

土样位置	土样类别	加固土										
	深度(m)	0.5		1.0				1.5		2.0		
	与灌注孔中心水平距离(cm)	15	30	15	30	45	60	30	60	15	30	45	60
龄期(d)	14		840	760			120			240		84	76
	32	944	1108	1146	632	306	122	252	87	744	56	188	64

土样位置	土样类别	加固土				天然土			
	深度(m)	3.0				1.5	2.5	3.5	4.5
	与灌注孔中心水平距离(cm)	15	30	45	60				
龄期(d)	14		96	72		44	33	43	47
	32	178	156	94	51				

注:1. 灌注管埋深 1m,灌注孔深 3m,即孔长 2m,灌入浓度为 100g/L 的 NaOH 溶液 1000L;
2. 试块直径、高度均为 5cm。

用化学注浆方法加固湿陷性黄土地基上既有建筑物地基基础时,普遍都存在附加下沉问题。这是由于土体被溶液中水分浸湿变软,在加固强度形成前,地基土在附加压力作用下会产生一定附加下沉,过大的附加下沉会使已发生湿陷事故的建筑物损坏程度加重,甚至危及安全。为此,有必要通过模拟基础载荷试验确定该场地附加下沉量大小。测定碱液加固过程中附加下沉的载荷试验装置示意如图 4.8-15 所示。先在预定承压板位置中心用洛阳铲打孔,埋好灌注管,再设置载荷台并逐级加荷到预定压力(实际基础基底压力或提高 50%~100%)。承压板面积为 5000cm²。沉降稳定后开始灌注高温碱液,观测在溶液灌注过程中的附加下沉情况。载荷试验共作 2 个。I 号试验加压至 143kPa,下沉稳定后连续注入碱液 900L,测得附加下沉 9.7mm。浸水时卸荷至 75kPa(因鼓风机室基底压力仅为 68kPa)。II 号试验灌液时及浸水时压力均为 125kPa,注入 900L 溶液后附加下沉 16mm。加固后在土中自然养护 9 天后浸水,连续浸水 7 天,产生的湿陷值如表 4.8-13 所示。

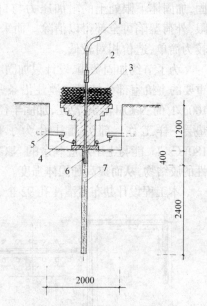

图 4.8-15 碱液加固载荷试验装置
1—接灌注桶;2—标尺;3—荷载块;4—百分表;5—角钢;6—灌注管;7—灌注孔

加固后浸水湿陷累计值(cm) 表 4.8-13

试验编号	浸水压力(kPa)	浸水时间(d)							
		0.5	1	2	3	4	5	6	7
I	75	0.10	0.15	0.30	0.50	0.68	1.08	1.50	1.61
II	125	0.40	0.60	1.10	1.30	1.57	2.10	2.58	2.98

试验结果表明,在灌液加固过程中虽然产生了 9.7~16.0mm 的附加下沉,但下沉量不大,这主要由于900L溶液灌注延续了近10小时,而在高温下加固土体2小时即具有一定强度,因而部分已加固土体可阻止承压板附加下沉的发展。试验时的承压板相当于单独基础,而拟加固的建筑物为条形基础,如施工中合理安排顺序,控制施工速度不要过快,必然可使附加下沉进一步减小,后来实际施工的效果证实了这点。

由表 4.8-13 可见,浸水后的前 3 天,湿陷值仅 0.5~1.3cm,而在同一场地所作天然土浸水载荷试验,在 75kPa 及 125kPa 压力下,浸水两天的湿陷值分别达 4.1cm 及 11.0cm,证明碱液加固已使外荷湿陷值减少了 80% 以上。从浸水第 4 天开始,水已渗入 3m 以下未加固的自重湿陷性土层中,湿陷值增长速度反而加快,这是由于未加固土层已开始产生自重湿陷。在这种情况下,如何合理确定加固深度,必须结合黄土地基的自重湿陷敏感性来考虑。

四、加固设计

在加固前对该场地曾进行过不同面积的试坑浸水试验,试验判定该场地自重湿陷属于不太敏感类型。小范围浸水时,自重湿陷发展得不充分,同时深层土的自重湿陷反映到基础底部产生的差异沉降小,加固后的土体形成复合地基又可起到调整附加压力和不均匀沉降的作用,故可减轻危害。因此确定采用浅层加固原则,即只加固外荷湿陷影响深度范围内的土层,加固深度自基底往下定为 3.6m,即对建筑物危害最大的新近堆积黄土层得到全部加固,加固体下限处土的附加压力与自重压力比值已小于 0.1,也即加固深度已达压缩层下限,外荷湿陷可全部得以消除。而采用碱液法对浅层黄土进行加固是比较经济合理的,施工较为简单,造价相对较低。

为了节约加固费用,设计只加固墙体开裂较严重、而结构刚度相对又较薄弱、对生产更为重要的主机室部分墙基。灌注沿条基两侧对称布置,孔距 0.7m,每孔设计灌注平均浓度为 100g/L 的 NaOH 溶液 720L,加固半径为 40cm,这样可使加固体相互搭接形成整体,可类似于垫层一样工作。部分灌注孔为了提高早期强度,加注了浓度为 100g/L 的 $CaCl_2$ 溶液 180LCaCl。能与土中反应剩余的 NaOH 生成 $Ca(OH)_2$,并可直接与钠铝硅酸盐作用生成水硬性的胶结物,从而提高加固体强度。

本工程设计共布置灌注孔 92 个,其平面位置见图 4.8-16。

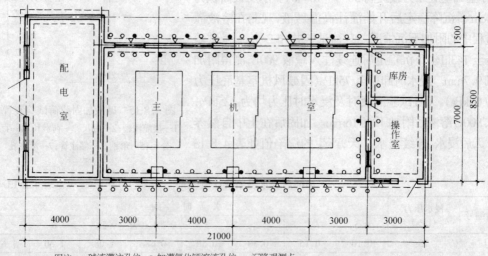

图注:○碱液灌注孔位 ●加灌氯化钙溶液孔位 △沉降观测点

图 4.8-16 鼓风机室地基碱液加固灌注孔及沉降观测点平面布置图

五、加固施工

施工采用洛阳铲成孔,孔径8~10cm,孔中填入2~4cm粒径石子至灌注管下端标高处,然后插入不带孔眼的直径20mm钢管,再用小石子填入管周约20cm高,其上用灰土分层捣实直至地表,钢管上口接直径25mm的橡胶管,橡胶管与溶液桶相连。加固施工装置示意如图4.8-17。

烧碱原料采用的是桶装固体烧碱。将固体烧碱破碎过磅后,加水稀释到设计浓度,然后用蒸汽管插入桶内加温(也可用煤或其他燃料加温)。配制溶液时,应先放水,而后徐徐投入碱块,以免碱块爆裂溅出伤人。当溶液加热沸腾后即开阀门使其自流注入土中。为了减少地基的附加下沉量,采用间隔跳跃方式进行

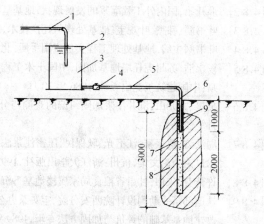

图4.8-17 碱液加固装置示意图
1—加热蒸汽管;2—溶液桶;3—高温碱溶液;
4—阀门;5—ϕ25mm橡胶管;6—ϕ20mm灌注管;
7—灌注孔;8—加固土体;9—封孔夯填土

灌注,同时灌注的两孔距离不小于3m,相邻两孔灌注间隔时间一般不少于两天。施工为昼夜不停作业,灌注完一孔一般需延续8~12小时。

整个加固工程共耗用烧碱6.42t,加固土体积158m³,平均每加固1.0m³黄土耗用烧碱41kg,工程造价比同一场地的单液硅化加固低50%左右。

六、加固效果检验

加固期间对18个沉降观测点(观测点位置详图4.8.9-2)进行了沉降观测。附加沉降最大为9mm,平均为4mm,每道墙的沉降差在1~4mm之间。加固后继续观测了7年,沉降基本稳定,建筑物墙体裂缝没有发展,生产一直正常进行。

加固前后对该场地黄土的湿陷性及压缩性进行了对比试验,试验结果如表4.8-14所示。

加固前后黄土性质对比　　　　　　表4.8-14

土 样 类 别	湿陷系数 δ_s	压缩系数(MPa^{-1})	
		$a_{0.5-1.0}$	a_{1-2}
加固Ⅰ号	0	0.10	0.08
加固Ⅱ号	0.001	0.08	0.07
天 然 土	0.049	0.44	0.54

试样浸泡在水中长达10余年仍完好无损。

加固后7年对加固土体进行开剖,测定其长期强度。开挖工作十分困难,加固土体颜色已由加固初期的深褐色变为灰白色。实测土体的平均无侧限抗压强度达到560~620kPa,最高达1260kPa,比一个月龄期加固体的平均强度增长1.7~2.0倍。上述检验结果表明,碱液加固的长期效果是可靠的,而且强度增长幅度较大。

参 考 文 献

[4.8-1] 《地基处理手册》,北京:中国建筑工业出版社,1988年8月

[4.8-2]　邢开第.国内外工程灌浆的发展现状.地基基础工程,第5卷第2期,第1~5页,1995年6月
[4.8-3]　叶书麟,韩杰,叶观宝.地基处理与托换技术.北京:中国建筑工业出版社,1994年12月
[4.8-4]　叶书麟主编.地基处理工程实例应用手册.北京:中国建筑工业出版社,1998
[4.8-5]　杨永浩.苏州虎丘塔地基加固.中国土木工程学会第四届土力学及基础工程学术会议论文选集,北京:中国建筑工业出版社,1986年10月
[4.8-6]　吴星、方元山.沉井注浆加固纠偏的观测与分析.地基处理,第2卷第3期,第55~58页,1991年9月
[4.8-7]　周洪涛、戴振家、江丕光、耿保民.压密注浆法纠偏饱和软土层上房屋的新探索.第三届地基处理学术讨论会论文集,杭州:浙江大学出版社,1992年5月
[4.8-8]　许善芬、朱伟.甘肃省粮食局家属楼地基下沉事故处理总结(内部资料),兰州,1986年
[4.8-9]　铁道部第一勘测设计院西安分院.宝鸡某办公楼采用水玻璃加固地基实例.铁道学报——房屋增层改建地基基础的评价与加固方法专辑,1989年
[4.8-10]　涂光祉.塔群地基硅化加固的试验研究与施工实践.西安冶金建筑学院学报,1979年第4期
[4.8-11]　涂光祉.应用氢氧化钠溶液加固自重湿陷性黄土地基.中国土木工程学会第三届土力学及基础工程学术会议论文选集,北京:中国建筑工业出版社,1981年

5 既有建筑增层

叶书麟(同济大学)

5.1 概 述

随着国民经济的发展和建设用地增多,可耕地逐年减少,人均占有量也逐年下降,这一矛盾将变得越来越突出。因此,在建设中如何节约用地是一个极为重要的问题。

对层数较低而又具备增层条件的房屋,在确保安全的条件下,通过增层改造,尽量扩大其使用面积,特别是在寸土寸金的大城市,充分利用了城市空间,另一方面也提高了土地利用率。因而,既有建筑的增层是当前城市改造中的一个值得重视的问题,它的优点是有以下几方面:

一、可提高土地使用率和扩大建筑使用面积;

二、减少拆除和动迁等费用,降低建筑工程造价;

三、通过既有建筑增层设计中增加的构造措施,可提高既有建筑的抗震能力,符合当前国家标准的建筑抗震设计规范;

四、在增层的同时,可改善既有建筑的使用功能和使用年限;

五、对临街的一些主要建筑,尚可改善城市的市容。

既有建筑增层是一项对原建筑进行改造、扩充、挖潜和加固等综合性的基建工作。增层改造设计是在保存既有结构、建筑的特色和风貌的条件下,进行新的建筑创作。要求在新旧结合、经济合理的前提下,满足新的功能标准和各项改善要求。在结构设计上,应根据旧房类型、结构可靠度和使用功能等具体情况进行研究后选定方案。必须妥善处理好新旧两部分的有关技术问题,做到既安全可靠,又继续发挥了旧结构的作用;既体现出新旧结构协调相称,又满足了改造后使用功能上的需要。

当前我国增层改造技术的发展情况是[5-6]:

一、由过去单栋房屋小面积的增层发展到成片住宅区房屋增层或大面积建筑物的增层。

如上海的玉田新村、鞍山新村的数十栋住宅,由原3层全部改建增层为5层住宅,扩大了居住面积,改善了使用条件;上海苏州北路河滨大楼,由原8层增至11层,建筑面积由39300m^{2}增至54000m^2,净增面积达38%,是目前全国最大面积的增层工程;上海南京西路工艺美术品服务部,由原来的2层,先后四次增至7层,为全国最早的外套框架的增层工程之一,也是增层次数最多的建筑物;哈尔滨秋林公司是我国增层工程较早的建筑物,由2层增至4层,保持了俄罗斯建筑风格的外观,营业面积增加了一倍;

二、过去砖混结构的增层因受抗震设计的限制,对常用的直接增层法,增加的层数不大。最近一些砖混结构增层工程通过对原结构的改造，如增设剪力墙、扩大横向两侧墙体宽度等方法进行直接增层，增层的层数有了显著的增加。

如北京的中国天然气总公司办公大楼，由原 5 层增至 8 层；重庆市日杂公司服务楼，由原 5 层增至 10 层，成为全国砖混结构直接增层层数最多的建筑，打开了砖混结构直接增层不能太高的"禁区"。

外套结构增层已是近年来常用的增层结构型式。如武汉人民医院对 1937 年修建的 3 层砖混结构，采用外套结构增至 9 层，是目前全国采用外套框架增层最多的建筑；上海交通银行（原中华企业公司办公楼）修建于 1939 年，修建时按 11 层设计，但当时由于各种原因先建 5 层，经过 1990 年进行增层施工，由 5 层增至 15 层（有一层地下室），是国内预留增层最高的楼层。

三、为了推动我国既有建筑的增层改造工程，国内先后成立了中国老教授协会全国房屋增层改造技术研究委员会，促进了增层改造工程的学术研讨和经验交流；中华人民共和国行业标准《铁路房屋增层和纠倾技术规范》TB 10114—97 和《既有建筑地基基础加固技术规范》JGJ 123—2000 都列出了建筑增层的有关内容，使增层改造工程的设计和施工逐步做到有规范可遵循。以上这些将有利于今后的增层改造工程的进一步推广和发展。

5.1.1 既有建筑增层的技术鉴定

既有建筑的增层改造的类型较多，但不论何种增层方式，都会涉及到对既有建筑的上部结构、基础和地基的现状和正确评价，因而对建筑的增层设计应以检验及技术鉴定结果作为增层结构设计的主要依据。

对既有建筑增层前，应由建设单位委托有经验、有资质的建筑部门进行增层可行性研究。对既有建筑的上部结构、基础和地基应进行详细调查、检测和分析工作，并提出较为完整的技术鉴定工作，由此才可得出正确的增层改建方案。

一、鉴定工作内容包括：

（一）场地内外工程地质和水文地质的勘探资料，如原始资料不敷应用，应作补充勘探；

（二）上部结构（承重墙、梁、板、柱）的建造年代、结构布置、结构尺寸、构造、材料强度、配筋情况、锈蚀和碳化深度、整体刚度分析、结构构件变形和裂缝（性质、宽度、长度与发展趋势）及其原因分析；

增层改造前的建筑物主体结构应无明显的变形和裂损，主要构件应满足建筑物鉴定标准的要求，否则应先进行纠倾和补强后再进行增层；

（三）基础的结构类型、尺寸、材料强度等级、埋深、桩的完整性、桩长、桩与承台的连接、钢筋的配置、基础损坏程度及其原因分析；

（四）地基变形（包括绝对沉降、相对沉降、倾斜及局部倾斜）的大小和稳定状态；

（五）增层前的建筑物刚度应满足或经加固后能满足抗震规范的要求；

（六）既有建筑所在场址的城市规范要求；

（七）搜集原设计与变更设计图、施工记录与竣工图、竣工验收报告、历年的检查记录、大修记录、了解使用功能的变更情况以及扩建、修补和受灾情况。

二、鉴定时要求明确的几个问题：

（一）对既有建筑在长期荷载作用下，地基会产生固结和压密效应，地基土的性状会得到明显改善，从而使增层设计时的地基承载力得到提高；

国内有些城市的地下水位在逐年降低，这就促使土体的有效应力增加，也会使地基承载力有所提高；

（二）尚应查明环境影响可能产生不利于地基承载力的因素：

如有的地区因修建水库后地下水位上升或既有建筑的邻近地下水管的漏水都会使原地基的土质软化；邻近开挖地下铁道、地下管道、深基坑开挖和新建相邻建筑的影响都会使原地基土体松软和产生不均匀沉降；对既有建筑建造在一些特殊土(湿陷性黄土、膨胀土或冻土等)地区还会产生更多的特殊性问题，需分别认真对待，妥为评价；

（三）要明确绝不是所有的既有建筑都可增层改建。

如对古建筑和重要标志性建筑，必需严加保护，绝不能增层改建；对一些损坏严重的既有建筑或临时性建筑，根本失去增层的经济价值。因而是否能增层改建，应根据技术鉴定材料作综合分析的研究结果确定。

5.1.2 增层结构的设计原则

增层结构的设计原则应该是

一、安全可靠

增层设计应符合国家有关规范(如《建筑地基基础设计规范》GBJ 7—89、《建筑抗震设计规范》GBJ 11—89、《建筑桩基技术规范》JGJ 94—94、《建筑地基处理技术规范》JGJ 79—91、《既有建筑地基基础加固技术规范》JGJ 123—2000等)；并应有合理的结构体系和计算模式；明确的传力路线和可靠的构造措施。

增层设计将会涉及调整既有建筑物的结构体系，应尽量减少对承重结构产生不利的附加应力和变形，并应充分发挥既有建筑的结构和地基土的潜力；改变既有建筑的基础结构合力作用点，使偏心得到纠正，地基土受力更为均匀。

要认识到增层后增加了建筑高度，重心升高，自振周期增长，易遭地震破坏。因此，应避免竖向刚度突变和上刚下柔形成薄弱部位，使产生过大的应力和塑性变形集中。对可能出现的薄弱部位，设计时应采取措施提高其抗震能力，用以提高增层后新旧建筑永久性抗震能力。对地震区的增层工程，应遵循"先抗震加固，后增层改造"的原则。

二、经济合理

应充分发挥既有建筑的承载潜力，采用轻质高强材料，使增层和改造相结合，完善建筑功能。必须进行多种增层方案比较，从中选优，以期选择合理的增层方案。

三、施工方便

增层设计时，需尽量考虑施工最为方便的方案，它意味着设计思想和施工质量容易得到保证，并可缩短工期和减少影响旧房使用时间，也可相应节约造价。

5.1.3 增层结构的结构型式分类

增层结构的结构型式可分为两类：

一、向上增层

这是指在既有建筑顶层上部的增层。其中包括直接增层和外套结构增层，它是最为常用的增层结构型式。

直接增层的增层数多数是1～3层，外套结构的增层数多数是4～5层。不论对既有建筑系砖混结构或框架结构，通常应首先选择直接增层法，即使选择了直接增层法的方案，亦要尽可能不做或少做既有建筑原墙体和地基加固的方法。当既有建筑的结构和地基不能满足直接增层设计的有关规定,而周围环境和小区规划又允许增层时,则可选择外套结构的增层方案。

二、室内增层

这是指在既有建筑内部的增层结构方案,其结构型式有分离式、整体式、吊柱式和悬挑式等。

如天津市的劝业场(原为商场),在两个大天井侧面各加建两个钢筋混凝土柱,将天井改为楼层,由此扩大了营业面积;大连市的大连妇女商店将室内的一层改为两层,以上两例都为室内增层的范例。

5.1.4 直接增层的结构设计[5-16]

直接增层是指在既有建筑的主体结构上直接加高增层,新增荷载全部通过既有建筑原承重结构传至基础和地基的一种结构增层型式。多层砖混结构(图5-1)、多层内框架砖房结构(图5-2)、底层框架上部砖混结构和多层钢筋混凝土结构(框架、框剪和框筒等)(图5-24)都可采用直接增层的增层方案。

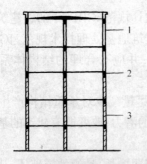

图 5-1 刚性砖混结构的直接增层
1—新加二层墙体;2—原旧房屋面坡用加气块找平;3—原砖混结构旧房砌体

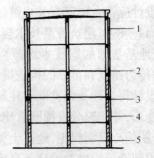

图 5-2 多层内框架结构的直接增层
1—新加纵横墙体,框架填充用加气块;2—原旧房屋面坡用加气块找平;3—二层无圈梁,采取外加圈梁;4—四大角抗震构造柱;5—原内框架中柱和砖壁柱

一、多层砖混结构的增层

通常直接增层的既有建筑,多数是20世纪50年代至70年代建造的层数为四层以下的砖混结构,此类结构就其砌体材料自身强度而言,一般在原房上增加1~3层是不成问题的。经计算后原承重结构的承载力及刚度能满足增层设计和抗震设计要求时,可不改变原结构的承重体系;若验算后原承重结构不能承受增层后的全部荷载,则可将非承重墙改为承重墙,如原承重体系为横墙承重,则可将增层部分的荷载改由纵墙承重,其反亦然,形成纵横墙共同承重的结构体系,但必须在刚性方案或抗震要求的间距内布置上下连贯的刚性横墙。这种结构型式必然上下柱网相对应而传力路线合理,并与原结构的连接可靠;也可增设新的承重墙或柱承受增层荷载的结构体系;也可在多层砖混结构的顶部增加一层轻型钢结构的结构体系;也可采用外扩结构增层(外扩结构增层是指在原结构两侧新增设基础和墙、柱结构,并与原结构牢固连接形成新的整体结构,在其上增层时,新增加的荷载全部由新的整体结构承受)。

对多层砖混结构增层后的总高度和层数的限值,以及建筑最大高宽比应符合现行国家标准《建筑抗震设计规范》的要求,并可根据原房屋的加固状况适当予以降低,以示安全。

抗震设防地区的多层砖混结构增层,当抗震墙不能满足抗震规范要求时,应增设抗震砖墙或对原砖墙采用钢筋网水泥砂浆或钢筋混凝土面层加固。

(一) 抗震砖墙的构造应符合下列规定:

1. 抗震砖墙应设置基础,其埋置深度宜与原有建筑的基础相同;
2. 新增抗震砖墙应上下层连贯,上层不需设置抗震墙时,可在该层终止;
3. 新增墙体与原有墙体或壁柱间应有可靠的拉接;
4. 墙顶应与楼(屋)盖紧密结合;
5. 当新增抗震砖墙沿预制板的板长方向压在预制板的空心部位时,应将空心部位凿开,用混凝土填实;
6. 新增抗震砖墙的厚度不应小于240mm,墙体用砖强度等级不应低于MU7.5,潮湿房间不应低于MU10。砂浆强度等级不应低于M5.0,加筋砌体的砂浆强度等级不应低于M7.5。

(二) 钢筋网水泥砂浆或钢筋混凝土面层加固砖墙(简称夹板墙)的构造应符合下列规定:

1. 夹板墙采用的水泥砂浆,强度等级不应小于M10,厚度不应小于35mm。采用喷射混凝土时,其强度等级不应小于C20,厚度不应小于50mm;
2. 钢筋网的钢筋直径宜采用$\phi 4$或$\phi 6$,网格为$250mm \times 250mm$,保护层不应小于15mm,离原墙面不宜小于5mm,双面钢筋网应用$\phi 6$,"S"形穿墙钢筋拉接固定,并呈梅花状布置,间距为1m;
3. 房屋底层的夹板墙应伸入地坪下500mm;
4. 竖筋穿过楼板时,应在楼板上穿孔,插入短筋,孔距800mm左右,短筋截面不应小于孔间距竖筋截面之和,短筋上下与竖筋搭接长度不宜小于400mm,孔洞应用细石混凝土填实;
5. 钢筋网与左右墙体应有可靠拉接。

(三) 当多层砖混结构的局部尺寸不符合国家《建筑抗震设计规范》要求时,采取的加固措施应符合下列规定:

1. 全部或局部堵实洞口,并与旧墙体有可靠拉接;
2. 采用夹板墙;
3. 加设钢筋混凝土框套,框套混凝土最小厚度为120mm,墙厚240mm时,其配筋不宜小于$4\phi 10$;墙厚370mm时,配筋不应小于$6\phi 10$,箍筋$\phi 6$,间距不应大于200mm;
4. 当承重窗间墙及承重外墙尽端增设构造柱时,洞口可不作处理。

(四) 当原多层砖混结构的圈梁设置不符合抗震设计要求时,应增设外加圈梁或钢拉杆,外加圈梁和钢拉杆的设置应符合下列规定:

1. 外加圈梁顶面标高应与同层楼板顶面标高一致,并在同一高程处闭合。在非地震区及抗震设防6、7度区,其截面不宜小于$180mm \times 180mm$;8度区其截面不宜小于$240mm \times 240mm$;
2. 外加圈梁连接宜采用压浆锚筋,锚筋直径不应小于$\phi 12$,间距不大于1.0m,与砖墙应有可靠连接;
3. 内外纵横墙宜采用钢拉杆加固,内墙钢拉杆宜采用双拉杆,钢拉杆不应小于$\phi 16$,在

拉杆中宜设花篮螺栓或其他拉紧装置,花篮螺栓的弯钩应焊成封闭环,钢拉杆应平直并拉紧;

4. 钢拉杆在外加圈梁内的锚固长度不宜小于40d,且端头应作弯钩,当与原有圈梁拉接时,钢拉杆应穿过圈梁固定。

(五) 当多层砖混结构的原有构造柱的设置不满足抗震要求时,应外加构造柱,并应符合下列规定:

1. 外加构造柱与横墙用压浆锚杆拉接,拉接间距不得小于1.0m;无横墙处的外加构造柱应与楼(屋)盖进深梁或现浇楼(屋)盖可靠拉接;

2. 构造柱在室外地坪下应设置基础,沿柱截面三个方向各加宽200mm以上,埋置深度自室外地面下不应小于500mm,且不小于冻结深度;柱基础应在外墙基础及室内地坪处用压浆锚杆与外墙基础拉接。

(六) 多层砖房顶部增加一层轻型钢框架房屋时应符合下列规定:

1. 在地震区多层砖房顶部增加的一层轻型钢框架房屋可不计入房屋总高度及层数限值之内,按突出屋面的屋顶间计算地震作用效应,当采用底部剪力法时宜乘以增大系数2,此增大部分不应往下传递;

2. 顶层轻型钢框架房屋应设置可靠的支撑系统,框架柱顶部节点应采用刚接,框架柱与圈梁的连接可采用铰接;

3. 多层砖房顶层圈梁高度不得小于300mm,宽度同墙厚,顶层屋盖宜为现浇的钢筋混凝土屋盖。当采用预制屋盖时,应设置厚度不小于40mm的刚性面层。

二、底层全框架和多层内框架砖房增层

底层全框架和多层内框架砖房增层时应符合下列规定:

(一) 底层全框架上部砖房的结构型式,仅适用于非地震区;地震区应采用底层为框架-剪力墙、上部砖房的结构型式;

(二) 增层后的房屋总高度和层数的限值不应超过表5-1的规定:

总高度(m)与层数限值　　　　表5-1

房屋类型 \ 烈度 总高度与层数	6		7		8	
	总高度	层数	总高度	层数	总高度	层数
底层框架砖房	19	6	19	6	16	5
外排柱内框架砖房	16	5	16	5	14	4
单排柱内框架砖房	14	4	14	4	11	3

注:房屋的总高度指室外地面到檐口的高度,半地下室可从地下室室内地面算起,全地下室可从室外地面算起。

(三) 底层框架砖房和多层内框架砖房抗震横墙的最大间距,应符合现行国家标准《建筑抗震设计规范》的要求。底层框架新增抗震墙应沿纵、横墙两方向均匀对称布置,且第二层与底层侧移刚度的比值,在地震烈度为7度时,不应大于3;8度时,不应大于2;新增抗震墙应采用钢筋混凝土墙,并与原框架有可靠连接;

(四) 多层内框架砖房的增层,可根据需要在外墙设钢筋混凝土外加柱,外加柱与梁的连接宜视构造采用铰接或刚接。

三、多层钢筋混凝土房屋增层

多层钢筋混凝土房屋增层时应符合下列规定：

（一）在7度及8度地震区，不应在多层钢筋混凝土房屋增设砖砌体房屋；

（二）多层钢筋混凝土房屋的增层宜采用框架—抗震墙结构，新增设的抗震墙应采用钢筋混凝土墙，并与原框架可靠连接。

四、外扩结构增层

外扩结构增层应符合下列规定：

（一）外扩结构与原结构之间应有可靠的连接，形成新的整体承重结构；

（二）新旧结构基础应根据场地地质条件和承重结构确定，外扩结构的基础应按新建工程基础设计，防止对原地基基础造成不利影响，力求与原房屋的基础沉降一致。

5.1.4.1 直接增层的地基承载力确定

对沉降稳定的建筑物直接增层时，其地基承载力标准值确定，可根据工程实践情况选用试验法（载荷试验和室内土工试验）和经验法：

一、载荷试验可在既有建筑基础下直接测定。另外，亦可在既有建筑物的基础下0.5～1.5倍的基础底面宽度的深度范围内取原状土进行室内土工试验，再根据试验结果按现行的有关规范确定地基承载力标准值（见第二章）；

二、经验法：凡当地有成熟经验时，可按当地经验确定；无成熟经验时，可采用下列公式[5-16]确定地基承载力标准值：

原房屋修建时间为5～15年 $f_k = [R][1+(0.05\sim0.2)]$ (5-1)

原房屋修建时间为15～25年 $f_k = [R][1+(0.15\sim0.30)]$ (5-2)

原房屋修建时间为25～35年 $f_k = [R][1+(0.25\sim0.40)]$ (5-3)

原房屋修建时间为35～50年 $f_k = [R][1+(0.35\sim0.5)]$ (5-4)

式中 f_k——原房屋增层后地基承载力标准值；

[R]——原房屋设计时采用的地基承载力基本值。

上列各式不适用于浸水湿陷性黄土地基；因地下水位上升引起承载力下降的地基和原地基承载力基本值[R]低于80kPa等地基。砂土地基的承载力标准值，可根据上列公式中平均值或高值采用。

当房屋使用10年以上，原桩基础的承载力可提高10%～20%；

当房屋使用20年以上，原桩基础的承载力可提高20%～40%。

对房屋直接增层地基承载力设计值的确定，可按现行国家标准《建筑地基基础设计规范》确定，但不考虑宽度修正。

直接增层需新设承重墙时，当采用浅埋条形基础时，新设基础宽度可按下式计算：

$$b' = \frac{(F+G)E_{s2}}{f_k \cdot E_{s1}}$$ (5-5)

式中 b'——条形基础底面宽度；

F——增层后上部结构传至基础顶面的竖向力设计值；

G——基础自重设计值和基础襟边上的土重标准值；

f_k——增层后新增墙体下地基承载力标准值；

E_{s1}——增层后新增墙体下地基压缩模量值；

E_{s2}——旧房屋相邻墙体(纵墙)下,经压密后地基压缩模量值。

增层后的地基变形计算,请参见本手册第二章规定的有关内容。

5.1.4.2 直接增层的地基基础加固

直接增层时,地基基础的加固方法应根据增层荷载的情况、既有建筑的地基基础类型和土质情况,选用下列方法：

一、当直接增层需新设承重墙时,为保证新旧承重体系的沉降均匀,可采用调整基础底面积、桩基础或各种适合的地基处理措施；

二、当既有建筑的地基土质良好和地基承载力较高时,可通过加大原有基础底面积(参见本手册第4.1节)承受直接增层荷载,加大后的基础底面积宜比计算值提高10%,而对验算原基础强度时,应乘以0.9的强度折减系数；

三、当既有建筑地基土较软弱和地基承载力较低时,可采用桩基础承受增层荷载,待桩体强度达到设计要求后,再在其上修筑新加大的基础承台,并应按规定将桩与基础连结牢固,并应验算基础沉降；

四、当既有建筑的基础为钢筋混凝土条形基础时,可根据增层荷载要求采用锚杆静压桩、树根桩或旋喷桩等加固措施。若原钢筋混凝土条形基础的宽度或厚度不能满足设计要求时,则应先加宽或加厚基础,再进行桩基施工；

五、当原基础的刚度和整体性较好或有钢筋混凝土地梁时,可采用抬梁(指采用预制的钢筋混凝土梁或钢梁穿过原房屋的基础梁下,置于原基础两侧的桩或墩基础上,用以支承新增层荷载)或挑梁的结构型式,而不需对原地基基础进行加固。梁的截面尺寸及配筋应通过计算确定,梁可置于原基础或地梁下。当采用预制的抬梁时,则抬梁、桩和基础应紧密牢固连接,并应验算抬梁或挑梁与基础或地梁间的局部受压的承载力；

六、当既有建筑的上部结构和基础的刚度较好、持力层埋深较浅、地下水位较低、基础下开挖土坑又对原结构不会产生附加沉降和结构裂损时,则可采用将原基础落深的墩式基础(参见本手册第4.2节)或在原基础下做坑式静压桩加固(参见本手册第4.5节)；

七、当采用注(灌)浆法加固既有建筑物的地基时,对湿陷性黄土地基、填土地基或其他由于注浆加固易引起附加沉降时,则均应在浆液中添加膨胀剂、速凝剂等,以防止对增层建筑产生不利影响；

八、当既有建筑的基础为桩基时,则设计前应检查原桩体质量,进行现场取土,实测土的物理力学指标以确定桩间土的密实情况和桩土共同工作条件。如发现承台与土脱空,则不得考虑桩土共同工作；当桩数不足时应适当补桩。对已腐烂的木桩或破损的混凝土桩,则需经加固修复后方可进行增层施工；

九、当采用扶壁柱式结构直接增层时,柱体应落在新设置的基础上,新旧基础应连成整体,新基础下如为土质地基时,应先夯入碎石或其他方法加固后方可施工基础。

5.1.5 外套结构增层的结构设计

外套结构增层是指在既有建筑物之外设置外套框架结构或其他混凝土外包结构的技术总称。新增层的荷载是全部通过新增设的外套结构传至新设置的基础和地基上。当既有建筑增加楼层数较多时,常采用外套结构增层的型式。

外套结构增层不受既有建筑不合理结构体系的约束；也可解决既有建筑旧房和增层新房在建筑使用寿命上相差悬殊所造成的不合理；又可改善建筑立面,解决新旧建筑上的不协调和不统一的问题。

对外套结构增层的工程分类,通常可分为分离式外套结构和连接式外套结构。

5.1.5.1 分离式外套结构

分离式外套结构亦称长(或高)腿柱外套结构,它与既有建筑结构完全脱开,因而外套结构的底层柱很长,中间无水平支点,长细比很大,另外尚需跨越旧建筑物,使得外套框架底层的梁柱截面都很大,因而当旧房的高度越大,宽度越大,增层越多时,其造价也就越高。

分离式外套结构又分"内柱不落地外套结构(图 5-3)"、"外套底层门式刚架和上部砖混结构"、"空腹桁架式大梁外套门式刚架和上部砖混结构"、"外套巨型框架结构"、"外套钢-混凝土混合结构(图 5-4)"、"外套钢-混凝土组合结构(图 5-5)"、"外套扩大底层复式框架结构(图 5-6)"、"外套扩大底层筒体结构(图 5-7)"、"外套底层加斜撑结构(图 5-8)"和"外套扩大底层剪力墙结构(图 5-9)"等。

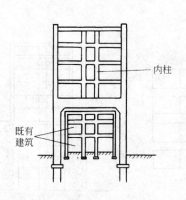

图 5-3　内柱不落地外套结构

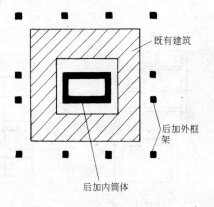

图 5-4　外套钢-混凝土混合结构

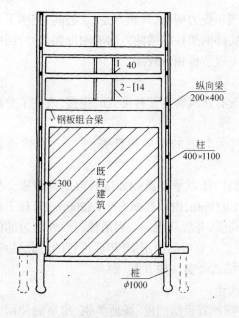

图 5-5　外套钢-混凝土组合结构

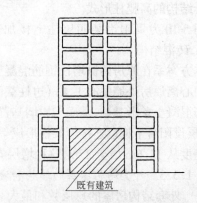

图 5-6　外套扩大底层复式框架结构

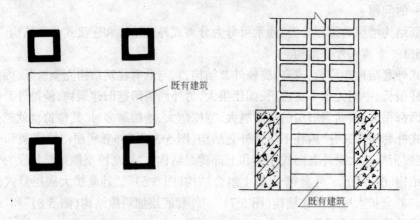

图 5-7　外套扩大底层筒体结构

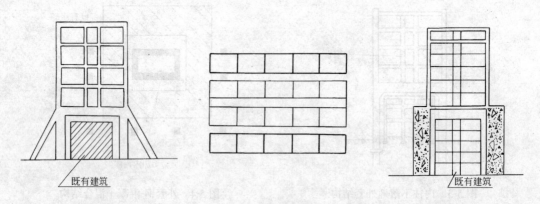

图 5-8　外套扩大底层加斜撑结构　　　图 5-9　外套扩大底层剪力墙结构

分离式外套结构增层方法的优点是：结构合理和受力明确；其缺点是：重心高、上刚下柔不利于抗震；框架的底层柱很高，造成柔性底层，底部框架柱纵横两方向的刚度都很差，因而设计时必须采取加强外套结构底层刚度的措施；工程造价相对较高。

5.1.5.2　连接式外套结构

连接式外套结构亦称短腿柱外套结构，它与既有建筑物有某种形式的连接，改变了分离式外套结构的高腿柱形式。

图 5-10 为贵阳市某四层住宅楼加建五层共为九层的增层设计方案[5-12]，原房进深 11.2m，砖混结构。

本方案系在原房两侧增设钢筋混凝土框架梁柱，用以承受新的加层砖混结构荷重。框架柱中心离原房外墙中心 1.4m（边柱截面 600×1400mm，内柱截面 500×1200mm），柱下浇制钢筋混凝土条形基础，基底与原墙基置于同一高度，并脱开 5cm。利用柱与原外墙边的间隔，每层设阳台平板以连接框架柱形成整体，加层是在原房已使用 20 年后进行的，加层后房屋总高度从 12.6m 增至 27m，这种增层方案属连接式外套结构方案。

5.1.5.3　外套结构增层的结构和地基基础设计

一、外套结构房屋的总层数和最大高度应根据地震设防烈度、场地类别、房屋的使用要求及经济效益等综合确定；

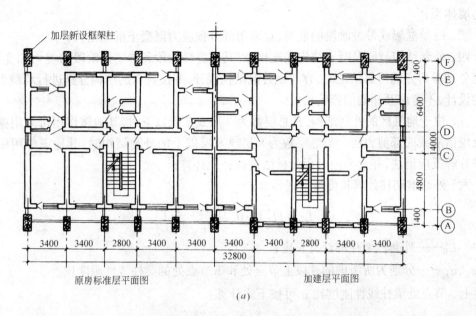
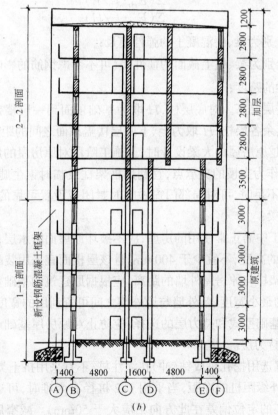

图 5-10 连接式外套结构[5-12]
(a)平面图;(b)剖面图

二、当外套结构房屋总层数为 7 层或 7 层以下时,宜选用普通框架体系、带过渡层的框架体系、或框架-剪力墙体系。当总层数为 8 层及 8 层以上时,宜选用巨型框架体系或框架-

剪力墙体系；

三、巨型框架或带过渡层的框架，宜采用部分预应力混凝土框架结构；

四、外套结构与原混凝土结构的连接，对其在弹性阶段和弹塑性阶段的受力和变形，在无充分试验研究的可靠结论时，宜与原砖混结构脱开，并按各自的结构分别进行承载力和变形的设计，不考虑互相间的影响；

五、位于地震区的外套结构，其总层数为7层或7层以下时，其地震作用可采用振型分解反应谱法或底部剪力法。当总层数为8层或8层以上的外套结构时，其地震作用应采用振型分解反应谱法，并宜采用时程分析法进行补充计算；

六、外套框架柱计算长度按下式计算：

$$L_0 = H\left[1 + 0.2\left(\frac{1}{\alpha_\mu} + \frac{1}{\alpha_L}\right)\right] \tag{5-6}$$

式中 L_0——外套框架柱的计算长度；

α_μ、α_L——分别为所考虑的柱段上节点处和下节点处的梁柱线性刚度比。

七、节点处梁柱线性刚度比 α 可按下式计算：

$$\alpha = \frac{\Sigma(E_{cb} \cdot J_b / L)}{\Sigma(E_{cc} \cdot J_c / H)} \tag{5-7}$$

式中 E_{cb}、E_{cc}——分别为梁、柱混凝土的弹性模量；

J_b、J_c——分别为梁、柱毛截面的惯性矩（可不考虑钢筋的影响）；

L——梁的跨度；

H——楼层层高。对底层柱，H 取为基础顶面到一层楼盖顶面之间的距离；对其余各层柱，H 取为上、下两层楼盖顶面之间的距离。

八、外套结构跨越原房屋的大梁设计时，其施工阶段对原房屋的影响应进行结构验算。原房屋的砖外墙不宜作为支模的支承点，宜利用框架柱设临时钢牛腿作为梁端支点。内墙支承施工荷载承载力不足时，可对局部门窗做临时封闭或设置可靠的支顶。可将跨越原屋面的大梁设计为叠合梁；

九、对在增层施工中需正常使用的房屋，应不破坏原屋面防水层，跨原屋面梁的梁底距原屋面防水层最高点的高度，不宜少于400mm，且该层楼面宜采用装配-整体式叠合板；

十、外套结构框架柱与原房屋外墙的距离，应根据原建筑的基础宽度、桩基施工机具的最小作业宽度、承台的最小宽度、新外墙与原外墙之间可资利用的宽度等因素综合确定；

十一、外套结构基础型式和持力层的选择，应防止对原房屋基础产生不利影响，宜选择基岩或低压缩性土作持力层。

当采用桩基时，宜选用挖孔桩或钻（冲）孔灌注桩，不宜采用挤土类的桩；

十二、桩基承台外缘距桩的净距，当采用1/2桩径有困难时，可适当缩小，但不得小于100mm（相应对桩施工的定位偏差在此方向不应大于50mm）。减窄后的承台，可按受集中荷载的深梁设计，柱与承台的连接构造，应按框架节点处理；

十三、当承台底深于原房屋基底时，应采用钢筋混凝土板桩或做临时支挡。板桩上支点可设临时支撑，下支点可利用承台的混凝土垫层板端加键支撑，相应要求原房屋基底高程以下的承台坑，随挖随灌注垫层混凝土，必要时混凝土内应掺早强剂。

5.1.6 室内增层的结构设计

一、当原房屋室内净高较大(>6m)时,可在室内增层;

二、当室内增层结构与原房屋完全脱开形成独立结构体系时,新旧结构之间应留有足够的缝宽,最小缝宽宜为 100mm;

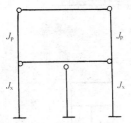

图 5-11 单层厂房室内增层时结构计算简图

三、室内增层结构与原房屋相连时,应保证新旧结构有可靠的连接,并应符合下列规定:

(一)单层砖房室内增层时,室内纵、横墙与原房屋墙体连接处应设构造柱,并用锚栓与旧墙体连接,在新增楼板处应加设圈梁;

(二)钢筋混凝土单层厂房或钢结构单层厂房室内增层时,新增结构梁与原房屋柱的连接,宜采用铰接;当新增结构柱与原厂房柱的刚度比 $N_p \leqslant 1/20$ 时,可不考虑新增结构柱对原厂房柱的作用。其结构计算简图可按图 5-11。

$$N_p = (\Sigma E_p \cdot J_p)/(\Sigma E_x \cdot J_x) \tag{5-8}$$

式中 $\Sigma E_p \cdot J_p$ ——对应同列原厂房柱的所有新增结构柱的截面刚度;

$\Sigma E_x \cdot J_x$ ——原厂房一列柱总截面刚度。

(三)新增结构的基础设置,应考虑对原房屋结构基础及设备基础的不利影响。

5.2 工程实例一——洛阳建材工业学校教学主楼的增层加固[5-8]

一、工程概况

洛阳建材工业学校的教学主楼,原为1959年建造的一栋中间为四层,两端为三层的建筑物,建筑面积为 8058m², 该建筑物主要入口门斗高为一层,中轴对称,是一栋典型的五十年代的建筑物。

原建筑物的各层楼板和梁均为现浇钢筋混凝土,承重结构为砖墙,基础为条形的灰土垫层砖砌大方脚,建筑物中间部分为人字木屋架和双坡双屋面,两侧部分屋顶为可上人的钢筋混凝土平屋面(图 5-12)。

加固加层结构设计的主要内容是将中间部分由四层加高到五层,两端三层也加高至五层,形成一等高的一字形立面,共增建面积为 4050m²。在结构上采取的主要措施是:

(一)对条形基础,由于加层后其承载面积不足,而增设了现浇钢筋混凝土灌注桩,与条形基础共同承担着加层后的全部荷载;

(二)对内外墙,由于建筑物按七度抗震设防后,剪力墙面积和底层承重外墙强度不足,因而增设了构造柱,与墙共同工作;

(三)对外墙新增设的构造柱,结合建筑立面的需要,而又增设了纵向隔板,并起挑檐板和圈梁的双重作用。这样该建筑就形成了一个内外构架,它与原有砖墙及新增高砖墙共同承受新增加楼层的荷载。

本实例引自郭增运、陈国钧、赵岚,1984。

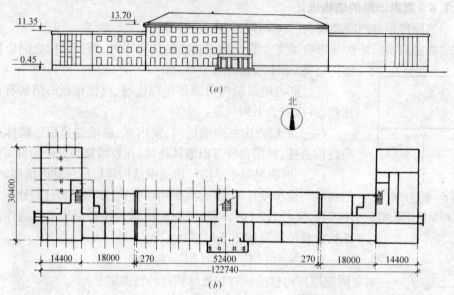

图 5-12 原洛阳建材工业学校教学主楼建筑图
(a)正立面图；(b)平面图

(四)加固加层的建筑设计与结构设计相配合,其主要措施是将立面加以改造,使之成为一栋新建的形体简洁、线条挺拔的建筑物,具有明快、清新、亲切而又不失严谨端庄的学校建筑风格。

二、增层加固方案的选择

(一)基础加固方案

1. 工程地质情况

该建筑物坐落在新近堆积黄土层上,这层土是原生土长年冲积而成,易透水,浸水后易下沉,厚度达 3.0~4.5m。基础垫层是用 3∶7 灰土做成的条形基础,厚为 600mm。自然地面下 4.5m 以下为老黄土层,-17m 以内未见地下水,其地质剖面如图 5-13 所示。

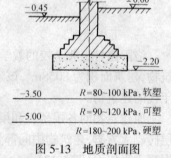

图 5-13 地质剖面图

原建筑在建成后使用过程中,由于场地排水不畅,致使该建筑物的部分地基土软化,为了校核该建筑物的软弱土层上的地基承载力,在设计前,又重新进行了土质分析检验。结果表明:基底的孔隙比并没有明显减少,而含水量却有明显增加,见下表所示。

试样时间	土层标高	$w(\%)$	e	$f(kPa)$
1958 年	-2.5~-2.61	~21.5	0.943(平均)	100
1979 年	同 上	26~38	0.93~0.95	70~90

从上表说明,持力层强度并未因已建成 20 年后而提高,反而有所降低,所以通常的提高地基承载力的设想在此场地条件是不能成立的,但该地基土还比较均匀,除个别窗台下有因地基反力上拱引起的弯曲裂缝外,其他情况还好。

2. 基础方案选择

5.2 工程实例一——洛阳建材工业学校教学主楼的增层加固[5-8]

根据对基底下的地基承载力分析,表明不应再挖掘地基承载力的潜力了,同时对地基验算表明,原设计已不能满足增层荷载的要求,又经过灰土桩、注浆及现场灌注混凝土桩加固方法的技术经济比较结果,并考虑施工条件等因素,最后采用了现场灌注桩的加固方案。

灌注桩的桩径为 $\phi 400mm$,桩的性能相对稳定,易于用洛阳铲成型施工,桩与原基础是可以共同受力的,其基础构造如图 5-14 所示。

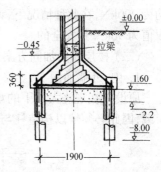

图 5-14 基础加固节点示意图

现浇灌注桩的布置,是承受通过构造柱传下的增层荷载,而桩通过承台与构造柱相连,并在两承台间设置拉梁,以加强其整体性,每一承台下设四根桩,每根桩允许承载力为 90kN,共 360kN。加固节点共 172 个,桩数总计为 684 根,尚有四个单独柱基采用了扩大基底面积的方案,基础及桩位平面布置如图 5-15,试桩桩位平面及沉降观测点布置如图 5-16 所示。

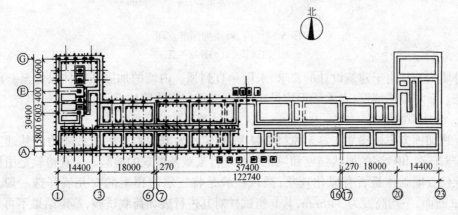

图 5-15 基础及桩位平面布置图

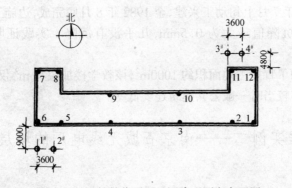

图 5-16 试桩桩位平面及沉降观测点布置图

3. 单桩承载力试验

共选择楼南、楼北边各 2 根进行抗压承载力的试验。试桩几何尺寸与设计相同,长度插入硬塑土层至少 1.0m。

通过慢速试压结果表明:1 号和 2 号试桩的极限荷载为 390kN;3 号和 4 号试桩由于受周围下水道和地面水排水不畅等影响,地基土含水量较大,处于饱和状态,因此强度降低,平均为200kN，在此种情况下，设计单桩允许承载力只能取小值即100kN，所以设计时估算的取值为90kN是安全的。

（二）楼层墙身加固方案

1．内、外墙加固

原设计在现浇大梁下的承重墙没有设置砖壁柱，其承载能力是不足以承担五层楼层的荷载，因此必须辅以构造柱与承重墙共同工作，其主要节点如图5-17所示。

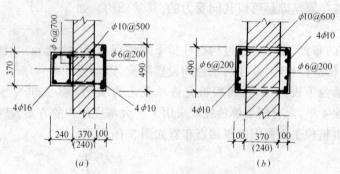

图5-17　内、外墙加固节点图
(a)内墙节点；(b)外墙节点

外墙构造柱由于建筑设计的要求，采用一直到顶。内墙的加固扶壁柱只伸至新增层的楼板底。新增加的墙壁，在大梁下均设砖壁柱，支承在内扶壁柱上。

2．内外墙的鉴定

上述加固方案是建立在鉴定原材料强度、稳定性及其组合后的承载能力的基础上。因此还需对砖号和砂浆的原状强度和风化程度进行宏观及微观的检验。宏观检验是用目测及回弹仪检查墙砌体是否有风化现象；微观检验是将三层屋顶上的女儿墙任选一段320×240mm断面，平均高度为340mm，共6组试样对其进行破坏荷载试验，鉴定结果不再多赘。

三、技术经济效果

该工程自1981年7月上旬动工兴建，至1982年8月底完成，边施工边教学，历时一年。经沉降观测，其沉降值最大为0.5mm，几乎没有沉降。实践证明，这一方案是可靠的。

本增层方案节约了直接占地面积约1000m^2，该教学楼加层每m^{2}仅为125元（不计基础加固费用），其造价亦较当时一般公共建筑还要低些。

5.3　工程实例二——南京石城无线电厂的增层改造[5-14]

一、工程概况

南京石城无线电厂位于新街口闹市地段，原二层办公楼建于1987年，钢筋混凝土条形基础，基底标高为-1.1m，条基宽度为1.6m和2.3m两种。因原有的办公楼不敷使用，拟增层改造为五层综合楼。

二、工程地质条件

本实例引自孙亚萍、王燕，1992。

5.3 工程实例二——南京石城无线电厂的增层改造[5-14]

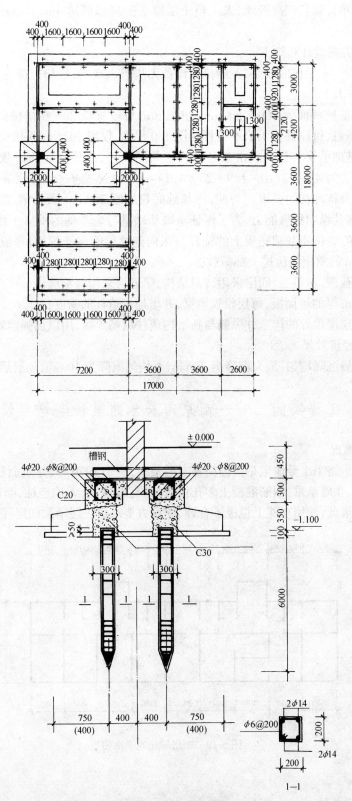

图 5-18 采用锚杆静压桩增层

场区地貌单元属长江高漫滩,人工填土层厚 3m,局部可达 4m,$f=60\text{kPa}$;其下为粉质粘土,$f=130\text{kPa}$。

三、加层方案设计和施工

由于场地狭小,工作面较小,一般打桩设备无法进入现场,经研究决定采用锚杆静压桩加固基础(图 5-18)。

锚杆静压桩桩截面为 $200\times200\text{mm}$,桩长 6m,每段桩长 2m;在楼梯间处,因净空高度小,要分六段压桩,每段桩长 1m,本工程共压 130 根桩,仅用 10 天时间压完。

加层后,基础承受的总荷载由条基和桩基共同承担,地基增加的荷载是原荷载的 1.2 倍。单桩承载力为 $4\times0.2(10\times1.9+25\times4.1)=97.2\text{kN}$。通过计算原基础底板厚度已不能满足其抗剪及抗冲切的要求。为此,将基础底板加厚 300mm,并沿着基础纵向做两道纵向连续梁,提高其纵向抗弯能力,为了保证新增基础梁与老基础的整体工作:将原基础表面凿毛,刷洗干净;并将原基础底板上的锚杆与纵向连续梁的钢筋焊接;每隔 1.4m 横穿墙体一根长为 1.2m 的槽钢以传递上部荷载;

为了减轻荷载,对第三、四层采用砖混结构,第五层采用轻型墙体;

现浇 45mm 厚的屋面板,每层设置圈梁,并增加构造柱的密度;

凿开原二层屋顶处的构造柱纵筋与新增构造柱纵筋焊接,用以加强建筑物的整体刚度。

四、技术经济效果

施工一年后沉降均匀,最大沉降为 30mm,不均匀沉降为 10mm,加层后效果良好。

5.4 工程实例三——南京市长乐路某住宅增层设计[5-1]

一、工程概况

南京市长乐路 161 号住宅是一幢简易三层楼房,建于 1970 年,建筑面积为 737.3m^2,砖砌大方脚基础,斗墙承重,钢筋混凝土多孔楼板,平瓦坡屋面,无构造柱,圈梁和砌筑砂浆据手感测试标号很低,使用功能上也极不合理,建设方要求由三层增加四层(图 5-19)。

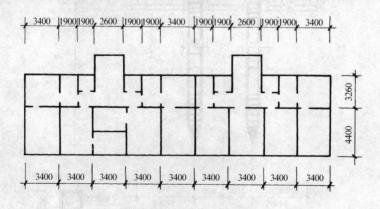

图 5-19 原房屋建筑平面图

本实例引自徐澄,1992。

5.4 工程实例三——南京市长乐路某住宅增层设计[5-1]

本住宅作为南京市城市旧房增层改造课题所选的一个试验项目,由南京市民用建筑设计院担任设计。

二、工程地质条件

建筑场地土的地貌单元属河漫滩相,土质软弱,从地表层起向下依次为:

①$_1$ 层——人工杂填土,层厚 0.7～2.8m,$f_k=60$～70kPa;

①$_2$ 层——淤泥质杂填土,层厚 1.0～2.8m,$f_k=60$kPa;

②$_1$ 层——粉质粘土,层厚 2.2～3.4m,$f_k=80$kPa;

②$_2$ 层——淤泥质粉质粘土与粉细砂互层,层厚 2.2～3.6m,$f_k=70$kPa;

③$_1$ 层——粉质粘土,层厚 2.3～3.6m,$f_k=180$kPa;

③$_2$ 层——粉质粘土,层厚 3.4～5.3m,$f_k=200$kPa;

③$_3$ 层——粉质粘土,未穿透,$f_k=160$kPa。

地下水属潜水,稳定水位高程为 1.1～1.3m,水位升降受大气降雨影响。

三、增层设计

根据规划部门要求,"南、东、西墙不得超过现有南、东、西外墙,北墙可与现楼梯间外墙拉齐"的意见,将北面的后沿墙向后推移 2m,平面在保留横墙、前沿墙、内纵墙轴线不变的情况下,对内隔墙作了一些调整,每户单独设厨房、厕所和方厅,二层以上每户设一阳台,个别住户还设有储藏室(图 5-20)。

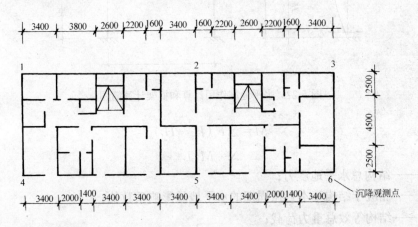

图 5-20 增层改造后建筑平面图

(一) 结构设计

对新增的钢筋混凝土框架柱采用异形柱,结构平面布置如图 5-21 所示。

结构计算模式,水平地震作用计算采用底部剪力法,各楼层仅考虑一个自由度,计算出底层框架所承受的总水平地震力 F_E 和水平地震力所引起的底层框架柱的轴力 N。再对底层框架进行强度计算(图 5-22),并适当考虑原三层砖墙对框架侧向位移的约束作用。

$$F_E = \alpha_1 \cdot G_{eq}$$

$$F_i = \frac{G_i \cdot H_i}{\sum_{i=1}^{n} G_i H_i} \cdot F_E$$

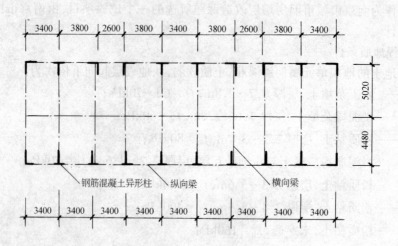

图 5-21 结构平面布置图

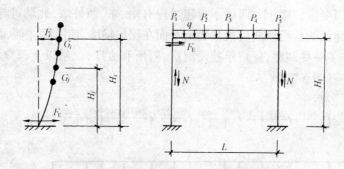

图 5-22 水平地震作用计算和框架计算简图

$$M = \sum_{i=2}^{n} F_i(H_i - H_j)$$
$$N = M/L$$

式中 F_E——结构总水平地震力;

α_1——相应于结构基本自振周期的水平地震影响系数值;

G_{eq}——结构等效总重力荷载;

F_i——质点 i 的水平地震力;

G_i、G_j——分别是集中于质点 i、j 的重力荷载代表值;

H_i、H_j——分别是质点 i、j 的计算高度;

M——加层部分各质点水平地震力对框架产生的整体弯矩;

L——框架的跨度。

(二) 构造措施

1. 既有建筑横墙为 240 空斗墙,纵墙为 120 墙,已不能满足现行的抗震规范要求。因此,原纵横墙采用钢筋网水泥砂浆面层加固,先将粉刷清除干净,砖墙两侧用 $\phi6@200$ 的双向钢筋网绑扎,每隔 600mm 钻孔,用 S 形钢筋将两侧钢筋网拉结,做面层前将原墙面用水湿润,然后用水泥砂浆粉刷,面层厚度为 25mm;同时,加固砖墙的钢筋伸进钢筋混凝土柱内,

以加强原砖墙与钢筋混凝土柱的联结,使提高原有砖墙的抗震性能;

2. 对三层增设的阳台,由于挑梁搁置位置有限,经研究论证,将施工中挑梁钢筋弯入异形柱内,并与柱纵筋锚焊,同时浇筑混凝土,从而满足了钢筋锚固搭接和阳台抗倾覆要求;

3. 四层楼面做钢筋混凝土整浇楼面,新增的四层采用砖混结构,每开间设置构造柱,每层设置圈梁,使之成为一个闭合体系,以增强房屋的整体协调性,提高房屋整体抗震性能;

4. 为提高建成后房屋的抗震能力,减少基础的沉降量,设计时考虑尽量采用轻质高强材料的多孔砖和三维板,隔墙直接做在楼面上,不需另设过梁。

(三) 基础设计

根据结构方案,上部四层结构荷重均由柱承受,而地基又软弱、地下水位又高、且场地狭小,因此采用树根桩基础,桩基持力层为③$_2$层粉质粘土,桩长13m,桩径ϕ300,配置6ϕ12纵筋,ϕ6@200螺旋箍筋,设计单桩容许承载力为250kN,桩身混凝土抗压强度为25MPa(图5-23)。

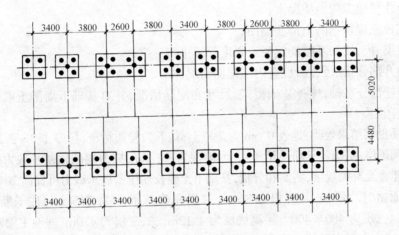

图 5-23 桩基础平面布置图

经测试结果,树根桩质量良好,通过动静对比资料及实测刚度计算,单桩承载力标准值为268kN。树根桩水泥砂浆(1:1)抗压强度为25.1~27.2MPa,均符合设计要求。

(四) 沉降观测

由于既有建筑已建造有二十多年之久,沉降已经稳定,但因新建结构不免会对既有建筑产生新的沉降,从而有可能使原有结构或使用上不便,为此在增层建造过程中进行了沉降观测实测结果如下:

测　　点	1			2			3			4			5			6		
时　　间 (月/日)	2/5	2/6	4/7	2/5	2/6	4/7	2/5	2/6	4/7	2/5	2/6	4/7	2/5	2/6	4/7	2/5	2/6	4/7
累计沉降 (mm)	2	2	2	4	5	5	3	4	4	2	2	2	2	2	2	4	4	4

四、技术经济效果

沉降观测表明,所选择的结构型式合理,采用树根桩后沉降值小,差异沉降亦小,沉降速率快,很短时间内趋于稳定,技术经济效果优良。

5.5 工程实例四——沈阳铝镁设计研究院办公楼的增层设计[5-2]

一、工程概况

沈阳铝镁设计研究院办公楼建于三十年代初期的三层框架结构，平面呈"L"形，全楼建筑面积为 7400m²。近年来，办公室面积不敷使用，如拆除重建，投资约 2500 万元，建设周期约四年，所以拆除方案无法承受，经研究分析后，只能采用既有建筑增层的方法来实现。

二、增层设计可行性研究

该楼建于三十年代初期，已无图纸和任何遗留资料。虽该楼为钢筋混凝土框架结构，但由于当时采用的设计规范、建筑材料、施工技术和当前国内标准有很大差别，因此必须作周密的鉴定工作和可行性研究，首先作了如下几项检验工作：

（一）补作场地工程地质勘察；

（二）完成原建筑物的全部实测图；

（三）对梁、板、柱和基础的混凝土强度等级进行鉴定；

（四）凿开部分梁、板、柱，检查内部配筋情况；

（五）开挖部分基础，检查基础型式、尺寸和配筋情况，并对基础下周围土取样分析，了解其物理力学性质。

工程地质勘察结果表明：地表 0.5m 为杂填土；其下为粉质粘土，层厚 1.2～2.2m；再下层为中砂层及圆砾层，基础置于粉质粘土层上，埋深为 -1.8m，持力层的地基承载力为 180kPa，根据沈阳市建委及有关规定，实测和分析，基础下土经长期压密后承载力可提高 20%。

建筑平面呈"L"形，底层面积 2386m²，三层总建筑面积为 7158m²，柱子断面底层为 420×420；二、三层为 400×400。层高底层为 4.12m，二、三层为 4.0m；框架主梁断面为 250×600，板厚 150，为现浇梁板。混凝土用回弹仪鉴定 210 个点，其平均强度为 170 号，基础强度约为 100 号。钢筋为竹节钢，钢号不明。柱子配筋一般为 4ϕ20（每边），板内双向配筋为 ϕ10@150。挖开四个基础检查，基本上分两种型式，一种为平板式底板，厚为 150，配筋为 ϕ9@200，底面积为 2200×2200；另一种为锥式基础，高度较小，配筋相同。

按上述情况计算，此建筑物除梁板外，在加层中所有柱和基础的强度都不够，必须加固，原结构设计未考虑按七度地震设防，增层后整个结构应重新作内力分析，建筑设计部分从略。

三、结构设计

在三层框架上新增四层，经结构计算，对原有三层框架柱和基础均需作加固处理。由于原三层楼板厚 170，梁 250×600，楼板梁刚度较大而传递水平力可靠。经多方案比较并满足抗震设防需要，结构设计采用框架-剪力墙方案较为合理，在每个伸缩缝内，按刚心质心尽量设计得接近为原则，设置多道纵向和横向剪力墙，平面和剖面图如图 5-24、5-25、5-26 所示。剪力墙在加固基础和柱同时施工。自基础到七层顶上下对应，贯通设置剪力墙，以便增强结构的整体性，保证框架梁柱与剪力墙共同工作。根据有关规定计算时，剪力墙承受

本实例引自孙占一、余福山、郭满良，1996。

5.5 工程实例四——沈阳铝镁设计研究院办公楼的增层设计[5-2]

75%风荷载和80%的水平地震力,框架承受25%风荷载和20%的水平地震力,同时考虑各种荷载的组合作为结构设计的依据。

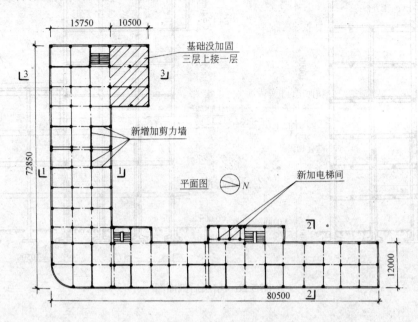

图 5-24 结构平面布置图

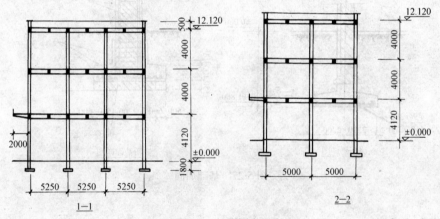

图 5-25 增层前剖面图

(一) 基础加固

根据计算结果,原基础面积 2200mm×2200mm 均需加固加大,将原有基础挖开,并将原有基础作为垫层,并每边加大 500mm,加配计算所需用的基础钢筋;柱子加固钢筋和剪力墙钢筋均需伸入基础,基础原有平面面积为 $4.84m^2$,加固后面积为 $10.24m^2$,增加 1.12 倍(图 5-27)。

(二) 柱子加固

柱子加固(图 5-28)分两种型式。对边柱则一边打出箍筋,再凿毛焊新箍筋,配受力筋,刷洗干净后灌注混凝土。对中间柱则四边凿毛配箍筋和受力筋后,同样刷洗干净后灌注混

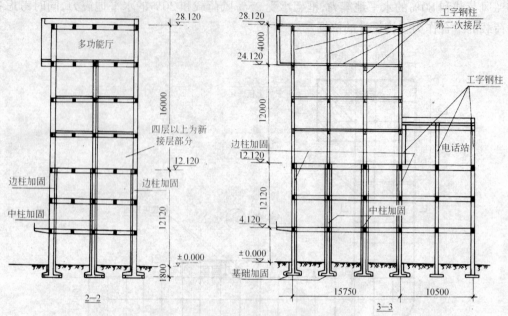

图 5-26 增层后剖面图

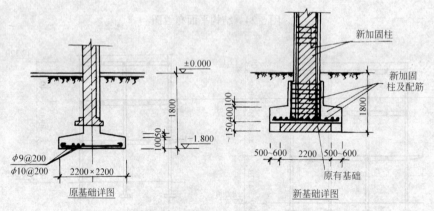

图 5-27 基础加固

凝土。

(三) 加剪力墙

在每个伸缩缝区段增设 180 厚剪力墙,自基础至顶层,上下对应贯通,有剪力墙处的柱子筋与剪力墙连结在一起,保证新旧结构共同工作和良好的整体性。

四、效果与评价

(一) 建筑平面布置合理,扩建后使用功能齐全,立面设计朴实大方、色调和协,与周围附近各大建筑统一协调,面貌焕然一新;

(二) 原三层建筑面积 $7406m^2$,新增四层建筑面积 $10832m^2$,增加建筑面积 1.46 倍,缓解了办公室紧张的矛盾;

(三) 增强了整体建筑的抗震性能;增层后绝对沉降量极小;总投资比拆除新建节约将近一半,综合经济效益极为良好。

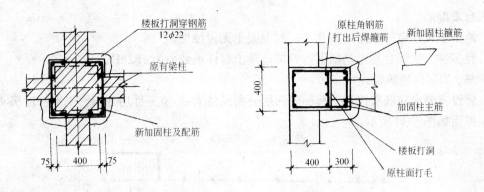

图 5-28 中柱及边柱加固

5.6 工程实例五——三层楼上增建四层的设计实践[5-3]

一、工程概况

本工程原为五十年代建造的三层砖混结构的单身楼,木屋架,机瓦屋面,灰土条形基础,北半跨为纵墙承重,南半跨为横墙承重,一、二层外墙厚370mm,三层外墙及所有内墙厚240mm,原建筑平面图如图5-29所示。建设方要求在既有建筑的上部加建四层公寓式住宅,本工程由煤炭工业部西安设计研究院担任设计。

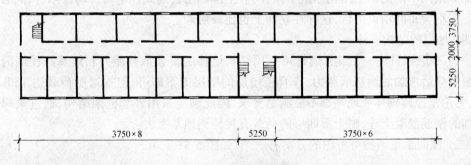

图 5-29 原楼房平面图

二、工程地质条件

设计前对工程地质作了勘察工作,资料整理如下:

土层名称	层底标高(m)	锥尖阻力 q_c(kPa)	侧壁摩阻力 f_s(kPa)	承载力设计值 f(kPa)
素填土	-2.9	1150	30	140
黄土(Q_3)	-9.0~-9.4	850	35	130
古土壤	-12.0~-12.2	850	20	120
钙质结核密集层	-14.0~-14.5	2800	65	250
黄土(Q_3)		900	20	120

在地面以下标高-7.0m以上的黄土具有湿陷性;东西两端为Ⅱ级非自重湿陷,中部为

本实例引自孔德润、李玉祥、胡应吉,1995。

Ⅱ级自重湿陷。

地下水位在室外地面以下 9.5m,对混凝土无侵蚀性。

经多种方法综合判定基础下持力层地基土容许承载力为 182kPa。

三、加层的建筑设计

建设方要求在既有建筑上部加建四层公寓或住宅：一室一厅房 56 套,二室一厅房 4 套,加层平面如图 5-30 所示。

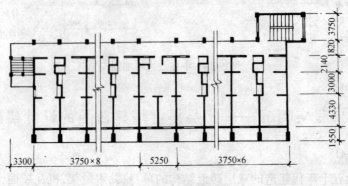

图 5-30　加层平面图

设计时考虑到防火、防震、人员疏散的需要,且加层与原建筑的功能互不干扰,在上部四层公寓式住宅的东西两端各设一部室外楼梯。在上下部分之间,加设一设备层(同时也为上下两部分采用不同的承重结构创造了条件)。上部四层公寓式住宅每户均设阳台,同时也为下部三层宿舍每间增设阳台,这样在立面上也比较协调。

四、加层的结构设计

(一) 一般如只建一、二层,通常可利用结构墙体的富余承载能力和地基经长期荷载下的压密效应后增加的地基承载力,作直接增层的增层方案即可,但本增层荷载达 150kN/m 以上,无论是原砖砌体或地基都不能满足要求,因此确定采用外套框架结构,通过紧邻外墙面新加的钢筋混凝土柱,将上部四层的荷载直接传到地基上去。

(二) 横向承重结构可考虑的方案有三个,如图 5-31 所示。

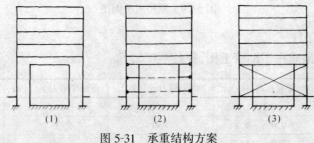

图 5-31　承重结构方案

1. 为上下部分彻底脱开方案,上下两种不同的结构分别承受各自的垂直荷载和水平地震作用,传力明确,互不干扰,砖混结构无需加大,但其缺点是地基沉降互有影响;另外,底层柱高度大,对八度地震区不合适;

2. 是由克服方案 1 而设想的,对原砖混结构有部分改造工程量;

3. 是在砖混结构横向砖墙上设钢筋混凝土抗震墙,与砖墙外的柱子整浇成一体,共同承受竖向和水平荷载作用的方案,砖混结构的改造加固工程量大。

经过分析对比,并考虑到原结构一些横墙已有裂缝的情况,最后选用图 5-31 中(1)和(3)的综合方案,即每隔二、三个开间使用一个图(1),其余均使用图(3)。横向计算按整体共同承受水平地震作用,纵向则按上部框架下部砖混结构分别计算。新设楼梯与房屋结构脱开,自成一体。

(三) 框架柱下设单独基础,兼作旋喷桩的承台,每根柱下设三或四个 $\phi600$ 的旋喷桩,桩底直径扩大为 1000mm,桩端落在钙质结核密集层上,考虑到 -7.0m 标高以上黄土的湿陷可能会引起负摩擦,所以将旋喷桩底端扩大以增大其端承力,设计中只利用端承力,而认为湿陷土层的负摩擦和非湿陷土层的正摩擦相互抵消。设计要求单桩极限承载力(包括端力和侧壁摩阻力)不小于 1200kN。

为抗震需要,旋喷桩上段 4m 高设置钢筋笼,上部锚入钢筋混凝土承台中。

五、效果与评价

(一) 加层建筑面积 3302m^2,总预算为 140 万元(其中旋喷桩结构 15.16 万元),单位经济指标为 423.9 元/m^2,由分析可知,增层造价比新建砖混结构住宅略高一些,但如考虑城市建设综合费用,其优越性无疑是十分突出的。

(二) 本工程竣工后,实践证明是十分成功的。

5.7 工程实例六——河北省建筑设计研究院办公楼增层设计[5-4]

一、工程概况

河北省建筑设计研究院办公楼始建于 20 世纪 70 年代初,是一幢建筑面积为 3000 余平方米未考虑抗震设防的四层砖混结构,因办公楼不敷使用,且建造期内仍需办公。经多方案比较

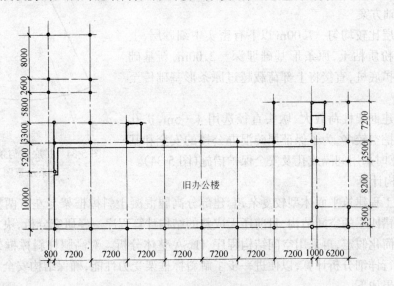

图 5-32 办公楼增层后的建筑平面图

本实例引自王永祯、习朝位,1995。

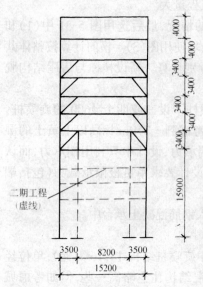

图5-33 加层框架结构简图

后决定,在保证原办公楼继续正常使用的条件下采用外套框架向上增加六层,局部七层。待第一期工程完成后再将原办公楼拆除,再加内柱接建下部四层,最后形成十层和局部十一层的框架结构。本工程设计考虑两种工作状况进行受力分析,建筑平面和加层框架结构简图示于图5-32和图5-33。本工程一期建筑面积为11000多平方米,地上总高度为39.6m。

二、结构体系

本工程由外套结构加层形成一层高为15.9m的上刚下柔八层高腿框架结构,这对抗震十分不利。为了克服上刚下柔,提高抗震性能,结合电梯井,在两端新建部分增设一定数量的剪力墙,剪力墙最大间距26m,它与楼板宽度之比为1.67。这样,整体便构成框架-剪力墙结构。由于两端新建下部四层与高腿柱形成错四层的复式框架-剪力墙结构,使计算复杂困难。为了保证结构的整体性,各层均采用了现浇肋梁楼板。

三、套建框架型式

为了适应现代化办公要求,尽量提供大空间,同时又要减小梁断面、降低总高度和节约投资,经反复研究决定采用加斜柱框架型式,一层梁截面为300×800mm,以上加斜撑的梁截面300×700mm,顶层不加斜撑的梁截面为350×1200mm,在梁中均施加了部分无粘结预应力。斜撑框架高腿柱截面为650×1100mm,上层柱为650×900mm。

四、基础方案

场地土层比较均匀-7.00m以下有密实中细砂层,上部为粘土及粉质粘土,原条形基础埋深-2.00m,新基础采用大直径扩底桩,直接将上部荷载越过原条形基础传至砂层上。

由于套建框架柱荷载大,墩头直径选用4~5m,扩孔期原条基下挖空较多,为了保证原砖混办公楼的安全和基础稳定,施工时采用间隔成孔及安全保护措施(图5-34)。

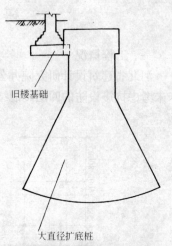

图5-34 扩底桩与条形基础
关系示意图

五、结构计算

由于该工程建筑平面体型较复杂,套建部分高腿混凝土斜撑框架与左右两翼框架剪力墙形成底部错四层的空间结构,目前还无成熟的结构计算程序。经研究分析,决定对结构作一些合理的简化假定,再采用空间结构程序TBSA整体分析。对高腿柱斜撑框架采用平面程序PK进行详细分析计算,以便进一步了解斜撑框架受力性能,确保结构安全可靠。

计算结果如下:

(一)对基本周期比较,平面计算为2.1秒,空间计算为0.88秒;

(二)对侧移比较,地震荷载作用下总侧移,平面计算为24.2mm,空间计算为9.6mm;

风荷载作用下总侧移,平面计算为 27.9mm,空间计算为 4.4mm;

(三) 内力计算,单项风荷载作用下内力平面计算值比空间计算值大几倍,而地震荷载作用结果正相反;

(四) 斜撑框架最下边的横梁产生拉力 830kN,说明该框架有空腹梁的整体作用效果。

由此,通过空间和平面计算结果不难看出对套建加层框架增加剪力墙可大大提高整体和底层结构刚度,消除结构上刚下柔的弱点。

六、部分无粘结预应力斜撑框架设计

为了降低套建加层部分的层高及建筑物的总高度,对上部五层框架加斜柱,既不影响大空间的使用,又可减少框架梁的跨度和梁截面的高度,为满足梁刚度和抗裂要求,采用了无粘结预应力斜撑框架结构(图 5-35)。

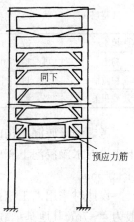

图 5-35 无粘结预应力斜撑框架

由于一层梁上立柱和底层梁受较大的轴向拉力,故在一、二层框架梁中布置小曲率的大曲线预应力筋,在三~六层框架梁中预应力筋沿着弯矩包络图布置,通过计算分析比其它布筋方式效果为好。

预应力梁抗裂计算时采用手算为主,机算为辅的方法。在长期荷载、短期荷载及预应力产生的等效荷载作用下内力分析采用平面程序 PK 进行。预应力梁强度计算等均采用手算,后来又采用预应力混凝土结构设计程序进行校核验算,二者计算结果一致。

七、效果与评价

(一) 在套建高层结构中利用电梯井及旧楼左右、前后新楼接建部分增设一定数量剪力墙,形成框架-剪力墙结构体系,对加强结构整体刚度,克服上刚下柔改善抗震性能效果显著;

(二) 采用部分无粘结预应力斜撑框架结构,既提供使用大空间又降低层高;

(三) 本工程实践为今后旧楼增层改造提供了有益的经验。

5.8 工程实例七——电子工业部第十四研究所 02 号增建工程[5-13]

一、工程概况

电子工业部第十四研究所 02 号宿舍为 1954 年建造的三层砖混结构宿舍,钢木屋架,基础为 3:7 灰土垫层上的砖砌大放脚。该所决定在原三层的基础上再增加三层。

二、工程地质条件

场地各土层的土性指标如下表。

地下水位在自然地面下 0.8m。

三、加层方案设计和施工

本实例引自韩选江、孙伟民,1992。

土层层次	状态	厚度 (m)	夹杂物	w (%)	γ (kN/m³)	e	I_L	I_P	$N_{63.5}$	p_s
① 填土	松散	1.2~3.0	碎砖							
② 粉土	可塑	0.8~3.7								2.5
③ 粉质粘土	硬塑	1.7~5.2	夹卵石	23.6	20.5	0.635	0.50	9.0		3.8
④ 残积土	坚硬			21.1	20.8	0.580	0.09	13.9	34	9.0

考虑到该砖混结构已使用了三十多年,主体结构特别是该砖砌大放脚基础在附近浴池下水道的水漫浸泡下有所损坏;同时考虑进行抗震加固。为此,决定采用外套增层结构方案(图5-36a)。

设计时采用人工挖孔灌注桩基础,将桩顶持力层放到第③层土上,该层土埋深较浅,一般为4~7m,其地基承载力标准值 $f_k=320\text{kPa}$,可满足上部加层荷载要求,且适应了地基持力层起伏变化等情况。

为了保持外框桩基与原房屋砖砌大放脚基础保持一定的距离,使之不受施工影响,则采用了扩大头的人工挖孔桩,桩径为1.7m,扩大头直径为2.5m(图5-36b);布置在伸缩缝处双柱下的椭圆形短轴1.7m,长轴2.6m,扩大头的长短轴分别为3.4×2.5m(图5-36c)。

人工挖孔桩采用混凝土C20,钢筋笼伸入扩大头桩顶部钢筋与外框相连,桩身施工时采用C20混凝土衬壁支护。

施工时采用了"跳挖的顺序",且坚持了沉降观测,全部挖孔桩施工结束时的最大沉降量仅3mm左右,其中两根桩的端部扩大头下埋设了压力盒及在桩身上埋设了钢筋应力计。

根据沉降观测和测试资料分析,经研究后决定再增加一层。沉降量多数为6~8mm,沉降也比较均匀。在施工时坚持用沉降速率来控制施工速度,以确保安全施工。

四、效果与评价

该宿舍原有三层的建筑面积为2208m²,增加四层后扩大了3706m²,增加面积为原有房屋面积的1.68倍,预算总造价为170万元,其中基础工程花了20万元,为总造价的11.8%,较为经济,体现出具有良好的社会效益。

5.9 工程实例八——〈北京日报〉社综合业务楼的增层设计[5-9]

一、工程概况

〈北京日报〉社综合业务楼建于20世纪50年代,是一幢内廊式砖混结构的建筑,地上四层,地下局部一层,全长90m,分为三段,两翼进深16m,中间段进深18m,建筑面积6152m²,钢筋混凝土现浇楼屋面,条形基础。当时设计未考虑抗震,唐山地震时房屋有轻微损坏,其后对房屋进行了抗震加固。

由于报社业务的发展,决定在原建筑上增建四层办公楼,同时要求施工期间不影响原房屋的正常使用。北京市建筑设计研究院承担了该工程的设计任务。

二、增房结构方案

本实例引自寿光等,1993。

5.9 工程实例八——《北京日报》社综合业务楼的增层设计[5-9]

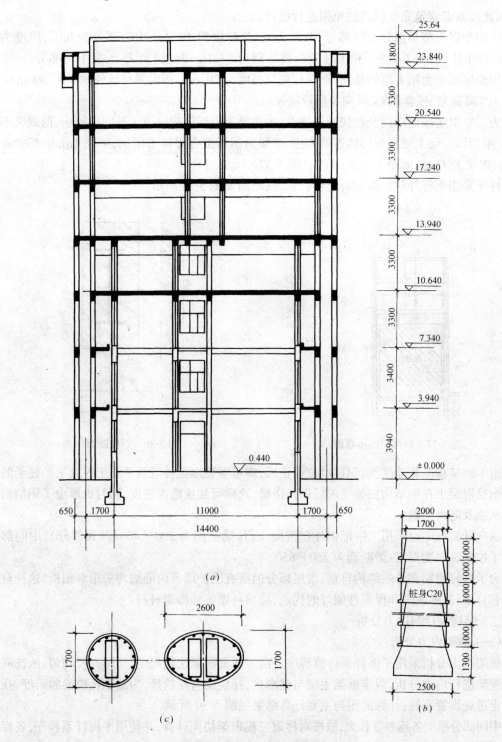

图 5-36 采用人工挖孔桩进行增层

通过对建筑的结构计算表明:采用直接增层,无论是对竖向承载力还是抗震强度都不能满足规范要求。最后决定采用外套框架增层结构方案,由于新老建筑为两种完全不同的结构体系,因此按新老建筑完全脱离的原则进行设计。

结构布置上将平面分为三部分,两翼为八层,跨度为18.2m;中间部分为九层,跨度为20.2m,开间同原设计不变。框架柱顶标高分别为33.1m(两翼)和35.5m(中间部分)。由于利用原屋面作为第五层的楼面,框架柱底层高度为20.6m,柱内侧与墙外侧净距300mm。横向为"高腿型"外套框架,纵向每层设梁拉结。

为了争取房屋的净高及加快施工进度,主次梁采用钢结构。由于开间比较小,荷载又不太大,采用以一层主梁托两层楼盖的方法,主梁为钢板组合焊接工字钢,梁高1m,中部梁高1.3m,次梁为工18,间距为2.4m左右(图5-37)。

柱子采用钢柱外包钢筋混凝土组合柱,柱断面如图5-38所示。

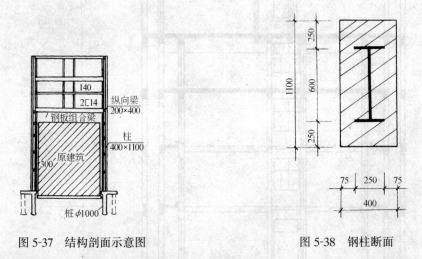

图5-37 结构剖面示意图　　　图5-38 钢柱断面

由于钢结构吊装速度快,钢柱就位校正后,即可安装钢梁并进行下道工序施工。柱子的外包钢筋混凝土在钢结构安装完成后进行浇捣,这样可加快施工进度,同时也解决了钢结构的防腐蚀及防火问题。

纵向框架拉梁也采用工字形钢外包混凝土,拉梁断面为200×400(两翼部分),中间部分为了控制纵向变形,拉梁断面为250×650。

为了减轻增层部分的结构自重,增层部分的所有围护墙及内隔墙均采用泰柏板,这种材料具有自重轻、强度高和保温性能好的优点,墙面可做各种饰面材料。

三、结构设计与内力分析

(一) 框架内力分析

框架内力分析采用平面杆系计算程序。由于两翼框架比较规则,开间亦较均匀,故选取一榀框架进行内力分析,假定框架主梁与柱刚接,托层梁与柱铰接,为减少托层梁的跨度,在中间走道处设置小柱,计算简图与主要计算结果见图5-39所示。

中间部分框架各榀差异较大,故按对称取三榀框架协同计算,并使用平面杆程序,各榀间虚设铰接刚性连接,以模拟空间协同工作计算。计算简图和主要计算结果见图5-40所示。

纵向按两翼及中间部分分别进行计算,两翼为八层框架,计算得出顶点位移为35.6mm,即 $\Delta/H=1/930$;中间部分按九层框架计算,其顶点位移为31.8mm,即 $\Delta/H=1/1116$。计算结果表明:结构的周期、变形及大梁的挠度都是比较合适的。

5.9 工程实例八——《北京日报》社综合业务楼的增层设计[5-9]

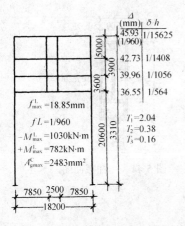

图 5-39 两翼部分计算简图及计算结果

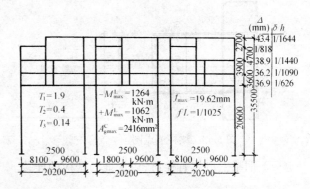

图 5-40 中间部分计算简图及计算结果

(二) 基础设计

由于地基土质较差，地面下为杂填土及砂粘填土，深达 10m 左右。因此采用桩径为 1000mm 的大直径灌注桩，一柱一桩，桩长平均 10m 左右，持力层承载力标准值为 1500kPa，桩头扩至 1.3～2.0m。

为加强刚度计，每二根桩加一根辅桩，三根桩组成一个三角形承台。承台高 800mm，纵向设置 400×400 的拉梁。图 5-41 为桩位布置。桩、承台与柱间的连接见图 5-42 所示。

四、构造措施

(一) 所有钢梁与钢柱的连接均按钢结构中梁、柱刚接的要求设计。钢柱分三截加工，第一截从桩顶至±0.0000 标高，柱长 3.1m；第二截从一层至五层，柱长 15.85m；第三截从第五层中部至第 11 层，柱长 14.45～17.45m。大梁与柱是刚性连接。为保证连接质量和减小大梁的吊装长度，节点随钢柱在工厂完成（图 5-43），主梁与次梁的连接采用高强螺栓。主梁本身的接头用高强螺栓加焊接。

(二) 钢柱上焊有栓钉，以加强与外包混凝土的可靠连接，保证剪力的传递。每根柱配 8φ32 钢筋（图 5-44），钢筋采用"锥螺纹"接头，这种接头施工方便、速度快、质量可靠，现场无火源，有利于安全防火。

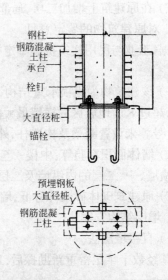

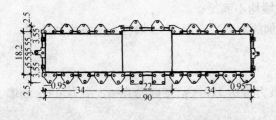

图 5-41 桩位布置图

图 5-42 桩柱连接图

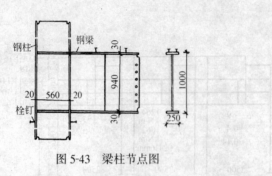 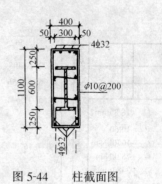

图 5-43　梁柱节点图　　　　图 5-44　柱截面图

(三) 钢梁上也焊有栓钉,以保证与楼板的连接。

5.10　工程实例九——纺织工业部办公大楼加固加层的结构设计[5-10]

一、工程概况

纺织工业部办公楼位于繁华的北京市长安街南侧和北京饭店对面,是一座政府级办公大楼。该工程建于20世纪50年代初期,建筑面积为9054m²,三层砖混结构,层高4.1～4.4m。一、二层内外墙均为370厚;三层外墙厚370,内墙240。木楼板现浇钢筋混凝土走道板,砖砌条基,持力层为素填土,地基承载力取100kPa,基础埋深1.5m。

由于业务扩大,办公楼不敷使用,因此于1990年提出征求抗震、加固、增层方案,并进行方案招标,要求:

(一) 建筑造型和立面装修应朴素大方,与长安街环境相适应,既要尊重历史,又要有时代感;

(二) 平面布局合理,功能上满足使用要求;

(三) 在原建筑上增加二层,局部加三层,改造后的总建筑面积要求达到15500m²左右;

二、对原建筑物的鉴定意见

根据《工业与民用建筑抗震鉴定标准》(TJ 23—77)对该建筑物进行了鉴定,鉴定结果如下:

(一) 该建筑物为纵横承重结构,平面分三段,中间段长84m,未设伸缩缝,横墙最大间距14m,超过8度地震区的横墙最大间距的9m限值,砂浆标号均低于25号,砖标号取样测定为25号。未设置圈梁及构造柱,外墙、内横墙及山墙转角处均有裂缝出现;

(二) 墙体面积率验算:中楼一至三层的内墙及二层的内外纵墙不满足;东西楼一至三层的内横墙,一、二层的内纵墙及二层的外纵墙均不满足;

(三) 原建筑砌体砂浆标号低,墙体能增加的承载力有限,内纵墙已不能再增加荷载。

三、增层结构方案

(一) 直接增层法

地基经数十年压密重新勘探后,地基承载力可达110kPa,基础尚有一定潜力可挖,而墙

本实例引自孙澄潮等,1993。

经过抗震加固后其承载力也有所提高,如实施本方案时,其基本出发点就是一个挖潜方案。

具体做法是:

加层结构采用轻钢框架。水平荷载由钢支撑传至砖墙,加层的垂直荷载由外墙直接传到原有外纵墙上。内墙则由新加走道柱传至地基。外墙为200mm厚加气混凝土,内墙为轻钢龙骨石膏板。楼屋面板均用压型钢板上铺陶粒混凝土,在压型钢板的凹槽中适当配筋形成连续多跨单向板,混凝土平均厚度为70mm,随打随抹,屋面保温采用50mm厚聚苯乙烯板,五层防水做法。

此方案的最大优点是:造价低、施工方便。但由于原内墙无富余的承载力而需加柱,这样就会影响走道的使用与美观。加层荷载的传递对内外墙是不均匀的,对填土地基的变形不易控制,可能会产生新的墙体裂缝。

(二) 外套框剪结构增层法

贴外墙设框架柱,断面为400×500,六层柱为400×600,高出原有建筑物后连成双向刚接框架。由于横向跨度较大,分别为15.43m和19.39m。为了减少梁高,采用部分预应力框架梁,梁断面尺寸分别为300×850和300×1000,楼屋面板及次梁采用现浇陶粒混凝土。

为了不使加层结构的刚度太弱,适当增加钢筋混凝土剪力墙,如图5-45a所示。

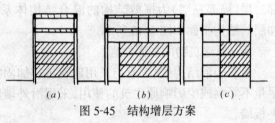

图5-45 结构增层方案

为了减轻结构自重,外墙采用250mm厚加气混凝土,内墙采用150mm厚加气混凝土。

为了减少框架柱基础的沉降,采用大孔径挖孔桩,持力于砂卵石层上。根据勘察报告提供的资料,自然地面下12~14m为稳定砂卵石层,桩端承载力可达1000kPa,地下水位较低。

此方案的优点是:充分利用原结构的抗力,将加固与增层结合在一起处理,传力明确,加层后整体建筑沿高度的刚度比较均匀,有利于抗震。主要的缺点是:抗震缝处梁柱布置较为复杂。

(三) 外套框架结构增层法

为了使旧楼的加固与新楼的建造完全分开。本方案沿外墙距离2m加框架柱,柱距约7m左右,高出原楼屋面连成框架,将原有的砖混结构完全罩在新建的框架结构之内,如图5-45b所示。

将原楼的屋面改造为楼面,在四层楼板及墙顶设新老楼的抗震缝。这样不论是垂直荷载作用下的沉降还是地震作用下的水平变形,新老楼均无变形协调要求,对原有建筑仅涉及抗震加固,相对比较简单。而且加固与新建施工互不干扰。但是由于底层框架的高度大,初算柱截面需要500×1000,而且占地面积大,对面临长安街且内院狭窄的实际情况,是不容易实现的。此方案的另一缺点是,在抗震缝处同样结构难以处理。

(四) 内筒体结构增层法

沿房间内壁四周加钢筋混凝土墙使其形成筒体,筒壁厚160mm,与砖墙按夹板墙的要求进行拉结。在建筑平面中适当布置筒体位置,以使结构刚度均匀及控制筒体间的距离,使楼屋面梁系布置合理。筒体高出原有屋面,在五层楼面标高处布置主次梁,现浇陶粒混凝土楼屋面板,形成剪力筒结构如图5-45c所示。

筒体既是抗震加固需要的抗剪墙体，又是加层结构的支撑构件。通过筒体将加层荷载传至大孔径挖孔桩。这种结构的刚度比较好，而且筒体的位置可以任意调整，梁可以不施加预应力。由于筒体墙偏向砖墙的内侧，因此加层的纵向梁与筒体墙也应偏轴。为了不使梁的跨度太大，就需要布置一定数量的筒体。即使沿走道的两侧交错布置，梁的跨度达10m左右，仍然需要不少个筒体，因为在房屋的端部及楼梯间的两侧均需要有支撑筒体。筒体过多会带来施工困难，而且筒体与外墙间形成较厚的距离，造成不良的使用感觉。

在分析比较上述四种方案的基础上，结合现场工程实际，最后决定在方案二的基础上加入六个筒体，以解决抗震缝处需设置大跨度托梁的问题。加层后的新建筑是一幢底下三层为砖混和上部二层（局部三层）为框剪结构的混合结构体系。加层的结构平面如图5-46所示。

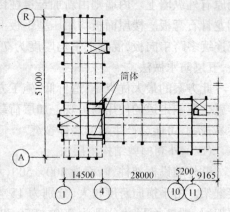

图5-46 加层的结构平面图

四、原建筑物的加固处理

原有砖混结构按《工业与民用建筑抗震加固技术规范》进行夹板墙加固。考虑到施工时尽量不影响或少影响原建筑的使用，采用沿外墙的外侧加80mm厚钢筋网现浇混凝土单面夹板墙。

在内墙较弱的墙段也加了单面或双面夹板墙，夹板墙内配 $\phi6@200$ 双向单片钢筋网；沿外墙在楼面标高处增设暗圈梁，断面为110×180，混凝土标号为200号；由于原楼横墙间距较大，加厚砖墙不足以承受地震剪力，因此增加钢筋混凝土墙。为了能有效地传递剪力，将墙两侧的木楼板改为现浇钢筋混凝土楼板；沿外墙每隔7m有框架柱，它与内横墙或进深梁用钢筋或螺栓锚接。而且外墙的夹板、暗圈梁与框架柱整体浇筑，防止地震时外墙外闪的可能性。

有关本增层建筑的结构计算和抗震分析从略。

五、基础设计及沉降观测

根据地质勘察报告，场地地面下约2.5m深为杂填土及素填土层；再往下2.5~7m为粉土及粉质粘土；7~12m为中细砂层，12~17m为卵石层，以下又是粉土。

由于施工场地狭小，周围绿化珍贵树种，大型施工设备无法进场，场地附近住有居民，应考虑防止施工时的噪声，因此决定采用大直径人工挖孔扩底灌注桩，一柱一桩或一筒一桩，直径为1.0m、1.2m、1.4m和1.9m四种。扩大头直径分别为1.4m、1.6m、2.6m、2.8m和3.5m五种。桩周作100mm厚混凝土护壁，桩长12m左右，持力层为卵石层。桩身直径和扩大头直径受桩基沉降量控制。

本工程是砖混和框剪的混合结构体系，目前国内尚无类似工程对允许沉降量的规定，只能参照北京地区相似地质情况的试桩资料，采用调整扩底的办法把沉降值限定在5mm以内，新体系依靠内力重分布来协调此变形是可能的。

5.11 工程实例十——锚杆静压桩托换加固改建旧建筑物[5-5]

一、工程概况

厦门市思明电影院位于思明北路,原名"奥利安"戏院,于1928年落成。1943年观众厅曾毁于火灾,后经修复,1950年和1980年曾进行装修,但对主体结构均未做变动。

为了适应当前文化消费的需要,提高经济效益,要求将原单层观众厅改为两层不同功能的建筑。亦即底层为舞厅等多功能娱乐场所,二层为宽银幕立体声影院,原二层天台加层为客房。本工程由厦门市建筑设计院担任设计。

为了达到上述目的,需对原观众厅主体结构进行改造。即在原观众厅池座上方增加一层楼板,与原有楼座构成电影厅;并将原观众厅屋顶升高3.5m。同时要求尽可能保留原有结构,保证新增结构与原有结构连接可靠,满足必要的结构强度,以适应建筑物的使用功能要求。为此,必须对原基础进行加固处理,并在原观众厅内增加承受二层电影厅荷载的柱基。

二、工程地质条件与原基础情况

由于建造年久,原始图纸资料遗失。经现场实测,原建筑物为三层(塔楼部分五层)框架结构(观众厅为单层排架结构),总建筑面积约为2100m^2。建造在旧河道淤泥软土地基上,工程地质概况见图5-47所示,地下静水位在自然地面下0.8m。经局部开挖实测,原基础为木桩,独立承台及基础梁见图5-48所示。观众厅地面为简支在基础梁上的钢筋混凝土架空地板,上面有素混凝土找坡层,厚度为15~45cm。

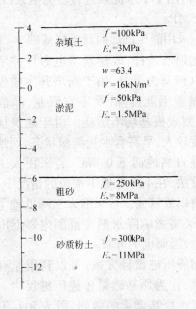

图5-47 工程地质概况

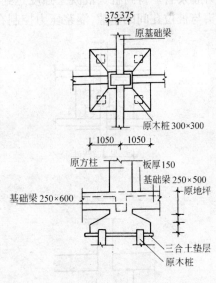

图5-48 独立桩承台及基础梁

本实例引自杜振岳、高振,1990。

由于原承台与基础梁混凝土振捣不够,蜂窝麻面严重,加之上部荷载不均匀,引起部分承台及基础梁多处严重断裂和不均匀沉降。观众厅东西两侧沉降差异10cm,塔楼向东南倾斜,外墙垂直偏差严重。

三、采用静压桩托换法加固原基础

原建筑物地处繁华闹市区,周围都是20～30年代的旧建筑物,施工中不允许有大的振动、噪声和环境污染,并要求在保证不破坏原有结构和不拆除屋盖的前提下进行旧基础加固和新增柱基的施工。

为满足以上改建需要,经研究分析,选择静压桩托换法对原基础进行加固:

(一)对原观众厅周围的14个独立桩承台做扩大的补救性托换如图5-49所示。先用环氧树脂砂浆锚杆将原有承台与新增托换承台锚固在一起,并在扩大加宽部分预留压桩孔,预埋压桩机反力架的固定螺栓。

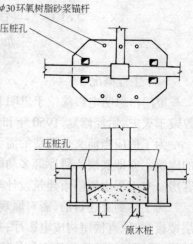

图5-49 承台扩大基础底面积后再采用静压桩

(二)按加固设计的要求,每个承台压入2或4根预制钢筋混凝土方桩,方桩断面300×300,桩的入土深度分别为9～12m,桩端穿过粗砂层,进入砂质粉土2m左右。单根桩段长度2m,楼座部分受净空限制为1.5m,采用硫磺胶泥接桩,压桩力为300kN,即设计单桩承载力的2倍,最后持荷3min,本工程加固用桩34根。

(三)压桩结束后,砍掉桩头,并将承台桩位孔处钢筋凿出,焊上钢筋网片。然后再将压桩机反力架固定螺栓沿桩位孔对角线扳弯,接长搭焊。并用300号混凝土填灌封固,同时预埋压力灌浆管。待封桩头混凝土强度达到100%时,再用1:1水泥浆进行压力灌浆,用以填充桩头与桩位孔间的空隙,灌浆压力控制在0.7～1.5MPa。

四、采用静压桩加固新增柱基础

根据地质条件,改建新增电影厅井字楼板的柱基以桩基为最好,由于新增井字楼板完工前原有屋盖不能拆除,受净空限制,除静压桩外,其他型式桩基均不适应。由于建筑场地淤泥层厚度较大,呈高含水量流塑状态,而地下水静水位在自然地面下0.8m。若采用人工挖孔桩施工方法,在不降低地下水位的情况下,将可能引起坍塌或管涌。若采取人工降低地下水位的措施,又将影响降水漏斗范围内邻近旧建筑物的安全,因而也不可取。

采用静压桩设计方案,可以利用原有建筑物的荷重,作为原基础梁传递压桩反力。由于桩的位置在原基础梁的两侧(图5-50),不仅避免了对原基础梁的破坏,还可以利用原基础梁将新增柱基与原有结构连接起来,形成新老结构一体,并改善了原基础梁的受力情况。

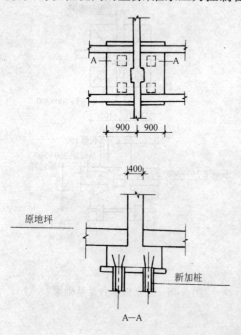

图5-50 新建柱基与原基础梁连接

经静载试验,按设计单桩承载力的 2 倍加荷,弹性变形仅 4mm,卸荷后仍恢复原状,竣工后沉降证明,改建加固效果良好。

五、效果与评价

本工程对原基础加固与新增柱基共压桩 66 根,工期 65 天,造价 23 万元,约占改建工程总造价的 8.8%,是比较经济实用的。

采用静压桩优点是:

(一)设备简单,移动灵活,无振动、无噪声,适用于建筑物和工程设施密集地区的工程施工;可在室内较小的空间施工;有时可在不停产、不搬迁的情况下施工。本次在改建加固观众厅原有基础施工期间,影院利用楼座放映电影继续营业。

(二)加固效果直观。按 1.5~2.0 倍设计单桩承载力压桩结束后,随着压桩过程中桩周重塑区孔隙水压力逐渐消散,土的结构和抗剪强度得到恢复和提高,桩的承载力将相应提高,安全系数可达 2 以上,完全满足设计要求。此外,在压桩施工时,可通过压力表或压力传感器记录压桩力,因而直观可靠。

参 考 文 献

[5-1] 徐澄,南京市长乐路某住宅增层设计研究,《建筑物增层改造基础托换技术应用》(唐念慈、韩选江主编),南京:南京大学出版社,1992

[5-2] 孙占一、余福山、郭满良,沈阳铝镁设计研究院办公楼接层设计,建筑物增层改造与病害诊治论文集,中国老教授协会房屋增层改造技术研究委员会,1996.10

[5-3] 孔德润、李玉祥、胡应吉,三层楼上增建四层的设计实践,现代结构技术论文选集(韩选江、汪达尊主编),全国现代结构研究会,1995.8

[5-4] 王永祯、习朝位,砖混结构房屋套建高层建筑结构设计,现代结构技术论文选集,全国现代结构研究会.1995.8

[5-5] 杜振岳、高振,静压桩托换法加固改建旧建筑物,城市改造中的岩土工程问题论文集,《岩土工程师》编辑部等,1990.5

[5-6] 唐业清、朱爱珍,《房屋增层改造的设计与实例》,中国老教授协会房屋增层研究委员会,1996.5

[5-7] 汪恒在,城市房屋增层设计的新发展,地基基础工程,1992 年第二期

[5-8] 郭增运、陈国钧、赵岚,关于大楼加固加层设计及其地基处理,机械工业部第四设计研究院设计与研究,1984 年第一期

[5-9] 寿光等,北京日报社综合业务楼接层结构设计简介,建筑结构,1993.6

[5-10] 孙澄潮等,纺织工业部办公大楼加固加层结构设计,建筑结构,1993.6

[5-11] 林道宏,房屋加层托换技术的应用,《全国第三届地基处理学术讨论会论文集》,秦皇岛,浙江大学出版社,1992.6

[5-12] 孙瑞虎主编,《房屋建筑修缮工程》,北京:中国铁道出版社,1988.9

[5-13] 韩选江、孙伟民,十四所 02 号宿舍增层改造工程实录,《建筑物增层改造基础托换技术应用》,南京:南京大学出版社,1992

[5-14] 孙亚萍、王燕,石城无线电厂增层改造简介,《建筑物增层改造基础托换技术应用》,南京:南京大学出版社,1992

[5-15] 中华人民共和国行业标准,《既有建筑地基基础加固技术规范》JGJ 123—2000,北京:中国建筑工业出版社,2000

[5-16] 中华人民共和国行业标准,《铁路房屋增层和纠倾技术规范》TB 10114—97,北京:中国铁道出版社,1997

[5-17] 中国工程建设标准化协会标准,《砖混结构房屋加层技术规范》CECS 78:96

6 既有建筑迫降纠倾

樊良本(浙江工业大学建筑工程学院)
丁建江(浙江工业大学建设工程监理公司)

6.0 概 说

建筑物倾斜是软弱地基上一种常见的工程问题,它是由地基不均匀变形产生的基础倾斜所引起,而在上部结构中反映出来,包括墙或柱的倾斜、结构裂缝的开展、建筑物功能的变坏,从而引起人们的关注。倾斜可以在单向(纵向或横向)或者双向(纵横两个方向)发生,当建筑物各部位的倾斜不等量时常使建筑物产生挠曲或扭转。所谓既有建筑物纠倾(亦称既有建筑物纠偏),即利用合适的纠倾技术(或同时辅以地基加固技术)将已倾斜的建筑物扶正到要求的限度内,以保证建筑结构的安全和建筑物功能的正常发挥。

导致建筑物倾斜的原因很多,包括上部结构的原因、地基基础的原因、环境和外部干扰的影响等,或者是这些因素共同所引起。倾斜的发展过程也各不相同,有在施工中就产生倾斜的;也有经过较长时间积累发展在使用多年以后才暴露出严重影响的;还有在外界影响下突发产生的。有逐渐趋于稳定的;也有等速进行甚至突然趋大。当倾斜速率发展很快,或者呈恒速率持续发展时,必须引起严重注意。

6.0.1 建筑物倾斜的主要原因

一、上部结构的原因

(一)荷载偏心;

(二)建筑物体型复杂,布局不当造成不利的荷载分布影响;

(三)施工技术或施工程序不当引起加载不均;

(四)斗仓、池槽、储罐等可变荷载大的构筑物使用荷载施加不当;

二、地基基础的原因

(一)地基土层的压缩性、厚度和分布有较大差异,或存在暗沟暗浜、墙基驳岸等软硬异常区;

(二)地基承载力不足,在基底压力下已产生范围较大的塑性区,或者发生长期的流变;

(三)膨胀土、湿陷性黄土、冻土等特殊土类在相应的不利条件下产生不均匀沉降;

(四)岩溶、土洞、潜蚀、滑坡、坍陷、振动液化的影响;

(五)施工对地基土的扰动;地基处理不当;基础设计有误或者施工质量差;

(六)地基土受污染侵蚀丧失强度和承载力。

三、环境和外部干扰的影响

(一)相邻建筑物荷载、大面积地面堆载或填土的影响;

(二)邻近施工的影响:基坑支护结构的破坏或变形过大;降水引起的附加沉降;桩基、

沉井、某些地基处理方法的施工所产生的振动、挤压、松弛等的影响；

（三）风力和日照引起高耸结构的倾斜。

建筑物倾斜常常造成较大的危害。伴随倾斜发生的挠曲和扭转使上部结构产生次应力，当结构构件强度不足时，会产生裂缝，甚至破坏。倾斜会严重影响建筑物的功能，致使门窗难以启闭、物体自行下滑、管道受损、设备仪器失灵等等。当倾斜（尤其是高层建筑和高耸结构的倾斜）较明显地被感受到时，人们会觉得恐慌。此外，由于倾斜使结构产生附加力矩，扩大了上部荷载的偏心，导致地基应力的更大差异，会进一步加剧倾斜值，从而造成更大的危害，因此必须认真对待。

6.0.2 考虑建筑物纠倾的条件

当建筑物发生以下情况时，一般应考虑纠倾：

一、倾斜已造成建筑物结构性损害或者明显影响建筑物的功能；

二、倾斜已经超过国家或地方颁布的危房标准值；

三、倾斜已经明显影响人们的心理和情绪。

如果建筑物的地基变形在持续发展，则需要同时考虑地基加固，阻止建筑物的继续沉降。应该根据建筑物的结构形式和功能要求、地基与基础的情况、环境和施工条件选择合适的纠倾方法。一般有顶升、迫降、阻沉、调整上部结构，以及综合处理等纠倾方式。常用的纠倾方法及其特点见表6-1。

常用的纠倾方法分类　　表6-1

纠倾方式	方法说明	主要方法	特点
顶升或抬升	在沉降大一侧用机具顶升基础或上部墙柱，或从侧面推顶（张拉）基础或构筑物使其复位 在沉降大一侧地基土中注入具有挤密加固作用或其膨胀性的浆液对建筑物基础起上抬作用	顶升纠倾法 顶推纠倾法 张拉纠倾法 注浆抬升法	1) 顶推法和张拉法一般用于局部纠倾和构筑物纠倾； 2) 当整体纠倾时必须注意均匀递变顶升； 3) 保证反力系统的可靠性； 4) 当地基变形未稳定时需要考虑地基基础的加固托换； 5) 注浆抬升法纠倾抬升高量不大，其值难以控制，并存在扰动地基土的危险，应用实例很少，慎用
迫降	采取某种措施迫使沉降较小一侧下沉，消除或减少与另一侧的沉降差	浸水纠倾法 降水纠倾法 堆载（加压）纠倾法 掏土纠倾法（钻孔取土、沉井掏土、深层冲孔排土、基底掏土） 扰动地基土 桩基水冲纠倾法 断桩纠倾法	1) 迫降方式应用最多，适用于建筑物局部或整体纠倾，但纠倾后建筑物绝对标高有所降低； 2) 应根据土质情况选择迫降方法； 3) 整体纠倾时，力求建筑物各部位均匀递变下沉，并使沉降较小一侧产生最小的纠倾沉降量； 4) 当地基变形未稳定时需考虑地基基础的加固托换
阻沉	采用地基基础加固托换方法或卸除荷载，阻止或减少沉降较大一侧的沉降，而让沉降较小一侧继续沉降	部分托换调整纠倾法 卸载纠倾法	1) 部分托换调整纠倾法用于既有建筑物倾斜量不大，且沉降尚未稳定的情况； 2) 卸载纠倾法一般仅作为辅助措施
调整上部结构	改变结构形式和地基附加应力分布，使原来的沉降趋势反向发展	调整上部结构纠倾法	1) 连接构件有足够的刚度去调整变形，外加结构与原有建筑物有可靠的连接； 2) 应考虑外加结构的可能性和利用； 3) 当地基变形未稳定时需考虑地基基础的加固托换
综合处理	结合采用多种方法纠倾	综合纠倾法	兼有所用各种方法的特点

6.0.3 纠倾工作的一般程序

一、搜集有关资料。包括建筑物的设计和施工文件、工程地质资料、周围环境资料、建筑物的沉降、倾斜和裂缝观测资料等；

二、分析建筑物倾斜的原因、危害程度、发展趋势，确定对建筑物实施纠倾的必要性和可行性；

三、确定合适的纠倾方法和纠倾目标；

四、制订详细的纠倾方案，要求安全可靠、技术可行、不影响环境、总费用较低廉。纠倾方案中应该明确规定监测的内容和要求，常规的监测内容和方法见表6-2[6.0-1]；

五、组织纠倾施工。在纠倾前应对被纠建筑物及周围环境作一次认真的观测并做好记录（必要时进行公证），一方面用作纠倾施工控制的参考，另一方面，一旦发生纠纷，可作为法律依据。当被纠建筑物整体刚度不足时，应在施工前先行加固，防止在施工过程中破坏。在施工中应根据监测结果进行动态管理，即根据反馈的信息调整方案或程序，控制纠倾速率，指导施工；

六、做好纠倾结束以后的善后工作。同时继续进行定期的监测，观测纠倾的效果和稳定性，如有变化，应采取补救措施。

房屋纠倾过程中的监测 表6-2[6.0-1]

监测项目	监测方法或仪器	精度要求	说明
沉降	1）精密水准 2）连通管水准器	≤0.4 ~0.5mm	1）在建筑物外墙四角与周边近±0.00标高处设点； 2）建筑物平面较大时尚应在其内部设点； 3）连通管水准器可用于屋顶平台相对高差变化的跟踪监测
倾斜	1）垂球法	≤1‰	1）观测建筑物四角及周边若干轮廓线； 2）垂球法只适用于高度不大的建筑物倾斜观测，观测时应采取稳定措施； 3）倾斜仪可用于建筑物倾斜相对变化的跟踪监测
	2）测角法 3）经纬仪投点法 4）垂直投影仪	≤0.3‰	
	5）倾斜仪自动跟踪	≤0.1‰	
水平位移	1）测边或边角法（电磁波测距） 2）前方或后方交会法 3）基准线支距法	≤3.0mm	1）必要时方进行此项观测； 2）观测点设置于建筑物底部及顶部的周边； 3）沉降缝两侧的相对位移可用固定标尺直接量测
上部结构性状	裂缝观测方法： 1）比例尺、楔形尺、卡规直接量测 2）按设带坐标网的有机玻璃量板 3）摄影经纬仪 4）测缝计或传感器自动跟踪		1）一般选择主要的或变化大的裂缝进行观测，每条裂缝至少布设两组观测标志。一组在最宽处，一组在其末端； 2）纠倾过程中，定期访问住户，了解住户感受

6.0.4 纠倾工作要点

一、确定纠倾目标

已发生倾斜的建筑物，很难也无必要绝对纠平，因此要预先确定一个合适的纠倾目标。做法是根据建筑物的安全和功能要求确定纠倾后的剩余倾斜值，该值至少应控制在国家行业标准《危险房屋鉴定标准》JGJ 125—99的范围以内，一般可以控制在国家标准《建筑地基基础设计规范》GBJ 7—89的地基变形允许值范围以内。对有特殊功能要求的建筑物，纠倾目标相应更严格，这时纠倾与地基加固很可能需要同时进行；

二、控制纠倾速率

目的是防止上部结构适应不了太快的回复变形,产生裂缝甚至破坏。纠倾速率的上限主要取决于建筑物抵抗变形的能力,即建筑物的整体刚度和结构构件的强度。一般可以控制在 4~10mm/d,对于刚度较好的建筑物可以适当提高,而对变形敏感的建筑物,可以定在 4mm/d 以下。此外,在纠倾初期速率可以较快,后期则应减慢。至于快慢的调整,应严格由监测结果控制;

三、考虑微调过程

在正常纠倾过程实施至接近纠倾目标时,应该转入微调过程。即减少纠倾强度,或者暂停纠倾,依靠前期纠倾的滞后效应缓慢地达到目标,严格防止超纠倾的发生;

四、把握监测工作频率

监测工作频率应根据不同纠倾方法和不同纠倾速率而定,纠倾速率增大时,频率相应增加。对于迫降纠倾,每天应进行两次沉降观测,其他监测可每 2~3 天一次;对于顶升法纠倾,则应进行连续的监测;

五、做好防护措施

考虑纠倾过程中的附加沉降,做好防止突沉的预防措施,例如在掏土纠倾法中考虑回填材料和方法;在高耸构筑物上设置缆风绳等;

六、防止建筑物回倾

估计纠倾后的回倾可能性,预先做好处理,必要时采用加固措施;

七、选用专业施工队伍

纠倾是一项技术性很强的工作,必须选用有资质、有经验的专业施工队伍施工,才能保证纠倾质量和安全。

6.1 降水纠倾法

6.1.1 概述

降水纠倾法是利用土力学的基本原理,即通过降低建筑物沉降较小一侧的地下水位增加土中的有效应力,使地基土产生固结沉降,从而达到纠倾的目的。由降水增加的土中有效应力增量 Δp 可以按以下方法估计:

$$\Delta p = \Delta \gamma \times z \tag{6-1}$$

式中 $\Delta \gamma$——降水后土的重度增量,$\Delta \gamma = \gamma_w$;若降水后土的饱和度减少,$\Delta \gamma = (0.9 \sim 1.0) \gamma_w$;

z——降水深度。

可以采用井点、管井、大口径井等常用的施工降水方法,也可以采用沉井降水的方法。降水井一般设在沉降较小一侧的基础外缘。

对于一般情况,由于降水的深度和范围有限,单一的降水方法取得的纠倾效果也有限,因此往往与其他的方法一起使用。例如沉井抽水常和掏土同时进行,而抽水有利于软土流入井内被掏出(参见 6.4.10)。当降水较深、抽水时间较长时,必须注意降水对邻近环境的影响。

6.1.2 工程实例———天津大港油田管理局四幢住宅楼筏板基础采用滤水管井降水法纠倾方案[6.1-1]

一、工程概况

天津大港油田管理局四幢住宅楼均为四层砌体承重结构,房屋东西长59m,南北宽8.4m,高10.8m,每层都设钢筋混凝土圈梁,并设置了构造柱。采用钢筋混凝土筏板基础,板厚250mm。

该四幢住宅于1984年3月开工,同年10月竣工。于1985年10月投入使用后发现围墙与楼房墙体交接处开裂,入楼口下沉了一个台阶,楼房北部的暖气管和上下水管明显南倾,下水管被切断,形成倒灌,显示楼房向北发生倾斜。据1987年1月的沉降观测报告,房屋在施工阶段已产生不均匀沉降,至此总沉降量为260~450mm,屋顶水平偏移量达110~115mm。

二、工程地质条件

建筑场地位于上古林基地,基础下存在约9m厚的淤泥和淤泥质土。场地土层情况和南北土质差异见表6-3。

场地土层情况和南北土质差异 表6-3

层次	土 类	层厚(m)	土的状态	地基允许承载力(kPa)	南北孔隙比差值(%)	南北压缩模量差值(%)
1	素填土	1.0	可塑			
2	粘土	1.2	软塑、饱和、高压缩性	70~80	4.96	70*
3	淤泥	1.0	流塑、饱和、高压缩性	60	29.7*	0
4	淤泥质粘土	4.3	可塑、饱和、压缩性较高	120	8.9	3.5
5	淤泥质粉质粘土	3.6	流塑、饱和、高压缩性	70	9.35	0
6	粉土	6.2	流~软塑、中等压缩性	150	2	3.6

* 原表数值如此

三、倾斜原因分析

(一)地基土是高压缩性饱和软土,而设计基底压力为117kPa,超过地基允许承载力70kPa达67.1%,使沉降大大增加;

(二)结构上部荷载向北偏心75cm,南北基底压力差为4.8kPa,且南北土质有所差异(见表6-3);

(三)北侧暖气沟、下水道施工开槽后未及时回填,使基底土侧向挤出;

(四)筏板按简支板配筋,整体刚度较差,调整不均匀沉降的能力较弱。

四、纠倾设计和施工

(一)方案选择

根据建筑物倾斜的原因分析,决定在南侧地基中采用半无砂混凝土滤水井降水,北侧地基用干水泥和生石灰粉的粉喷桩加固。

(二)方案设计和实施细则

1. 滤水井布置

布置原则宜细而密,以利缓慢而有控制的抽水。滤水井和粉喷桩布置见图6-1,井距3.0m,距建筑物3.75m。滤水井总长度10m,顶面高出地面30cm,基础底面以下的有效排

本实例引自唐业清,1994。

水井段长度为6.8m,相当于0.65B(B—基础宽度)。滤水井和粉喷桩布置剖面见图6-2。

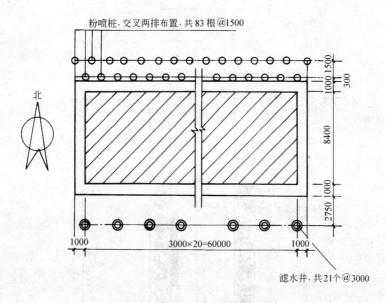

图6-1 滤水井和粉喷桩平面布置图

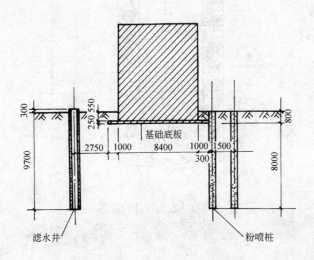

图6-2 滤水井和粉喷桩布置剖面图

2.滤水井构造

采用半无砂混凝土滤水管,即滤水管的一半用普通混凝土,另一半用无砂混凝土。普通混凝土一侧绑上不透水塑料布,外捆孔眼较小的透水土工布,防止细粒土流入造成地基疏松。放置滤水管时普通混凝土一侧应面向相邻建筑物,以减小降水对邻近建筑物的影响。滤水管井的构造见图6-3。

3.滤水井施工

(1)滤水管制作

普通混凝土采用C20级,无砂混凝土用水泥和10~20mm粒径碎石(1:5)制成。管段长1.0m,内径40cm,壁厚6cm。每段滤管两端5cm长度均用C20级混凝土浇筑,以保证接

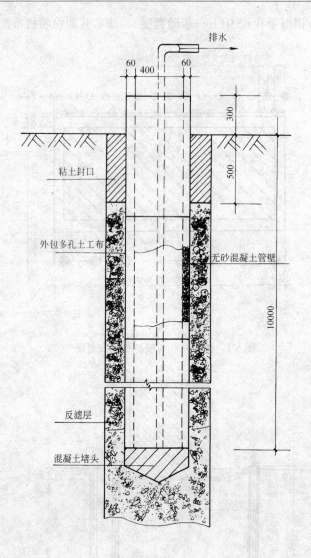

图 6-3 滤水管井构造图

头强度。

(2) 成孔

用潜水钻机钻孔,并采用泥浆护壁。

(3) 埋设滤水管

在泥浆护壁条件下埋设。在地面搭设施工架,将数节滤水管组合成一组,滤水方向不得搞错。滤水管接口用少量热沥青粘合。在普通混凝土一边包上不透水塑料布,再外包多孔土工布数层。用倒链将一组滤水管沉入钻孔,控制不透水面朝南。待前一组沉到预定深度后再沉后一组,各组间用竹片或钢筋导向。滤水管高出地面 30cm 防止地表水流入。

(4) 填充反滤层

反滤料采用 3~5mm 粒径的豆砂,要求充满滤水管与孔壁间的孔隙,但不得用力捣实,以防滤水管移位或接口折断。

(5) 封口

在孔顶用粘土封口,封口厚度500mm。

(6) 洗井

在管井内沉入排水管,用泥浆泵抽出井内泥浆,直到出清水为止。如井内淤积物较多,可采用气举与抽水相结合的方法。

4. 抽水纠倾

控制各井的抽水量,使建筑物均匀回倾,每天的回倾量控制在5mm以内。可通过沉降观测和井内水位观测予以保证。

5. 北侧地基加固

北侧地基加固可在纠倾完成后进行。粉喷桩掺灰量7%,双排布置,桩径d为60cm,中心距为1.5d,桩长到达基础下8m,桩的布置见图6-1和图6-2。

6.2 浸水和浸水加压纠倾法

6.2.1 概述

一、方法简介

在沉降小的一侧基础边缘开槽、坑或钻孔,有控制地将水注入地基内,使土产生湿陷变形,从而达到纠倾的目的。有时还需要辅以加压方法。

二、适用范围

地基土是有一定厚度的湿陷性黄土。当黄土含水量小于16%、湿陷系数大于0.05时可以采用浸水纠倾法;当黄土含水量在17%~23%之间、湿陷系数为0.03~0.05时,可以采用浸水和加压相结合的方法。

三、纠倾机理

利用湿陷性黄土的湿陷特性。含水量小、湿陷系数大的黄土湿陷性能良好,起着调整倾斜的作用,同时湿陷土的密度增加,有加固地基的作用。含水量较大、湿陷系数较小的黄土,单靠浸水湿陷效果有限,则辅之以加压。要求注水一侧的土中应力超过湿陷土层的湿陷起始压力。

四、实施步骤

(一) 根据主要受力土层的含水量、饱和度以及建筑物的纠倾目标预估所需要的浸水量。必要时进行浸水试验,确定浸水影响半径、注水量与渗透速度的关系。

(二) 在沉降较小的一侧布置浸水点,条形基础可以布置在基础两侧。按预定的次序开挖浸水坑(槽)或钻孔。

(三) 根据浸水坑(槽)或钻孔所在位置所需要的纠倾量分配注水量,然后有控制地分批注水。注水过程中严格进行监测工作,并根据监测结果调整注水次序和注水量。

(四) 当纠倾达到目标时,停止注水,继续监测一段时间。在建筑物沉降趋于稳定后,回填各浸水坑(槽)或钻孔,做好地坪,防止地基再度浸水。

五、注意事项

(一) 浸水坑(槽)、孔的深度应达到基础底面以下0.5~1.0m,可以设置在同一个深度上,也可以设置在2~3个不同的深度上。

(二) 试坑(槽)与被纠建筑物的距离不小于5m,一幢建筑物的试坑(槽)数不宜少于2

个。

（三）注意滞后沉降量。条形基础和筏板基础在注水停止后需要15～30天沉陷才会稳定，其滞后变形大约占总变形量的10%～20%，在确定停止注水时间时应考虑这一点。

6.2.2 工程实例二——某厂试验楼槽坑浸水法纠倾[6.2-1]

一、工程概况

某厂试验楼为四层砌体承重结构，建筑面积3630m²，高15.65m，平面呈L形（图6-4）。采用M5浆砌毛石条形基础，基础下设50cm厚灰土垫层。该楼于1985年8月开工，至1985年12月主体工程完成。1988年4月发现西墙南端下沉8cm，北端下沉8.5cm，东墙下沉只有1cm，楼房整体向西倾斜11cm，倾斜率超过了7‰，决定实行纠倾。

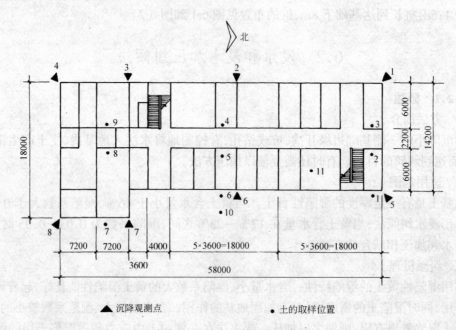

图6-4 试验楼平面、钻孔取样点和沉降观测点位置图

二、工程地质条件

持力层和下卧层分别为新近堆积的黄土状粉质粘土和晚更新世黄土状粉质粘土，根据室内湿陷试验，地面以下7.5m深度内为非自重Ⅰ级湿陷性黄土。基础下主要土层的情况见表6-4。

场地主要土层情况表　　　　表6-4

层次	土类	土的描述	层厚(m)	含水量(%)	孔隙比	压缩模量(MPa)	地基承载力(kPa)	湿陷系数	湿陷起始压力(kPa)
持力层	新近堆积的黄土状粉质粘土	大孔结构、土质疏松、具高压缩性、湿陷性、强度低	2.7～3.4	19.5	0.824	3.0	100	0.03	80
下卧层	晚更新世黄土状粉质粘土	大孔结构、局部含少量礓石	13	19.8～21.75	0.737～0.931	10.9～14.8	150～170	0.012～0.031	140

本实例引自童明华、陶化林，1989。

三、倾斜原因分析

基础以下黄土具有湿陷性，而地基处理深度不够。1987年12月至1988年3月房屋西侧有四条下水管道破裂，大量漏水渗入地下导致西侧地基湿陷，建筑物向西倾斜。

四、纠倾设计和施工

（一）方案选择

根据以下考虑，决定采用浸水法纠倾：

1. 地基土具有湿陷性，建筑物基底压力为98～100kPa，超过了土的湿陷起始压力；
2. 楼房整体刚度较好，内横墙布置较密，一、二层外墙有37cm厚，从基础至屋顶设置五道圈梁，对纠倾产生的变形有较大的抵抗能力；
3. 当时室内水泥地坪尚未施工，有利于浸水法的实施。

（二）方案的设计和实施

1. 补充勘察

在楼房东墙外侧和走廊两侧钻取土样，测定浸水以后土的实际含水量，以供计算注水量之用。取样位置见图6-4，取样深度分别为2.0、3.0、4.0和5.0m，试验含水量列于表6-5中。可知，在垫层以下3.0m范围内，土的平均含水量为20.7%。

纠倾前各取样点土的含水量(%) 表6-5

取样点编号	取 土 深 度 (m)			
	2.0	3.0	4.0	5.0
1	19.95	21.34	21.54	20.67
2	21.55	21.27	21.99	23.98
3	21.94	22.58	21.05	21.0
4	20.23	19.97	20.37	20.64
5	19.13	19.76	19.85	20.34
6	21.71	19.27	18.96	20.65
7	28.52	19.62	21.33	21.37
8	19.52	20.86	19.59	21.09
9	20.30	20.30	20.13	20.51

2. 布置注水坑(槽)

按图6-5布置室内外浸水坑(槽)，坑(槽)的大小和深度按各处所需的纠倾量调整，设置两个坑(槽)底标高，分别为-0.95m和-1.45m。

3. 第一次注水量计算

注水量计算考虑分次注水，避免一次注水太多使纠倾失控，注水次数和各次注水量根据监测结果确定。要求第一次注水使土的含水量达到充分饱和，即达到34%，因此第一次注水量可用以下方法计算：

每 m^3 土所需增加的水量 $1.47 \times (0.34 - 0.207) = 0.195t$

总注水量 $0.195 \times 1532.27 \times 3 = 896t$

式中，$1.47 t/m^3$ 是土的干密度；$1532.27 m^2$ 是注水浸润面积，系参照太原、兰州、西安等地的浸水扩散宽度和扩散深度的经验值，将本场地的浸水扩散宽度定在5.0m算得的，即将室外

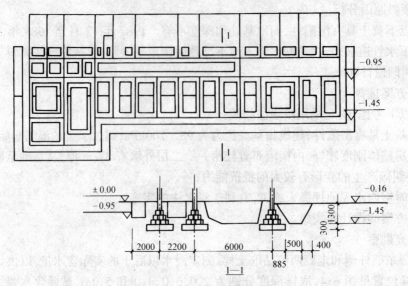

图 6-5 注水坑(槽)平面和剖面图

水槽中心线、室内走廊以西水坑中心线向外扩展 5.0m 作为浸水外廓线来计算;3m 是需要的浸水厚度,系根据土的湿陷系数以及试验楼西墙的沉降量为 8.5cm 估算的。

4. 第一次注水量分配

考虑应该使东侧多沉降,故确定各坑(槽)分配到的计算浸水面积为:走廊以西各注水坑以其所在房间建筑面积的一半计,室内其余各注水坑(槽)以其所在房间的建筑面积计,室外浸水槽大致按经验浸水面积计。总注水量为 896t,按每平方米面积注水约 0.7t 分配到各个坑(槽)。

5. 第一次注水

将分配好的注水量同步连续注入各个坑(槽),注水时间从 7 月 1 日 15 时至 7 月 2 日 21 时,历时 30 小时。

6. 第二次注水量计算、分配和实施

第一次注水结束后停止三天,测得地基土的含水量从 34% 又减少到 19.12% ~ 23.27%,说明水已经往深处渗透。监测到房屋尚未达到纠倾要求,决定第二次注水。

要求第二次注水使地基土再次饱和,估算需要注水 605t,约为第一次注水的三分之二。因此,各注水坑(槽)按第一次注水量的三分之二注水。第二次注水从 7 月 5 日 18 时至 7 月 6 日 18 时,历时 24 小时。

7. 监测工作

在整个纠倾期间对房屋连续进行沉降、倾斜和裂缝观测,共设置了 8 个沉降观测点(图 6-4)。第一次注水后三天、第二次注水后六天测定地基土含水量的变化。表 6-6 是第二次注水后测定的含水量值,反映注入的水已向深处扩散。

8. 善后工作

在沉降达到稳定以后,及时回填各浸水坑(槽),并在楼房四周做上混凝土地坪,以利防水和排水。

五、纠倾效果

第二次注水后测定的地基土含水量(%)　　表 6-6

测点编号	取土深度 (m)			
	2.0	3.0	4.0	5.0
10	23.52	21.57	20.29	19.89
11	21.00	20.82	22.12	21.75
12	21.64	22.69	22.55	22.34

(一) 沉降量变化

纠倾前后房屋四个角上的沉降观测点测得的数据见表 6-7,可见浸水使西墙也产生一定沉降,但东墙的沉降量更大,各点的沉降差异明显减少。第二次注水后 50 天,沉降已经稳定。

房屋四角观测点的实测沉降值(mm)　　表 6-7

观测时间	观测点			
	1	4	5	8
纠倾前	100	94	18	25
第二次注水后 12 天	172	161	162	181
第二次注水后 35 天	177	171	169	190

(二) 倾斜值变化

纠倾沉降稳定以后,试验楼的横向倾斜减少到:北端为 0.28‰,南端为 1.06‰,均小于"建筑地基基础设计规范 GBJ 7—89"规定的 2‰允许值。

(三) 纠倾对房屋的影响

第一次注水后三天检查,房屋主体结构未出现裂缝,仅在雨篷(有支柱)的梁板交界处产生裂缝,原因是主体和雨篷的荷载差异造成的;第二次注水停止后检查,雨篷裂缝有所扩展,靠近 6 号坑的走廊底层纵墙上有两个窗洞角出现斜向裂缝,缝宽 0.15~0.5mm。原因是走廊下条形基础的湿陷沉降不均匀。

6.2.3　工程实例三——太原南站幼儿园西楼槽坑浸水法纠倾[6.2-2]

一、工程概况

太原南站幼儿园西楼系三层砌体承重结构,建筑面积 406m^2,采用三七灰土垫层上的砖基础,建筑平面见图 6-6。该建筑物于 1983 年建成,由于上部结构荷载朝西偏心(图 6-7),以及施工时西侧电缆沟漏水,造成整座建筑物向西倾斜。为此,1987 年曾用石灰桩对西墙地基作了加固,抑制了房屋的西倾。但是 1990 年 9 月西墙边室内地沟再次漏水,至 10 月该楼屋顶西倾偏移值为:西北檐角 258mm,西南檐角 285mm,已大大超过部颁的危房标准。决定对该房实行整体纠倾。

二、工程地质条件

持力层为黄土状粉土,具高压缩性和中等湿陷性,天然含水量为 10.9%~20.3%,平均压缩系数 0.925,平均湿陷系数 0.0369。

三、纠倾设计和施工

(一) 方案选择

本实例引自鲁冬来,1995。

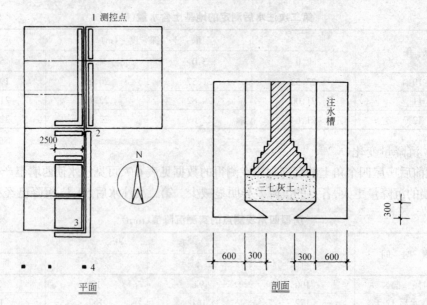

图 6-6 幼儿园建筑平面和改进后的注水槽示意图

地基土具中等湿陷性,建筑物原设计时考虑了很多增大刚度的措施,因此决定采用浸水法纠倾。

(二) 方案的设计和实施

1. 浸水坑(槽)布置

最初仅在东侧布置浸水坑,在东墙下注入大量水以后,发现湿陷效果不理想。分析原因是未考虑楼房倾斜以后的基底压力变化,内横墙东侧湿陷太小,起了抵抗纠倾的作用。因此改变注水坑的设置如图6-6,增大对内横墙地基的浸水范围。

2. 注水操作

日注水量控制在 150kg/m,每天注水总量达 5.052t,注水时间为 20 余天。

3. 纠倾速率控制

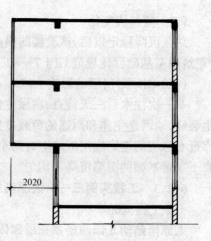

图 6-7 幼儿园房屋剖面图

控制日沉降速率不大于 5mm/d,实际日平均沉降速率为 3~5mm/d。纠倾中期对各浸水坑做了清淤工作,以保证一定的纠倾速率。

4. 善后工作

在停止注水后,继续观测两周,然后清除坑(槽)内软土,用三七灰土分层夯实。

四、纠倾效果

注水后,东侧四个观测点的沉降量分别为 64、70、72、63mm。西北檐角的偏移值由原来的 258mm 减少到 60mm,西南檐角由 285mm 减少到 76mm。停止注水后两周,东墙继续沉降 7~11mm。恢复使用后的三个月内,四个沉降观测点仅沉降 3~6mm。

6.2.4 工程实例四——峰峰矿务局小学 2 号住宅楼钻孔浸水法纠倾[6.2-3]

一、工程概况

本实例引自郎瑞生,1997。

峰峰矿务局小学 2 号住宅楼系六层钢筋混凝土框架剪力墙结构，采用独立柱基，于 1986 年 7 月竣工。1993 年 6 月西侧下水管道断裂漏水后，房屋西侧开始下沉，测得西侧屋顶向西偏移 183mm，东侧屋顶向西偏移 197mm。楼房散水破裂，六层楼墙壁出现轻微裂缝。随后采取应急措施，修复下水管道和散水，并用 2:8 灰土封闭地面，倾斜基本得到稳定，此时楼房的倾斜率已经达到 9.9‰，超过危房鉴定标准，决定实施纠倾。

二、工程地质条件

该场地在地貌上属华北平原与太行山前接壤的丘陵地带，基础下 2～3m 厚的黄土状粉质粘土为非自重湿陷性黄土，土的天然重度为 15.5kN/m³，天然含水量 22.4%，渗透系数 0.0426m/d，湿陷系数取 0.0432。

三、倾斜原因分析

西侧管道漏水引起基础下黄土湿陷。

四、纠倾设计与施工

(一) 方案选择

由于考虑以下原因，决定采用浸水法纠倾，如果浸水后有个别柱基不沉降，再辅以掏土法纠倾。

1. 地基土具湿陷性，浸水可使东侧下沉，预计土的湿陷沉降量 s 按下式估算

$$s = \delta_s Z_k$$

式中　δ_s——土的湿陷系数，取 0.0432；

Z_k——需注水湿陷的土层厚度，东侧柱基下取 2.5m。

算得东侧柱基湿陷沉降量为 10.8cm，大于达到纠倾目标所需要的 8.64cm 值；

2. 从建筑物的使用角度和环境条件分析，即使浸水使东侧也产生一定沉降，问题并不大；

3. 地基土湿陷后密实度增加，承载力提高，无需再作地基加固处理；与其他纠倾方案比，可节约造价 20 万元以上。

(二) 方案的设计和实施

1. 纠倾目标

建设单位要求纠倾后的剩余倾斜率降到 4‰ 以下；

2. 布设注水孔

在东侧、中部柱基四周以及墙基两侧对称钻孔，每一柱基四个孔，孔径 127mm，孔深 3.5m 左右，钻机不能靠近的地方改用探井。在孔中填入碎石至孔口下约 0.3m，以保证水的顺利下渗，防止孔壁坍塌。在钻孔的同时提取土样揭露地层；

3. 总注水量计算

按下式估算总注水量 Q

$$Q = V\rho(w_s - w)$$

式中　V——需要注水湿陷的土体体积，取 $50 \times 7 \times 2.4 = 840 \text{m}^3$；

ρ、w——分别是土的天然密度(取 1.55t/m³) 和天然含水量(取 22.42%)；

w_s——浸水后土的含水量，取 28.75%。

求得计算总注水量为 82.42t，施工中实际注水量为 67.68t；

4. 注水试验(见本节 6. 阶段 c))

为保证各基础能按比例协调下沉,通过试验得到本工程基础下沉量 y 和注水量 q 的关系,并据此指导施工。经分析,关系式的误差在 7% 左右;

5. 注水时间

根据土的渗透系数估算注水时间需要 43.5d,实际注水时间 36d,原因是注水初期土的渗透系数大于稳定渗透系数值 0.0462m/d;

6. 注水实施过程

分成四个阶段:a)小水量注水阶段。各孔注水量相同,沉降很小;b)大水量注水阶段。将老采空区在土层中残留的地裂缝灌满,待水位上升到室内地坪下 50cm 时,开始记录注水量,延续 4 个小时,以了解各孔的渗透性能,为确定以后各孔的注水量和延续时间提供依据。c)试验性纠倾阶段。连续注水四天,各孔采用不同的注水量和延续时间以协调各基础的下沉,并在停止注水后观测滞后沉降量。经试验,掌握了沉降量与注水量的关系、滞后沉降量和稳定时间;d)纠倾施工阶段。连续注水 8 天,待沉降量接近预计目标时停止注水,继续观测至稳定止。据统计,每注入 2t 水可使基础沉降 10mm 左右,停止注水后的滞后沉降量约为 5mm,稳定时间一般约为 4d,很少超过 10d;

7. 注水设施

在建筑物东侧地面上安装水管一条,装有 8 个阀门和 8 只水表,可以同时分组注水并控制注水量;

8. 辅助措施

为了减少建筑物东、南、北三侧的沉降阻力,纠倾前在这三个方向挖了三条隔离沟;

9. 监测工作

在柱子东侧和南、北墙内侧共设置 45 个沉降观测点,用 TS3 水准仪进行沉降观测;用经纬仪观测倾斜值;每天观测 1~2 次。

五、纠倾效果

纠倾工作在 1994 年 9~11 月进行,共用了 36 天,在此期间住宅四角顶部的偏移量恢复历时曲线见图 6-8。可知各点的倾斜率均已减少到 4‰ 以下。

6.2.5 工程实例五——山西省霍州矿区 9 号住宅楼压力注水与槽坑注水纠倾[6.0-1]

一、工程概况

山西省霍州矿区 9 号住宅楼为五层建筑物,长 15.3m,宽 10m,高 15m,内墙为钢筋混凝土剪力墙,外墙采用砖砌体,纵横墙联合承重。基础是 1.7~2.0m 宽的钢筋混凝土条形基础,埋深 1.4m,设计基底压力 125kPa。基础下用 2.5m 厚的整片垫层以消除地基土的部分湿陷量,垫层范围超出条基外缘 1m。该楼于 1986 年末竣工,次年交付使用,1988 年 12 月后,楼房产生不均匀沉降,整体向西北倾斜,至 1990 年 3 月底,西北角最大沉降量达 267mm,基础局部倾斜达 18.8‰,严重影响房屋正常使用,决定进行纠倾。

二、工程地质条件

建筑场地位于汾河二级阶地,建筑地段的湿陷性土层厚度达 9.5~10.5m,按照《湿陷性黄土地区建筑规范》GBJ 25—90 计算,自重湿陷量 ΔZ_s 等于 119mm,总湿陷量为 348mm。定为Ⅱ级自重湿陷性黄土地基。

三、倾斜原因分析

本实例引自李受祉,1993

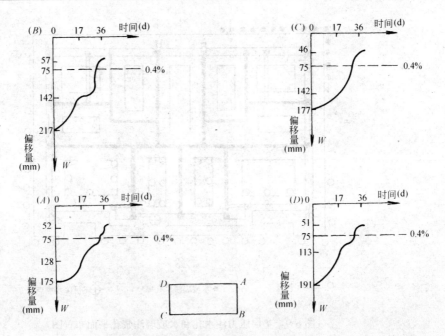

图 6-8 纠倾期间住宅四角顶部偏移量恢复时程曲线

楼房的北、东、西三侧都有地下管线通过,最近距离仅为 3.5m,其中西北角供热管道漏水造成地基土湿陷。

四、纠倾设计和施工

(一) 方案选择

考虑地基土具有湿陷性以及存在较厚垫层的情况,决定先对垫层压力注水,然后用槽孔注水浸湿垫层下黄土。垫层先行压力注水的原因是:a)减小垫层对地基附加应力的扩散作用,使下面的黄土有足够的应力水平去产生湿陷;b)消除垫层中可能存在的不密实隐患;c)使垫层的浸水变形先行完成,能更清楚地了解和控制下层黄土的湿陷变形。

(二) 方案的设计和实施

1. 垫层压力注水

共设置 57 个注水孔,其平面布置见图 6-9。孔径 ϕ42mm,孔距 1.0~1.2m,孔深 2.3m,孔向基础内倾斜约 20°。采用 ϕ42mm 钢管击入法成孔,钢管长 3m,下部 2m 为开眼花管,打入土中 2.3m,用水泥浆掺速凝剂封顶。注水压力 100~300kPa,历时 54d,总注水量 52.3t。

2. 下部黄土槽、孔注水

(1) 槽孔布置

注水槽、注水孔布置见图 6-10,注水槽分成 12 个区间,深约 1.4m。在注水槽内用大洛阳铲挖孔 62 个,孔径 ϕ200mm,深 3m,至垫层下 0.5m,并向基础内倾斜约 10°。孔中填充 20~60mm 粒径碎石,孔顶余留 20cm 不填作为蓄水用。

(2) 注水

注水从西南部开始,逐步向西北方向进行,并分为三个时间段:a)1990 年 11 月 8 日至 23 日,历时 16d,注水 67.1t;b)1990 年 11 月 27 日至 12 月 10 日,历时 14d,注水 66.78t;c)1990 年 12 月 19 日至 21 日,历时 3d,注水 15.14t。

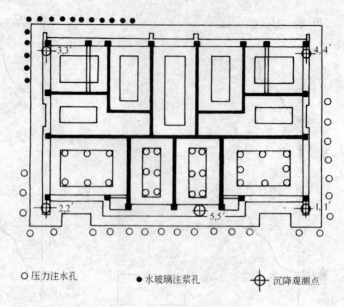

○ 压力注水孔　● 水玻璃注浆孔　⊕ 沉降观测点

图 6-9　垫层压力注水孔和水玻璃注浆孔平面布置图

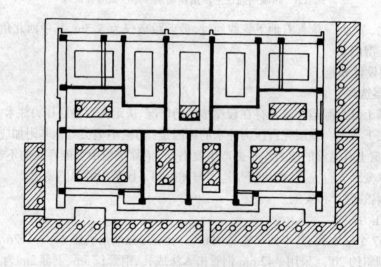

▨ 注水槽　○ 注水孔(ϕ200mm)

图 6-10　下部黄土注水槽、注水孔平面布置图

浸水纠倾阶段墙体和基础各观测点的沉降值见表 6-8。

浸水纠倾阶段墙体和基础各观测点的沉降值(mm)　　表 6-8

注水阶段	观测日期	墙体观测点					基础观测点				
		1	2	3	4	5	1′	2′	3′	4′	5′
垫层压力注水阶段	1990.7.30	0	0	0	0	0	0	0	0	0	0
	9.27	19.8	10.8	4.2	11.2	15.4	15.2	9.0	4.4	8.4	13.3
	10.23	22.52	12.42	5.21	13.41	17.91	17.8	10.86	5.79	11.08	14.24

续表

注阶	水段	观测日期	墙体观测点					基础观测点				
			1	2	3	4	5	1′	2′	3′	4′	5′
注水槽、孔注水，从1990年11月8日开始*	第一时间段	11.10	25.00	14.54	6.23	14.51	20.05	19.41	11.82	6.16	11.09	15.2
		13	25.48	16.43	6.58	14.6	20.7	19.75	12.00	7.58	11.19	16.80
		15	28.32	18.05	6.60	15.89	22.30	22.06	12.09	6.25	13.11	17.77
		17	31.85	17.91	5.97	18.09	25.22	26.39	13.48	6.34	14.86	21.45
		19	38.99	20.58	6.01	21.78	30.13	33.39	17.48	7.50	18.13	25.75
		21	51.13	26.23	6.33	27.58	39.59	46.08	21.85	5.71	25.10	35.94
		23	69.36	36.24	7.17	37.98	53.21	64.43	33.49	12.32	35.44	51.07
	第二时间段	27	75.22	43.34	8.09	46.14	64.69	80.22	39.71	10.87	43.71	61.97
		30	91.32	46.52	8.58	50.98	70.53	88.63	44.57	9.61	49.15	68.18
		12.2	103.83	54.57	9.73	56.66	81.18	99.06	50.43	9.95	53.43	78.43
		4	122.63	61.57	11.40	65.31	96.29	119.44	63.53	14.20	64.98	95.53
		6	142.17	79.26	13.73	75.39	113.85	139.18	76.26	16.40	74.20	113.40
		8	160.97	87.80	12.98	85.19	126.58	159.05	84.42	17.37	86.64	127.12
		10	177.92	97.75	15.24	94.58	140.96	175.57	94.05	18.27	94.19	139.85
		12	188.36	102.98	16.01	100.50	147.61	187.08	99.91	18.11	99.46	146.15
		14	193.74	107.01	17.64	103.75	153.91	192.77	103.70	20.57	103.66	154.95
	第三时间段	19	200.57	111.25	19.29	108.85	159.88	198.98	108.37	21.02	107.38	159.02
		21	203.78	111.86	19.11	109.58	161.89	200.97		21.12	100.48	161.48
		23	204.70	114.22	20.75	111.33	163.50	203.15	110.41	22.67	110.52	163.39
		25	206.15	114.48	21.51	111.97	165.02	204.03	110.79	23.49	110.96	165.44
		28	208.44	115.99	22.18	113.51	166.74	206.29	113.05	24.38	113.33	165.81
		1991.1.7	211.64	118.42	23.40	115.98	168.10	210.44	115.07	25.05	115.88	168.63

* 表中原为从1990年9月8日开始，这里按正文修正。

3. 辅助措施

为防止西北角渗漏的管线继续造成危害，在西北角布置水玻璃注浆孔16个(图6-9)，孔深至基底下5m。注浆压力100～300kPa，单孔注浆量800kg(混合液1900kg)。又在东边及东南角布置水泥注浆孔11个。

五、纠倾效果

纠倾历时不到半年，纠回顶部偏移量23.79cm，房屋整体倾斜率降到约3‰(剩余偏移量45mm)，达到了纠倾目的。

6.2.6 工程实例六——甘肃某工程烟囱基础钻孔注水加压法纠倾[6.2-4]

一、工程概况

甘肃某工程的钢筋混凝土烟囱距采暖锅炉房净距6m。烟囱高29m，顶部净直径1.6m，采用直径7m的钢筋混凝土圆板基础，基础埋深3.5m，下做100mm厚的素混凝土垫层。烟囱和基础总重量为191t。

该烟囱于1959年建成使用，1962年9月测得顶部中心与-1.5m高程内地坪中心的偏移量为370mm(倾斜率12.1‰)，至1963年4月增加到430mm(倾斜率14.1‰)，大大超过规范的允许值。考虑倾斜产生较大的偏心力矩，会进一部加剧烟囱倾斜，决定进行纠倾。

二、工程地质条件

建筑场地位于黄河以南的二级阶地上，地势较平坦，第四纪黄土洪积层覆盖约26m厚，

本实例引自甘肃省建筑工程管理局设计院，1965。

其中15m内夹有很薄的卵石夹砂互层。黄土的塑性指数7～8,天然孔隙比1.0～1.2,天然含水量10.0%～14.8%,相对下沉系数0.033～0.068,参考原苏联HNTY 137—56规范的规定(编注:本工程实施较早),假定湿陷量为637.2mm,属Ⅲ级湿陷性黄土地基。

当地的地下水位一般在地表下27m左右的卵石层内。探井钻至18m深,未见地下水和卵石层。

三、倾斜原因分析

明显是地基浸水湿陷所引起。1961年夏季山洪冲入锅炉房,并在烟囱西南边地面形成三个直径30～40cm的陷洞,山洪过后仅将陷洞作了填塞处理。1962年7月锅炉房上、下水管漏水,锅炉附近经常有30cm深的积水,致使锅炉房地基下沉,两端相对变形达570mm,墙身严重开裂。由于大面积的地基湿陷波及烟囱基础,引起烟囱倾斜。

四、纠倾设计和施工

(一)方案选择

考虑钢筋混凝土烟囱整体刚度较大,且该烟囱在纠倾期间并不影响使用,对纠倾期限无严格要求。浸水纠倾法简单经济,但在当时很少进行,希望通过本工程实施取得处理湿陷性黄土地基事故的有关经验。故决定采用浸水结合堆载方法纠倾。

(二)方案设计和施工

1. 方案设计

在沉降较少的一侧布置五个注水孔(图6-11),根据烟囱倾斜情况和各孔所处位置,计

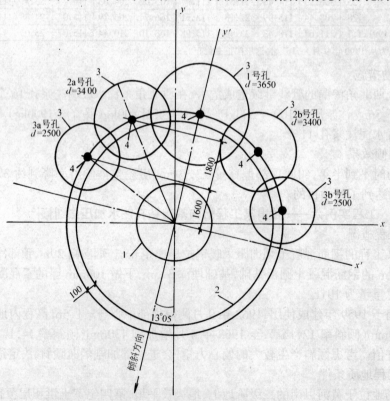

图6-11 注水孔平面位置图

1—烟囱下口周边;2—烟囱基础底周边;3—各注水孔浸湿范围;4—注水孔;d—各注水孔浸湿球体直径

算需要的纠倾沉降量和浸水量。为此,在现场做了无压浸水试验确定渗透速度和范围,并参照有关资料做以下计算假设:a)用原苏联 HNTY 127—55 规范的单独基础沉降计算公式和各注水孔位置所需要的纠倾沉降值推算压缩层厚度,作为被水浸湿的球体直径,并假定为土层所需的浸湿范围,各注水孔湿球分别计算注水量,搭接部分不予扣除;b)考虑在沉降较小的一侧堆载对压缩层厚度的影响;c)浸湿程度控制在土的塑限范围内。计算的注水量为:1号孔 3t,2a、2b 号孔各 2t,3a、3b 号孔各 0.7t。

要求注水分三次进行,第一次为计算注水量的 50%,第二、三次各为 25%,每次间隔四昼夜,观测到烟囱无异常变位时才进行下一次注水。

为防止纠倾过程中地基的突沉,在沉降较大一侧距基础底板边缘 700mm 的半圆上施打石灰桩,桩距 50cm,深 7m,以降低该侧地基土水分;在烟囱筒身上加设缆风绳。纠倾速率要求控制在 10mm/d 的偏移量内,当烟囱倾斜值回复到允许值时停止注水,保留一定的滞后沉降量。

2. 实施过程

(1) 准备工作

在烟囱筒身上打抱箍固定缆风绳;设置基准水准点、沉降观测点、经纬仪观测点和垂球观测网格;按设计要求施打石灰桩等。

(2) 堆载加压

在烟囱浸水一侧地表堆载约 500kN。

(3) 布设注水孔

按设计平面布孔。钻孔深 5m,在钻孔中插入 100～150mm 直径的注水钢管,插至基底标高以下 1.2m 处。孔底以上 1.2m 内填充卵石,上部填以素土。在钢管内安装水位测定浮标(参见图 6-12)。

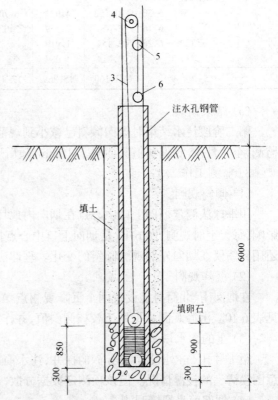

图 6-12 注水孔与水位测定浮标安装图

1—注水前浮球标高;2—注水后浮球标高;3—木制水位标尺;4—滑轮;5—注水前浮球平衡物位置;6—注水后浮球平衡物位置

(4) 分阶段注水

先按设计的第一次注水量注水,历时 12d,烟囱顶部中心仅向北移位 6mm,纠倾速度太慢。决定不按设计注水量注水,而根据现场监测资料控制注水量和注水速度。

注水分两个阶段进行:第一阶段从 1963 年 10 月 21 日至 1964 年 1 月 7 日,历时 78d,注水 31.2t,该阶段注水量较少,纠偏缓慢,日偏移回复量最大值 4mm,平均值 1.3mm,总回复量 102mm;第二阶段从 1964 年 4 月 28 日至 7 月 5 日,历时 68d,注水 46.7t,该阶段注水量较大、纠倾速率较快,日偏移回复量最大值 12.5mm,平均值 3mm,总回复量 185mm。各孔浸水时间和数量见表 6-9,注水过程用浮标控制,管中保持 85cm 的水头。

各孔注水时间和数量表 表 6-9

阶段	注水时间	注水量 (t)						
		1号孔	2a号孔	2b号孔	3a号孔	3b号孔	本期水量	累计水量
一	1963.10.21~11.2	1.776	1.050	1.043	0.368	0.368	4.605	4.605
	11.5~11.12	1.600	0.957	0.956	0.332	0.332	4.177	8.782
	11.14~11.28	3.006	2.004	2.006	0.582	0.618	8.216	16.998
	12.9~12.21	2.796	1.125	2.004	0.360	0.564	6.857	23.855
	12.24~12.31	1.704	0.800	1.002	—	0.378	3.884	27.739
	64.1.3~1.7	1.506	0.736	0.741	0.288	0.246	3.517	31.256
二	1964.4.28~4.30	1.218	—	0.938	—	0.384	2.540	33.796
	5.3~5.30	10.552	4.024	6.706	—	4.254	25.536	59.332
	6.1~6.16	5.334	2.159	2.020	—	1.428	10.941	70.273
	6.18~6.26	2.454	1.919	—	—	—	4.373	74.646
	6.30~7.5	2.214	1.087	—	—	—	3.301	77.947
	Σ	34.160	15.869	17.416	1.930	8.572	77.947	

(5) 结束纠倾

第二阶段注水结束时烟囱倾斜已减小到规范允许的范围内,于7月5日停止注水,继续监测,至7月15日偏移值又回复了19mm,随后逐步趋于稳定。

3. 监测工作

(1) 倾斜观测

用垂球法测定烟囱上口中心点在烟囱内地坪上投影点的移动轨迹,为避免温度和日照影响,每天定时观测,图6-13是烟囱上口中心点投影点在纠倾过程中的移动轨迹图。此外,还用经纬仪在烟囱外部观测倾斜的变化。垂球法和经纬仪观测的结果是一致的。

(2) 沉降观测

在烟囱南、北筒身上设置两个沉降观测点 A、B,两点间的距离为2.6m,沉降观测纪录见表6-10。沉降观测数据用于校核倾斜值,并作为控制烟囱绝对沉降值的依据。

(3) 土的含水量测定

距1号孔5m处设有11m深的探井,注水前期每天在探井不同深度取样做含水量试验,意图摸清土的浸湿情况。但该项测定数据分散,未起到指导作用。

(4) 烟囱筒身裂缝观测

从注水开始到1963年11月2日,在烟囱与烟道接口处出现微细裂缝,至11月10日裂缝扩展到3~4mm,呈上宽下窄状。施工结束时裂缝宽增至12mm,并在烟道上出现两道宽7~10mm的新裂缝。

4. 问题分析

本次纠倾中的辅助措施(拉缆风绳、打石灰桩、堆载加压)因缺乏经验而采用,在本工程中实际效果不大,以后是否采用宜视不同工程而定。

计算注水量与实际注水量存在很大差别,分析是由于计算假定与实际存在着差别和水在土中有较大的扩散所致。根据监测结果确定注水量和注水速度的决定是正确的。

五、纠倾效果

停止注水后10d(1964年7月15日),烟囱顶部中心的剩余偏移量减少到124mm,剩余倾斜率为4.07‰,且变形已趋于稳定,达到纠倾目的。

6.2 浸水和浸水加压纠倾法

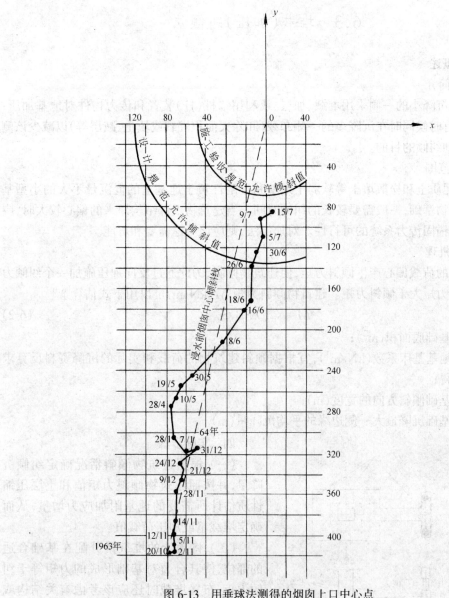

图 6-13 用垂球法测得的烟囱上口中心点
在内地坪上投影点的变化图

纠倾期间烟囱的沉降观测纪录 表 6-10

观测日期	沉 降 量（mm）		
	观 测 点 A	观 测 点 B	A、B 的相对沉降
1963.10.22	0	0	0
11.10	3	4	1
11.20	4	5	1
11.30	7	8	1
12.9	7	9	2
12.18	8	11	3
12.25	9	13	4
12.30	9.5	14.5	5
1964.1.6	12.5	17.5	5
7.6	52	75	23

6.3 堆载(加压)纠倾法

6.3.1 概述

一、方法简介

在建筑物沉降小的一侧采用堆载、加层、或利用锚桩(杆)装置和传力构件对地基加压,迫使其沉降,有时候同时在沉降多的一侧卸载(卸除大面积堆载或填土、减层等)以减少该侧沉降,从而达到纠倾的目的。

二、适用范围

淤泥、淤泥质土和松散填土等软弱土地基和湿陷性黄土地基上的促沉量不大的小型基础和高耸构筑物基础,一般需要较长的纠倾时间。当建筑物上部结构原来的偏心较大时,应考虑堆载量或锚固传力系统的可行性。对加层法,则应该考虑需要和可能。

三、纠倾机理

上部结构的荷载偏心产生倾斜力矩,使建筑物倾斜,为此通过反向加压施加一个纠倾力矩。要求纠倾力矩大于倾斜力矩。建筑物倾斜力矩 $M(kN·m)$ 可以用下式估算[6.0-1]

$$M = s_{\max} k F B /3 \tag{6-2}$$

式中 F——基础底面积(m^2);

k——地基基床系数(kN/m^3),宜根据倾斜建筑物的荷载和实际的沉降资料反算求得;

B——基础倾斜方向的宽度(m);

$s_{\max}$——基础沉降最大一侧边缘的平均沉降量(m)。

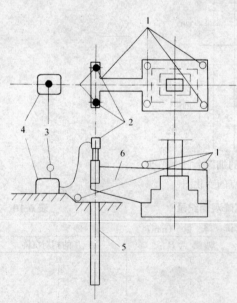

图6-14 加压纠倾工艺示意图[6.3-1]
1—百分表;2—加载机具;3—压力表;
4—油压泵;5—锚固系统;6—施力构件

四、实施步骤

(一)根据建筑物倾斜情况确定纠倾沉降量,并按照建筑物倾斜力矩值和土层压缩性质估计所需要的地基附加应力增量,从而确定堆载量或加压荷载值。

(二)将预计的堆载量分配在基础合适的部位,使其合力对基础形成的力矩等于纠倾力矩,布置堆载时还应该考虑有关结构或基础底板的刚度和承受能力,必要时作适当补强。当使用加压法时,应设置可靠的锚固系统和传力构件(图6-14)。

(三)根据地基土的强度指标确定分级堆载加压数量和时间,在堆载加压过程中应及时绘制荷载-沉降-时间曲线,并根据监测结果调整堆载或加压过程。地基土强度指标可以考虑建筑物预压产生的增量。

(四)根据预估的卸载时间和监测结果

分析卸除堆载或压力,应充分估计卸载后建筑物回倾的可能性,必要时辅以地基加固措施。

6.3.2 工程实例七——某教学楼条形基础堆载法纠倾[6.3-2]

一、工程概况

某教学楼为四层半框架结构建筑物,高14.4m,呈L形平面布置,东西长47m,东宽8m,西宽14m(图6-15)。建筑物采用钢筋混凝土条形基础,基底宽2m,埋深1.2m。1981年8月,当该工程主体砌筑完毕进行工程质量检查时,发现建筑物整体向南倾斜,东山墙顶部向南偏移80mm,西山墙顶部则为10mm,最大倾斜率达5.56‰,接近7‰的危房标准,且变形尚未稳定,决定实施纠倾。

二、工程地质条件

有小河流经建筑场地,距教学楼最近距离6~7m,地基土层分布均匀,主要土层性质见表6-11,地下水位在地表下1.2m处。

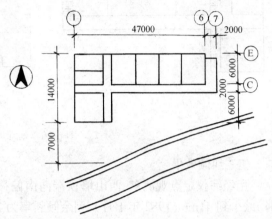

图6-15 教学楼总平面图

建筑场地主要土层情况 表6-11

层次	土类	土的描述	层厚(m)	天然重度(kN/m³)	含水量(%)	标贯击数(击)	压缩模量(MPa)	地基承载力(kPa)
1	耕植土		0.3					
2	粉质粘土	灰黄色、含少量铁锰结核	0.7	20.0	23.8	3	4.8	120
3	淤泥质粘土	灰色、夹粉土或粉砂薄层	8.0	17.9	54.8	<1	2.0	65

三、倾斜原因分析

(一)地基土是深厚的高压缩性软土,基础直接建造在软土上;

(二)基础底面积严重不足。按持力层地基承载力和上部结构荷载核算,E轴基础应为3.4m宽,C轴基础应为4.7m宽,实际都只有2m,地基中必然产生较大的塑性破坏区;

(三)上部荷载分布不匀。按地基规范方法计算,E轴沉降量为111.3mm,而C轴沉降量为154.1mm,计算倾斜率已达7.1‰;

(四)教学楼南侧邻近小河,可能对变形产生不利影响。

四、纠倾设计和施工

(一)方案选择

采用堆载法加压纠倾,南边辅以少量卸载措施。

(二)方案的设计和实施

1.于北侧开挖基础加设挑梁,上铺托板,作为堆载传力构件(图6-16);

2.在挑梁上堆砖头约3万块,加上挑梁托板自重,加载压力共超过33kPa,并利用增减堆载的方法调整纠倾速率;

3.将南边阳台实砌砖栏杆改为钢管栏杆,以减少南边荷载;

4.用石块帮驳河岸,限制软土向河道挤出。

本实例引自孟新昭,1990。

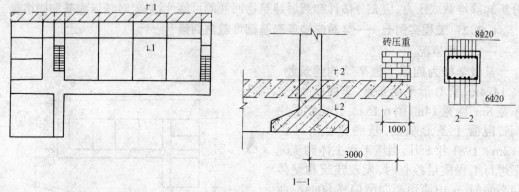

图 6-16 基础加设挑梁图

五、纠倾效果

用经纬仪定点观测东、西山墙顶端向南偏移值,最大偏移值从纠倾前85mm(1981年9月)减少到41mm(1982年1月),剩余倾斜率为2.85‰,沉降达到稳定。纠倾前后整个过程东、西山墙顶端观测到的偏移纠正过程见表6-12。

纠倾前后东、西山墙顶端向南偏移观测值(mm) 表 6-12

阶 段	观测日期(年·月)	东山墙顶端	西山墙顶端
纠 倾 前	1981.8	80	10
	1981.9	85	11
纠 倾 后	1981.10	72	9
	1981.11	53	9
	1981.12	44	5
	1982.1	41	4
	1982.8	41	3
	1984.8	41	3

6.3.3 工程实例八——某乡村小学教学楼堆载法纠倾[6.3-3]

一、工程概况

某乡村小学教学楼为三层砌体承重结构,长43.8m,宽8.0m,高10.3m,建筑面积1209m^2,建筑平面布置见图6-17。采用钢筋混凝土条形基础。由于室内地坪要高出自然地面1.80m,故对地基作了如下处理:挖除25cm厚的耕植土,做1.10m厚C10级毛石混凝土垫层(平面尺寸47m×11.55m),10cm厚C10级素混凝土找平层,然后浇筑条形基础,回填矿渣夯实。考虑房屋的长高比达到4.25,中间设置了150mm宽沉降缝。

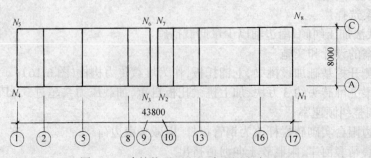

图 6-17 建筑物平面和沉降观测点布置图

本实例引自徐新跃,1995。

教学楼于1991年2月底开工,至同年11月竣工,在施工过程中沉降和倾斜不断发展。至1991年11月20日测定建筑物最大沉降量为205mm,最小沉降量为60mm。纵向最大沉降差发生在N_1、N_2两点,其值为126mm,向着沉降缝处倾斜,倾斜率为6.4‰;横向最大沉降差发生在N_2、N_7两点,其值为67mm,向着南面倾斜,倾斜率为8.4‰,已超过危房标准。

二、工程地质条件

该建筑物位于楠溪江与瓯江交汇处的软土地区,场地土的物理力学指标见表6-13,地下水属潜水,稳定水位在地表下1.0m左右。

乡村小学教学楼场地土的物理力学指标　　表6-13

层号	土 类	层厚 (m)	天然重度 (kN/m³)	含水量 (%)	孔隙比	塑性指数	液性指数	压缩系数 a_{1-2} (MPa^{-1})	内摩擦角 (°)	粘聚力 (kPa)	允许承载力 (kPa)
1	耕植土	0.2									
2	粉质粘土	1.30	18.7	24.8	0.823	13.2	0.30	0.31	11.7	17.5	130
3-1	淤 泥	4.7~5.0	16.0	68.7	1.906	19.4	1.89	2.49	8.7	7.2	46
3-2	淤泥质粉质粘土	2.6~2.8	17.3	47.7	1.336	16.5	1.28	0.78	9.0	6.3	75
4	粉砂与淤泥互层										80

三、倾斜原因分析

(一)地基主要受力层内有约5m厚压缩性很大的淤泥层;

(二)基础下进行地基处理增添了较大的附加荷载,计占上部结构荷载的54.2%,持力层的地基允许承载力基本用足,但是持力层较薄(仅1.30m),致使下卧层承载力不能满足,产生局部塑性区。

(三)上部结构荷载重心与基础形心偏离较多;沉降缝处设置双墙加大荷载造成该处地基附加应力更加集中,建筑物向着沉降缝倾斜。

四、纠倾设计和施工

(一)方案选择

考虑下卧地基土层是含水量很大的淤泥,决定采用堆载加压结合开挖排水沟的方法,尽量利用软土压缩性大和能侧向挤出的特点调整变形和倾斜。

(二)方案的设计和实施

1. 沿着毛石混凝土垫层边缘开挖排水沟,沟宽600mm,沟深500~800mm,朝着沉降小的方向加深,即南浅北深,距沉降缝近浅,距沉降缝远处深。

2. 在沉降较小的1轴、17轴以及C轴的1~5轴间和13~17轴间的室外按迫降需要堆载,堆载量从1t/m~2.5t/m,阶梯形分级布置。

3. 必要时可从排水沟中抽水或掏取毛石混凝土垫层下面的软土来调节纠倾沉降速率。

五、纠倾效果

该建筑物从1991年12月开始纠倾,至1994年4月观测,累计平均沉降量达336mm(包括建筑物施工期间的沉降量),各观测点的沉降还未达到稳定,反映了软土固结变形时间长的特点。但是纵向最大沉降差减少到20mm(倾斜率1.02‰),横向最大沉降差减少到

30mm(3.8‰),说明纠倾是有效果的。

6.3.4 工程实例九——某工程堆载卸载法纠倾[6.3-4]

一、工程概况

某工程建筑面积 $1045m^2$,由甲、乙两个单元组成。其中甲单元为二层,平面尺寸 $27.3m×11m$,高 $9.4m$;乙单元三层,平面尺寸 $11.1m×9.8m$,高 $11.2m$。两个单元均为底层柱承重的砖混结构,采用钢筋混凝土条形基础(4轴柱基面积扩大成与偏心条基相连的偏心柱基)。两单元之间设沉降缝一道,墙体间缝宽80mm。建筑平面图和基础间沉降缝处理分别见图 6-18 和图 6-19。该工程于1989年9月开工,至12月三层完工,施工期间各观测点的沉降值不断发展。1990年1月观测到两个单元都明显向沉降缝方向倾斜,顶部已相碰。其中甲单元A轴 M_{12}、M_9 两点的沉降差为179mm,倾斜率6.56‰,C轴 M_1、M_4 两点的沉降差为 195mm,倾斜率达7.14‰;乙单元B轴 M_7、M_8 两点的沉降差为95mm,倾斜率8.56‰,D轴 M_5 与 M_6 的沉降差则为90mm,倾斜率为8.11‰。

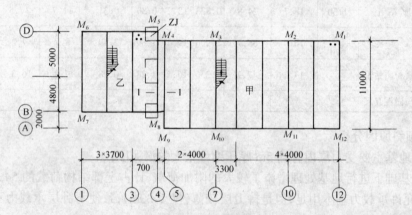

图 6-18 建筑平面和沉降观测点位置图

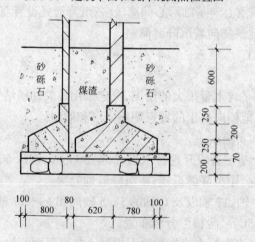

图 6-19 基础沉降缝处理图

二、工程地质条件

场地土层属冲积和海相沉积,主要物理力学指标见表6-14,地下水位在地表下 $0.2m$。

本实例引自华孝娟,1992。

6.3 堆载(加压)纠倾法

场地土主要物理力学指标　　　　　表 6-14

层号	土类	土的状态	层厚(m)	含水量(%)	静探比贯入阻力(kPa)	地基允许承载力(kPa)
1	粉质粘土	硬～软可塑	1.5～2.0	33.3～43.8	104.2	100
2	淤泥	流塑	8.0	76.8	28.3	45
3	碎石					

三、倾斜原因分析

(一)作为地基持力层的硬壳层很薄,下卧土层是高压缩性淤泥,经验算淤泥层顶面的应力超过其地基承载力允许值;

(二)室内回填土设计厚度1.6m,实际回填约2.0m,增加了软下卧层土中的应力水平;

(三)两个单元的地基附加应力在沉降缝处叠加,缝边设置双墙更加大此处荷载。

四、纠倾设计和施工

(一)方案选择

考虑室内回填土占地基荷载的较大比例,卸去这部分荷载,并在一定时间内将它们加到沉降较小的一侧,可以直接起到调整地基附加应力的作用,达到纠倾的目的。故决定采用堆载卸载方法纠倾,并在沉降较大处增布短桩支承加固。

(二)方案的设计和实施

1. 挖去3轴～7轴范围内的室内填土至自然地面,并将它们加到1～3轴和10～12轴的范围内,促使两个端部沉降;调整室内填土荷载于1990年1月13日开始;

2. 在5轴沉降缝边基础底板上凿压桩孔,孔距为四倍桩径,以墙体承受反力,用油压千斤顶压入梢径为150～180mm的短桩13根,每隔一根桩在4、5两轴的条基肋梁上凿250mm×250mm的孔,穿入钢筋,浇筑短梁,然后用钢筋混凝土封桩顶(图6-20)。短梁把4、5两轴基础连在一起,短桩承受部分上部荷载。

3. 在3～7轴间做架空地坪,卸除反压堆载土。纠倾时间约为三个月。

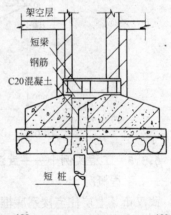

图 6-20　短桩短梁加固基础图

五、纠倾效果

建筑物施工期间和纠倾阶段各观测点的沉降值和 M_1、M_4、M_5 三个测点的荷载-沉降-时间曲线分别见表6-15和图6-21,至1990年4月6日,M_1 与 M_4 之间的沉降差为83mm,倾斜率3‰,M_9 与 M_{12} 的沉降差65mm,倾斜率2.4‰;M_5 与 M_6 的沉降差39mm,倾斜率3.5‰,M_7 与 M_8 的沉降差34mm,倾斜率3.06‰,调整填土荷载后建筑物沉降明显趋于均匀。

各观测点累计沉降量(mm)表   表 6-15

观测时间	形象进度	M_1	M_2	M_3	M_4	M_5	M_6	M_7	M_8	M_9	M_{10}	M_{11}	M_{12}
1989.10.20	一层完工	0	22	35	62	64	12	3	50	50	36	1	0
12.05	二层完工	27	80	93	140	150	85	94	146	121	102	54	22
12.16	三层完工	32	98	117	161	166	107	94	152	138	114	58	22
1990.01.09		45	141	171	240	250	140	118	213	204	169	80	25
1.16	挖加室内填土	77	161	182	243	253	168	143	217	206	174	90	53
2.20		172	215	226	267	277	233	204	240	214	192	159	138
3.21	封桩顶	200	237	250	287	297	255	222	256	229	213	183	163
4.06		209	249	257	292	304	265	226	260	232	215	187	167

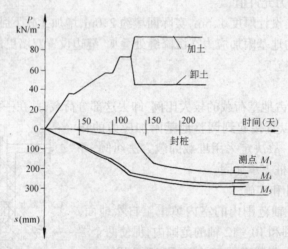

图 6-21 M_1、M_4、M_5 三测点的荷载-沉降-时间曲线

6.3.5 工程实例十——武汉市某七层住宅楼筏板基础托换桩堆载加压纠倾[6.3-5]

一、工程概况

武汉市某七层住宅楼系底框架的砌体承重结构,平面尺寸 28.5m×29.4m,采用钢筋混凝土筏板基础,板厚 400mm,基础埋深 1.3m。建筑物两侧紧邻已建多年的三层住宅楼。当住宅楼施工完 6 层后,已测得最大沉降 43cm,最大差异沉降 25cm,同时影响到相邻的三层住宅,使三层住宅的结构遭受破坏。

根据沉降分析,在六层荷载下东西两端的最终沉降差将达到 31.2cm,而六层顶部的最终偏移值将达 46.2cm,已大大超过规范允许值,继续施加第七层荷载可能会引起地基整体失稳,于是决定停止施工,先进行地基处理和纠倾。

二、工程地质条件

住宅楼位于低凹沟谷之上,场地土的主要情况见表 6-16。

三、倾斜原因分析

(一)场地土质松软,基底平均压力已达 110kPa,超过了地基土承载力设计值;

(二)地基土不均匀,西边的杂填土、淤泥层较东边厚,且老土的埋藏较东边深;

本实例引自葛之西、许亮明,1994。

(三) 建筑物重心向西偏心 16.4cm;

(四) 施工过程中加荷不均匀,西边先加荷,且西侧场地在施工时用于堆砖,增加了地面荷载的影响。

场地土层的主要情况 表 6-16

土层编号	土层名称	层厚(m)	土的描述	地基承载力标准值(kPa)
1	杂填土	2.6~3.5	以炉渣和有机质为主,含少量粘土,局部夹碎砖瓦砾,结构松散,孔隙比大	40
2	淤泥	1.4~2.3	灰黑色、软~流塑、高灵敏度、高压缩性、孔隙比很大	50
3	软粘土*	0.7~1.7	灰色、软塑、高灵敏度、高压缩性	90
4	粘土及粉质粘土	1.4~8.3	可塑、中等偏高压缩性	120
5	老土*		中等偏低压缩性	

* 原文如此称呼

四、纠倾设计和施工

(一) 方案选择

决定采用加压纠倾和托换加固相结合的方法。在加压纠倾前先设置托换桩和传力机构,托换桩和传力机构之间留有不同沉降余量,通过加压完成这些预留沉降量,达到既纠倾又加固地基的目的。加固纠倾方案示意图见图 6-22。

(二) 方案设计和实施

1. 在东、西两边各设 600mm 直径灌注桩 14 根,桩位距原板基边缘 35cm,插入第五层老土中 3~3.5m。先施工东边 C 轴桩,再施工西边 A 轴桩;

2. 在东、西两边沿横轴线各增设悬臂梁 8 根,要求与原基础梁连成整体。把原底板适当加宽作为承台梁,两者也要连成整体。在承台梁底和灌注桩顶之间留有间隙,西侧为 2cm,东侧为 14cm,作为纠倾的沉降余量;

3. 当悬臂梁和承台梁的混凝土达到设计强度以后,在桩基东半部分(B~C 轴间)上施加临时荷载静压,同时施工第七层建筑。

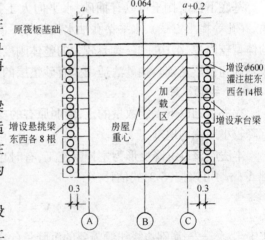

图 6-22 加固纠倾方案示意图

在静压荷载和第七层建筑的自重下,东半部分整板基础加速下沉,使承台梁搁在桩顶上;

4. 进行了沉降和倾斜观测,用以指导施工。

五、纠倾效果

钻孔桩施工期间,A 轴线沉降不到 15mm,C 轴线沉降 23mm,倾斜未发展。加压后至第七层建筑施工完毕时,实测六层标高处向西偏移量减少了 71mm。纠倾处理后一年复检,未见任何异常变化。

6.4 掏土纠倾法

6.4.1 概述

本节所谓掏土法纠倾是指用特定的工具和方法,从建筑物沉降较小一侧的基底以下或基础外侧掏出适量的土,以达到纠倾的目的。掏土纠倾法是应用较多的纠倾方法,运作方法也较为多样,表6-17是考虑不同掏土方式的分类方法。

掏土纠倾法的分类　　　　　　　　表 6-17

掏土方式	常用方法	方法简介
基底下浅层掏土	基底人工掏土	直接在基底下用人工或水冲方法掏土
	基底水冲掏土	
基础下深层掏土	深层钻孔取土	从基础板底往下钻孔至深处取土
	沉井深层冲孔排土	在基础外侧设置沉井,从沉井壁上的射水孔往基础内辐射向冲水,泥水从沉井中排出
基础外深层掏土	基础外钻孔取土	在基础外缘布设钻孔,从孔内深层取土
	沉井内深层掏土	在基础外缘设置沉井,从井内人工掏土

6.4.1.1 基底下浅层掏土

一、适用范围

基底下浅层掏土可以有抽砂、水平向人工掏土(根据不同情况可以采用分层、开沟、截角、穿孔等掏土方式)、水平钻孔抽水掏土等不同方法。适用于匀质粘性土和砂土上的浅埋的体型较简单、结构完好、具有较大的整体刚度的建筑物,一般用于钢筋混凝土条形基础、片筏基础和箱形基础。抽砂法适用于有砂垫层的情况。

二、纠倾机理

掏去基础以下一定数量的土,削弱原有的支承面积,加大浅层土中附加应力,从而促使沉降较小一侧的地基土下沉。

本法应该以沉降变形为主控制施工,有时也可以预先估计掏土量作为施工参考。掏土量 $V(\text{m}^3)$ 可以按(6-3)式估计

$$V = \frac{1}{2}(s_{\max}F) \tag{6-3}$$

式中　$s_{\max}$——基础边缘纠倾需要的沉降量(m);

F——基础底面积,对于条形基础取外缘线包围的面积(m^2)。

此外,为了顺利促沉同时避免沉降太快,减少的基础面积宜满足下式要求

$$1.2f > p > f \tag{6-4}$$

式中　f——地基承载力设计值;

p——基础面积减少以后的基底附加压力。

掏土区则应控制在建筑物重心线需要促沉的一边内。

三、实施步骤

(一)在需要掏土的基础两边或一边开挖工作坑,坑宽应该满足施工操作要求,坑底至

少比基础底面低10~15cm,以方便基底掏土。如果地下水位较高,则应采取措施保证坑内干燥。

(二) 按设计要求分区(分层)分批进行掏土,掏土一般用小铲、铁钩、通条、钢管等手工进行,也有用平孔钻机的,有时还辅以水冲方法。并根据监测资料调整掏土的数量和次序。当掏出块石、混凝土块等较大物体时,应及时向孔中回填粗砂或碎石,避免沉降不均。

四、注意事项

(一) 本法直接从基础下掏土,纠倾较为激烈,特别需要加强监测工作;

(二) 对于较硬的地基土,建筑物的回倾可能是不均匀的,具有突变性,应充分注意。

6.4.1.2 基础外深层掏土

一、适用范围

基础外深层掏土主要有钻孔取土和沉井掏土两类,适用于淤泥、淤泥质土等软土地基,在经粉喷、注浆等方法处理的软土中也有成功的实例。对较硬的地基土,由于难以侧向挤出,不宜采用本法。

二、纠倾机理

钻孔取土和沉井深层掏土有着类似的机理:当孔或井中的土被取出后,孔壁应力被解除,基础以下的深层土朝孔内挤出,带动基础下沉。由于取土是在沉降较小的一侧进行,在纠倾过程中地基内的附加应力不断调整,基础中心部位应力增大,更有利于软土的侧向挤出。而随着纠倾的进行和荷载偏心的减少,地基的变形模量趋于均化,附加应力则更接近中心荷载下的值。刘祖德教授等[6.4-1]把钻孔取土纠倾法称为应力解除法,以"五解除"、"二均化"概括了上述纠倾机理。此外,从孔或井内抽水引起地基土固结,并促使软土流动涌入孔或井内。

三、纠倾步骤

(一) 根据纠倾目标按(6-3)式估计总掏土量 $V(m^3)$;

(二) 布置钻孔或沉井平面位置,原则是既满足纠倾目标要求,也考虑纠倾过程中变形恢复的均衡性;

(三) 对钻孔取土法:钻孔,下套管;对沉井掏土法:沉井制作、挖土下沉;

(四) 将总掏土量分配至各个钻孔或沉井,在监测工作的指导下,分期分批掏土。钻孔取土可采用机械螺纹钻,沉井一般用人工掏土。并辅以潜水泵从钻孔或沉井中降水;

(五) 当接近纠倾目标时,减少掏土量。根据监测结果调整掏土部位、次序和数量,实行微调;

(六) 达到纠倾目标后,间隔式拔除套管,并回填适宜土料封孔。沉井亦应用合适土料回填。

四、注意事项

(一) 钻孔直径和孔深应根据建筑物的底面尺寸和附加应力的影响范围确定,一般孔径为300~500mm,取土深度不小于3m;沉井可以用混凝土材料或砖砌制成,井的直径以方便操作为度,一般不小于80cm。

(二) 钻孔或沉井距建筑物基础的距离宜在被纠基础的应力扩散角范围内。

(三) 钻孔顶部3m加套管,确保挤出的是深层软土。沉井井筒也应有足够的刚度和强度。这样做可以使接近基底的土免受扰动,并保护基础下的人工垫层或硬壳持力层,防止变形不均影响上部结构。

（四）尽量不扰动沉降较大一侧的地基土。如无必要该侧土不采用地基加固处理。

（五）注意对周围环境的影响。如果钻孔或沉井距相邻建筑物过近,应采取防护措施。

6.4.1.3 基础内深层掏土

一、适用范围

基础内深层掏土常用深层冲孔排土方法(又称辐射井纠倾法),也有从基础板底往下钻孔从深层取土的(见6.8.2 工程实例二十六)。适用于粘性土、粉土、砂土、黄土、淤泥、淤泥质土、填土等地基(或经浅层处理后)上的浅基础、且上部结构刚度较好的建筑物。

二、纠倾机理

深层冲孔排土纠倾法是指在建筑物沉降较小的一侧布置工作沉井,通过设在沉井壁上的射水孔,用高压水枪在建筑物深部地基中水平向冲孔。冲孔解除了部分地基应力,使地基土向孔内坍落变形,通过控制冲孔的数量、布置以及冲水的压力和流量,可以调整建筑物的纠倾沉降量和速率,从而达到平稳纠倾的目的。

三、实施要点

（一）一般采用圆形砖砌沉井,粘土砖强度不小于MU7.5,水泥砂浆标号不低于M5;也可以采用混凝土沉井,混凝土的标号不低于C15。

（二）沉井应布置在沉降较小的一侧,其数量、深度、中心距应根据建筑物倾斜情况、荷载特征、基础类型、场地环境和工程地质条件确定。

（三）沉井的直径应便于操作,一般不小于0.8m,沉井与建筑物的净距不小于1.0m,沉井可以封底也可以不封底。

（四）射水孔直径宜为$\phi150\sim200$mm,位置应根据纠倾需要确定,但一般应高于井底面1.0～1.2m,以利操作。井壁上还应设置回水孔,位置宜在射水孔下交错布置,直径宜为$\phi60$。

（五）高压水枪的工作压力和流量,应根据需要冲孔的土层性质,经试验确定。

（六）纠倾中最大沉降速率宜控制在5～10mm/d以内,对于软土地基和房屋整体刚度较弱的,应按下限控制。当监测到沉降速率过大时,应停止冲水施工,必要时采取抢险措施,例如在软土地区可用沉井内灌水稳定的方法。

（七）注意防止纠倾过程对周围建筑物和设施的影响,必要时先对其进行加固处理。

（八）纠倾完成后,应用素土或灰土等将沉井填实;并继续进行沉降观测,一般不少于半年。

6.4.2 工程实例十一——广东省高明县两幢四层住宅掏砂法纠倾[6.4-2]

一、工程概况

两幢四层住宅均为砌体承重结构,平面呈矩形。其中一幢建筑面积1000m^2,平面尺寸为29m×8.2m,高14m,采用钢筋混凝土双向条形基础(图6-23);另一幢建筑面积为1100m^2,其余情况基本相同。地基处理设计为:挖去建筑物距外墙2m范围以内地表下2.6m的土,做1.2m厚的密实粗砂垫层。两幢住宅在施工中就产生不均匀沉降,建成后继续发展,至纠倾前最大沉降差为152mm,相应最大倾斜率达18.5‰,建筑物明显向北倾斜。并造成东西两端三、四层窗台下以及其他部分墙体开裂,个别楼板出现45°角裂,已严重影响到建筑物的安全和正常使用。

本实例引自陈元焯、杜志军、罗乐宁,1992。

二、工程地质条件

建筑物位于珠江堤岸西侧的冲积洼地,自地面往下土层依次是:0.4m厚耕植土,1.2~1.4m厚软塑状粘土,约3m厚的淤泥,9~11m厚的淤泥质土,以下是粉质粘土。地下水位在地表下仅20~30cm。

三、倾斜原因分析

(一)砂垫层未按设计要求施工,厚度只有0.8~1.0m,密实度也不合要求,以下是深厚软土层;

(二)建筑物重心偏北,产生约5000kN·m的偏心力矩,致使最大基底压力差达到30kPa;

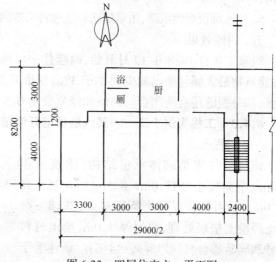

图 6-23 四层住宅之一平面图

(三)城市排水系统不畅,地下水位过高。

四、纠倾设计和施工

(一)方案选择

经分析,建筑物的整体刚度尚好,基础下做了砂垫层,具备掏砂条件,决定采用掏砂法纠倾。

(二)方案的设计和实施

1. 掏挖主要在沉降较小的南侧进行。将各条形基础沿轴线划分成1m长的段,按纠平的需要,计算每段下的掏砂量(图6-24);

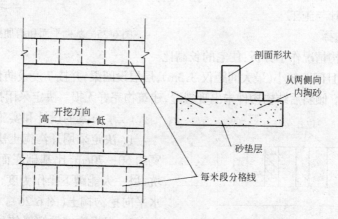

图 6-24 分段掏挖施工流程示意图

2. 按从高到低的次序间隔掏挖各段的砂,每次掏挖量不能太大,计划约分10个循环完成掏砂量,每个循环控制在2~3d;

3. 用砂钩和插管(钢钎)平插,在条形基础底板两侧向内挖进,要求均匀,保持各轴线基础按线性比例平稳下沉;

4. 纠倾目标为剩余倾斜率小于建筑地基基础设计规范规定的允许倾斜率以内(2.5‰~3.0‰)。当达到目标以后,停止掏挖,用瓜米石填塞余下空隙,通过滞后效应继续微调；

5. 用水准仪观测沉降，用垂球法和连通管法观测倾斜，每天开工前、下班时两次定时监测。

五、纠倾效果

纠倾工作自 1988 年 12 月开始，两幢住宅实际纠倾时间分别为 12d 和 7d，在纠倾结束时，建筑物最大倾斜率已减少到小于 3‰，变形亦趋于稳定。在纠倾过程中，建筑物裂缝未开展，部分裂缝还有所闭合。纠倾和修复费用 6.5 万元（当时价），占住宅总造价的 16.3%。

6.4.3 工程实例十二——某六层住宅开沟掏土法纠倾[6.4-3]

一、工程概况

该六层住宅是砌体承重结构，建筑面积 890m²，平面尺寸为 17.0m×8.5m（图 6-25），高 18.0m。采用钢筋混凝土条形基础，基础下杂填土经换土垫层处理，垫层厚 1.0m，换土材料是砂和碎砖掺合料（砂：碎砖＝4:6）。该住宅于 1980 年建造，至 1983 年发现向西倾斜，偏移值为 26cm，至 1987 年，最大偏移值增大到 37cm（倾斜率为 20.6‰），肉眼已能明显觉察到倾斜，室内排水倒流，门窗难以启闭。

二、倾斜原因分析

该住宅自 1983 年西面建造六层邻房后开始倾斜，明显是相邻荷载的影响。由于未及时处理，致使倾斜不断发展。

三、纠倾设计与施工

（一）方案选择

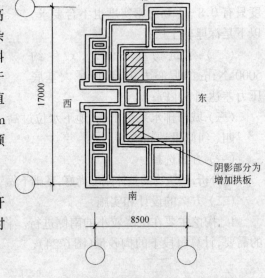

图 6-25 基础平面和增加拱板的部位图

对住宅的结构情况作了分析：住宅的长高比仅 0.9，横墙较多且间距较小（最大间距仅 3.3m），层层设圈梁，并按 7 度设防作了抗振加固，因此整体刚度较好。倾斜后结构构件未出现裂缝，建筑物完好无损。决定采用掏土法纠倾。

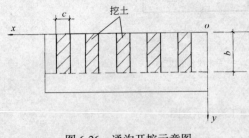

图 6-26 通沟开挖示意图

（二）方案的设计和实施

1. 决定采用开沟掏土法，在基础旁开挖宽约 60~70cm，比基础底面深 10cm 的工作坑，以一人能蹲下操作为度，从坑中往基础下水平向挖沟掏土（图 6-26）。

2. 根据住宅的倾斜值估算掏土量，即沉降最少的东纵墙外缘下所需掏土厚度为

$$0.0206 \times 850 = 17.5 \text{cm}$$

确定东纵墙基础下开沟全部掏土 17.5cm，东西向横墙基础下按相应比例递减掏土，西纵墙基础下不掏土。

3. 分区分层掏土。分区是指掏土从东纵墙开始，采用间隔挖沟的办法，在掏挖一段纵

本实例引自湛国楠、钟绍基，1991。

墙地基后,按比例配合掏挖横墙地基。分层是指分次掏土,每次掏土量控制在约2cm内,以保证每次纠倾量控制在地基基础设计规范规定的允许值内,东纵墙17.5cm厚的掏土量,约分8~10次掏完。掏土用带钩的铁条、长柄小铲从外往里掏挖,当发生基底悬空太多时,及时往悬空处回填砂并捣实。

4. 在房屋四角设置垂球、在屋顶设置连通管观测倾斜值;为指导施工,在每一掏挖点的基础旁设立刻度标志(图6-27),以便作业人员随时观测。

5. 住宅复位后又对地基作了加固处理:在西纵墙基础下靠邻房段用人工夯入一排松木桩,桩长4.2m,桩距40cm,打桩次序从两边向中间进行;对掏挖后的地基表面从侧边锲入碎石和砂,并捣固密实;又在基础纵向重心轴附近增加四块钢筋混凝土拱板(长约7m,宽约2m,如图6-26所示),减少了基底附加应力,增大了房屋的稳定性。

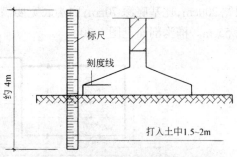

图6-27 基础旁观测沉降的刻度标尺

四、纠倾效果

住宅的倾斜得到纠正,建筑物复位成功。

6.4.4 工程实例十三——浙江省岱山县育才新村14号楼平孔抽水法纠倾[6.4-4]

一、工程概况

浙江省岱山县育才新村14号楼系四层框架结构,建筑面积1616m^2,平面尺寸为33.8m×9.6m(图6-28),高17.7m,采用钢筋混凝土柱下独立基础。该楼于1985年开始建造,至1986年竣工前发现向北整体倾斜,倾斜发展很快,至1987年3月最大倾斜率(东北角)已达26.1‰,平均倾斜率为24.5‰,大大超过危房鉴定标准,纠倾前南北两侧8个观测点的实测偏移值也在图6-28中表示。

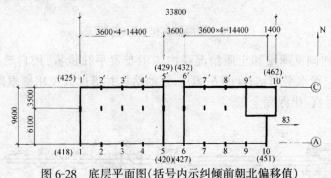

图6-28 底层平面图(括号内示纠倾前朝北偏移值)

二、倾斜原因分析

设计房屋时无勘测资料,误将北轴线(C轴)落在未经处理的古河道淤泥和杂填土上,与房屋其他部分产生较大的沉降差。

三、纠倾设计和施工

(一) 方案选择

本实例引自金祖源、傅剑鹤,1990。

曾提出采用降水纠倾法,考虑距房屋 A 轴 10～16m 处有河道存在,采用深井降水纠倾方法难以见效,决定用"平孔抽水法"纠倾。

(二) 方案的设计和实施

1. 紧贴建筑物沉降小的基础内外两侧开挖槽沟,槽沟平面见图 6-29。外沟底宽 80cm,顶宽 200cm,比基底深 70cm;内沟底宽要满足钻孔操作的要求,故大于 200cm,沟底低于基底 55cm。槽沟剖面见图 6-30。

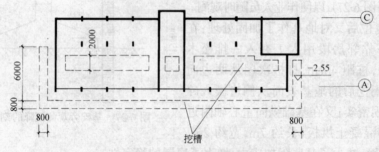

图 6-29 基础两侧开槽平面图

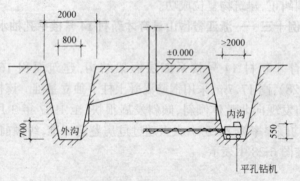

图 6-30 槽沟剖面和水平向钻孔图

2. 根据所需纠倾沉降量和土质情况在内沟中布置平孔位置,用自己改装的平孔钻机(图 6-31)在设定位置水平向钻孔(图 6-30)。开动钻机并借助人工用撬棍推动水平向钻进,钻孔要求"均速、平直、出泥完全"。

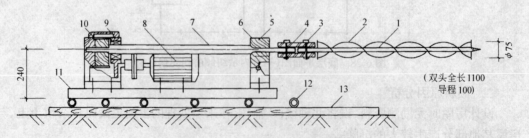

图 6-31 改装的麻花钻平孔钻机图

1—麻花钻杆 1″白铁管;2—钻翼 4mm 钢板;3—连接销钉;4—连接套筒;5—前轴承架;6—止推铜套;7—输出轴钻进 70 转/分;8—电动机 JO_2 型 3kW;9—变速箱壳;10—被动齿轮;11—底座;12—滚管 $\phi40$;13—木板

3. 用自制水枪扩孔,从内沟进水淹没钻孔浸润地基土,历时一夜,第二天土变成泥浆状后在外沟用泥浆泵抽排泥浆(图 6-32),然后干涸静压,反复进行。纠倾次序遵循下述原则:先调节扭曲沉降,然后再平缓地实施线性同步沉降。

4. 纠倾至一定程度,在钻孔中灌砂,并在内沟回填地基土静压复原。填土中预埋竹筒,外沟中则砌有阴井。根据需要用水枪插入竹筒中注入压力水形成流砂,在阴井中用泵抽砂,逐个进行,对柱基沉降逐个实行微调。灌砂抽砂过程见图 6-33。

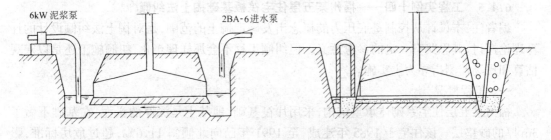

图 6-32　平孔抽水过程图　　　　　图 6-33　灌砂抽砂稳定示意图

5. 纠倾速率控制在每天倾斜率回复值在 1‰ 以内,即每天沉降值不大于 10mm。可以通过增大冲水量或用水枪扩眼取泥增加纠倾速率,或停止冲水干涸静压减小纠倾速率;当纠倾速率过快时,则应在孔中填砂阻沉。

6. 进行沉降观测,并用垂球法观测倾斜值。

四、纠倾效果

纠倾工作从 1987 年 3 月 4 日开始,至 5 月 9 日结束,总计两个月时间。各阶段的纠倾情况见表 6-18,A 轴线上 10 号观测点在全过程的偏移值见图 6-34。纠倾总费用仅 0.6 万元。

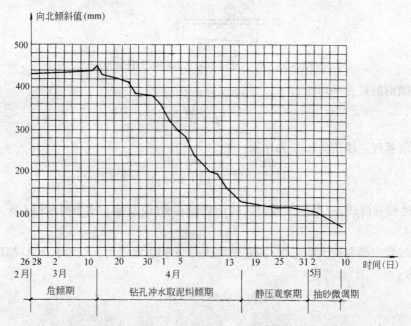

图 6-34　纠倾前后 10 号观测点向北偏移值的变化曲线

纠倾各阶段简况　　　　　　　　　　　　　　　　表 6-18

日　期	工作内容	纠倾效果
3.4~3.12	挖沟和成孔	至3月12日前,房屋继续向北倾斜
3.13~4.16	冲水取泥纠倾	3月13日开始向南返沉,至4月16日平均剩余偏移值减少到140mm（剩余倾斜率7.9‰）
4.17~5.1	停止纠倾、静压观测	静压纠倾量不大
5.2~5.9	抽砂微调	平均又纠回80mm偏移值,剩余倾斜率3.4‰

6.4.5　工程实例十四——福州某五层住宅筏板基础掏土法纠倾[6.4-5]

编者注:本设计从控制基底压力的概念出发确定掏土的范围,是对掏土法纠倾设计的计算理论探讨,其思路有一定的参考意义。但纠倾工程不会那样理想化,纠倾施工还是以宏观估算和现场监测指导为主实施。

一、工程概况

福州某五层住宅系砌体承重结构,采用片筏基础,地基土是深厚的淤泥,在基础下做了3m厚的砂垫层。该住宅于1985年建成,至1991年已向北倾斜11.6‰,超过危房标准,影响正常使用,决定采用掏土法纠倾。

二、纠倾设计思路

（一）计算模式

按图 6-35,取筏基的一个开间 s 为计算单元,基底压力采用材料力学的线性分布假定。图中,B 是筏基宽度,a 和 d 分别是开间内的挖宽和挖深,并令 $\phi=a/s$ 为挖宽比,$\xi=d/B$ 为挖深比

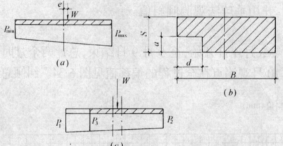

图 6-35　掏土过程中筏基基底压力计算单元

则纠倾前的基底平均压力 p

$$p=\frac{W}{Bs}$$

纠倾前基底边缘压力 p_{max} 和 p_{min}

$$\begin{matrix}p_{max}\\p_{min}\end{matrix}=p(1\pm 6e_2)$$

式中,W 是筏基荷载,e_2 是房屋倾斜后的荷载偏心率(荷载偏心率为荷载偏心距与筏基宽度 B 的比值)。

纠倾过程中随着掏土的进行,基底平均压力 $\bar{p}$ 和边缘压力 $p_i(i=1,2,3)$ 都随 ϕ 和 ξ 变化,分别为

$$p_i=\psi_i p\quad(i=1,2,3)$$

本实例引自何锋,1997。

6.4 掏土纠倾法

$$\bar{p} = \bar{\psi}p$$

应力系数 ψ_i 和 $\bar{\psi}$ 由下式确定

$$\psi_1 = \frac{1 + 3\xi^2\phi - 4\xi^3\phi - 6e_1(1-\xi^2\phi)}{1 - 4\xi\phi + 6\xi^2\phi - 4\xi^3\phi + \xi^4\phi^2}$$

$$\psi_2 = \frac{1 - 6\xi\phi + 9\xi^2\phi - 4\xi^3\phi + 6e_1(1 - 2\xi\phi + \xi^2\phi)}{1 - 4\xi\phi + 6\xi^2\phi - 4\xi^3\phi + \xi^4\phi^2}$$

$$\psi_3 = \frac{1 + 2\xi - 6e_1}{(1-\xi)^2}$$

$$\bar{\psi} = \frac{1}{1 - \xi\phi}$$

式中 e_1 是纠倾时荷载偏心率,掏土前取 e_2,掏土后取房屋倾斜前的原始荷载偏心率 e_0。

(二) 纠倾限制条件

为了达到既顺利纠倾,又不发生突沉、突倾的危险情况,要求挖宽比 ϕ 和挖深比 ξ 符合以下三个条件

条件一 $1.2R \leqslant \begin{Bmatrix} p_1 \\ p_3 \end{Bmatrix} \leqslant \begin{Bmatrix} \eta_1 \\ \eta_3 \end{Bmatrix} R$ 或 $1.2K/\lambda \leqslant \psi_i \leqslant \eta_i K/\lambda (i = 1、3)$

条件二 $0 \leqslant p_2 \leqslant p_{max}$

条件三 $\bar{p} \leqslant \bar{\eta}R$ 或 $\xi\phi \leqslant 1 - \lambda/\bar{\eta}K$

式中,p_i 见图 6-35 所示;R 是纠倾时的地基允许承载力,可用建房时的地基允许承载力 R_0 乘以承载力提高系数 K 得到;λ 是房屋原设计的地基承载力发挥度,$\lambda = p/R_0$;η_1、η_3 和 $\bar{\eta}$ 是应力控制系数,与土体的压缩性、房屋沉降性状、上部结构情况等因数有关,对于高压缩性土,建议 η_1、η_3 取 $1.2 \sim 1.5$,$\bar{\eta}$ 取 $1.1 \sim 1.2$。

计算条件一中 ψ_i 时,e_1 对左边不等式用 e_0,对右边不等式用 e_2。

三、纠倾设计计算

计算中的参数取值为:λ 为 1.07;e_0、e_2 分别为 0.012 和 0.019;考虑房屋建成已有 6 年,K 值取 1.10;由于淤泥具高压缩性,房屋刚度大,允许纠倾时发生较大沉降,故取 $\bar{\eta}$ 为 1.2,η_1 为 1.5。

根据结构开间情况和施工工具条件,初定挖宽比 $\phi = 0.32$,则按条件一

$$1.234 \leqslant \psi_1 \leqslant 1.542$$

由 $\psi_1|_{e_1 = e_2 = 0.019} \geqslant 1.234$ 得 $\xi \geqslant 0.289$

由 $\psi_1|_{e_1 = e_0 = 0.012} \leqslant 1.542$ 得 ξ 可以为任何值

条件二、三含在图 6-36 中,图中曲线 1 满足 $\frac{\partial \psi_2}{\partial \xi} = 0$ 的条件,即 p_2 为极小值时的 $\xi - \phi$ 曲线;曲线 2 满足 $p_2 = p_{max}$;曲线 3 满足 $p_2 = 0$;曲线 4 满足 $\bar{p} \leqslant \bar{\eta}R$。$\xi$、$\phi$ 最好落在 A 区;对于地基较稳定,承载力增幅较大,倾斜较小的,也可以落在 B 区,但应慎重。本工程如选择 $\xi < 0.37$,则 ξ、ϕ 落在 A 区。

综合以上结果,得 $\begin{cases} 0.289 \leqslant \xi \leqslant 0.37 \\ \phi = 0.32 \end{cases}$

最终实施采用的参数见表 6-19。

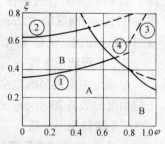

图 6-36 根据条件二、三确定的 A、B 区间图

最终采用的参数值 表 6-19

参　数	ϕ	ξ	ψ_1	ψ_2	$\bar{\psi}$	$\bar{\eta}$	η_1
纠倾前	0.32	0.37	1.318	0.979	1.134	1.103	1.34
纠倾后	0.32	0.37	1.347	0.932	1.134	1.103	1.34

四、纠倾效果

按本设计的挖宽比和挖深比实施了纠倾，施工历时51d，图6-37是纠倾过程中的房屋回倾时程曲线。施工期间的平均沉降量54mm，纠倾完成时的剩余倾斜值4.3‰，纠倾后43d的剩余倾斜值为3.7‰。以后的发展表明回倾已趋稳定。

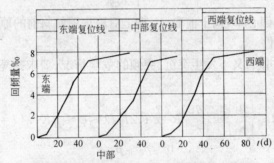

图6-37　纠倾过程中的房屋回倾时程曲线

6.4.6　工程实例十五——大港油田办公楼筏板基础钻孔取土法纠倾[6.4-6]

一、工程概况

大港油田办公楼包括A楼（四层）和B楼（五层、局部六层）两部分砌体承重结构建筑，均采用筏板基础，其中B楼筏板基础的平面尺寸是29.9m×9.2m。两筏板平面位置略有错开，中间设置120mm宽的沉降缝（图6-38）。

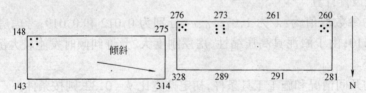

图6-38　办公楼平面图及各测点沉降量

该楼于1993年下半年动工，至1994年5月结顶，完工后发现A楼有较大的不均匀沉降。到1995年6月房屋各测点的沉降量注于图6-38中，其中A楼东西两端的沉降差为北纵轴171mm，南纵轴127mm。房屋朝B楼方向倾斜，并伴有轻微扭曲。沉降缝上部明显靠拢，局部已相碰。决定采取纠倾处理。

二、工程地质条件

地基土主要由第四纪全新统陆相和滨海相沉积的粘性土粉土组成，地表下16m以内的土层情况如表6-20所示。

三、倾斜原因分析

（一）A、B两楼在沉降缝两侧独立设置山墙，加上沉降缝处筏板无法外伸，荷载集中，经

本实例引自杨书遂、谢志全，1996。

估算沉降缝附近筏板的基底压力达到160kPa,已大大超过地基承载力;

大港油田办公楼工程地质资料　　　　表 6-20

土层编号	土层名称	层厚(m)	土层描述	静探锥尖阻力 q_C(kPa)
2-1	粉质粘土	1.6	黄褐色、软~可塑状态	1100~1300
2-2	粉质粘土	2.1	青灰色、软~流塑状态	400
2-3	粉土	0.85	浅灰色、饱和、软塑	3550
2-4	粉质粘土	1.4	青灰色、软~流塑状态	600
2-5	粉土	2.1	浅灰色、饱和、多呈软塑	3550
2-6	淤泥质粉质粘土	8.0	青灰色、软~流塑状态	725

(二)受相邻 B 楼荷载的影响,A 楼西端地基中附加应力叠加。

四、纠倾设计和施工

(一)方案选择

曾经试验排水加堆载的纠倾方法,即在 A 楼东端和两侧开挖约 2m 深的排水沟,并在一层堆砖加载,所加荷载为 20kPa。从 1995 年 6 月至 10 月,经四个月的加压,沉降量仅为 17.8~22.3mm,效果不理想。考虑地基土主要由软土层组成,决定采用钻孔取土法纠倾。

(二)方案的设计和实施

1. 钻孔平面布置

钻孔孔径 380mm。根据 A 楼向西倾斜并向北扭倾,决定在其东边和南、北两边的部分范围内布孔。南边的布孔长度为房屋长度的三分之二,北边则为二分之一。钻孔距墙体距离约 1.0m,孔距分 2.5m 和 3.0m 两种。钻孔平面布置见图 6-39。

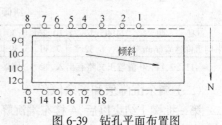

图 6-39　钻孔平面布置图

2. 纠倾控制指标

(1)总掏土量

由房屋平均沉降差 149.0mm 和筏板面积 275.1m²,按式(6-3)求得总掏土量为 20.5m³;

(2)纠倾目标

确定纠倾后的平均倾斜值控制在 3‰以内;

(3)纠倾速率

要求控制在 10mm/d 以下。

3. 钻孔

根据地基土分布和房屋倾斜情况,钻孔深度分为 9、10、11m 三种,钻孔上部设置 5m 长护孔套管。采用 DPP-100 型改装钻机施工,钻孔日期从 10 月 19 日至 25 日,为期一周。

4. 掏土

根据均匀掏土的要求,按各钻孔所处位置要求的沉降量将总掏土量分配到每个钻孔中(表 6-21),掏土主要在下卧软土层中进行。掏土分两批实施,第一批从 10 月 28 日至 11 月 3 日,第二批从 11 月 6 日至 12 日,两批共掏土 20.9m²,与估算总掏土量很接近。

5. 微调

微调过程放在 11 月 10 日至 12 日接近纠倾目标时进行,由于南侧和东侧沉降还不够要求,故在 No1~No12 孔中进行少量掏土,并对全部钻孔降水三次以利于挤淤。11 月 13 日以后停止掏土,利用前期纠倾的滞后效果继续微调。

钻孔深度和掏土量分配　　　　　　　　　表6-21

孔　号	1～2	3～5	6～12	13～15	16～17	18
孔深(m)	9	10	11	11	10	9
掏土量(m³/孔)	0.8814	1.1458	1.4103	1.0577	0.8814	0.7051

6．封孔

在达到纠倾目标以后，于11月16日拔出套管，用中细砂封填钻孔。

7．监测工作

监测内容包括沉降量、倾斜值、孔内回淤、地面变形、建筑物性状等。其中沉降观测采用精密水准N3。监测频率与掏土过程相配合，纠倾高潮时每三天观测一次，从10月24日至11月30日共进行10次。封孔以后继续6个月的后效观测工作。

五、纠倾效果

（一）沉降速率

纠倾期间的平均沉降速率见表6-22，短时最大沉降速率达到12.3mm/d，未发现失稳现象。纠倾后沉降速率大幅度减少，11月20日和11月30日分别减至0.31mm/d和0.16mm/d；到1996年3月15日已降至0.015mm/d。

纠倾期间平均沉降速率　　　　　　　　表6-22

日　期	1995.10.24	10.26	10.30	11.1	11.3	11.6	11.9	11.13	11.20	11.30	12.12	96.3.15
平均沉降速率(mm/d)	6.32	7.30	5.39	5.10	7.80	3.27	3.55	2.89	0.34*	0.15*	0.31*	0.015

* 11.20、11.30值与正文略有出入，12.12值疑有误，原表如此。

（二）剩余沉降值和剩余倾斜率

第一批掏土结束以后，A楼东端沉降47.9mm，而西端基本无沉降。第二批掏土结束以后，A楼东端平均沉降值达到128mm，平均剩余沉降值21mm，平均剩余倾斜率为1.64‰，达到预期目标。同时沉降缝两侧山墙抵紧部分回倾达10.5cm之多，扭斜错位墙体也被纠回1.5cm。

6.4.7　工程实例十六——湖北省花木协会大楼、省化工公司宿舍楼整板基础钻孔取土法纠倾[6.4-7]

一、工程概况

湖北省花木协会大楼和化工公司宿舍楼位于武昌紫阳河畔，均为八层建筑物。两楼相邻而建，相对位置关系见图6-40。两楼都采用整板基础，花协楼的整板尺寸为35m×16m，化工公司则为31m×22m，建造前对基础下2m厚的杂填土作了分层掺拌碎石碾压处理。两楼同时始建于1987年4月，至1987年8月底施工第五层时，已发现花协楼向西倾斜达9‰，平均沉降速率为2.66mm/d。同年10月施工

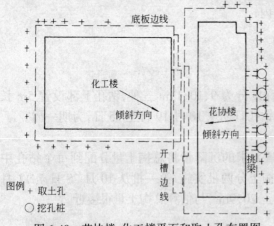

图6-40　花协楼、化工楼平面和取土孔布置图

本实例引自俞季民、逯金涛，1992

至第七层时,倾斜率升至10‰。当12月花协楼结顶时,倾斜率已达到20‰。同时,化工宿舍楼也发生向东的倾斜,两楼上部的附属设备已相互靠紧。由于倾斜率已大大超过危房标准,决定实行纠倾。

二、工程地质条件

地表以下2~3m为杂填土,施工前已作部分处理。以下是一层湖底淤泥,厚约2~3m,呈流塑状、具高压缩性。再往下是厚约5m的粘土层,粘土层以下则为5.5~16m厚的淤泥质粉质粘土和淤泥质粉土。

三、倾斜原因分析

(一) 地基主要受力层存在相当厚度的未经处理的高压缩性淤泥层;

(二) 两建筑物荷载的相互影响,造成相向倾斜。

四、纠倾设计和施工

(一) 方案选择

曾于1988年5月先后采用化学灌浆(双液)、人工挖孔桩、静压锚杆桩和深层化学灌浆进行了三期施工,意图纠倾加固,结果是基底以下7~8m深度范围内的土得到加固,稳定了沉降,但是大楼的倾斜值没有减小,仍大大超过危房标准。考虑地基土主要是软土,决定采用钻孔取土法纠倾。

(二) 方案的设计和实施

由于在施工阶段建筑物已经产生倾斜,外墙吊线不断修正,使墙面呈香蕉形,其中以花协楼东南角为甚。为避免墙身底部纠正后造成顶部反向倾斜,纠倾目标适当放宽。纠倾时沉降速率控制在10mm/d以内。两楼共设置沉降观测点14个、倾斜观测点8处(设于外墙四角),并在第六层至顶层间设置相对位移观测点4个。每三天监测一次,必要时加密。

因为前期进行过灌浆和锚桩法加固,给纠倾带来不少困难,需要增加辅助措施,从而延长了工期。纠倾从1990年6月开始,至12月结束,整个过程分为四个阶段:

1. 花协楼东侧布孔掏土阶段

在花协楼东侧(所需迫降量最大处)布置取土孔,孔径400mm。由于该侧中部有先前纠倾留下的五根挖孔桩(直径1.2m,长12.45m)碍沉,为带动挖孔桩一起下沉,每一桩边加设两个加深的取土孔。此外,原先灌浆使两楼之间地基形成数米厚的水泥土垫层,致使花协楼纠倾时牵动宿舍楼一起东倾,故在两楼连接部分的水泥土上开槽,槽深约1.5~2.0m,将两楼地基分开。布孔和开槽的平面位置见图6-40。

采用由液压汽车起重机改装的YQZ型起重钻孔两用机,钻孔深度以能下放护孔套管为度,护孔套管深4~6m。根据取土孔所处位置以及监测资料从孔中掏土,并辅以孔内降水挤淤。

2. 挖孔桩顶掏土阶段

以前所设五根挖孔桩与地梁加长的悬臂段相连,原意是锚拉促沉,实际上并未达到预期效果,相反限制了东侧的下沉,造成纠倾困难。为此,掏去悬臂段底下和桩间的中砂填土层,减少纠倾障碍。

3. 化工宿舍楼西侧布孔掏土阶段

当花协楼东侧纠倾速率减缓时,开始在宿舍楼西侧布孔掏土。布孔位置见图6-40,掏土方式同花协楼。

4. 两楼同时反向纠倾阶段

实施第三阶段以后,在花协楼东侧和宿舍楼西侧同时或交叉掏土。此时,两楼间水泥土开槽内出现数条裂缝,拉开距离达 12cm,反映出纠倾效果的增强。

五、纠倾效果

(一) 沉降速率

纠倾期间和以后花协楼的沉降量和沉降速率在图 6-41 中表示。纠倾过程中各点的沉降速率一般在 3mm/d 以下,最大沉降速率为 4.05mm/d,是在 7 号点观测到,均在控制速率以下。纠倾后沉降较快地趋向稳定。

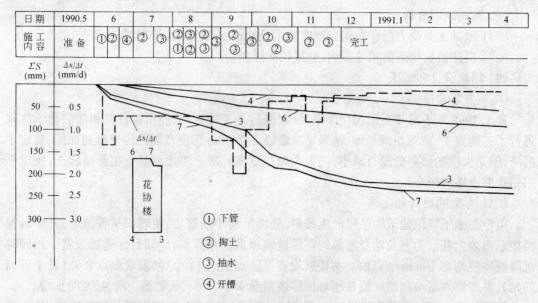

图 6-41 花协楼的平均沉降速率($\Delta s/\Delta t$)和四角测点的沉降(Σs)曲线

(二) 倾斜率

纠倾前后两楼四角测点的倾斜率见表 6-23,可知效果相当明显。纠倾完工时,两楼顶层间的相对距离已拉开至 47.5cm,到 1991 年 2 月,此值已达 50cm。

纠倾前后两楼四角测点的倾斜率　　　　表 6-23

楼 号	测点位置	主要倾斜方向	倾 斜 率 (‰)		
			纠 倾 前	纠倾结束时	纠倾后四个月
花 协 楼	东 北 角 东 南 角 西 北 角 西 南 角	西　倾	21.47 / 20.47 20.51	5.48 / 4.98 6.43	4.42 6.05 4.97 6.05
化工宿舍楼	东 北 角 东 南 角 西 北 角 西 南 角	东　倾	8.35 8.08 6.57 8.74	5.12 4.73 4.17 5.98	4.87 4.12 3.85 5.82

6.4.8 工程实例十七——武汉某住宅楼筏板基础钻孔取土法纠倾[6.4-8]

一、工程概况

本实例引自俞季民、刘祖德,1994。

武汉某住宅楼为七层砌体承重结构,层高3.2m,北侧轮廓呈不规则的锯齿形(图6-42)。基底尺寸46.7m×10.99m,采用筏板基础,埋深1.2m。该建筑物始建于1986年,于1987年竣工,投入使用后很快发生大量沉降和严重南倾,致使下水道排水不畅。1989年底测得平均倾斜率已超过16‰,至纠倾前最大倾斜率已达27.48‰,平均倾斜率为21.38‰。由于房屋结构已有一些增强整体刚度的措施,所以仍然是完好的。

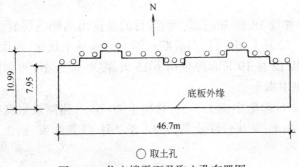

图6-42 住宅楼平面及取土孔布置图

二、工程地质条件

经补充勘测,地基土中存在上下两层厚度不均匀、分布不规则的淤泥质粘土层。其中上层北薄(1.2~2.7m),南厚(2.0~3.1m),北深(5.70~9.30m)南浅(4.60~8.0m);下层埋深在12.0~16.3m之间,分布更不规则,在西北与东南角缺失。淤泥质粘土的液性指数有高达1.42的,已接近淤泥。土层的主要物理力学参数见表6-24。

各土层的主要物理力学性质指标 表6-24

土层编号	土 类	液性指数	压缩模量(MPa)	地基承载力标准值(kPa)
1	粘 土	0.42	4.1	140
2	粘 土	0.77	3.0	100
3-1	淤泥质粘土	1.15	2.8	80

三、倾斜原因分析

(一)地基中两层软土分布不规则,厚薄不匀,造成南北两侧的沉降差异;

(二)软土(淤泥质粘土)的不排水强度小于按Jurgenson公式确定的临界强度,表明该软土层易向南侧挤出;

(三)上部结构静荷载明显向南偏心,倾斜的发生加剧了这一趋势。

四、纠倾设计和施工

(一)方案选择

根据以下考虑决定采用钻孔取土法纠倾:1)该方法效果显著,尤其适用淤泥质土的地质条件;2)已有较多的成功经验;3)现场开阔,具备机械进场操作条件;4)该法施工期短、环境影响小、不用动迁居民。

(二)方案的设计和实施

1. 布设取土孔

在沉降较小的北侧基础边缘布设21个取土孔(图6-42),孔径400mm,深6m,孔距2.0~2.5m。布孔从1991年10月14日开始,先下6m长的400mm直径钢管,然后掏出管中的土;

2. 管内集中掏土

从10月30日至11月1日连续3天集中掏土21.9m³,然后停歇18天。由于此阶段掏土速率偏快,致使未掏土的南侧基础也有较大下沉;

3. 局部孔内少量掏土

吸取上一阶段掏土速率偏快的教训,仅在局部孔内少量掏土;

4. 加设短管掏土

在原掏土孔之间加设18根3m长的短管,目的是掏出北侧浅层软土,拉开南北两侧的沉降量。该项工作于12月上旬进行,但后期北侧上部地基土软化,地面下沉,掏土困难,纠倾效果下降,遂决定从12月19日起停止掏土15天,使地基土强度得到恢复;

5. 第二次孔内集中掏土

从1992年1月4日起集中掏土5天,共掏土20.5m³,纠倾效果良好。接着又间歇38天,于2月15日恢复掏土,又获较好效果。掏土于2月23日结束,到2月28日已达到纠倾目标;

6. 拔管回填

该项工作于3月31日全部完成。

五、纠倾效果

纠倾前后房屋的平均沉降速率和平均倾斜率变化见表6-25和图6-43,可知:1)纠倾结束时的平均剩余倾斜率为2.25‰,纠倾后七个月减少到0.3‰,符合规范要求;2)纠倾后的沉降速率衰减很快,预后良好。

纠倾初期出现的险情经调整掏土方式后得以排除,纠倾过程中楼房结构完好无损,内外墙面未出现裂缝,对相邻建筑物的影响很小,距东北角约6m处的邻房测点仅产生1.5mm的总沉降量。

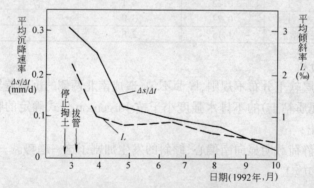

图6-43 纠倾后房屋倾斜率及沉降速率的变化

纠倾前后房屋的平均沉降速率和平均倾斜率 表6-25

时间(阶段)	平均沉降速率(mm/d)	主倾方向平均倾斜率(‰)
1991.10.12(纠倾前)	0.03	21.38
1992.3.31(纠倾结束)	0.30	2.25
5.3	0.25	1.02
7.16	0.08	0.76
10.13	0.02	0.30

6.4.9 工程实例十八——湖北某大楼配电房条形基础钻孔取土、开沟水冲掏土纠倾[6.4-9]

一、工程概况

湖北某大楼配电房为二层夹一层技术层的砌体承重结构,基础外包平面尺寸20.1m×12.6m(图6-44),楼高11m。采用钢筋混凝土条形基础,埋深1.1m,基础下为10cm厚的混凝土垫层和15cm厚的砂砾垫层。配电房于1987年建成,1992年邻近新建两幢27层高楼,当邻楼基坑开挖后该楼开始下沉和倾斜。至1994年8月纠倾前,西北角墙体向北倾斜已达18.6‰,平均倾斜率为17‰,大大超过危房标准;且室内地坪严重开裂,缝宽最大超过20mm,墙、屋盖和楼板梁已多处产生裂缝,遂决定纠倾。

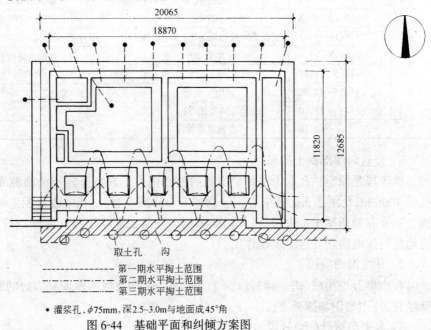

图6-44 基础平面和纠倾方案图

二、工程地质条件

地表有一层厚度超过3m的杂填土层,该土层很不均匀,含松软堆积物;以下依次是粘土、粉质粘土、粉细砂夹粘土。

三、倾斜原因分析

明显是相邻基坑开挖的影响。邻楼基坑壁距配电房基础的边缘不到3.5m,用钢板桩支护,支护能力不足,致使配电房北侧地基土向基坑方向产生过量的水平位移和下沉。

四、纠倾设计和施工

(一)方案选择

考虑建筑物严重倾斜、并有多处裂缝的情况,以及地基持力层是复杂松软的杂填土,而5~6m深度以下存在软塑状态的粉质粘土层,确定"以纠倾为主,纠倾和加固相结合"的原则。初定方案是用钻孔取土法纠倾,浅层注浆法加固杂填土地基。

实际施工中采用信息化方法,根据纠倾的发展过程调整方案,补充新的方法或措施,最

本实例引自刘祖德、俞季民、刘一亮,1997。

终达到纠倾目标。

(二) 方案的设计和实施

纠倾全过程大致可以分为以下几个阶段,各阶段的历时和纠倾效果见表6-26。

纠倾各阶段历时和纠倾效果　　　　　　表 6-26

阶段	日　　期	工 作 内 容	纠倾效果说明
1	1994.8.12～8.15	设置取土孔、下套管	
	8.16～8.18	第一期掏土	8月24日测得纠倾量为0.3‰
	8.29～8.31	第二期掏土,辅以降水	9月15日测得最大纠倾增量<1‰
2	9.7	开 挖 沟 槽	最大纠倾增量<1‰
3	9.12～9.28	水平向掏土(砂)	与1、2两阶段的总纠倾量相当
4	10.10～11.1	堆载30t,扰动地基土,水平掏土	10月20日测定纠倾增量为1.7～2.0‰
5	11.2～11.4	堆载20t	南侧沉降增量>3cm
	11.5～11.11	冲　　水	纠倾增量约为4‰
6	11.15～11.28	沟内抽水	纠倾增量>1‰,业主要求结束纠倾
7	12.3～12.10	回填孔、沟	
8	～12.16	北侧灌浆加固	

1. 竖直向深部掏土阶段

该阶段是原定钻孔取土法纠倾方案的核心内容。在沉降较小的南侧布设取土孔9个,孔径400mm,孔距2.5m,孔中心距墙勒脚1.6m(图6-44)。孔中放置3.7～4.5m长的套管。掏土主要在粉质粘土中进行,并分两期实施。在第二期掏土的同时辅以降水方法。掏土前将地坪与配电房切开避免牵扯作用。

2. 开挖沟槽阶段

在南侧开挖沟槽(图6-44),沟深2.2m、宽1m,沟北缘与南墙勒脚边的距离为0.6m。沟壁竖直,并用槽钢加撑板支护。

3. 水平向掏砂(土)阶段

在南侧6条南北向基础下同时掏挖砂垫层,分三期进行。掏砂范围由近及远逐步延伸(1.5m→2.7m→5.2m),由横墙下的条基中心(第一期)扩向两侧(第二期)再向北延伸至纵隔墙下(第三期),详见图6-44。总计掏土量约为4.0m^3。

4. 堆载及扰动地基土阶段

在南侧楼顶用土袋加载,三天内共施加300kN荷载,然后在水平掏土孔内扰动地基土。继续延伸掏土孔并掏出少量砂(土),掏出砂(土)约5m^3。

5. 堆载和水冲阶段

再在南侧楼顶挑梁上均匀加载200kN,随后采用水冲法在水平掏土孔内冲刷地基土。

6. 沟内抽水阶段

每隔一天抽水一次,观测一次。

7. 回填孔、沟阶段

用水泥砂浆填塞水平掏土孔,拆除沟内支撑并回填。

8. 北侧注浆加固阶段

按初定方案进行。在沉降较大的北侧设计11个注浆孔,并在地坪严重开裂的西北角室内另加3个注浆孔(图6-44),孔深2.5m,浆压0.5MPa,使用普通硅酸盐水泥浆加膨胀剂。

五、纠倾效果

图6-45是纠倾过程中建筑物平均倾斜率与时间的关系,图6-46是纠倾过程中房屋四

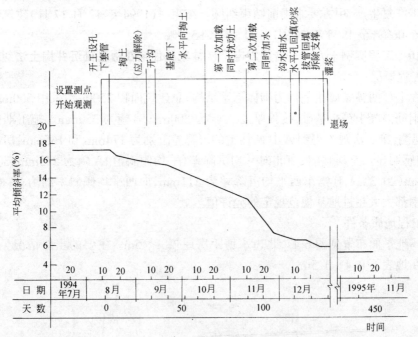

图6-45 纠倾过程中建筑物平均倾斜率与时间的关系

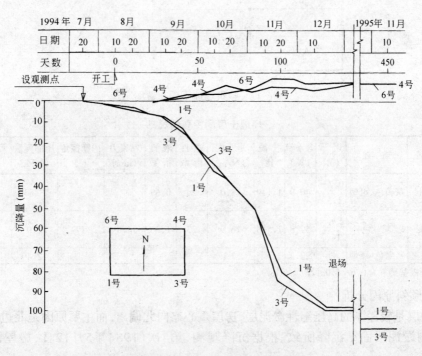

图6-46 纠倾过程中房屋四角的沉降曲线

角的沉降曲线。从图中可知：1）钻孔取土法纠倾能保护原沉降较大一侧的地基土不受扰动；2）北侧测点上抬现象主要发生在南侧水平掏土（包括冲水）阶段，当停止冲水以后就开始回沉；3）用水泥砂浆填塞水平掏土孔对抑制地基土的后续变形效果明显。

因急于恢复生产，甲方要求提前结束纠倾。结束时（1994年12月17日）建筑物平均倾斜率降至6.06‰，至1995年11月16日又降到5.7‰。

6.4.10 工程实例十九——台州发电厂两幢家属住宅筏板基础沉井掏土法纠倾[6:4-10]

一、工程概况

台州发电厂两幢家属住宅均为砌体承重结构，总建筑面积2500m²，采用500mm厚石屑垫层上的钢筋混凝土筏板基础，筏板厚度A幢为300mm，B幢为350mm。施工期间进行了5次沉降观测，第5次观测得到A、B两住宅的沉降差分别为174mm和165mm，房屋发生倾斜，室内坡感明显。至纠倾前，南北向平均沉降差（平均倾斜值）A幢为235mm(30.1‰)、B幢为158mm(20.3‰)，B幢东西平均沉降差为211mm，向西平均倾斜率约为8‰。两幢房屋的倾斜率都大大超过地基规范规定的允许值。

二、工程地质条件

建筑场地平面布置见图6-47，北边水塘距房屋仅4~5m。主要的土层情况见表6-27，地下水位在地表下0.4~0.5m。

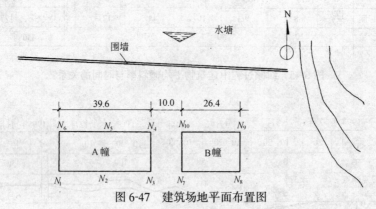

图6-47 建筑场地平面布置图

场地土层的主要情况 表6-27

层号	土名	描述	层厚(m)	含水量(%)	孔隙比	重度(kN/m³)	塑性指数	液性指数	粘聚力(kPa)	内摩擦角(°)	压缩模量(MPa)	承载力标准值(kPa)
2	粘土	灰黄色、可塑	0.7~1.5*	40.9	1.149	18.0	24	0.69			3.53	90
3	淤泥	灰色	4.6~14.7	57.8	1.518	16.9	23	1.36	4.0	17	2.0	55
5	粉质粘土	灰绿色、硬塑		22.2							12.49	350

* 在筏板基础下为0.6~1.0m厚。

三、倾斜原因分析

下卧层是较深厚的高压缩性淤泥层，房屋重心略向北偏离，而主要原因是北边池塘抽水引起北侧淤泥层固结沉降所致。根据沉降观测，第4次（1984年5月12日，房屋已基本结

本实例引自林峰，1994。

顶)测得差异沉降值 A 幢为 14mm,B 幢仅为 9mm,随后由于久旱无雨,附近厂家把水塘抽干,二个月后第 5 次观测 A、B 两幢的差异沉降即剧增到 174mm 和 165mm。

四、纠倾设计和施工

(一) 方案选择

考虑地基土是深厚软土,且为减少纠倾对周围环境的影响,决定采用沉井法施工。

(二) 方案的设计和施工

1. 沉井制作阶段

在沉降较小的南侧以及 B 幢的东侧布置沉井共 21 只,见图 6-48。沉井设一外径为 2.0m 的钢筋混凝土圈梁,圈梁截面 240mm×250mm,上下各配 3ϕ12 钢筋,ϕ6@200 箍筋。上砌一砖厚砌体,并按 3% 收水,形成上小下大的筒体。井筒高度分为 4m、3.5m、3.0m 不等,外侧壁上粉 1:2 水泥砂浆。在靠近建筑物的 90°角内,均布 4 只 60×120 的排水孔,竖直向每 6 皮砖设一排。1985 年 1 月 5 日开工,至 2 月 5 日全部沉井砌筑完成。

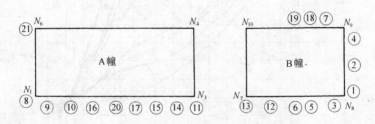

图 6-48 沉井平面布置和施工序号图

2. 沉井下沉阶段

从 2 月 6 日开始,沉井按图 6-48 所标序号挖土下沉,下沉速度控制在 0.5~1.5m/d 范围内,至 3 月 9 日,全部沉井都沉至设计深度。

3. 井内抽水和井底挖泥纠倾阶段

本阶段从 3 月 9 日开始,前 5 天做了从井底挖泥和只抽水不挖泥的纠倾效果对比试验,发现纠倾主要依靠井底侧向挖泥来实现。从第 6 天起以各观测点的沉降速率不超过 10mm/d 为标准,考虑房屋各部位需要的纠倾量和沉井所在位置,确定各沉井每天的挖泥量。本阶段内沉降观测每天一次。

实际施工中各井每天最大挖泥量一般都控制在 0.1m³(约 10 灰桶)以内,挖泥位置在靠近房屋一侧的半圆范围里。对于抽水挖泥同时进行的井,井内积水随时抽出,挖泥则每天一次。对于只抽水不挖泥的井,每天上、下午各抽水两次。

纠倾阶段延续了 70 天,井底挖土总量 A 幢为 40.76m³,B 幢为 30.30m³。

4. 纠倾验收

于 5 月 17 日进行,确认已达到纠倾要求。

5. 沉井封口

纠倾结束后,沉井用混凝土板封盖,井底未封浇混凝土。

五、纠倾效果

纠倾前后各观测点的沉降值见表 6-28,沉降累计曲线见图 6-49,可知到验收时(5 月 18 日),A 幢的向北平均倾斜值已减少到 0.64‰,B 幢则反转向东南微倾,其值仅为 0.77‰(向南)和0.95‰(向东)。

各测点在各阶段的沉降值(mm)　　　　表6-28

测　　点	N_1	N_2	N_3	N_4	N_5	N_6	N_7	N_8	N_9	N_{10}
沉井下沉前(2月5日)	173	174	173	384	485	356	241	44	188	413
沉井下沉完毕(3月8日)	220	227	212	403	502	402	284	125	254	429
纠倾完成验收时(5月18日)	514	525	518	531	521	520	491	535	510	504

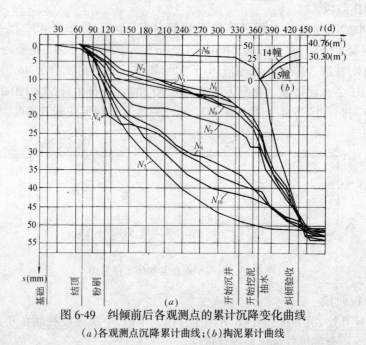

图6-49　纠倾前后各观测点的累计沉降变化曲线
(a)各观测点沉降累计曲线；(b)掏泥累计曲线

纠偏过程中房屋结构未产生明显裂缝，两幢建筑物的全部纠倾费用仅两万余元。

6.4.11 工程实例二十——上海市某商办楼搅拌桩复合地基筏板基础钻孔射水掏土法纠倾[6.4-11]

一、工程概况

上海市某商办楼系七层钢筋混凝土框架剪力墙结构，局部八层。设有半地下室车库一层，地下室底板即为房屋筏板基础，埋深-3.630m。该筏板基础原设计厚度350mm，东、南、西、北各边分别从轴线向外悬挑1.8、1.0、1.6、1.0m。实际施工时板厚改为400mm，四周的悬挑长度各减少了一半。

设计要求的地基承载力为130kPa，故用水泥搅拌桩对地基进行加固。水泥搅拌桩为单头、直径500mm，桩长15m，桩端位于4淤泥质粘土层，距5-1粘土层顶2.45m。桩距1.1m×0.9375m，总桩数340根。在成桩后45d和54d各做了一台单桩复合地基载荷试验，测得复合地基容许承载力分别为114kPa和125kPa。按规范规定的90d强度换算，复合地基承载力能达到130kPa的设计要求。

本工程于1985年4月中旬开工，同年10月上旬结构封顶。结顶后房屋开始出现较大

本实例引自李思明、叶书麟、金国芳，1997。

的不均匀沉降。向着东北方向倾斜。11月1日测得房屋四角测点 C1、C3、C5、C7（见图 6-50）的沉降值分别为 52mm、172mm、298mm、168mm，相应各边的倾斜率则为 $\delta_{13}=5.79‰$、$\delta_{35}=8.87‰$、$\delta_{57}=6.28‰$、$\delta_{71}=8‰$，均已超过规范容许值 4‰。为此，曾先后进行过两次纠倾工作，均未达到理想的结果。

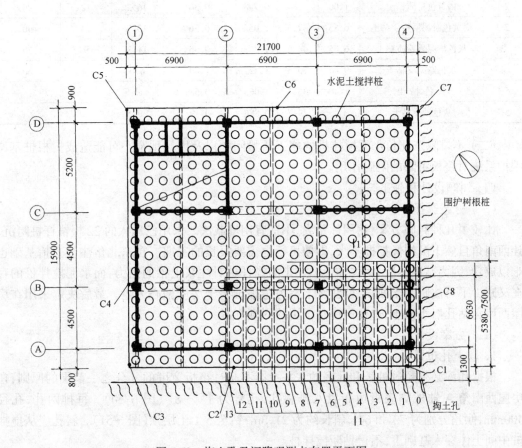

图 6-50 掏土孔及沉降观测点布置平面图

第一次采用注浆法纠倾，设计分两步进行。第一步在底板沉降大的外侧注浆，第二步在电梯井底板上钻孔注浆。但第一步注浆便扰动了地基，加大了不均匀沉降，纠倾被迫中止。第二次纠倾在11月上旬进行，采用锚杆静压桩加固沉降较大的筏板东北角悬挑部分。桩截面为 200mm×200mm，桩长 16m，桩端位于4层土中。计在筏板悬挑部分压桩 18 根，在水泵房基底压桩 4 根，总数 22 根。在压桩施工期间和压桩后两周内，东北角沉降继续发展，约下沉 65mm，随后沉降得到控制。但房屋倾斜已大大超过规范的限值（参见表 6-30），需要进行第三次纠倾。

二、工程地质条件

地基土层分布和主要物理力学性质指标见表 6-29。

三、倾斜原因分析

（一）竖直荷载偏心。电梯井（八层）、屋顶水箱、地下水池等重荷均位于房屋东北部。修改设计后，减小筏板悬挑和取消西北部内隔墙则进一步加剧了偏心。据计算，纵向重心偏北 0.95m，偏心率 4.38%；横向重心偏东 0.17m，偏心率 1.07%。

地基土层分布和主要物理力学性质指标(平均值)　　　　表 6-29

层号	土　名	层厚(m)	含水量 $w(\%)$	孔隙比 e	压缩系数 $a_{1-2}(MPa^{-1})$	内摩擦角 $\phi(°)$	粘聚力 $c(kPa)$	地基承载力 $f(kPa)$
1	杂填土	1.55						
2-1	褐黄色粉质粘土	1.00	28	0.798	0.36	16.2	12	90
2-2	褐黄色淤泥质粉质粘土	0.85	37.6	1.052	0.56	13.7	14	90
3	灰色淤泥质粉质粘土	6.75	44.6	1.263	0.96	11.3	9	70
4	灰色淤泥质粘土	9.40	50.5	1.427	1.09	6.0	11	60
5-1	灰色粘土	1.40	36.7	1.063	0.58			
5-2	灰色砂质粘土		29.7	0.886	0.19	29.5		

(二) 不排除东北角水泥搅拌桩的施工质量问题以及因场地窄小可能造成树根桩基坑围护系统对筏板沉降的阻碍作用。

四、纠倾设计和施工

(一) 方案选择

比较了几种纠倾方案:房屋体量大,不适宜用堆载法。采用已压入的 22 根锚杆桩阻沉,让西南角自然下沉纠倾把握不大,即使可行也需要很长的工期。在东北角注浆上抬基础也难以成功,因为基底压应力大,加上已施工的锚杆桩对注浆上抬的阻力,而水泥搅拌桩的存在又减少了可注浆的土面积,使注浆上抬力矩很难大于房屋偏心力矩。最后决定采用在房屋西南角钻孔射水掏土,迫使西南角下沉的纠倾方案。

(二) 方案设计

1. 取土孔布置

根据孔深必须超过桩长和孔底的水平投影不超过筏板宽度的二分之一范围的原则,在房屋西南角 A 轴外侧底板边布置八排斜孔,孔号为 $1^{\#} \sim 8^{\#}$ (图 6-50)。每排两孔,孔径 400mm,倾角分别为 73°和 64°,斜长约为 21.3m,钻至 5-1 土层顶(图 6-51)。斜孔应从搅拌桩中间土体穿入基础下,不得钻断搅拌桩。

2. 纠倾目标和速率

要求房屋使用阶段的倾斜率小于 4‰,考虑纠倾后电梯设备、水池水箱等荷载的施加还会使东北角产生一定沉降,确定纠倾结束时的房屋剩余倾斜率应小于 2.5‰。纠倾速率控制在 10mm/d 以下。

3. 射水掏土和清孔

射水压力不大于 200kPa。射水掏土顺序依次从 $1^{\#}$孔到 $8^{\#}$孔,先掏 73°孔一遍,再返回掏 64°孔。按上述钻孔结束后,进行清孔,暂定每孔清两次。

4. 堆载加压

为加快西南角的沉降速率,在地下室底板和底层楼板的一定范围内堆放近 200t 的建筑材料加压。

5. 加大底板尺寸

加大东北角底板尺寸,使其与基坑围护的树根桩或搅拌桩相连,以减少纠倾后东北角的后续沉降。

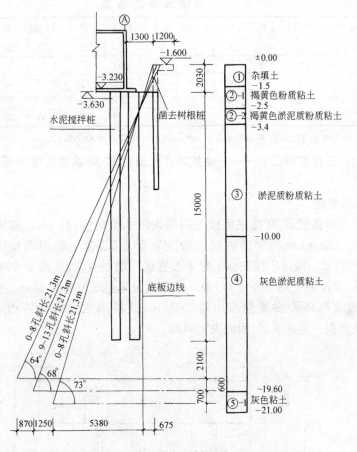

图 6-51 掏土孔布置剖面图

(三) 纠倾施工要点

1. 采用信息化施工方法,根据监测结果不断完善设计方案。

(1) 在 1#~8# 的 16 个斜孔钻完后,发现西南角的沉降速率未达到预估值,决定在 4 轴墙板下搅拌桩和围护树根桩之间增加一排 0# 斜孔,倾角也为 73°和 64°。由于间隙小,孔径为 250mm。

(2) 清孔开始后,西南角的沉降速率大大增加(例如,在两次清孔的 15d 内,C1 测点平均每天沉降 5.5mm,最大一天沉降达 9mm。),但离 2.5‰ 的纠倾目标尚远。根据当时房屋各点的沉降量和沉降差,决定在 8# 孔以后再增打 68°孔 5 个,孔号为 9#~13#(图 6-50、图 6-51),并清孔一次。

2. 注浆封孔、纠倾结束

在房屋各个方向上的倾斜率都已达到纠倾目标后,开始注浆封孔。采用 SYB50/50 型液压注浆泵,注浆管为花管底端"闷头",直径 25.4mm。浆液配合比(重量比)为粉煤灰:水泥:水玻璃 = 3:1:0.02,水灰比为 0.45,水泥用 425 新鲜普通硅酸盐水泥。

五、纠倾效果

纠倾前、纠倾各主要阶段和纠倾后房屋角部各测点之间的沉降差和相对倾斜率见表 6-30,可知纠倾取得了成功。

纠倾成果汇总表　　　　　　　　　　　　表6-30

时间	纠倾前		钻完0~8孔		清0~8孔两遍		钻完9~13孔		清9~13孔一遍		封孔结束		结束后114d	
测点	Δs	δ	Δs	δ	Δs	δ	Δs	δ	Δs	δ	Δs	δ	Δs	δ
1~3	128	6.18	116	5.6	60	2.9	54	2.61	37	1.79	36	1.74	24	1.15
3~5	143	10.07	136	9.58	95	6.69	84	5.92	45	3.17	41	2.89	22	1.55
5~7	135	6.52	126	6.09	72	3.48	66	3.19	49	2.37	49	2.37	34	1.61
7~9	136	9.38	126	8.87	83	5.85	72	5.07	33	2.32	28	1.97	12	0.84

注：表中 Δs 为两点间沉降差，单位为mm；δ 为两点间相对倾斜率，单位为‰。

6.4.12 工程实例二十一——余姚市花园新村第30幢住宅楼筏板基础深层冲孔排土法纠倾[6.4-12]

一、工程概况

余姚市花园新村第30幢住宅楼为四层砌体承重结构，长24m，宽8.5m，高12.5m（图6-52）。采用350mm厚的钢筋混凝土板式条形基础，在基础四周和中间按田字形布置500mm高的肋梁。该住宅楼在施工时未设置沉降观测点，竣工后于1986年5月按设计参照标高测算，房屋的平均沉降量为141mm，南北沉降差东山墙为46mm，西山墙则为39mm。至纠倾前南北沉降差发展到东山墙280mm（倾斜率32.9‰），西山墙230mm（倾斜率27.0‰），且倾斜一直在发展，因此决定纠倾。

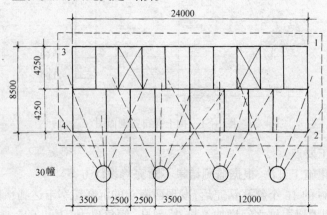

图6-52　住宅楼平面、沉降观测点和沉井布置图

二、工程地质条件

该建筑物所在小区位于余姚江与最良江之间的冲积平原带上，地表有一层1.5m厚的耕植土；以下是5~7m厚的淤泥层，饱和、流塑、含水量超过50%，地基承载力约为60kPa；在8m以下是粘土层，地基承载力约为120kPa。余姚的古城墙旧址由东向西穿过场地中部（图6-53）。

三、倾斜原因分析

经查，第30幢住宅从南轴线往北约有5m范围坐落在古城墙旧址上，由于墙基土历经数百年的压密，加上拆城时城土和块石的回填，以及残桩的存在，造成南面地基的压缩性远小于北面、建筑物北倾的现象。

本实例引自何治平、陈煜珊，1988。

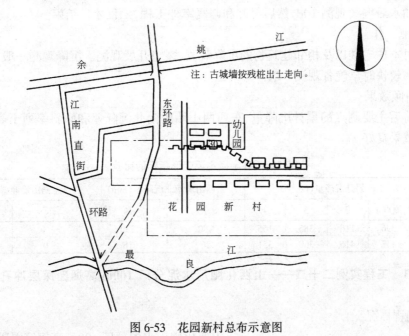

图6-53 花园新村总布示意图

四、纠倾设计和施工

(一)方案选择

根据地质资料和房屋结构情况,参照浙江省的房屋纠倾经验,以及同一住宅小区另一幢住宅楼采用"沉井集淤结合加压"的方法纠倾效果不甚理想的情况,决定采用沉井冲孔法纠倾。

(二)方案的设计和实施

1. 设置沉井

在南侧距外墙4m处设置4只沉井(图6-52),沉井直径2m,深度在4.5m以下,井中预留4~5个冲水孔。此项工作在1988年1月初进行。

2. 冲孔排土

从沉井内以水平辐射状向基底下深层土采用高压水冲孔,冲孔按以下程序和要求进行:

(1) 先冲两端后冲中间,且每日根据沉降监测结果确定第二天的冲孔部位、个数和水平进深,一般每只沉井每天冲孔约4条;

(2) 在第一周内,冲孔水平进深控制在到达距南轴线6.5m处,以后根据监测结果逐渐缩短,必要时安排一天复冲到6.5m处;

(3) 纠倾速率要求控制在日沉降量5mm以内。施工时基本能达到该要求,仅个别测点在降雨后沉井抽水再冲孔时观测到日沉降量大至19mm。当速率过大时暂停冲孔,待稳定后继续进行;

(4) 冲孔于1988年1月15日开始,当东山墙南北沉降差达到57mm、西山墙南北沉降差达到42mm时停止冲孔,改用抽水控制沉降,全部冲孔过程历时40天。

3. 沉井抽水

到南北沉降差为30mm时,停止抽水,纠倾完成。

4. 善后事项

停止抽水后继续观测10d,然后封井和修复室外工程,工程才告结束。

5. 监测工作

包括对本住宅楼以及相邻建筑物的沉降观测、裂缝开展观测。沉降观测一般每天一次,当沉降速率较快时早晚各观测一次。

五、纠倾效果

纠倾前后主要测点的累计沉降量、东西两山墙的南北沉降差和倾斜率列于表6-31中,可见纠倾效果良好。

纠倾前后住宅楼主要变形指标的比较 表6-31

时间	累计沉降量(mm)				东西山墙南北沉降差(mm)		东西山墙倾斜率(‰)	
	测点1	2	3	4	东	西	东	西
纠倾前	396	116	385	155	280	230	32.9	27.0
纠倾后	442	416	369	351	26	18	3.0	2.1

6.4.13 工程实例二十二——山西化肥厂水泥分厂100m高烟囱深层冲孔排土法纠倾[6.4-13]

一、工程概况

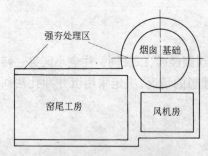

图6-54 强夯处理区范围图

山西化肥厂水泥分厂100m高钢筋混凝土烟囱的地面直径为7.44m,顶部直径为3.44m,重2600t,采用钢筋混凝土独立基础,底板直径14m,埋深4m。地基土为Ⅱ级自重湿陷性黄土,因此将烟囱与窑尾厂房、引风机房的地基一起用6250kN·m能量的强夯处理,处理面积1298m²,烟囱地基位于强夯处理区的北侧(图6-54)。

烟囱建于1986年,在1993年5月发现向北倾斜,随后于6月10日和7月23日两次测得烟囱顶部向北偏移分别为1.42m和1.53m,即采取应急措施减缓北倾速度。至9月5日认定烟囱倾斜量超过规范允许值的3倍,已属危险构筑物,且该地区又属7度地震设防区,必须纠倾处理。

二、工程地质条件

地基土是具高压缩性、较高自重湿陷性和中等压缩性、中等自重湿陷性的黄土,土层剖面见图6-55。

三、倾斜原因分析

地基土浸水后造成承载力下降和不均匀沉降是倾斜的原因。

原地下水位埋深在40m以下,由于强夯形成了一层不透水土层,强夯区内产生上层滞水,埋深在1.3~1.95m,强夯区外的地下水位仍较低。一方面强夯区内地基软化承载力下降,强夯地基承载力为260kPa,浸水软化后降低至165kPa,已小于设计要求的地基承载力250kPa;另一方面,地表水沿强夯区边缘渗入未处理的土层中引起湿陷。烟囱地基北侧正位于强夯区边缘,烟囱基础埋深又较引风机房和窑尾工房深2m,造成地表水渗流向烟囱地

本实例引自唐业清,1995。

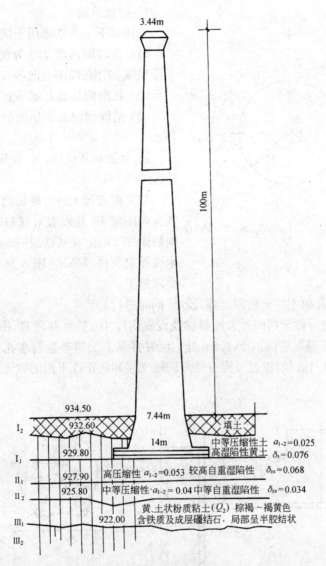

图 6-55 烟囱地基土层分布图

基北侧集中,北侧地基土含水量已达 28%。

四、纠倾设计和施工

(一) 方案选择

由于烟囱已处于危急状态,决定先采取应急措施稳住倾斜,然后再加固纠倾。

为了不让已很软弱的北侧地基进一步扰动,摒弃注浆等诸方法,选择双灰桩(石灰粉煤灰桩)加固。

为了纠倾,先进行较为简单的钻孔取土法试验,发现在 $1.4\sim2.7m$ 的含水层中取土孔严重缩颈,而在 3m 以下孔壁光滑未见侧向排土,说明该法对烟囱纠倾效果不大,反而会对引风机房、窑尾工房和已施加的烟囱压重产生不利影响,故决定采用深层冲孔排土法(沉井辐射冲水法)纠倾。

(二) 方案的设计和实施

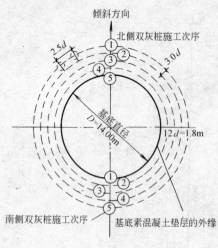

图 6-56 双灰桩布置图

1. 应急阶段

采用以下三个措施用于应急：

(1) 在烟囱高度 2/3 处的钢环和地锚之间拉上缆风绳，东南、西南方向各一条；

(2) 在南侧基础上部堆上石屑，共加压 425t；

(3) 清除烟囱北侧地面的积灰，疏通排除地面积水。

2. 北侧双灰桩(石灰:粉煤灰为 7:3)加固地基阶段

双灰桩直径 15cm，桩长到达基底下 5m。由外圈向内圈施工，共设置 6 排桩，径向排距 45cm，切向桩距 37.5cm，在基础周围形成总厚度为 1.8m 的半圆周双灰桩屏幕墙(图 6-56)。双灰桩应按有关要求施工。

3. 南侧沉井射水冲土阶段(与阶段 2. 同时进行)

(1) 在南侧对称于烟囱最大倾斜轴线设置内径 1m 的沉井两只(图 6-57)，在沉井内挖土将沉井下沉至基础底面以下 1.5m 处。沉井井筒上交错布置射水孔和回水孔，其中射水孔设置在基础下 1m 处，以避开强夯处理的硬土层和防止往下面的软土层中灌水，每只沉井布孔 14 个。

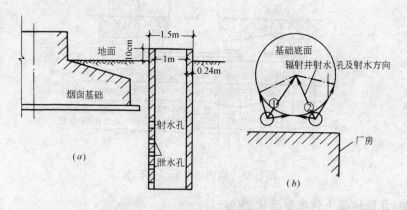

图 6-57 用于辐射冲水的沉井示意图
(a)辐射井的剖面；(b)辐射井的平面布置

(2) 用 20mm 管径水枪射水排土，同时用泥浆泵排出井中泥浆。根据射水操作的感觉，以及对回倾量和回倾方向的监测调整射水深度、射水孔位和射水间歇时间，直至平稳地达到纠倾要求。

4. 南侧双灰桩加固阶段

烟囱纠倾复位以后，在南侧打双灰桩加固，双灰桩的设计同北侧，仅施工次序改为由内圈向外圈进行，最终与北侧双灰桩半圆周壁一起形成周圈完整的屏幕墙(图 6-56)。与此同时，沉井下部用双灰、上部用灰土分层夯填。

五、纠倾效果

回倾过程平稳安全,烟囱脱离危险,可以正常使用。双灰桩屏幕防止了今后地基浸水偏斜。全部纠倾时间62d,耗资18万元。

6.5 部分托换调整纠倾法

6.5.1 概述

部分托换调整纠倾法是指对倾斜建筑物不同的部位采用不同的地基加固处理方法或程序,通过改变建筑物的沉降方式调节后续沉降量,从而达到纠倾的目的。部分托换使沉降较大一侧的变形受阻,较小一侧继续沉降,从而使沉降趋势逆转。在逆转过程中建筑物重心的回复有助于加大这种趋势。部分托换调整纠倾法适用于倾斜量不大,地基变形尚未完全稳定,需要进行加固处理的既有建筑物。

一般可以采用以下方法:1)加固力度的变化。在沉降多的一侧用强加固(例如多布桩),在沉降少的一侧用弱加固(例如少布桩)甚至不加固。2)加固次序上的变化。在沉降多的一侧用即时加固,在沉降少的一侧用延时加固(例如暂不封桩,待沉降达一定量以后再行封桩),延时期间的沉降量即为纠倾沉降量。

采用部分托换调整纠倾法应该明确了解建筑物荷载的偏心情况、基础各部位的土层性质及其变化、建筑物原来的沉降趋势,并据此准确估计加固后的沉降变化,才能做出合适的阻沉纠倾方案。

托换加固方法有坑式静压桩、锚杆静压桩、树根桩、双灰桩、注浆加固、碱液加固、高压喷射注浆加固等,各种方法的特点、适用范围、设计和施工要点等参见《既有建筑地基基础加固技术规范》JGJ 123—2000、《建筑地基处理技术规范》JGJ 79—91以及本书有关章节。

6.5.2 工程实例二十三——铜仁市某五层住宅不埋式筏板基础部分托换调整法纠倾[6.5-1]

一、工程概况

铜仁市某五层住宅系小型砌块建筑,长30.9m,宽8m,高约15m,建筑面积1267m²,采用不埋式筏板基础,建筑平面见图6-58。该住宅于1983年3月开工,8月竣工,施工历时仅5个月。竣工验收时发现在3~5层的纵墙两端出现正八字形的微细裂缝,遂设点观测。至1984年1月5日测得建筑物除纵向明显正向挠曲外,还产生向南的倾斜,南北沉降差为42.4mm。至1992年1月复查,该住宅顶部向南最大偏移值达到108mm,超过了危房鉴定标准7‰的倾斜限值,且纵墙两端的正八字形裂缝发展很快,D轴纵墙裂缝的最大宽度达6mm,顶层圈梁多处被拉断,但破坏尚不算严重。

二、工程地质条件

根据纠偏加固前的补充勘测,场地土质情况如表6-32所示。

三、倾斜原因分析

(一)地基土存在厚度差异较大、分布不均的高压缩性土层;南侧室外排水沟较浅(0.25~0.4m),且长期被淤塞,排水不畅,其中部的下水道又渗漏,致使地基土长期被水浸泡而软化,而北侧排水沟深达2m,持力层土干燥,土性较好;

本实例引自黄泽德、黄翙兴,1994。

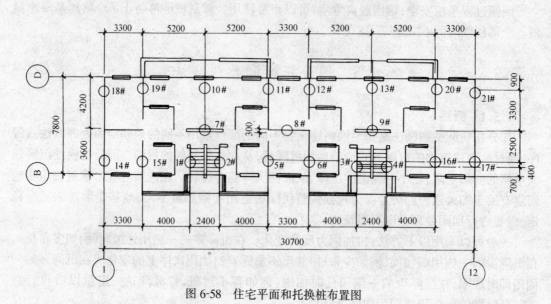

图 6-58 住宅平面和托换桩布置图

（二）建筑物荷载向南偏心。据计算，上部结构荷载为 15378kN，向南的偏心距 12.1cm，总偏心力矩为 1861kN·m。

建筑场地土质情况 表 6-32

层次	土名	土的描述	层厚(m)	含水量(%)	天然重度(kN/m^3)	孔隙比	压缩模量(MPa)	内摩擦角(°)	地基承载力(kPa)
1	填土	棕红色粘土回填，软塑状，上 0.3～0.6m 为杂填土，下 0.8～1.7m 为素填土	平均1.6	40	17.8	1.2	2.1		60
2	粉土	灰黄色，结构松散，软塑状，含有机质	1.2～2.1	44	17.7	1.22	3.93	10.8	70
3	粘土	褐色，可塑～软塑状	2.0～3.8	41	17.8	1.19	3.07	8.9	80
4	红粘土	棕红色，结构致密，硬塑状	1.6～2.8	33	17.5	1.05	12.2	18.0	200
5	砂卵石	结构紧密，整体性好	2.2～4.5						500
6	基岩								

四、纠倾设计和施工

（一）方案选择

根据倾斜原因分析，除了清理水沟和修补渗漏的下水道以外，决定在板基下压入少量钢筋混凝土桩，形成疏桩基础，通过桩的布置和设置次序，达到阻沉和纠倾的目的。

（二）方案的设计和施工

1. 根据小桩径疏布桩的原则，在板基下布置了 21 根 200mm×200mm 方桩。在荷载大的南侧和中部多布桩，并使压入桩的反力矩尽量与上部结构的荷载偏心矩相等，这通过试算达到。实际的布桩见图 6-58。

2. 在住宅底层墙上开凿墙洞，洞顶增设承顶梁，利用上部结构自重压桩。第一节桩段为 1.5m，其余每节长 1.0m，用榫头连接。压桩力两端为 250kN，中部为 300kN，采用双控标准，压入地坪下的总桩长约为 148m。

3. 压桩次序：先压南面楼梯间和中部的 9 根桩，再压北面中部的 4 根桩，最后再压两端的 8 根桩，使北面和两端板基在压桩前下沉以达到纠倾的目的。

4. 当达到压桩力时，用 C25 微膨胀混凝土封顶，墙洞则用 C15 混凝土灌实。在封顶前利用桩顶短挑梁、工字钢立柱和钢楔对桩施加预压力。

五、纠倾效果

根据 1992 年 6～7 月纠倾加固前后的测量，南面 B 轴线基本上不再沉降，北面 C 轴线的平均沉降为 37.7mm；而房屋东西两端的平均沉降分别为 30.4mm 和 29.3mm。建筑物整体向南偏移值减少到 61mm，已达到纠倾要求。

纠倾加固后对房屋原裂缝作了修补，一年后回访未见异常，说明纠倾效果是好的。

6.5.3 工程实例二十四——某住宅楼水泥搅拌桩复合地基筏板基础部分托换调整法纠倾[6.5-2]

一、工程概况

东南沿海某市的某住宅楼分成 A、B 两楼，均为框架结构。A 楼八层，平面尺寸 14.6m×12.6m，B 楼九层，平面尺寸 20.4m×8.4m，两楼间设置 10cm 宽的沉降缝（图 6-59）。采用水泥搅拌桩复合地基上的肋梁式筏板基础。水泥搅拌桩长 12m，单头、直径 50cm，桩间土均为淤泥层，置换率 A 楼为 23.7%、B 楼为 22.2%。

住宅楼结顶时测得 A、B 两楼的最大沉降量 94mm，最小沉降量 68mm。但在砌筑填充墙时沉降迅速发展。至 1994 年 3 月，累计沉降量已达 295～540mm，两楼的倾斜率分别为 12.4‰ 和 10.1‰。且沉降远未稳定，在处理前 18 天内测得各观测点的平均日均沉降速率为 1.11mm/d，日平均最大沉降速率为 1.28mm/d(图 6-60)，遂暂停施工进行处理。

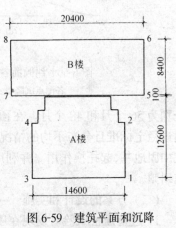

图 6-59 建筑平面和沉降观测点位置图

二、工程地质条件

地表下 1.4m 以内是填土；从 1.4～28.0m 是淤泥，压缩模量 E_s 为 2.01MPa；以下是淤泥质土和粉质粘土。

三、倾斜原因分析

(一) 地基土是深厚的淤泥，虽然在 12m 内已用水泥搅拌桩处理，但下卧层仍然承受相当大的附加应力。如将水泥搅拌桩视为实体基础，其下尚有 16～20m 软土层。据验算，到暂停施工时，A、B 两楼所施加的永久荷载设计值已分别达到下卧软土承载力设计值的 2.46 倍和 2.16 倍，这必然导致相当大的沉降量。

(二) 在淤泥中水泥搅拌桩有可能产生施工质量问题。

四、纠倾设计和施工

(一) 方案选择

在 1993 年 9 月～1994 年 4 月的沉降观测曲线上用双曲线模型估算，A、B 两楼的最终沉降量分别约为 708.1mm 和 799.2mm；达到 0.03mm/d(当地的稳定标准)沉降速率的时间

本实例引自张建勋，1995。

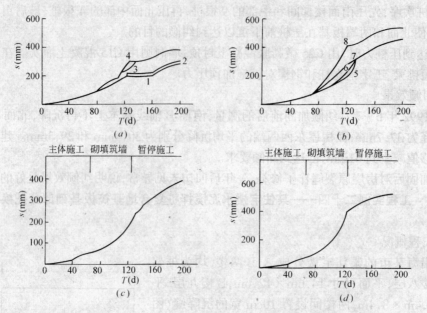

图 6-60 纠倾前各测点沉降量和房屋平均倾斜率随时间的变化曲线
各测点沉降量：(a)A幢，(b)B幢；平均倾斜率：(c)A幢，(d)B幢

分别为 56 个月和 48 个月。在预后沉降量很大、沉降历时很久、各观测点的沉降速率都大大超过稳定标准且分布不均的情况下，首先应予以阻沉，然后才能纠倾。为此选择用锚杆静压桩加固地基，起托换作用。并利用控制压桩次序、调整预压力大小的方法，结合局部卸载实施纠倾。

（二）方案的设计和实施

1．进行压桩试验。发现在压桩力达到规定值后卸载，桩身回弹量为 110mm，证实纠倾方案可行；

2．卸除沉降量较大的北侧基础板面上的填土和底层墙体，实施局部卸载；

3．布设锚杆静压桩。桩长 30m，桩截面为 250mm×250mm，分节长为 2.0m 和 1.0m 两种。总计压桩 61 根。为达到纠倾目的，采用以下压桩程序：

（1）A、B 两楼分别从沉降量大的北侧按一定的次序和间歇时间向南施工；

（2）北侧的锚杆静压桩实行预压封桩，根据需要不同的桩位采用不同的压桩力；

（3）南侧的锚杆静压桩不带预压力封桩，但用反力架固定桩与片筏底板的相对位置。

五、纠倾效果

由于桩的设置有先后，以及再加荷以后，不同预压程度的桩身的再压缩量不一样，纠倾过程自行进行。在锚杆静压桩完工以后 30d，测得 A、B 两楼的剩余倾斜率分别为 4.6‰和 3.4‰，可见纠倾效果良好。

6.6 调整上部结构纠倾法

调整上部结构纠倾法是指当原有结构的受力状态很不合理（例如严重偏心）造成倾斜，通过对上部结构采取某些结构措施（连接、拆分、加筑等），使其受力状态得到改善，传到地基中的附加应力分布趋于均匀,建筑物沉降反向调整,从而达到纠倾目的。为了能起到传递荷载的作用,调整结构时采用的连接结构或构件必须有足够的刚度。调整结构刚性的方法较多,例如见 4.1 节中 4.1.7 工程实例六。当调整上部结构引起荷载的增大时(例如加层、外筑等),还必须考虑地基承载力的问题,必要时可结合基础托换方法。

有人把在建筑物外侧砌筑附加结构或者增设支撑系统的结构调整方法称为外筑加固法(图 6-61)[6.6-1]。要求外筑部分有坚实基础,新老砌体间有可靠的连接,充分估计新老基础间可能产生的沉降差异,并采取一定的预防措施。图 6-62 是新老砌体的一种连接方式[6.6-1]。而支撑系统必须与房屋的钢筋混凝土梁柱有可靠的连接。这里所谓"外筑加固法"是以阻止倾斜发展、保证房屋稳定为主要目的,纠倾效果微小,似不能列入纠倾方法之内。但如果外筑部分如上所述改善建筑物的受力状态,有使建筑物回倾的作用,例如在沉降较小一侧外筑悬挑结构,则仍属调整上部结构方法。加层和外筑可以提供实用的建筑面积,颇受住户欢迎,但必须慎重考虑其可行性。

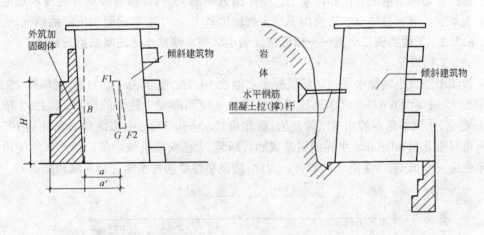

图 6-61 外筑加固法示意图

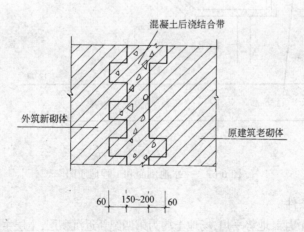

图 6-62 新老砌体的一种连接方式

6.7 注浆抬升纠倾法

6.7.1 概述

注浆抬升纠倾法是指在房屋沉降较大一侧的地基中布置注浆管,有控制地注入水泥浆液或化学浆液,或同时注入水泥浆液和化学浆液,使建筑物基础抬高,从而达到纠倾的目的。化学浆液能在地基土中产生膨胀反应,高压注入水泥浆液对地基土产生挤压、加固、拱抬作用,是使地基土产生竖向膨胀的原因。

注浆抬升纠倾法的优点是不用开挖土方,对周围环境的影响较小,纠倾结果不降低原设计标高,以及在纠倾的同时加固了地基土。但由于所产生的膨胀量和上抬力有限且难以准确控制,因此,一般使用在体量和荷载较小的建筑物和构筑物纠倾中。

选择合适的浆液配合比和注浆工艺是本法成功的关键,详情可参见有关技术规范和本书有关章节。应充分注意本法使用不当会扰动地基土、产生有害的附加沉降的情况。

6.7.2 工程实例二十五——镇江市江滨小区提水泵站水池注浆法抬升纠倾[6.7-1]

一、工程概况

镇江市江滨小区提水泵站钢筋混凝土水池长10.7m,宽7.3m,呈勺形,底板厚250mm,埋深5.75m(见图6-63)。该水池建成后尚未投入使用即发生较大的倾斜,至1992年5月19日测定,水池各角点的相对沉降差为:西北角对东南角233mm、东南角对东北角197mm、西南角对东北角381mm。水池倾斜造成涵管断裂,无法安装机械设备。预计水池使用后沉降差会进一步加剧,产生更大的危害。为此,建设单位要求对水池进行纠倾和加固。

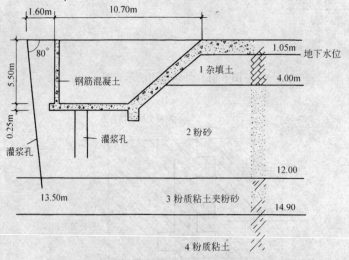

图6-63 水池剖面和工程地质图

二、工程地质条件

场地位于长江高漫滩,地势平坦,场地土均为第四纪新近沉积层,土层主要情况见图6-63和表6-33。地下水位在地表下1.03m,属潜水性质,与长江有密切的水力联系,地下水丰富。

本实例引自江丕光,1992。

场地土层主要情况表　　　　　　表 6-33

层次	土类	层厚 (m)	土的描述	含水量 (%)	孔隙比	内聚力 (kPa)	内摩擦角 (°)	压缩模量 (MPa)	承载力标准值(kPa)
1	素填土	4.0	软～可塑、局部流塑,不均匀、具高压缩性	38.1	1.077	7	4.5	2.88	80
2	粉砂	7.9～10.2	饱和、松散～中密,分布稳定,底板埋深 12.4～12.8m	33.3	0.981	—	—	7.85	120
3	粉质粘土夹粉砂	1.5～2.5	流塑、高压缩性,底板埋深 14.9m	—	—	—	—	—	80
4	粉质粘土		软塑、局部夹可塑状粘土,中等压缩性	26.7	—	—	—	—	130

三、倾斜原因分析

(一)水池基底埋深不一,最大埋深 5.75m,位于饱水松散的粉砂层中。施工降水使土层结构发生变化,产生变形;

(二)水池底、墙板完工后,受地下水浮托力的作用,由于结构不均匀造成各部位上浮量的不同。

四、纠倾设计和施工

(一)方案选择

治理重点是第 2 层粉砂层,决定采用压密注浆方法兼起纠倾和加固两种作用。压密注浆在注浆孔周围形成浆泡,持续的压力注浆使浆泡不断增大,产生较大的上抬力,作用于水池底板使下沉严重部位得到适量回抬,起着纠倾作用。另一方面,压密注浆也是用浓浆置换和压密土的过程,地基土得以加固。

池周和池底的浆液性质和配方应有不同。池周的浆液要有较好的渗透性和固化强度,能形成封闭屏障;池底的浆液稠度要大能快速凝固,以产生较大的上抬力。

(二)纠倾的设计和实施

1. 布置注浆孔

注浆孔平面布置见图 6-64,剖面见图 6-63。具体为

(1)在水池的东、南、西三面距池顶边缘 1.6m 处各布置注浆孔 13 个,孔距 0.8m,孔深 13.5m,并以 80°角向池底倾斜,采用单液注浆。

(2)在水池底板西南部布置 8 个注浆孔,孔距不等,在西南角加密。孔深 5～7m。采用双液注浆。

(3)在出水涵管两侧各布置一排注浆孔,每排 8 个,孔距 1m,孔深 10m。

2. 浆液配方

(1)单液:水泥浆液,每立方米浆液用 425 号普通水泥 1.2t。水灰比 0.5～0.6,减水剂 0.25%～1.0%,水玻璃 4%。

(2)双液:水泥水玻璃浆液,水泥浆水灰比 0.5,减水剂 0.5%～1.0%,水玻璃 40%～50%,注浆量按 $0.2m^3/m$ 控制。

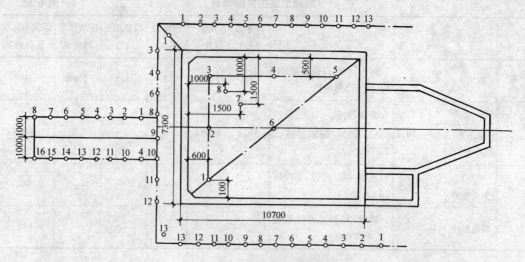

图 6-64 注浆孔平面布置图

3．注浆工艺

(1) 按以下工艺流程

注浆孔定位→插打注浆孔→封孔口→注浆↔提管注浆→拔管封孔口

(2) 先施工水池周围的注浆孔，待形成封闭帷幕后再施工池底和出水涵管注浆孔。池周注浆须隔孔跳注，采用低压注浆，泵压 0.05～0.5MPa。池底注浆泵压增至 0.5～1.5MPa。各注浆孔全孔注浆泵压基本相同，注浆过程必须连续，拔管提升时也不得停泵，每次拔管长度控制在 50cm 左右。

(3) 进行精密水准观测用以指导注浆施工。

4．注浆情况

(1) 池周注浆孔：西边 13 个孔共注浆 $19.91m^3$，南边 13 个孔为 $18.41m^3$，东边 13 个孔为 $19.10m^3$，平均每孔注浆 $1.53m^3$。有两个孔出现冒浆，四个孔发生浆液堵管断管，重新插管补浆。注浆时地面常出现泛水。

(2) 池底注浆孔：8 个注浆孔共注浆 $28.25m^3$，平均每米注浆 $0.6m^3$。其中 3 号孔注浆量最多，为 $6.5m^3$；7 号孔次之，为 $5.9m^3$；再次是 2 号和 4 号孔，分别为 $4.4m^3$ 和 $3.5m^3$。

(3) 出水涵管注浆孔：16 个孔共注浆 $81.4m^3$。有 3 个孔孔口冒浆。

5．全部施工时间 25d，共完成注浆孔 63 个，插管 462m，总注浆量 $104.07m^3$，用去 425 号普通水泥 124.8t，水玻璃 25.1t。

五、纠倾效果

施工结束后地基土在 13m 深度范围内得到加固，力学指标明显提高，经两次观测，水池已停止沉降。

水池西北、东南、西南三个角均有显著抬升，其中西南角回抬 241mm，与东北角的沉降差几乎减少了三分之二。表 6-34 反映了注浆前后水池四角相对高程的变化。

注浆前后水池四角相对高程的变化   表 6-34

角点位置	注浆前(5月19日)相对高程(mm)	注浆后(7月15日)相对高程(mm)	相对抬升量(mm)
东 北	0	0	/
西 北	23.3	8.5	14.8
东 南	19.7	8.8	10.9
西 南	38.1	14.0	24.1

6.8 综合法纠倾

6.8.1 概述

"综合法"纠倾,即同时采用两种或两种以上的纠倾方法达到纠正建筑物倾斜的目的。这数种方法有时是方案选择中预先就确定了的,更多的是在纠倾实施过程中根据监测结果进行方案调整而采用的,即所谓信息化施工方法。

6.8.2 工程实例二十六——某校七层宿舍楼振冲复合地基筏板基础堆载卸载法、板底掏土法综合纠倾[6.8-1]

一、工程概况

某校七层宿舍楼建筑面积 $3357m^2$,平面形状见图 6-65,其中短边部分为四、五、六层阶梯式。建筑物长 34.4m,宽 11.2m,总高度 25.4m,系底层框架的砌体承重结构,层层设圈梁,采用钢筋混凝土双向肋梁式筏板基础,纵肋高 0.8m、横肋高 1.1m、板厚 25cm。基础下是 25cm 厚的道渣垫层,再下为振冲碎石桩复合地基,碎石桩长 7m(从地表算起)。该工程在 1987 年 2 月进行地基处理,5 月开始施工上部结构,当施工到第四层时,测得各观测点的沉降量从 6~18mm,最大值 18mm 发生在 H、J 两个测点上。到结构封顶施工扫尾阶段已能明显观测到建筑物倾斜,建筑物沉降发展很快,到 1988 年 1 月底纠倾前最大沉降 303mm(J 点),最大沉降差 208mm,最大倾斜率约为 9‰,决定实行纠倾。

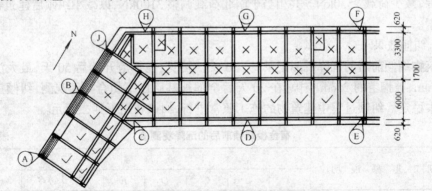

图 6-65 宿舍楼建筑平面和挖填土部位图
×—室内回填土挖除;✓—堆土

二、工程地质条件

自地表向下,场地主要土层的分布为:1)杂填土和素填土,主要由粉质粘土组成,层厚 0.8~1.5m;2)粉质粘土,褐黄色、含铁锰质、饱和、可塑、中等压缩性,层厚 0.5~1.5m;3)粉

本实例引自余金生,1991。

土,灰色、土质较均匀,饱和、软塑,层厚4.0~4.7m;4)淤泥质粘土,灰色、土质均匀,饱和、软塑、具高压缩性,允许承载力为53.9kPa,未钻透。

三、倾斜原因分析

(一)由于建筑平面布置和基础悬挑的问题,上部结构荷载明显偏心。据核算,基础轴线北边荷载比南边荷载多5700kN,上部结构荷载对基础形心的偏心为:横向偏北72cm,纵向偏西8.6cm。

(二)振冲碎石桩处理地基可能有不当之处。根据设计,碎石桩支承在下卧软土上,碎石桩的施工又扰动了上部较好的土层,短期不能恢复,造成施工阶段的较大沉降。

四、纠倾设计和施工

(一)方案选择

根据对倾斜原因的分析,以及建筑物整体刚度好的特点,决定先用卸载堆载法调整建筑物偏心,限制其倾斜的发展,然后再在基础筏板下用掏土法纠正已发生的倾斜。

(二)方案的设计和实施

1. 挖土堆土

将B轴以北的室内填土约450t全部挖出,堆放到A轴与B轴之间的室内,相当于南北荷载调正9000kN,大于原设计北边偏重的5700kN。

2. 板底掏渣

在南侧沿$A \sim E$观测点的室外挖1.5m宽的槽,槽底比基础底低50cm,用1.0m长的铁钩从筏板下掏出道渣。掏渣按以下次序进行:a)每一开间(3.6m)为一组,分成三段,每段1.2m;b)先向内掏挖40cm,将25cm厚的道渣全部掏出,各组同时分段进行;c)各组对称依次重复以上掏法,一直掏到纵轴线止。

3. 调整荷载

在掏土纠倾后,将室内地坪抬高15cm,使南边荷载增加570kN,北边不再回填土,而做架空地坪,减少荷载2530kN。共相当于南北荷载调整3100kN,以减小纠倾后建筑物继续沉降的因素。

五、纠倾效果

建筑物纠倾前后的沉降观测记录见表6-35。可见,在掏渣开始后50天,最大沉降差减少到50mm,被掏空的25cm空隙,在20天后全部被基础压下闭合。经观测,纠倾三年后宿舍楼基本稳定。纠倾过程中建筑物的施工照常进行,纠倾费用不到二万元。

宿舍楼纠倾前后的沉降观测值　　　　表6-35

观测日期	形象说明	沉降量(mm)								
		A	B	C	D	E	F	G	H	J
1987.9.21	完成四层结构	6	5	13		10	12		18	18
11.12	结构封顶	9	61	107		92	120		138	148
1988.1.18	内外粉刷完成1/2	135	95	183		125	200		285	290
1.28	室内回填土北挖南堆	140	95	200		137	223		300	303
2.8	室内挖、堆土结束	152	144	200	184	160	233	265	308	308
4.7	室外挖槽施工三天	196	147	232		195	271	303	338	339

续表

观测日期	形象说明	沉降量（mm）							
		A	B	C	D	E	F	G	H	J
4.13	南侧基础板下垫层掏空	223	188	254	219		305	338	341
5.30	被掏空垫层表观全部闭合	319	307	326	320	308		357	357
9.2	竣工使用	352	337	370	358	349		404	
1991.6.13		467	439	501	451	467		537	

6.8.3 工程实例二十七——广州市某七层楼房钻孔射水掏土法、堆载法综合纠倾[6.8-2]

一、工程概况

广州市某七层楼房系钢筋混凝土框架结构，原设计为八层，在基础施工中发现局部地基软弱而减为七层。其中底层是仓库，以上各层为住宅，至纠倾时住宅已投入使用。房屋平面轴线尺寸为 24.4m×12.4m，总高度 22.5m。原设计采用钢筋混凝土条形基础，后来部分改成片筏基础（图 6-66）。基础埋深 2.3m，底板厚度 40cm。该楼房于 1986 年 3 月完成基础施工，8 月结顶。至 1992 年 5 月观测，最大沉降量为 395mm，最小沉降量为 80mm；到 1993 年 6 月纠倾前房屋整体向西倾斜达到 11.27‰，向南倾斜则为 6.90‰，已经超过《危险房屋鉴定标准》CJ 13—86 规定的 10‰限值。

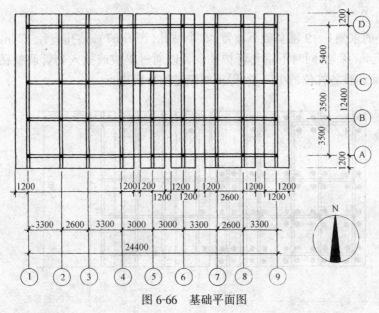

图 6-66 基础平面图

二、工程地质条件

根据 1992 年补充勘察资料，从地表往下的土层依次是：素填土、淤泥或淤泥质粘土、砂或砂砾质粘性土、粘性土。其中填土在西侧有 2m 多厚，呈松散状；淤泥或淤泥质粘土在西及西南侧分布较厚，向东尖灭，最大厚度 3.9m，呈流塑~软塑状，具高压缩性。稳定地下水位在地表下 1.8m。

本实例引自李国雄、黄小许，1994。

三、倾斜原因分析

（一）地基土层分布不均匀。高压缩性的淤泥或淤泥质粘土在西南和西部分布较厚（最厚近4m）并向东尖灭。计算的西侧最终沉降量为481mm，而东侧仅88mm；

（二）经验算，持力层承载力虽然能满足设计要求，但西侧的软弱下卧层承载力未得到满足，致使西侧地基中产生局部塑性区；

（三）楼房挑阳台全部集中在南侧，因此上部结构荷载向南偏心。

四、纠倾设计和施工

（一）方案选择

确定在基底下钻取土孔，并在孔内局部掏土，结合堆载加压的综合纠倾方法。因为这几种方法可控性良好，纠倾过程均衡平稳，不影响上部六层住宅的正常使用，施工设备简单，价格低廉。

考虑淤泥的固结历时很长，地基土的变形尚未完全稳定，根据树根桩的特点，选用树根桩加固地基。

（二）方案的设计与实施

1. 纠倾目标

建设单位要求纠倾后的最大剩余倾斜率小于1‰，纠倾期间不迁住户，并保证绝对安全。

2. 钻取土孔

沉降较小的东侧6～9轴基础下布置46个钻孔（图6-67），钻孔直径127mm，穿过基础底板至底板下4m深处，同时下钢套管护壁。可以通过提拔或插入套管调整钻孔所解除应力的大小，从而调整各柱位的沉降量，保证纠倾过程平稳进行。

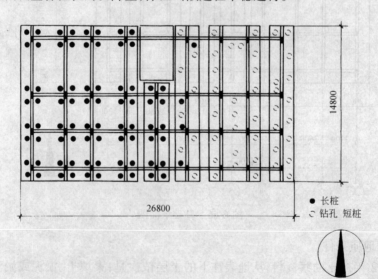

图6-67 钻孔和树根桩平面布置图

3. 射水局部掏土

根据需要，利用已钻小孔分期分批在地基中侧向压力射水，冲刷和掏出孔周土体，加速该处土体的压缩变形。射水压力约为5MPa。

4. 堆载迫降

在 4~9 轴室内外按纠倾量需要分级阶梯形堆放重物,迫使沉降较小处下沉。

5. 监测工作

在底层柱子上设置 14 个沉降观测点,每天观测两次,并用经纬仪观测倾斜度。

6. 基础加固

建筑物西部采用 80 根长 15m 的树根桩,设计单桩承载力为 75kN;东部则利用纠倾用的钻孔做成 46 根 4m 长的短树根桩,设计承载力 30kN(图 6-67、图 6-68)。

五、纠倾效果

纠倾于 1993 年底完成,达到了预定目标。在纠倾过程中房屋未出现新的裂缝,旧裂缝亦未开展,保证了住户的安全。

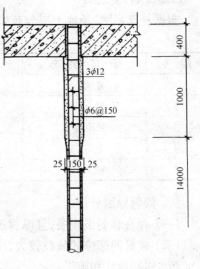

图 6-68 树根桩构造图

6.8.4 工程实例二十八——高明市某邮电大楼堆载法、掏石法综合纠倾[6.8-3]

一、工程概况

高明市某邮电大楼为三层钢筋混凝土框架结构,平面呈 L 形,长 24.5m,宽 7.0m,楼梯间突出于西南角(图 6-69),楼高 13.1m。采用柱下独立基础,楼梯间局部条基,基础下做 500~700mm 厚的块石垫层。地基土曾用 ϕ100~200mm 直径的松木桩处理。

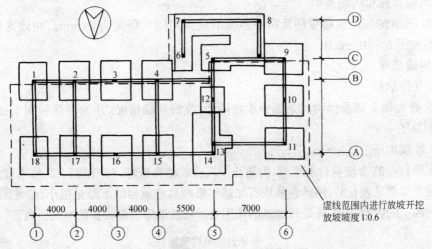

图 6-69 基础平面和掏土挖方范围图

该楼建于 1989 年,到结顶时已发现少量偏斜,并逐年增大,至纠倾前顶部向南最大偏移量 217mm,最大合偏移量 230mm(南偏东),均发生在楼梯间东南角,相应的倾斜率分别为 16.6‰ 和 17.6‰,已大大超过危房标准。楼房多处出现裂缝,最大缝宽 6mm,第三层楼的圈梁与非承重墙间有约 10mm 的错位。决定实施纠倾。

---

*本实例引自吕军、彭炎军、石汉生、王洪、刘绍森,1998。

二、工程地质条件

根据补充勘测,场地土层分布如表 6-36 所示。

场地土层分布情况 表 6-36

层 号	土层名称	层 厚 (m)	土 层 描 述
1	素填土	0.8~1.6	松 散
2	淤 泥	0.8~4.5	流塑、从东往西增厚
3	粉质粘土	0.6~2.3	可 塑
4	中粗砂	0.5~4.0	松散~稍密、部分含 30%~40%淤泥
5	粘 土	未揭穿	可塑~硬塑、含中粗砂

三、倾斜原因分析

(一)存在软弱淤泥层,且厚薄不匀;

(二)楼梯间部位的荷载较大,房屋荷载向南偏心。

四、纠倾设计和施工

(一)方案选择

根据基底土为淤泥以及建筑物荷载不大的情况,确定采用水冲淤泥结合堆载加压的方法,实际开挖后发现垫层较厚、毛石体积较大,局部地基又用松木桩处理过,仅用水冲淤泥纠倾效果不大,决定增加掏毛石迫降的工序,为防止已纠倾的房屋回倾,在纠倾后再对地基进行注浆加固。

(二)方案的设计和实施

1. 纠倾目标和纠倾速率

按 217mm 的向南偏移量估算房屋需要的最大纠倾沉降量为 116mm,纠倾速率控制在沉降量不大于 6~10mm/d;

2. 纠倾步骤

(1)开挖承台

将北侧 A 轴全部承台和其余部分承台揭开,摸清基础情况,并为堆载和掏土提供空间,开挖范围见图 6-69。

(2)堆载加压

在沉降较小的 A 轴承台上堆载,为防止突沉造成结构破坏,在南侧 1~3 号承台上也少量堆载。堆载荷重见表 6-37,用砂包和块石加载。堆载后各承台的沉降量很小(参见图6-70),估计是开挖卸荷的影响、松木桩处理地基的作用以及堆载迫降需要较长的时间所致。

各承台的堆载荷重 表 6-37

承台号	18	17	16	15	14/13	11	10	3	2	1
堆载量(t)	13.5	15.5	11.8	10.7	10.7	6.5	2.6	3.0	3.5	4.0

(3)水冲掏土

主要对浅层淤泥进行。由于北侧的淤泥层较薄,埋藏较深,上部垫层厚度较大,水冲掏土的沉降量仍不大。

(4)掏取毛石

掏石次序先北后南、由西往东，重点在西北部位。掏石量严格按设计纠倾速率和监测数据控制。对部分体积较大的毛石，掏出后需用碎石加以衬垫，以防突沉。掏石至纠倾达到预定要求时止。

(5) 压力注浆

注浆加固重点是南侧楼梯间。采用425号水泥和水玻璃混合浆液，水灰比1:1。总计消耗水泥22.5t，水玻璃4.4t。

全部纠倾时间为90天。

五、纠倾效果

纠倾过程中各测点（承台）的沉降变化曲线见图6-70，累计沉降量见表6-38。可知纠倾最大迫降量为171mm。纠倾后屋顶最大剩余偏移量为39mm，相应的倾斜率不到3‰，已在《建筑地基基础设计规范》(GBJ 7—89)规定的允许倾斜值范围内。

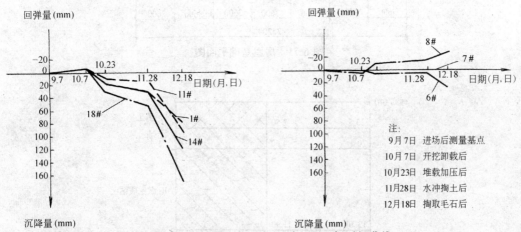

图6-70 纠倾过程中各测点（承台）的沉降-时间曲线

纠倾后各承台的累计沉降量　　　　　　表6-38

测点(承台)号	1	2	3	4	5	6	7	8	9	10	11	12	13	14	15	16	17	18
累计沉降量(mm)	79	69	59	53	23	32	1	-26	2	46	89	68	109	121	142	154	165	171

6.8.5 工程实例二十九——湖北某综合楼堆载卸载法、人工水冲掏土法综合纠倾[6.8-4]

一、工程概况

湖北东部某办公宿舍楼平面呈L形，L形的长边为25.2m，宽边为12.6m，系部分框架部分砌体承重结构，主要采用钢筋混凝土条形基础，局部为独立柱基和筏板基础(图6-71)，基础下设有1.8m厚的砂垫层。楼房于1996年6月初开工，9月初竣工。楼房结顶前发现该楼向东倾斜，至10月7日，最大倾斜率达到19.07‰，平均倾斜率为17.19‰，并继续向东倾斜。由于房屋施工质量较好，尚未产生结构性裂缝。

二、工程地质条件

根据补充勘察资料，建设场地的地质剖面和主要土层性质见图6-72和表6-39。

本实例引自汲雨林、肖贵泽，1997。

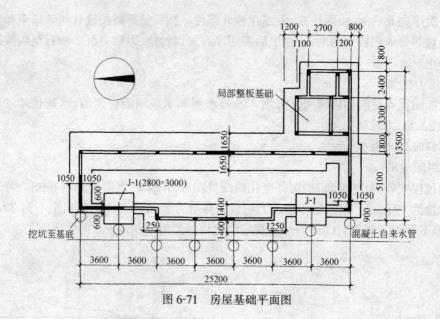

图 6-71 房屋基础平面图

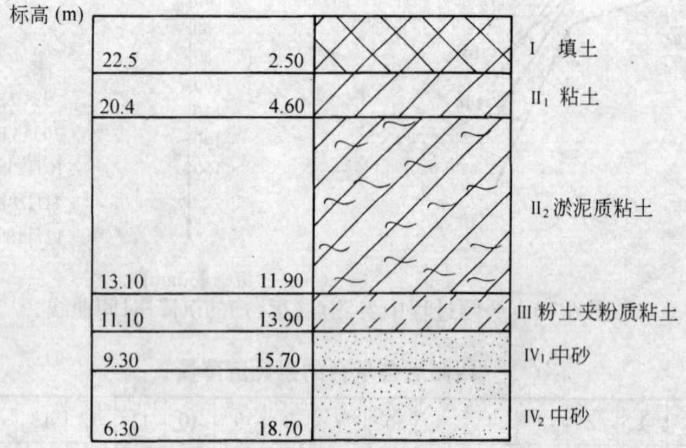

图 6-72 场地典型土层剖面图

主要土层的物理力学性质指标　　　　表 6-39

土 层	土 名	层 厚 (m)	液性指数 最大/最小 平均	压缩系数(MPa^{-1}) 最大/最小 平均	压缩模量(MPa) 最大/最小 平均	承载力标准值 (kPa)
II_1	粘 土	1.9~2.8	$\frac{1.17}{0.63}$ 0.92	$\frac{0.85}{0.52}$ 0.63	$\frac{4.00}{2.50}$ 3.40	90
II_2	淤泥质粘土	7.0~7.7	$\frac{1.55}{0.76}$ 1.15	$\frac{0.99}{0.49}$ 0.71	$\frac{4.20}{2.40}$ 3.20	50

三、倾斜原因分析

（一）地基土性质不均。西侧原为老公路路基,存在较硬的夯填土和砂石,东侧却位于池塘淤泥土上,并存在软弱夹层。东西两侧土层的物理力学指标相差达一倍左右；

（二）无工程地质勘察报告,设计未针对地基土的差异处理；

(三) 上部结构重心偏向东侧,加上东南侧板基和东侧条基上有厚达2.2m的夯填土,致使房屋向东产生较大偏心。

四、纠倾设计和施工

(一) 方案选择

根据工程地质资料、基础形式、上部结构情况和环境条件分析,摈弃了补充勘察报告建议的钻孔抽水纠倾方法,采用堆载卸载调整地基附加应力的方案,实施中辅以人工和水冲相结合的从基底砂垫层掏砂的方法。

(二) 方案的设计和实施

按以下步骤进行:

1. 房屋加固

参照抗震加固方法对综合楼薄弱部位作了加固,防止纠倾过程中结构开裂,确保框架和砌体同步位移;

2. 东侧卸载

挖除东边条基外侧和东南局部筏板基础上2.2m厚的填土,减少东侧荷载;

3. 西侧堆载

在西侧二层雨篷、二~四层窗台梁和框架梁上加砖,增加东侧荷载;

4. 基底掏砂

初期在楼房西侧贴近基础边缘处挖工作坑至基底标高,坑的尺寸约为0.8~1.1m,用人工掏砂,此段时间内掏砂速度较快、数量较多,为防止砂垫层发生涌砂或被无序冲刷造成基础突沉,用素混凝土将被掏基底下暴露的大部分砂垫层封住;中期将部分可相连的工作坑连接成槽,谨慎、均衡地用水冲砂;后期当基础底面沉至固砂混凝土面时,将水管插入固砂混凝土下冲砂,并结合人工方法掏砂。

纠倾工作从1996年10月11日至11月30日,历时50d。

五、纠倾效果

在纠倾过程中房屋四周墙根与地面之间的缝隙变化明显反映出西侧迫沉的纠倾效果,图6-73是纠倾过程中的房屋平均倾斜率变化曲线。至11月下旬初,测得房屋最大扶正率约为75%。11月30日结束纠倾后,将基础回填,但未将基底下掏松的土填实,因此又以每天0.2

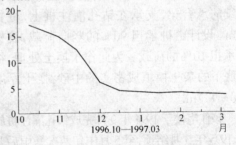

图6-73 纠倾过程中房屋平均倾斜率变化图

~0.5mm的沉降速率继续沉降了10d,然后趋于稳定。各测点最终的平均纠倾沉降量为175mm,房屋的剩余平均倾斜率为3.4‰,纠倾后未发现回倾,达到了纠倾要求。

6.9 桩基础纠倾

6.9.1 概述

一、桩基水冲纠倾法

用高压水(20MPa)冲刷沉降较少一侧的桩身或松动桩底土层,使桩的承载力暂时得到破坏,促使基础下沉。待达到纠倾目标后,再采取措施恢复桩的承载力。对于摩擦型桩和较长的摩擦端承桩,一般冲刷桩身土;而对较短的、端承力为主的摩擦端承桩,则常常冲刷桩底土层。

该法需验算卸载一侧桩基础经冲刷后的剩余承载力和变形性能,确定水冲的桩数和部位,防止发生无法控制的沉降。同时仔细设计纠倾后恢复桩侧或桩端阻力的措施,并认真实施。该法不适用于端承桩。

二、断桩纠倾法

断桩纠倾法是凿除沉降较少一侧的桩顶周边混凝土,使被凿桩段的截面积减小,局部压应力增大,直至受压破坏下沉而达到纠倾的目的。纠倾后应恢复新的桩顶与承台的可靠连接。当原桩基承载力不足时,可增设新的桩(一般用树根桩、静压预制桩等小型桩)和基础,要求新老基础形成整体,共同工作。

断桩法一般用于独立承台和条形承台的多层建筑物桩基纠倾,不适用承台埋深过大、地下水位很高的桩基纠倾。

三、掏土、浸水等常规纠倾方法

对于桩和承台共同工作的情况,有时也采用掏土浸水等常规方法,一方面将承台底土所承受的荷载转嫁到桩顶上去,另一方面可削弱桩身摩擦力,从而迫使桩身下沉,达到纠倾的目的。该法不适用于端承桩。

6.9.2 工程实例三十一——海南省琼山市某八层住宅钻孔灌注桩筏板基础掏土浸水法纠倾[6.9-1]

一、工程概况

海南省琼山市某八层住宅长 22.65m,宽 13.5m,总建筑面积 2415m²。该住宅一、二层是钢筋混凝土墙体,三层以上则采用小梁小柱的框架结构,屋盖楼盖均为整体现浇。基础为带桩的筏板基础,即在钢筋混凝土墙下设置连续的承台梁,支承在钻孔灌注桩上,桩长18m。设计由桩承担 90% 的竖向荷载,筏板则承担 10% 的荷载。为此作了换土处理,将基底下的杂土换填成密实的中砂,换土厚度 1.0～1.7m。

该住宅楼于 1994 年 9 月完成钻孔灌注桩施工,1995 年 3 月结顶,至 5 月中旬两次暴雨后开始出现不均匀沉降,6 月初已测到 40mm 的最大沉降差。同年 8 月 28 日强热带风暴后沉降速率加剧,不到半个月最大偏移量已达 175mm(图 6-74),由于建筑物整体刚度好,未出现裂缝现象。

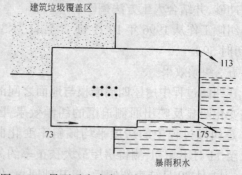

图 6-74 暴雨后东南角积水引起住宅的不均匀沉降

二、工程地质条件

场地土自上而下分为四层,见表 6-40。

三、倾斜原因分析

由于场地排水设施不良,进入雨季后住宅的一角大量积水,形成一个面积约 170m²、水深 0.6～1.0m 的水塘,积水经砂垫层下渗,使淤泥层的含水量剧增,承载力相应减小,这一

本实例引自邓朝荣,1997

角的桩顶荷载受到转嫁而增大,而桩侧阻力却略有减少。而在水塘的对角线一角分布覆盖着建筑垃圾,略高于周围地面,阻碍雨水渗入地表下,不产生这种现象(图6-74)。

场地土层情况   表6-40

层次	土 名	平均层厚(m)	土的描述	地基承载力标准值(kPa)	
				按室内土工试验	按标贯试验
1	人工填土	1.85	红色杂土夹中砂、松散		
2	淤 泥	8.5	黑灰色、含砂粒	85	72
3	粘土细砂*	5.7	白色、均匀、饱和、稍密		
4	粘 土	17.5	青灰色、层理明显、夹薄层或团块状细砂、硬塑状态		

* 原文如此

四、纠倾设计与施工

(一)方案选择

考虑倾斜主要是因住宅楼东南角地基浸水所引起,决定在沉降少的西北角也适当浸水恢复平衡,为加快纠倾速率,辅以掏土方法。

(二)方案的设计和实施

1. 在住宅楼西北角紧贴承台边缘开挖1.2m宽呈直角状布置的沟槽(图6-75),槽内浸水,并利用沟槽的深度控制纠倾速率;同时抽干东南角原积聚的水塘;

2. 沟槽首先挖至承台板底,浸水后第一周就阻住了不均匀沉降的发展,东南水塘角的偏移量回复了1.5mm;

3. 第二周开始挖去换填的中砂,纠倾工作按每天12.5mm的回复偏移量均稳进行,至11月上旬的剩余偏移量见图6-75,已达纠倾目标;

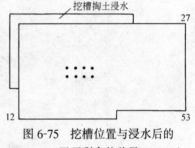

图6-75 挖槽位置与浸水后的屋顶剩余偏移量

4. 停止浸水后用原土封沟。

五、纠倾效果

至纠倾结束时,东南角最大剩余偏移量为53mm,相当于总高度的2‰,已符合非危房的要求。

6.9.3 工程实例三十一——大同铁路地区桥西7号住宅楼桩基浸水法纠倾[6.9-2]

一、工程概况

大同铁路地区桥西7号住宅楼系六层砌体承重结构,建筑面积3427m²,长59.4m,高18m,采用混凝土灌注桩基础,桩顶是梁式承台,承台埋深1.2m(图6-76)。该楼于1987年11月竣工,1988年1月投入使用,不久就开始向北倾斜。至纠倾前,住宅楼顶层东北角(A点)最大偏移值为185mm,西北角(D点)最大偏移值为114mm,建筑物最大倾斜率10.3‰,已超过建设部危房标准规定的7‰的值,需要纠倾。由于房屋设计的整体性较好,因此虽然在顶层横墙、底层和二层北纵墙多处出现裂缝,但圈梁未出现裂缝,主体结构未遭破坏。

二、倾斜原因分析

本实例引自陈飞保、沙志国、殷伯谦、唐业清,1992。

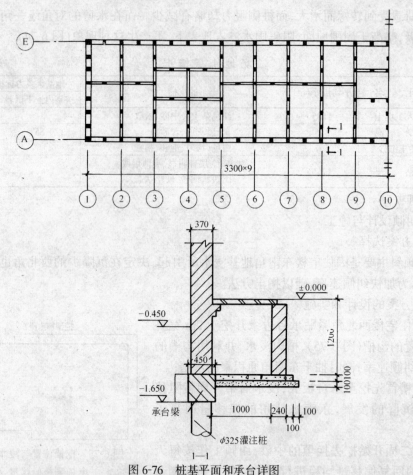

图 6-76 桩基平面和承台详图

（一）地基土为约 12m 厚的 Ⅱ 级湿陷性黄土，设计桩长仅 7m，未穿透湿陷性土层。
（二）施工时漏接东单元和中单元之间的下水管道，使用后水渗入地基土造成湿陷沉降。
三、纠倾设计与施工
（一）方案选择

确定方案前对地基土做了补充勘察，测得地基土的含水量为 8.3%～23%，相对湿陷系数为 0.0004～0.0898，含水量较大处和相对湿陷系数较小处是受渗水影响较大的区域。因此具备浸水法纠倾的基本条件。考虑浸水法施工简单、费用最低，决定采用浸水法纠倾。方案的要点是在桩基周围缓慢注水，逐渐减小桩与土之间的摩擦力，使建筑物南侧能够均匀地下沉。

（二）方案的设计和实施

1. 纠倾目标和纠倾速率控制

考虑桩基纠倾较为困难，纠倾目标定在剩余倾斜率小于 7‰ 的标准，纠倾速率控制在 2mm/d 以内。

2. 前期工作

凿开南侧混凝土地坪与墙的交接处，清除南侧承台梁下面约 10cm 厚的土，消除妨碍南侧桩沉降的因素。

3. 开挖注水坑

沿南侧内外墙两边布设注水坑(图6-77),坑边长50~60cm,坑底到达承台梁的混凝土垫层以下10cm。

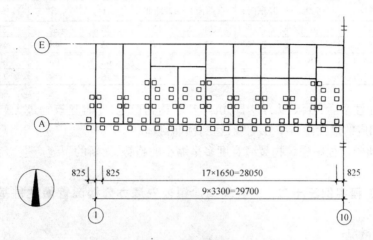

图6-77 南侧内外墙两边注水坑布置图

4. 浸水纠倾

每天定时定量按次序向坑中注水。每次注水量为:外纵墙两侧的注水坑每坑0.05t,内横墙两侧的注水坑每坑0.02~0.03t。注水从1990年6月27日开始,至6月30日已注水21.3t。停止注水一天观测,未见异常,继续注水至7月4日,累计注水量49.7t,南侧开始有较明显的沉降,但沉降无规律性。又停止注水一天观测,并根据观测到的沉降量适当调整了注水量。恢复注水后,建筑物开始有规律地均匀沉降并回倾,至7月底,南侧的沉降发展较快,又决定停止注水观测10天。8月10日继续注水,至8月19日纠倾已接近预定目标,停止注水,纠倾历时54天,纠倾总注水量210t。

5. 善后工作

停止注水后继续观测至地基变形基本稳定,用二八灰土分层夯实回填注水坑,夯实南侧承台梁底下的土,并恢复室内地坪、暖气沟和室外散水。最后对裂缝严重的墙体进行加固。

6. 监测工作

进行了建筑物沉降观测、倾斜观测和裂缝观测,注水期间每天观测一次,沉降发生后的最初几天适当增加观测次数。

四、纠倾效果

(一)建筑物四角测点在纠倾各阶段的累计注水量、沉降值和累计纠倾值列于表6-41中。纠倾期间日平均纠倾值为1.25mm/d。

四角测点在各注水阶段的累计沉降值和累计纠倾值 表6-41

日期	累计注水量(t)	累计沉降量(mm)				累计纠倾值(mm)			
		A(东北)	B(东南)	C(西南)	D(西北)	A	B	C	D
6.27	0	0	0	0	0	0	0	0	0
7.4	49.7	2	−1	2	4	4	6	0	2
7.5	54.8	2	−1	2	4	4	6	1	1
7.8	82.2	3	−2	4	7	4	7	0	1
7.20	147.7	2	1	6	2	6	8	6	4

续表

日 期	累计注水量(t)	累计沉降量(mm)				累计纠倾值(mm)			
		A(东北)	B(东南)	C(西南)	D(西北)	A	B	C	D
7.31(暂停)	189.2	6	7	24	12	20	22	27	29
8.9	189.2	6	27	37	17	43	48	49	47
8.19(停止)	210.0	18	29	49	17	62	63	60	59
9.9	210.0	24	60	57	17	76	79	74	71

（二）停止注水后20天（9月9日）沉降基本达到稳定，此时建筑物最大剩余偏移值（A点）109mm，相应的最大倾斜率6.1‰，达到预期目标。

（三）在纠倾过程中建筑物裂缝宽度多呈缩小的趋势，无新的裂缝产生。

6.9.4 工程实例三十二——番禺南沙镇公安局办公楼沉管灌注桩基础断桩法纠倾[6.9-3]

一、工程概况

番禺南沙镇公安局办公楼为六层框架结构，采用沉管灌注桩基础，独立承台（见图6-78）。建至第六层时发现北侧总下沉量24cm，楼房整体向北偏移量达到30cm以上（估计倾斜率＞16‰）。

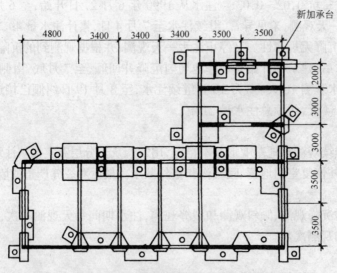

图6-78 桩基础平面和新加承台布置图

二、工程地质条件

从地表往下的土层分布为：人工填土，厚1.0~1.3m，硬塑；杂填土，厚0.7~0.8m；淤泥，厚5.8~9.5m，流~软塑；粉质粘土，厚5.5~12.85m，可~硬塑；中粗砂，厚6.2~6.9m；淤泥及淤泥质粘土，厚4.9~5.4m，软塑；粉质粘土，4.2m，可~硬塑；粉土，1.9~12m，硬塑~坚硬；强风化花岗岩，1.3~4.88m；中等风化花岗岩，1.05m。地下水位在地表下0.8~1.8m。

本实例引自李小波、李国雄、刘逸威，1996。

三、倾斜原因分析

（一）场地土层分布起伏较大，按同一桩长控制造成各单桩承载力并不相同，基础承载力未达到设计要求；

（二）建筑物体形不对称，外挑走廊使建筑物向北偏心。

四、纠倾设计和施工

（一）方案选择

根据建筑物及其基础的情况，决定采用断桩法纠倾。

（二）方案的设计和实施

1．复核建筑物的荷载和原桩基的承载能力。对原承载力不足的基础，设计新的附加基础。要求新老基础共同工作达到设计要求的承载能力。本工程增补了34根直径500mm、长25m的钻孔灌注桩，每一承台新增两根桩，增设的桩和承台平面见图6-78；

2．计算纠倾所需要的各承台各桩的总沉降量，划定沉降级次，确定各级沉降量，要求各承台平稳协调下沉，同一承台各桩间的相对变形不大于0.1%；

3．完成补桩施工，此项工作于1993年10月中旬开始；

4．在承台周围开挖工作坑，暴露需要凿断的桩顶，在断桩段以下桩身周围加设约束钢箍，避免该段桩身破坏；

5．从计算沉降量较大的一侧依次凿去桩顶周边混凝土，随凿随垫钢板，以防变形过大或不均匀，至截面减小破坏完成该级沉降量。如次反复进行，直至达到纠倾目标（图6-79a）；

6．纠倾完成后，在桩顶破坏处添设加强钢箍，并与承台一起浇筑混凝土形成扩大桩头（图6-79b）；

7．浇筑增补桩的附加承台，新老承台要求连成整体（图6-79c），全部纠倾工程在1994年2月初完成。

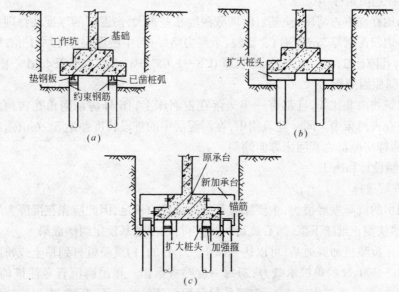

图6-79 断桩纠倾过程示意图

(a)反复凿桩垫钢板纠倾；(b)纠倾完成后浇筑扩大桩头；(c)增筑附加承台，与原承台连成整体

五、纠倾效果

纠倾后剩余倾斜率为2‰,一年后复检无新的沉降发生,纠倾效果良好。

6.9.5 工程实例三十三——广州两幢八层建筑物沉管灌注桩采用水冲法、断桩法结合高压旋喷法纠倾[6.9-4]

一、工程概况

广州市郊某建筑群16号、20号两幢房屋均为八层砌体承重结构。16号房平面呈长方形,20号房平面呈风车形,见图6-80。两建筑物均采用直径380mm的沉管灌注桩基础,桩数均为112根,其中16号房实际桩长13~17m(设计桩长15m),多数为单桩小承台,承台上布置格梁式连续地梁,20号房实际桩长16.3~18m,两房桩基施工收锤均符合要求。

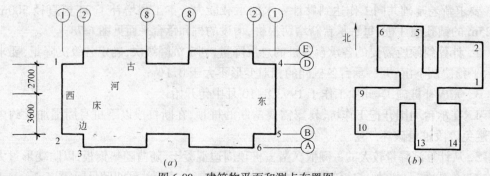

图6-80 建筑物平面和测点布置图
(a)16幢测点平面布置图;(b)20幢测点平面布置图

两建筑物在施工阶段,就发现基础严重下沉。16号房至加固前三个月(1989年2月26日)南北最大沉降差达168mm,向南最大偏移值467mm(相当于倾斜率24‰),房屋整体向东南倾斜;20号房至纠倾前(1989年8月23日),最大测点沉降量298mm,墙面最大向北偏西倾斜率为11.8‰。

二、工程地质条件

建筑场地存在着古河床,使基岩的埋藏深度相差很大,淤泥层的厚度和物理力学指标也不一样。岸边淤泥层厚7m左右,含砂粒,承载力略好;河中淤泥层厚12~13m,平均含水量高达104%,孔隙比2.68~2.95,压缩模量0.8~1.05MPa,承载力小于40kPa,稳定性很差。

三、倾斜原因分析

两幢建筑物南北比邻,且都有一半坐落在古河床上,16号房东南角在古河床中,而20号房西北角在古河床中。同一建筑物中,在淤泥层中的桩段长度差达5~6m,造成桩的承载力不一致,两幢房屋都朝着河床方向倾斜。

四、纠倾设计和施工

(一)方案选择

考虑两房的沉降发展很快,主要原因是桩的承载力不足,因此应先在沉降大的一侧进行地基加固,尽快制止继续下沉,然后施行纠倾,再行加固地基稳定纠倾成果。

采用高压旋喷桩加固地基,可以达到以下三个目的:1)旋喷桩打到粘土或粉质粘土持力层,确保250~300kN的单桩承载力;2)每一旋喷桩承担一根吊脚沉管灌注桩的加长任务,使其延至持力层;3)通过旋喷施工,有可能修补原沉管桩的缩颈、断桩、夹泥等缺陷。

本实例引自林培源,1991。

纠倾则采用高压水喷射沉降较小一侧的桩身和桩尖,并凿低部分桩头的迫降方法。

(二) 方案的设计和实施

以16号房的过程为例:

1. 沉降大处旋喷桩加固阶段

首先加固沉降大的东南角和西南角,并于1989年5月23日从沉降最大的东南角开始。为达到方案选择所述目的,旋喷桩长为20m左右,旋喷施工尽可能贴近原沉管桩。新旋喷桩打成1/40的斜度,并在16.8m处与原沉管桩桩尖相交。为避免淤泥层的过分扰动引起房屋附加沉降,每隔24小时打一根桩,前后两根桩的间距约为6m。

6月1日打完第7根桩后,沉降最大的东南角(测点5、6)已基本稳定;至7月9日喷完第33根桩,房屋原下沉较大的所有部位都基本稳定。

2. 沉降较小处原灌注桩卸载阶段

从7月9日开始,对沉降较小处的部分桩用高压清水喷射桩身和桩尖,部分桩凿低桩头,被处理的桩卸载,房屋开始下沉并整体纠倾。

3. 房屋加层阶段

从9月19日开始加层,至10月19日结束,共加层一层半到达设计的八层,此阶段房屋纠倾持续进行。

4. 被卸载灌注桩补强阶段

该阶段从11月27日至12月17日,将凿低桩头的灌注桩全部塞实补强,并将高压水喷射的7根灌注桩用水泥浆旋喷补强,最后在估计承载力不足处又补加6根旋喷桩。至此,加固纠倾工作全部结束。

20号房的加固纠倾时间从1989年8月24日开始至12月19日结束,施工程序与16号房相同。

五、纠倾效果

16号房在纠倾完成后约两周(12月30日)观察,最大向南偏移值减少到88mm,即最大向南倾斜率从纠倾前2月26日的24‰减少到3.3‰;最大向东偏移值从6月3日的137mm减少到60mm,即最大向东倾斜率从7.2‰减少到2.3‰。纠倾后约七个月(1990年7月9日),20号房的最大向北偏西倾斜率也从11.8‰减少到4.3‰。

6.9.6 工程实例三十四——南京茶西小区四幢住宅楼桩基础斜孔抽水取土法纠倾[6.9-5]

一、工程概况

茶西小区四幢住宅建筑平面尺寸均为31.2m×9.4m,其中8、9两幢为六层,12、13两幢为五层。住宅±0.00以下设2.7m高的架空层,上部采用框架结构,基础则为桩筏复合基础。8、9两幢各用623根桩,北面5排桩长15m,梅花形布置,南面桩长9m,正方形网格布置;12、13两幢各用495根桩,桩长7m,正方形网格布置。筏板下做了60cm厚的素混凝土垫层。四住宅的相对位置见图6-81。

四幢住宅于1986年建成,随后发生整体倾斜,其中8、9两幢向南倾斜,12、13两幢向北倾斜。表6-44列出了各房四角屋顶的偏移值,可见8、9、12、13四幢房屋的屋顶最大偏移值

本实例引自陈家琪,1992。

分别为 276mm、289mm、214mm 和 209mm。

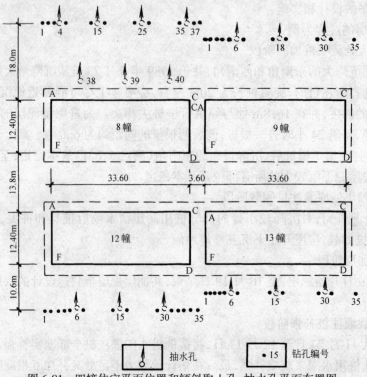

图 6-81 四幢住宅平面位置和倾斜取土孔、抽水孔平面布置图

二、工程地质条件

茶西小区位于南京市水西门外，属长江河漫滩地貌单元，原为农田菜地，地势较平坦。该场地主要土层分布见表 6-42，其中主要含水层为第 4 层淤泥质粉土，属潜水含水层，该层的渗透系数为 0.1~0.5m/d。

三、倾斜原因分析

倾斜由基坑开挖时的大面积堆载以及桩基设计不当等原因所引起。

四、纠倾设计与施工

(一) 方案选择

确定采用斜孔抽水取土方法。即在建筑物沉降较小一侧按某个角度钻打掏土斜孔，深入到桩尖以下，并进入桩基内部 1/2~1/3 倍桩基宽度，将孔内的土掏出。同时设置若干抽水斜孔，掏土完成后孔中抽水，将土层中的水和泥砂同时抽出，以加速沉降。纠倾目标定为屋顶剩余偏移量控制在 80mm 以内。该法适用于软土地区的中长以下的桩基纠倾。

(二) 方案的设计和实施

1. 钻打斜孔

在四幢住宅沉降较小的一侧布设掏土孔和抽水孔，每幢住宅的掏土孔数量从 31 到 35 个，抽水孔则为 3 到 7 个，孔深从 25.5m 到 41m 不等，倾角为 49°~60°，进入桩基内部 8 幢为 $b/2$，其余三幢为 $b/3$（b 为基础宽度），详见图 6-82 和表 6-43。孔的平面位置见图 6-81，孔距 1m，采用 ϕ300mm 钻头成孔，实际孔径可达 350~400mm。抽水孔中间 10~15m 为滤水管（见图 6-82）。

小区场地主要土层分布及其物理力学指标　　　　表 6-42

层号	土名	层厚 (m)	土的描述	含水量 (%)	孔隙比	塑性指数	液性指数	压缩模量 (MPa)	粘聚力 (kPa)	内摩擦角(°)	桩侧摩阻力(kPa)	桩端阻力(MPa)*
1	砂石路基	0.5	仅北部见到									
2	粘土	0.8~3.9	黄褐色、很湿、饱和、可塑，部分为粉质粘土	32.2	0.94	18	0.53	4.10	30.0	9	25	
3	淤泥质粉质粘土	5.13~8.14	青灰~灰黑色、饱和、流塑	46.0	1.23	15	1.41	2.80	14.7	12	12	
4	淤泥质粉土	2.45~4.56	青灰~灰黑色、饱和、流塑	39.3	1.03	8	1.63	3.60	10.9	25	15	2.2
5	淤泥质粉质粘土	6.67~6.95	青灰~灰黑色、饱和、流塑	40.5	1.13	13	1.46	2.8	12.7	15	15	2.0
6	淤泥质粉土		钻孔至31.9m未钻透，该层土性质与第4层相同									

* 原表为 kPa。

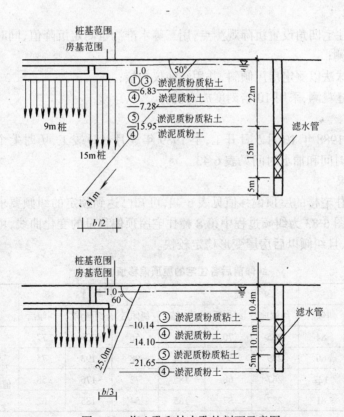

图 6-82　掏土孔和抽水孔的剖面示意图

各幢住宅的钻孔资料表　　　　　　　　　　表 6-43

项　目	8 幢	9 幢	12 幢	13 幢
掏土孔(个)	35 *	32	32	31 **
抽水孔(个)	7	3	3	4 **
钻孔进尺(m)	1597.04	1312.50	892.50	910.00
钻孔倾角(°)	50	60	49	60
控制深度(m)***	41	37.5	25.5	26
钻孔进入基础宽度	$b/2$	$b/3$	$b/3$	$b/3$
施工时间(天)	32	28	12	22
抽水时间(小时)	60	88	150	80

* 按图 6-81 为 33 个。

** 按图 6-81 分别为 32 和 3 个。

*** 按图 6-82 似为钻孔长度。

2．抽水

在钻孔掏土完成后立即从抽水孔抽水。抽水采用空气压缩机,压缩空气送入孔内,产生高压气流,形成气水混合物,并将孔内的水和泥砂一同排出孔外。

3．监测工作

(1) 在四幢住宅四角设置沉降观测点,用三等水准测量测定沉降值,同时对相邻建筑物也进行了沉降观测；

(2) 采用垂球法以测定房屋倾斜,并用经纬仪校核；

(3) 墙体裂缝观测,采用 10 倍刻度放大镜。

4．纠倾历时

全部工程于 1988 年 10 月 5 日开工,至 1989 年 5 月 6 日竣工,历时七个月。其中各幢房屋的实际施工时间和抽水时间见表 6-43。

五、纠倾效果

纠倾前后各住宅楼的屋顶偏移值见表 6-44,可知已达到预定的纠倾要求。房屋结构未产生异常现象。图 6-83 为纠倾过程中第 8 幢住宅屋顶偏移量的变化曲线,可见抽水过程对纠倾起主要作用,且纠倾以后房屋变形稳定较快。

纠倾前后各住宅的屋顶偏移值(mm)　　　　　　　　　　表 6-44

观测点号	8 幢		9 幢		12 幢		13 幢		备　注
	纠倾前	纠倾后	纠倾前	纠倾后	纠倾前	纠倾后	纠倾前	纠倾后	
A	241	84	285	70	164	56	209	77	由于房屋上下宽度不等,个别偏移观测值的偏差较大
C	243	60	289	58	214	98	193	75	
D	276	127	267	68	185	72	176	58	
F	239	81	282	87	165	54	185	62	

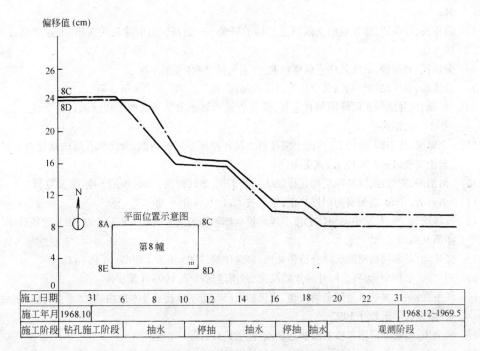

图 6-83 纠倾过程中第 8 幢住宅屋顶偏移量变化曲线

参 考 文 献

[6.0-1] 李受祉,房屋与构筑物纠偏,岩土工程治理手册(林宗元主编),沈阳:辽宁科学技术出版社,1993年9月

[6.1-1] 唐业清,建筑物纠倾工程设计与施工,内部交流,1994年,北京

[6.2-1] 童明华、陶化林,应用浸水法纠正四层试验楼基础偏沉,建筑施工,1989年第3期

[6.2-2] 鲁冬来,湿陷性黄土地区地基浸水湿陷纠偏施工,建筑技术,1995年第6期

[6.2-3] 郎瑞生,浸水纠偏技术的应用与研究,工程勘测,1997年第1期

[6.2-4] 甘肃省建筑工程管理局设计院,烟囱倾斜浸水矫正,建筑设计,1965年第3期

[6.3-1] 汪益基,建筑物基础锚桩加压纠偏法,发明与专利,1983年第3期

[6.3-2] 孟新昭,某教学楼的倾斜与调整,岩土工程师,Vol.2,No.3,1990年7月

[6.3-3] 徐新跃,某建筑物的纠倾实践,第二届岩土力学与工程学术讨论会论文集(龚晓南、张土乔、严平主编),1995年,宁波

[6.3-4] 华孝娟,调整附加应力纠正不均匀沉降,岩土工程师,Vol.4,No.2,1992年5月

[6.3-5] 葛之西、许亮明,七层住宅楼基础调压纠偏技术,住宅科技,1994年第8期

[6.4-1] 俞季民、刘祖德、周全能、胡传云,地基应力解除法进行建筑物纠偏的数值模拟,工程勘察,1992年第1期

[6.4-2] 陈元焯、杜志军、罗乐宁,用掏砂纠倾法处理基础不均匀下沉倾斜房屋,建筑技术,1992年第3期

[6.4-3] 湛国楠、钟绍基,六层住宅严重倾斜的纠倾实例,住宅科技,1991年第7期

[6.4-4] 金祖源、傅剑鹤,平孔抽水矫偏法,浙江省第四届土力学与基础工程学术会议论文,1990年8月,浙江湖州

[6.4-5] 何锋,筏式基础房屋的掏土纠偏设计方法的研究,建筑结构,1997年第4期

[6.4-6] 杨书遂、谢志全,地基应力解除法在楼房纠倾中的应用实践,岩土工程师,Vol.8,No.4,1996年11

月

[6.4-7] 俞季民、逯金涛,灌浆地基上倾斜建筑物的纠偏——地基应力解除法的应用,工业建筑,1992年第5期

[6.4-8] 俞季民、刘祖德,武汉某住宅危楼纠偏,住宅科技,1994年第7期

[6.4-9] 刘祖德、俞季民、刘一亮,某危房的纠偏和加固,施工技术,1997年第3期

[6.4-10] 林峰,沉井法纠正两幢倾斜住宅楼,浙江省第六届土力学及基础工程学术讨论会论文集,1994年11月,绍兴

[6.4-11] 李思明、叶书麟、金国芳,水泥土搅拌桩上筏板基础房屋的纠偏,全国第五届地基处理学术讨论会论文集,1997年10月,武夷山

[6.4-12] 何治平、陈煜珊,沉井深层冲孔排泥法纠倾实例,浙江建筑,1988年第5期(宁波专辑)

[6.4-13] 唐业清,100m高烟囱的纠倾扶正,施工技术,1995年第8期

[6.5-1] 黄泽德、黄翙兴,某小砌块住宅楼不埋式板基础不均匀沉降事故分析与处理,四川建筑科学,1994年第9期

[6.5-2] 张建勋,某多层房屋的沉降分析和处理,福建建筑,1995年第4期(总第46期)

[6.6-1] 刘仁勋、李怀坝,倾斜房屋外筑加固探讨,四川建筑科学,1993年第1期

[6.7-1] 江丕光,某水泵站水池倾斜的治理,建筑物增层改造基础托换技术应用(唐念慈、韩选江主编),南京:南京大学出版社 1992

[6.8-1] 余金生,新建七层宿舍楼的倾斜与矫正,住宅科技,1991年第8期

[6.8-2] 李国雄、黄小许,某七层楼房纠偏与基础加固,施工技术,1994年第9期

[6.8-3] 吕军、彭炎军、石汉生、王洪、刘绍淼,高明市某邮电大楼纠偏工程实录,岩土工程师,1998年第1期

[6.8-4] 汲雨林、肖贵泽,一幢综合楼的纠偏,住宅科技,1997年第11期

[6.9-1] 邓朝荣,复合基桩不均匀沉降的事故处理,地下空间,第17卷第4期,1997年12月

[6.9-2] 陈飞保、沙志国、殷伯谦、唐业清,注水法在桩基房屋纠偏中的应用,工业建筑,1992年第5期

[6.9-3] 李小波、李国雄、刘逸威,建筑物倾斜的断桩纠偏方法,施工技术,1996年第8期

[6.9-4] 林培源,锤击沉管灌注桩房屋基础的下沉处理与整体纠偏,中国土木工程学会第六届土力学及基础工程学术会议论文集,1991.6.18～22,上海:同济大学出版社.中国建筑工业出版社

[6.9-5] 陈家琪,深厚软土地区桩基础房屋倾斜的纠偏,建筑物增层改造基础托换技术应用(唐念慈、韩选江主编),南京:南京大学出版社,1992

7 既有建筑顶升纠倾

侯伟生、陈振建、潘耀民（福建省建筑科学研究院）

7.1 概 述

以往倾斜建筑物的纠倾，基本上采用迫降法，即通过人为降低沉降较小处基础标高来达到纠倾目的。由于倾斜建筑往往伴随较大的沉降（大者超过 1000mm），使底层标高过低，产生污水外排障碍和洪水、地表水倒灌等病害，迫降法不仅无法彻底消除这种病害，反而会再次降低其标高。为了克服迫降纠倾的不足，从 1986 年，在由福建省建科院阮蔚文等人主持下首先开发了建筑物顶升纠倾技术，取得成功。在工程中推广应用，在实践中不断的完善和提高，并在数十个工程中实践，顶升的最大建筑为 3000m^2，最大顶升高度达 2.4m，已形成一项适用于各种结构类型建筑的实用纠倾技术。20 世纪 90 年代初，广东、浙江等地也先后成功地开展了这方面的研究实践工作。

7.1.1 顶升纠倾的基本原理及适用范围

一、基本原理

顶升技术是通过钢筋混凝土或砌体的结构托换加固技术（或利用原结构），将建筑物的基础和上部结构沿某一特定的位置进行分离，采用钢筋混凝土进行加固、分段托换、形成全封闭的顶升托换梁（柱）体系，设置能支承整个建筑物的若干个支承点，通过这些支承点顶升设备的启动，使建筑物沿某一直线（点）作平面转动，即可使倾斜建筑物得到纠正。若大幅度调整各支承点的顶高量，即可提高建筑物的整体标高。

顶升纠倾过程是一种地基沉降差异快速逆补偿的过程，也是地基附加应力瞬时重新分布的过程，使原沉降较小处附加应力增加。实践证明，当地基土的固结度达 80% 以上，地基沉降接近稳定时，可通过顶升纠倾来调整剩余不均匀沉降。

二、顶升纠倾的适用范围

（一）顶升纠倾适用的结构类型有：砖混结构、钢筋混凝土框架结构、工业厂房以及整体性完好的混合建筑。

（二）适用于整体沉降及不均匀沉降较大，造成标高过低的建筑；不适用于采用迫降纠倾的各类倾斜建筑（包括桩基建筑）。

（三）对于新建工程设计时有预先设置可调措施的建筑，这类建筑预先设置好顶升梁及顶升洞，根据建筑使用情况出现的不均匀沉降或整体沉降，采用预先准备好的顶升系统，将建筑物恢复到原来的位置。

（四）适用于建筑本身功能改变需要顶升，或者由于外界周边环境改变影响正常使用而需要顶升的建筑。

7.1.2 顶升纠倾设计和施工

一、设计前必须准备的资料及设计步骤

（一）既有建筑的勘察设计，施工检测资料。

（二）建筑物现状的测试、观察分析评价资料。

（三）确定顶升纠倾的可行性、适宜性。

（四）拟订顶升纠倾及地基加固方案。

（五）技术方案专家论证。

（六）进行顶升纠倾设计，并提出安全技术措施。

二、顶升纠倾法

顶升纠倾法是根据以上基本原理，仅对沉降较大处顶升，而沉降较小处则仅作分离及同步转动，其目的是将已倾斜的建筑物纠正，该法适用于各类倾斜而标高不需要提高的建筑物。

（一）顶升纠倾的结构设计

倾斜建筑物的纠倾是在顶托结构物的基础上进行的。要使整幢建筑物靠若干个简支点的支承完成平稳上升转动，除需要结构体的整体性比较好外，尚需要有一个与上部结构连成一体具有较大刚度及足够承载力的支承体系。

1. 砌体结构建筑

砌体结构的荷载是通过砌体传递的，根据顶升的基本原理，顶升时砌体结构的受力特点相当于墙梁作用体系，由墙体与托换梁组成墙梁，其上部荷载主要通过墙梁下的支座传递。也可将托换梁上的墙体作为无限弹性地基，托换梁作为在支座反力作用下的反弹性地基梁。

(1) 设计原则

因托换梁是为顶升专门设置的，因此在施工阶段应对托换梁按钢筋混凝土受弯构件进行正截面受弯和斜截面抗剪及托换梁支座上原砌体的局部承压进行验算。

(2) 设计跨度

一般根据墙体的总延长米及千斤顶工作荷载进行分配得出平均支承点设计跨度，计算是按相邻三个支承点的距离之和作为设计跨度，进行托换设计。

(3) 当原墙体强度（承载力）验算不能满足要求时，设计跨度应该调整或对原砌体进行加固补强。

2. 框架结构建筑

框架结构荷载是通过框架柱传递的，顶升时上升力应作用于框架柱下，但是要使框架柱能够得到托换，必须增设一个能支承框架柱的结构体系，因此托换梁（柱）体系必须按后增牛腿来设计，为减少框架柱间的变位，增加连系梁，利用增设的牛腿作为托换过程、顶升过程及顶升后柱连接的承托支座。

(1) 首先对原结构进行内力计算，包括剪力、轴力、弯矩。

因为原框架结构其上部结构本身属一整体的超静定结构，其柱脚为固端（如图 7-1）而柱托换施工以后顶升时的框架柱脚却为自由端（如图 7-2），因此计算的结果与原结构内力结果有一定的改变，为了解除内力改变对结构变形的影响，托换前增设连系梁相互拉接，解除了柱脚的变位问题。

(2) 牛腿是后浇牛腿，存在着新旧混凝土的连接问题，钢筋的布置处理上也应考虑这一

(3) 设计时应考虑正截面受弯承载力,局部抗压强度及周边的抗剪强度。

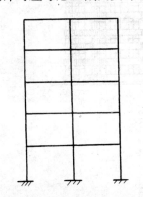

图 7-1 托换前框架计算简图

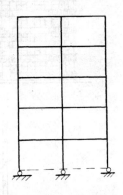

图 7-2 托换后框架计算简图

(二) 顶升纠倾的施工平面设计

1. 砌体结构建筑

砌体结构建筑的施工平面设计:包括托换梁的分段施工程序及千斤顶位置的平面布置。

(1) 托换梁的分段施工

墙砌体按平面应力问题考虑,具有拱轴传力的作用,一般在墙体内打一定距离的洞,并不影响结构的安全,为了保证托换时的绝对安全,在托换梁施工段内设置若干个支承芯垫(图 7-3)。

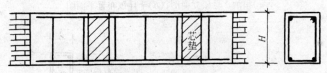

图 7-3 托换梁立面

分段施工应保证每墙段至少分三次,每次间隔时间要等托换梁混凝土强度达到 50% 后方可进行临近段的施工,临近段的施工应满足新旧混凝土的连接及钢筋的搭焊要求(图 7-4)。

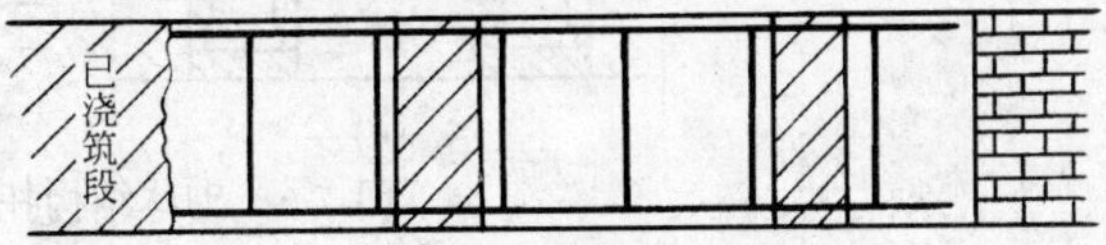

对门位、窗位同样按连续梁筑成封闭的梁系,同样应考虑节点及转角的构造处理。

(2) 千斤顶的设置

图 7-4 托换梁连接

顶升点的设置一般根据建筑物的结构形式、荷载及起重器具和工作荷载来确定。同时考虑结构顶升的受力点进行调整,避开窗洞、门洞等受力薄弱位置[图 7-5,7-6(a)(b)]。

2. 框架结构建筑

框架结构建筑托换施工设计包括托换牛腿的施工程序及千斤顶的设置。

(1) 托换牛腿的分段施工

钢筋混凝土柱在各种荷载组合的情况下,应具有一定的安全度,当削除某钢筋保护层后尚能保证其安全。但为了确保安全施工,应控制各柱位相间进行,邻柱不同时施工,必要时

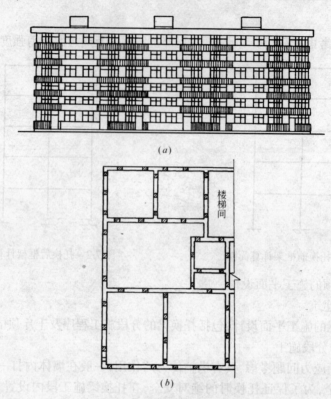

图 7-5 粮油 2 号楼立面图及千斤顶布置平面图
(a)粮油 2 号楼立面图;(b)千斤顶布置平面图

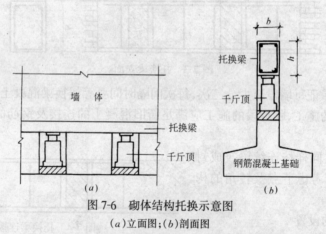

图 7-6 砌体结构托换示意图
(a)立面图;(b)剖面图

应采取临时加固措施(如支撑等),同时一旦施工开始就要连续进行浇筑混凝土。

(2) 千斤顶的设置

千斤顶的设置一般根据结构荷载及千斤顶的工作荷载来确定,同时考虑牛腿受力的对称性(图 7-7)。

(三) 顶升量的确定

一般顶升量应包括三个内容:

1. 建筑物已有不均匀沉降的调整值 h_{li}。

$$h_{li} = \beta_E \cdot L_{Ei} + \beta_N \cdot L_{Ni} \tag{7-1}$$

式中 β_N、β_E——建筑物南北向及东西向倾斜;

L_{Ni}、L_{Ei}——计算点到建筑物基点南北向及东西向的距离。

2. h_2——根据使用功能需要的整体顶升值。

3. h_{3i}——地基土剩余不均匀变形预估调整值 h_{3i},在选择方案的变形测点处测得,一般<3‰。

$$h_i = h_{li} + h_2 + h_{3i} \tag{7-2}$$

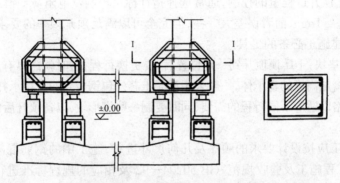

图 7-7 框架结构建筑托换示意图

(四) 顶升频率的确定

顶升的频率应根据建筑物的结构类型以及它能承受抵抗变形的能力来确定,千斤顶在操作过程中必然产生不均匀的上升,即出现差异上升量,这个量必须控制在结构允许的相对变形内,根据结构的允许变形有:

$$\Delta H \leq (1/200 \sim 1/500)(L_i - L_{i-1}) \tag{7-3}$$

一般地 $L_i - L_{i-1} = 1.2 \sim 1.5 \mathrm{m}$

$$\Delta H \leq (1/200 \sim 1/500)(1.2 \sim 1.5)$$

$$\therefore \Delta H \leq 5 \sim 10 \mathrm{mm}$$

以顶升时最大点作为控制点,则顶升次数:

$$n = \frac{H_{max}}{\Delta H_{max}} \tag{7-4}$$

H_{max}——最大顶升量。

(五) 顶升纠倾法的施工

1. 施工机具

(1) 托换:托换常用的方法有三种:一是人工开凿法,二是冲击钻钻邮票孔后人工开凿,三是用混凝土切割锯开槽段。三种施工方法各具优越性。混凝土切割锯机械化程度高,施工比较文明,对原墙体的损伤较小,但机械费用较高。福建省建科院从美国引进一套 ISC 合金钢混凝土切割锯,在砌体结构托换中使用良好,用人工开凿噪声较大。

(2) 千斤顶:千斤顶有手动(螺旋式及油压式)及机械油泵带动两种,采用人工操作的千斤顶顶升时需要大量的操作工,操作过程中会出现不均匀性,但其成本低,采用高压泵站控制的液压千斤顶机械化程度高,但成本费用较高,可用的千斤顶有:

　　　　　　手动螺旋千斤顶　　　　　300～500kN 工作荷载
　　　　　　手动油压千斤顶　　　　　300～320kN 工作荷载
　　高压油泵—液压千斤顶系统,这系统要经过专门设计,特殊制造,一个高压油泵站同时带动多台千斤顶。目前福建省建科院采用的有 4 台泵站,每台泵站可以带动 10 台千斤顶组成 40 套的连动液压千斤顶系统。高压泵站的最大压力 70MPa,千斤顶的工作荷载 500kN。

　　(3) 顶升量的测控设备

　　顶升量一般都比较大,整个过程最大达 1.5m,当使用小量程计量时,调整次数过多,反而影响精度,因此顶升过程量的控制,通常选择指针标尺控制及电阻应变滑线位移计控制两种,后者累计误差±1mm,前者误差大一些,但完全可以满足顶升频率的要求。

　　(4) 其他土建施工必备的工具。

　　(5) 承托件、垫块:千斤顶顶升到一定位置后,要更换行程,这时就需要有足够的承受压力的稳固铁块作为增加高度的支承体,一般采用混凝土芯外包钢板盒的专用承托垫块,这些垫块要求要有各种规格以适应不同行程的需要,同时要制一些楔形块,以备顶升后的空隙使用。

　　2．托换施工

　　托换梁的施工应按设计要求的顺序及几何尺寸进行,施工中的钢筋混凝土施工尚应按照《混凝土结构工程施工及验收规范》GB 50204—92 及相应的规程标准进行施工及质量控制,托换梁的施工要采取一定措施以保证混凝土与下部墙体的隔离。

　　3．千斤顶的设置

　　千斤顶按设计位置设置,个别的可按现场实际情况作调整,但必须经设计同意,为了确保每个千斤顶位置顶升梁及底垫的安全可靠,顶升前应进行不少于 10% 的抽检,抽查加荷值应为设计荷载的两倍。

　　4．顶升实施

　　在托换梁、千斤顶、底垫等都达到要求后,即可进入顶升实施。顶升的实施要有统一指挥,同时配有一定数量的监督人员,操作人员应主要由经过训练过的,要有纪律有组织,服从指挥,因此福建省建科院大多邀请当地工程兵等支持帮助参加实际顶升操作。这样就能保证施工的顺利。对较小的建筑物在高压泵站系统足够情况下,可采用全液压控制。也可以采用液压系统及人工操作相结合进行。

　　千斤顶行程的更换必须间隔进行,更换时两侧应用三角垫进行临时支顶。

　　顶升完毕后,紧接着砌体充填,要求填充密实,特别是与托换梁的连接处要求堵塞紧密,而后间隔拆除千斤顶。千斤顶的拆除必须待连接砌体达到一定强度后方可进行。拆除后的千斤顶洞位,根据原砌体的强度等级,采用砌体堵筑或采用钢筋混凝土堵筑。

　　全部千斤顶拆除完后即可进行全面的修复工作,包括墙体、地面等。

　　三、整体顶升法

　　整体顶升法是根据顶升技术原理,将整幢建筑物按要求整体抬升到一定标高,它可提高底层地面标高,也可以根据需要通过在底部抬升足够高度后加层。但它至少必须进行两道施工,第一道的设计、施工与顶升纠倾法相同,只需考虑增层后的结构需要,而第二道工序必需增加:

　　(一) 千斤顶底座的处理

　　当顶升到一定高度后,千斤顶底座垫高,这时建筑物的稳定性降低,要继续顶升已有危险,则应该对千斤顶底垫进行逐个处理。处理的方法一般是间隔浇筑早强混凝土底座,加适量的

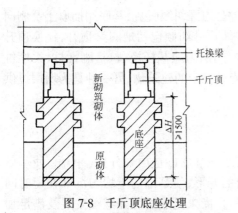

图 7-8 千斤顶底座处理

构造配筋,将底座升高到初始顶升位置(图 7-8)。

(二) 顶升操作台

顶升到一定高度后,顶升操作已经很困难,因此,要搭架做操作平台。

(三) 新增加的底层墙体要能承受整幢建筑物的荷载,因此除保证墙体的强度外,尚应对每个节点加设与基础连接的构造柱(框架柱需按新的轴力、弯矩复核其断面)。利用托换梁作为原一层底(新一层顶)的圈梁,对门洞尚应另作加强处理,楼板采用预制板加整浇层或采用现浇处理均可。

各项处理均应满足现行规范的要求,不应降低原建筑物的安全度。

7.2 工程实例一——厦门市斗西路建筑物整体顶升纠倾加固加层工程[7-5]

一、工程概况

位于厦门市斗西路东侧某两座五层砖混结构住宅楼,长 22.2m,宽 11.1m,建于 1985 年,基础采用砂垫层上的条形基础,场地为海港区填方造地而成,地质情况较复杂,建筑物从施工期至投入使用以来出现较大的沉降及不均匀沉降,据沉降观测资料,至 1989 年底两座建筑物中最大沉降量达 1185mm,最小沉降也有 748mm,建筑物整体向北倾斜 28.8‰~31.5‰,向西倾斜最大为 5‰,沉降速率仍有 0.08~0.15mm/d,沉降尚未稳定,不均匀沉降仍在继续发展。为使建筑物恢复原来的安全度及使用功能,必须进行纠倾加固并提高建筑物的整体标高。

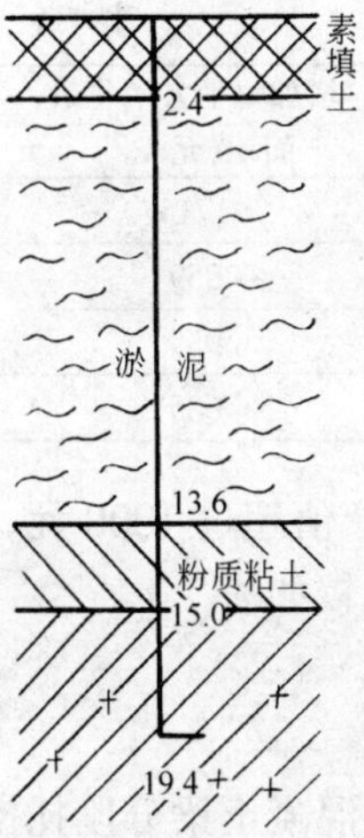

(一) 沉降及不均匀沉降原因

1. 工程地质条件

场地软土为原海港区近期沉积的海积淤泥,厚度 8~12m(见图 7-9),含水量 56%~65%,孔隙比为 1.51,压缩模量为 1.6MPa,加上大面积的填土造地,填土厚 1.8~2.5m,填土时间较短,淤泥的自重固结未完成,建筑物建成后使其附加压力增加,更加剧了地基土的固结变形,使总沉降量增加,下卧层厚度或基础附加压力的差异将加大其不均匀沉降量。

图 7-9 地质柱状图

2. 建筑平面布局

一般建筑物由于北面集中布置了厨卫、楼梯和隔墙较多等而使其重心大多有偏北的现象,当基础结构设计没有充分考虑其重心与形心的重合关系时,基底面压力将产生差异,导致建筑物不均匀沉降倾斜。而建筑物的相邻影响,使邻近的地基附加应力增加,也是其产生不均匀沉降的原因之一。

(二) 处理方案及比较

本实例引自侯伟生、陈振建、龚一鸣,1994。

建筑物常用的纠倾技术归纳起来有两大类,一种是迫降纠倾(包括基底掏抽取土及侧向成孔取土抽水,堆载,拔桩加压迫降等),另一种是整体顶升纠倾包括地圈梁顶升,托换顶升及基础压桩顶升等。而建筑物地基加固则方法更多,归纳为地基托换,包括刚性桩、柔性桩及化学加固等,地基托换加固的目的一是调整沉降尚未稳定的建筑物,另一种是为增层提供承载力或两者并用。

本工程选用如下两种处理方案进行分析比较:

1. 迫降纠倾与锚杆静压桩加固

该方案是利用高压水射流将建筑物基础沉降较小处基底砂垫层部分掏(冲)出,使基础接触面积减小,接触应力增加,砂土产生侧向及竖向的变形,使基础的不均匀沉降在短时间内得到调整,达到纠倾的目的。而纠倾的建筑物为阻止尚未完成的沉降继续发展及满足加层的需要,采用增设锚杆静压桩加固地基。

该方案的特点是纠倾时充分利用基础垫层,采用高压射流掏取砂,迫降方法稳妥可靠、经济,但无法解决底层地面标高过低、水涝和排污受阻等缺陷,只能放弃底层正常使用改为杂物间,利用增层增加使用面积。

2. 托换梁顶升纠倾与锚杆静压桩加固

该方案是利用托换梁顶升技术将建筑物整体顶高,顶高的同时通过顶升量调整建筑物的不均匀沉降达到纠倾目的,地基采用同样的锚杆静压桩加固方法进行加固。

该方案特点是能将建筑物纠倾并提高,底层恢复原来的使用功能,使用面积不受影响。

方案经济比较 表7-1

纠倾方法		压桩(根)	纠倾加固加层工程总造价(议价)万元	建筑面积增加(m^2)	增加每平方米建筑面积(元/m^2)
迫降	加一层	45	21.1	杂物间(半层计)246	1715
	加两层	60	31.7	杂物间246、住宅246	859
顶升	加一层	45	23.1	住宅 246	939
	加两层	60	33.7	住宅 492	685

经比较在目前用地十分紧张的城市建设中增加一平方米建筑面积产值超过1000元,因此选择顶升加建两层具有更高的经济效益,是可取的方案。方案经济比较如表7-1。

二、整体顶升和锚杆静压桩加固的设计与施工

(一)整体顶升纠倾的技术原理

整体顶升技术是通过结构托换技术,沿建筑物某一特定平面用钢筋混凝土梁分段托换,形成全封闭的顶升托换梁,在梁下设置若干个支承点,通过这样支承点内的起动设备的起动使建筑物整体向上抬升。调整建筑物各部分的抬升量可使建筑物沿某一直线(或点)作整体平面转动达到纠倾目的,在这同时还可大幅度提高建筑物的标高,消除底层标高过低引起的病害。顶升技术是一种变形差异快速逆补偿过程。

(二)整体顶升纠倾的设计与施工

顶升纠倾的设计主要应确定如下参数:

1. 顶升托换梁

一般的建筑物均有能将上部结构荷载传至地基的整体性较好的基础,顶升仍通过它以提供足够的反力,要使建筑物整体上升尚需要有一整体性好的梁系,多数建筑物这一梁系不

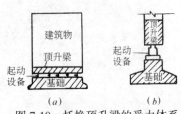

图 7-10 托换顶升梁的受力体系
(a)受力体系；(b)受力体系大样

存在，即使存在，也未考虑用它来支承整个建筑物，因此则需要托换顶升梁，它与基础形成如图 7-10 的受力体系。

2．顶升点位数的确定

顶升点根据建筑物的结构形式，荷载及起动机具来确定。具体步骤为：

(1) 机具的设计荷载 $N_a = N/K$ (N——工作荷载，K——不均匀系数)；

(2) 结构总荷载 $Q_{max} = \sum Q_i$；

(3) 顶升点位数 $n = Q_{max}/N_a$。

3．顶升量的确定

一般顶升量应包括三个内容：

h_1——建筑物已有不均匀沉降的调整值；

h_2——根据使用功能需要的整体提升值；

h_3——地基土剩余不均匀变形预估算调整值。

计算两座的最大顶升量分别为 500、435mm，最小顶升量分别为 55、200mm。

4．顶升分量及分次

根据结构物的抗变形能力确定顶升的分量，以分次控制

$$\Delta h_i = \Delta L_i / 500$$

一般 $\Delta h_{max} = 5 \sim 10$mm，$\quad n = h_{max}/\Delta h_{max}$

式中　Δh_i——每次顶升两点间的误差值；

ΔL_i——计算误差值的两点间距；

Δh_{max}——两点间的最大误差值；

h_{max}——最大顶升高度。

5．顶升施工要点：

(1) 根据结构情况进行必要的墙体加固；

(2) 分段托换浇筑钢筋混凝土托换梁；

(3) 设置起动设备及顶升分量标尺；

(4) 实施顶升；

(5) 墙体连接及修复。

(三) 锚杆静压桩加固设计与施工

1．设计基本原理

地基的固结变形与附加应力的大小及其作用时间的长短有关。对于正常固结土层地基的固结变形过程是附加应力引起的孔隙水压力转化成由土体骨架承担的有效力的过程。当地基内孔隙压力完全消散后，地基的固结变形也就终止了。按单向固结理论地基内孔隙水压力的消散程度可用固结度来表示，即：

$$u_t(x,y) = S_t/S_\infty = 1 - \int_0^H U(x,y,z,t)dz \Big/ \int_0^H \sigma_z(x,y,z)dz \tag{7-5}$$

式中　S_t——某一时刻地基的固结变形量；

S_∞——地基最终固结变形量；

U——地基内孔隙水压力；

σ_z——地基内垂直附加应力；

H——压缩层厚度。

而
$$U(x,y) = \frac{1}{H}\int_0^H U(x,y,z,t)\mathrm{d}z$$

$$\sigma_z(x,y) = \frac{1}{H}\int_0^H \sigma_z(x,y,z)\mathrm{d}z$$

它们分别代表地基压缩层内 t 时刻平均孔隙水压力和平均垂直附加应力。这样式(7-5)可以写成：

$$u_t(x,y) = 1 - u(x,y)/\sigma_z(x,y) \tag{7-6}$$

若以地基平均固结度 u_t 代替 $u_t(x,y)$，将式 7-6 变换后对整个基础底面积 A 积分可得：

$$Q \cdot u_t = Q - Q_u, \quad 或 \quad Q_u = (1-u_t)Q \tag{7-7}$$

这里：$Q_u = \iint_A U(x,y)\mathrm{d}A$，$Q = \iint_A \sigma_z(x,y)\mathrm{d}A$。

Q_u 代表了地基内残余孔隙水压力对地基剩余固结沉降的效应，相当于 t 时刻地基所承受的固结荷载,对将引起地基的固结变形，Q 为基础传给地基的上部总荷载。

从式(7-7)及土的固结理论可以得出以下结论：为了阻止地基的固结沉降继续发展，只需使地基土骨架所承担的有效应力水平不再提高。因此，在 t 时刻对地基进行加固，加固体只需承担与残余孔压相应的荷载 Q_u 即可达到阻止地基沉降继续发展的目的。根据上述理论进行地基加固，原地基与加固体共同承担上部结构荷载，两者组成复合地基，其中加固体承担的 Q_u 可按(7-7)计算。经过几年来的工程实践证明，这一理论符合实际。

本工程通过沉降观测结果采用双曲线拟合法推测，其固结度已达 70% 以上，设计是使地基固结度 $u_t = 75\%$。

据式(7-7)可得地基需提供承载力增量为 $\Delta Q = \Delta w + (1-0.75)Q$ 计算得 $\Delta Q = 12000\text{kN}$。这里 ΔQ 为加两层新增荷载。

2. 单桩承载力——按静力公式计算。参照地质资料，桩长取 13~15m，桩断面 220×220mm，设计单桩承载力取 200kN。

3. 桩数 $n = \Delta Q / Pa = 12000/200 = 60$（根）

4. 压桩控制标准 $P_d = 1.5Pa$（P_d—压桩力）

即压桩力 $P_d \geqslant 375\text{kN}$。

5. 锚杆静压桩施工

(1) 开凿压桩孔：根据桩断面尺寸及压桩机具的一般要求，在基础翼板上开凿口径 300~400 的倒锥形孔。

(2) 埋设能满足压桩力要求的锚杆钢筋。

(3) 逐节压桩，采用硫磺胶泥接桩。

(4) 封桩孔，锚杆钢筋弯焊后采用 C30 早强微膨胀混凝土封闭压桩孔。

6. 锚杆静压桩施工技术关键

(1) 锚杆胶粘结强度质量。
(2) 预制桩制作的质量(强度、平面尺寸)。
(3) 压接桩的垂直及胶泥接桩质量。
(4) 压桩终压标准的控制,终压维持时间一般 3~5min,对加固工程更应满足这一点。

三、技术经济效果

1. 处理后房屋得以纠正,解除了原来倾斜度超过危险房屋标准的危险状态,使建筑物恢复正常安全使用。

2. 采用顶升技术将建筑物整体提高,消除了原室内外高差负值,地面潮湿和排污受阻等现象,恢复原来的使用功能。

3. 地基通过锚杆静压桩加固,除了使原来尚未稳定的建筑物处于稳定状态外,尚能满足加建两层的要求,经济效益显著。

4. 建筑物整体顶升纠倾技术具有其独特的优越性,在排除标高过低的障碍问题上是其他方法所无法比拟的。

建筑物的基础加固,考虑到原地基土的固结度按剩余固结度所对应的荷载来设计加固体,即地基部分托换设计理论,技术上合理,工程造价低廉,效果可靠,是一种可以推广应用的理论。

7.3 工程实例二——某办公楼钢筋混凝土框架顶升纠倾[7-2]

一、工程概况

某办公楼为六层框架结构(图 7-1),长 25.4m,宽 6m,局部 8m,高 20.1m,建筑面积约 1800m²,钢筋混凝土片筏基础,基底换土填砂厚 1.5m,下卧高压缩性软土厚 7.8~13.0m(见图 7-12)。该楼 1980 年建成,投入使用后即出现较大的沉降及不均匀沉降,而后为满足使用要求,采用填土将地面提高近 1m,到 1989 年初大楼最大沉降超过 500mm,南倾 34.5‰,西倾 4‰,严重危及大楼安全。

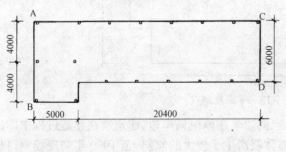

图 7-11 建筑平面图

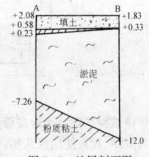

图 7-12 地层剖面图

从建筑物所在的地层剖面图可以明显看出,地基压缩层的厚度差异大,是造成严重的不均匀沉降的主要原因,地面填土使不均匀沉降加剧。

纠倾以迫降及顶升纠倾方法来比较,很显然,原建筑物除沉降外,尚将地面提高了 1m,因此再实施迫降意味着再次降低标高,无法正常使用,再者从所处的环境条件也无法实施迫降,因此决定采用整体顶升纠倾处理。以适量超纠来调整剩余不均匀沉降。

本实例引自侯伟生,1995。

二、顶升的设计与施工

（一）荷载计算

先计算各框架柱的轴力和弯矩，本幢建筑共设 8 榀框架，通过弯矩分配法计算各框架柱轴力为 $950\sim1170$ kN，弯矩总和为 $(30\sim45)$ kN·m。按前述的设计理论，则支座承载力应为 $1492.5\sim1822.5$ kN。

（二）顶升支承梁系的设置

为不改变原结构的受力状态，采用新增的后浇双向牛腿及钢筋混凝土连续梁型钢连续梁组合体系。

（三）各柱位顶升量

根据建筑物的倾斜值、推测的剩余不均匀沉降值及纠倾后地基附加应力调整所产生的沉降值，确定纠倾率为 $35.3‰$，最大顶升量为 430mm。以平面转动来计算各点的顶升量。

（四）顶升及效果

顶升于 1989 年 11 月进行，共设 $30\sim100$t 千斤顶 128 台，顶升历时 2 小时，由于顶升后建筑物重心转移，基底附加应力改变，使建筑物的不均匀沉降得到控制，至 1991 年 2 月复测建筑物的垂直度仅回倾 $0.2‰$，符合预计的结果。

7.4 工程实例三——某五层砖混结构顶升纠倾[7-3]

一、工程概况

某五层砖混结构住宅楼，建于 1981 年，长 34.8m，宽 9.6m，建筑面积约 1700m^2（图 7-13），钢筋混凝土条形基础，场地为池塘回填而成，回填砂厚 $1.5\sim2.5$m，下卧高压缩性淤泥厚 $15\sim18$m。

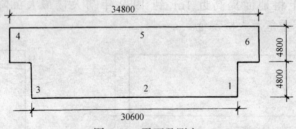

图 7-13 平面及测点

该建筑物基础北面落在原池塘中心，南边落在原池塘岸边，建筑物在建造过程中即出现不均匀沉降，投入使用仅几年，建筑物整体就产生了较大的倾斜，至 1990 年初现场测得最大不均匀沉降达 300mm，整体北倾达 $30‰$，加之当时设计标高较低，致使排污障碍，洪水灌入底层，影响正常安全使用。

1990 年 3 月开始至 7 月对该住宅楼进行短期沉降观测布点，如图 7-13。观测结果如表 7-2。

从沉降观测的结果分析，该住宅历经近 10 年的运行，地基土的固结变形已接近稳定，根据建筑物的病害特征及现状拟定整体顶升并纠倾的处理方案，以适量超纠来调整剩余不均匀沉降。

本实例引自侯伟业、陈振建、张毓英，1991。

沉 降 观 测 结 果 表　　　　表 7-2

点　号	1	2	3	4	5	6
累计沉降(mm)	2.6	2.7	1.0	0.6	2.2	4.1
速率(mm/d)	0.022	0.023	0.008	0.005	0.018	0.034

二、顶升纠倾的设计与施工

(一) 荷载及托换计算

根据现顶升纠倾的设计理论,计算各支承点的力及托换梁截面,共设置 165 个支承点,分别选用千斤顶的工作荷载 300～500kN。

(二) 顶升量的确定

根据建筑物的沉降及不均匀沉降情况,考虑纠倾 31.5‰,计算最大顶升高度达到 1260mm。

(三) 顶升纠倾施工

1. 对原建筑物薄弱墙体开洞多的位置进行墙体加固。
2. 分段托换梁施工及支承点的设置。
3. 施工质量检验——局部试顶。
4. 第一次顶升按原计划纠倾并整体顶升 300mm。支承点(支座)重新设置。
5. 第二次顶升至 1260mm,墙体修复。

本工程托换梁工期花了 1 个半月,第一次顶升最大值 660mm,花了 6 个小时时间,间隔 4 天后再实施第二次顶升,最大顶升值达 1260mm,创造了历次顶升的最大值,达到预期的效果结构安全。

三、技术经济效果

建筑物的整体顶升纠倾是一项难度大、技术性强的新技术,它可以使建筑物纠倾、复位及提高,它所达到的顶升高度在某种程度上比建筑物平移具有更大的难度和更广泛的适用意义。对纠倾而言,它可以适用于各种基础形式及结构形成的建筑物。从几年来的实践及完善证明,该技术可靠性大、经济效益及社会效益显著。

该技术的发展将成为软土地区建筑物采用浅基的预保护措施,同时作为一种从建筑物底部加层的基本技术而发挥更高的效益。

参 考 文 献

[7-1]　侯伟生　软基上建筑工程沉降倾斜纠倾处理技术,全国第四届地基处理学术讨论会议文集。杭州:浙江大学出版社 1995

[7-2]　侯伟生　建筑顶升底部加层技术。福建建设科技 1995

[7-3]　侯伟生、陈振建、张毓英　建筑整体顶升加固加层技术,第六届土力学术基础工程会议文集。上海:同济大学出版社、中国建筑工业出版社 1991

[7-4]　侯伟生、陈振建　建筑顶升纠倾技术,桩基与地基处理国际会议文集。南京 1992

[7-5]　侯伟生、陈振建、潘耀民、龚一鸣　五层砖混结构整体顶升底部加层技术、全国建筑物诊断、加固、改造与维修学术讨论会论文集。南京 1994

[7-6]　中华人民共和国行业标准《既有建筑地基基础加固技术规范》JGJ 123—2000 北京:中国建筑工业出版社 2000

[7-7]　陈仲颐、叶书麟主编《基础工程学》。北京:中国建筑工业出版社 1990

8 既有建筑移位

侯伟生　张天宇(福建省建筑科学研究院)

8.1 概　　述

随着国民经济的飞速发展,城市建设正发生日新月异的变化。近年来,城市道路交通状况不断改善,城市规划不断完善,旧城改造和道路拓宽工程愈来愈多,相应出现了许多建筑物影响城市改造和道路拓宽的情况,一些新建建筑物,一些仍具有使用价值或具有保留价值的建筑物面临拆除的威胁,造成了很大的浪费和经济损失。如果对这些建筑物根据周围条件与环境规划的要求,在允许的范围内实施整体移位,使其得以保留,其经济效益是十分可观的。

建筑物移位通常又称为平移、迁移、搬移。在国际上许多发达国家对重要的古建筑及新建建筑物的保护性的迁移早有所闻,这种保护性的迁移技术(Moving Structure)[8-5],基本上采用全包装式的搬移,既安全又可靠,但其所付出的代价往往高于建筑物拆除重建的造价。作为一种常规的平移技术,既要做到安全可靠,又要使成本尽可能的低于拆除重建的造价,这就要求我们深入细致的开展研究工作。因此,多年来在我国已有数家专业公司致力于这方面的研究开发工作,如福建省建科院及福建三源特种技术公司,还有广东、上海、沈阳等地的一些建筑公司也做了一些这方面的实践,取得了许多成功的经验。正是这些成功的经验推动了我国的建筑物整体移位技术的迅速发展。目前,有关整体移位的设计及施工方面的规范规程[8-2]业已制定,这对建筑物整体移位技术的理论研究以及系统的试验研究将起到导向的作用。即便如此,仍有许多问题有待于我们在今后的实践中对其进行认真的探讨,如建筑物平移前及平移过程中托换梁受力性能;建筑物平移过程中的结构静力及动力分析等,随着这些问题的解决,建筑物整体移位技术将不断得到完善。

8.1.1 既有建筑移位的原理及适用性

8.1.1.1 既有建筑移位的基本原理

建筑移位是通过托换技术(Underpinning)[7-6]将建筑物沿某一特定标高进行分离,而后设置能支承建筑物的上下轨道梁及滚动装置,通过外加的牵拉力或顶推力将建筑物沿规定的路线搬移到预先设置好的新基础上,连接结构与基础,即完成建筑物的搬移。

8.1.1.2 移位的适用范围及分类

移位技术,适用于各类在城市规划及工程建设中需要搬迁的具有可托换及一定整体性的一般多层的工业与民用建筑。实施平移应以不破坏建筑物整体结构和建筑功能条件为原则。根据移位的路线及方位,建筑物整体移位可分为整体直线平移、整体斜线平移、整体折线平移和水平原地转动平移(图8-1),实际施工时可以采用以上一种或几种组合的方式,平移距离可根据需要确定。

8.1.1.3 移位的基本步骤

建筑物移位与大型设备(如重物)的水平搬运相似,不同的是建筑物的抗变形能力较差,体形大,且建筑物平面复杂,与基础之间有可靠的连接。其总体方案的基本步骤为:

一、将建筑物在某一水平面切断,使其与基础分离,变成一个可搬动的"重物"。

二、在建筑物切断处设置托换梁,形成一个可移动托架,其托换梁同时作为上轨道梁。

三、既有建筑物基础及新设行走基础作下轨道梁,对原基础进行承载力验算复核,如承载力不满足要求,需经加固后方可作下轨道梁。

四、在就位处设置新基础。

五、在上下轨道梁间安置行走机构。

六、施加顶推力或牵拉力将建筑物平移至新基础处。

七、拆除行走机构,将建筑物上部结构与新基础进行可靠连接。

八、修复验收。

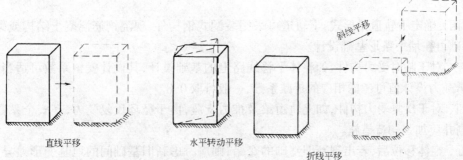

图 8-1 建筑物整体水平位移

8.1.1.4 建筑物移位可行性分析

在整体移位可行性分析中,主要以安全可靠、经济合理作为是否可行的衡量标准,平移之关键在于建筑物本身结构的整体性及平移路线。结构的整体性是整体移位的必要条件,因此确定移位的可行性,应先对结构自身进行全面检测、分析、计算。当需要对建筑物进行维护且费用过大或者结构无法通过维护来满足整体性要求时,平移方案就不可行。

行走机构、外加动力、基础处理要求与建筑物自重有关,如建筑物自重过大,引起行走机构变形,则整体平移无法进行。随着建筑物自重的增加,对行走轨道基础承载力的要求随之提高,则地基处理费用相应增加。平移的费用与平移路线和距离成正比,平移过程中如存在换向或旋转,则需增加一定的费用。除特殊情况外(如政治因素,社会影响,古建筑古文物保护等),当建筑物的整体平移费用超过该建筑物拆除重建所需工程造价的80%时,对其实施平移将失去意义,其平移的可能性也不大。

8.1.2 既有建筑移位设计

对于已使用多年的建筑物,特别是一些古建筑和旧建筑,其抗震能力和稳定性等一般都低于现行设计规范,而对一些新建筑,虽然符合现行设计规范要求,但由于整体移位时上部建筑结构与基础需切断,其基础受力形式与托换受力有一定差异,因此如何掌握建筑物整体移位的设计标准和计算准则,仍是当前建筑物整体移位中迫切需要解决的问题。

8.1.2.1 既有建筑移位设计时应具备的条件

一、场地地质状况包括平移路线及就位场地的工程地质资料。

二、原建筑物的设计图纸、施工内业资料、施工期及使用期的有关观测资料。

三、建筑的使用情况调查,包括建筑物的结构、构造、受力特性及现场实地勘察情况及必要的检测与鉴定。

四、建筑物移位方案及可靠性论证和分析。

8.1.2.2 可靠性评价

一、建筑物移位应首先进行综合技术经济分析和可靠性论证,按国家现行有关规范和标准进行检测,核算和鉴定。经综合评定适宜移位后,方可进行整体移位设计。

二、建筑物移位设计应符合国家现行设计规范和标准,在进行整体移位设计前应预先确定如下参数:

(一)确定移位的路线和距离。

(二)确定基础加固处理方案。

(三)确定托换梁(上轨道梁)的计算方法,在砖混结构中可根据实际情况适当考虑墙梁作用。

(四)确定下轨道梁形式,下轨道可采用装配式钢构件、现浇钢筋混凝土结构或砌体结构,基础可按墙下条形基础设计。

三、对于临时受力构件,如整体平移线路上的基础设计,其设计安全系数可适当降低,即其承载力设计值可考虑相应的折减系数,一般可取 0.8。

四、对于反复受力构件,如上轨道梁及推力支座,由于循环反复受力,其安全系数可适当提高并应加强构造措施。

五、整体移位后,若出现新旧基础的交错,则应考虑新旧基础间的地基变形差异,分别计算既有建筑物基础残余沉降值和新基础部分沉降值。设计时根据客观实际可适当考虑既有建筑物地基承载力的提高,必要时应对基础作加固处理。

六、整体移位后,若建筑物位于地震区,则应按抗震鉴定标准进行鉴定,不满足时应进行抗震加固处理。

七、整体移位结构计算简图必须与实际结构相符合,应有明确的传力路线,合理的计算方法和可靠的构造措施。

八、整体移位时,应尽量保持建筑物原受力特征,使受力符合移位设计的要求,防止建筑物出现过大的变形和产生过大的附加应力。

九、整体移位后,建筑物应有可靠的连接,并符合国家有关规范和标准的规定。

8.1.2.3 平移行走机构设计

一、设计原则

通常重物水平移动有两种方法:滚动和滑动。滑动的优点在于平移时比较稳定,但其缺点是摩阻力大,需要提供较大的移动动力,移动速度缓慢。另外,要寻找一种高强度、高硬度、摩擦系数小的材料目前尚比较困难。滚动的优点是摩擦系数小,需提供的移动动力小,移动速度快。其缺点是稳定性差,易产生平移偏位。一般建筑物平移均采用滚动进行。

平移行走机构设计中,机构本身应具有足够强度及适宜的刚度:也即滚轴及轨道板具有足够的强度和硬度;平移轨道具有足够的承载能力;加上合理的外加动力布置;施工过程完善的测量措施,从而建筑物平移过程中的安全性和稳定性是完全可以得到保证的。

二、轨道板设计

8.1 概述

轨道板其作用在于扩散滚轴压力和减少滚轴摩擦。轨道板一般通长布置,在建筑物平移中由于荷重较大,轨道板均采用钢结构。通常布置的轨道板其接缝处应保持平整,并有一定的连接处理,以形成一个整体。轨道板根据位于滚轴上下的位置分为上轨道板与下轨道板。

上轨道板可选用型钢,如槽钢、工字钢、H 钢,组合钢轨或者普通钢板,通常情况下,为了安装方便多数采用钢板,其轨道板宽同上部托换梁宽,其板厚一般在 10～20mm,具体板厚应根据建筑物荷重及现场加工能力确定,当板厚 $\delta>20$mm 时,由于切割加工的限制,应分成两块板叠合使用,或采用其他高强度钢板代换。钢板的连接处理见图 8-2。

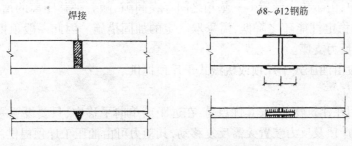

图 8-2 钢板的连接处理

板厚 10～20mm 的钢板,宜在钢厂剪切成型,以保证其尺寸及平整度准确,在现场加工时,应采取预防措施,防止切割变形。

下轨道板当不需要提供动力支座时可采用钢板,其要求同上轨道板。当外加动力支座由下轨道板提供时,应采用组合式型钢结构。组式合型钢可提供一个活动的动力支座,给顶推平移提供帮助,提高工效。这一点在远距离平移中具有明显优势,另外组合式型钢刚度较大,能调整地基局部沉降差。

组合式型钢下轨道板设计通常采用槽钢,根据具体情况确定,其断面尺寸、材料及形式参见图 8-3。

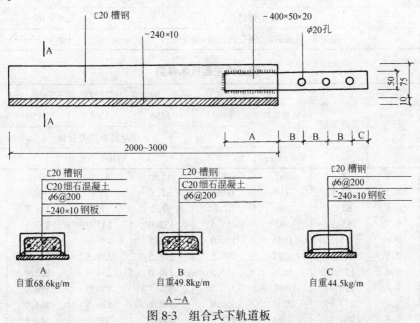

图 8-3 组合式下轨道板

三、外加动力的选择

外加动力是指对建筑物平移时所施加的外力。它一般可分解成若干个平移分力,其总和等于或大于平移需要的动力。其力作用点应尽可能降低,以利移动。

通常情况下,根据作用力作用的位置不同,外加动力分为顶推力和牵拉力两种。

(一)顶推力

顶推力作用于建筑物平移方向的后端,其优点是比较稳定,平移偏位容易调整。其缺点是作用点偏高,平移时,建筑物移动一定距离后反力支座需重新安装,给施工带来一定困难。实际平移过程中,由于传力装置——垫箱之间存在间隙,随着平移距离的增加,平移效率将降低,同时垫箱稳定性能随之降低,需采取一定的加固措施。因此一般顶推平移 10~12m 后,应重新安装反力支座。

顶推力一般由油压式千斤顶或机械式千斤顶提供。

(二)牵拉力

牵拉力作用在建筑物前方,其优点是:在远距离单向平移中,只要设置一个反力装置即可实现平移,千斤顶及反力装置无需反复移动,其动力可由油压千斤顶提供。牵拉力要求较小时也可考虑由手拉葫芦或卷扬机等设备提供动力。牵拉力传力由拉杆或拉绳提供。其作用点较低,可施加在上轨道板上。

由于拉杆或拉绳受力后变形较大,因此应尽量采用应变值一致的拉杆或拉绳。同时对于单台千斤顶牵拉多根拉杆或拉绳时,对其应变值应有更高的要求,以防止拉杆或拉绳受力不均。一般应优先采用弹性模量较大的牵拉材料。

有关拉杆或拉绳所用材料的性能及承载力见表 8-1、8-2、8-3、8-4、8-5。

材料弹性模量(N/mm^2) 表 8-1

序 号	钢筋种类	弹 性 模 量
1	Ⅰ级钢筋	210×10^3
2	Ⅱ、Ⅲ级钢筋	200×10^3
3	冷拔Ⅱ、Ⅲ级钢筋,钢铰线,钢丝绳	180×10^3

钢丝绳主要技术参数 表 8-2

直径		钢丝总断面积	参考重量	钢丝绳公称抗拉强度(MPa)				
钢丝绳	钢丝			1400	1550	1700	1850	2000
				钢丝破断拉力总和				
mm		mm^2	kg/100mm	kN(不小于)				
8.7	0.4	27.88	262	39.0	43.2	47.3	51.5	55.7
11.0	0.5	43.57	410	60.9	67.5	74.0	80.6	87.1
13.0	0.6	62.74	590	87.8	97.2	106.5	116.0	125.0
15.0	0.7	85.39	803	119.5	132.0	145.0	157.5	170.5
17.5	0.8	111.53	1048	156.0	172.5	189.5	206.0	223.0
19.5	0.9	141.16	1327	197.5	218.5	239.5	261.0	282.0
21.5	1.0	174.27	1638	143.5	270.0	296.5	322.5	348.5
24.0	1.1	210.87	1982	295.5	326.5	858.0	390.0	421.5
26.0	1.2	250.95	2359	351.0	388.5	426.5	464.0	501.5
28.0	1.3	294.52	2768	412.0	456.5	500.5	544.5	589.0

续表

直径		钢丝总断面积	参考重量	钢丝绳公称抗拉强度(MPa)				
钢丝绳	钢丝			1400	1550	1700	1850	2000
				钢丝破断拉力总和				
mm		mm²	kg/100mm	kN(不小于)				
30.0	1.4	341.57	3211	478.0	529.0	580.5	631.5	683.0
32.5	1.5	392.11	3636	548.5	607.5	666.5	725.0	784.0
34.5	1.6	446.13	4194	624.5	691.5	758.0	825.0	892.0
36.5	1.7	503.64	4734	705.0	780.5	856.0	931.0	1005.0
39.0	1.8	564.63	5308	790.0	875.5	959.5	1040.0	1125.0
43.0	2.0	697.08	6553	975.5	1080.0	1185.0	1285.0	1390.0
47.5	2.2	843.47	7929	1180.0	1305.0	1430.0	1560.0	
52.0	2.4	1003.80	9436	1405.0	1555.0	1705.0	1855.0	
56.0	2.6	1178.07	11074	1645.0	1825.0	2000.0	2175.0	
60.5	2.8	1366.28	12843	1910.0	2115.0	2320.0	2525.0	
65.0	3.0	1568.43	14743	2195.0	2430.0	2665.0	2900.0	

注：钢丝绳折减系数 $\alpha=0.82$。

钢丝绳表面状态与公称抗拉强度 表 8-3

表面状态	公称抗拉强度(MPa)				
光面和 B 类镀锌	—	1470	1570	1670	1770	1870
AB 类镀锌	—	1470	1570	1670	1770	
A 类镀锌	1370	1470	1570	1670	1770	

钢筋抗拉设计值 表 8-4

项次	直径(mm)	A_s(mm)	每米重量(kg)	强度设计值(MPa)	拉力设计值(kN)×10⁴
Ⅱ级钢	28	615.3	4.83	290 (360)	17.84(22.15)
	30	706.9	5.55		20.50(25.45)
	32	804.3	6.31		23.32(28.95)
	36	1017.9	7.99		29.52(36.64)
	40	1256.1	9.87		36.43(45.22)
Ⅲ级钢	28	615.3	4.83	340 (420)	20.92(25.84)
	30	706.9	5.55		24.01(29.69)
	32	804.3	6.31		27.35(33.78)
	36	1017.9	7.99		34.61(42.75)
	40	1256.1	9.87		42.71(52.76)
Ⅳ级钢	28	615.3	4.83	500 (580)	30.77(35.69)
	30	706.9	5.55		35.35(41.00)
	32	804.3	6.31		40.22(46.65)
	36	1017.9	7.99		58.95(59.04)
	40	1256.1	9.87		62.81(72.85)

注：括号内数值用于冷拉钢筋，其余用于热轧钢筋。

钢铰线尺寸及拉伸性能　　　　　表 8-5

钢铰线结构	钢铰线公称直径(mm)		强度级别(MPa)	整根钢铰线的最大负荷(kN)	屈服负荷(kN)	伸长率(%)	1000h 松弛率(%)不大于			
							Ⅰ级松弛		Ⅱ级松弛	
							初 始 负 荷			
							70%公称最大负荷	80%公称最大负荷	70%公称最大负荷	80%公称最大负荷
				不　　小　　于						
1×2	10.00		1720	67.9	57.7					
	12.00			97.9	83.2					
1×3	10.80		1720	102	86.7					
	12.90			147	125					
1×7	标准型	9.50	1860	102	86.6	3.5	8.0	12	2.5	4.5
		11.10	1860	138	117					
		12.70	1860	184	156					
		15.20	1720	239	203					
			1860	259	220					
	模拔型	12.70	1860	209	178					
		15.20	1820	300	255					

注：1. Ⅰ级松弛即普通松弛级，Ⅱ级松弛即低松弛级，它们分别适用所有钢铰线。
　　2. 屈服负荷不小于整根钢铰线公称最大负荷的 85%。

有关顶推法及牵拉法平移工作示意见图 8-4、8-5。

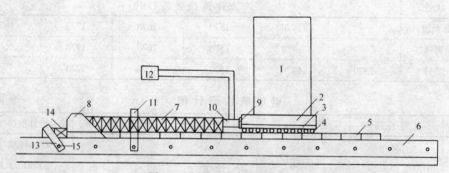

图 8-4　顶推法整体平移示意图
1—建筑物；2—托换梁；3—上轨道板；4—钢滚轴；5—下轨道板；6—平移轨道；7—垫箱；8—反力支座；9—固定架；10—油压千斤顶；11—垫箱固定架；12—电动油泵站；13—后反力架；14—机械式千斤顶；15—插销

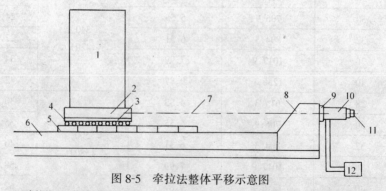

图 8-5　牵拉法整体平移示意图
1—建筑物；2—托换梁；3—上轨道板；4—钢滚轴；5—下轨道板；6—平移轨道；7—拉杆或拉绳；8—反力支座；9—垫梁；10—油压千斤顶；11—锚具；12—电动油泵站

采用牵拉方式平移时,其动力施加一般采用预应力张拉设备。

注:1. 钢铰线应符合国标 GB/T 5224—1995《预应力混凝土用钢铰线》的要求。
    2. 钢丝绳应符合国标 GB/T 8919—1996《钢丝绳》的要求。

四、外加动力的计算确定

外加动力包括顶推力或牵拉力,其大小与建筑物荷重、行走机构材料等有关,其计算可按下列各式进行:

$$T = \frac{P(f+f')}{2R} \tag{8-1}$$

式中 T——外加动力(kN);
P——滚轴的竖向压力。

总外加动力 N(kN):

$$N = K \cdot \frac{Q(f+f')}{2R} \tag{8-2}$$

式中 K——因轨道板与滚轴表面不平及滚轴方向偏位不正等原因引起的阻力增大系数。一般 $K=2.5\sim 5.0$,当轨道板与滚轴均为钢材时 $K=2.5$。
Q——建筑物总荷重(kN);
f——沿上轨道板的摩擦系数(cm);
f'——沿下轨道板的摩擦系数(cm);
R——滚轴半径(cm)。

f,f' 取值见表 8-6。

当上下轨道板材料相同时,则 $f=f'$

此时:
$$T = \frac{Pf}{R}; \quad N = \frac{Qf}{R} \tag{8-3}$$

摩擦系数 $f(f')$ 值(钢与钢)　　　　　表 8-6

摩擦条件	起动时		运动中	
	无油	涂油	无油	涂油
压力较小时	0.15	0.11	0.11	0.10~0.08
压力>100kN	0.15~0.25	0.11~0.12	0.07~0.09	—

对于建筑物平移,一般情况下重量较大的建筑物常优先采用圆钢作为滚轴材料。荷重相对小的建筑物,滚轴可采用高压钢管,但必须进行室内抗压试验,以确定其承压能力及变形值是否满足要求,如不能满足要求,则应采用在钢管内灌细石混凝土措施,混凝土需掺适量膨胀剂,混凝土强度等级不低于 C30,并在两端进行封口处理。常用钢管滚轴见表 8-7。

滚轴规格　　　　　表 8-7

滚轴钢管规格(mm)	滚轴材料	滚轴压力(kN/m)	滚轴钢管规格(mm)	滚轴材料	滚轴压力(kN/m)
$\phi 89 \times 4.5$	10 号钢	10	$\phi 114 \times 10$	20 号钢	46
$\phi 108 \times 6$	10 号钢	20	$\phi 114 \times 12$	35 号钢	64
$\phi 114 \times 8$	10 号钢	28	$\phi 114 \times 14$	35 号钢	100

采用钢管混凝土滚轴不适用于远距离平移工程。因为在远距离的平移中,钢管中的混凝土经反复碾压后易产生破坏,且两端由于反复敲打将产生变形。

(一) 滚轴的长度

滚轴的长度一般比轨道板宽度大150~200mm,这样当出现偏位时,滚轴可通过斜放来调整,同时外露一定长度以便人工用锤敲击滚轴端头,对滚轴进行矫正。通常情况下,墙体厚度即为轨道板宽度。

(二) 滚轴的直径

滚轴直径与外加动力有关:从式(8-2)可看出:随着直径的增大,外加动力N将减小,但由于直径增大以后,成本费用将增加,(直径与重量成平方关系),且滚轴直径过大,其平移时稳定性不易控制,因此建议滚轴直径取值如下:

$$钢管滚轴直径为 100~150mm$$
$$圆钢滚轴直径为 50~100mm$$

(三) 钢滚轴允许荷载值

荷载过大钢滚轴将产生变形,从而引起外加动力急剧增大,因此,对钢滚轴上的荷载应加以限制。当钢滚轴行走在钢轨道板上时:

$$W = 53D \sim 42D \tag{8-4}$$

式中　W——滚轴与轨道板接触的每厘米长度的允许荷载(kN/cm);
　　　D——滚轴直径(cm)。

式中已包括可能的压力不均匀系数1.2。

(四) 钢滚轴间距

钢滚轴的数量确定了其间距,每根轨道板上的滚轴数可按下式计算:

$$M \geqslant \frac{Q_L}{WL} \cdot K_1 \tag{8-5}$$

式中　M——每根轨道滚轴总数;
　　　Q_L——该轨道板承受的荷载(kN);
　　　L——每根滚轴与轨道的有效接触长度(取上下轨道板宽度之小值);当下轨道板为钢轨时,L的有效长度按轨道顶宽度的1/2计算(cm);
　　　K_1——轨道板不平引起的增大系数,取值为1.20~1.50。

则平移时每根轨道上的钢滚轴间距S按下式计算:

$$S = \frac{L}{M} \tag{8-6}$$

式中　S——滚轴平均间距(mm);
　　　L——平移方向托换梁(轨道板)有效长度(mm)。

(五) 滚轴最小间距

钢滚轴应有最小间距限制,以利滚动正常,避免滚轴相互卡住。

$$S_{min} \geqslant 2.5D \tag{8-7}$$

式中　D——滚轴直径(mm)。

8.1.2.4　建筑物移位中的动力分析

在外加动力作用下,建筑物开始移动,在实际施工中,一般采用机械手摇千斤顶或电动油压千斤顶两种方式提供推力。当采用机械手摇千斤顶时,由于千斤顶空载时的速率约为0.2mm/s,重载时的速率为空载时的1/3。实际施工时,由于人为因素,顶推力的不连续性,顶推点无法保持同步,推进时似撬杆作用,建筑物移动速度缓慢,位移不明显。当采用电动油压千斤顶时,顶推力是连续的,均匀的,因此平移速度可达到每分钟150mm。顶推时建筑物可明显看清位移。但人员在建筑物内无明显感觉。

建筑物平移中,结构在推力和摩擦力作用下,处于变速运动状态。相应地,结构内部构件也将由于运动而产生额外的内力(即平移内力)。平移内力是任何一个建筑物在原设计时都不可能考虑到的。因此必须对平移中的建筑物进行受力分析,以确定平移过程不会危及建筑物的稳定性。为确保结构的安全,平移速度当然是越慢越好;但对施工效率而言,平移速度却是越快越好。如何确定平移速度也是目前建筑物平移中的一个难题。通过对结构进行受力分析可以为建筑物平移提供一个合理的速度。

采用建筑结构三维动力分析程序对平移工程中的建筑物进行动力时程分析。假定地基为一刚体(即认为地基是不变形的),建筑物上部结构作为一个整体通过滚轴在轨道梁(即地基)上滚动或滑动。通过实际施工经验发现,当采用油压千斤顶进行平移时,建筑物的移动是按均匀加速度进行。前30秒为加速过程,后30秒为减速过程,当每分钟移动150mm时,加速度为$0.17mm/s^2$。加速度反应谱长度为千斤顶一个回程,即60秒。若原建筑物按7度抗震设防,相应地把平移的加速度放大到$350mm/s^2$进行时程分析,得到各楼层剪力。实际平移时的楼层剪力可按实际平移时的加速度值进行折减得到。实际平移加速度远小于地震时的加速度,仅达到0.5‰,因此楼层剪力也是极微小的,这就是在施工过程中人员在建筑物内无明显感觉的原因。建筑物平移可用的最大平移加速度,应保证各楼层剪力均小于原设计的地震剪力。

8.1.3 既有建筑移位施工

8.1.3.1 既有建筑移位的施工依据

一、工程移位设计图

二、《建筑工程施工及验收规范汇编》中国计划出版社 1995

(一)《土方及爆破工程施工及验收规范》GBJ 201—83

(二)《地基与基础工程施工及验收规范》GBJ 202—83

(三)《砖石工程施工及验收规范》GBJ 203—83

(四)《混凝土工程施工及验收规范》GB 50204—92

(五)《钢结构工程施工及验收规范》GBJ 205—83

(六)《建筑钢结构焊接规程》JGJ 81—91

8.1.3.2 外加动力设备配套校验

采用油压千斤顶作为施工动力时,为保证顶推力的准确性,应进行千斤顶与压力表配套校验,并加标注,在实际使用时,按此配套使用。

一、外加动力设备的选择

一般油压千斤顶常用规格有50t,100t,200t,在实际工程中,应根据不同工程平移所需单点平移动力的最大值来选择外加动力设备及其配套设备。

二、压力表的选择

一般工作用压力表按0.5、1、1.5、2.5、4五种精度等级进行制造,预应力张拉用压力表一般不低于1.5级,工程中选用的压力表的分度范围及其精度要满足工程的基本要求。

三、千斤顶与压力表的配套校验

千斤顶的实际作用力是通过压力表的实际读数测定的,压力表的读数也就是千斤顶油缸内的单位油压,由于摩擦力的存在和影响,在千斤顶工作时,不应采用理论计算的方法来确定压力表的读数,从而确定千斤顶的实际作用力,而应通过对千斤顶、油泵、压力表和油管系统配套标定,找出千斤顶主动工作状态作用与压力表读数之间的相应关系,列成表或制成图,供施工时查找对应使用。

千斤顶标定在精度为±1%压力实验机上进行,检验精度不低于±2%。

8.1.3.3 施工工艺流程

移位施工工艺流程详见图8-6、8-7、8-8。

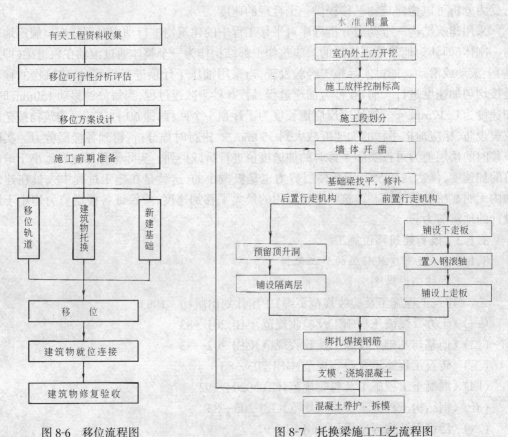

图8-6 移位流程图　　图8-7 托换梁施工工艺流程图

8.1.3.4 上下轨道梁间允许误差及处理措施

在理论上上轨道梁底(托换梁)和下轨道梁(平移轨道或原基础梁)梁面之间应是水平的,包括轨道板厚度在内,其间距等于滚轴直径。但在实际施工中,托换梁施工是分段进行的,一般分段长度在1500mm左右,因此,建筑物托换时一般需分成几十段施工,就存在一定的累计误差。特别在相邻及相隔墙体施工时,由于墙体阻挡,水准测量精度无法保证。实际施工误差约在5~20mm。由于其误差一般在托换完成后才能发现,因此其误差无法采用水泥砂浆等材料修补找平。对于原基础而言,其水平误差与托换梁是一致的。对于平移轨道梁面,其施工误差较小,由于没有较大的障碍,其水准控制可得到保证,其相对误差主要存在于相邻轨道梁之间,在施工时一般梁面标高允许误差在 20mm 以内,整体平移前采用高标号水泥砂浆找平,梁面标高允许误差在 0～5mm 之间,整体平移时一般再采用细砂找补。由于砂粒间有一定间隙且有一定的流动性,因此在应力集中时会适当调整。对于托换梁水平误差,其处理措施是加强水平测量,反复复核,多点校准。

对于远距离平移,因其水准要求较高,宜采用在上轨道板与托换梁底间设置橡胶垫层或袋装砂垫层,但橡胶易燃,施工时应注意防火措施。

8.1.3.5 移位偏位的允许值

一、移位偏位的产生原因

正常移位过程,其滚轴必须与轨道板的轴线垂直,故在添加滚轴时,其位置必须放正(见图 8-9)。

由于上下轨道板之间局部存在不平行,引起单根滚轴受力不均,在滚动过程中产生滚轴与轨道板轴线不垂直,其结果导致建筑物的偏位。

二、移位偏位值的控制

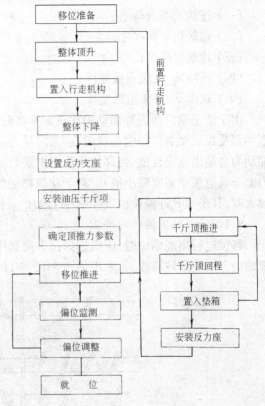

图 8-8 移位顶进流程图

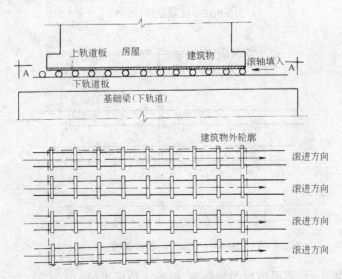

图 8-9 建筑物移位正常滚动时工作原理

建筑物整体平移偏位允许值与下列因素有关：

（一）建筑物本身荷重；

（二）建筑物平面尺寸；

（三）建筑物高度；

（四）托换梁、上轨道板宽度；

（五）轨道梁、下轨道板宽度。

由于矫正偏位所需外加动力比正常平移时要增加1.2~1.5倍，同时对上下轨道板会产生局部受拉或受剪作用引起轨道变形，对反力支座产生偏心受压。因此偏位过大时所需外加动力会超出原设计值，使移位无法正常进行。一般最大允许偏差值为$1/2B_{min}$（其中 B_{min} 为上下轨道板中宽度较小值）。对于建筑物层数≥6层或高耸构筑物荷重相对集中，高宽比较大时，其最大允许偏位值应控制在$1/4B_{min}$，且不大于50mm。

8.1.3.6 移位偏位的矫正

移位过程出现偏位时，应根据偏位方向利用滚轴进行调整，一般在移位时采用锤击敲打滚轴的方法使滚轴斜放，其原理见图8-10,8-11。

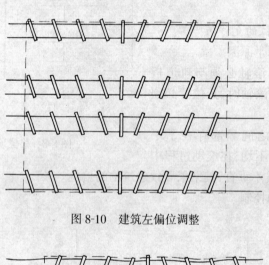

图 8-10 建筑左偏位调整

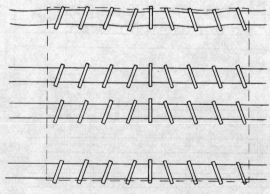

图 8-11 建筑右偏位调整

当偏位开始矫正后，即可进行滚轴调整，以防止矫正过位。

8.1.3.7 垂直转向时行走机构置换

垂直转向——纵横换向平移,行走机构可采用整体置换或局部分批置换的方法。平移轨道在换向区应预留千斤顶孔洞,建筑物到位后可采用机械式千斤顶进行局部整体顶升,对行走机构进行局部置换,其整体置换时的顶升点计算如下:

$$N_a = N \cdot K_a \tag{8-8}$$

式中　N_a——顶升点的设计荷载;
　　　N——千斤顶额定工作荷载,采用 320~500kN 螺旋式机械千斤顶;
　　　K_a——千斤顶安全系数可取 0.7~0.8,顶升点数 n 按下式计算:

$$n = \frac{Q}{N_a} \cdot K_n \tag{8-9}$$

式中　n——顶升点数或千斤顶台数;
　　　Q——建筑物总荷重;
　　　K_n——安全系数 1.0~1.5。

8.1.4 移位的安全措施

一、移位前必须对上下轨道梁进行强度及平整度的复查。
二、对行走路线进行地基基础的检查,避免出现行走过程中的不均匀变形。
三、顶推力或牵拉力的检查,做到动作一致,控制灵敏。
四、要有紧急控制系统,特别是液压电动系统,要能统一制动。
五、行走时要随时检查上下轨道轴线的偏差。

8.2　工程实例———山东省济南市某七幢宿舍楼整体平移[8-1]

一、工程概况

山东省济南市某宿舍院内共有建筑物九幢,其中 A 型六幢,B 型一幢,C 型两幢,总平面布置图见图 8-12,建筑物于 1995 年竣工,应山东省大成(齐龙)地产有限公司的委托,福建省建科院承担了建筑物整体平移工程的设计和施工,按甲方的要求,需对东区A型六幢宿舍

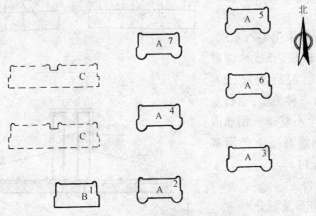

图 8-12　移位前建筑物总平面

本实例引自张天宇等,1997。

楼进行整体平移,搬移至西区,搬移后的东区作为建筑用地进行开发利用,其平移后的平面布置图见图8-13。按平移间距的要求,由于B型宿舍楼局部阻碍了A型宿舍楼的平移,因此需先对B型宿舍楼进行整体平移,整个工程预计完成平移距离600多米,从1996年5月开始相继完成了整体平移的可行性分析评估,整体平移的方案设计,行走装置工艺研究等工作,为保证工程顺利施工提供了可靠的依据。

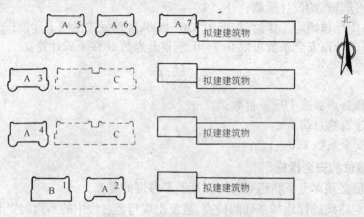

图8-13 移位后建筑物总平面

该场地位于市区黄金地段,平移前建筑物错落有致地分布在院内山坡上,设计布局按别墅考虑,占地面积约47亩,现场地形南高北低,建筑物高差不一致,其室内±0.00相对最大高差为1.61m。所移七幢均为三层半砖混结构,其底层为半地下室,层高2.20m;一、二层为生活用房,层高3.30m,三层为楼阁,坡屋顶,层高3.30m,其中A型宿舍楼长26.20m,宽为14.00m;B型宿舍楼长22.10m,宽12.80m。

建筑物的基础形式采用毛石基础。材料:毛石≥MU30,砂浆≥M5水泥砂浆;砖≥MU7.5红砖,混凝土为C20。平移轨道基础形式有三种类型:毛石基础+钢筋混凝土梁,毛石基础+钢筋混凝土梁+砖墙体,钢筋混凝土条形基础。详细情况见图8-14。

二、工程地质条件

(一)场地土层分布及划分

该场地属山前冲洪积扇首部,紧靠山前,以第四系中更新统粘土为主,下伏白垩系闪长岩,局部有第四系上更新

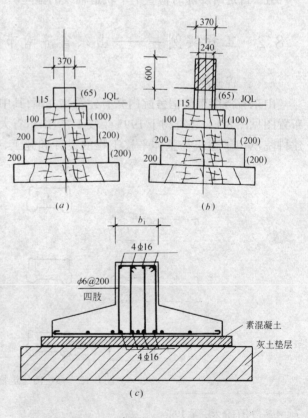

图8-14 建筑物及轨道基础形式

统粘土出露,但厚度极小,其土层分布较简单,自上而下分为六层,见表8-8。

土层划分表 表8-8

层别	层名	颜色	成分	潮湿程度	分布	压缩性	备注
1	杂填土	杂~深褐色	以碎块石及灰渣为主,局部为素填土	湿	分布不匀,部分钻孔缺失,最大厚度1.30m	松散	
2	粉质粘土①	棕褐色	含少量小角砾及植物根系	湿	层底埋深一般为3.00~3.60m	中密中等压缩性	可塑~硬塑
3	粉质粘土②	棕黄~棕褐色	以粘性土为主,含少量礓石、碎石,局部为碎石土,碎石成分为次棱角状石灰岩	很湿	局部分布,层底埋深4.10~5.60m	密实程度好	
4	粉质粘土③	黄褐色	含少量氧化铁,偶见小姜石颗粒	很湿	层底埋深4.00~8.50m	中等压缩性	可塑,水位以下软塑
5	残积土	灰~灰绿色	闪长岩风化残积物,原岩成分已蚀变,呈土状,偶见砂状	很湿,呈饱和状态			
6	强风花闪长岩	灰绿色	呈砂状,有时见原岩残核,原岩成分已部分蚀变				

综合评价:该场地土层结构简单,但分布不均,离散性较大,靠北侧近山处地质条件较好,基岩自南向北倾斜,倾角约3度左右。

(二) 土的物理力学性能

场地内各土层承载力标准值 f_k(kPa)见表8-9。

土层承载力标准值 f_k(kPa) 表8-9

层名	杂填土	粉质粘土①	粉质粘土②	粉质粘土③	残积土	强风化闪长岩
f_k(kPa)	—	160	200	120	220	380

场地内地下水埋深5.10~6.60m,地震基本烈度为6度,工程设计按7度设计,标准冻结深度为0.5m左右,有关场地详细的工程地质情况见图8-15及图8-16。

三、设计计算

(一) 计算原则

要对建筑物实施整体平移,首先要提出建筑物整体移位的设计原则,研究其平移行走机构,提出外加动力、滚轴直径及间距的计算公式,以及外加动力的分配原则,滚轴长度取值等,通过计算得到各参数的设计值,从而为工程施工提供理论依据。

(二) 参数计算

本次平移工程具有一定的特殊性,虽平移路线较长,但由于地质条件好,实际施工时经各种方案比较后,采用共用行走轨道。其设计参数如下:

1. 本次工程采用顶推平移法,顶推平移外加动力大小如下计算:

(1) $f = f' = 0.08$ $Q = 13780$kN(移动时)

$$N = K \cdot \frac{Q(f+f')}{2R} = K \cdot \frac{Qf}{R} = 2.5 \times \frac{13780 \times 0.08}{2.5} = 1102\text{kN}$$

(2) $f = f' = 0.15$ $Q = 13780$kN (起动时)

$$N = K \cdot \frac{Qf}{R} = 2.5 \times \frac{13780 \times 0.15}{2.5} = 2067\text{kN}$$

2. 滚轴的直径、长度及间距

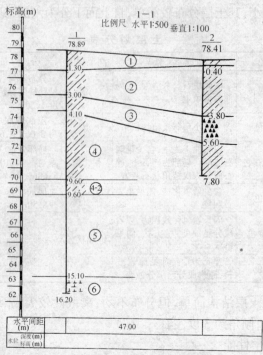

图 8-15　工程地质剖面图

工程名称：省计委宿舍楼 观察阶段：详细勘察					比例尺1:100			钻孔号：6　X₁ 孔口标高(m)77.60　Y₁ 初见水位(m)： 稳定水位(m)：		
地层时代	层号	深度(m)	厚度(m)	层底标高(m)	柱状图	取样	地下水	岩性描述	状态密度	标贯 实测击数/修正击数
	2	4.50	4.50	73.18				粉质粘土，棕褐色，湿，含少量小角砾及植物根系	可塑~硬塑	7.0/7.0
	3	5.00	0.50	72.69				碎石土，棕褐色，湿，含多量姜石，偶见灰岩角砾	可塑	
	4	8.00	3.00	69.68				粉质粘土，黄褐色，很湿，饱和，含少量小姜石颗粒	硬塑~可塑	6.0/5.5
	5	40.20	2.20	67.48				残积土，灰、灰绿色，由闪长岩风化而来，星土状，原岩成分已改变	可塑	

图 8-16　工程地质柱状图

本次工程根据建筑物的荷重及费用，选择 $\phi50$ 的普通圆钢作为滚轴材料；根据轨道宽度即为墙体厚度的原则，滚轴的长度考虑通用性取 $L=500\text{mm}$（本工程内墙厚度 240mm，外墙厚度 370mm）；滚轴的最小间距为：

$$S_{\min}\geq 2.5D=2.5\times 50=125\text{mm}$$

有关本次工程平移时，各轴线所需钢滚轴数量及间距见表 8-10。

钢滚轴数及间距   表 8-10

	轴线	Q_L(kN/m)	M(根)	S(mm)	$\sum M$	备注(L)
纵向	A	187	49×2	232	310	11.6×2(m)
	C	156	41×2	283		11.6×2(m)
	D	113	29×2	400		11.6×2(m)
	E	138	36×2	322		11.6×2(m)
横向	1(15)	214	22×2	200	310	4.5(m)
	2(14)	120	26×2	370		9.6(m)
	3(13)	110	24×2	400		9.6(m)
	4(12)	150	32×2	300		9.6(m)
	5(10)	143	31×2	310		9.6(m)
	8	184	40	240		9.6(m)

注：实际轨道板每轴线两端各有外挑 1000mm，作为安全储备未计入 L 内。

3. 外加动力的分配

根据托换梁布置，其纵向平移时设置 4 个顶推点，横向布置 5 个顶推点，实际加载设备采用 1000kN 的液压千斤顶配变量高压油泵，纵向平移时 4 台，横向平移时 5 台。外加动力在顶推点分配如表 8-11。

外加动力分配表(kN)   表 8-11

移位状况 \ 顶推点	N_A	N_C	N_D	N_E	$N_1(N_5)$	$N_2(N_4)$	N_3
正常运动	346	290	208	256	195	225	276
初始移动	649	544	391	481	316	422	517

4. 压力表的选择

本次工程选用压力表的分度范围为 0~60MPa，精度为 1.5 级，在顶推时完全满足要求。

5. 确定千斤顶的数量

本次工程 $Q=13780$kN，按每台工作荷载 320kN 计算，K_a 取 0.8。则千斤顶的数量为：

$$n = \frac{Q}{N \times K_a} \cdot K_n = \frac{13780}{320 \times 0.8} \times 1.0 \approx 54(台)$$

本次工程要求顶升高度 10~20mm 左右，因此 K_n 取 1.0 即可，局部结点荷载较大时，换用 500kN 的千斤顶。

6. 楼层剪力及平移加速度的确定

本次建筑物的平移是按均匀加速度进行的，最大平移速度达 6m/h，原建筑物按 7 度烈度设防，相应的平移加速度放大到 350mm/s² 进行时程分析，原设计的各楼层地震剪力可按砌体结构抗震规范对结构进行抗震验算得到。两种结果比较见表 8-12。

结构地震剪力计算表   表 8-12

剪力\楼层	V1	V2	V1/V2	剪力\楼层	V1	V2	V1/V2
四层	338kN	495kN	68.3%	二层	958kN	1197kN	80.0%
三层	715kN	902kN	79.3%	一层	1060kN	1275kN	83.1%

从表中可以看出,当平移加速度放大到 350mm/s^2 时;楼层剪力大于原设计剪力,建筑物平移可用的最大平移加速度按下式计算:

$$a_{\max} = 68.3\% \times 35\text{gal} = 23.9\text{gal} = 239\text{mm/s}^2$$

四、施工方法

有关建筑物整体水平移位的施工方法请参阅前面所讲到的建筑物整体水平移位原理及施工流程图。

五、质量检验

(一) 移位前的质量检验

1. 上下轨道梁钢筋混凝土强度检验,通过试块检验及回弹法检验强度。
2. 行走轨道的平整度检验,采用水准仪进行复核。
3. 试顶推再作全面的检查。

(二) 就位后的质量检验

1. 检查上部结构与新基础的就位情况,保证轴线偏差在 20mm 之内。
2. 检查就位建筑物的平整度,垂直度偏差应满足在 3‰ 之内。
3. 就位后的连接应满足现行有关规范标准的规定。

(三) 建筑物远距离多向整体移位现场测试。

(1) 该建筑物共用行走轨道水平偏差测量:

水平偏差 $\Delta < 10\text{mm}$　坡度 $< 5‰$

(2) 顶推力测试:见表 8-13。

顶推力测试表(kN)　　　表 8-13

移位状况＼顶推点	N_A	N_B	N_D	N_E	N_1	N_2	N_3
初始推力	520	440	320	390	290	340	420
移动推力	350	300	210	250	200	230	280

(3) 建筑物就位测试:

建筑物最大倾斜度 2‰

建筑标高与设计标高偏差 $<50\text{mm}$

新基础轴线与上部墙体轴线偏差 $<20\text{mm}$

六、技术经济效果

本工程共对七幢建筑物进行整体平移,累计平移距离 689m,换向 9 次,其中 3 号楼平移 196m,换向 3 次,其平移时最大速率 100mm/min。平移过程中,建筑物安全可靠,平移修复后满足原设计及国家相关规范及规程的要求。该工程经济效益显著,平移后可利用土地面积 27 亩(原占地面积 47 亩),作为商品房开发利用,可创造近亿元经济效益。

建筑物整体平移统计表　　　表 8-14

楼　号	1	2	3	4	5	6	7	累计
平移距离(m)	29	48	196	127	123	138	128	689
换向次数	1	1	3	2	0	1	1	9
顶升高度(mm)	450	450	420	480	1010	400	0	3210

该次平移费用约占原建筑物造价的60%~80%,如计算拆除所需费用及渣土外运等约占45%~55%。平移完成后,因相邻建筑物存在高差,采用整体顶升方法进行调整,以使建筑物整体统一,同时增加了半地下室层高,提高了其使用价值。

8.3 工程实例二——福建省晋江市糖烟酒公司综合楼五层框架整体平移[8-7]

一、工程概况

晋江市糖烟酒公司综合楼系五层框架结构,9个车间,全长30m,宽8.1m,临街面阳台挑出1.8m(为封闭式),后面通长走廊挑出1.8m,建筑面积1700m^2。附属房为两层砖混结构,相邻为工商行营业所,三层框架结构建筑面积300m^2,平面布置如图8-17。该楼建于1989年,1991年因街道拓宽需全部拆除,后采用整体平移技术整座大楼向后平移7.7m,把建筑物推到新街道红线外,使该建筑物保留下来不拆除。1992年10月28日首先将三层工商行向后平移7.7m,10月13日将五层框架移到新址,实现了五层框架结构整体平移。在整个移动施工过程中,二层以上都在继续使用,二层中外合资盛达电脑绣花厂照常生产,三层至五层12户职工照常居住生活,这样使旧城改造拓宽马路多了一种手段,对于有保留价值又有后退余地的建筑物,用后退的方法代替拆除,可节省大量投资,深得社会各界的赞赏和欢迎。

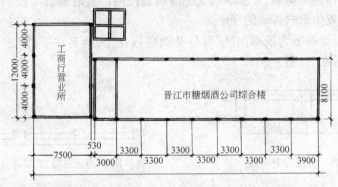

图8-17 综合楼平面

二、多层框架结构整体平移技术

（一）改造原有建筑使其成为可移体

任何建筑物设计时绝对不会考虑怎样去移动它,而移动设计者必须将建筑物改造成为可移动体,才能进行移动作业。可移动的条件是能够承受水平移动推力,同时在移动过程中担负建筑物自重和楼面荷载。我们的做法是将建筑物沿基础面水平切开,整体建筑分为基础部分和上部建筑部分,在柱底和墙底设置托换梁系构成水平框架底盘(图8-18)与原设计竖向框架组成空间框架结构,使上部建筑能够跟着底盘的移动作平稳的移动,移动时只移动上部建筑不移动基础,使上部建筑成为可移体。框架还具有可以将楼房整体顶升的功能,可以分担柱子荷载,便于切断框架柱并在柱底设置滚动支座,便于将各滚动支座安装到设计位置上,有利于移动到位后拆除滚动支座,连接柱子。

本实例引自阮蔚文、阮涟、阮毅,1994。

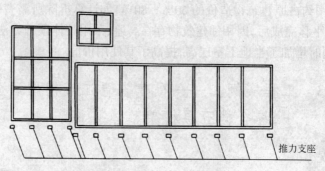

图 8-18 托换梁底盘平面图

三层工商行营业所托换梁系统构成井字形的水平框架底盘,使其能承受垂直于上部横向框架的水平推力作纵向移动。五层部分上部框架结构与街道边垂直移动,系顺着框架方向,因此整个移动过程为横向移动过程。三层部分上部框架结构与街道边沿平行,移动系垂直于框架方向,因此整个移动过程为纵向移动过程。

(二) 新基础的改造

既然我们只移动上部建筑不移动基础,那么就必须在后退新址处建造新基础,基础设计必须满足两个条件:(1)基础能够承受建筑物长期荷载,新旧基础不致产生不均匀沉降;(2)基础能够承受整体移动荷载,要求滚动支座滚动到任何位置时基础梁板系统及地基土均能承受移动荷载不发生影响移动的变形。

此工程,原设计基础为筏基,五层部分基础底板在上,梁系在下(图 8-19)。三层、二层部分板在下,梁系在上(图 8-20)。

图 8-19 五层部分基础　　　　图 8-20 三层、二层部分基础

新基础也是筏基,对下列三个问题作了特殊处理:

(1) 工商行要跨一个 20m 宽的河沟,要做局部加固处理;(2)考虑到新旧基础不均匀沉降,做局部加锚杆静压桩补强;(3)兼作轨道的地梁按轨道要求做局部加固处理。

(三) 设置移动轨道

建筑物通过轨道才能从旧址移动到新址,对轨道的要求是:(1)必须保持表面水平,以减少推动阻力;(2)能够承受滚动支座移动过程的作用力。本工程每个滚动支座作用力达 600~700kN,轨道利用旧基础地梁面与新基础梁面,因此按轨道要求进行局部加固与找平,移动行进时再垫以钢板,从实际情况看效果良好。

(四) 滚动支座建造

建筑物的移动系通过滚动支座的滚动来实现。整个建筑物的移动在设置若干个滚动支座之后,就转化为若干个滚动支座过程。在本工程中,五层框架结构部分设置 50 个滚动支座,每个支座荷载 600kN 左右,总荷载约 25000kN,三层框架部分设置 16 个滚动支座,二层砖混结构设置 7 个滚动支座。滚动支座由上下钢板中间放置直径 40mm 钢轴组成(图 8-

21)。

（五）设置推力支座

推力支座、千斤顶和压杆支垫组成推移建筑物动力系统。推力支座给千斤顶提供足够的反力才能推进建筑物，本例建筑物总荷载25000kN，为此在旧基础上设置14个推力支座，用锚杆与基础梁连接成（图8-22）形式。

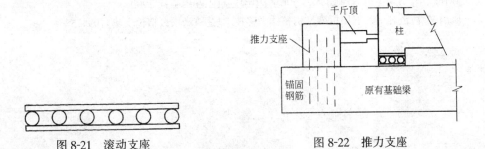

图8-21 滚动支座　　　　　图8-22 推力支座

（六）压力支垫系统

巨大的推动力由千斤顶提供，而千斤顶是有限的，本例推进距离达7.7m，而选用的千斤顶顶程只有0.15m。因此必须设置压力支垫系统，每次推移千斤顶15cm之后，就要回缩千斤顶增加一个支垫使千斤顶重新具有推移15cm能力。

支垫系统由预制钢筋混凝土垫层和压杆稳定装置组成。垫块规格为200mm×200mm×150mm、200mm×200mm×300mm、200mm×200mm×600mm、200mm×200mm×1200mm、200mm×200mm×2100mm，可组合成150mm为进级的各种尺寸。

稳定装置由锚杆与压紧角钢组成。

（七）移动控制行进系统由行进标尺、移动指示针、终点限位装置三部分组成。

行进标尺由固定标尺与可动标尺组成。固定标尺在不动的基础面轨道边沿以来为单位，可动标尺用木板制作以毫米为单位，移动指挥者与操作人员每人都心中有数，按统一的标志号令进行操作。

（八）移动作业

安装千斤顶（加垫）→推移（随时轮换滚轴和垫板）→千斤顶例程（加垫）→推移（随时轮换滚轴和垫板）→千斤顶例程（加垫）→循环往复直到达到新址。

三、技术经济效果

多层建筑平移与拆除相比，技术经济效果显著。拆除首先遇到的问题是住户搬迁安置，而移动只需搬迁底层住户，二层以上都可以不动。晋江市糖烟酒公司综合楼建筑面积1700m²，炸毁清理费用需10万元，重建费需119万元，搬迁安置费用需10万元，12户住户内装修需24万元，合计163万元，而移动包括新基建造、地面修复等项只需30万元，节省133万元，节约81.6%。另外，如果拆除炸毁之后，原大楼的建筑材料成为废渣，而整体平移，其建筑材料仍能发挥其应有的作用，社会效益也十分显著。

参 考 文 献

[8-1] 张天宇等《建筑物（群）远距离多向整体平移技术研究》　　福建省建筑科学研究院　1997.12

[8-2] 中华人民共和国行业标准《既有建筑地基基础加固技术规范》JGJ 123—2000 北京:中国建筑工业出版社
[8-3] 唐业清主编《建筑物增层改造论文集》全国第三届建筑物增层改造学术研讨会
[8-4] 姚忠国等《房屋整体平移技术及模拟试验研究》 建筑结构 1995.11
[8-5] [美]H.F. 温特科恩、方晓阳主编《基础工程手册》第22章(钱鸿缙、叶书麟等译校)。北京:中国建筑工业出版社 1983
[8-6] 陈仲颐、叶书麟主编《基础工程学》北京:中国建筑工业出版社 1990
[8-7] 阮蔚文、阮涟、阮毅,五层框架结构整体平移技术《建筑增层改造论文集》1994.5